U0391512

海外工程施工与管理实践丛书

EPC 工程总承包项目管理模板及操作实例

杨俊杰　王力尚　余时立　主编

中国建筑工业出版社

图书在版编目（CIP）数据

EPC工程总承包项目管理模板及操作实例/杨俊杰，王力尚，余时立主编. —北京：中国建筑工业出版社，2014.5(2022.1重印)
海外工程施工与管理实践丛书
ISBN 978-7-112-16733-3

Ⅰ. ①E… Ⅱ. ①杨…②王…③余… Ⅲ. ①建筑工程-承包工程-项目管理-研究 Ⅳ. ①TU723

中国版本图书馆CIP数据核字（2014）第073128号

本书以《设计采购施工（EPC）/交钥匙工程合同条件》为根基，完整地反映EPC工程项目总承包的面貌和全过程，使工程业界的决策层、管理者、实施操作者及其一般工程管理人员掌握其要点、精髓和核心。以模板的方式方法，对该模式进行解读，或表述、或示例、或简析、或说明，使工程总承包项目的操作层及管理者对EPC/T的认知、理解和操作更进一步。通过列举量大面广、多专业、多地域的国内外实例，起到开阔眼界、取长补短、举一反三的示范作用。以欧、美、日标杆式的跨国公司在EPC工程项目总承包中组织实施的模式为例，学习其先进的管理理念、管理技术、合同格式及其行为准则，以大力提升工程项目总承包水平，开创我国EPC工程总承包的新局面。

* * *

责任编辑：李春敏 曾 威
责任设计：李志立
责任校对：陈晶晶 赵 颖

海外工程施工与管理实践丛书
EPC工程总承包项目管理模板及操作实例
杨俊杰 王力尚 余时立 主编
*
中国建筑工业出版社出版、发行（北京西郊百万庄）
各地新华书店、建筑书店经销
霸州市顺浩图文科技发展有限公司制版
廊坊市海涛印刷有限公司印刷
*
开本：787×1092毫米 1/16 印张：33¼ 字数：830千字
2014年8月第一版 2022年1月第十三次印刷
定价：**90.00**元
ISBN 978-7-112-16733-3
（25543）

主编简介

杨俊杰，高级工程师（教授级）。1935 年 1 月生，河北省沧县人，1946 年加入儿童团，1949 年转入中国新民主主义青年团（共青团前身），1956 年加入中国共产党。1995 年退休至今。

1959 年毕业于清华大学土木系，获优秀毕业生奖状。现任清华科技园北京厚德人力资源有限公司工程管理研究中心首席专家。中国对外承包商会国际工程资深专家，中国工程咨询协会工程项目管理指导委员会专家，国家注册造价工程师。

1959 年至 1981 年，先后在国防部第五研究院和航天部第七设计研究院工作，曾任技术员、工程师、生产组长（处级）。曾参加编制国防尖端科技 18 年规划（1963－1981），依据型号数据及工艺条件，负责计算厂、所基本建设的全寿生周期内的研制和产品规划，并协助设计研究院领导，主管设计生产计划和技术管理等。因业绩出色，1962 年被国防部第五研究院授予先进工作者。

1981 年至 1995 年在中国建筑工程总公司海外部、中建驻利比亚经理部、中建驻沙特代表处工作。曾任营业部经理、工程部经理、代表处代表、项目工程师、专家组组长、副总工程师、总工程师（副局级）等职。曾参与国内外百余个工程项目的勘测设计、投标报价、合同谈判、施工管理和工程项目管理。在参加中沙两国合作协议的 EPC/T 特大型工程项目施工中，由于参与工程项目现场管理和协调表现突出，以及对中沙建交有一定贡献，1990 年金轮工程公司（总参谋部单位）授奖三等功。

主要著作有：《工程项目安全与风险全面管理模板手册》《业主方工程项目现场管理模板手册》《工程承包项目案例及解析》《工程承包项目案例精选及解析》《国际工程报价实务》《国际工程管理实务》《国际工程招标》《投标、报价与咨询监理（参考资料）》《国际工程索赔实务讲义》《FIDIC 合同条件解读与案例应用讲义》《工程项目风险全面管理讲义》等；参编的有：《中华人民共和国招标投标法全书》《建筑施工手册（第五分册）》《国际工程承包手册》《国际工程风险管理研发课题》以及《清华毕业 50 年践行录（2009 年版）》等。

王力尚，高级工程师，国家一级建造师，英国皇家资深建造师，1971年3月生，安徽省萧县人，中共党员。1994年毕业于青岛理工大学工民建专业本科，2003年毕业于清华大学土木水利学院土木工程专业硕士，2012年就读于美国霍特国际商学院工商管理硕士（EMBA）。现社会兼职：中国建造师协会会员、英国皇家建造师资深会员（FCIOB）、中国建筑学会工程建设学术委员会会员、中国建筑绿色建筑与节能专业委员会会员、中国建筑BIM学术委员会会员。

1994年至今，先后在青岛建设集团公司、中建总公司系统任职现场施工技术员，现场经理，项目总工，项目经理，部门经理及公司技术负责人，公司副总工等。2009年“国际工程总承包RFI编制管理方法”等4项工法获得中建海外一等奖、二等奖工法，2009年获得中建海外科技优秀成果一等奖，2010年获得第20届北京市优秀青年工程师奖励，2011年获得中建总公司优秀施工组织设计二等奖，2011年获得第3届全国优秀建造师，2012年第7届全国优秀项目管理成果一等奖，2012年“燥热临海地区桩基负极保护施工工法”获得中建总公司省部级工法，2013年“阿联酋超高层液压式建筑保护屏施工工法”获得中建总公司省部级工法等奖励。

主要专长：公司技术管理/项目管理/施工技术与质量/课题研究，国际工程技术管理的创新与思路，国际项目工程的深化设计与RFI编制管理，国际EPC项目总承包与项目管理，价值工程在国际EPC项目中的应用，翻模施工技术在构筑物中的应用，钢管高强混凝土结构研究，大跨度异型网架滑移施工技术，群塔施工技术等。已在《建筑结构》、《工业建筑》、《施工技术》、《混凝土》、《建筑科技》、《建造师》等期刊发表论文80余篇。

余时立，1964年生，四川成都人，机械工程学士、国际金融硕士，现任中国广厦建设集团副总经理、广厦中东建设有限公司董事长，全面负责广厦集团中东地区的经营管理（主要包括能源、地产开发和工程建设）。“中国经济建设风云人物”，中国第九届建设工程“国际杰出项目经理”，英国皇家特许建造师，中国华侨华人联合会青年委员，阿联酋华侨华人联合会副主席、监事会主席，四川省特邀海外政协委员，四川省海外交流协会副会长，中国广厦集团“优秀经营者”。

曾任四川五矿机械进出口公司驻海外首席代表，组织完成了泰国6座年产超过20万吨水泥厂的建设项目，2008～2010年，作为阿联酋迪拜皇家跑马场建设项目总指挥，全面组织完成了该项目建设，得到了迪拜皇家的充分认可和当地市场的广泛好评；该工程项目合同总额超过23亿迪拉姆（40多亿元人民币），是全球最大的赛马场建设项目，也是中国企业在阿联酋承接的最大单体建筑项目。具有丰富的机械设备出口、海外建筑工程建设和国际经营管理工作经验。

前　言

EPC交钥匙合同是国际上流行了几十年的工程承包模式，受到了业主、承包商、咨询公司等的青睐和欢迎，但在实施中却千差万别，在不同层面、不同侧面、不同角度对EPC交钥匙合同条件有不同的理解和采取了不同的做法，尚未完全按照FIDIC出版的标准的《设计采购施工（EPC）交钥匙工程合同条件》进行工程建设，甚至没有做到“执法如山，守身如玉”的底线要求。主要表现为：大多数业主方前期工作比较粗糙，言之凿凿但资料不足，仅仅靠一纸提纲和简单的说明书就进行招标并与总承包商就技术问题和商务条件谈判；承包商对EPC工程总承包也有片面之处，常常把设计、采购、施工或试车等“一体化”的东西变成“分体化”，即分解为设计、施工、采购三个专业工程项目，这就离开了EPC工程总承包的初衷，偏离了大方向；有的咨询公司对EPC模式不熟悉，在监理和管理过程中出现这样那样的问题，甚至责任心不强、不公正、不透明、不按程序处理过程中产生的主客观问题；从国家层面讲，国内技术标准、技术规范、技术规定的国际化问题是我们承揽和发展EPC工程总承包项目的比较大的障碍和瓶颈，是目前中国公司更好、更多“走出去”的一大关键点。总之，在实践EPC工程总承包项目中，对此模式的特点、共性、做法和优越性，确如古人所云：“差之毫厘，失之千里”，我们的参与者们还未有达到默契实效、合作共赢、立竿见影的地步，更未取得令人鼓舞的惊人成就。

本书编写的目的是：

一、以《设计采购施工（EPC）/交钥匙工程合同条件》为根基，完整地反映EPC工程项目总承包的面貌和全过程，使工程业界的决策层、管理者、实施操作者及其一般工程管理人员掌握其要点、精髓和核心，在大型、特大型项目的实践上，在工程总承包能力上、在人才素质上下一番苦功夫。

二、以模板的方式方法对该模式进行解读，或表述、或示例、或简析、或说明，使工程总承包项目的操作层及管理者便于对EPC加深认知、理解，得心应手地操作和管理，让从事EPC工程总承包项目的经营管理者从中受益。

三、列举量大面广、多专业、多地域的国内外的精彩实例，展示EPC工程总承包模式的理论正确性、实践可操作性、效果良好性。使之起到开阔眼界、取长补短、举一反三的示范作用。在“格物致知”的基础上进行探索研究，以自勉、自警、警人。“勤苦为体、谦逊为用”，在学习中提高，在提高中创新。

四、以欧、美、日标杆式的跨国公司在EPC工程项目总承包中的组织实施模式为例，学习其先进的管理理论理念、管理技术和工具，以及合同格式及其行为准则，汲取其精华细节补我所短所缺，大力提升工程项目总承包水平，开创我国EPC工程总承包的新局面。

五、本书编写的目的，不仅要适用于中国公司现实与未来投资，如BOT类项目或类似投资模式下的设计采购施工（EPC）合同，还可适用于所有包括各类雇主实施的电气、机械、高科技和其他工业领域的承包工程项目。另外，本书还提出在核查评估EPC项目时的特别注意事项。

概而言之，本书的核心要义是力助中国工程公司实施 EPC 工程总承包时，解决某些 EPC 关系中的短板。

几年来，笔者一直对此领域进行策划构思、资料准备、案例采集，并调研和积累了可观的材料，并受到天津大学资深国际工程专家何伯森教授、张水波教授等一贯的鼎力支持和无私帮助。李清立、杨大伟、孟宪海（英）、杨劲（加）、金铁英、秦玉秀、郝智琪、韩周强、高峰、刘辉、高也立、邵丹、江雁等，或赐教策划，提出意见及建议，或提供信息，或发给资料，或给予案例，或协助制作图表、打字排版等某些操作，笔者对此表示衷心的感谢。本书在撰写过程中，学习参考了国内外同行们的大量论著、论文，其细致、生动、真实和精彩之处均放在案例简析中提及并在书末参考文献内列出，在此不胜谢意！虽然笔者对 EPC 理论的得与失、工程总承包项目的实践与经历、EPC 实施中涌现的新问题都做了认真思索和归纳，但仍感缺乏真知灼见，恳请各位行家和读者们，切磋弥补其挂一漏万之处，建言献策提出校正之谏，笔者实为敬佩迎纳。

笔者曾在 1998～1999 年于沙特阿拉伯参加中国和沙特的国家合作项目，总价 30 亿美元，设备费占 80%以上，装修豪华，内部各车间厂房实验室等工作环境标准相当高，是一个使人惊叹不已的土建工程总价高达数千万美元的第一个 EPC/T 工程总承包项目。在国家领导人及相关部门的关注、支持、协同下，最终取得了政治、社会、外交和经济利润丰厚的令人瞩目的成果，被称为“金色的一页”，受到业主方的高度赞誉。但是，设计采购施工（EPC）交钥匙工程总承包项目管理和实践涉及多领域、各方面的理论知识，包括融资、法律、技术、管理、人才、商务、合同、信息、物流等，还要熟思审处，对项目细节需有一定的把握权衡。我们要在 EPC 模式下开拓新天地，就必须在 EPC 的认知度、熟悉度和操作度上达到很高水平，才能在实践中立于不败之地，超越自身，经天纬地，成为行家。凡事贵在专，必须学习学习再学习！实践实践再实践！作为 EPC 工程总承包的一名践行者和研习者对此感同身受，体验颇深。尽管编著时夜以继日、尽力而为，还感兀漏不免，恳望众人教正幸甚！话休絮烦，此谓前言，谢谢读者。

杨俊杰
于清华陋室

目　录

第 1 章　总　论

1.0　总论框图

对 EPC 模式工程总承包整体来讲，其特点突出，内涵丰富，主题元素为目标多赢。如把辩证思维、科学方法论、工程学系统论、核心价值观与工程总承包项目相密合，实施总承包项目细节化（包括总承包项目的项目决策、可行性研究、投标报价、合同谈判签约、设计、采购、施工、安装、试运行、项目验收、移交业主、功能评估、项目总结、绩效考核等全过程全方位）、项目管理系统化（包括项目实施各层面、各阶段、各程序、各资源）、项目团队能动化、人性化等治理管控原则，则该项目肯定会在人、财、物、思想、经验等方方面面获得大丰收并将持续发酵。本总论将以论述、示例和案例的方式展现给读者。

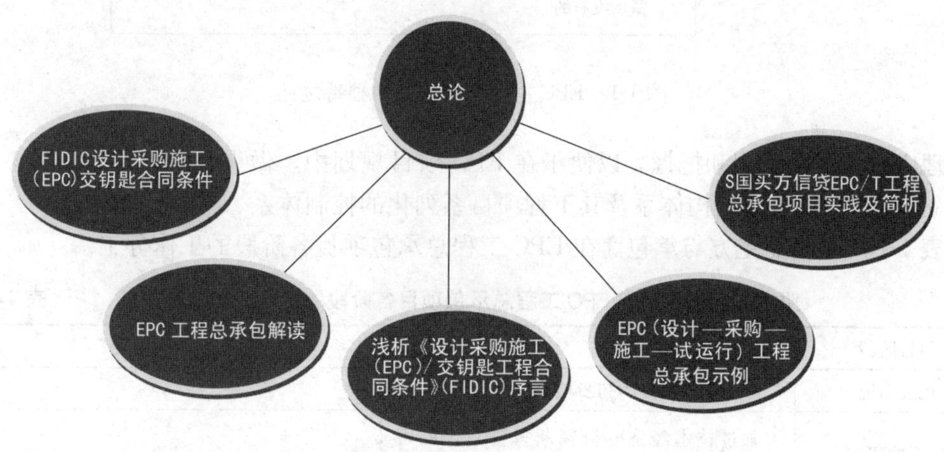

1.1　FIDIC 设计采购施工（EPC）交钥匙合同条件①

设计—采购—施工合同，简称 EPC 合同，实际上是设计、施工合同的一种演绎形式。美国人习惯称它是交钥匙工程；欧洲人仍称它为 EPC 承包工程项目。

1.1.1　EPC 合同条件优缺点及特点简述

EPC 合同条件具有不少独特之处，如图 1-1 所示。

总之，机遇与风险并存在 EPC 合同条件模式下更加凸显。作为有经验的总承包商，

① 摘编自张水波、陈永强的《EPC 交钥匙合同与管理》，北京：中国电力出版社，2009。

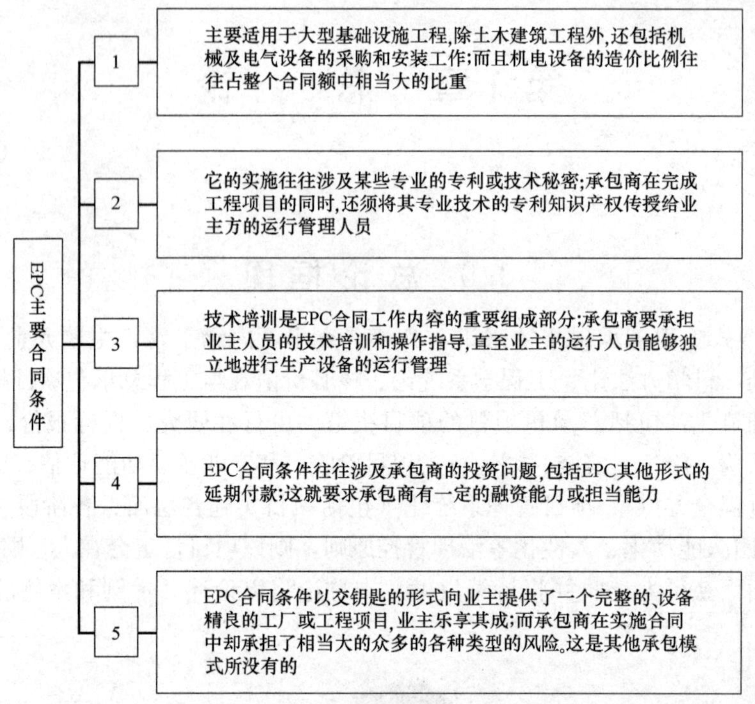

图 1-1　EPC 主要合同条件的独特之处

对此理应有清醒的认识和把握，以便于在 EPC 项目规划中，做得精心、深入实际，还包括建立 WBS 工作分解结构体系及其工程项目系列化的控制体系。

表 1-1 所示是业主方与承包商在 EPC 工程总承包项目各阶段的工作分工。

业主方与承包商在 EPC 工程总承包项目各阶段的工作分工一览表　　表 1-1

项目阶段	业　主	承　包　商
机会研究	项目设想转变为初步项目投资方案	
可行性研究	通过技术经济分析判断投资建议的可行性	
项目评估立项	确定是否立项和发包方式	
项目实施准备	组建项目机构，筹集资金，选定项目地址，确定工程承包方式，提出功能性要求，编制招标文件	
初步设计规划	对承包商提交的招标文件进行技术和财务评估，和承包商谈判并签订合同	提出初步的设计方案，递交投标文件，通过谈判和业主签订合同
项目实施	检查进度和质量，确保变更，评估其对工期和成本的影响，并根据合同进行支付	施工图和综合详图设计，设备材料采购和施工队伍的选择、施工的进度、质量、安全管理等

续表

项目阶段	业 主	承 包 商
移交和试运行	竣工检验和竣工后检验，接收工程，联合承包商进行试运行	接收单体和整体工程的竣工检验，培训业主人员，联合业主进行试运行，移交工程，修补工程缺陷

注：1. 尽管EPC工程总承包项目前期，承包商没有介入什么工作，但聪明的EPC承包商应当有负责信息化工作的部门和管理人员，掌握一定的项目进展信息是完全必要的。
2. 当业主方进入到项目实施准备时，承包商也应当启动对该工程项目EPC总承包有针对性的自身准备工作。
3. 而后，基本上是按正常的招标投标流程及程序，以总承包商的身份主动地、有条不紊地安排各阶段相应的工作。

1.1.2 EPC合同条件的难点及注意事项

包括需重点关注的五个方面，以及十一个细节（当然不限于），如图1-2所示。

1.1.3 《EPC交钥匙合同条件》及其主要问题

EPC交钥匙合同条件及其主要问题如图1-3所示。

1.1.3.1 EPC合同条件的适用范围

在EPC这类合同模式下，承包商的工作范围包括设计、工程材料和机电设备的采购以及工程施工，直至工程竣工、验收、交付业主后能够立即运行。这里的设计不但包括了工程图纸的设计，还包括了工程规划和整个设计过程的管理工作。因此，此合同条件通常适用于承包商以交钥匙方式为业主承建工厂、发电厂、石油开发项目以及大型基础设施项目或高科技项目等，这类项目的业主一般要求：合同价格和工期具有“高度的确定性”，因为固定不变的价格和工期对业主来说至关重要；承包商始终需要全面负责工程的设计和实施，从项目开始到结束，业主很少参与项目的具体执行。所以，这类EPC合同条件适合那些要求承包商承担大多数风险的项目。对于采用此类EPC模式的项目应具备如图1-4所示的条件。

1.1.3.2 业主与承包商的风险分担

在EPC合同条件中，第17.3款业主的风险中明确划分了业主与承包商的风险分担情况，业主与承包商的风险分担情况如图1-5所示。

从上面的对比来看，业主在EPC合同条件下承担的风险要比在新黄皮书、新红皮书下承担得少，最明显的是减少了上面关于“外部自然力的作用”的“h项”。这就意味着，在EPC合同条件下，承包商一方就要承担发生最频繁的“外部自然力的作用”这一风险，这无疑大大地增加了承包商在实施EPC项目过程中的风险度。

从其他一些条款中，也能看出EPC合同条件中，承包商的风险要比在新黄皮书和新红皮书中多。如：EPC合同条件第4.10款现场数据中明确规定：“承包商应负责核查和解释（业主提供的）此类数据。业主对此类数据的准确性、充分性和完整性不负担任何责任……”，而新黄皮书和新红皮书的相应条款中规定的则比较有弹性：“承包商应能负责解释此类数据。考虑到费用和时间，在可行的范围内，承包商应被认为已取得了可能对投标文件或工程产生影响或作用的有关风险、意外事故及其他情况的全部必要的资料”。EPC合同条件第4.12款不可预见的困难中规定：（1）承包商被认为已取得了可能对投标文件或工程产生影响或作用的有关风险、意外事故及其他情况的全部必要的资料；（2）在签订合同时，承包商应已经预见到了为圆满完成工程今后发生的一切困难和费用；（3）不能因任何没有预见的困难和费用而进行合同价格的调整。而在新黄皮书和新红皮书的相应条款第4.12款不可预见的外部条件中却规定：如果承包商在工程实施中遇到了一个有经验的承包商在提交投标书之前无法预见的不利条件，则他就有可能得到工期和费用方面的补偿。对比两者不难发现，在EPC合同条件下，承包商承担的各类风险要比新黄皮书和新红皮书多得多了。

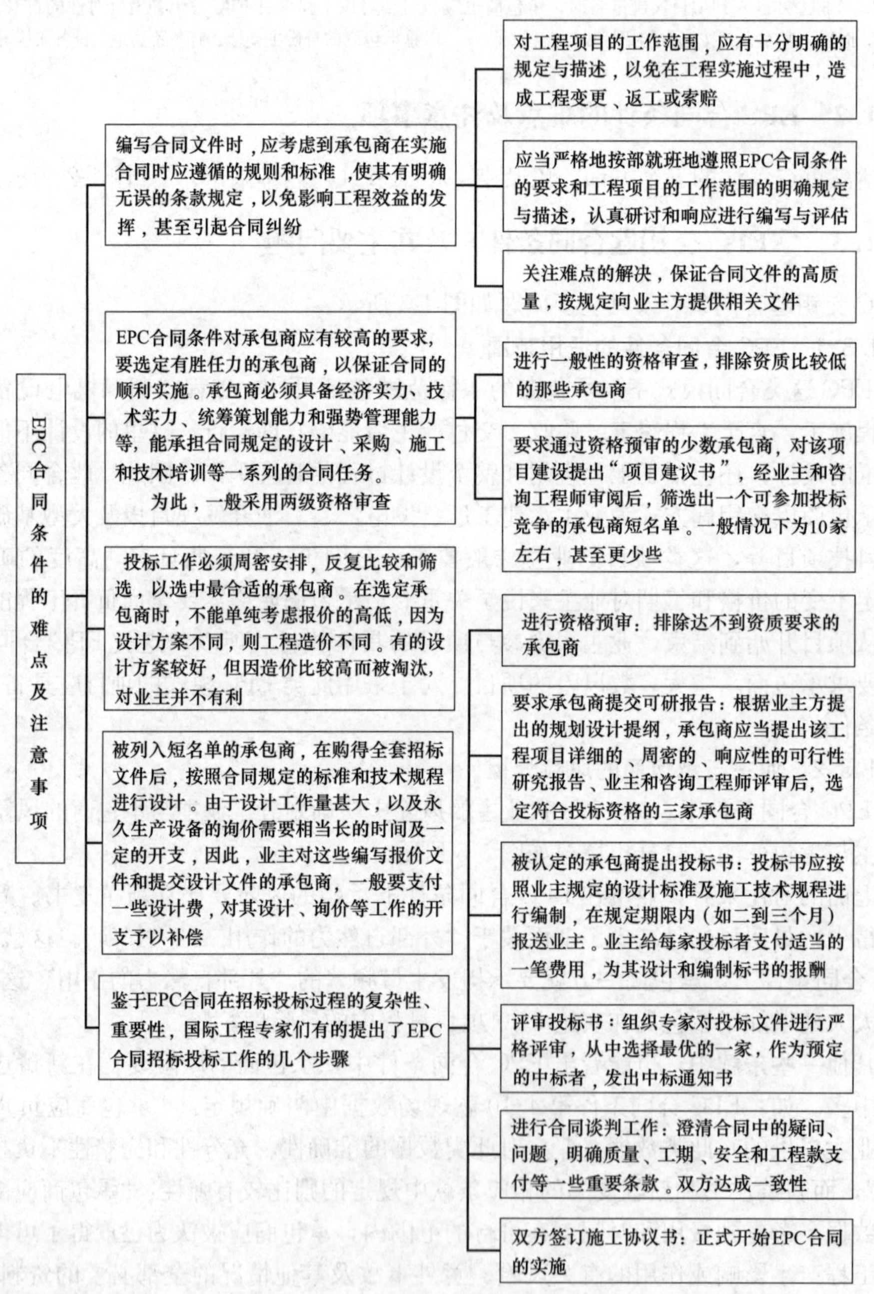

图1-2　EPC合同条件的难点及注意事项

1.1.3.3 EPC模式的管理方式

与新红皮书和新黄皮书不同，在EPC合同条件下业主不聘请“工程师”这一类角色来管理工程，而是自己或委派业主代表来管理。按照第三条业主的管理的规定，如果委派业主代表来管理，一般来说，业主代表应是业主的全权代表。除非合同另有规定，如果业主想替换业主代表，只需提前14天通知承包商，不需要征求承包商的同意。而在新红皮书和新黄皮书中，业主如果想更换工程师，则前来接任原来的工程师的人选需要经承包商同意。

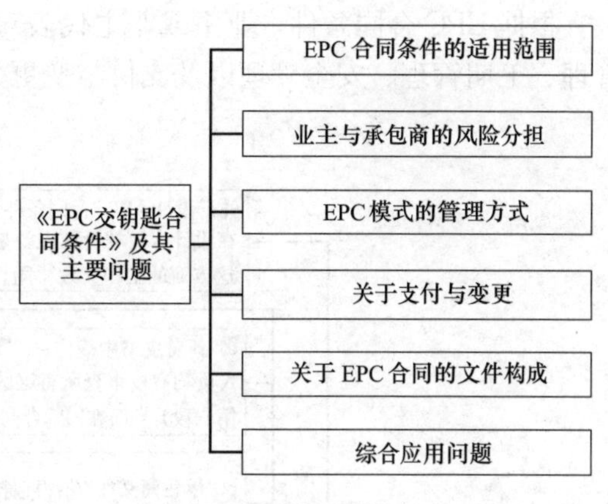

图1-3 《EPC交钥匙合同条件》及其主要问题

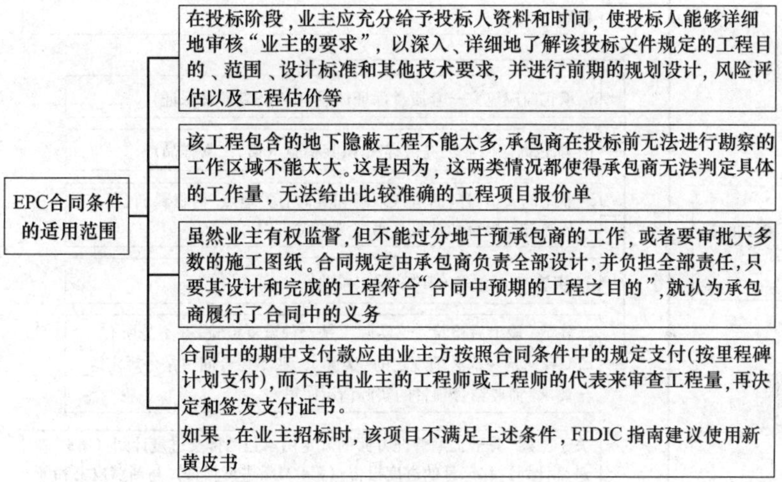

图1-4 EPC合同条件的适用范围

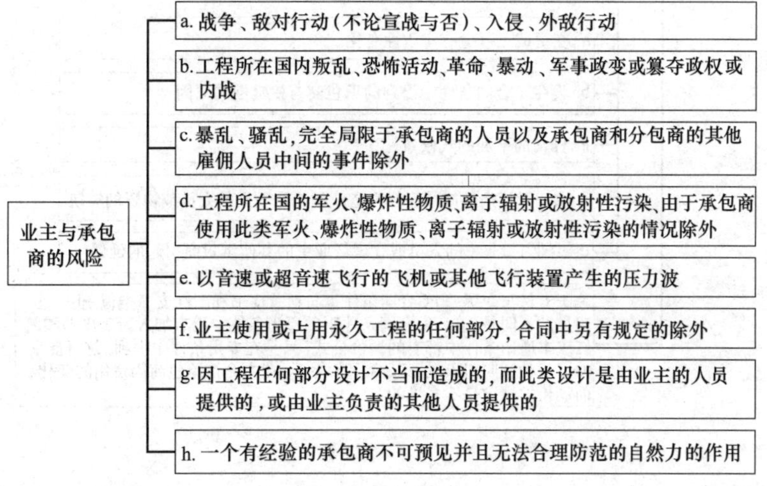

图1-5 业主与承包商的风险

根据 EPC 合同条件，业主或业主代表对承包商的管理，总体上包括设计管理、质量管理、工期管理、安全管理以及支付与变更方面等工作，如图 1-6 所示。

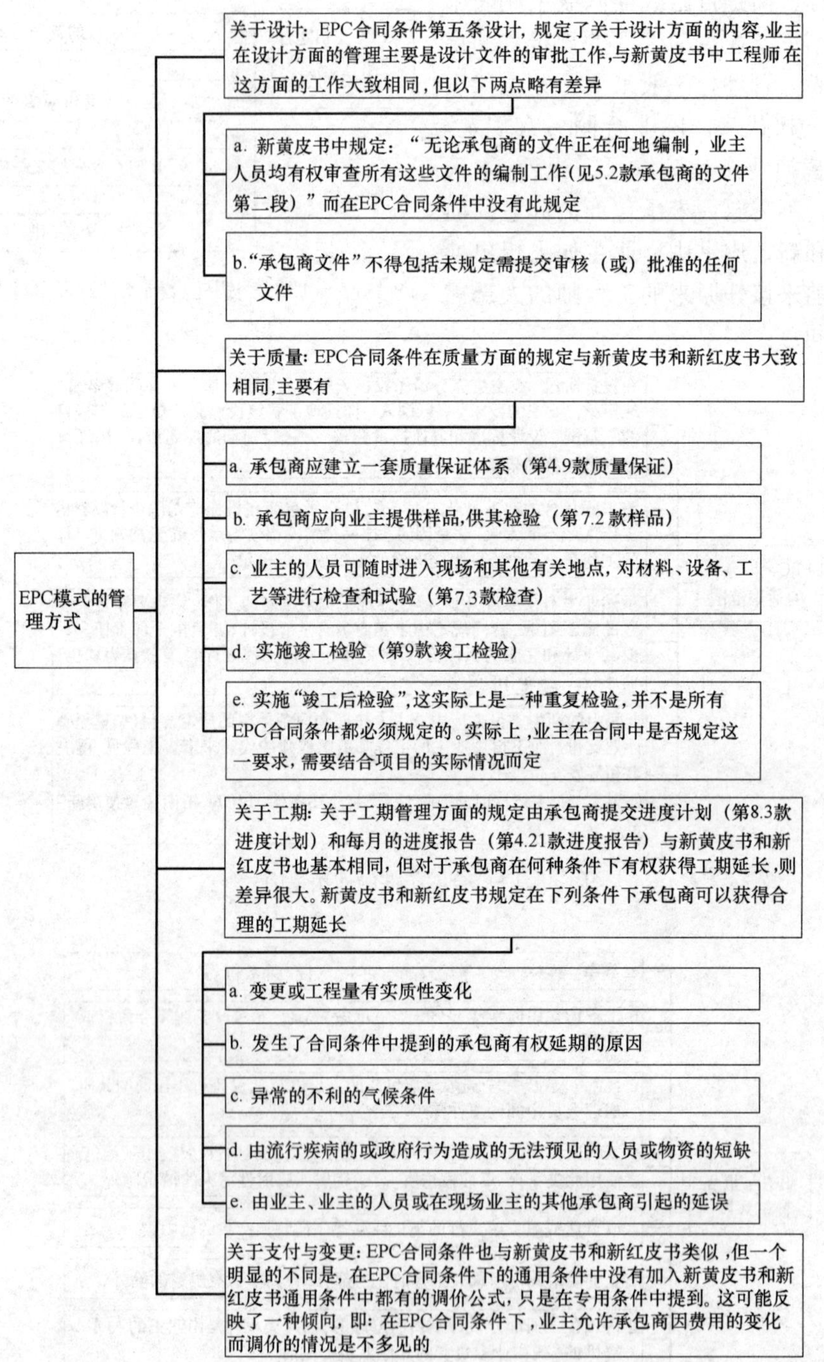

图 1-6　EPC 模式的管理方式

1.1.3.4　关于 EPC 合同的文件构成

在 FIDIC 的标准 EPC 合同条件中规定下列文件构成 EPC 合同通用条款、专用条款，如图 1-7 所示。

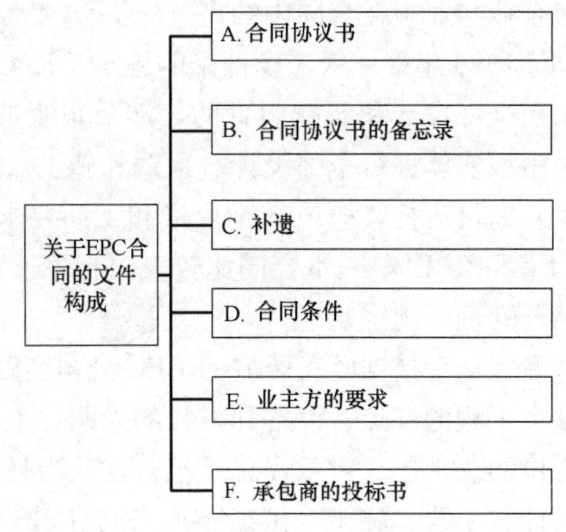

图 1-7　关于 EPC 合同的文件构成

在 EPC 项目的文件中，仍存在业主签发“中标函”文件的情况。

1.1.3.5　综合应用问题

由于 FIDIC 倾向于各类合同条件的统一性，在编制 1999 年新版 FIDIC 合同条件时，均采用了相同的编排结构，相关条款也尽可能采用同样的措施。EPC 合同条件与新红皮书和新黄皮书几乎每条都有相同的地方。如不可抗力、争端解决等与新红皮书和新黄皮书的规定相同。这样，从合同管理的某种意义上讲，几个合同可以有互补性、参照性，对承包商有益。

虽然 FIDIC 在编制 EPC 合同条件时，设想的是业主参与工作很少，大部分施工图纸不需要经过业主审批。但在实践中，对 EPC 项目管理参与程度并不太统一。有的业主对项目控制比较松，符合 FIDIC 在此类项目的管理思路，有的业主则委派一个项目管理公司作为代表，对项目从设计、采购、施工进行了严格管理。EPC 承包商面对不同情况，需要有一定的原则性和灵活性，便于综合应用。

1.2　EPC 工程总承包解读

多年来，国内外建设工程项目日益大型化、复杂化、集成化，业主倾向于由一家承包商承担规划设计、设备材料采购和项目施工等全部责任。EPC、PMC、BOT 和 PPP 等“三族”承包方式成为国内外大型工程项目广为采用的模式。这里所谓“族”的概念是指一组关系密切的工程组织形态。2003 年以来，欧、美、日等国已有一半以上的工程项目采用 EPC 方式承包运作。

目前，工程总承包是国际上力行的建设工程项目组织与管理的有效实施方式的主流，是我国入世后，跨越式与国际工程实施管理模式接轨的战略要求，是加速建设工程全面改革，增强承包企业综合实力、提高国际竞争力、落实中央“走出去”大政方针的挑战与机遇。

1.2.1　工程总承包基本概念及其特征

笔者近年来查阅了国内外有关工程总承包基本理论的大量文献，关于工程总承包的主要论点如下：

建设部提出的工程总承包的基本概念是：工程总承包是指工程总承包企业受业主委

托，按照合同约定对工程项目的勘察、设计、采购、施工、试运行（竣工验收）等实行全过程或若干阶段的承包。该总承包可依法进行分包，其具体方式、工作内容和责任等由工程总承包企业与业主在合同中约定。

FIDIC 1999年第一版《设计采购施工（EPC）/交钥匙工程合同条件》中指出："由一个实体承担全部设计和实施职责的，涉及很少或没有地下工程的私人融资的基础设施项目。……由该实体进行全部设计、采购和施工（EPC），提供一个配备完善的设施（"转动钥匙"时）即可运行。……最终价格和工期要求更大的确定性"（详见表1-2，FIDIC对CONS、P&DB、EPC三本合同比较表中有关于它的使用性、法律性、风险性和争端、付款、索赔及管理等规定）。

某些专家学者根据欧美著名的EPC公司实践，解释EPC为一个总承包商或承包商联营体对整个工程的设计、设备和材料的采购、工程施工、工程试运转直至交付使用的全过程、全方位的总承包。对工程总承包普遍认为是指工程总承包企业按合同约定，承担工程项目的设计、采购、施工、试运行服务等工作，并对其质量、安全、工期、造价全面负责，最终向业主提交一个满足使用功能、具备使用条件的工程项目。

综上评述，工程总承包是一个内涵丰富、外延广泛的概念，至少有如图1-8所示的一些本质特征。

工程总承包是以系统工程学、控制论和信息技术等为理论基础，充分运用赢得值原

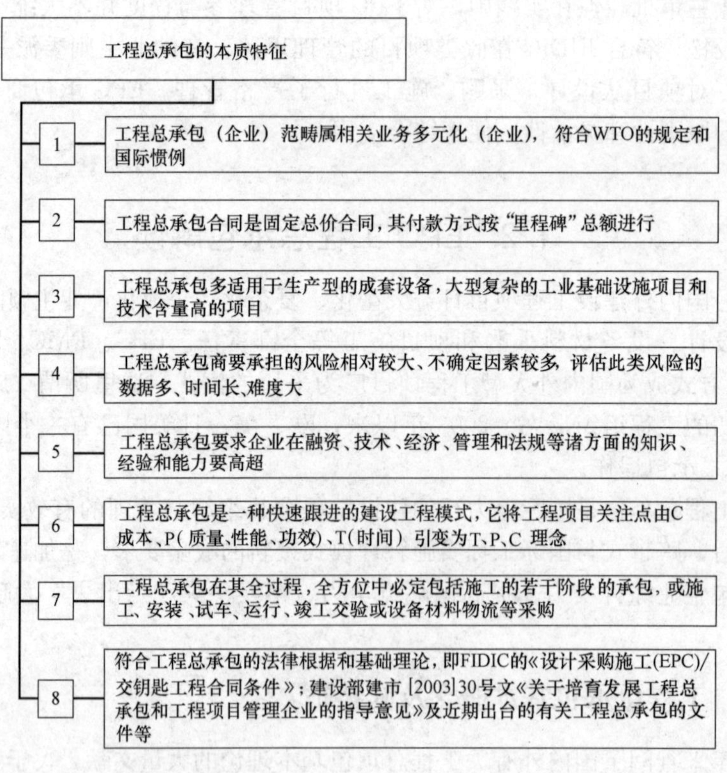

图1-8　工程总承包的本质特征

理、信息集成技术和矩阵式管理结构等对工程项目实施动态、量化和有效管控，以实现工程项目经济效益的最大化的目标，这是EPC工程总承包的精髓所在。

工程总承包与施工总承包无论从承包范围、法律层面、组织管理、风险防范以及分包、资质等主要方面都有较大区别，工程总承包与施工总承包的主要差异如表1-2所示。

1999年第一版FIDIC三种合同文本主要特点对比　　表1-2

CONS:《施工合同条件》	P&DB:《生产设备和设计-施工合同条件》	EPC/T:《设计采购施工(EPC)/交钥匙工程合同条件》
1. 推荐用于由雇主(或其代表)，承担大部分(或全部)设计的建筑或工程项目	推荐用于承包商(或其代表)承担大部分(或全部)设计的电气和(或)机械设备供货和建筑或工程项目	适用于①项目的最终价格和工期要求有更大的确定性;②由承包商承担项目的设计和实施全部职责的，加工或动力设备、工厂或类似设施、基础设施项目或其他类型开发项目
2. 一般在雇主给承包商颁发中标函时，合同在法律上生效	一般在雇主给承包商颁发中标函时，合同在法律上生效	一般按照合同协议书的规定，合同在法律上生效
替代地，也可以不要这种函，合同按照合同协议书生效	替代地，也可以不要这种函，合同按照合同协议书生效	投标函可以写明，允许采用替代做法，在雇主颁发中标函时合同生效
3. 合同由雇主指派的工程师管理。如果发生争端，交由DAB决定	合同由雇主指派的工程师管理。如果发生争端，交由DAB决定	合同由雇主管理(除非由其指派一个雇主代表)努力与承包商就每一项索赔达成协议
替代地，也可以在专用条件中规定，工程师的决定代替DAB决定	替代地，也可以在专用条件中规定，工程师的决定代替DAB决定	如果发生争端，交由DAB决定
4. 由承包商按照合同(包括规范要求和图纸)和工程师指示，设计(只按规定的范围)和实施工程	由承包商按照合同，包括其建议书和雇主要求，提供所有生产设备、设计(另有规定的除外)和实施其他工程	由承包商按照合同，包括其投标书和雇主要求，提供生产设备、设计和实施其他工程，达到准备好运行投产
5. 期中付款和最终付款由工程师证明，一般是按实际工程量的测量及应用工程量表或其他资料表中的费率和价格计算确定。其他估价原则可以在专用条件中规定	期中付款和最终付款由工程师证明，一般参照付款计划表确定 替代地，按照实际工程量的测量和应用价格表中的费率和价格的办法，可在专用条件中规定	期中付款和最终付款无须任何证明，一般参照付款计划表确定。 替代地，按实际工程量的测量和应用价格表中的费率和价格的办法，可在专用条件中规定
6. 通用条件在考虑保险可能性、项目管理的合理原则和每方对每种风险的有关情况的预见能力和减轻影响的能力等事项后，在公正、公平基础上，在双方间分配风险	通用条件在考虑保险可能性、项目管理的合理原则和每方对每种风险的有关情况的预见能力和减轻影响的能力等事项后，在公正、公平基础上，在双方间分配风险	根据通用条件，把较多的风险不平衡地分配给承包商。投标人将需要更多的对工程具体类型有关的现场水文、地下及其他条件数据，以及更多的时间审查这些数据和评价此类风险

工程总承包商与施工总承包商的主要差异见表1-3。

工程总承包与施工总承包的主要差异 表 1-3

序号	比较项目	工程总承包	施工总承包
1	工程承包范围	规划、勘察、设计、采购、施工、试车、(竣工)及其管理	施工范围内总承包
2	工程分包界面	包括全部主体工程在内的工程项目可分包给相应具备资质的承包单位	不得分包工程主体工程(有的法律规定可分包 50%内)
3	合同法律特征	仅总包商向业主承担全部合同法律责任	分包商与总包商共同向业主承担连带责任
4	工程资质要求	具备工程总承包资质等	具备施工总承包资质
5	组织运作模式	以设计为主导,统筹安排采购、制造、施工、验收等项目	按图纸合理组织施工验收
6	风险防范措施	要求极高,其原因是风险度大,项目大而杂	相对而言,风险较工程总承包小些
7	适用项目范围	基础设施项目、工业开发项目、特许经营项目、高科技领域等	适用一切工程施工项目,如公共建筑、工民建、道桥、水电项目等
8	对总包商要求	在监控能力、技术手段、操作经验、财务实力等诸方面要求全面、高超,资源整合和全面管理	施工总承包经验丰富、组织协调能力强等
9	操作成熟性	处于探索的初端,政策、法律法规、细则等尚需规范	比较全面掌握运用甚至自如,无论在组织与管理等层面上趋于成熟
10	HSE 标准	招标时即提出 HSE 的要求,标准和环保条件高,并系统化、制度化,使工作环境更趋洁净舒雅	

1.2.2 工程总承包与工程项目管理模式

国内外工程总承包与工程项目管理的主要方式及其延伸早已多样性，详见表 1-4“三族”承包形式一览表所列。从该表反映出工程总承包与工程项目管理的①责、权、利；②组织、职能；③人员构成和专长要求；④管理过程特点和管理类型；⑤工程项目实施方式、运行流程；⑥实施各阶段包括投标前后、采购、施工、试车（竣工交验）等的风险分担；⑦“三族”的优势与劣势；⑧总之，按 PMBOK《项目管理知识体系指南》的思路，应以九大管理（项目整体管理、项目范围管理、项目时间管理、项目成本管理、项目质量管理、项目人力资源管理、项目沟通管理、项目风险管理、项目采购管理等）为指南，统筹考虑工程总承包和工程项目管理的整个系统和分系统中的各种关系和问题，以免失误、失衡和失策，当工程项目择定下述形式时，理应慎之又慎地斟酌诸项指标及其细节为上。

经过数年改革和实践，我国工程项目管理体系已形成基本框架，即主要特征为“动态管理、优化配置、目标控制、节点考核”；运行机制为“总部宏观调控、项目授权管理、专业施工保障、社会力量协调”；组织结构为“两层分离、三层关系”，即管理层与作业层分离，项目层次与企业层次的关系、项目经理与法人代表的关系、项目部与作业层的关系；推行主体为“二制建设，三个升级”，即项目经理责任制和项目成本核算制，技术进步和科学管理升级，总承包管理能力升级，智力结构和资本运营升级；基本内容为“四控制，三管理，一协调”，即质量控制、进度控制、成本控制、安全控制、现场管理、信息管理、合同管理，组织协调；管理目标为“四个一”，即具有一套中国特色并与国际接轨、适应市场经济、系统性操作性强的工程管理理论和方法，具有一支由专业知识、懂法律、会经营、善管理、作风硬的工程项目管理队伍，开发应用一代促进生产力水平，提高企业经济含量的新材料、新工艺、新技术，总结推广一批高质量、高速度、高效益、具有现代化水准的代表工程。

“三族”承包形式一览表 **表 1-4**

(一)D—B族(适用于工程总承包)			
1	D-B	Design、Build	设计—建造总承包
2	LSTK	Lump Sum Turkey	交钥匙工程总承包
3	EP	Engineering、Procurement	设计—采购总承包
4	EPC	Turnkey Projects	设计—采购—施工总承包
5	EPCm	Engineering、Procurement、Construction management	设计—采购—施工管理承包
6	EPCs	Engineering、Procurement、Construction Superintendence	设计—采购—施工监理承包
7	EPCa	Engineering、Procurement、Construction Advisory	设计—采购—施工咨询承包
8	E+PC	Engineering、Procurement Construction	设计—采购施工承包
9	EP+C	Engineering Procurement、Construction	设计采购—施工承包
10	EPC EPC	maxs/c self-perform construction	工程总承包最大限度选择分包完成 工程总承包主要由总承包商完成
11	E+P+C		业主负责制(亚行、世行等贷款项目)
(二)BOT族(适于开发商、承包商融资项目)			
1	BOT	Build、Own、Transfer	建造—拥有—转(移)交
2	BOT	Build、Operate、Transfer	建造—运营—转(移)交
3	BT	Build、Transfer	建造—转(移)交
4	BOO	Build、Own、Operate	建造—拥有—运营
5	BTO	Build、Transfer、Operate	建造—转(移)交—运营
6	BOOST	Build、Own、Operate、Subsidise、Transfer	建造—拥有—运营—上市—转(移)交
7	BOOT	Build、Own、Operate、Transfer	建造—拥有—运营—转(移)交
8	BOL	Build、Operate、Lease	建造—运营—租赁
9	BOD	Build、Operate、Deliver	建造—运营—交付

续表

(二)BOT 族(适于开发商、承包商融资项目)			
10	BRT	Build、Rent、Transfer	建造—出租—转(移)交
11	BLT	Build、Lease、Transfer	建造—租赁—转(移)交
12	DOT	Develop、Operate、Transfer	发展—经营—转(移)交
13	DBOT	Design、Build、Operate、Transfer	设计—建造—运营—转(移)交
14	DBFO	Design、Build、Finance、Operate	设计—建造—融资—运营
15	DCMF	Design、Construct、Manage、Finance	设计—施工—管理—融资
16	DBOM	Design、Build、Operate、Maintain	设计—建造—运营—维护
17	ROO	Rehabilitate、Own、Operate	修复—拥有—运营
18	ROMT	Rehabilitate、Operate、Maintain、Transfer	修复—运营—维护—移交
19	TOT	Transfer、Operate、Transfer	移交—经营—移交
20	OT	Operate、Transfer	经营—移交
21	OMT	Operate、Manage、Transfer	运营—管理—移交
22	SOT	Sold、Operate、Transfer	出售—经营—移交
23	DBFO	Design、Build、Finance、Operate(Own)	设计—建造—融资—经营(拥有)
24	PPP	Public、Private、Partnership	民营参与项目、参与投资、公司合伙
25	PFI	Private Finance Initiative	私营主导融资
26	PSP	Private Sector Participation	私营参与
27	Privatisation		私有化
(三)CM 族			
1	CM	Construction Management	施工管理
2	CMA	Construction Management Agency	施工管理服务
3	CMC	Construction Management Contracting	施工管理承包
4	PM	Project Management	亦称代理管理、工程项目管理服务
5	PMC	Project Management Contractor	项目管理和承包
6	PMA	Project Management Approach	工程项目管理服务
7	PMP	Project Management Planing	工程项目管理策划
8	PMT	Project Management Team	工程项目团队管理

注：当今欧美著名承包商常用的工程总承包与项目管理形式为：LSTK、EPC 及 EPCm、EPCs、EPCa、EPIC、EP、PMC、PMT、CM 等。

1.2.3 同国外比对的主要差距

就工程总承包而言，我国工程承包公司同国外承包公司的差距是多方面的，不仅是单一的差距，是全方位的不足。主要表现为：

1.2.3.1 组织机制及其体系不完整

无论是以设计单位为主改制的或以工程承包整合的工程总承包企业，都尚未建立健全完整的、全面的工程总承包的服务功能、组织体系、人才结构体系、工程管理体系等。因此，从事工程总承包的充分条件应该说尚未完全到位，有的还相差甚远。

1.2.3.2 缺乏EPC工程总承包业务的高管人才

所谓EPC工程总承包的高管人才，是指拥有知识结构复合型、管理思想创新型、国际惯例熟悉型等的人才。工程总承包的高级管理人才包括工程总承包项目经理、合同管理专家、财务管理专家、融资专家、风险管理专家、信息技术系统专家、安全管理专家、环保专家等。这些专家型高管人才对提升EPC工程总承包能力将起到巨大的甚至是不可估量的重量级作用。

1.2.3.3 高科技创新和技术研发投入与应用差

目前，国内许多EPC工程总承包公司，还普遍缺乏国际先进水平的工艺和工程技术；无本企业的专利和专有技术；尚未建立完整的、系统的、套路化的项目管理工作手册、项目管理方法和工程项目计算机管理系统和工作程序；与国际通行的模式尚未无缝接轨等。

1.2.3.4 从政策、市场、法律、法规等层面讲尚不配套

工程总承包是更高层次的管理，推行工程总承包是大势所趋、势在必行。但首要之事必须完善相关的法律法规以及操作细则，创造良好的市场环境。对工程总承包项目管理的理论体系、运行模式、相关政策、法律法规等进行调整并进行试点、总结、提升。

1.2.3.5 我国颇具实力的工程总承包公司甚少

所谓实力主要指国际竞争力，包括智力密集、技术密集、资金密集和管理密集之大成，走国际化、现代化的道路。

我国工程总承包商国际竞争力仍很薄弱，其具体表现在以下几个方面：

（1）组织运作机制比不上国际总承包商，如针对EPC、BOT、CM等全面适应性建设滞后。

（2）整体管理水平远比不上国际总承包商，如尚不掌控现代工程管理理论方法的自如运用。

（3）对工程项目全过程监控比不上国际总承包商，如工程项目现场实施精细管理和项目执行力不严。

（4）国内总承包商的资金运作和融资能力不强，如项目融资的新发展的应用不到位，银企贸结合度不够。

（5）在项目中的技术创新度、科技开发度远远落后于国际总承包商，如信息技术的应用和信息化建设尚未全方位发挥其功能。

（6）全球化工程市场拓展上比例不对称，如占领市场份额还比较少。

（7）国内总承包商的业务域面单一化，远不如国际大承包商的业务范围广阔，如建筑及相关工程服务，开拓的专业仍大有拓展空间。

（8）与国际上的某些业主、某些大承包商等缺少固定的合作关系，如涉及技术尖端工程项目，往往被发达国家总承包商垄断。

（9）复合型高端人才远远比不上国际总承包商，EPC专项培训力度比较差，这是一个根本性问题。

总之，千言万语归结为一条，即：中国总承包商、承包商、分包商等的“商道”不如国际大承包商们。

所谓“商道”泛指在建筑业的交流及相关工程服务领域内的一切从业人员应聚集的理论研修、业务素质、作为能力、道德自律、文化涵养和操守水平等的通称。

工程项目的采购模式基本处于传统阶段。当今，国际建筑市场上，EPC、BOT、CM三族及其延伸模式已成国际大承包商承揽并实施工程总承包的主流，而我们还在理论认识、统一思想、实践摸索阶段。在法律法规、经营权限、政府担保、投资回报、外汇问题、风险分担等诸项问题上，还没有支持配套的政策措施。

1.2.3.6 工程项目的风险管理差距显著

国际跨国公司总承包的工程风险融资及其建立的体系完整、健全，运用成熟、十分成功。如美国的工程保险是迄今应用广泛、效果极佳的应对工程风险的管理手段之一。美国工程保险涉及十余种之多。而我们的风险管理理念陈旧，手段单一、成熟度差、运作无效、服务体系和保障机制不到位等。

1.2.3.7 健康、安全和环境（HSE）尚未全面落实

国际总承包商总是把这一工程项目中的重要组成和评价指标体系放在首要地位。美国某些国际大承包商在全球范围内的工程项目安全始终保持零的纪录，几乎所有总承包的工程项目均制订出台现场环境、安全和健康规划及具体操作、检查、监管手册。我们的健康、安全和环境意识差，缺乏一套检查、监督的有效机制，更谈不上建立刚性指标来制衡企业的发展。

1.2.3.8 缺乏可行的可持续发展规划（纲要）

国际总承包商非常注重本企业的发展战略规划，包括近期、中期和远期的奋斗目标。注重目标的可行性、可操作性、可持续发展性；该目标是集企业领导、专家学者、全员职工等智慧之结晶；总结成功与失败、现实与未来、主业优势与非主业劣势、运作措施与保障机制等反复比较的结果。这是值得我们研用的。

国外工程总承包企业在业务领域的广深度上、组织管理的成熟度上、人员素质的商道上、工程总承包方式多样化上、管理技术手段的超水平上……总之，在工程总承包的运管上，其特点突出、优势明显、国际竞争力强势，值得国人一学，详见表1-5国外工程总承包运管特点举例。

国外工程总承包运管特点举例　　表1-5

	项目	工作内容	备　注
1	业务领域	基础设施、铁路、公路、桥梁、水力、电力、石化、高科技领域、公共建筑、机场建设、供水及污水处理或类似工程	参见FIDIC EPC/交钥匙工程合同条件及英国、美国等著名合同条件格式
2	组织结构	公司大都采用事业部制，设有项目管理部、项目控制部、设计部、采购部、施工部等	参见公司典型组织机构框图、项目组织架构图举例及示例
3	人员构成	常以设计人员为主体包括设计、采购、施工、试车、商务及项目管理人员等专家群组成	大体比例为：设计人员占40%～50%；各类技术人员（包括设计）占85%以上

续表

	项目	工作内容	备　注
4	工程总承包方式	交钥匙总承包、设计采购施工总承包、设计采购施工管理总承包、设计采购施工监理总承包、设计采购和施工咨询、设计采购总承包、设计采购安装施工总承包等多为常用	参见表1-4
5	工程项目管理	主要采用项目管理承包、项目管理组、施工管理等；多采用矩阵型项目管理模式和项目管理的集成化	参见表1-4之(三)项目管理集成化包括范围、进度、费用、实施计划和责任分工等多项管理
6	项目管理技术	包括以下主要技术手段和方法：①项目管理手册；②项目管理程序文件；③工程项目管理数据库；④工程规定；⑤(各公司)集成化管理软件；⑥计算机系统和网络体系等	还包括EPC工程项目总承包管理标准、工作标准、专业技术标准的流程化、程序化、规范化和科学化
7	工程总承包公司特点	业务面域宽泛；管理功能强化；组织架构完备；技术手段先进；国际竞争力强	参见跨国公司的标杆公司和案例、实例部分和示例展示及其图表等
8	市场份额	市场占有率高，一般占公司市场总额的60%～85%左右	欧、美、日、德等大型国际跨国公司的经营服务范围日益扩大，有的是全球性的，在世界上许多国家设置有限责任公司或经理部。 目前，中国公司正在力求向此方向发展

国外工程承包公司总部机构、项目管理机构举例，如图1-9～图1-11所示。

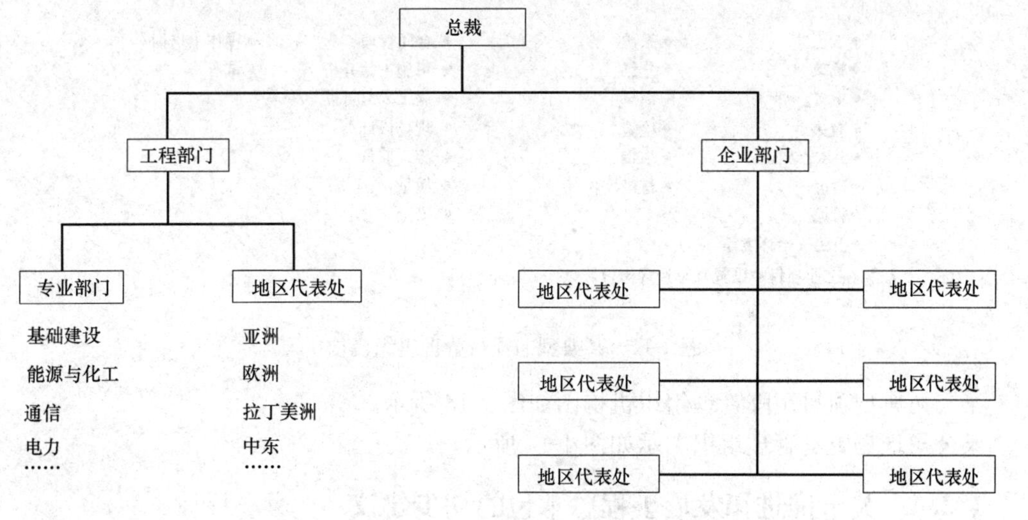

图1-9　总部组织机构

中国某承包公司总部机构、项目管理机构、现场施工管理机构框图见图1-12。

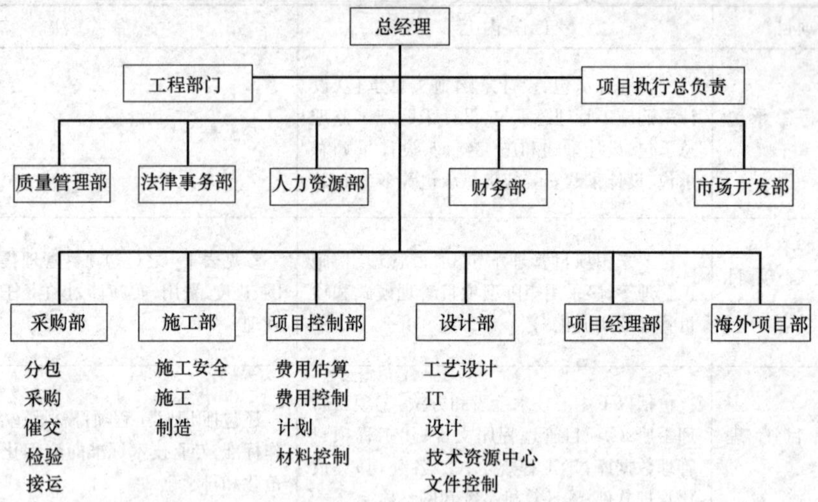

图 1-10　美国 ABB LUMMUS 公司的组织结构

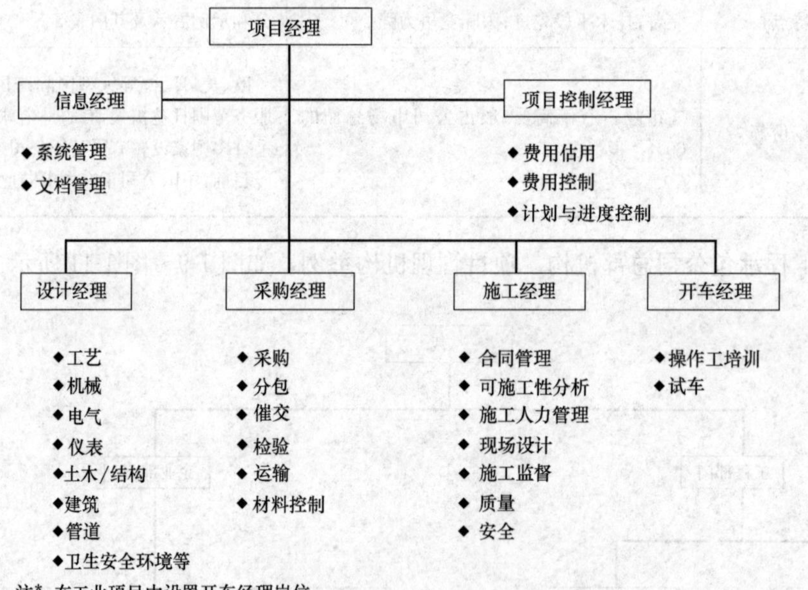

图 1-11　某典型的项目管理组织机构

某公司典型项目矩阵管理组织机构图如图 1-13 所示。

某公司现场施工管理组织图示如图 1-14 所示。

1.2.4　关于推进和发展工程总承包的初步建议

为推进和发展工程总承包，解决存在的问题和缩小国际差距，提出如下措施建议：

(1) 改善国内政策环境。应建立和完善并配套相关法律、法规和主管部门的规章条例，解决好工程总承包的市场准入问题。大力宣传、学习和统一对工程总承包的认识，包括工程总承包的特点、优势、难点和典型实例等。

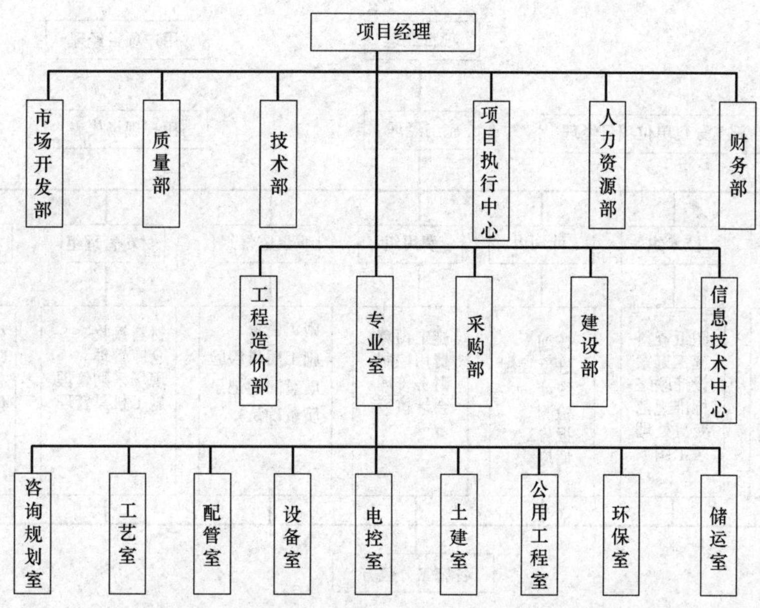

图 1-12 中国某承包公司总部机构、项目管理机构、现场施工管理机构框图

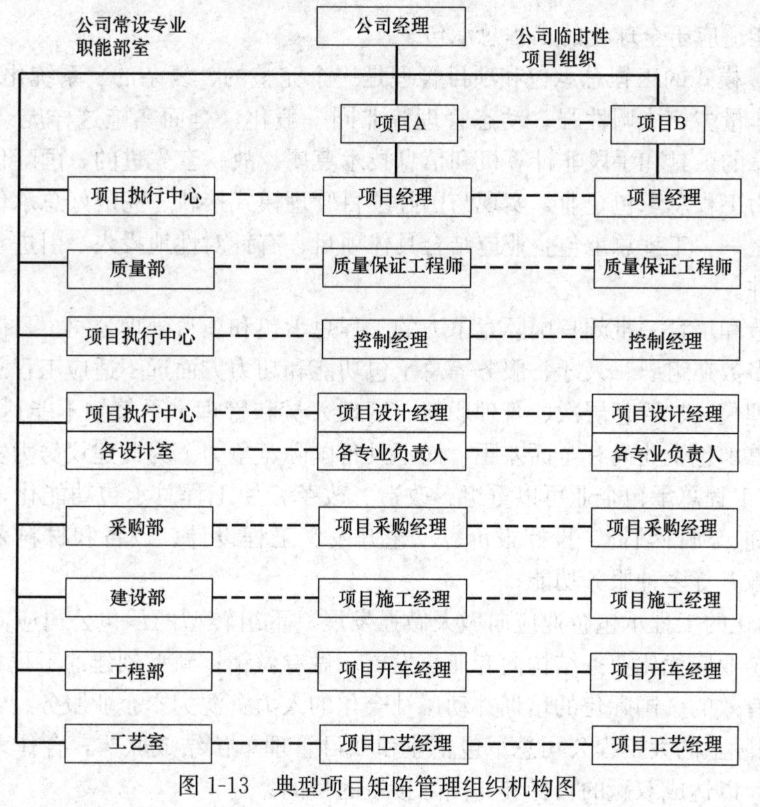

图 1-13 典型项目矩阵管理组织机构图

（2）加大人才培育力度。国以人兴、企以才强，人才培养是工程总承包的根本性、基础性、重中之重的要害性、关键性工作。工程总承包企业急需一大批项目经理、设计经理、采购经理、施工经理、控制经理、财务经理、开车（竣工）经理以及计划、费用、融资、保险、质量、安全、风险、索赔、谈判、合同、材料设备等专业技术、管理人才和高

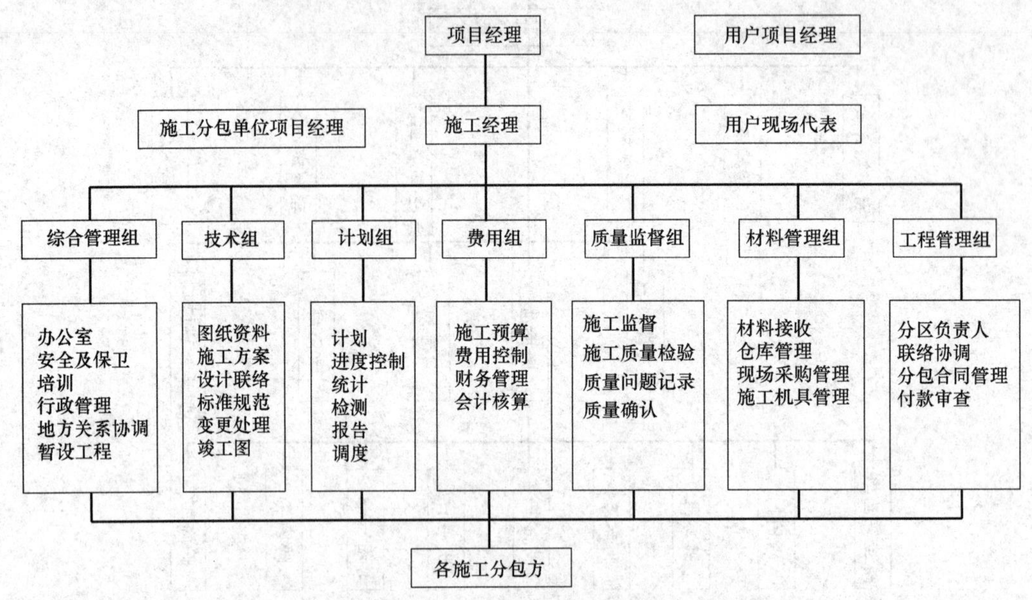

图 1-14 现场施工管理组织图示

端专家，才能适应于全球化的工程总承包。

(3) EPC 模式的工程总承包和项目管理是一个完整的、复杂的、系统化的运作过程。难度大、工作量多、协调性强、动态管理等非同一般化，全面实施这样庞杂的工程总承包，唯一可靠的工具和手段非计算机和信息技术莫属。故一套先进的、国际化、网络化的管理软件成为工程总承包企业，实现与国际项目管理模式接轨、完成好总承包项目管理的标志性指标之一。工程总承包企业应结合具体项目，有针对性地投入、引进和开发实用性强的管理软件。

(4) 打造和培育一批颇具国际竞争力的工程总承包和项目管理公司。目前，国内工程总公司企业多数在组织、人才、服务等总承包功能和功力方面远不适应工程总承包的总体要求。其管理模式、管理层次、管理职能、管理人员和管理水平等均不能达到理想境界，与国际上的总承包企业尚有全面差距，尚不具备国际竞争力。为此建议努力实现：

1) 现有工程总承包企业可以重组、改造、改革，使工程总承包功能化。所谓功能即包括前期咨询、项目融资、投标报价、工艺开发、工程设计、设备和材料采购、施工管理、开车前服务等多种服务功能；

2) 功能化的工程承包企业应向做大做强发展；重组转型的承包公司应向做好做精拓展；中小型企业应优化业务结构向专业化发展、做专做精；新型创建的工程总承包企业等一定要进行有效的、国际化的培训并动用社会化的人力资源为本企业服务；

3) 与国际上的大工程公司总承包企业和项目管理单位结成联盟，合作承揽大型工程总承包项目，以达成双赢的目标和与国际接轨的目的；

4) 引导企业分工合作，形成社会化分工合作体系，加快行业联合，在国际竞争力上下功夫，为创造工程总承包条件做出不懈努力。这里应当指出，提高国际竞争力，理应在多方面、综合性、宏观上以及细节处等要素统筹考虑，理顺综合竞争力、核心竞争力和国际竞争力间的关联性和渐进性，详见工程总承包企业综合竞争力要素（图 1-15）。

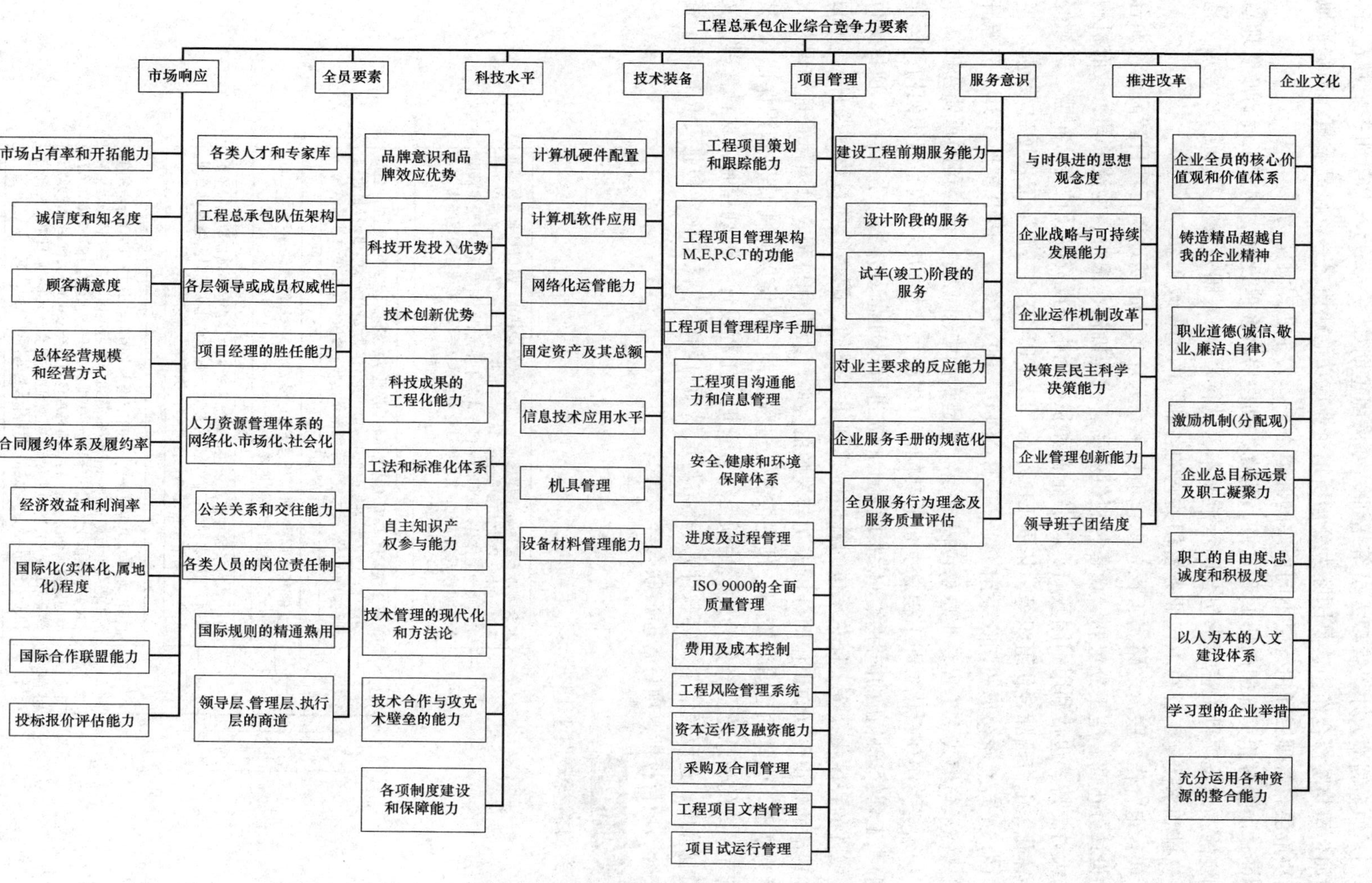

图 1-15　工程总承包企业综合竞争力要素

(5) 加强高端人才、管理人员等培训。可采用短期如 3～5 天，中期如一个月左右，长期如公司与院校合作。这是国际大公司所谓企业成功的秘诀之一，以高质量、高水平地提高决策层、管理层和执行层不同档次的商道水平，为企业提升实力。

(6) 加强各相关部门的协调和支持。认真贯彻住房城乡建设部、国家工商行政管理总局制定的《建设项目工程总承包含同示范文本（试行）》和（国办发［2000］32 号）文精神，安排和落实与工程总承包业务密切关联的各部门的优惠政策。

(7) 走合作、联营之路。工程总承包项目干系人众多，成功地执行项目就需要长期合作的设计分包商、施工分包商、设备材料供应商、代理机构、银行、物流公司、政府机构等的大力支持。包括利用中国政府、国有企业和私有企业等投资以及拉美、东盟、区域经济一体化、上海国际合作组织等，拓展 EPC、BOT、PPP 等“三族”工程项目承包。

(8) 工程总承包形式，除采用 P-C、D-B、EPC、BT、BOT、PPP 等形式外，资源开发与融资承包模式、工程专业总承包模式等，也是我们中国工程承包公司的重要选项。

(9) 努力实现六化。即工程总承包的功能化（以项目运作为核心调整组织架构和运作机制）、工程管理队伍的国际化（借鉴国际上的先进管理理念、方法、手段等）、项目执行作业文件的程序化（按工程总承包的管运模式制作完整的、配套的项目程序文件）、项目管理理论的知识化（知识化即分析成功与失败的经验、教训和过程，以项目管理知识九大体系为基准，强化项目前期策划、预先控制、过程控制、风险防范等提供知识保证）、技术管理系统的信息化（充分开发运用项目综合管理、工程设计、计划控制、材料管理、文件控制管理、远程通信系统等软件）、开拓与承揽项目的联营合作化（包括开拓市场、资源整合、项目投标、项目管理、联合经营等）。

案例简析

案例简析如图 1-16 所示。

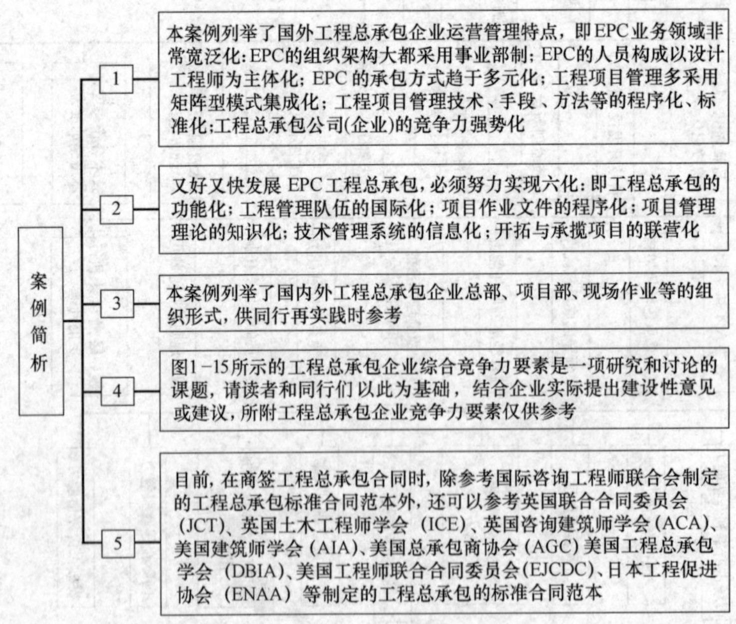

图 1-16　EPC 工程总承包项目管理案例简析

EPC工程总承包项目管理是一门具有完整的理论结构和丰富内容的实用性强的大学问，合同条件中之间互相关联，互相限制。只有真实践、真景物、真感情者，才能总结出比较有价值的东西，谓之有境界。但，仍觉上文有“如空中之音、相中之色、水中之月、镜中之像，言有尽而意无穷。”

1.3 浅析《设计采购施工（EPC）/交钥匙工程合同条件》（FIDIC）导言①

很多人对设计采购施工（EPC）模式都有诸如此类的问题：它适用于什么类型的项目、雇主要求应该达到什么深度、应该采用什么样的招标投标程序、在项目实施过程中如何操作……

理解这些问题的最好手段是阅读合同范本。国际咨询工程师联合会（FIDIC）1999年第一次出版了针对设计采购施工（EPC）项目的合同范本《设计采购施工（EPC）/交钥匙工程合同条件》（银皮书），这是目前在EPC项目中应用最广泛的一个合同范本。某种程度上说，“EPC”这个词大行其道就是源于FIDIC的银皮书。

由于是第一版，银皮书的起草者们专门针对银皮书写了一个导言（INTRODUCTORY NOTE TO FIRST EDITION）。很多人在读银皮书的时候，可能并没有认真读过银皮书的这个导言，甚至都没有注意到，在同一年出版的几本合同范本中，只有银皮书才有这么一个导言。导言虽然仅有短短两页，但对我们理解EPC模式却非常有用。下面将结合银皮书的第一版导言（INTRODUCTORY NOTE TO FIRST EDITION），对EPC项目中一些常见的问题进行简单的分析。

1.3.1 适用范围

导言中关于银皮书的适用范围有这样一段话：

“This form for EPC/Turnkey Projects is thus intended to be suitable, not only for EPC Contracts within a BOT or similar type venture, but also for all many projects, both large and smaller, particularly E & M (Electrical and Mechanical) and other process plant projects”.

这段话点出了FIDIC起草者倾向的两个重点适用范围：

（1）BOT或者类似融资项目下的设计采购施工（EPC）合同；

（2）电气、机械以及其他加工设备项目。

虽然银皮书的起草者说明银皮书可以适用于无论大小的各类EPC类的项目，但是以上两个方面显然是他们重点强调的。读银皮书的导言时，一个明显的感受就是，导言中多次提到了融资项目和BOT（银皮书出版时，PPP模式还没有广泛应用，当时最热门的项目融资模式就是BOT）。实际上，银皮书的导言中也提及了，FIDIC起草银皮书的一个主要原因就是融资项目的广泛应用。对于BOT/PPP等类项目来说，在项目层面上通常采用的都是EPC模式。BOT/PPP类项目必然会采用EPC模式，是其项目特点本身所决定的。但从另外一个角度来说，相比非融资项目，在融资模式下EPC项目也更容易实施和取得

---

① 本节摘自 http：//www.pmer.org

成功。因为 EPC 模式强调的是关注产品的功能，而非产品的生产过程，并要求雇主尽可能减少对承包商实施过程的监控。出于人的本性和固有的习惯，雇主通常都很难做到这一点。但在融资项目中，承包商同时又是“雇主”中的一员，承包商的话语权会更大，推动 EPC 模式的实施就会容易多了。

“电气、机械以及其他加工设备项目”也是银皮书起草者特别强调的可以采用 EPC 模式的一些行业。其实只要稍微注意一下就会发现，相比土木工程和房建行业，在工业设备领域中，如化工、电力和工业设备等行业（主编注：还有高科技领域），EPC 模式的应用要广泛得多，而且其成功率也高得多。相反，在房建项目中，EPC 项目的比例要小得多，成功的比例同样也低得多。

其实这和行业特点是相关的，在化工、电力这些行业中，工业设备是一个工程项目的主要构成部分。其特点更类似于制造业，雇主也更加注重产品最终的功能，比如电厂一年能发多少电，炼油厂一年能产出多少成品油。但对房建项目，所谓的最终功能很难定义，雇主所关心的也不仅仅是最终能承载多少人，有多大建筑面积之类的内容，还会包括建筑的外观，装修的工艺，材料、设备的品牌等。对于这些目的的实现，要做到在过程中控制，图纸的审核、材料的选择甚至是施工工艺的监控往往就在所难免。

对于土木工程项目，很多项目都会涉及大量的地下工程，当遇到这种情况时，FIDIC 的起草者也不提倡采用 EPC 模式，因为承包商很难在投标阶段准确估计地下工程的工程量。

导言的最后，FIDIC 的起草者明确提出了不适用的情况：

If there is insufficient time or information for tenderers to scrutinize and check the Employer's Requirements or for them to carry out their designs，risk assessment studies and estimating（taking particular account of Sub-Clauses 4. 12 and 5. 1）.

If construction will involve substantial work underground or work in other areas which tenderers cannot inspect.

If the Employer intends to supervise closely or control the Contractor's work，or to review most of the construction drawings.

If the amount of each interim payment is to be determined by an official or other intermediary.

对于我们来说，读完上面这段话之后，所要铭记的一点就是：如果面对房建工程，或者是包含大量地下工作的土木工程，雇主准备采用 EPC 的模式时，我们就要留心了。

1.3.2 雇主要求

有位同事曾问过一个问题，依据 FIDIC 的银皮书，雇主提供的“雇主要求”应该达到什么深度。这是一个很难回答的问题，不只是笔者说不清楚，就连很多国际上知名的咨询机构和咨询工程师对这个问题也不甚了了。在我参与和接触过的 EPC 项目中，雇主要求的深度差别极大。有的项目雇主会提供很详细的雇主要求，包括非常详细的设计图纸和技术规范。技术规范对工程应该遵循的工艺、符合的规范以及材料的技术参数乃至品牌都会做出具体细致的规定。这样的雇主要求实际上和传统的施工总承包合同已经没有什么区别，唯一的不同就是承包商要承担更大的风险。

还有一类情况，则是另外一个极端，雇主在招标时提供的文件很少，甚至根本就没有什么招标文件，只有非常模糊的要求。

那么，以上各种类型的“雇主要求”中，哪一种类型更值得提倡，或者说更符合FIDIC起草者的本意呢？银皮书的导言中对此是有一段相对比较清楚的阐述的：“Employers using this form must realize that the‘Employer’s Requirements’which they prepare should describe the principle and basic design of the plant on a functional basis”这段话实际上比较清楚地表明了FIDIC起草者的立场，在EPC模式下雇主应该仅提供基于功能的原则和基础设计，而非详细的设计。雇主应该关心的是建筑这个产品所能实现的功能，而非产品的具体构造。

在上面这段话中，应该特别引起我们注意的是“on functional basis”这个词，这是理解EPC模式的关键所在。因为无论是雇主、咨询师还是承包商，多数人都已经习惯了传统施工承包模式下的“按图施工”和严密的过程控制。因而，当采用EPC模式时，无论是雇主、咨询师，还是承包商，都会自然而然地将传统施工承包模式下的思维带入到项目的实施过程中。如在雇主要求中提供过分细致的图纸和规范，项目实施中对承包商图纸进行详细审核，聘请监理公司对承包商施工进行严密的监控。这是大量EPC项目失败和产生纠纷的主要原因。

要避免这样的情况，就需要工程项目的参与者，特别是雇主和咨询师，从关注产品的具体细节转到关注产品能够实现的功能上来，这一点不仅要体现到雇主要求中，更要体现到项目操作过程中。

回到前面提到的雇主要求的两类情况，第一类情况显然不是银皮书起草者所期望的，对于承包商来说风险通常也比较大。第二类情况相对来说更接近FIDIC的想法，但过于模糊的雇主要求也有一个问题，就是难以准确界定承包商的工作范围，容易在实施过程中出现争议。对此，FIDIC的设想是在招标过程中，通过投标人和雇主的不断协商，从而使雇主要求逐渐清晰。

1.3.3 招标程序

银皮书导言中关于招标的内容主要是以下这句话：

“Therefore the tendering procedure has to permit discussions between the Tenderer and the Employer about technical matters and commercial condition. All such matters, when agreed, shall then form part of the signed Contract.”

另外，关于银皮书不适用的范围，导言明确提出如果投标人没有时间和资料研究和核查雇主要求，以及进行自己的设计、风险评估和估算时，则不适宜采用银皮书。

银皮书起草者设想的招标程序和雇主要求是一脉相承的，银皮书提倡EPC模式下雇主需求以功能为导向，这就必然导致雇主需求比较模糊。合同签订之后，仅凭雇主要求显然无法准确界定承包商的工作范围。为了避免这个问题，投标人就需要提供尽可能细致的投标文件，在投标文件中有比较明确的设计以及采用的材料、设备和工艺等。当然，要达到这个目的，投标人就需要比较长的时间来完成设计及相关工作。

FIDIC 的起草者显然意识到了这个问题，所以提出在签订合同前，要充分就技术和商务条件进行协商，并将形成的结论写入合同中，目的就在于在签订合同后能够准确界定工作范围，只是 FIDIC 写得比较含蓄而已。

国内近些年实施的一个比较有名的例子是鸟巢，这是一个采用 PPP 模式的项目，雇主在招标文件中仅提供功能要求，在投标过程中，每个投标人都要完成自己的设计方案，并基于自己的方案报价，这是一个操作相对比较规范的案例。

很多海外工程项目往往并不能做到如此规范，如非洲、东南亚的大量 EPC 项目，投标时间往往很短，而且承包商也不愿意耗费人力物力在投标阶段做相对细致的设计，结果这些项目中承包商提交的投标文件经常就是一份非常简单的估价文件，这样的项目在实施过程很容易产生争议。

1.3.4 雇主的过程控制

与雇主要求中强调“以功能作为基础”对应，银皮书的导言中也相应要求雇主减少对承包商生产过程的控制，给予承包商足够的自由实施工程。

银皮书起草者的理念是，雇主可以跟踪和了解承包商的工作，也可以提意见，但是承包商开展下一步工作并不需要雇主批准前一步的工作，比如承包商的设计提交给雇主后，并不需要雇主批准，承包商就能开展下一步工作，而且按照 FIDIC 的理念，在 EPC 合同中雇主也不应该请第三方咨询师对承包商的工作进行监控。银皮书导言中关于 FIDIC 银皮书的设计理念阐述得还是比较含蓄，很多人可能因此而摸不着头脑。

2001 年，FIDIC 99 版的起草组长 Peter Booen 在天津大学讲学时，则比较明确地阐述了 FIDIC 的设计理念：银皮书（EPC）中承包商承担的风险相对于黄皮书（DB）要大些，所以措辞时考虑尽量在 EPC 中给予承包商较大的管理权，而雇主的管理需要宽松些，否则就容易出现与法律矛盾的问题。因此，针对设计批复在 EPC 中用的仅仅是 REVIEW；而在 DB 中用了 APPROVAL。

虽然出于一个合同专家的谨慎，Peter Booen 指出，具体这两个词的操作应根据具体项目在专用条件中深化，转化成设计管理程序（合同条件本身不可能给出特别具体的操作程序的）。但他还是进一步给出了自己的操作设想：凡 REVIEW，雇主在审核期提出意见，承包商可以接受，也可以不接受（最好给出理由），只要审核期一到，就可以开始施工。

1.3.5 结语

大家可能都会意识到一点，FIDIC 银皮书本身是个非常理想主义的范本。实际操作中，很少有项目能够完全满足 FIDIC 起草者预先设想的条件。作为一个承包商，我们不可能因为一个项目在某些方面不符合 FIDIC 预定的原则就拒绝这个项目，这也不是本书的目的。

当我们面对一个潜在的 EPC 项目时可以将这个项目的操作模式和 FIDIC 的理念和原则对比一下，如果发现有什么违背这些理念和原则的地方，就有必要对这些方面进行慎重的考虑，评估其风险的大小并尽可能寻找化解的方法。

1.4 EPC（设计—采购—施工—试运行）工程总承包示例

EPC/T（设计—采购—施工—试运行）工程总承包评价因素体系如图1-17所示。

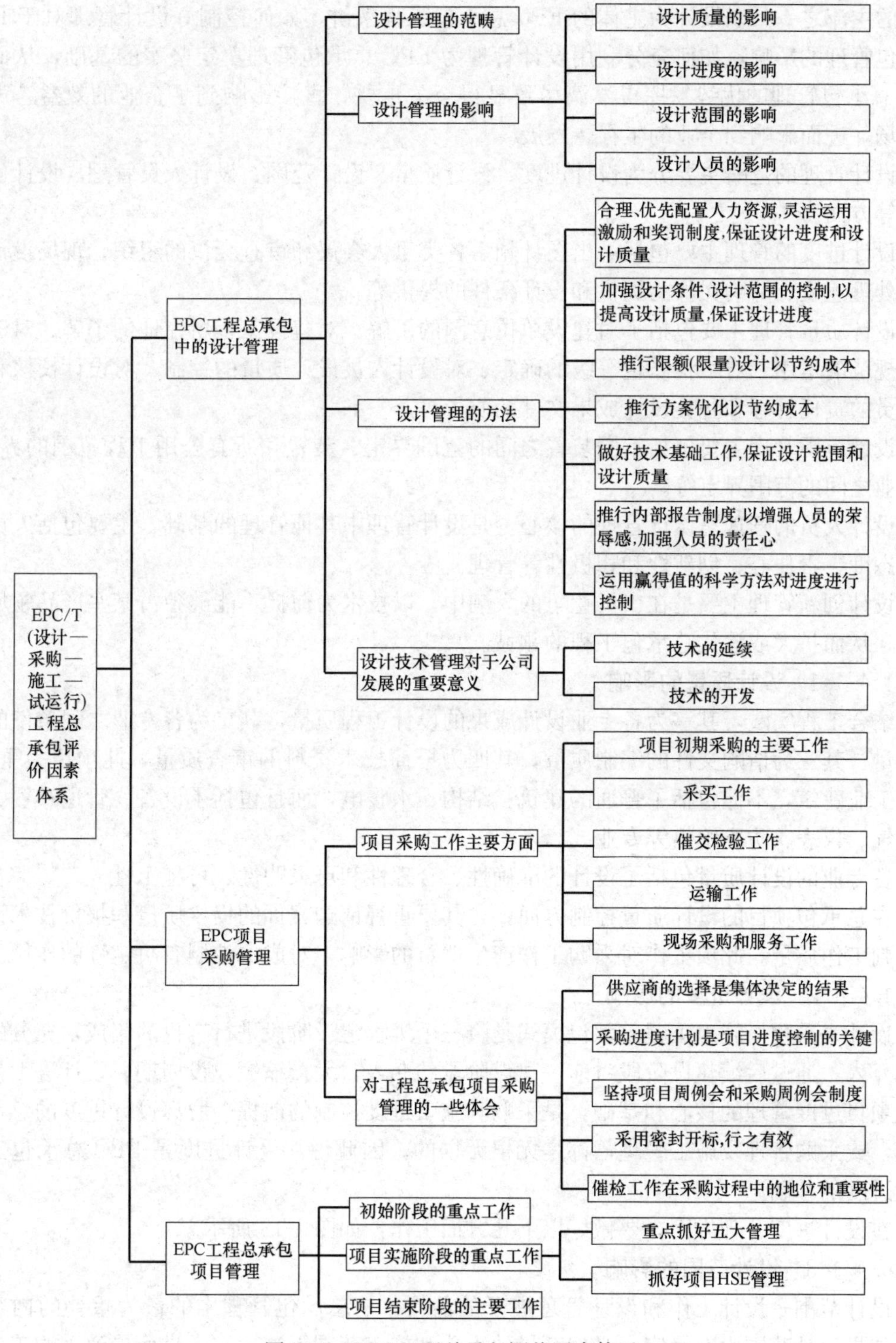

图1-17 EPC工程总承包评价因素体系

1.4.1 设计—采购—施工（EPC）工程总承包中的设计管理

随着建筑市场的不断开放，建筑市场竞争的愈演愈烈，加之投资方对产品市场的追求，对经济利益的追求，EPC 总承包模式已经越来越被投资方看重，也逐渐成为建筑市场中的主流之一。以设计为主体的 EPC 总承包工程来讲，如何控制好设计管理对于 EPC 总承包管理的影响，如何充分利用设计管理为 EPC 总承包管理奠定坚实的基础，从而将 EPC 总承包管理的优势发挥得淋漓尽致显得至关重要，直接影响到了企业的效益、声誉和市场，进而影响到企业的生存、发展。

设计管理的范畴主要分为设计进度、设计质量、设计范围、设计人员管理、设计创新管理等方面。

设计进度的管理主要包括了出图计划、各类重大会议和审查会议的组织、现场设计问题的处理速度、请购文件的提供和设计条件的提供等。

设计质量管理主要包括了对建设单位意图的了解、对建设工程所在地的了解、对工程使用规范的运用、对工程质量等级的确定、对设计人员设计质量的控制、对设计校核和审核人员的责任管理和各类设计成果文件的质量等。

设计范围管理主要包括不同装置之间的范围界定、装置和所有公用工程范围的界定、各专业之间的范围界定等。

设计人员的管理是设计管理的核心，是设计管理中其他管理的基础，主要包括人员素质、态度、责任心、创新性和积极性等管理。

设计创新管理主要是在市场竞争的大潮中，以技术为前提，能够独占某些产品领域的鳌头，从而扩大或深化总承包工程的领域。

1.4.1.1 设计质量的影响

结合工程实践，其一为各专业设计成果的设计工程质量，其二为各专业之间条件的提供质量，其三为请购文件的编制质量，其四为厂商技术资料的审查质量，此项更为重要。尤其工业建筑，不但包括了普通的建筑、结构、水暖电，而且包括了设备、管道布置、工业电气、仪表、防腐绝热等专业。

各专业的设计质量包括了设计的准确性、合理性和可采购性、可施工性。

在总承包项目的设计质量控制方面，尤其要重视请购文件的提供质量和报价技术评审及谈判工作质量。此项工作对采购工作产生严重的影响，对成本控制有决定性的作用。

1.4.1.2 设计进度的影响

设计—采购—施工工程总承包模式是将三个工程建设阶段进行有机的集成，充分的交叉和介入，通过后续建设阶段对前一建设阶段的介入，大量缩短建设周期。设计进度是总承包项目进度管理的核心和基础，是采购和施工进度控制的前提。脱离设计进度的总承包管理，或采购管理及施工管理，都是无根无据的。因此说，设计进度是 EPC 总承包工程建设进度的基础。

在设计进度管理方面，要做好以下几方面工作，如图 1-18 所示。

1.4.1.3 设计范围的影响

设计范围是设计工作和设计管理展开的前提，是总承包管理中的最为重要的内容之一。如果设计范围没有确定，必然会导致采购和施工范围无法确定，进而导致采购工作和

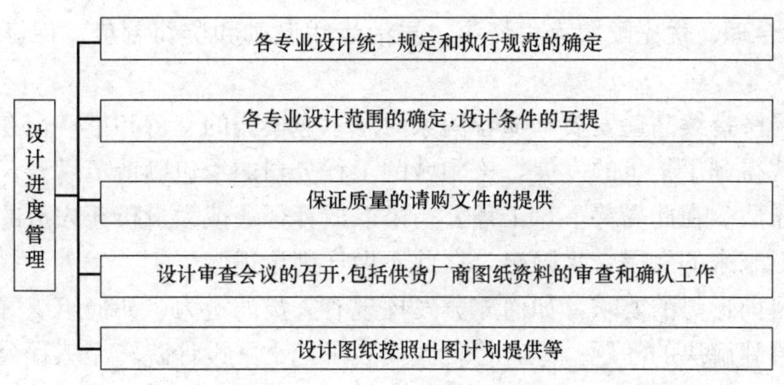

图 1-18　设计进度管理

施工工作的混乱。因此，设计范围管理工作是对总承包管理工作影响的重要因素之一。要做好设计范围管理工作，必须做好以下几方面工作，如图 1-19 所示。

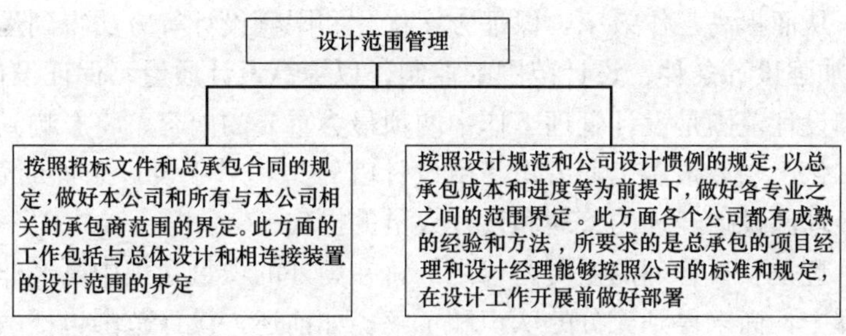

图 1-19　设计范围管理

1.4.1.4　设计人员的影响

人，是一切活动的核心。任何工作，脱离了人将无从谈起；任何影响，忽略了人的因素，将无法考评其影响的后果和程度。因此，人的管理是管理工作的基础，也是管理工作的前提。

人员的影响可以从以下几个方面予以分析，如图 1-20 所示。

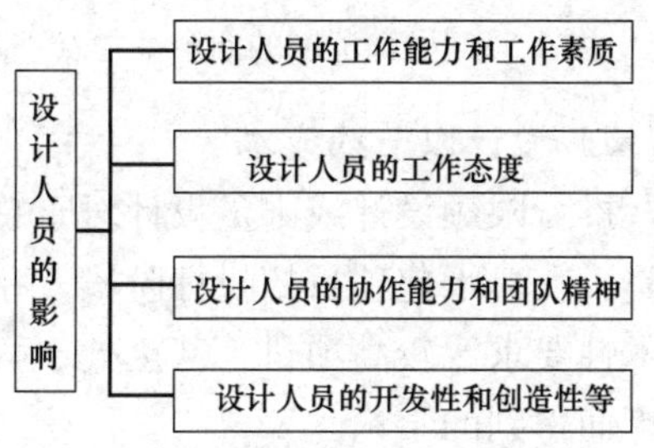

图 1-20　设计人员的影响

综合以上各个方面的影响分析，我们已经能够理解设计管理工作对总承包管理工作、对工程公司发展的重要性和必要性，也是所有工程公司亟待提高的管理工作之一，而不是停留在过去设计院对设计管理的层面上。以上所论述的也只是设计管理工作的一部分内容，可以按照《建设工程项目管理规范》（GB/T 50326—2001）和《建设项目工程总承包管理规范》(GB/T 50358—2005)对设计管理工作进一步展开详细论述。

1.4.1.5 **合理、优先配置人力资源，灵活运用激励和奖罚制度，保证设计进度和设计质量**

随着中国经济持续高速发展，随着国家对总承包模式的支持和推广，在石油和化工领域，总承包模式得到了长足的发展，该领域的工程公司的承包额节节攀升，已经逐渐暴露出资源不足的矛盾。在此局势下，工程公司采取放弃任务或大量扩充人员的方法来解决这个矛盾，必将对未来的发展带来隐患，在此不做详细论述。

为了满足目前形势的要求，如何充分发挥现有人员的潜力，如何组织好现有人员成为工程公司迫在眉睫解决的问题。笔者曾就此发表了论文《设计院转型工程公司如何做好项目群和项目组合管理的探讨》，在此主要强调对设计人员的个体管理。

工程公司必须建立完善的奖罚激励制度和工作岗位规章制度。

工作岗位规章制度是对设计人员日常工作质量和进度等的要求，而奖罚激励制度，一方面能够充分挖掘人员的积极性和创造性，挖掘设计人员的潜力，另一方面提高设计人员的主观能动性，从而提高工作效率，保证方案优化和限额设计等方法得到运用。

1.4.1.6 **加强设计条件、设计范围的控制，以提高设计质量，保证设计进度**

设计条件和设计范围是设计管理工作中两项最为重要的内容，将影响到设计质量和进度。目前石油和化工领域很多工程公司是由设计院转型，对于设计条件的管理非常成熟，关键在于项目经理和设计经理的管理和设计人员的操作。

设计范围管理是项目管理的主要内容之一，在国外的项目管理中已经非常成熟，而在国内的项目管理中，尚未得到充分的认识和了解。如前述，设计范围包括两个基本点，具体如图1-21所示。

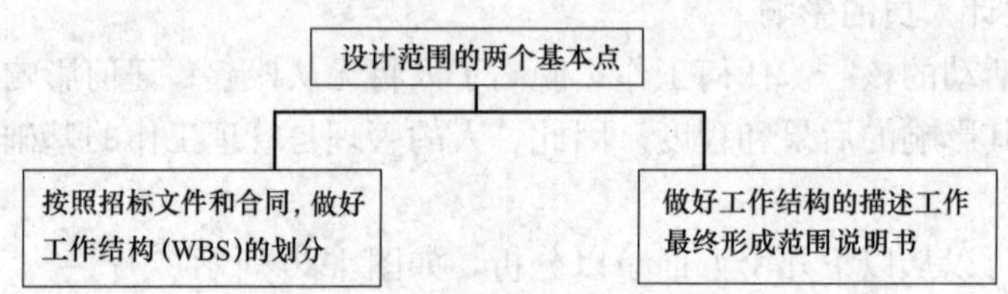

图1-21 设计范围的两个基本点

1.4.1.7 **推行限额（限量）设计以节约成本**

由于总承包项目的特点，推行限额设计或限量设计对于总承包项目的成本管理或费用控制尤为重要。核心特点即是：在总承包项目招投标阶段，在合同签署阶段，设计尚处于初步设计阶段，对于一些技术性要求比较高项目，甚至处于科研阶段，因此，很多报价和工程量是根据估算或经验估算而得到的结论。

做好限额或限量设计，对于总承包项目的成本管理和费用控制工作至关重要，甚至个别项目直接决定了它的赢利指标。

为了做好限额或限量设计工作，需要做的工作如图1-22所示。

1.4.1.8 **推行方案优化以节约成本**

在满足使用功能和规范等规定下，推行方案优化是节约成本的重要途径之一。

笔者参与的很多总承包项目中，年轻的设计工程师由于缺乏现场经验，对设计规范缺

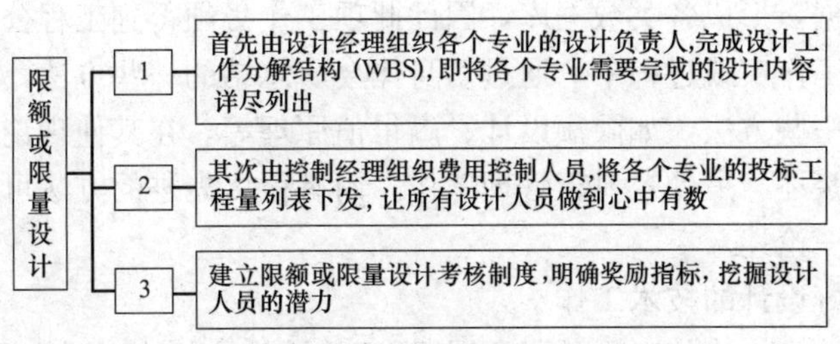

图 1-22 限额或限量设计

乏深层次的了解，造成很多材料、设备的笨大粗重的现象发生，一方面增加了工程的直接成本，另一方面也增加了采购费用和施工费用。在笔者参与的一个总承包项目中，由公司领导组织专家对某一设计进行优化，单就材料费用一项就节省了 30 余万元，尚没有考虑节约了 250t 吊车的使用。

建议工程公司应就方案优化形成规章制度，其中包含了激励和奖罚制度。方案优化应该由项目部牵头，各专业部室为核心进行，充分发挥各专业部室设计专家的经验。

1.4.1.9 做好技术基础工作，保证设计范围和设计质量

不能陷入“设计管理工作就是设计人员的事情”的误区，而应该是各个部门工作协作的关系。主要涉及的公司部门包括技术部门、质量安全部门、项目管理部门等。

工程公司应该结合大量的工程实践，做好各个职能部门的分工，完善部门的工作界定，为设计管理工作创造条件。

技术基础工作包括三方面，如图 1-23 所示。

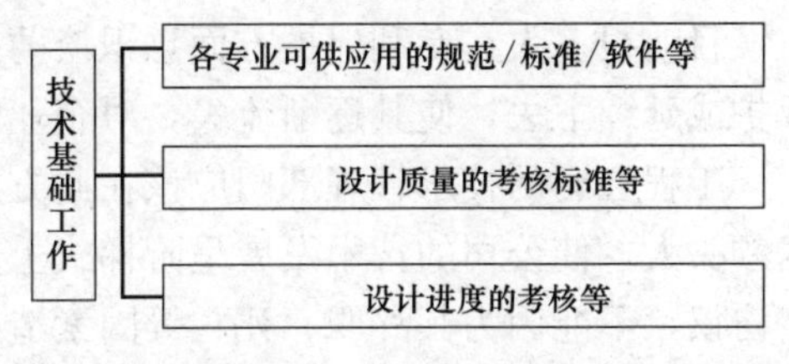

图 1-23 技术基础工作

1.4.1.10 推行内部报告制度，以增强人员的荣辱感，加强人员的责任心

做好内部报告制度，就是做好沟通管理的基础，是沟通管理的保证。通过报告，将设计的质量、设计进度、对设计人员的奖罚等予以公布，可以增强参与人员的荣辱感和责任心。

报告制度中明确报告的格式、内容、时间、渠道等，各工程公司可以根据自身的特点形成不同的格局。

1.4.1.11 运用赢得值的科学方法对进度进行控制

赢得值控制原理是对进度和费用进行综合控制的技术方法，应在项目开工之日，即建立赢得值控制。在设计阶段，主要以人工时的消耗价值为参数控制。需要做的工作如图 1-24 所示。

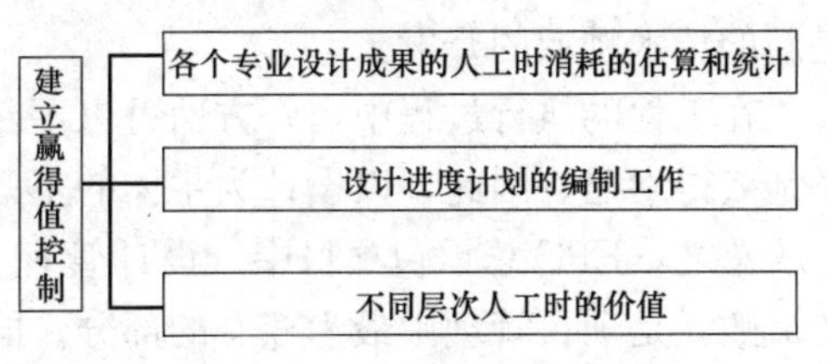

图 1-24 建立赢得值控制

工程公司应充分利用该方法对设计进行控制，一方面保证了进度控制，另一个方面也是对成本的严格控制。在该方法应用之初，由于要获取大量的数据显得比较烦琐，一旦数据库和控制模式建立，控制人员和设计经理就能游刃有余地对设计进行管理。由于此方面

需要积累大量的数据，形成各类数据库，因此此项工作必须得到工程公司的认可。

以上是笔者在工作实践过程中，通过切身体会所总结的一些方法，需要得到进一步的验证或拓展，其中一些方法，如限额设计、赢得值原理等，在其他理论资料中有更为详尽的论述，在此不再赘述。另外，对于管理工作，尚有很多先进的方法可以运用，如价值工程等，在此不做一一论述。

1.4.1.12 做好设计的技术工作

设计技术是设计为主体的工程公司开展 EPC 总承包的载体，脱离了技术的 EPC 总承包项目是有目的，是有巨大风险的。笔者参加的一个项目，引进国外技术，而且核心设备也由工艺商负责引进，因此总投资的 75%被工艺商获得，而我公司仅获得不到 25%的承包份额，而且是大量的低价值材料采购和现场的施工和开车等工作。

因此，做好设计的技术工作对于工程公司来讲至关重要，直接关系到公司的效益，影响到公司市场的开拓和发展。应考虑从以下几方面做好工作。

1. 技术的延续

国内大型的设计院，均有大量成熟的产品技术，这些技术经过数代人的开发、积累、沉淀，已经成熟、完善。然而，大量的成熟技术又掌握在少数人的手中，没有转化为企业的知识产权，随着人员的流失、死亡，技术也随着流失、断代。因此，如何保证技术的延续、如何保护技术的专利，是值得以设计为主体的工程公司思考的。

目前很多人在专利保护方面意识淡薄，或者碍于情面等因素，不能将已经具有的技术保护或延续下去，使其逐渐流失，对企业的效益和发展造成极大损失和影响。

工程公司的技术管理部门应该在此方面建立严格的规章制度，一方面不断培养新的技术领头人，使公司的技术发展呈阶梯式上升，另一方面要和目前的技术人员签订严格的保密协议，不能因为其辞职、死亡等因素造成公司技术的死亡。

2. 技术的开发

大量的工程项目已经验证，技术开发了市场，项目成熟了技术。一些工程公司，因为掌握了国外技术，或取得了技术的合作权，因此大量的项目的核心装置自然唾手可得，而且合同的费用由工程公司说了算。一些国外拥有技术的公司，更是凭借其技术获得大额工程，将一些“鸡肋”工程留给国内工程公司完成。

技术的开发主要体现在两个方面，一方面是已经掌握的技术的升级和扩展，另一方面是新的技术领域的开发。

在工程的执行过程中，一方面可以不断地对技术进行完善、优化，一方面可以轻而易举地获得索赔。因此，以设计为主体的工程公司应该在此方面多花费精力和财力。

总之，EPC 总承包项目中，设计管理工作起到了至关重要的作用，决定了项目执行的成败，是项目管理中最为核心的部分。同时，特别需要强调，要做好设计管理工作，必须引起公司领导部门的足够重视，从满足设计管理的规章制度、考核制度等方面给予充分完善，为总承包项目管理打下坚实的基础，创造有利的条件。

要做好总承包项目的设计管理工作，还需要一线的设计管理尤其设计经理们提供大量的工作实践资料，提供大量的切身体会和经验，方能对设计管理工作进行质的改变，使设计管理工作更上一个台阶。笔者希望以此文为契机，能够和广大的总承包管理人员和设计管理人员进行交流，能够把总承包管理推向一个更高的层次。

1.4.2 EPC 项目采购管理

工程公司作为完成工程项目设计、采购、施工工作的承包商，其中采购在整个项目中处于重要地位，对整个 EPC 项目的进度、费用控制乃至工程质量以及安全起着非常重要的作用，直接关系到项目建设成效。本节仅就工程总承包项目如何做好采购管理工作进行探讨。

1.4.2.1 项目初期采购的主要工作

项目初期采购是总承包合同签订后到采买工作开始之前这一阶段，也称为采购准备阶段，其主要工作是对项目总承包合同中以下相关内容进行研究和分析，如图 1-25 所示。

图 1-25 项目采购准备阶段主要工作

上述工作之目的，主要是为项目的开展配备采购人员、确定适合项目的采购程序（project procurement procedure）和采购标准表格（standard form）、制定详细的项目采购计划以及确定各个阶段的采购工作方针。

作为项目采购经理应亲自完成以下工作，如图 1-26 所示。

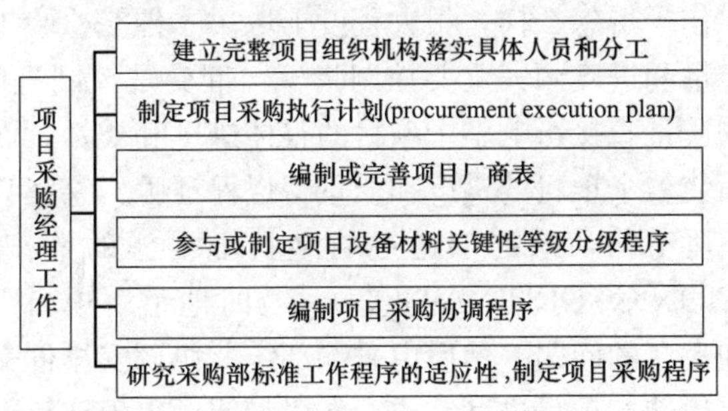

图 1-26 项目采购经理工作

1.4.2.2 采买工作

针对项目的特点，采买工作的重点是准备询价厂商一览表（BIDDER LIST）。需要注意的是现在的业主对承包商采购工作的介入比较深，如询价厂商一览表要报请业主批准，报请时应提供相应的厂商资格审查文件，对新增加的厂商进行实地考察和评审，业主批准后才能实施。

为保证项目能顺利完成，采买人员应根据项目建设周期重点研究长周期设备和技术含量高的设备。比如交货周期超过 10 个月的设备、系统比较复杂的成套设备等，一般在初步设计（国内项目）或基础设计（国外项目）阶段就已经开始询价和订货，从正式收到报价书到最终签订订货合同一般要花长达两个多月的时间。这期间可能要进行实地考察、经过反复论证和分析，并积极做业主的工作，最终选定技术上可行、价格优势明显、执行起来方便的供应商。实践证明，只要双方真诚合作，加强沟通、积极工作，本着务实、顾全大局的态度，问题都会得到圆满解决。

采购供应商的选定应严格执行工程公司总承包项目采购管理、合同管理以及费用控制等有关规定。根据技术评标（TBA）和商务评标（CBA）的结果和建议，本着公开、公平、合理、低价的原则，并侧重评比制造厂商的管理水平、质量意识、售后服务等潜在因素，综合考虑，慎重选择。在最终选定供应商时，在保证质量和进度的前提下，尽可能选用性价比高的供应商，对费用严格把关。工程公司的采购不同于政府采购（公开招投标方式）一般都采用询价比价方式或采用议标方式。为了激发供应商参与的积极性，得到比较合理的价格和商务条件，一般采用密封竞标的方式。根据具体情况，可以采取一次或多次密封竞标。

供应商确定后，采买人员积极督促设计人员及时更新请购单，发布订货版请购单（有的项目业主要求审批），要求供应商对订货版请购单进一步确认，必要时召开开工会(KICK-OFF MEETING)，避免将来扯皮而影响质量和进度。

1.4.2.3 催交检验工作

催交检验工作阶段是从订货合同签订之日起到所买的设备材料运抵现场以及全部厂商文件完成交付为止。催交工作贯穿于货物和文件设计、制造、交付的开始、中间和最终完成的各个阶段。催交检验工作是项目采购工作中最重要的环节，也是工程公司采购部部室建设内容之一，只有在采购部统一协调管理下才能保证催交检验工作的顺利完成。这是因为：首先，从采购工作的人工时分解来看，催交检验工作几乎占了整个采购工作的 60%的工作量，因此采购工作干得怎么样，很大程度上取决于催交检验工作。另外，催交检验工作直接涉及项目的质量和进度两大重要控制指标：催交是控制进度，检验是保证质量。因此，催交检验工作的质量直接影响整个项目的整体进度和质量。而怎么能保证催交和检验工作顺利完成，从而使整个项目的进度和质量得以保证呢？答案只有一个：就是要通过采购部的整体协调管理工作，采购部通过给项目上委派的催交检验协调员（EXPIDETION & INSPECTION COORDINATION），及时地了解项目上进度和质量的情况，以及将要出现的问题和潜在的问题，然后由采购部统一协调安排催交员和检验员进行催交和检验工作，以保证交货期按项目进度完成，在质量问题出现前解决可能会导致出现问题的障碍点，从而确保质量满足项目的要求。

催交、检验方式一般根据催交、检验等级确定的，而催交、检验等级是根据项目设备材料的关键性等级来确定的。催交方式通常有四种，即办公室催交、访问催交、驻厂催交、会议催交。检验方式通常有四种，即现场开箱检验、出厂前检验、中间检验和驻厂检验。

针对目前国内供应商普遍对文件提交不重视，存在销售和生产脱节现象，有些大单子重视，小单子不重视。为此，重点加强文件催交工作，一是满足工程公司设计需要，而是保证按期交货，满足现场施工进度需要，避免出现货到现场，随机文件图纸（总装图及安装使用说明书）找不到。对不能按期提交文件的厂商，催交检验人员要不厌其烦，直到满足要求为止。国外供应商一般对文件都比较重视，基本上能满足设计和施工需要。

1.4.2.4 运输工作

运输工作贯穿货物从供应商车间到现场的整个过程。在此项工作开始之前，应对制造商车间的地理位置进行调查，该工作主要涉及运输技术问题和运输管理/惯例两个方面：

该调研结果不仅是确定运输规定的基础，而且是（在询价和列表对比之后）选择承运人和实际运输操作的准备工作。

在运输期间，运输协调工作在供应商和承运人之间起着纽带作用，通过运输工程师与管理部门一起提供所有必要的联络和协调工作（例如相应的运输文件）并密切配合催交工作。

运输工作的宗旨是确保货物运输的及时性和正确性，这就要求运输工程师工作的及时和正确，该运输工程师须在运输准备阶段和运输过程中与供应商保持密切联系。

工程公司承揽的总承包项目有国内的，也有国外的，因此要根据具体项目进行整体策划。进口货物、出口货物牵扯海运、空运，而且需要掌握报关、清关等专业知识和经验。例如国外项目运输工程师应根据采购详细进度计划及现场施工安装进度及时安排好货物的集港和船期，需要与催检人员和货物代理，甚至厂商进行联络和确认，才能保证货物的最终发运。到了工程后期，紧急追加和变更的本部采购，只能安排空运，才能满足现场的需要。运输人员要想项目之所想，急项目之所急，克服困难，尽可能使货物早点运到现场。

1.4.2.5 现场采购和服务工作

现场采购的特点是时间紧、量小、资源有限。为了避免因材料短缺影响施工，现场采购人员必须花时间熟悉当地市场及周边地区，既要货比三家，又要保证质量。

现场采购人员负责现场材料的采购和服务，包括紧急采购、参与开箱检验、不合格品的处理等。对于现场仓库短缺的、丢失的或设计、施工变更追加的设备或材料请购单，将根据施工进度要求、当地供应资源及当地市场价格水平等，现场采购人员有权决定现场采购或交由本部采购。对于在现场出现所供材料和设备短缺、损坏，若认定属于运输的责任，接运人员应配合运输协调员向承运部门/供应商提出索赔要求。凡属运输部门造成的短、破损应凭接收时的“货物交接记录”向承运部门索赔。凡不符合订货质量要求的设备、材料应分开存放，并加以标识，及时通知相关催交员向供应商交涉；超过订货数量的到货材料，填写盈、缺、损报告，到货多余部分由催交员与供应商联系解决办法。

1.4.2.6 对工程总承包项目采购管理的一些体会

工程项目的采购工作贯穿于整个项目的始终，承接设计和施工两个环节，深刻总结工程项目采购工作的得失，对于不断提高采购工作质量，更好地完成以后其他项目的采购任务，都是十分必要的。以下是一些体会，供参考。

1. 供应商的选择是集体决定的结果

首先，供应商的资格审查是采购部的一项主要基础工作。现在的业主一般都比较重视厂商的资质审查，尤其是国外用户。在项目执行过程中，扩大询价厂商是正常的、必要的，为我们最终选用质优价廉的供货厂家提供更多的选择余地。因此提交给业主的厂商文件要尽可能详细全面，有针对性，以便顺利获得业主的批准。

设计专业完成的 TBA 是选择供应商的主要依据。除了优化设计方案外，要对厂商报价的技术方案仔细研究，争取技术方案合理，有利于降低成本和费用。因此设计和采购需要密切合作，共同研究，反复论证，争取有效利润的最佳途径。这就要求设计人员和采购人员扩大知识面。除了本专业的知识外，还要掌握非本专业的相关知识。供应商选择不单是采购部门的事，它应该是一个集体决定的过程。

2. 采购进度计划是项目进度控制的关键

制定好项目采购进度计划不单是采购经理的主要工作，需要项目经理，设计经理、施工经理及计划工程师的共同参与。计划是否可行需要实践的检验。因此计划要及时调整，升级。采购进度计划一旦发布就应该有它的严肃性、可约束性。设计专业人员要有时间进度概念，什么时间提交请购单，什么时间完成 TBA，什么时间完成订货版请购单，什么时间评阅厂商文件。采购人员要及时发出询价文件，及时收集厂商报价文件，及时完成 CBA，及时组织召开技术澄清会议及商务谈判会议，及时签订采购合同，及时催交厂商文件，及时掌握厂商生产进度情况，及时安排检验人员检验，及时安排运输等等。因此，采购进度需要项目组全体相关人员的关注。业主抱怨采购进度滞后，表面上是采购工作执行的不力，实际上是受很多因素制约，不是采购所能左右、所能控制的。

3. 坚持项目周例会和采购周例会制度

周例会的目的是及时沟通，早发现问题，早解决问题，便于项目经理掌握项目进展状况，控制进度，做到工作提前安排，风险提前预测并采取相应措施。对会上遗留的问题下周要逐条落实解决，等到下周会议再加以确认，如还没有结果，要分析原因，找出解决问题的办法，直至解决为止。

4. 采用密封开标，行之有效

项目采用密封报价采购方式，实际执行效果较好，既保护了总承包商的利益，又保护了厂商参与竞争的积极性，体现了公开、公平、合理和低价的原则。

5. 催检工作在采购过程中的地位和重要性

在执行项目采购的过程中，笔者发现催交检验与采买工作之间不能很好地衔接。问题的根本原因是第一缺乏专业的催检人员，第二催检工作在采购部的地位不高影响了他们的工作积极性。第三催交检验计划做得不细，而且没有及时更新。第四检验人员专业性不是很强，往往是被动地跟随制造厂的质检人员参加检验活动，对检验过程的正确性缺少主动的判断。要解决好这一问题，笔者认为应该加强催检人员的培训和管理，建立健全各种制度及作业文件，提高催检人员的待遇，充实催检队伍。

1.4.3 EPC工程总承包项目管理

项目管理就是将知识、技能、工具和技术应用于项目活动之中以满足项目的需要。项目经理是项目管理的主要责任人，是整个项目团队的最高领导，是项目的决策者，进行项目的计划、组织、控制、协调的一系列行动过程。作为项目经理，要实现项目的预期目标，必须在项目的初始、实施和结束全过程中，全面实施管理。

1.4.3.1 初始阶段的重点工作

项目初始阶段主要就是完成组织、计划，创造开展工作的条件。这对整个项目的实施具有重要作用，是项目成功的关键，因此投入了相当大的精力和时间组织项目组主要人员参加完成该阶段工作。项目初始阶段的重点工作详见图 1-27 所示。

1.4.3.2 项目实施阶段的重点工作

项目实施阶段主要工作内容包括工程设计、采购、施工等，详见图 1-28。此阶段投入人力最多，延续时间最长，资金和物资消耗最大，要完成的工作量很大，要管理和控制的面很宽，是项目建设的主体阶段。在这阶段除了自己要重视并加强管理和控制外，更重

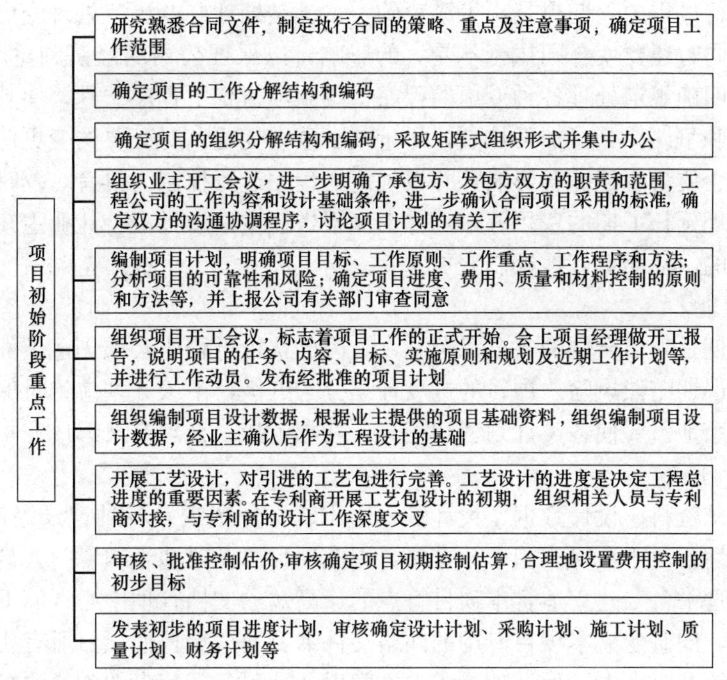

图1-27　项目初始阶段重点工作

要的是指导项目组全体人员各尽其职、互相协调配合，最终完成项目任务。要全面掌握项目进展情况，指导、检查、协调各项工作，处理解决重大问题，使项目建设协调顺利进行。

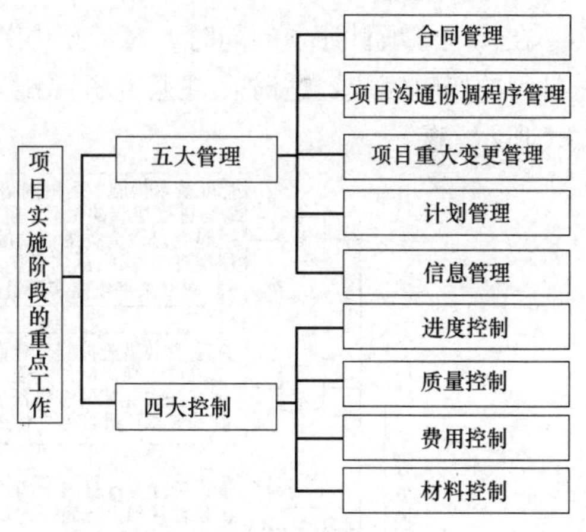

图1-28　项目实施阶段的重点工作

1.4.3.3　重点抓好五大管理

1. 合同管理

工程承包合同是承包方、发包方双方用以明确工程承包的内容和范围、工程进度、质量、造价、双方权利、义务，规范双方行为准则的契约，是具有法律效力的重要文件，是开展工作、完成项目建设的依据。所以必须加强项目的合同管理，领导项目组人员认真履行合同条款。

合同管理包括总承包合同管理和分包合同管理。总承包合同管理贯穿于项目实施的全过程，分包合同要保证总包合同的完成。

2. 项目沟通协调程序管理

编制了项目对内、对外协调程序，建立和保持有效的项目内外的沟通程序，提高了工作效率，减少了各方矛盾，缩短了有效工期，为创造良好的合作气氛打下基础。

3. 项目重大变更管理

在项目执行过程中，变更是不可避免的，关键是处理好变更。处理变更的原则是既要让业主满意，同时还要使合同执行不受大的影响，以保证公司的经济利益。具体做法是：首先在合同中明确规定处理各种变更的程序，编制项目变更程序文件，使其有章可循，减少或避免矛盾和争议。其次加强控制，尽量减少重大变更，对必要的变更认真核对其对项目进度、费用、质量等的综合影响，并按规定的程序进行控制。再者，及时核算因业主变更所需要的合理延长工期的费用补偿，并书面报告业主请求批准。让业主知道，变更是要花时间和费用的，从而更好地控制变更。

4. 计划管理

项目的工期是项目合同的主要目标之一，因此执行过程中必须创造条件努力实现工期目标，并消除误期赔偿风险。项目的进度计划分为五级，下级计划应绝对保证上级计划的实现并略留有余地。要使各类计划密切配合、互相衔接、合理交叉形成完整的计划系统。

5. 信息管理

项目的基础资料、设计数据、设计输入输出、文件图纸及各种记录等信息的准确性、及时性和统一性，对于项目实施十分重要，因此项目启动时即组织专门人员，规划构建本项目的项目管理平台，建立适合本项目特点的、高效的文档管理中心（DCC）并与公司其他资源相链接，同时建立本项目专用的网络文件夹，通过授权使项目所有相关人员对项目的相关信息能够及时掌握，保证项目成员之间以及项目各类信息的沟通顺畅。

1.4.3.4 抓好四大控制

1. 进度控制

在管理好项目计划的同时，对计划中关键线路上的关键目标进行严格控制。为了保证总计划的按时完成，适时合理调整资源配置，合理安排资金、工时、材料的投入，如图1-29所示。

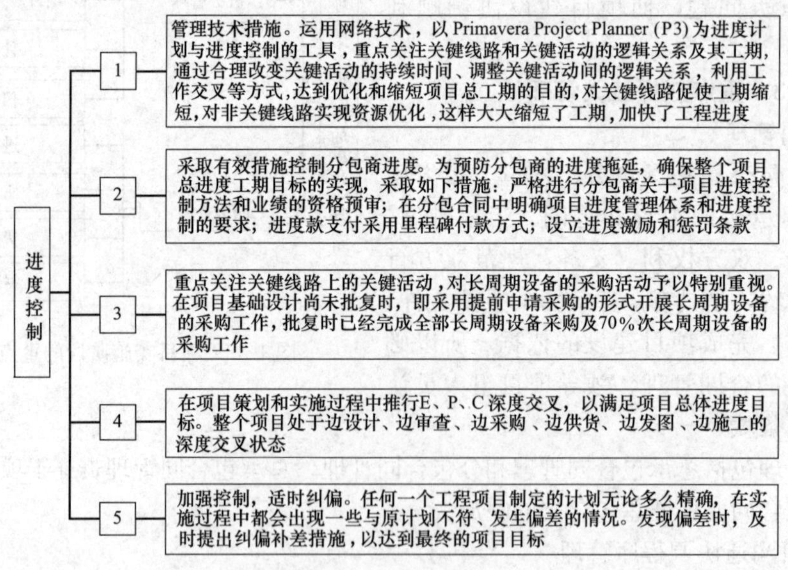

图1-29　进度控制

2. 质量控制

项目的质量是非常重要的合同目标之一，它直接关系到项目的进度、费用和人民生命财产的安全，这不仅影响到业主的效益和社会效益，而且也决定着工程公司的信誉和发展，详见图 1-30 所示。

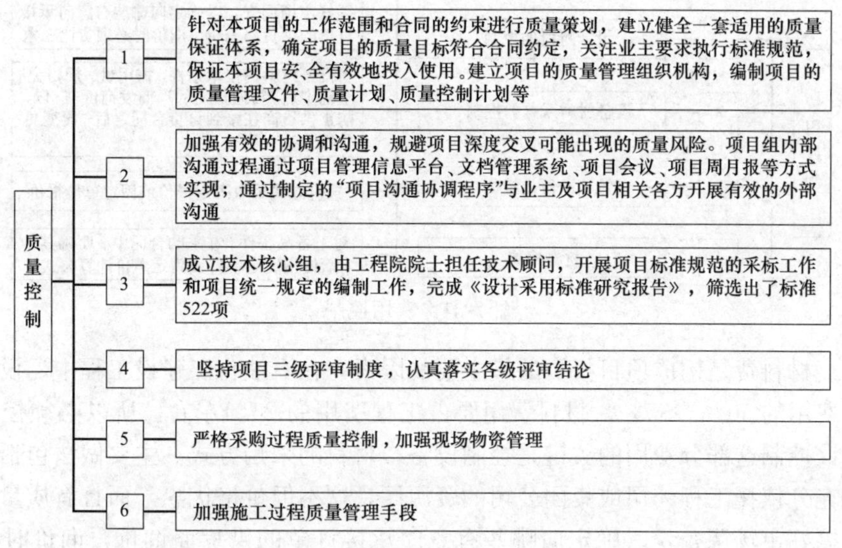

图 1-30　质量控制

施工过程质量管理活动除常规质量控制方式，如组织设计交底、审批施工组织设计、审核与批准开工申请、签发开工令、施工安装质量控制点的确定与管理、产品标识和可追溯性管理、施工不合格品的控制、“三查四定”、系统吹扫、单机试车、质量初评、工程中间交接、交工技术文件的管理与交接等外，重点加强对各施工分包单位的管理和控制，加大对施工的检查力度，强化施工过程控制，以保证施工质量。

项目组建立“项目施工质量相关文件及规定”平台，划分出“组织机构及岗位职责”、“标准规范”、“控制程序”、“通用规定”、“常用表格”、“业主要求”、“监理文件”、“检试验计划”、“分包管理”、“单位、单项工程划分”、“监督站”、“培训”、“质量检查”、“质量相关会议纪要”、“专业工程师（质量）周报”、“质量专题或阶段总结”等板块，充分发挥信息技术优势，通过资源共享，使沟通真正做到全方位、范围最大化、速度最快，从根本上改变以往现场相关方之间纸质文件传递后，只由直接责任部门秘书保存文件，而执行层不能及时或很少能获取各方要求的传统做法，极大地提高了工作效率。

3. 费用控制

所谓工程费用控制就是在可行性研究阶段、工程设计阶段、设备材料的采购阶段和施工阶段，把工程费用控制在控制目标以内。

费用控制贯穿于工程建设项目的各个环节，费用控制是各个控制中的最重要内容。具体控制措施如图 1-31 所示。

（1）设计阶段的控制

设计阶段是工程建设的关键阶段。采用限额设计是进行设计阶段费用控制的有效措施。首先，在基础设计阶段采用投资分解的方法进行费用控制。其次，在详细设计阶段采用控制工程量方法进行费用控制。再次，把设计变更控制在设计阶段。

（2）设备材料采购的控制

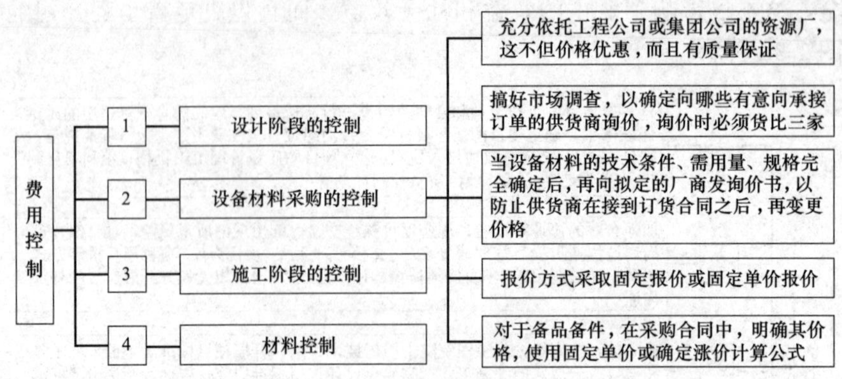

图 1-31　费用控制

设备、材料费是构成项目投资的最主要的因素，在石油化工建设工程中，设备费用一般占工程费用的 50%～55%，材料费用要占工程费用的 20%左右，所以必须控制设备材料采购费，控制这部分费用的关键是控制设备、材料的采购方式。主要做法包括：

一是充分依托工程公司或集团公司的资源厂，这不但价格优惠，而且有质量保证。

二是搞好市场调查，以确定向哪些有意向承接订单的供货商询价，询价时必须货比三家。

三是当设备材料的技术条件、需用量、规格完全确定后，再向拟定的厂商发询价书，以防止供货商在接到订货合同之后，再变更价格。

四是报价方式采取固定报价或固定单价报价。

五是对于备品、备件，在采购合同中，明确其价格，使用固定单价或确定涨价计算公式。

（3）施工阶段的控制

施工阶段是把设计图纸和设备材料等变成工程实体，是实现建设项目价值和使用价值的主要阶段，该阶段的控制主要是优化施工组织设计，选择技术可行、经济上合理的施工方案，严格控制现场变更或签证，确定合理施工进度，建立费用月报制度，对所有施工方案实行评估审批程序，根据合同按里程碑进行考核评分，进行罚款和奖励。

（4）材料控制

材料是项目建设的物质基础，它直接影响工程的建设周期和质量，是项目控制的主要内容之一。项目经理审查批准控制程序和控制计划，检查督促材料控制的实施情况，按照施工进度计划要求，按“五适”原则组织材料供应，加强对材料的综合管理和监测，提高效率，减少损耗，保证工程项目以最少的资源、最低的成本获得最好的经济效益。

1.4.3.5　抓好项目 HSE 管理

项目 HSE 管理如图 1-32 所示。

1. 建立健全组织机构和各种管理制度

进入现场后，项目部从规范 HSE 管理、完善 HSE 组织机构、健全 HSE 管理制度入手，调配有丰富经验的 HSE 管理人员，组成管理团队。同时严格要求所属分包单位必须按 1/50 的标准配备 HSE 专职管理人员。形成横向到边、纵向到底的安全管理网，层层落实 HSE 管理网络，不留空白点、建立安全生产责任制、安全责任制，加强安全管理机构的设置，确保安全工作的长治久安。

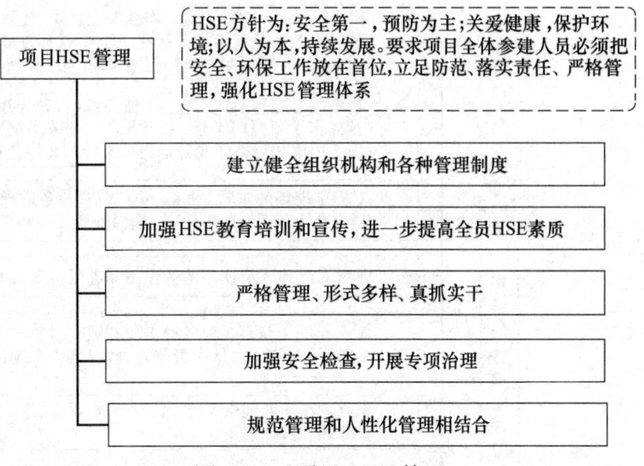

图1-32 项目HSE管理

制度是安全管理取得实效的保证，项目现场HSE部认真贯彻国家各项安全法律法规、集团公司各项规章制度及公司HSE管理体系、业主的各项安全要求。编制了《项目施工阶段HSE控制计划》、《HSE管理程序》等十种管理文件和规章制度。同时编制了JHA危险分析报告和审核了各主要工种的施工组织设计方案。根据川东地区的特点及气候等因素，采取了相应的措施，增编了《防洪应急措施》《防中暑应急措施》《防硫化氢应急预案》，进一步健全了周检查、周例会、月评比、周报、月报、半月报等管理制度。

2. 加强HSE教育培训和宣传，进一步提高全员HSE素质

广大职工既是安全生产工作的直接参与者，也是生产事故的直接受害者。项目参建人员安全素质的高低，直接影响到辨别事故隐患的能力、自我保护意识、应变能力的好坏，以及项目的HSE管理水平。从进入施工现场以来，始终坚持把强化参建人员的安全教育工作放在首要任务来抓。让“安全第一，预防为主”的理念植根于项目施工现场管理人员、各分包商及施工人员心里，做到“要我安全到我要安全”的转变，做到“不伤害他人、不伤害自己、不被他人伤害”。使安全工作人人主动执行各项规章制度，避免违章违纪，杜绝各类事故的发生，从而实现项目的HSE目标。抓好参建人员的入场培训，培训合格率达100%。根据项目特点，强化相关专业知识培训教育。采用多种形式，大力宣传学习《安全生产禁令》，工作中严格落实《禁令》，对违反《禁令》者严肃处理。

3. 严格管理、形式多样、真抓实干

针对施工现场的环境条件差、作业面广，交叉作业多的特点，项目现场HSE部制定了一系列管理措施，以抓管理促安全，抓人的不安全因素和物的不安全状态为重点，抓好现场的各项管理，如图1-33所示。

4. 加强安全检查，开展专项治理

消除安全隐患、做好安全防范，是落实“安全第一，预防为主”的HSE方针的基本条件。先后对“三宝”、“四口”、“五临边”、临时用电、吊装作业、高处作业等，进行了专项检查和整治。

认真开展“反三违，查隐患”为主要内容的“零点行动”。对查出的安全管理问题和事故隐患，能立即整改的马上整改，一时整改不了的，按“四定”原则办。即：定整改负责人、定整改验收人、定整改时间、定预防措施。改变了过去在隐患排查上“查而不改，改而不实”、水过地皮湿的走过场的现象。有效地提高了隐患整改率，降低了事故的发生率，从源头上起到了超前防范，消除事故苗头的作用。将查出的隐患逐项登记，做到“三

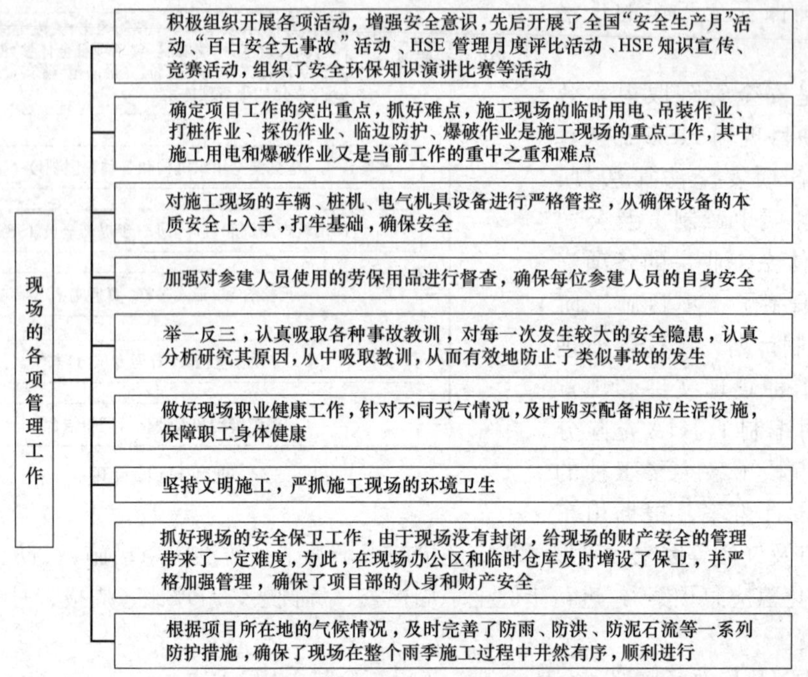

图 1-33　现场的各项管理工作

落实”即：落实整改负责人、落实整改时间、落实预防措施。通过开展经常性检查、周检查、月检查、专项检查等各种检查活动，对出现的问题及时整改处理，为安全生产提供了保障。

5. 规范管理和人性化管理相结合

在 HSE 管理上，采取既肯定成绩又提出存在的问题和不足的方式，将问题落实到人，做到层层把关。对易发生人身伤害的部位，认真细致地制定相应的安全技术措施，从源头抓起，缩短不安全距离，拓展安全空间，控制事故发生。要真正地做好 HSE 工作，关键在于责任的落实，否则，制定再多的制度、规程、标准、规定也是形同虚设。在建立健全安全生产责任制的同时，明确考核目标和奖惩标准。各分包单位也同各下属班组层层签订安全责任书，层层管理、层层考核，让人人肩上有担子，人人有责任。对检查出的问题，能立即整改的立即整改；不能及时整改的要求各单位制定出详细的整改方案，并且有应急措施。HSE 工程师进行跟踪检查落实整改情况，使每一次的整改都能落到实处。安全工作管理经验告诉我们，安全工作重点应按照：主要在领导、核心在基层、重点在岗位、关键在员工这个思路去抓安全工作，切实在项目范围内形成人人关注安全、人人渴望安全的良好氛围。

1.4.3.6　项目结束阶段的主要工作

项目结束阶段是全面检查、考核合同项目实施工作成果的重要阶段。项目经理除指导、组织做好工程交工、试车考核和业主验收外，还将做好项目总结和文件资料的整理归档工作，为公司积累有益经验。

1.4.4 HSE理念在项目管理中的应用

分析HSE管理的基本要素和工程公司的业务特征之后，确定的HSE管理的基本原则，如图1-34所示。

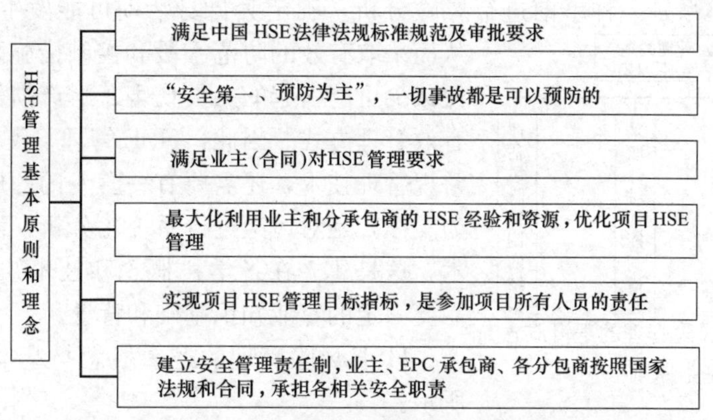

图1-34 HSE管理基本原则和理念

在这个基本原则和理念下，HSE成为工程项目策划的主要目标之一，同时也成为需要公司和项目团队全员参与的管理活动。

1.4.4.1 项目HSE的体系化管理

项目HSE的体系化管理是一个包含广泛的工作，如图1-35所示。

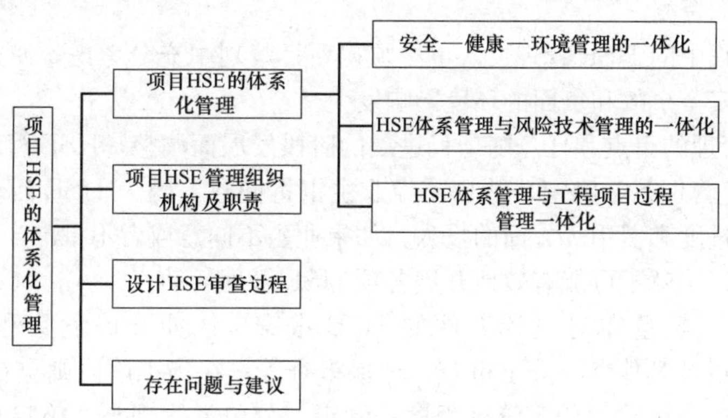

图1-35 项目HSE的体系化管理

1.4.4.2 安全—健康—环境管理的一体化

多年来，国内工程项目对安全、卫生与环保一直都有很严格的要求，也有较成熟的建设项目审批制度。按照国家现行法律法规要求编制的初步设计“老三篇”（即：消防设计专篇、劳动安全卫生专篇、环保专篇）和施工验收制度正是体现了国家对安全—健康—环境这三方面的重点管理。由于按照国家的管理体制这三方面的管理分别由公安部、国家安全监督管理局、卫生部和环保部等部门分别进行管理与审批，所以国家没有一个HSE管理部门进行归口管理，但对于工程项目，特别是对国外业主投资的项目，HSE管理则是将这三方面综合起来管理的，因为对安全、健康与环境的管理系统具有共同的管理逻辑、目标和风险特征，经过整合形成的HSE三位一体管理不仅大大提高了对安全、健康与环境三方面的管理力度，也使三者共同形成了相互加强、相互支撑的完整体系。当然，作为 HSE 管理体系的实施过程中，还是有必要由安全、健康与环保三个方面的专业人员分别进行管理，因为安全、健康与环保的专业领域不同，专业技术也各有许多特殊性。

1.4.4.3　HSE 体系管理与风险技术管理的一体化

HSE 管理体系是一种事前进行风险分析，确定其自身活动可能发生的危害及后果，从而采取有效的防范手段和控制措施防止其发生，以便减少可能引起的人员伤害、财产损失和环境污染的有效管理方式。因此，HSE 管理不仅仅是采用通用的常规管理技术，还需要有一套专门的风险管理技术作为支撑，是对风险进行系统化分析、评估和管理的技术，这是建立在各学科概念和技术知识的基础上的，需要一定的专业知识基础和背景。

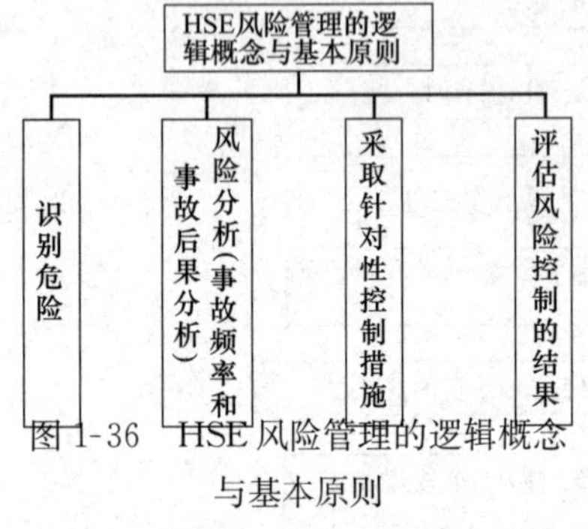

图 1-36　HSE 风险管理的逻辑概念与基本原则

HSE 风险管理的逻辑概念与基本原则如图 1-36 所示。

1.4.4.4　HSE 体系管理与工程项目过程管理一体化

我们认为，项目的 HSE 管理贯穿项目发展的全过程，从项目招投标阶段就必须有 HSE 管理的参与，必须在招投标阶段澄清业主的 HSE 管理目标，准确应答，以满足业主对于未来装置（或工厂）的安全和环保性能以及对员工保护的要求，满足法规对当地环境保护的要求。否则就有可能因为标书中的 HSE 管理不能满足业主的要求，而被一票否决失去了项目中标的资格。

项目建设过程中的 HSE 管理投入也必须在项目策划中充分考虑，使得项目计划能够安全运行，减少安全事故和负面的环境影响发生。

项目 HSE 管理的重点和任务随项目进展的阶段发展而调整，HSE 管理的主要任务应根据项目的 HSE 管理策略确定，并且需经业主审批同意。因为 HSE 活动的开展必然需要一定的人力、进度和费用等方面的投入，如果业主不同意或者不批准产生的工作量和造成的计划进度推迟，就不可能有效地开展各项 HSE 管理活动。

在设计阶段一般重在对设计文件的 HSE 审查，比如开展危险和可操作性分析（HAZOP）审查以及其他专项安全审查、环保审查等；在施工阶段则重在对现场的 HSE 管理，比如现场安全风险评价、管理程序的制定、分包方管理与实施检查监督等。HSE 管理文件也是动态管理过程，随着项目的进展不断更新、补充和发展，直到最终交付给业主的装置生产操作人员。

HSE 管理的目标之一是产品的本质安全（环保）。因此，各种风险辨识和 HSE 技术措施的落实是通过公司质量管理体系完成的。通过严格的质量控制措施，保证产品的安全、环保性能。

1.4.4.5　项目 HSE 管理组织机构及职责

为了实现项目制定的 HSE 管理目标，必须有专门的 HSE 管理团队负责开展 HSE 管理工作。HSE 管理团队一般包括：项目 HSE 经理、设计 HSE 经理、施工 HSE 经理和现场 HSE 工程师以及安全、健康和环境等专业工程师。

HSE 管理团队的技术支持来自于公司技术管理系统。三级技术体系为相关技术方案的确定提供技术支持。公司各级技术岗位对所实施的技术方案和产品负责。

EPC总承包商建立完整的HSE管理组织机构，配备必要的人力、技术和经济资源，负责对其下属各分包商进行管理，对其合同范围内的安全生产管理负总责。通过其对设计产品和过程管理，对所有相关方的HSE管理施加有益的影响。

1.4.4.6 设计HSE审查过程

HSE审查是项目HSE管理的重要手段。按照风险（RISK）的定义：某一特定危险情况发生的可能性和后果的组合。有些事故发生频率可能很高但事故后果可能不太严重，因此作为二者乘积的事故风险就可能很低。比如管道的法兰泄漏，虽然事故发生频率很高但泄漏量有限，所以事故风险可能很低。对事故风险的判断直接影响采取的措施和资金的投入方向。设计的HSE审查对设计产品的HSE风险进行排查，为产品的安全性起到了很好的保护作用。

1. 设计HSE管理依据

国家HSE法律法规和标准规范及中石化行业标准；

《环境评价》、《劳动安全卫生预评价》、《职业卫生评价》等报告及审批意见；

中石化集团公司及地方政府对基础设计的审查意见。

2. 危害识别的展开

危害识别是开展HSE风险管理的重要基础，如果对危害识别不全或者不充分，就不可能采取有针对性的控制和管理措施，也就不可能对项目的风险进行有效的控制与管理。在工程项目进展的不同阶段，可根据要求开展不同程度和范围的危害识别工作，危害识别的方法也可随之调整改变。

在项目评估阶段进行的项目初步危害识别（HAZID），是在项目开展的初期阶段对整个项目可能存在的HSE风险进行识别，通过邀请经验丰富的专家和高层管理人员参加，借助检查表等工具来发现项目潜在的风险以便确定相应的策略与控制手段。在项目基础设计初期开展的危害识别工作则要更复杂和详细得多，因为已经有了较详细的设计基础资料，可以按照不同的生产装置和设计单元分别进行。危害识别方法可以采取检查表等方式分别对物理性、化学性、心理和生理性、管理组织、外部原因等不同方面进行全面识别，以确定基础设计中应采取的相应措施和对策。

3. 满足设计安全标准

对于中国项目来说，控制风险的标准主要是国家的法律法规和标准规范，因为国家的标准规范是按照中国的基本经济状况和技术条件制定的，是保证安全的最低要求。因此，对于国内项目只要满足国家的标准规范要求就是将风险控制到合理低的水平了。

1.4.4.7 存在问题与建议

1. 业主重视是搞好项目HSE管理的重要前提

由于业主的合同要求是建设项目的最根本条件和基础，满足业主要求是项目管理承包商的最基本原则，如果业主不同意制定专门的项目HSE管理目标，并且不批准HSE管理的必要人力、财力等费用和时间进度的投入，是不可能开展项目HSE管理的。由于国内EPC项目进度及投资的限制，安全管理中的HSE管理不能在所有的EPC项目中较好地进行。

2. 国内外项目管理的重大差别之一就是HSE管理

中方业主要求的项目管理一般是进度驱动性的，就是要不惜一切代价完成进度要求，并将HSE管理与工程建设的进度、投资费用等方面的矛盾对立起来，不愿意牺牲工程进度来增强设计产品的安全可靠性。按照中国模式建设的工程项目看来是工期短，有的可以提前半年甚至一年建成开车，但高速度带来的高费用以及建成后生产装置可能存在的事故隐患，为消除这些事故隐患花费的时间和费用，这些事故隐患造成的事故后果带来的各项直接、间接经济损失以及造成的人员安全、健康与环境等方面不可弥补的后果却没有人认真考虑过。

3. 需要认真学习国外先进的 HSE 管理经验

HSE 管理在中国是个新事物还需要认真总结经验，对 HSE 管理知识还需要进行更深入的学习和研究，结合中国的 HSE 管理体制和国情建立中国化的项目 HSE 管理体系，使中国的工程项目建设更安全、更健康、更环保。

4. 国内安全标准体系不完善，给安全管理带来困难。

国外石油化工安全标准较为完整，国内目前安全标准体系不够完善，国家法规也有不协调之处，应允许在已有的标准基础上采纳国外的成熟标准，完善国内的标准体系。

5. 应加强 HSE 方面的基础工作

应建立事故信息平台，搜集事故案例，形成数据库，完成相应的统计分析，以便查询和进行相同环境下的风险分析。

应推广安全评估技术方法的使用，加强培训，使安全分析的专业队伍尽快成长起来。

应加强 HSE 管理的体系监督作用，使各种管理活动体系化，提高体系管理的有效性。

6. 工程建设项目施工阶段的 HSE 管理

对工程项目实行职业健康、安全、环境的全方位管理，并对项目建设本身的危险、对社会的危害、对环境的破坏降到最低点，它是贯彻科学发展观的重要环节，是实现工程项目的建设目标的需要，是我国法律法规的要求。

1.4.4.8 职业健康、安全、环境与劳动保护

职业健康安全是国际上通用的词语，通常是指影响作业场所内的员工、临时工作人员、合同工作人员、合同方人员、访问者和其他人员健康安全的条件和因素。

环境的定义则因对“主体”的界定的不同而不同，比如，《中华人民共和国环境保护法》把各种自然因素（包括天然的和经人工改造的）界定为主体；《环境管理体系要求及使用指南》(GB/T 24001—2004) 认为环境是指“组织运行活动的外部存在，包括空气、水、土地、自然资源、植物、动物、人，以及它（他）们之间的相互关系”，它不仅包括各种自然因素的组合，还包括人类与自然因素间相互形成的生态关系的组合。

劳动保护通常是指保护劳动者在劳动生产过程中的健康和安全，包括改善劳动条件、预防工作事故及职业病、实现劳逸结合和对女工、未成年工的特殊保护等方面采取的各种管理和技术措施。

1.4.4.9 HSE 管理

健康、安全、环境管理体系的概念起源于国际标准化组织石油行业小组提出的一个推荐标准 ISO/CD 14690《石油天然气工业健康、安全与环境管理体系》，此标准提出了一种管理模式，即事前进行风险分析，确定自身活动可能发生的危害和后果，从而采取有效的防范手段和控制措施，以减少可能引起的人员伤害、财产损失和环境污染。HSE 管理突

出预防为主、领导承诺、全员参与、持续改进，强调自我约束、自我完善、自我激励。目前，它已与 ISO 9000 质量管理体系一起成为国际市场准入的重要条件之一。

1.4.4.10 施工阶段 HSE 管理的目的、任务和特点

1. HSE 管理的目的

建设工程 HSE 管理的目的是防止和减少生产安全事故、保护产品生产者的健康与安全、保障人民群众的生命和财产免受损失；保护生态环境，使社会的经济发展与人类的生存环境相协调。

2. 施工阶段 HSE 管理的任务

HSE 管理的任务是组织为达到建设工程 HSE 管理的目的而进行的组织、计划、控制、领导和协调的活动，包括制定、实施、实现、评审和保持 HSE 管理所需要的组织结构、计划活动、职责、惯例、程序、过程和资源。工程施工阶段 HSE 管理的任务如图 1-37 所示。

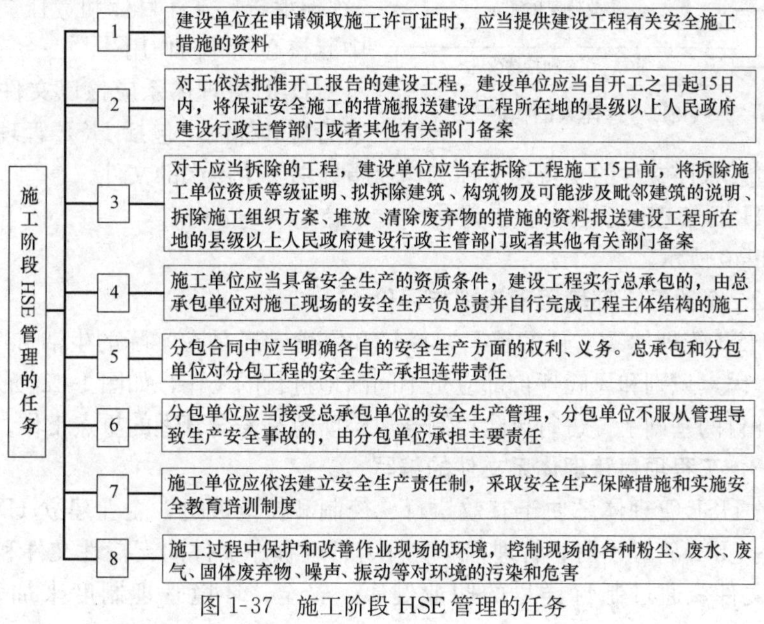

图 1-37 施工阶段 HSE 管理的任务

3. 施工阶段 HSE 管理的特点

依据建设工程产品的特性，施工阶段 HSE 管理的特点如图 1-38 所示。

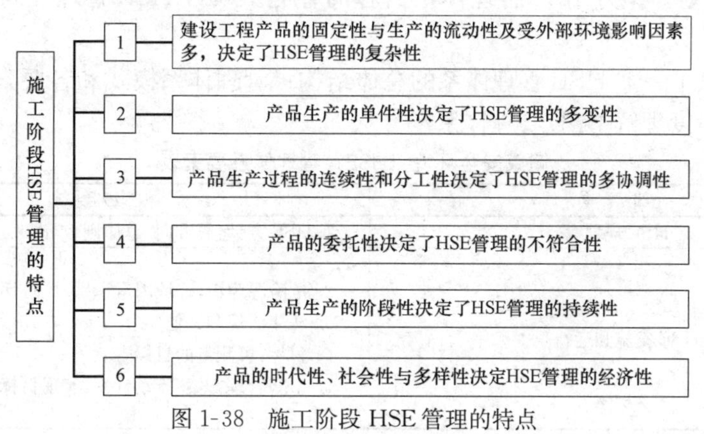

图 1-38 施工阶段 HSE 管理的特点

1.4.4.11 HSE 管理体系的建立

许多跨国公司的 HSE 管理的实践证明，HSE 管理是企业实施安全、健康和环境的成功管理方法，建立一个组织严密、目标和职责明确、行动高效的 HSE 管理体系又是全面推进 HSE 管理的首要条件。

1. HSE 管理体系的构成

HSE 管理体系至少由以下十项要素构成，如图 1-39 所示。

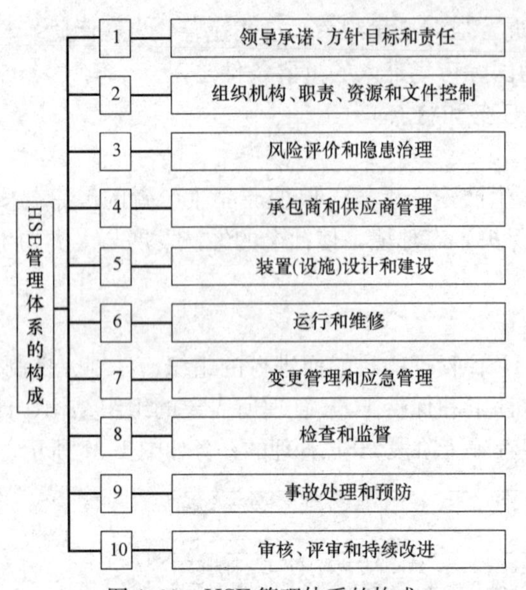

图 1-39 HSE 管理体系的构成

这十项要素之间紧密相关，相互渗透，以确保体系的系统性、统一性和规范性。“领导承诺、方针目标和责任”在十个要素中起核心和导向作用。

HSE 管理体系应该以文件化的形式分卷管理和控制，包括 HSE 管理手册、管理程序文件、管理程序文件的支持性文件和作业指导书三个层次的文件。

2. 建立 HSE 管理体系的主要步骤

详见图 1-40 所示。

1.4.4.12 危险源、环境因素识别与评价

不论是 HSE 管理体系文件的编写、修订和完善，还是在实际的生活和生产过程中，危险源、环境因素识别和风险评价都应是不间断地进行的工作，如图 1-41 所示。特别地，在进行危害评价的基础上，进行风险控制与风险防范是安全管理的重点工作。

1.4.4.13 工程项目管理体系文件的编写

文件化的 HSE 管理体系便于有效执行、控制和持续改进，企业建立 HSE 管理体系时，应该编写 HSE 管理手册、管理程序文件、管理程序文件的支持性文件和作业指导书三个层次的文件。通过制订详尽的职业健康、安全、环境管理制度来加强企业 HSE 管理。

建设工程项目首先执行企业 HSE 管理体系，同时应针对项目本身的特殊性编制项目 HSE 管理计划，作为 HSE 管理体系内容的补充。项目 HSE 管理计划包括的内容如图 1-42 所示。

表 1-6 提供了一个 HSE 管理体系的总体结构：管理体系模式和各要素间的关联，便于全方位、多角度理解 HSE 管理体系。

健康安全环境（HSE）管理体系要素表　　表 1-6

一级要素	二级要素
HSE 规划	1. HSE 方针：总方向、总原则、承诺
HSE 实施和运行	2. 危险源辨识，环境因素识别，风险评价和风险控制 3. 法律法规和其他要求 4. 目标：可测量的目标 5. HSE 管理方案：行动计划，实现目标的途径与方法

续表

一级要素	二级要素
HSE检查和纠正措施	6. 组织机构和职责 7. 培训,意识和能力:HSE履行性 8. 协调和沟通 9. 文件的效率,功能,运行有效性 10. 文件和资料控制 11. 运行控制:计划和措施 12. 应急准备和响应:紧急突发事件的预案 13. 绩效测量和监控
HSE管理评审	14. 事故,事件,不符合,纠正和预防措施 15. 记录和记录管理 16. 审核HSE的有效性,目标符合性 17. 管理评审:HSE管理体系的适宜性,持续性

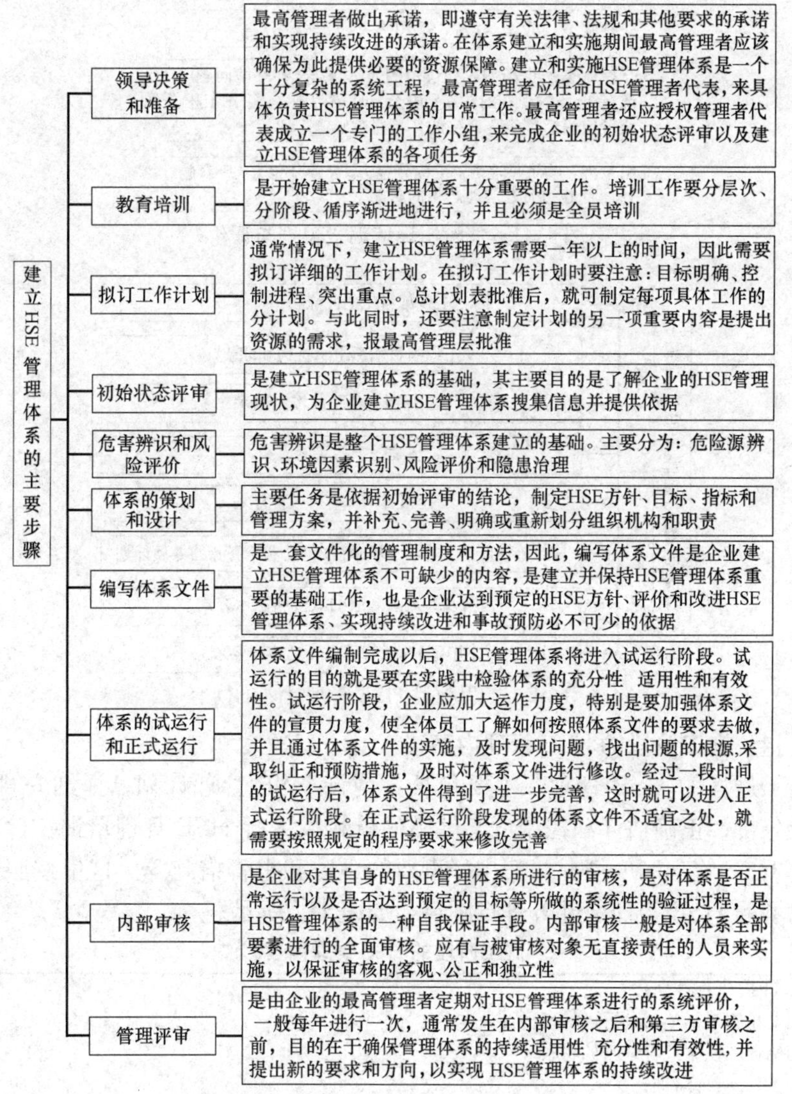

图1-40　建立HSE管理体系的主要步骤

危险源、环境因素识别与评价

不论是HSE管理体系文件的编写、修订和完善，还是在实际的生活和生产过程中，危险源、环境因素识别和风险评价都应是不间断地进行的工作。特别地，在进行危害评价的基础上，进行风险控制与风险防范是安全管理的重点工作

危险源、环境因素识别

危险源和环境因素识别、风险评价和环境影响评估是HSE管理的重要环节，也是HSE管理的基础工作。主要目的是要找出每项工作活动有关的所有危险源和环境因素，可能会对什么人造成什么样的伤害，会导致什么设备设施损坏，或者会带来怎样的环境污染问题等。
为了做好危险源和环境因素识别工作，可以先把危险源按工作活动的专业进行分类，如：机械类、辐射类、物质类、火灾和爆炸类等。
危险源识别方法有多种，常用的有专家调查法和安全检查表法

风险评价

十个方面：员工和周围人群、设备、产品、财产、水、大气、废物、土地、资源、社区

三种状态：正常、异常、紧急(火灾、爆炸等)

三种时态：过去(如以往遗留的健康、安全和环境问题)、现在(现场的现有的健康、安全、环境问题)、将来(工程交付使用后可能会产生的环境影响)

相关方：物资供应方、工程分包方、劳务分包方、废弃物处理者等相关方活动产生的影响

图 1-41　危险源环境因素识别与评价

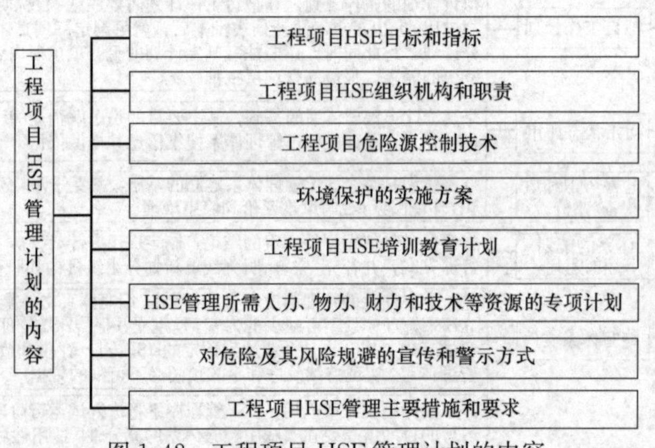

图 1-42　工程项目 HSE 管理计划的内容

1.4.4.14　施工阶段的 HSE 管理内容

工程施工过程的 HSE 管理，主要包括：制订 HSE 管理计划；详细安排施工工艺，并进行风险分析；正确估计和控制危害健康的材料；进行 HSE 管理培训；检查并总结分析落实项目 HSE 管理制度情况，安排好事故的预防和报告措施等。这里按照建设准备阶段和施工现场的 HSE 管理两部分进行阐述，如表 1-7 所示。

施工阶段的 HSE 管理内容　　表 1-7

施工准备阶段	制订 HSE 管理计划； 详细安排施工工艺，并进行风险分析； 正确估计和控制危害健康的材料； 进行 HSE 管理培训； 检查并总结分析落实项目 HSE 管理制度情况，安排好事故的预防和报告措施等

续表

<table>
<tr><td>建设准备阶段</td><td colspan="2">项目开工前要做好各项准备工作：
完成征地、拆迁和场地平整；
组织设备、材料订货；
组织施工招标，优选施工单位等。
其中，设备采购是HSE管理的重要环节，应采购符合HSE管理要求的设备、材料，重视其安全性、操作性、环保性</td></tr>
<tr><td rowspan="18">工程施工阶段</td><td colspan="2">(1)HSE的现场管理架构
一个完善的HSE组织机构和体系是搞好现场HSE的基本保障，它运行的好坏将直接影响到现场HSE管理最终的成败。通常的做法是：</td></tr>
<tr><td rowspan="2"></td><td>①成立现场HSE委员会。通常由业主或咨询公司以及承包商的项目经理和HSE经理组成。它的主要职责是依据现场各项HSE管理制度、组织现场检查、召开现场的HSE会议、对现场的事故和未遂事故作出最后的处理意见等</td></tr>
<tr><td>②建立现场HSE责任人制度。项目部应该建立各级HSE责任制，并根据不同的施工特点将现场划分为若干个施工区域，每个施工区域设置一个责任人，负责对所辖区域的HSE工作进行全面的管理</td></tr>
<tr><td colspan="2">(2)HSE现场会议制度
现场会议是现场HSE管理最好的沟通方式，施工现场应定期(一般一周一次)举行会议，并建立会议制度，明确会议的组织形式和会议应达到的目标</td></tr>
<tr><td colspan="2">(3)HSE报告制度
在项目执行过程中，项目HSE工程师应当根据HSE管理手册中规定的HSE报告的范围、内容、频度提交报告。一般包括：项目HSE月报、HSE实施计划和事故报告等</td></tr>
<tr><td colspan="2">(4)HSE现场检查制度
各级HSE管理者应对现场实施HSE检查，确保健康、安全和环保方面的方针、政策都得到落实并发挥作用。对检查中发现的问题应及时纠正，必要时进一步完善HSE管理体系</td></tr>
<tr><td rowspan="5"></td><td>①周检查是由三方(业主、咨询公司、承包商)的项目经理、施工经理、HSE经理以及其他安全人员参加的联合检查，每周一次。周检查多为综合检查，检查内容包括安全防护、临时用电、机械设备安全防护、噪声防护、卫生防护、文明施工、火灾预防等</td></tr>
<tr><td>②日常巡检是对现场状态的动态控制，在巡检中发现问题及时解决，将危险隐患消灭在萌芽状态</td></tr>
<tr><td>③专项检查是对现场某一特定的操作和设施进行的检查。主要包括基础施工；脚手架作业、井字架与龙门架搭设；临边与洞口防护；木工作业；油漆工程；塔吊及电梯拆除；防水作业；高处作业；消防设施等</td></tr>
<tr><td>④每周进行一次施工设备、机具的例行检查。对施工设备、机具的检查采用合格证制度，即对检查合格的贴上合格证后使用，检查不合格的须等修好后再经检查合格后才允许使用。对新进场的设备、机具也要进行检查，合格后贴上合格证才能开始使用</td></tr>
<tr><td>施工承包商每周应对现场的临时用电设施、消防设施、医疗设施、劳动保护用品等进行检查并填写相应的表格。
咨询工程师还应对承包商的检查结果进行复查，并对承包商行为与HSE目标的一致性和承包商HSE业绩表现加以评估，根据合同约束给予相应的奖惩</td></tr>
<tr><td colspan="2">(5)现场培训制度
通过培训的方式，使现场的全体管理人员和施工人员清楚HSE的规定和要求</td></tr>
<tr><td rowspan="3"></td><td>①入场培训是针对新进场的职工进行的培训。主要培训的内容包括：现场HSE规定、现场安全手册和安全常识、现场应急预案、医疗救护程序、现场安全制度以及过去现场发生安全违章行为事例。只有接受了入场培训并考核合格，才能办理现场出入证，进入现场工作</td></tr>
<tr><td>②日常培训是针对现场发生的实际问题进行的培训。培训的内容一般带有针对性，如针对现场违章行为，对违章人员直接进行培训教育</td></tr>
<tr><td>③专项培训一般是由专业工程师就本专业的HSE管理内容进行的培训，它主要结合专业的特点讲述本专业的注意事项和防范措施，专业培训还包括消防队和医院的专家对全体施工人员进行的消防知识和紧急救护知识的培训。现场培训是提高现场人员特别是施工作业人员安全意识的主要手段，是现场HSE管理至关重要的一个环节，所有的这些培训都应该记录在案</td></tr>
</table>

1.4.4.15 施工阶段的环境保护措施

工程建设过程中的污染主要包括对施工场界内的污染和对周围环境的污染。对施工场界内的污染防治属于职业健康问题；而对施工场界外的污染防治是环境保护的问题。

建设工程环境保护措施主要包括大气污染的防治、水污染的防治、噪声污染的防治、固体废弃物的处理等措施；控制资源和能源的消耗措施以及文明施工措施等。这里的控制资源和能源的消耗主要是指在工程项目的施工过程中，把对资源和能源的消耗，对企业、对周围社区和居民的影响减小到最低。施工阶段的环境保护措施分别介绍如下：

1. 大气污染的防治措施

针对不同污染物的分类，施工现场可采取的大气污染的防治措施如图 1-43 所示。

2. 水污染的防治措施

防治措施详见图 1-44。

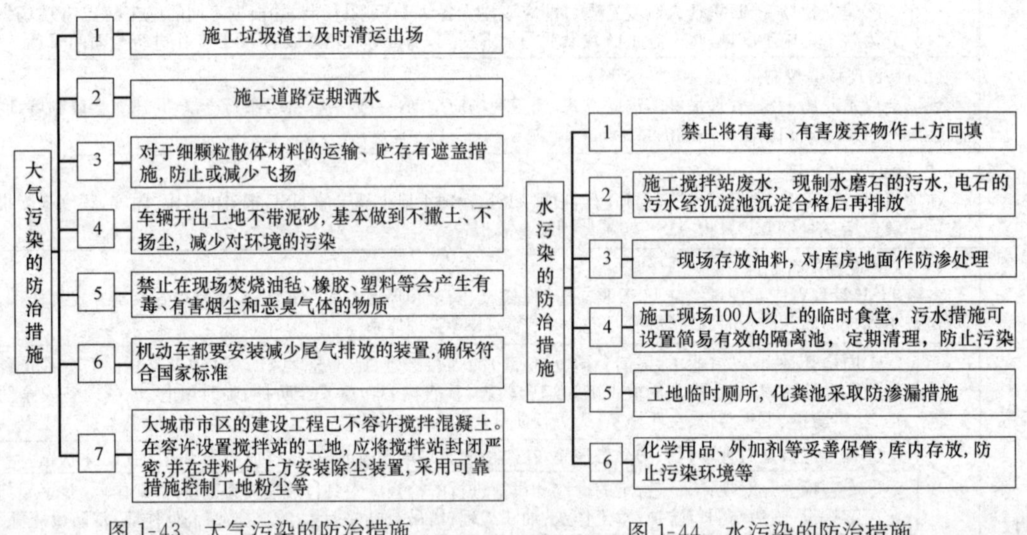

图 1-43　大气污染的防治措施　　图 1-44　水污染的防治措施

3. 噪声污染防治措施

噪声控制技术措施一般从声源、传播途径、接收者防护、控制人为噪声等方面考虑。一般采取如图 1-45 所示的防治措施。

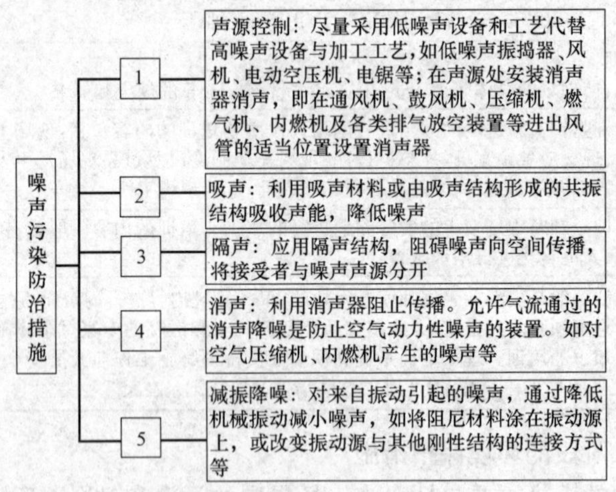

图 1-45　噪声污染防治措施

4. 固体废弃物和处理措施

固体废弃物处理的基本思想是：采取资源化、减量化和无害化的处理，对固体废弃物产生的全过程进行控制。固体废弃物的主要处理方法包括以下几种，如图1-46所示。

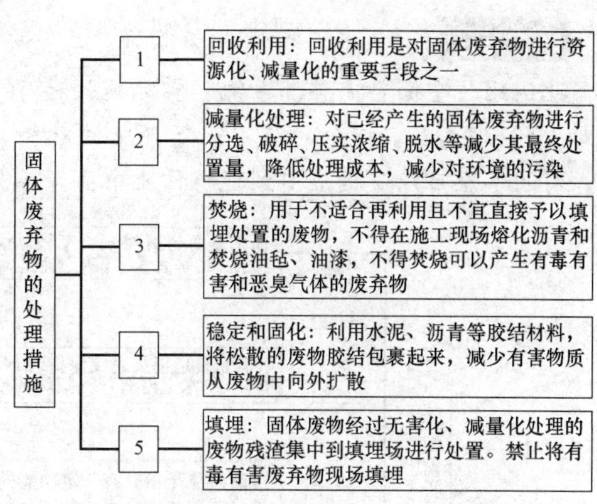

图1-46　固体废弃物的处理措施

5. 文明施工

文明施工是指保持施工现场良好的作业环境、卫生环境和工作秩序。因此，文明施工是保护环境的一项重要措施。文明施工主要包括：规范施工现场的场容，保持作业环境的清洁卫生；科学组织施工，使生产有序进行；减少施工对周围居民环境的影响；遵守施工现场文明施工的规定和要求，保证职工的安全和身体健康。基本要求如图1-47所示。

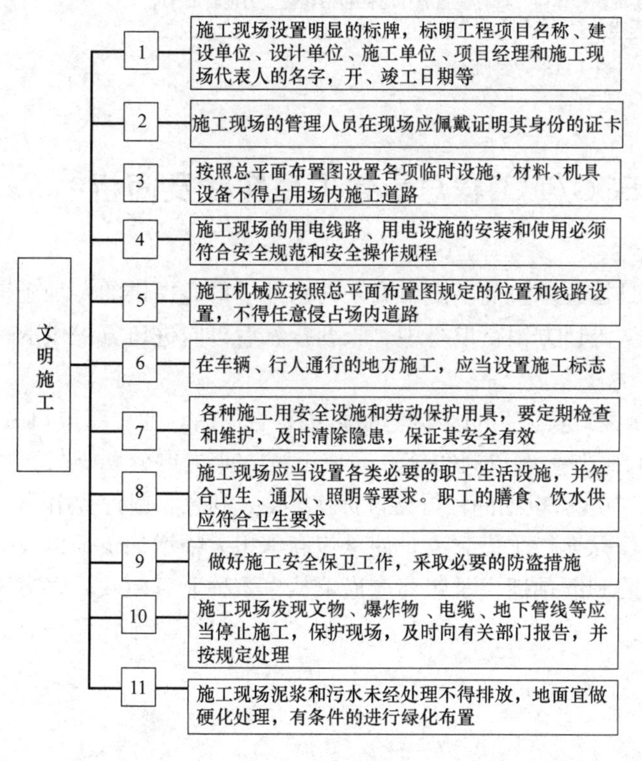

图1-47　文明施工的基本要求

1.4.4.16　职业健康安全事故的分类和处理

1. 职业健康安全事故的分类

(1) 按照事故发生的原因分类

按照我国《企业事故分类标准》(GB 6441—86) 规定，职业伤害事故共分为20类，工程建设项目多发生下列事故或伤害：物体打击、车辆伤害、超重伤害、触电、灼烫、火灾、高处坠落、坍塌、火药爆炸、中毒和窒息和其他伤害等。

(2) 按事故后果严重程度分类

一般分为轻伤事故、重伤事故、死亡事故、重大伤亡事故、特大伤亡事故、特别重大伤亡事故等。

2. 职业健康安全事故的处理

(1) 安全事故处理的原则

施工过程中认真查处各类安全事故，坚持事故原因未查清不放过、责任人员未处理不放过、整改措施未落实不放过、有关人员未受到教育不放过的“四不放过”原则。

(2) 安全事故处理的程序

安全事故处理的程序应依据国务院令第493号《生产安全事故报告和调查处理条例》及《建设工程安全生产管理条例》，安全事故报告和处理应该遵循事故报告、事故调查和事故处理的程序。

案例简析

此例比较全面、完整、系统、实际地论述了EPC工程总承包项目的理论与实践，特别对HSE理念及其概念的应用长篇累牍的解析，有利于EPC工程总承包的一线人员操作，有的甚至可以直接应用到现场作业中去，详见图1-48。

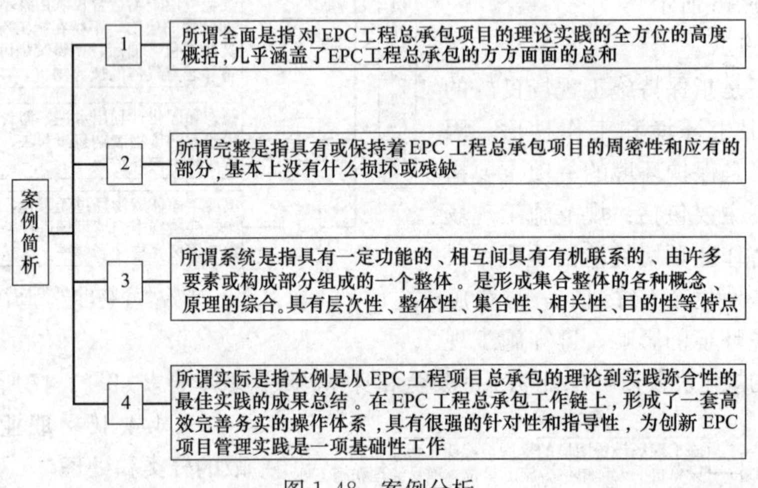

图1-48　案例分析

1.5　S国买方信贷EPC/T工程总承包项目实践及简析

该案例为卖方信贷承包项目，是指总承包商（出口商）向国外进口商提供的一种延期付款的信贷方式。其实质是出口商从出口方银行取得中、长期贷款后再向进口方提供的一种商业信用。

卖方信贷的一般做法是承包商在签订卖方信贷合同、签订工程合同后，业主（进口方）支付5%～15%的定金或双方协议的比例，承包商实施并完成工程，业主再分期支付工程款，同时承包商根据卖方信贷合同的规定，按期向银行支付贷款本金、利息和银行费用等。

这种模式承包商承担了融资责任并充当了借款人，使承包商承担大幅增加负债以及业主不能按期还款的风险，没有一定的利润预期，承包商应谨慎从事该种业务模式，多方面评估其风险是非常必要的。

1.5.1　项目简介

1.5.1.1　基本情况

S国同中方经多轮谈判最终签订了该国卖方信贷合同。出口信贷是政策性很强的金融业务。本项目合同额巨大，建筑标准高，整个工程包括建筑物、构筑物（地下建筑）、系列化配套加工制造、产品装配、检测维修等车间及其变电站、高位水池和厂外工程等，总建筑面积约为40000m²，该项目位于偏僻山谷中，地质为千古风化岩石，交通畅通。地下建筑物为大体积钢筋混凝土结构，地面主体结构为钢结构和现浇钢筋混凝土框架；厂房全部内外粉刷，材料性能要求具有防酸、防腐、防火等，采取大面积空调措施，温度要求为22±2℃，噪声为60～75dB，电气照明高达500lx/m^2 以上并要求防爆。总之，该工程外形整体色调自然美观，坚固耐久，装修豪华，100年不变，蔚为壮观。该工程工程量约为：①土石方239000m^3；②混凝土65000m^3；③砌体10000m^3；④装修面积180000m^2；⑤混凝土道路20km；⑥设备安装1715台（套）；⑦灯具开关等12574个（套）；⑧各种管线163.60km，据测算工程单方造价在2200～2500美元/m^2，土建总估价约为8800万美元～1亿美元（不包含施工机械费、临时设施费、驻地工程师费）。表1-8为S国精密机械厂工程项目表；表1-9为主要土建材料统计表；表1-10为机械运输设备一览表；表1-11为安装设备材料数量统计表。

S国精密机械厂工程项目表 **表1-8**

序号	工程编号	工程代号		单个建筑面积（m^2）	单个土石方（m^3）	单个混凝土量（m^3）	单个砌体	单个装修面积
1	01	100	200	占地约500				
2	02	101	201	1079	50000	1265	495	4387
3		102	202	2577	70000	2691	637	6326
4	化学品库	103	203	996	4500	1450	17	2398
5	化学品库	104	204	996	4500	1450	17	1913
6	化学品间	105	—	545	183	282	126	1227
7	化验室	106	—	311	243	112	150	1460
8		111	—	1120	5930	2624	320	5136
9		112	212	638	2700	1524	42	2508
10		113	213	478	350	256	171	1377
11		114	214	525	664	332	202	1492
12	装备车库	115	215	461	261	256	83	1431
13	装备车库	116	216	496	210	276	78	856
14	装备车库	117	217	496	210	260	76	781
15	维修间	118-1	—	4676	1200	770	379	6172
16	保养间	118-2	218-2	108				
17	变电所	120	220	179/140	120	71/65	75/65	839/345
18	场外工程							

注：该工程共分为100号、200号和700号、800号四个区，工程项目和工程量各占一半。

主要土建材料统计表 **表1-9**

序号	主要材料名称	规格范围	数量	产地	说明
			1500t	沙特	
1	水泥				
			500m^2	瑞典等国	
2	木材				
			1299t		
3	钢材				
			7626m^2	意大利,西德	
4	硬贴面				
			364+191樘		
5	各种门窗				其中木门39樘,其
6	各种油漆涂料				余为铝合金和金属
		水磨石25～30cm	36555kg		
7	吊顶材料				夹层门
		(830～2490)×(1600～2470)	122套	美国	
			4600m^2		
8	预制板				
		(600～9800)×(12800～2000)	274块	沙特	
9	各种家具				
		1.5m×6m～3.0m×6m	710件(套)	沙特	630块预制梁
10	油毡				
			13610m^2	德国	包括桌、椅、床、柜、
11	层面保温				
			13000m^2		沙发等
12	地毯				
			1661m^2		

机械运输车辆一览表 表 1-10

序号	机械车辆名称	型号	数量	产地
1	轮式装载机	FL330	8	日本古河矿业
2	挖掘机	FL230	2	意大利菲亚特
3	挖掘机	MS280	1	日本三菱
4	挖掘机	213	1	美国卡特匹勒
5	推土机	D8N	1	美国卡特匹勒
6	推土机	D7H	1	美国卡特匹勒
7	推土机	D6D	1	美国卡特匹勒
8	推土机	D65	2	日本小松
9	推土机	D155A	1	日本小松
10	平路机	GD500R2	2	日本小松
11	压路机	CA25	2	瑞典迪那帕克
12	压路机	CC21	1	瑞典迪那帕克
13	起重机	PPM40.09	1	法国波克兰
14	起重机	LRT180	1	美国柯灵
15	叉车	SM35	1	意大利莫罗
16	叉车	FD15,FD30	2	日本三菱
17	发电机	CN217	4	英国威尔逊
18	发电机	CN885G	2	英国威尔逊
19	液压工作台	JLG	3	美国
20	翻斗车	K13212	4	日本日野
21	翻斗车	13F924	4	西德奔驰
22	平板车	KY220	6	日本日野
23	大轿车	GMC6000	5	美国奇姆西
24	吉普车	ST413	8	日本铃木
25	水车	KB222	2	日本日野
26	小翻斗车(1t)	H/1000/1300	4	法国罗兰
27	混凝土拌合车	DT/466	11	美国挑战者
28	混凝土拌合车			美国挑战者
29	混凝土输送泵车	BPL580-21/18	2	美国挑战者
30	混凝土输送泵车			美国挑战者
31	空压车	600SDIC	4	日本小松
32	工具车	Hyundai	3	韩国宏达
33	救护车	GMC	1	美国
34	翻斗车(2t)	DD20		日本奉天
35	面包车	W40L	1	日本尼桑
36	钢脚手		约 100t	
	合计		92	

安装设备材料数量统计表 表 1-11

工号编序	空调设备(台)	机械设备(加工工具)	电缆电线(m)	变电站及配电屏、柜、箱	防暴系统(灯具插座开关)	电器材料(灯具开关插座)	通风部分	管材钢材(m)	卫生水暖(套)	其他材料(kg)	备注
01	44	20	24450	60	2031	8321	176	25417(128)	2950(35144)	700(漆)	
02	60	12	28040	84	113	10079	756	34300(395)	4162(29232)	960(漆)	
05	36		6050	12		2493	2	6546(42)	642(2096)	60(漆)	
06	38		6380	2		2329	16	3816(22)	1338(3344)	80(漆)	
11	52		8280	75		4641	537	6152(9)	1540(15468)	234(漆)	
12	8		3500	4		1984	517	5948(12)	1168(7396)	380(漆)	
13	28		3740	4		2260	88	4110(5)	2758(2502)	61(漆)	
14	44		5720	8	530	2251	978	8494(250)	1456(3894)	75(漆)	
15	82		2900	4		1305		2710(4)	250(460)	95(漆)	
16	60		3450	8		1661	4	1904(4)	636	71(漆)	
17	52		3450	8		1252		1866(4)	312(1832)	55(漆)	
18	128	31	9930	80	78	3804	376	9594(5)	1474(5335)	274(漆)	
20	24		2230	42		3691		1874(2)	1054(4126)	84(漆)	
100			8180			1683		12545(12)	501(1187)	750(漆)	厂区
200			4520			1063		6895(6)	332(808)	600(漆)	厂区
700			6400			1638		9747(11)	402(1129)	750(漆)	厂区
800			10650			1125		7963(6)	336(748)	600(漆)	厂区
合计	647	63	137870	391	2753	51580	3450	149881(917)	21311(114701)	5828	

注：本表为预算数字，与实际数量完工统计工程量间的差额为库损、多余消耗等。

1.5.1.2 项目各方情况

（1）项目业主：S国某国家部门；

（2）工程总承包：中方某国家公司，包括规划、设计、采购、施工、安装、培训、设备运转、最终交验、保修等；

（3）分包单位：中方某设计单位、中方某安装单位、中方某施工单位、中方某国际工程公司等；

（4）监理单位：美国某部门和S国某部门联合监理；

（5）项目总造价：约为30亿余美元（含设备采购供货），其中仅土建工程约为8800万美元至1亿美元（施工机械、运输机械和临时设施等承包商提出需要，均由业主方负责提供）；

（6）合同总工期：25个月（该工程实际540天全部完工交验试运行后交于业主使用）。

1.5.1.3 投资环境

该国位于阿拉伯半岛，是伊斯兰大国。东濒波斯湾，西临红海，海岸线长2437km。地势西高东低。西部高原属地中海式气候，其他地区属亚热带沙漠气候。夏季炎热干燥，最高气温可达50℃以上；冬季气候温和。年平均降雨不超过200mm。石油工业是S国经济的主要支柱。近年受益于国际油价攀升，石油出口收入丰厚，经济保持比较快速增长。该国法律健全，工程承包法规早已法制化规范化，与工程承包相关法律法规已装订成书公开化，政府大力建设和改造国内基础和生产设施，继续推进经济结构多元化、劳动力本地化和经济私有化，吸引了世界众多外资，努力扩大采矿和轻工业等非石油产业，鼓励发展农业、渔业和畜牧业，保护民族经济。2005年12月，S国正式加入世界贸易组织。

主要经济数据（2006年）：国内生产总值（GDP）3470亿美元；人均GDP 14938美元；经济增长率4.2%；通货膨胀率1%（2005年）；外汇储备2156亿美元；外债976亿美元；失业率8.8%（2005年）；对外贸易总额2805亿美元、出口额2155亿美元、进口额650亿美元。该国实现高福利主义政策，许多民事项目如文化、教育、医疗保险等不收取任何费用，国民待遇优厚、生活富足安乐，国家与社会稳定、环境安全。

该国石油剩余可采储量363亿吨，占世界储量的26%，居世界首位。天然气剩余可采储量6.9万亿m^3，占世界储量的4%，居世界第四位。2006年，其石油年产量4.67亿吨，天然气年产量640亿m^3。还有金、铜、铁、锡、铝、锌等矿藏。水资源以地下水为主。地下水总储量为36万亿m^3，按目前用水量计算，地表以下20m深的水源可使用320年左右。S国是世界上最大的淡化海水生产国，其海水淡化量占世界总量的21%左右。目前，该国共有30个海水淡化厂，日产300万m^3淡化水，占全国饮用水的46%。共有184个蓄水池，蓄水能力6.4亿m^3。

石油和石化工业是该国的经济命脉，石化产品外销70多个国家和地区，石油收入占国家财政收入的70%以上，石油出口占出口总额的93%。2006年原油日产量为940万桶，收入为1944亿美元。近年来S国政府充分利用本国丰富的石油、天然气资源，积极引进国外的先进技术设备，大力发展钢铁、炼铝、水泥、海水淡化、电力工业、农业和服务业等非石油产业，依赖石油的单一经济结构有所改观。

纵观上述，自然得出S国投资环境良好的结论。

1.5.2 合同签订

工程项目的勘察设计是 EPC 整个工程的基础，必须认真仔细扎实做好。深知设计方案制约与影响其工程成本、施工组织、合同工期等。设计中还有个重要问题是技术规范和标准，该国使用美国规范和标准，除熟悉美国规范标准外，还要结合中国的高技术规范和标准，使出口产品符合合同技术标准，确保设备的安全运行。上述一切活动是在该项目首先由业主方提出的该国建设精密机械厂的构想，据此由中方总承包设计部门提出项目建议书下进行的，双方反复磋商长达几年的时间。

建议书包括以下十三个部分（但不限于）内容如图 1-49 所示。

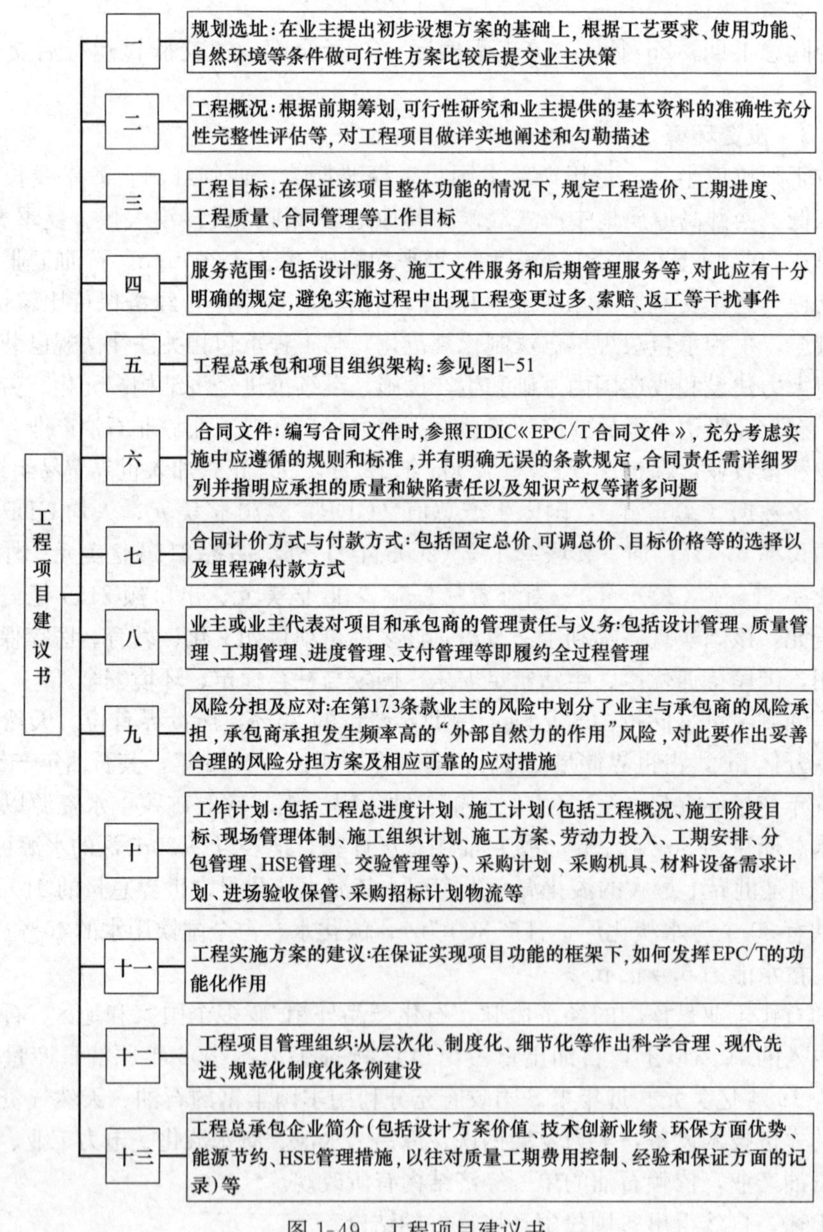

图 1-49　工程项目建议书

以上内容均可参考FIDIC1999年第一版《设计采购施工（EPC）交钥匙工程合同条件》，对工程设计提出的要求，充分体现了工程总承包是以设计为主体活动的工程，这与该合同条件的特点密切相关，如主要用于机械、电气、生产及其专业技术专利性、大型基础设施工程等，生产设备造价占合同份额比重大，业主要求承包商承担其人员的技术培训和操作指导，EPC/T合同条件向业主最终交出符合生产运行标准的设备精良完整的工厂或工程项目。

据此，合同条件第5条设计，详尽地对5.1条款设计义务一般要求，5.2条款承包商文件包括业主要求的技术文件；5.3条款承包商的承诺即对设计、承包商文件、实施和竣工工程应符合工程所在国的法律；5.4条款专门对技术标准和法规做了具体的细节化规定；5.5条款要求承包商对业主人员进行工程操作和培训的规定；5.6条款竣工文件中，要求承包商绘制工程竣工图、编制竣工说明书；5.7条款要求承包商向业主提供详细程度足够的操作维修手册，满足业主操作、维修、拆卸、重新组装、调整和修复生产设备的需要；5.8条款中对承包商的设计图纸中的错误、遗漏、含糊、不一致、不适当或其他缺陷等全权负担责任的要求。

同时，还可参考在FIDIC合同指南中对设计建议书内容提出的更细化、明确化的要求，即建议书应当包括如图1-50所示的内容：

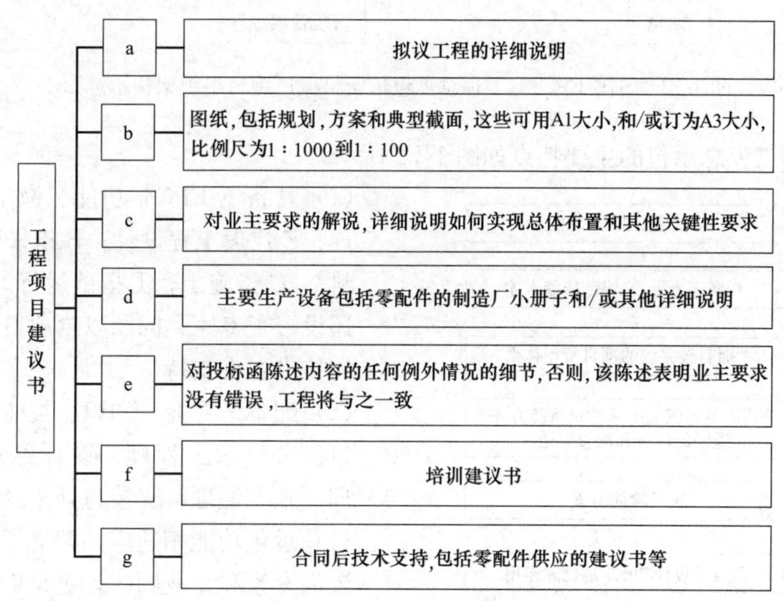

图1-50 工程项目建议书

FIDIC指南中明确指出，工程总承包建议书是构成此合同文件的重要组成部分。根据笔者在国外参加专利性精密机械厂的建设，EPC/T工程总承包全过程已从项目前期筹划开始到方案选择、可行性研究、设计、采购（出口信贷）、工程施工、技术培训、工程管理、运营服务为止等一系列配套化综合化全程化过程。

1.5.3 现场组织架构

为完成这一庞大的出口设备信贷合同，中方精心组织了精炼的设计、施工、安装等队伍并有一支精良的专家作强大的技术支持。详见图 1-51 工程公司 S 国精密机械厂 EPC/T 工程总承包组织架构示意图。

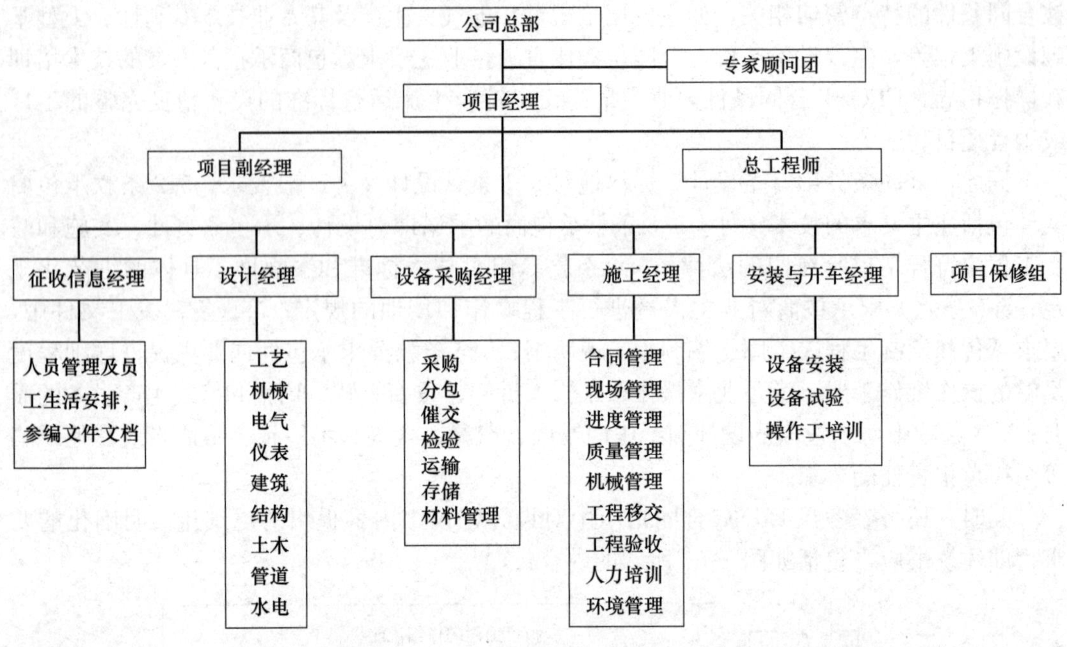

图 1-51　S 国 EPC/T 工程总承包精密机械厂项目组织架构示意图

EPC/T 工程总承包的主要特点如图 1-52 所示。

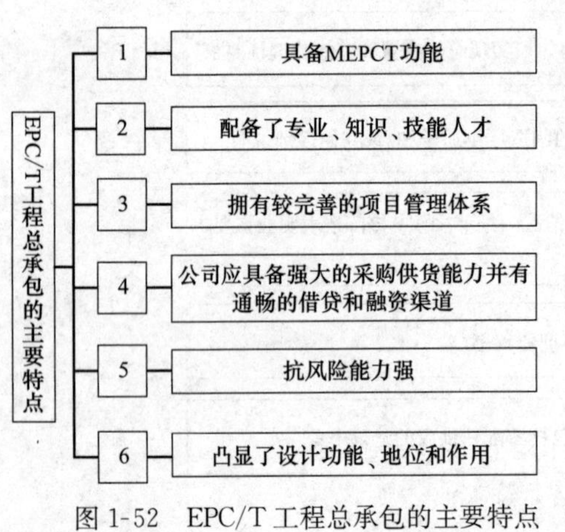

图 1-52　EPC/T 工程总承包的主要特点

(1) 具备 MEPCT 功能。M 代表项目经理；E 代表工程设计；P 指采购（设备材料）；C 指施工；T 指试运行。不仅如此，还设置了专家顾问团以给项目提供强有力的技术咨询支持。

(2) 配备了专业、知识、技能人才。如项目经理、总工程师、设计经理、采购经理、施工经理、安装与开车经理等，与项目总承包功能相适应。聘请了技术精湛的咨询专家和专业顾问，更是锦上添花。

(3) 拥有较完善的项目管理体系。如严密的组织管理系统、项目管理作业指导手册、岗位责任制手册等，使工程现场形成近 20 家分包单位能高效、有序、融合，进行一体化的管理的团队状态。

(4) 根据合同规定，针对该项目采购额度大，公司应具备强大的采购供货能力并有通畅的借贷和融资渠道，以提高公司需要时的垫资和融资能力，按进度计划满足工程流动资金的正常需求。

(5) 抗风险能力强。因工程总承包特色之一是使用功能、合同总价、工程工期等相对来说基本是固定的，风险的潜在性、不确定性非常大，对总公司的抗风险能力是一个巨大的挑战。面对该项目的一切风险和效益，公司、分包单位和项目组都能迎刃而解，这是精密机械厂工程项目总承包成功的动力、基础、元素和源泉。

(6) 凸显了设计功能、地位和作用。EPC总承包项目，设计人员参入度高，对施工方案中的重大重点甚至细节问题、工程费用价格、进度质量安全、设备运行调试合理性等等都自然地给予了关注，以便进行设计优化工作，无疑会对整个工程效益产生不可替代的作用。

1.5.3.1 项目管理

在合同管理方面下大力气，包括进度管理、质量管理、技术管理、人力资源管理等。该项目合同履约率100%；设计合格率100%；设备采购合格率100%；安装工程合格率100%；建筑工程优良率85%以上；钢结构安装合格率100%；工程质量总评为优良。说明质量计划、质量控制和过程控制均好。严格按设计的技术规范选型采购、严格执行采购程序和审批制度，确保设备出口质量。

控制施工组织计划，制定项目各阶段重点是施工阶段的单位、分部、分项工程计划以实现总工期计划目标。本项目注意建立健全安全管理制度，没有发生重大工程设计事故；没有发生重大火灾事故；没有发生重大交通事故；没有发生环境污染事故；没有发生重大施工机械设备损害事故。对人力管理制度非常严厉，一丝不苟。

工程项目现场所在地，可以说是不毛之地，条件极其艰苦而且待遇偏低，尽管如此，所有工作人员和一线操作人员无一人叫苦喊累，都能脚踏实、任劳任怨、善始善终、团结一致直到工程项目验收终结、交付业主方试运行，得到其业主方赞扬：“中国人是好样的!”。

1.5.3.2 经营成果

作为国家重大的出口信贷EPC工程项目，在项目团队共同努力下取得圆满成功，受到双方国家有关部门的高度评价和交口赞扬，中方为该国的经济发展和国家安全实力作出了贡献。

同时，项目团队总结了此项工程的主要收获和经验，详见图1-53。该项目的主要不足和问题，见图1-54。

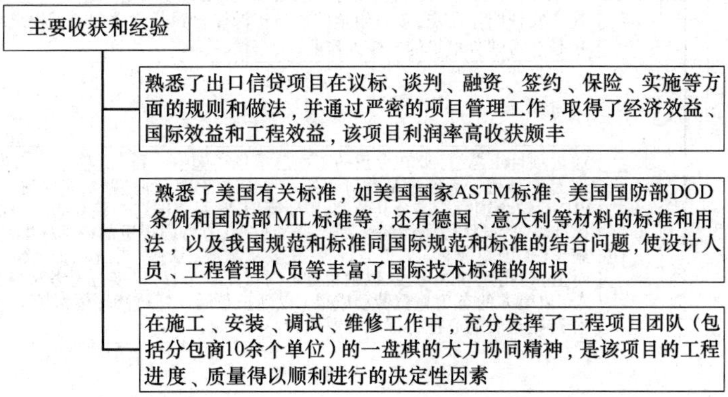

主要收获和经验

- 熟悉了出口信贷项目在议标、谈判、融资、签约、保险、实施等方面的规则和做法，并通过严密的项目管理工作，取得了经济效益、国际效益和工程效益，该项目利润率高收获颇丰
- 熟悉了美国有关标准，如美国国家ASTM标准、美国国防部DOD条例和国防部MIL标准等，还有德国、意大利等材料的标准和用法，以及我国规范和标准同国际规范和标准的结合问题，使设计人员、工程管理人员等丰富了国际技术标准的知识
- 在施工、安装、调试、维修工作中，充分发挥了工程项目团队（包括分包商10余个单位）的一盘棋的大力协同精神，是该项目的工程进度、质量得以顺利进行的决定性因素

图1-53 项目的主要收获和经验

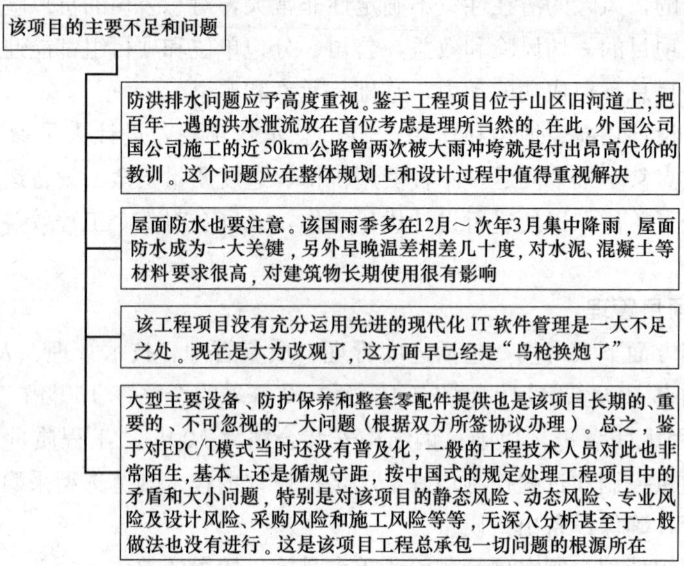

该项目的主要不足和问题
防洪排水问题应予高度重视。鉴于工程项目位于山区旧河道上，把百年一遇的洪水泄流放在首位考虑是理所当然的。在此，外国公司国公司施工的近50km公路曾两次被大雨冲垮就是付出昂高代价的教训。这个问题应在整体规划上和设计过程中值得重视解决
屋面防水也要注意。该国雨季多在12月～次年3月集中降雨，屋面防水成为一大关键，另外早晚温差相差几十度，对水泥、混凝土等材料要求很高，对建筑物长期使用很有影响
该工程项目没有充分运用先进的现代化 IT 软件管理是一大不足之处。现在是大为改观了，这方面早已经是“鸟枪换炮了”
大型主要设备、防护保养和整套零配件提供也是该项目长期的、重要的、不可忽视的一大问题（根据双方所签协议办理）。总之，鉴于对EPC/T模式当时还没有普及化，一般的工程技术人员对此也非常陌生，基本上还是循规守距，按中国式的规定处理工程项目中的矛盾和大小问题，特别是对该项目的静态风险、动态风险、专业风险及设计风险、采购风险和施工风险等等，无深入分析甚至于一般做法也没有进行。这是该项目工程总承包一切问题的根源所在

图 1-54　项目的主要不足和问题

案例简析

该 EPC 工程项目总承包，经不分昼夜马不停蹄的奋战（人休息但工作不停）用了不到两年的时间，在投入大量的人财物的情况下，就全部按照双方商定的 EPC/T 工程总承包合同条件完成了，并以优良的工程品质交付业主方运行（图 1-55）。

案例简析
1
本案例突出地反映了卖方信贷项下采用EPC/T管理模式中的问题，因国家为主导使该项目投入了大量的人、财、物，提高了成本降低了一定的利润，应该说是当时由于承揽特定的特大型工程项目总承包缺乏经验使然
2
欣慰的是在专业性非常强大的顶级专家顾问团和驻地项目维修组的努力下，逐步解决了该项目的主要遗留问题，至今尚未发生大的事故，得到业主方的认可
3
搞EPC/T工程项目总承包若是懵懵懂懂不思进取，是不会成功的。浑浑噩噩怠于学习，工程项目总承包肯定不会“天上掉馅饼”似的那么轻而易举，非艰苦卓绝砥砺品行不能实现！该工程项目总承包的实践扎扎实实证明了此点，项目组全体成员深深体验到了完成EPC工程总承包是非常刻苦卓绝的一件大作业、大事情
4
通过项目组总结，要在今后的工程总承包实施中达到“至善至美”，虽然是个梦想，大家还是有信心的：一是需要很好地踏踏实实学习FIDIC这个国际标准及其惯例，革新弃旧，学习美国这一整套的工程高标准，包括设计(美国审查标准)、采购(按双方合同规定的技术标准)、施工(美国验收标准)、试运行等。还要从制度、法律、技术、文化等层面上，付出代价和努力。以敬畏之心对待工程项目，以换位思考对待他人，以爱人的态度尊重劳动成果，以呵护花园一样对待环境保护，以对待孩童般的心把工程项目做成精品

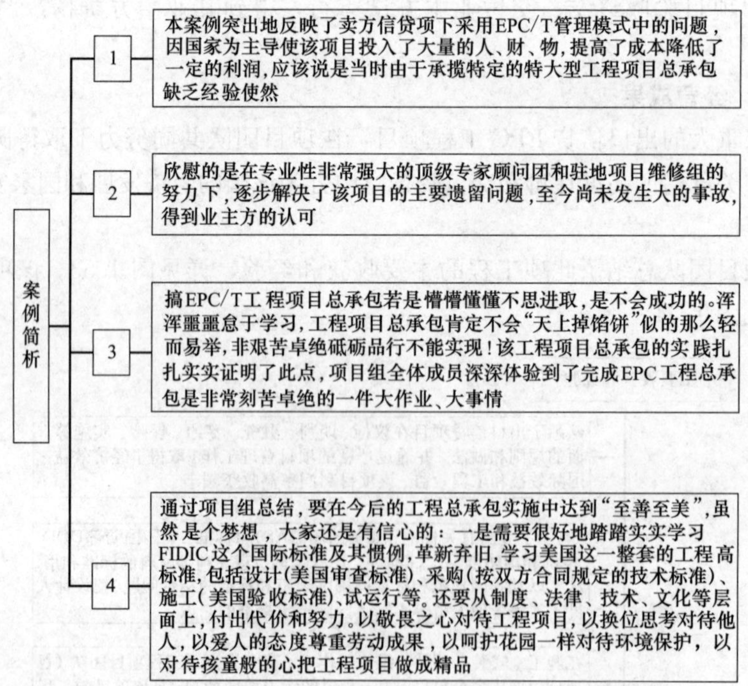

图 1-55　案例简析

第2章　EPC工程总承包模式

2.0　工程总承包模式纲要框图

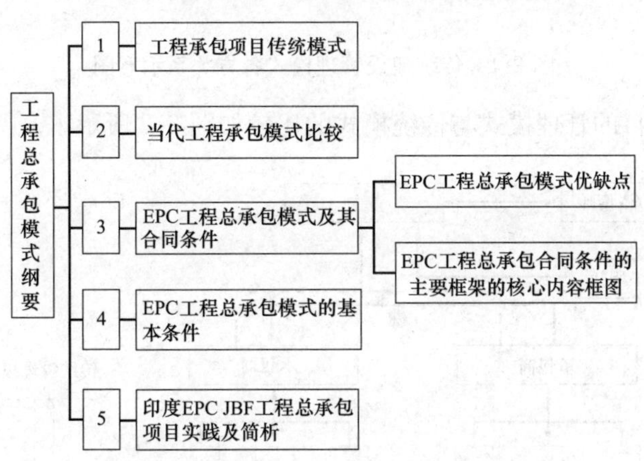

2.1　工程承包项目传统模式

此类模式又称设计—招标—施工（DBB）模式。采用该模式，业主在工程项目立项后招聘一设计单位完成该项目的设计，而后依据设计图纸进行施工招标，最终在驻地工程师的监督管理协调下，由施工总承包商具体完成全部项目的建造。

DBB模式下，业主分别同设计单位和施工单位签订设计合同与施工合同。这种模式在欧美等国已采用近百年以上，广泛用于工程建设领域。无论是业主还是承包商、咨询公司以及工程项目参与单位，都比较熟悉操作，通称传统建设模式。它可以将工程建设项目划分为若干独立段来组织实施，因此亦称分体模式。该模式优、缺点如表2-1所示。

工程承包项目（DBB）优、缺点比较　　表2-1

优　点	缺　点
(1)采用这类模式的应用时间悠久，为设计单位和施工单位所熟悉，其管理程序为工程项目参与各方所掌握，合同范本及其管理方法已运用自如	(1)由于“线性”工作流程，使工程项目的建造周期相对比较长
(2)业主对其设计要求和控制较为容易，可以做到直接监控一步到位	(2)项目合同相对比较多，增加了业主方的管理负担
(3)招标工作流程简明易行，全部完成设计后再进行施工招标，比较干净利落	(3)当实施过程中，一旦出现质量事故隐患，设计方和施工方，寻找种种借口推诿责任而不易处理等
(4)业主方分别与设计单位和施工单位签订设计合同和施工合同，减少许多漏洞，利多弊少	(4)工程项目实施过程中，协调管理会出现比较麻烦的情况
(5)对工程项目组织实施简单明了	(5)出现大大小小问题时，互相推诿扯皮的情形有时使双方头痛

传统建设模式下的项目参与方关系示意图，如图 2-1 所示。

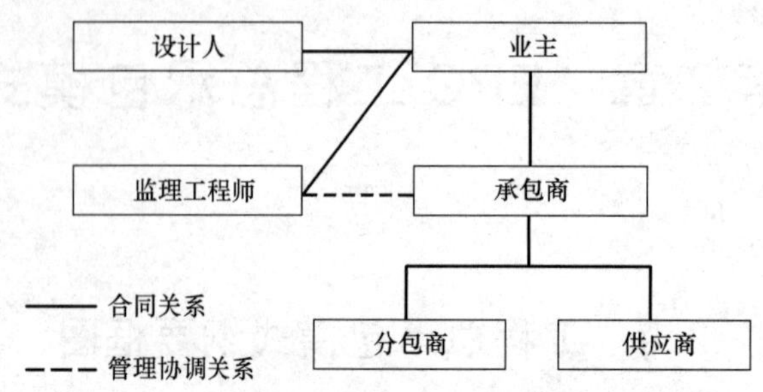

图 2-1 传统建设管理模式各方关系示意图

EPC 总承包项目的管理模式与传统模式的比较如图 2-2 所示。

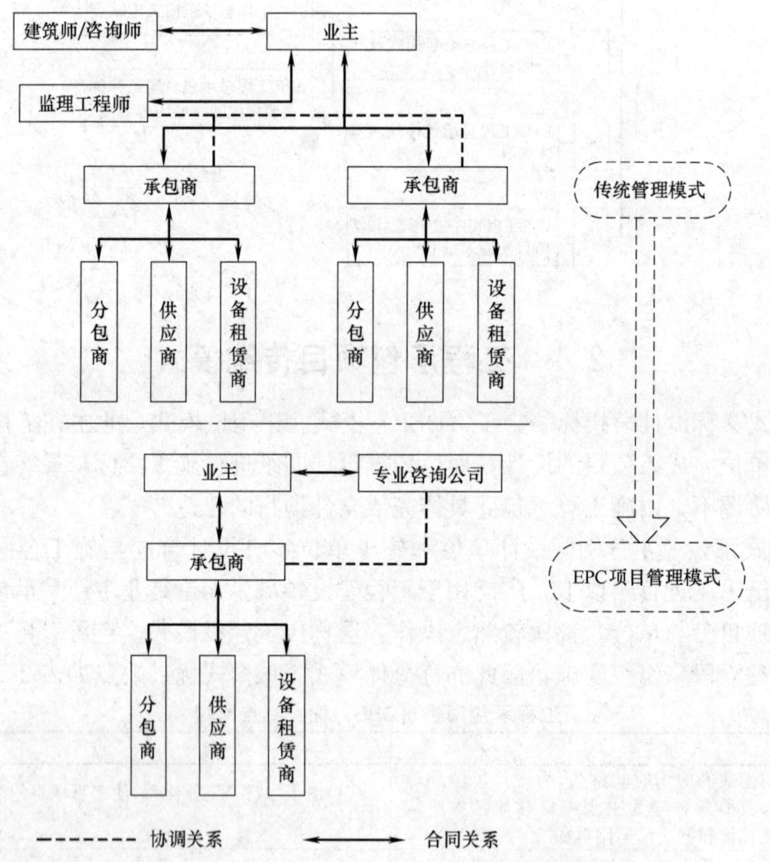

图 2-2 EPC 项目管理模式与传统管理模式比较

2.2 当代工程承包项目管理模式比较

国内外流行的五类工程管理模式比较如表 2-2 所示。

国内外流行的五类工程管理模式比较简表　　表 2-2

序号	比较项目或指标	传统管理模式（DBB 模式）	设计建造模式（D+B 模式）	设计采购施工交钥匙模式（EPC/T 模式）	融资类模式（BOT/PPP）	项目管理型承包模式（PMC 模式）	备注
1	应用范围	业主、承包商、咨询工程师等熟知度高，被世界各国在各行业广泛采用的施工总承包	用于房屋建筑、土木工程、机械、电力等大中型工程项目的设计、制造和安装	适于大型装置或工艺过程为核心技术的公共建设领域开发性建设工程项目，地下大型工程不适用	公共设施项目如交通、能源、教育、水工程、医疗、国防工程等	对复杂性大、项目规模大、技术含量高、管理协调高的工程项目如核电、石油开发、工业基地综合建设项目等较适用	国外已有在一个大项目中，分别采用不同的工程管理模式，值得学习运用
2	工程设计	由业主委托工程师进行前期工作，包括可研、设计、编制施工招标文件	业主选定一家总承包商进行设计施工总承包并对整体项目成本上升承担责任	承包商向业主提供设计（包括业主的要求）如可研、公用工程设计、辅助工程设施设计以及专业设计等	总承包商负责设计和建造的全部工作	管理承包商协调设计与施工承包的各项工作	
3	项目管理	工程师全权负责项目管理，对工程进度、质量、支付、争端等监管	聘用工程师（FIDIC）或业主代表 AIA 合同条件进行项目管理	由业主或业主代表进行项目管理，一般不会干预承包商，仅限宏观方面	可聘请高水平的社会化的专业公司进行全过程项目建设、运营、维护等	对项目的造价、质量、进度过度依赖管理承包商，对管理承包商要求很高	工程项目管理中引用了许多工作新理念：如“和谐”、“共赢”、“伙伴关系”、“项目团队”…
4	合同文本	采用 FIDIC、ICE、AIA 等标准合同，有利于合同与风险管理	一般采用《工程设备与设计建造合同条件》1999 年版 FIDIC 第一版	大多用 1999 年版 FIDIC《设计采购施工 EPC/交钥匙合同条件》合同关系简化，有利于业主监督管理，可采用阶段发包方式	尚无对应的合同文本，可以 EPC/T 合同条件为基础，加之国际上通用认可的 BOT 合同参照	标准合同格式包括：合同协议书，通用合同条件，专用合同条件，工作大纲，附件等可参照 FIDIC 相关文件	无论是 FIDIC，还是 ICE、AIA 合同文件，均有系列化的标准格式和文本供承包商参用
5	组织机制	“可施工性”差、管理协调性工作较复杂，工程师不易控制	项目责任单一，工程质量相对易保证，“可施工性”较妥	组织形式与合同关系见 EPC 交钥匙项目管理模式组织形式框图	涉及的参与方多，合同关系较复杂，需要高水平的项目管理级次	业主控制施工难度大，可充分发挥协调监管作用并减低设计施工间矛盾。一般采用联营体 PMC 模式项目	
6	风险控制	除合同条件规定的业主应承担外的一切风险均应由承包商负担（投资环境、市场、技术、不可抗力，资源条件等）	责任的分散程度有限，对设计管理，对成本监督差，因业主对设计选择性小，易产生工程变更，承包商风险大，类似 DBB	承包商责任最大，还包括“外部自然力作用”“业主的要求”等风险承担，但综合效益较高	在国家风险，商业风险，运营风险、货币风险、施工风险、不可抗力风险等等皆因项目投资高实施周期长而繁复；但经济、社会、环境效益提升幅度大	承包商在投标报价、业主支付、分包商、供货商等方面都存在一定风险，管理承包商风险较低	
7	实施问题	设计、招标、施工等周期较长，风险分担不对称，易产生争端，协调量大（因主合同多，多设计变更）	工程师或业主代表在施工过程中因 DBB 类似的问题多易生矛盾	相对工程造价高，对承包商的要求很高，项目功能，价格费用，控制工期等相对固定，要求高水平的承包商	实现了资源在项目全生命周期优化配置，实现私营部门的参与融资模式和公共项目建设的多样化管理模式	产生争议的可能性高，承包商对工程款的可利用机会差，增加了工程成本	产生合同争端，按 FIDIC 规定，均由争议评判委员会（DAB）处理
8	价格方式	单价合同，但可以采用公式或按 FIDIC 合同条款中规定进行调价，对承包商有较为有利的一面	总价合同，部分工作可采用单价合同，可调价，但需在合同中明确或在专用条款中写明	总价合同，不可调价，如有调价要求可在专用合同条件中明确规定	固定总价，可以调值（需有商定条款）	主要包括：商务部分（成本加酬金）技术部分（要分项安排）。成本指 PMC 的人工费和其他费用；酬金分固定和风险相关部分	支付方式也应在双方同意的合同中加以规定

EPC 模式的主要优点可参考表 2-3。

四种承包模式的优点比较　表 2-3

	传统承包	施工管理	设计/建造	EPC
合同简明性	★			
节省时间		☆	☆	★
降低费用	★		★	
减少索赔		☆	☆	★
预算和计划的可控制性		☆	☆	★
责任来源单一性			☆	★
质量保障性			★	
融资操作性				★

注：★优点显著；☆优点较显著（来源：BV Market）。

2.3　EPC 工程总承包项目模式及其合同条件

2.3.1　EPC 工程总承包项目模式的主要优缺点

2003 年建设部参照国际惯例和我国国情实际，颁发的《关于培育发展工程总承包和工程项目管理企业的指导意见》中，对工程总承包定义为：通过投标或议标的形式，接受业主委托，按照合同的规定，对工程项目的设计、采购、施工、试运行全过程实施承包，并对工程的质量、安全、工期与费用全面负责的一种项目建设的组织模式。该模式主要优、缺点如表 2-4 所示。

EPC 工程总承包项目模式主要优、缺点　表 2-4

主 要 优 点	主 要 缺 陷
(1)有利于责权利明晰。"单一责任制"使工程项目出现质量隐患时的责任清楚明确，相对比较容易解决	(1)业主方对工程项目的管理和控制力降低
(2)加快了协调。减少了业主多头合同管理的负担，大为降低了设计单位和施工单位及项目参与方的现场工作协调量。该模式可以使工程计划加快，大为缩短工程项目的工期	(2)EPC 总承包商的合同责任，特别是不可预见的风险责任及其传统性或非传统性的安全责任加大
(3)有助于业主方掌握和控制早已确定的工程总价。有利于资金安排和支付保证	(3)增加了 EPC 总承包商前期投标或议标的投入人财物的费用
(4)"一体化"的 EPC 工程总承包模式，对总承包商的管理，提出来高标准高质量的要求	(4)业主定义项目的工作范围难度加大，双方对工作范围容易产生矛盾或异议及争执。这是由于还没有完成设计图纸就进行招标所致
(5)促进了工程项目管理现代化、技术创新、EPC 模式的可持续性发展	(5)实现价值工程有一定的难度

EPC 交钥匙总承包模式各方关系示意图如图 2-3 所示，EPC 项目中业主和承包商的工作分工见表 2-5。

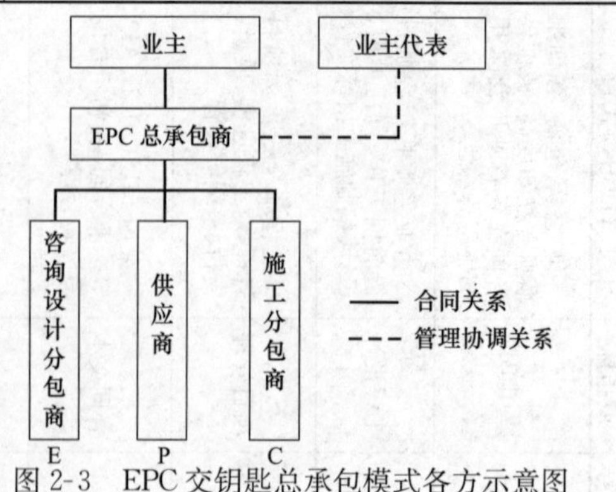

图 2-3　EPC 交钥匙总承包模式各方示意图

2.3.2　EPC 工程总承包合同条件的主要框架的核心内容

EPC 工程总承包合同条件的主要框架的核心内容框图如图 2-4 所示。

EPC项目中业主和承包商的工作分工 表2-5

项目阶段	业主	承包商
机会研究	项目设想转变为初步项目投资方案	
可行性研究	通过技术经济分析判断投资建议的可行性	
项目评估立项	确定是否立项和发包方式	
项目实施准备	组建项目机构,筹集资金,选定项目地址,确定工程承包方式,提出功能性要求,编制招标文件	
初步设计规划	对承包商提交的投标文件进行技术和财务评估,和承包商谈判并签订合同	提出初步的设计方案,递交投标文件,通过谈判和业主签订合同
项目实施	检查进度和质量,确保变更,评估其对工期和成本的影响,并根据合同进行支付	施工图和综合详图设计,设备材料采购和施工队伍的选择,施工的进度、质量、安全、管理等
移交和试运行	竣工检验和竣工后检验,接收工程,联合承包商进行试运行	进行单体和整体工程的竣工检验,培训业主人员,联合业主进行试运行,移交工程,修补工程缺陷

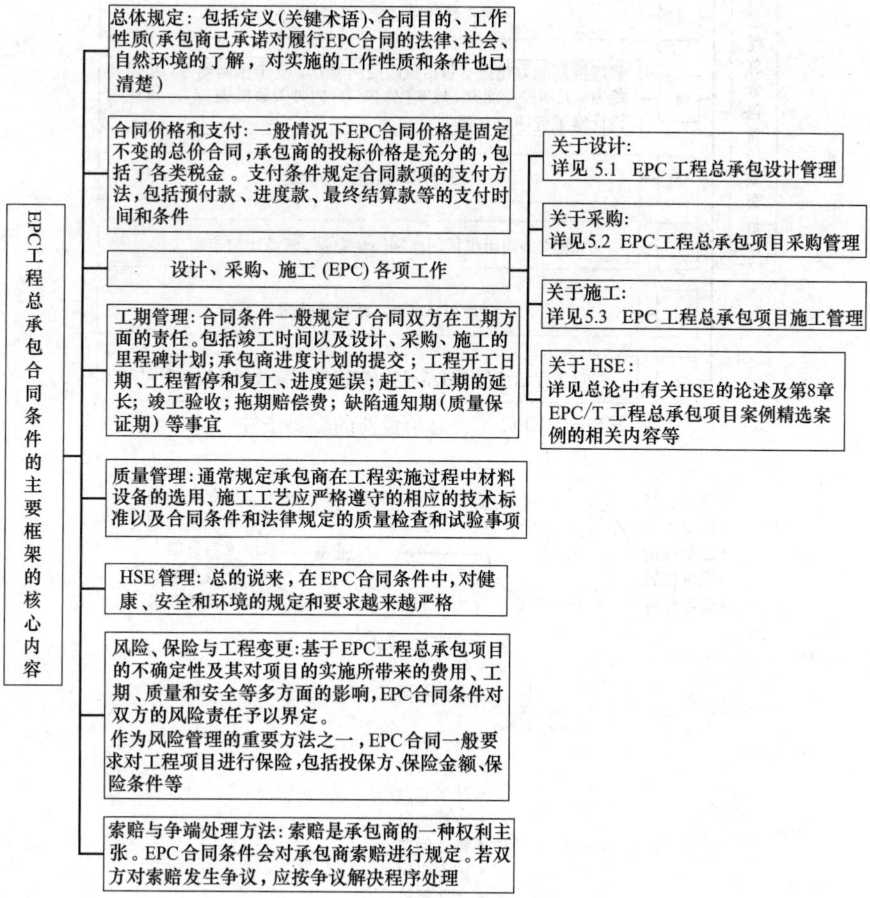

EPC工程总承包合同条件的主要框架的核心内容

总体规定:包括定义(关键术语)、合同目的、工作性质(承包商已承诺对履行EPC合同的法律、社会、自然环境的了解,对实施的工作性质和条件也已清楚)

合同价格和支付:一般情况下EPC合同价格是固定不变的总价合同,承包商的投标价格是充分的,包括了各类税金。支付条件规定合同款项的支付方法,包括预付款、进度款、最终结算款等的支付时间和条件

设计、采购、施工(EPC)各项工作

- 关于设计:详见5.1 EPC工程总承包设计管理
- 关于采购:详见5.2 EPC工程总承包项目采购管理
- 关于施工:详见5.3 EPC工程总承包项目施工管理
- 关于HSE:详见总论中有关HSE的论述及第8章EPC/T工程总承包项目案例精选案例的相关内容等

工期管理:合同条件一般规定了合同双方在工期方面的责任。包括竣工时间以及设计、采购、施工的里程碑计划;承包商进度计划的提交;工程开工日期、工程暂停和复工、进度延误;赶工、工期的延长;竣工验收;拖期赔偿费;缺陷通知期(质量保证期)等事宜

质量管理:通常规定承包商在工程实施过程中材料设备的选用、施工工艺应严格遵守的相应的技术标准以及合同条件和法律规定的质量检查和试验事项

HSE管理:总的说来,在EPC合同条件中,对健康、安全和环境的规定和要求越来越严格

风险、保险与工程变更:基于EPC工程总承包项目的不确定性及其对项目的实施所带来的费用、工期、质量和安全等多方面的影响,EPC合同条件对双方的风险责任予以界定。
作为风险管理的重要方法之一,EPC合同一般要求对工程项目进行保险,包括投保方、保险金额、保险条件等

索赔与争端处理方法:索赔是承包商的一种权利主张。EPC合同条件会对承包商索赔进行规定。若双方对索赔发生争议,应按争议解决程序处理

图2-4 EPC工程总承包合同条件的主要框架的核心内容框图

2.4 EPC 工程总承包模式参与各方的基本条件

所谓 EPC 工程总承包模式参与各方的基本条件是指参与 EPC 工程总承包项目的整体而言，包括业主、咨询商、总承包商、分包商、供应商等的全面全方位的合作。其共同点是：

（1）获得业主方承包商共赢的目标一致性；

（2）工程现场的沟通协调性，合同关系支持的相互性，现场作业的支持性；

（3）他们必须也只有必须始终进行高水平的合作承诺，如业主方必须做到其资金到位，总承包商的资质完全符合要求条件，咨询单位或监理单位也必须符合 FIDIC 要求的德才兼备公正公平；

总之，工程项目所有参与各方的胜任力均强，确实成为“强强组合”。这样才能全面的不折不扣的完成合同条件所赋予的各项工作任务。

可以看出其中 EPC 工程总承包商是重中之重，必须好中选优、择善而从。如图 2-5、图 2-6 所示。

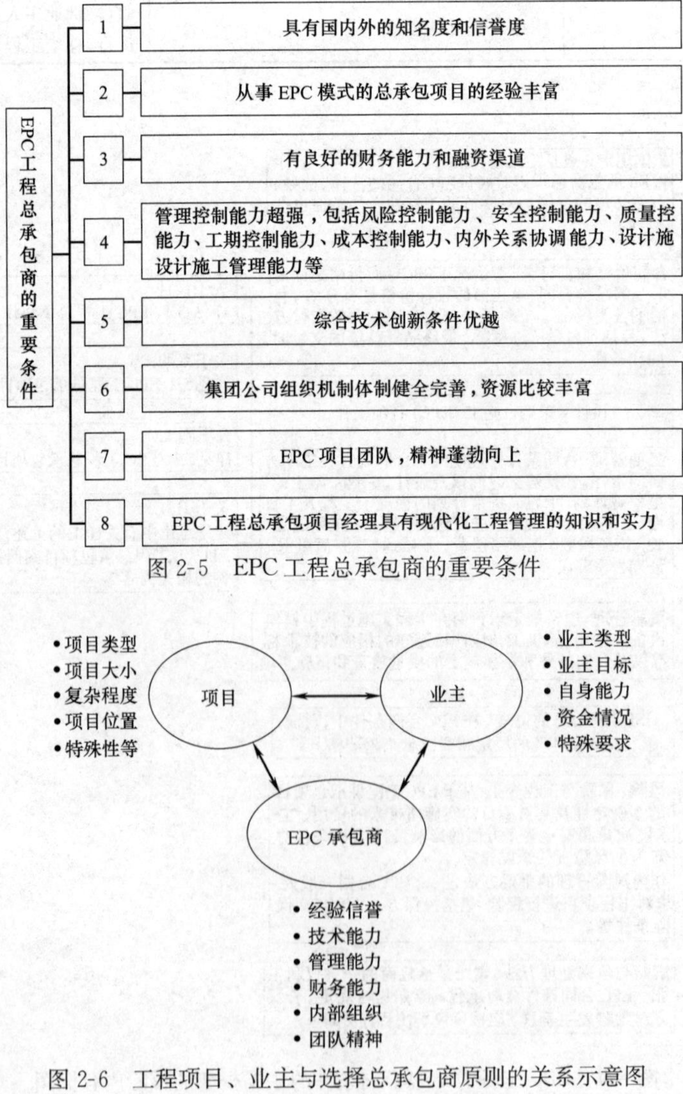

图 2-5 EPC 工程总承包商的重要条件

图 2-6 工程项目、业主与选择总承包商原则的关系示意图

2.5　印度 JBF EPC 工程总承包项目实践及简析①

2.5.1　工程简介

印度 JBF 年产 18 万吨聚酯工程是我国某院在海外承接的第一套总承包聚酯工程，在此项目之前，该院已在国内以总承包的形式顺利完成了国内几十套类似的装置，从工程设计、采购、施工安装和调试开车等方面积累了丰富的经验。

为了将该院建设成为国际性的工程公司，实现可持续发展，早在 2001 年该院为进入国际聚酯工程总承包市场就开始进行大量的准备工作，并按照“走出去、请进来”的工作模式，同国外客户进行多方位的交流。

2004 年 5 月，经过在中印两地多轮艰苦的合同谈判之后，印度 JBF Industries Limited 终于与该院签订了年产 18 万吨聚酯工程总承包合同。该工程位于印度古吉拉特邦的工业开发区内，在孟买北部约 180km 处。

合同约定该院提供聚酯专有技术、专有设备和其他关键设备，负责主要生产装置和辅助生产装置的基础设计和详细设计，承担工程安装、调试和开车指导，并对装置产量和产品质量以及原材料及公用工程消耗提供保证。

2004 年 9 月 13 日该院收到预付款后合同正式生效。2005 年 6 月初设计全部完成，2005 年 9 月开始设备安装，2006 年 3 月投料开车成功。投产后装置的产品质量和消耗指标均达到世界一流水平，业主也取得了良好的经济效益，因此与该院又陆续签订了二期年产 30 万吨和三期年产 20 万吨两个聚酯工程总承包合同。

该项目是该院的第一套海外总承包聚酯装置，也是我国具有自主知识产权的大容量聚酯技术首次输出到国外，进入原来由国外公司垄断的国际市场。项目的成功与否在印度以及南亚、东南亚和中东地区其他国家具有很大的影响力和示范效应。该院对此项目格外重视，项目实施的过程中，采取了一系列有力措施，确保了项目的成功实施。

2.5.2　实施以项目经理全面负责的项目管理机制

该合同签订之后，按照 EPC 总承包管理要求，随即任命了有丰富工程经验的技术人员为项目经理，对项目实施项目经理全面负责制，与项目经理签订了《工程承包项目管理目标责任书》。责任书中明确了项目的工期目标为 18 个月建成投产，费控目标为上级下达的控制指标，质量目标为达到优秀承包项目等指标，同时还明确了项目经理的责任、权限和利益。

项目组的管理人员由项目经理和各部门共同确定，包括设计经理、费控经理、采购经理、施工经理和开车经理等，结合项目要求明确了各级管理人员及其岗位责任。然后按照矩阵式管理的要求，充实工艺、自控、电气和设备等各个专业人员到项目组内。

从项目实施的过程中，项目组成员接受项目经理的统一调度和考核。

---

① 中国纺织工业设计院许贤文、朱绍卿提供案例。

2.5.3 项目的进度管理

项目进度的策划是项目进度管理的成功关键。2004年9月13日收到预付款之后，根据合同要求和工程的特点，编织了项目总进度计划。随后陆续编制各阶段详细进度计划，如设计进度计划、采购进度计划，安装工程服务计划和调试开车进度计划。

2.5.3.1 以工艺为龙头抓好设计进度管理

聚酯装置的设计一般分为基础设计和详细设计两个阶段。基础设计不仅直接关系到详细设计的进度，还是主要工艺设备采购的基础，影响着采购工作进度，而设备的采购进度直接决定了厂商资料的提供，进而影响到详细设计的进度。

考虑到印度当地的土建施工机械化程度低、施工效率低、进度慢的施工特点以及印度当地每年6月至9月为雨季的气候特点，要求工艺专业提给印度甲方的土建条件尽可能早，让业主有条件早日完成土建详细设计，为提前施工创造条件，避开雨季以防土建施工拖期。为此，基础设计进度被压缩至一个半月完成。

专利设备主反应釜是由该院供货的，合同生效后一周内提出工艺条件，设备专业在两周内提出制造的备料图给加工单位准备材料，一个半月内提交正式加工图，制造单位开始加工。

对其他长周期供货设备，在基础设计之初就提出工艺条件，为采购部询价创造条件。

由于项目组紧紧控制好了工艺专业这个设计龙头的进度，使得整个项目的设计进度得以有效控制。设计工作从2004年10月份开始，到2005年6月初全部按计划完成，共计8个月的时间。

2.5.3.2 抓好反应釜等关键设备的采购进度管理

本项目的核心设备五个反应釜采用该院专利技术，由该院设计并委托专门设备厂制造，其加工周期就近10个月，安排合适的散货船长途运反应釜还要一个多月时间。因此如何及时采购，按时交货成了采购进度控制的关键。

考虑到技术保密的需要，该院一直委托专门加工厂负责反应釜的制造，按照双方长期合作的协议，不需要找多家制造厂询价对比，为加快采购进度创造了有利条件。反应釜的备料图落实后，马上支付预付款，让反应釜加工合同生效，制造厂可以马上落实钢材等原材料的采购。

为了控制关键设备的制造进度，一是要求供货商编制详细的制造计划，并在制造过程中，按计划对关键里程碑抽查，落实中间进度，出现偏差时及时采取纠偏补差措施；二是在制造厂派驻设计院的现场代表，既可以帮助制造商及时解决制造过程中的技术问题，又可以随时检查并掌握实际制造进度。

安排采购进度计划时，必须重视超限设备的运输问题。本项目的终缩聚反应釜运输直径在4.8m左右，重量超过150t，运输只能用散装货船。如果目的港规模小，卸载能力有限的话，散装货船还要自带大型起吊机具。通常集装箱船有固定的班次和固定的航线，而散装货船的时间则都没法固定，是按照实际的货物量来安排运输计划的。因此考虑反应釜的运输时，提前两个多月联系货运公司找到合适的散装货船，并且要求在反应釜制造完成、热态试验检验合格后要留有一定的时间等待装运。

2.5.3.3　**协助业主做好施工安装进度管理**

虽然总承包合同约定施工安装由业主负责，但是，为了保证项目总体计划实现，必须协助并要求业主按计划完成安装工作。重点采取了下列措施：

（1）协助业主编制计划并监控安装进度。

（2）针对项目关键安装工作如大件设备的吊装，提醒并协助业主提前制定周密的吊装计划。

（3）现场项目部作为项目的现场代表，及时解决设计图纸中的问题，并及时做好设备检验及接收。

2.5.3.4　**开车进度控制**

提前制定周密的系统调试和开车计划，督促业主按计划完成调试期间各项工作，重点抓好热媒系统的分系统试压检漏、反应釜系统的冷态试压、真空系统的冷态试压和热态真空试压等工作。

为了加快调试工作进度，对于热媒系统进行了分割，然后采取分系统逐个打压、检漏、填充热媒、冷循环、升温等措施，在保障安全的前提下大大缩短了系统的调试时间。

2.5.3.5　**进度控制效果分析**

聚酯工程施工图设计于 2005 年 6 月初全部完成，设计成品提交的正点率达到 100%；设备、仪表、电气及管材的采购按计划实施，共签订国内设备合同 44 项、采购国外设备合同 24 项，设备、管材到货正点率达到 100%，现场开箱合格率为 100%；计划于 2006 年 5 月上旬投料开车，实际开车时间为 2006 年 3 月 23 日，提前近 50 天开车。

2.5.4　项目的质量管理

质量控制的重点是做好前期策划和过程控制。由项目经理编制项目实施计划和项目质量计划，设计、采购、施工和开车经理各负其责分别编制质量计划，明确项目成员的质量责任，从而建立了项目的质量保证体系，确保各项工作规范化、标准化、程序化，从而在制度上保证了本项目的质量管理体系的有效运行。

2.5.4.1　**设计质量控制**

工程设计的质量不仅直接影响着各阶段进度控制和费用控制，还直接关系到设备、材料的采购、施工安装和开车的全过程，对装置开车后原材料和公用工程的消耗、产品质量及安全稳定运行都有着十分重要的影响，因此对设计质量的控制至关重要。

一是重点做好设计方案评审与确认，不断优化设计方案，保证工艺流程具有先进性并体现降低能耗和节约运行。比如，针对严格的电耗要求，为了降低电耗，调整主反应器的加热方式，由靠热媒泵强制循环加热方式改为用气相热媒蒸发器产生的热媒蒸汽加热。

二是在设计过程中狠抓对内对外的设计接口，严格按照三级审核制度和图纸交叉会审制度执行，从而有效保证设计成品的质量。

三是采用 PDMS 大型三维模型设计软件等先进的设计工具，大大减少了管道的碰撞，保障了材料统计的准确性。

2.5.4.2　**采购的质量控制**

对国内项目，设备采购时一般要求采购有多年使用经验的可靠产品，考虑到本项目是海外第一次实施这一特殊性以及国外服务的难度大等客观原因，可以说该项目最终确认的供货商都是供货商长名单中的佼佼者。

对重要的设备如反应釜，不仅有该院设计人员在制造厂进行全程监造，还请了独立的第三方检验机构常驻制造厂参加全过程的质量检查和监督。反应釜制造完成后，进行热态试验时还请业主派相关专业人员到制造厂参与检查和验收。

由于措施到位，确保了设备和材料的质量，现场开箱检验全部合格，装置开车过程中和开车后一年的机械保证期内也未出现设备质量问题。

2.5.4.3 施工质量把关

施工安装是把设计图纸建成为工厂的必要过程，施工的质量不仅决定了装置能否一次顺利投料试车成功，而且直接关系到装置的长期运行。

因此，虽然本项目的安装施工在业主的范围之内，但是为了实现开车一次成功，该院同样对施工质量严格把关。例如督促业主按照设计要求对高压的熔体管道内管进行 100％射线探伤检查，探伤结果还需经过该院聘请的探伤检查专家进行全部复查，不合格的全部返修。

2.5.4.4 调试开车质量控制

为了完善调试工作，规范调试流程，试车三个月前就把单机试车方案、联动试车方案、投料试车方案及操作手册等文件发给业主，进行相关试车工作的准备。

项目安装工作基本结束后，立即安排具有丰富经验的工艺、自控、设备、电气专业的开车工程师组成检查小组到现场，进行“三查四定”工作（三查指的是查设计漏项、查未完工程、查工程隐患，四定指的是定任务、定时间、定人员、定措施）。对“三查”中发现的问题，按“四定”要求进行逐一落实。直至工程经检查合格后，双方代表在机械竣工证书上签字确认。

印度的财政年度是以每年的 4 月份为起点，为了抢占印度国内聚酯产品的市场份额，业主方想赶在 3 月份开车。而到了二月份，现场还在按照三查四定的要求逐项整改，还有保温施工也差得比较多，到处都是脚手架，与国内项目相比，进展状况根本达不到开车的要求。为了协助业主实现在三月份开车的目标，现场开车组紧紧抓住影响开车的关键因素逐一落实确认，如公用工程投入正常运行状态；原材料准备就绪；关键设备如研磨机、离心机、切粒机等调试完毕，可以随时投用；电控系统联调完成；反应釜系统压力试验和真空系统压力试验完毕并达到设计要求。同时在开车时选派具有丰富操作经验的开车专家到现场，指导控制投料试车的全过程。

当然，如果达不到工艺要求，就是业主再急也不能放行。在检查反应器泄漏率过程中发现预缩聚反应系统泄漏率数据始终超标，如果不处理好必定影响到产品的质量，经过与业主人员通宵作业，找到了漏点，确认是施工过程中某个焊点焊接质量不合格造成的，及时进行了处理，消除了隐患。

本聚酯装置于 2006 年 3 月 23 日投料，用 15 个小时贯通全流程，当日午夜出产品，排废不足 500kg，次日即生产出优级产品。

2.5.5 项目的费用控制

由于本项目是该院进入国外公司垄断市场的敲门砖，因此为了争取到总承包合同，在合同谈判时在价格上给了业主较大的优惠，采用的是固定总价合同。与国内项目相比，国外项目面临更多的风险，比如人民币对美元升值带来的汇率风险、石油价格上升带来的海运费的上涨风险、原材料价格上涨带来的设备采购成本增加的风险等。如何实现项目不超支，并略有盈余的目标，就要求对本项目进行更严格更科学的费用控制。

2.5.5.1　采用限额设计

在保证合同要求的前提下，各专业采取限额设计控制费用。

2.5.5.2　优选工艺方案和设备选型

设计方案和设备选型是采购的基础，因此也是费用控制的基础。结合国内项目的成功经验，本项目的主要设备均采用国内制造的设备，包括反应器，是由该院设计，委托国内加工厂制造。国内采购的关键设备还包括热煤炉、多级真空喷射泵、热媒泵、液环泵等，设备国内制造的比率达85%以上，管道等材料则全部国产。国产化设备的大量使用，为采购费用控制创造了有利条件。

2.5.5.3　建立严格的采购费用控制基准

费用控制经理依据合同分项价，结合以前项目类似设备的采购价格和供货商的报价，结合市场价格走势，并扣除一定的不可预见和风险费用后确定费用控制计划表，作为采购部门进行商务谈判的控制基准。批准之后一般不能改变，超标项要由专人进行审查并由费控工程师重新核准。

2.5.5.4　精选现场服务人员，减少现场管理费用

项目组根据现场需要，选派具有丰富经验的服务人员到现场指导安装和调试开车，不仅保证了施工进度、施工质量以及开车的一次成功，而且由于人员数量控制合理，大大减少了现场管理费用和往来交通费用。经过严格的全过程控制，项目费用全部控制在预算范围内，实现了院里下达的费用控制目标。

2.5.6　总结

本项目的成功实施标志着该院具有自主知识产权的聚酯工艺技术一举打破欧美公司垄断，成功进入国际市场，对该院持续性的发展具有重大意义。项目的成功不仅是现代管理方法和管理手段应用的结果，是项目组全员共同努力的结果，也是与业主的齐心协力、精诚协作的成果。

特别要强调该院与业主的真诚合作是实现本项目双赢的重要保障，虽然他们与业主的利益不同，但项目顺利实施的目标一致。为此双方紧密配合、互相支持，实现了早日成功开车的目标。现场项目部为了配合业主工作，主动牺牲休息时间，及时解决现场问题，业主也非常支持，免费承担了所有增补材料的费用。

该项目成功实施使该院在建设国际化工程公司的道路上迈出了关键一步，同时也要清醒地认识到这条道路还很长，还有不少的地方需要完善，比如缺乏国际采购的网络平台、国际采购经验以及足够的具有经验的国外项目管理人才。

案例简析

此案例归纳整理的EPC纹理清晰，头头是道。验证了“人的思维是至上的，同样又不是至上的，它的认识能力是无限的，同样又是有限的”。印度JBF年产18万吨聚酯工程是中国纺织工业设计院在海外承接的第一套总承包聚酯工程项目。此前，已在国内以总承包的形式顺利完成了国内几十套类似的装置，从工程设计、采购、施工安装、调试开车

等方面积累了比较丰富的经验。它是我国具有自主知识产权的大容量聚酯技术首次输出到国外，进入原来由国外公司垄断的国际市场。项目的成功与否在印度以及南亚、东南亚和中东地区其他国家具有很大的影响力和示范效应。各级领导、管理者对此格外重视，在项目实施的全过程中，采取了一系列强有力措施，确保了项目的成功实施。其政治和经济的重大意义不言而喻。案例简析详见图 2-7 所示。

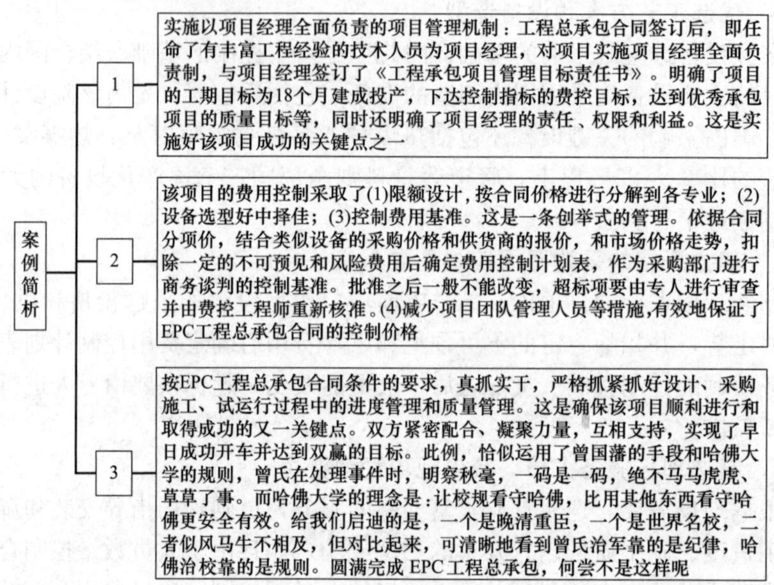

图 2-7　案例简析

第3章　EPC工程总承包项目投标与报价

3.0　EPC工程总承包项目投标工作纲要框图

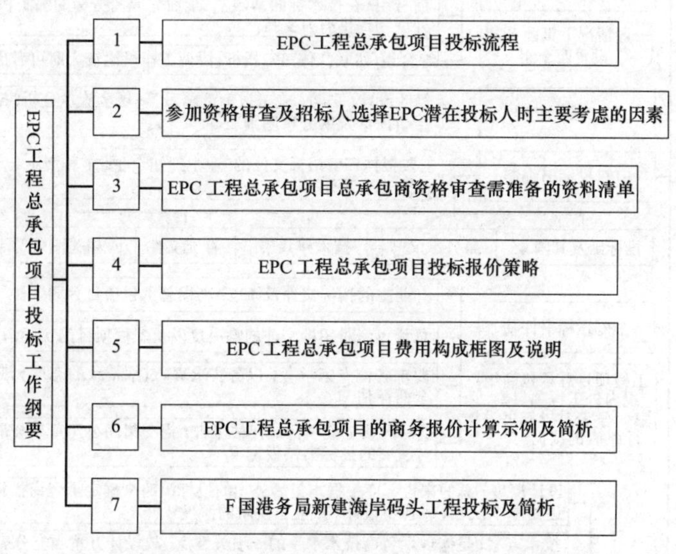

3.1　EPC工程总承包项目投标流程

3.1.1　EPC工程总承包项目投标流程

EPC工程总承包项目投标流程如图3-1所示，图中还列出了EPC投标书提交时需要注意的一些重点事项，以供参考，其余不再累述。

3.1.2　EPC报价形成过程

在EPC工程项目总承包的报价中，包括设计、采购、施工报价汇总表等、对现金流量分析、各类报价所涉及的分项明细表等等，漏项失误是第一大忌。

EPC项目报价形成过程示意如图3-2所示。

3.1.3　国际工程EPC总承包投标报价流程

国际工程EPC总承包投标报价流程如图3-3所示。

国际工程总承包（包括施工项目总承包和工程总承包项目）的投标报价流程框图见图3-4。

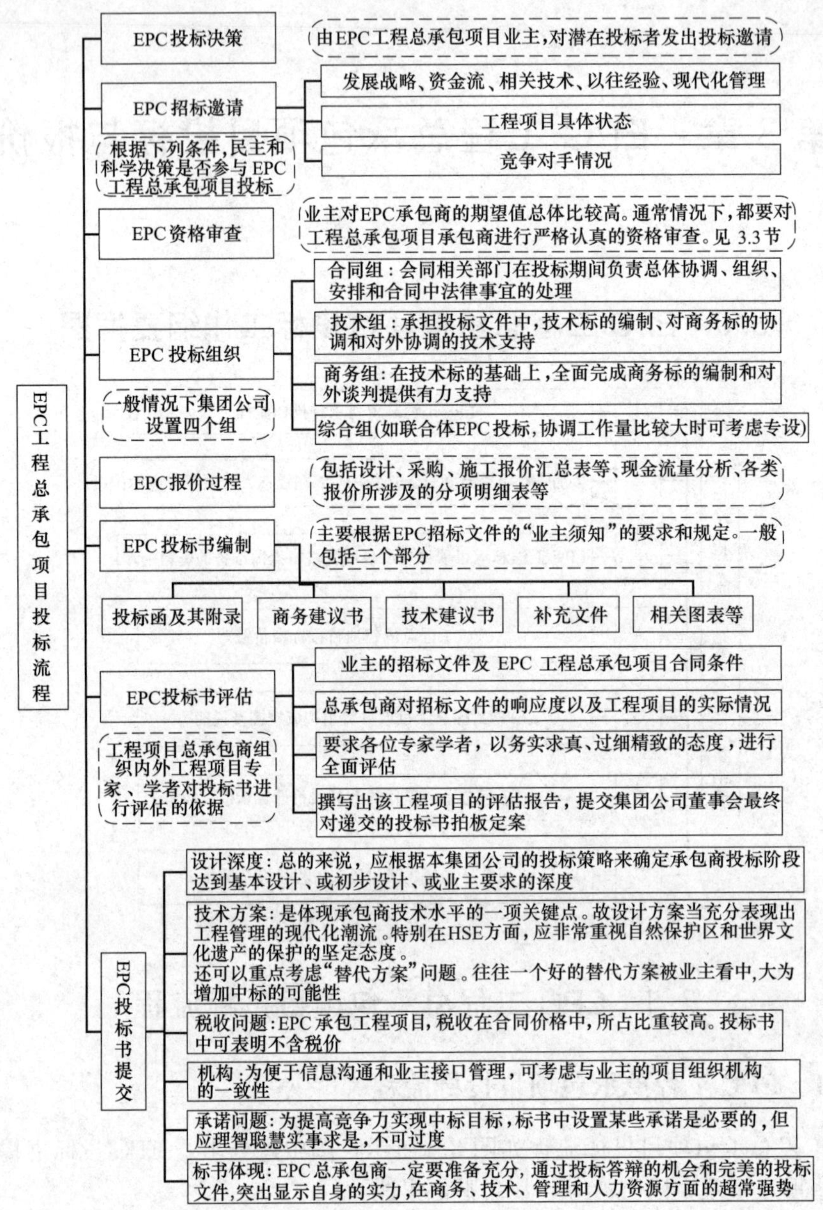

图3-1　EPC工程总承包项目投标流程

3.1.3.1　EPC项目信息的获取和投标决策

由于EPC项目的业主完成的前期工作一般较少，招标文件中提供的项目信息不完整，并且有的业主要求EPC承包商在投标文件中对设计方案的描述达到初步设计的深度，承包商不得不投入大量的前期现场勘查与市场调研，因此，EPC项目的投标投入会比较多，通常投入会达到投标报价的0.5%～2%。这就决定了跟踪和选择一个合适的EPC项目来投标的重要性。

对于EPC项目，EPC承包商在投标决策时考虑的主要因素包括：

(1) 公司发展目标与经营宗旨：该EPC项目是否在公司确定发展的区域，是否符合

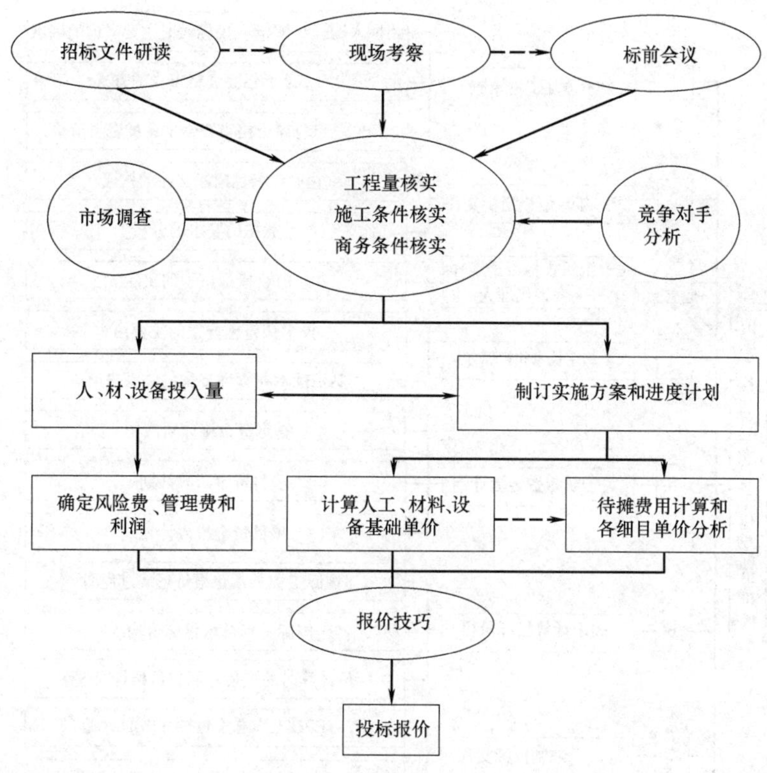

图 3-2　报价形成过程示意框图

公司的长期市场开拓规划及近期计划。

(2) 企业自身条件：公司自己在技术、资金、管理、经验等方面的优势和劣势，进行 SWOT 分析，明确公司是否具备承担该工程的设计、采购、施工、试运行等工作的技术与管理能力；同时，考虑是否可以借此机会提升公司专业技能和对外声誉。

(3) 工程项目的具体情况：业主的资信与资金的落实情况；是否需要 EPC 承包商协助融资；项目规模与技术复杂性；项目实施条件和工程难度；社会依托与安全/治安等。

(4) 竞争对手的情况：参与该项目投标的公司数目；竞争激烈程度；与对手相比自身的优势。由于 EPC 项目投标投入较大，对于把握不大的项目不宜勉强参与，而应考虑可否作为一个总承包工程的分包商。

3.1.3.2　联营体承包评价决定

若是与其他公司组成联合体（Joint Venture/Consortium）共同投标，则首要考虑联合体分工，并按招标文件的规定签订投标阶段的联合体投标协议。联合体各方按联合体协议分别编制投标书，同时定期开会协调投标书的整合以及结合部的处理，以免漏项。

3.1.3.3　资格审查

EPC 交钥匙总承包区别于施工总承包的一个主要特点就是其承担的工作范围很宽，包括工程设计、采购、施工等，甚至包括前期的规划与勘察等工作内容。因此，业主对 EPC 承包商的要求总体较高。在选择潜在的投标者时，无论是否进行资格预审，都对投标者的资格有严格要求。

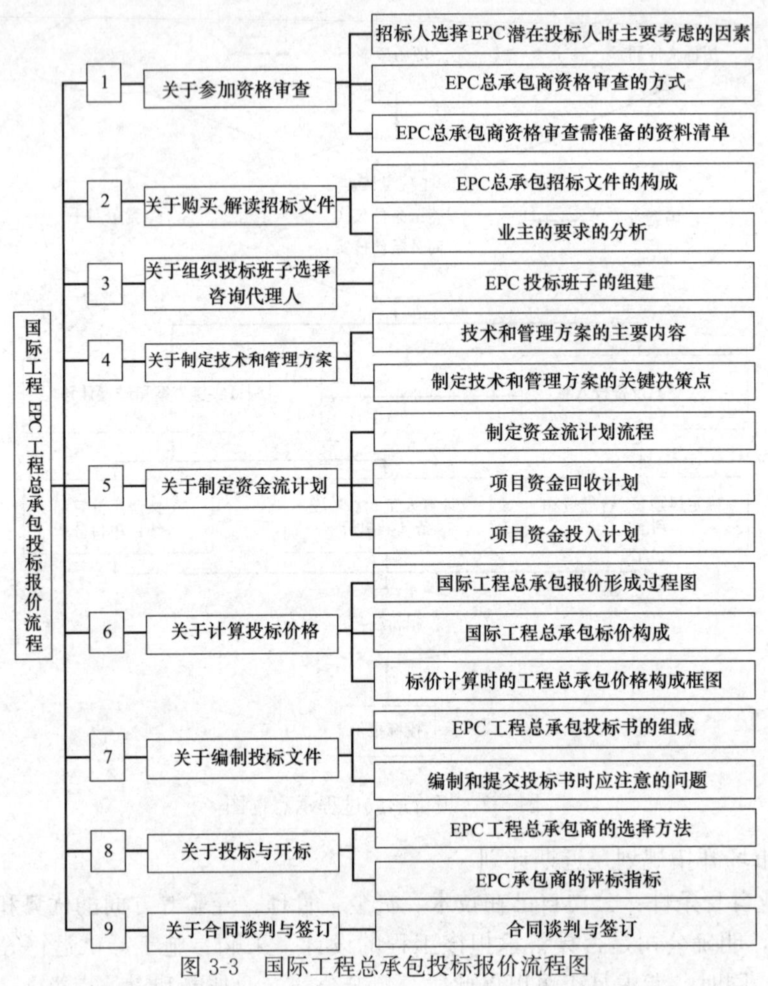

图 3-3　国际工程总承包投标报价流程图

在实践中，具体审查投标者资格的方式可以是进行正式的资格预审（Prequalification）和资格后审（Post-qualification），业主也可以派遣其项目评审团对潜在的投标人进行细致的实地访问（In-depth Interview），以确定其是否有投标或议标的资格。

标准的总承包项目招标程序中，业主一般都需要进行资格预审程序，以便将符合投标的合同承包商个数缩小到三至五家。如果在资格预审之前，总承包公司与业主已有一些非正式的商业接触，并给业主留下良好的企业形象，这将对总承包公司顺利通过资格预审奠定坚实的基础。

无论采取何种资格审查形式，在准备资格审查文件时首先要详细了解业主进行资格审查的初衷和对提交的资格审查文件的要求，然后按照业主的要求准备相关材料，在材料的丰富程度和证明力度上作深入分析。

3.1.3.4 购买、解读招标文件

无论是招标还是议标，EPC 交钥匙项目的业主在前期都需要编制一些文件，作为招标或议标的基础。议标的文件常常由业主或业主委托的咨询公司编制，其主要文件是项目的总体功能性要求，然后邀请相关 EPC 承包商依据项目总体功能性要求来提交项目实施方案，包括设计、采购、施工和试运行等，同时双方对各类技术与商务条件进行谈判。对

图 3-4　EPC 工程总承包项目投标流程

于议标项目，业主前期的文件编制工作相对较少，但后期谈判的过程较为复杂。对于招标的 EPC 交钥匙项目，招标文件的编制相对完整，而后期的合同谈判则相对简单些。通过资格预审后，对业主招标文件的深入分析将为接下来的所有投标工作提供实施依据。

对于“投标者须知”，除了常规分析之外，要重点阅读和分析：“总述”部分中有关招标范围、资金来源以及投标者资格的内容；“标书准备”部分中有关投标书的文件组成、投标报价与报价分解、可替代方案的内容；“开标与评标”部分中有关标书初评、标书的比较和评价以及相关优惠政策的内容。上述虽然在施工总承包的招标文件中也有所对应，但是在工程总承包模式下这些内容会发生较大的变化，投标小组应予以特别关注。

对于“合同条件”，不同业主采用的合同范本彼此不同。但不论采用 FIDIC 的 DB 或 EPC 交钥匙合同范本还是 JCT、ICE 或 AIA 等相关范本，抑或业主自行编制的合同条件，最重要的是在通读合同通用和专用条件之后，重点分析有关合同各方责任与义务、设计要求、检查与检验、缺陷责任、变更与索赔、支付以及风险条款的具体规定，归纳出总承包商容易忽略的问题清单。

对于“业主要求”，它是总承包投标准备过程中最重要的文件，因此，投标小组要反复研究，将业主要求系统归类和解释，并制定出相应的解决方案，融汇到下一阶段标书中的各个文件中去。

3.1.3.5 组织投标班子、选择代理人

良好的组织是编制一个具备竞争力的投标书的保证。在投标工作正式开始时，公司应根据项目的特点成立专门的投标团队。由于 EPC 项目的业主前期工作完成的一般比较少，招标文件中提供的项目信息不完整，因此，EPC 项目的投标工作的内容相对复杂，需要关注的问题也比较多，相应地，投标班子的组建也比施工总承包投标报价班子相对复杂。EPC 项目投标团队一般由综合/合同组、技术组以及商务组组成。

3.1.3.6 现场勘察与参加标前会

由于 EPC 项目招标文件中的项目信息不完整，因此，对于 EPC 项目投标报价来说，现场勘察显得尤为重要。现场勘察主要是了解现场的各种自然条件（水文、地质、地貌等），现场环境（交通、能源状况等），现场的施工条件，现场旧有建筑物、构筑物的现状以及现场周围车间正在生产的状况（如果是生产型项目）等。

参加标前会的主要目的是澄清对标书存在的疑问，如总承包范围，以及影响设计方案和施工方案的各种问题。标书澄清要注意技巧，如标书中的含混条款，要根据利弊选择澄清与否及澄清的深度，要注意避免竞争对手从我方澄清的问题中了解我方的报价方案；另外注意澄清问题的方式方法，不要使业主感到为难，甚至反感等。

3.1.3.7 计算和复核工程量

对设计、采购、施工总承包项目，由于详细设计还未进行，获得准确的工程量清单存在困难，这就要求承包商组织各专业经验丰富的人员明确界定工作范围，结合招标文件的设计要求估算工作范围内各专业的工程量。要得到较为客观准确的工程量清单，必须对招标文件进行深入研究，其重点在工作范围说明、图纸、规范等文件。国际工程采用的技术标准和项目要求与国标和国内通常做法有很大差异，这些差异会引起费用明显的增加。如果不能全面解读技术文件，仅凭国内项目的认识估算同类工程的设备材料工程量，进行设备选型、材料选择，会造成报价的严重失误。

3.1.3.8 询价及市场调查

材料和设备询价单的内容要尽量和标书中的业主要求、技术标准以及投标人的技术方案一致起来；也可以按照业主的要求，请供货商提供可行的技术建议书，但要注意知识产

权的问题。

对于拟分包工程的询价，则通常对 2～3 家合格的分包商进行询价，询价时，附上用于这些工程的规范、图纸、工程量表（若有）等，其他商务条件不能高于从业主处所获得的条件，对工期要求、人员要求、机械设备要求等也要列明。分包商的报价有效期应该不少于投标有效期，同样，也要注意知识产权的问题。

对于报关、海运、保险、内陆运输的询价，通常应该在材料、设备第一轮询价结束后正式开始，关键是把重量、体积、超大件物品估算准确。

对货物达到目的国后的清关、上税、内陆运输等工作，应该在当地询价，若是新客户，则重点是考察其过往业绩、人员能力、设备能力等，在这个基础上，再谈价格、可降价空间和工期等。

3.1.3.9　制定技术和管理方案

技术方案主要涵盖对总承包设计方案、施工方案和采购方案的内容。设计方案不仅要提供达到业主要求的设计深度的各种设计构想和必要的基础技术资料，还要提供工程量估算清单用以在投标报价时使用；施工方案需要描述施工组织设计，各种资源安排的进度计划和主要采用的施工技术等；采购方案则需要说明拟用材料、仪器和设备的用途、采购途径、采购计划和对本项目的适应程度等。因此在技术方案的编制过程中需要针对各项内容深入分析其合理性和对业主招标文件的响应程度，研究如何在技术方案上突出公司在总承包实施方面的竞争优势。

在正式编写技术方案之前须全面了解业主对技术标的各项要求和评标规则。对不同规模和不同设计难度的总承包项目而言，技术方案在评标中所占的权重是不一样的。投标小组还需要在投标之前注意搜集有关业主评标因素的内容，这样有助于在准备各种技术方案时有的放矢，提高效率。

从业主评标的角度看，在技术方案可行的条件下，总承包商能否按期、保质、安全并以环保的方式顺利完成整个工程，主要取决于总承包商的管理水平。管理水平体现在总承包商制定的各种项目管理的计划、组织、协调和控制的程序与方法上，包括选派的项目管理团队组成、整个工程的设计、采购、施工计划的周密性、质量管理体系与 HSE 体系的完善性（公司与项目两个级别）、分包计划等。制定周密的管理方案主要为业主提供各种管理计划和协调方案，尤其对总承包模式而言，优秀的设计管理和设计、采购与施工的紧密衔接是获取业主信任的重要砝码。当然，在投标阶段不必在方案的具体措施上过细深入，一是投标期限不允许，二是不应将涉及商业秘密的详细内容呈现给业主，只需点到为止，突出结构化语言。

3.1.3.10　制定资金流计划

国际 EPC 项目的顺利实施需要一个“健康的现金流”作为保障，EPC 承包商制定的投标阶段的资金流计划主要为承包商确定项目资金计划以及自筹资金的额度，需要融资安排等，作为标价计算时考虑的财务利息费用和风险费用计算依据。

编制资金流动计划，需要考虑两个方面的内容：项目资金回收计划以及项目资金投入计划。在完成资金回收计划与资金投入计划后，进行综合，编出每月/季度项目资金流动计划。

3.1.3.11 办理投标保函

对于国际 EPC 项目，一般要求承包商投标时提交一个投标保函，保证当业主选定某投标人之后，该投标人按招标文件的规定与业主签订合同。投标保函一般为投标额度的1%左右（国际 EPC 项目的投标保函比例比一般施工项目的投标保函额度要低一些，但就 EPC 投标保函其占投标额度的比例也因项目的大小差异很大）。有的大型项目，若投标者在其投标书中描述的很多工作将依赖于母公司的支持，则业主可能要求投标者提供母公司担保。

3.1.3.12 投标技巧与策略研定

国际工程 EPC 总承包的投标技巧通常有：不平衡报价法、可供选择项目报价法、降价系数调整报价法、有条件降价法、分包商报价（专用性强项目）、招标书澄清和偏差、模糊价格的探讨等。投标报价技巧的运用必须做到准确合理。投标报价技巧准确性是指投标中所采用的投标技巧是否有利于竞标、有利于合同签订、有利于项目执行中带来预期的收入。投标报价技巧的合理性是指投标中采用的任何与投标技巧有关的内容不能违反招标文件条款，而且业主容易接受。

投标技巧的应用难度较高，应用水平受投标人自身的经验、公司的综合实力、实际的市场条件、竞争的情势、工程的具体情况、资金的来源等多方面的因素影响。另外运用报价技巧要准确判断业主信息和投标形势，不能让业主感到难以接受或有较大疑惑，否则要冒不能中标或无奈被砍价的风险。

3.1.3.13 计算投标价格

工程报价的确定是决定承包商能否中标且能否获得利润的重要环节。报价过程不但体现承包商自身的竞争实力，同时也体现其设定利润水平与期望中标之间的平衡与决策艺术。

在形成报价的过程中，要根据招标文件的规定将相关费用因素都考虑进去，并且要根据招标文件的报价格式要求进行正确填报。

一般来说，对于 EPC 项目，业主在招标文件中通常要求的报价组成为设计费用、采购费用（包括采购服务费用）、施工费用以及培训费用四项；从承包商角度，报价由项目成本、利润以及不可预见费组成，单纯的设计、采购和施工费是成本的主要部分，项目管理和其他执行项目的支出也应计入成本。报价估算要遵循覆盖全面、不漏项、不重复计算的原则，考虑完成项目所需的全部花费；因而报价估算由采购费用、施工费用、设计和采购服务费用、培训费用、管理费用（包括本部管理费用、现场管理费用、管理相关费用）、其他费用、不可预见费、利润组成。其中前四项费用是需要单独计算的，而后四项费用则需计算后分摊到前四项费用中，以便响应招标文件的投标报价要求。

3.1.3.14 标价评估及调整

在计算出基础标价后，需要对标价进行评估，目的是使投标班子对标价心中有数，以便于决策人作出报价决策，对标价进行调整，从而有利于在中标几率和利润收益之间获得有效平衡。标价的评估主要方法有：标价的动态分析、静态分析、盈亏分析以及风险和利益相关者分析。

标价的动态分析是假定某些因素的变化，测算标价的变化幅度，特别是那些对工程预期利润的影响。该项分析类似于项目投资的敏感性分析，主要考虑延误工期、物价和工资上涨以及其他可变因素的影响，对各种价格构成因素的浮动幅度进行综合分析，从而为选定标书报价的浮动方向和浮动幅度提供一个科学、符合客观实际的范围，并为盈亏分析提供量化依据，明确投标项目预期利润的受影响水平。

标价的静态分析是利用投标人员在长期工程实践中积累的许多有价值的专家知识和经验数据，帮助投标人员从宏观上审核标价水平的高低和合理性，并在进行盈亏分析时作为有效的参考。

标价盈亏分析是通过盈余分析和亏损分析，提出可能的低标价和可能的高标价，供决策人选择。

风险及利益相关者分析则是通过对可能的风险因素和投标项目利益相关者的影响因素对标价产生的影响，评估标价的变化方向及变化幅度。

通过上述的评估分析，投标工作人员有必要提出一份评估报告，以供集团公司总部决策人参考。

3.1.3.15 编制投标文件

在EPC招标文件中，一般业主在“投标须知”（Instructions to Bidders）部分对投标书的编制给出了规定，投标者应严格按照要求编制EPC投标书。

编制投标文件是EPC总承包投标的关键所在，任何需要考虑的投标策略和方案部署都需要在标书的准备过程中考虑进去。对于一个EPC项目投标书，业主通常要求承包商的投标书包括下列内容：

（1）投标函及其附录；

（2）商务建议书；

（3）技术建议书；

（4）其他补充文件。

3.1.3.16 投标与开标

选择EPC承包商的国际惯例，业主要求EPC承包商在投标时既要提交技术标，又要提交商务标。从业主是否要求技术标与商务标同时提交来看，选择EPC承包商的过程大致分为单阶段选择法和两阶段选择法。根据技术标与商务标是否单独包装，单阶段选择法又分为单信封招标方式和双信封招标方式。

EPC承包商有必要详细了解业主选择EPC承包商的方法，以便于投标工作的顺利开展和投标策略的恰当运用。在不同的EPC承包商的选择方法下，业主对评标因素的设定也有差异。如，在单阶段方式中，业主更重视商务价格，即在EPC承包商的技术标满足工程要求的前提下，商务标将成为决定其中标与否的核心因素。

3.1.3.17 中标、办理履约保函

开标后，一般标价进入前三名的投标者有可能要求澄清，澄清的内容主要是技术澄清，一般不会改变投标总价，特例除外。对于澄清和答疑，投标者先要仔细阅读投标者须知的有关条款以及有关规范、技术说明书、业主要求、图纸、工程量表（如果有）的规

定，按规定进行答疑和澄清。有时要充分利用代理进行答疑和澄清，并要通过策略的变通进行答疑和澄清，不能一味地通过斗争争取利益，也不能为了得标而一味妥协。

授标函是招标人认可投标人投标的唯一凭据。授标函一般在通知投标人中标的同时，还说明中标金额，并要求中标人何时到何处履行合同协议书（如有）签字义务，并递交履约保函（如合同有规定）。如果 EPC 合同是议标形成的，业主则一般不签发中标函，而直接签订合同协议书。

授标后，业主一般要求承包商在 28 天内提交履约保函（也有的合同有环保保函的）并签署合同协议。

3.1.3.18　合同谈判与签订

对于国际 EPC 合同，在签订之前需要进行大量谈判，尤其是采用议标方式来选择承包商的项目，由于业主前期的工作深度有限，要谈判的问题可能更多，谈判过程更为复杂。

在完成谈判后，若是招标项目，业主按招标的规定签发中标函，随后签订合同协议书；若是议标项目可能直接签订合同；对于大型国际 EPC 工程合同，可能还涉及复杂的融资问题；若是公共项目，还需要上级部门的批准。因此，有时业主所签发的中标函不一定是无条件的中标函，承包商收到后应及时答复。对于签订的合同协议书，也不一定从签字日生效，双方可能会约定生效条件，在相关生效条件满足后合同才生效。在和业主签订合同协议书时，注意和投标文件包括一些附录、答疑、澄清的一致性，有时业主会无意甚至有意地遗漏或者添加、修改投标文件，应引起承包商的注意。

3.1.4　选择 EPC 总承包商流程

选择 EPC 总承包商的方法一般有以下两种：

3.1.4.1　单阶段单信封选择 EPC 承包商流程

单阶段单信封选择 EPC 承包商流程如图 3-5 所示。单阶段双信封选择 EPC 承包商流程如图 3-6 所示。

3.1.4.2　两阶段选择 EPC 承包商的流程

两阶段选择 EPC 承包商的流程，如图 3-7 所示。

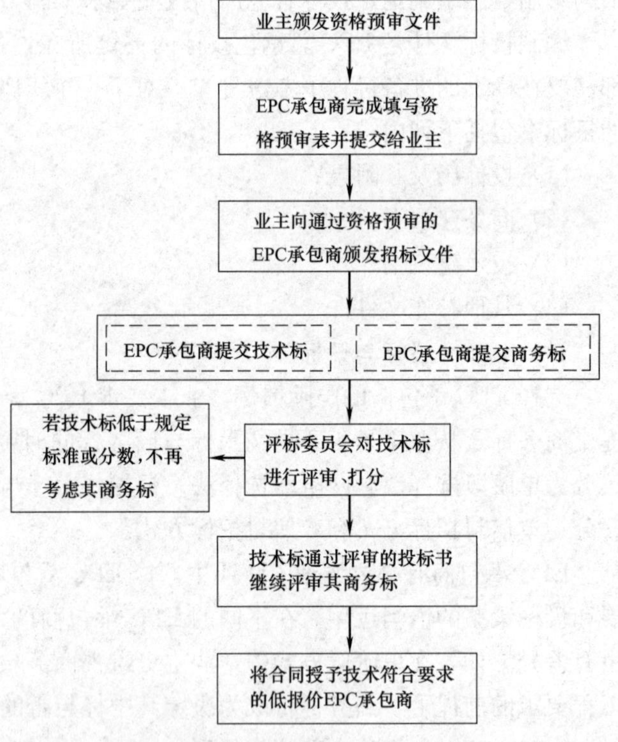

图 3-5　单阶段单信封选择 EPC 承包商流程框图

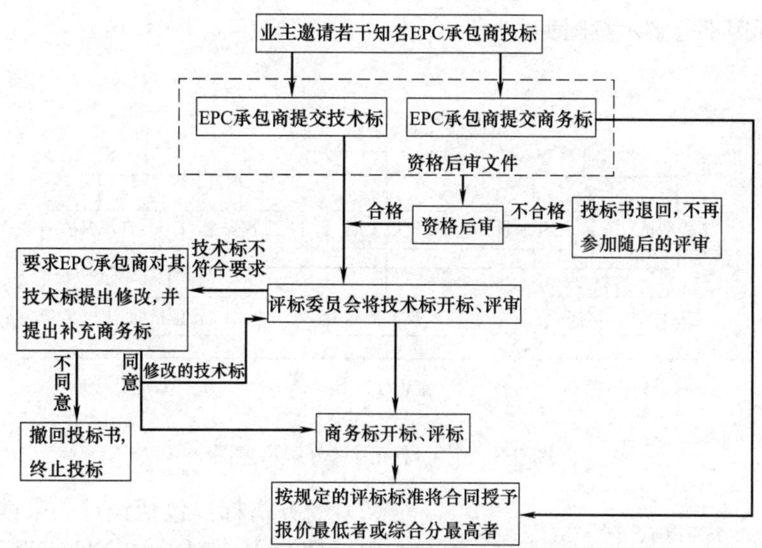

图 3-6　单阶段双信封选择 EPC 承包商流程框图

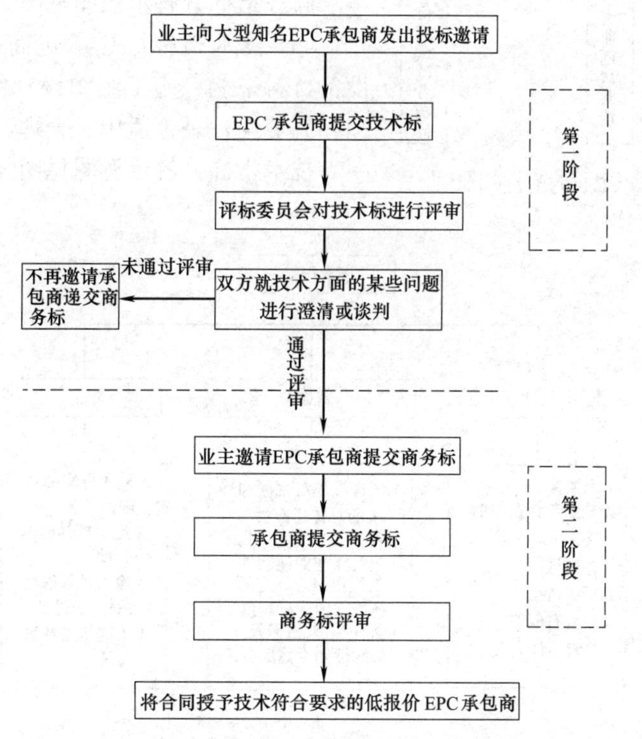

图 3-7　两阶段选择 EPC 承包商的流程

3.2　参加资格审查及招标人选择 EPC 潜在投标人时主要考虑的因素

（1）业主目标因素：能最大限度地满足业主的目标包括工程造价、工程质量、建设工期、工程安全、环境保护等五项内容。

业主目标因素分解示意图见图3-8。

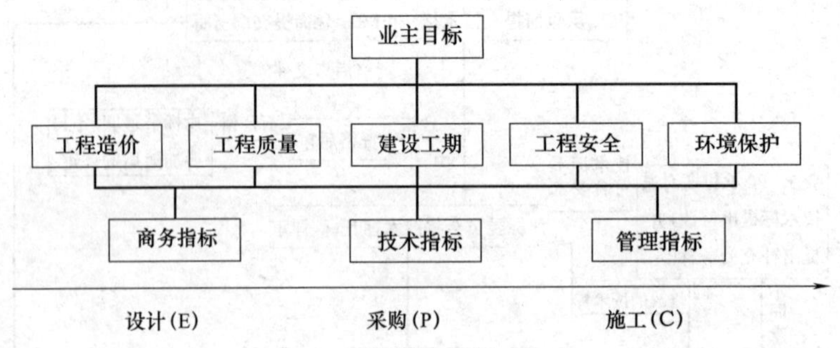

图3-8 业主目标因素分解示意图

(2) 商务指标：包括设计、采购、施工等三大费用，是业主评判承包商投标报价的合理性、平衡性的一项重要因素，占50%～80%。

商务指标分解示意图见图3-9。

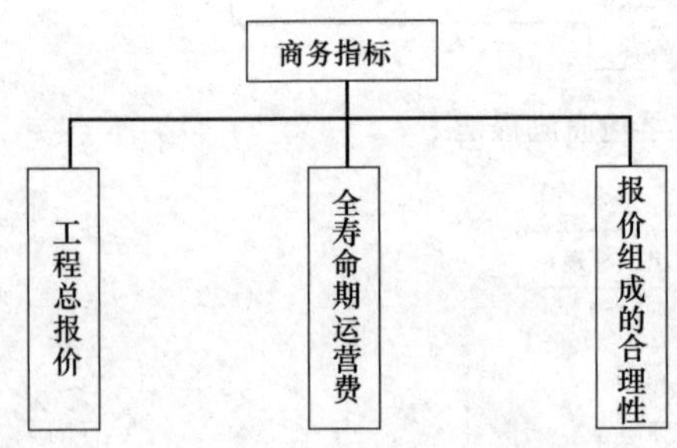

图3-9 商务指标分解示意图

(3) 技术指标：总承包商提出的设计方案、设备材料采购、施工组织设计等的创新性、先进性和完美性，是否适用、合理，占20%～50%。

技术指标分解示意图见图3-10。

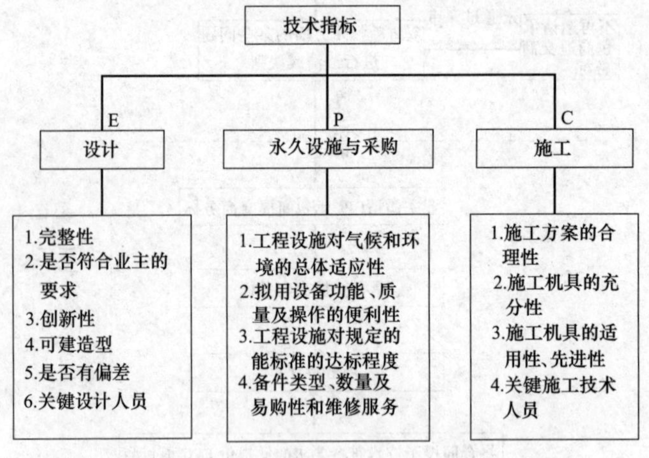

图3-10 技术指标分解示意图

(4) 管理指标：包括工程总承包项目的计划、组织、各种控制程序、项目管理团队的组成、分包计划、工程质量管理体系、HSE体系的完善性等。

管理指标分解示意图见图3-11。

EPC工程总承包投标中的各种关系见图3-12。

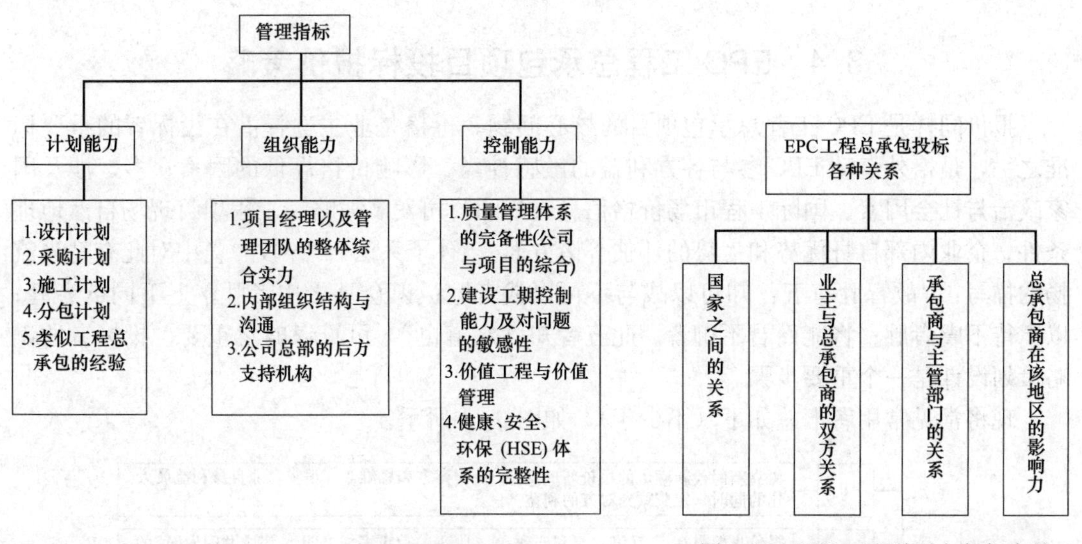

图 3-11　管理指标分解示意图

图 3-12　EPC工程总承包投标中的各种关系分解示意图

3.3 EPC工程总承包项目总承包商资格审查需准备的资料清单

实践中选择潜在的投标者资格的方式，可以进行正式的资格预审或资格后审，业主也可以派遣其项目评审团对其进行细致的实地考察，以确定是否有投标或议标资格。大体上主要考虑十大因素，详见图 3-13。

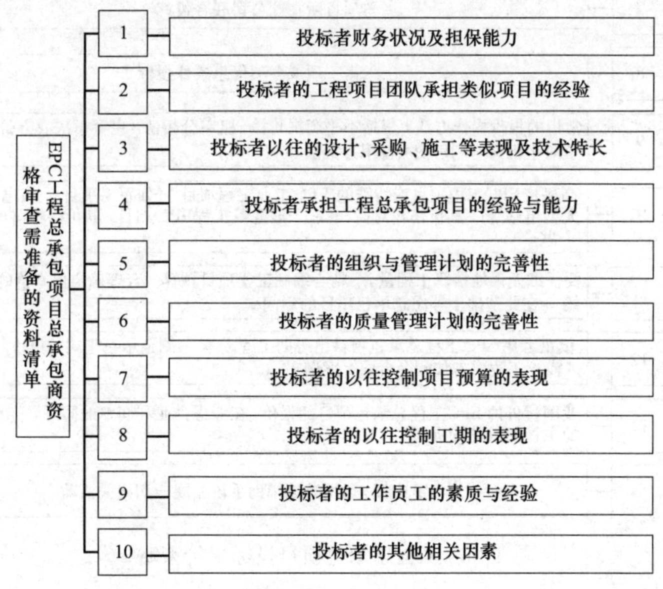

图 3-13　EPC工程总承包项目总承包商资格审查需准备的资料清单

3.4 EPC 工程总承包项目投标报价策略

报价同样是 EPC 工程总承包项目的核心问题。价格是业主选择潜在投标者的重要标准之一，是格外牵动 EPC 参与各方利益的敏感神经。影响价格高低的因素众多，涉及国家政治与社会因素、国际工程市场价格信息、集团公司发展战略、工程项目现场自然地理条件、企业内部自身优势和劣势的评估等诸方面。《孙子兵法》“谋攻”篇中对此有精当流畅的描写：“故智胜有五：知可以战与不可以战者胜；识众寡之用者胜；上下同欲者胜；以虞待不虞者胜；将能而君不御者。此五者知胜之道也”。可见谋略之重要，投标者的谋略策划设计是一个重要步骤。

现将常见常用者汇总如下（不少于），如图 3-14 所示。

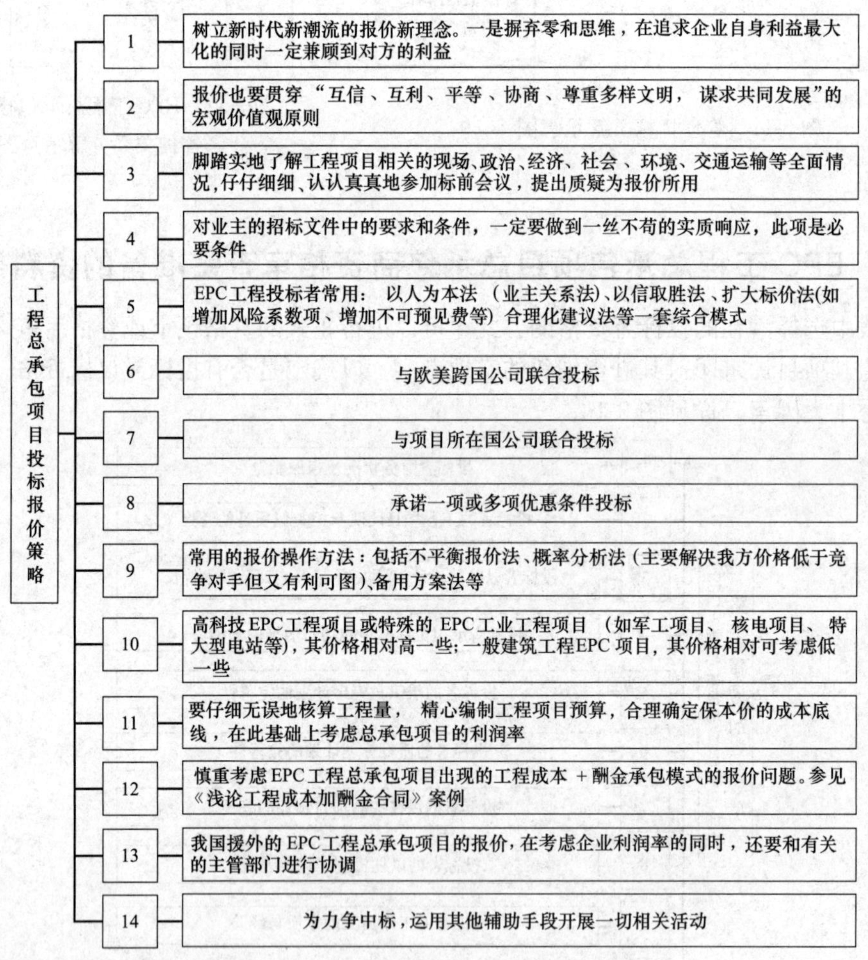

图 3-14　工程总承包项目投标报价策略

从表 3-1 中可以得到 EPC 工程总承包项目投标、编制投标文件时的主要关键点和决策重点的分析方向及其内容。

（1）技术方案中，应当对不同工程门类、不同专业加以区分。如一般公共建筑（高层、超高层、水下建筑)、交通公路(城市交通、高速公路、高铁)、水利电力(港口、电站、核电站)、尖端技术专业等等,显然其技术含量大有不同。其设计采购施工试运行等方案和施工技术的资源,需要分成不同的档次。就施工技术讲,集团公司各有自己的不同专业的作业工法可用。

工程总承包投标文件编制中的主要关键决策重点 **表3-1**

<table>
<tr><th>分类</th><th>分析内容</th><th>关键决策</th></tr>
<tr><td rowspan="6">技术方案</td><td rowspan="3">设计</td><td>应投入的设计资源</td></tr>
<tr><td>业主需求识别</td></tr>
<tr><td>设计方案的可建造性</td></tr>
<tr><td rowspan="2">施工</td><td>怎样实现业主的要求、如何解决施工中的技术难题</td></tr>
<tr><td>施工方案是否可行</td></tr>
<tr><td>采购</td><td>采购需求和应对策略</td></tr>
<tr><td rowspan="10">管理方案</td><td>计划</td><td>各种计划日程(设计、采购和施工进度)</td></tr>
<tr><td>组织</td><td>项目管理团队的组织结构</td></tr>
<tr><td rowspan="6">协调与控制</td><td>设计阶段的内部协调与控制</td></tr>
<tr><td>采购阶段的内部协调与控制</td></tr>
<tr><td>施工阶段的内部协调与控制</td></tr>
<tr><td>设计、采购与施工的协调与衔接</td></tr>
<tr><td>进度控制</td></tr>
<tr><td>质量和安全控制</td></tr>
<tr><td>分包</td><td>分包策略</td></tr>
<tr><td>经验</td><td>经验策略</td></tr>
<tr><td rowspan="6">商务方案</td><td rowspan="3">成本分析</td><td>成本组成</td></tr>
<tr><td>费率确定</td></tr>
<tr><td>全寿命期成本分析</td></tr>
<tr><td rowspan="3">标高金的分析</td><td>价值增值点判断</td></tr>
<tr><td>风险识别</td></tr>
<tr><td>报价模型选择</td></tr>
</table>

(2)管理方案中,控制管理与协调管理是工程总承包项目管理中的重中之重。设计阶段的内外部协调与控制、采购阶段的内外部协调与控制、施工阶段的内外部协调与控制、设计采购施工试运行的协调与衔接,还有质量控制、进度控制、造价控制、成本控制等等,再就是安全管理与控制、风险管理与控制、合同条件履约管理与控制。对不同对象协调与控制管理的要求及其达标情况,应区别以待,不可千篇一律。

(3)商务方案中,给出了成本组成、费率确定、全寿命期成本分析、价值增值点判断、风险识别、报价模型选择等内容,其中安全与风险的应对控制,应该说非常重要,没有安全与风险的保障,谈何顺利进行工程总承包,那就成了一纸空谈了。因此,各项内容或指标在进行分析时,一定要制定一个量的概念,以便于下结论。

(4)总之,在进行工程总承包投标文件编制中,分析其关键点和进行决策时,一定要本着实事求是，理性对待，利用现代化分析工具和方法，深入的、科学的分析，集思广益、民主决策。千万不能蜻蜓点水、走马观花，搞形式主义。

3.5 EPC工程总承包项目费用构成框图及说明

EPC项目费用构成如图3-15所示。

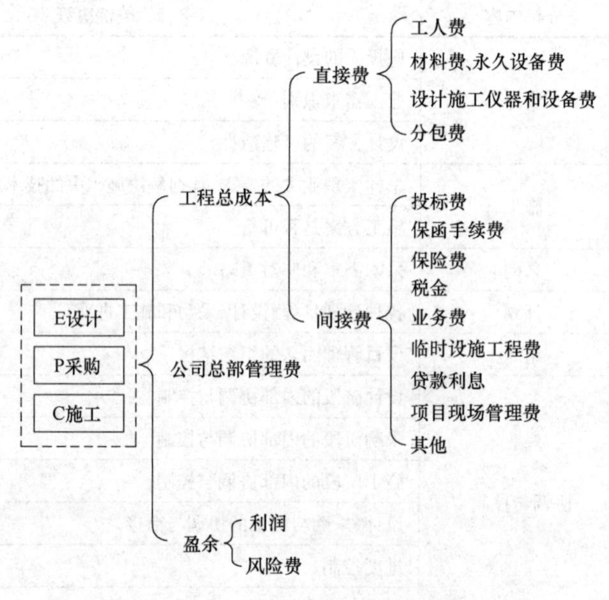

图3-15 EPC项目费用构成

3.5.1 工程总承包项目总成本

其中设计费视项目内容而定，约占4%～8%；设备材料物资采购费，约占65%～80%；工程施工费约占15%～20%；高科技工业项目的设备费及配套费用所占比例可能更高些。

总成本主要取决于集团公司的劳动定额、生产效率和管理水平。劳动定额的确定是根据集团公司整体管理效率、项目所在国或地区的状态及其工人的操作素质（人文和技术）来综合考虑确定的。此点对于竞争力的影响比较大，应引起高度重视。

3.5.2 集团公司总部管理费

包括EPC投标的前期费用、中标前活动费用、总部现场管理费及其相关的工作管理费用。力所能及地把此项费用减少到最小程度是最高管理者的工作重点之一。

3.5.3 盈余包括利润和风险费两大部分

其中，与EPC报价直接相关的风险因素如图3-16所示。

专家们认为，避免、化解和消除风险即可创造无可估量的利润。

工程总承包项目成本费用组成表见表3-2。

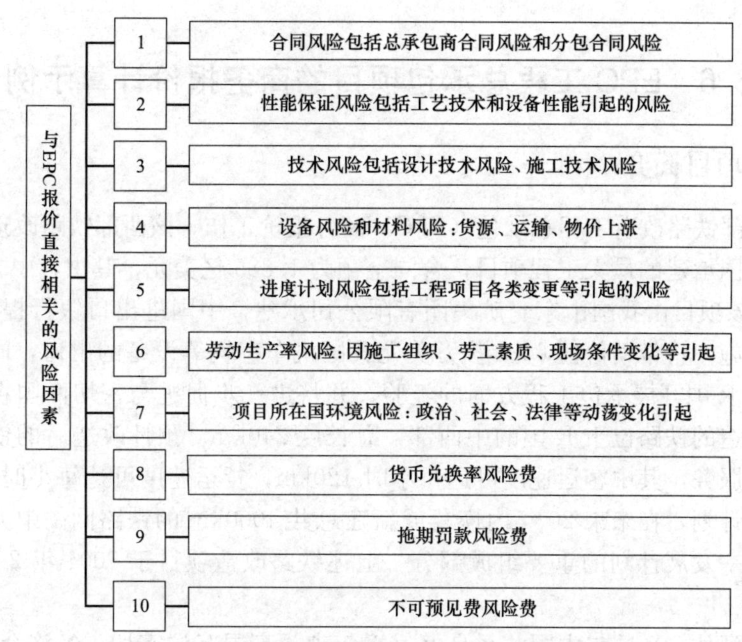

图 3-16　与 EPC 报价直接相关的风险因素

工程总承包项目成本费用组成表　　表 3-2

分类	费 用 分 解
施工费用	人工费：施工现场进行建筑安装工程所需的直接与间接劳力费用
	施工辅助费用：施工现场为安装设备和散装材料所耗用的安装辅助材料费用、台班机具费、临时设施费、施工间接费和税金
	施工管理人员工资费用：施工管理费，即施工公司本部及现场管理和监督人员的工资和各种津贴
	施工管理人员非工资费用：施工公司本部及现场管理和监督人除工资以外发生的费用，如计算机使用费，差旅费等
直接设备材料费用	设备费：所有用于工程的永久设备的采购费
	材料费：所有用于工程的材料采购费
	直接设备材料相关费用：如运杂费、销售和使用税、运输保险费、进口报关手续费、银行财务费等
分包合同费用	所有总承包公司委托分包商承办的那一部分项目实施工作的费用
公司本部费用	设计人员工资费用：为本项目进行工程设计人员的工资与津贴
	设计人员非工资费用：除设计人员工资以外的各种开支，如通信费、计算机使用费、文具费、复制费、差旅费等
	管理人员工资费用：为本项目服务的管理人员的工资与津贴
	管理人员非工资费用：为本项目服务的管理人员除工资以外的各种开支，如差旅费、办公费、计算机使用费、日常杂项开支等
调试、开车服务费用	调试、开车人员工资费用：公司本部派出或外聘的项目调试、开车人员工资与津贴
	调试、开车人员非工资费用
其他费用	投标费、代理费、专利费、银行保证金、保险费、税金等

注：表中未计入（1）工程前期准备费，包括设计、采购、施工、分包等工作准备；（2）工程项目安全与风险应对措施备用金额；（3）有关投标项目相关的费用。

3.6 EPC 工程总承包项目的商务报价计算示例

3.6.1 项目简介

R 国中西部铁路改造工程总承包（EPC）商务报价工作。该西部铁路改造是迄今为止中国企业在该国承建的最大工程项目，合同金额为 1.885 亿美元，其中，中方贷款金额为 1.5 亿美元。该项目由我国山东兖矿集团有限公司承建，中国进出口银行提供买方信贷。这一项目的实施，将带动价值 6000 多万美元我国机车车辆等设备的出口，同时将帮助我国企业积累在 R 国开展承包工程方面的经验，并将进一步促进与密切两国在经贸领域的合作。需要改造的铁路位于 R 国的中西部，总长度 240km。预计改造后的铁路将可提供客、货运两种服务，其中客运速度可达每小时 120km，货运速度可达每小时 90km。根据该国铁路发展计划，在未来 20 年内恢复或新建总共 4000km 的铁路网。中方承包的铁路改造项目是这一发展计划的重要组成部分。上述铁路改造项目于 2004 年 2 月中旬动工，于 2006 年完工。

对市场的评估：R 国与中国关系良好，近年来，高层互访密切；经济合作互补性强；距离中国遥远，运输风险、安全风险、社会风险等比较大，工程总承包成本比较高；投资、贷款、保险等一系列问题都需考虑周全。

自然地理：R 国面积为 916700km^2。位于南美洲大陆北部。东与圭亚那交界，南与巴西接壤，西与哥伦比亚为邻，北临加勒比海。全境除山地外基本上属热带草原气候，气温因海拔高度不同而异，山地温和，平原炎热。每年 6～11 月为雨季，12～5 月为旱季。境内拥有世界上落差最大的安赫尔瀑布，是著名的游览胜地。马拉开波湖是拉美最大的湖泊，位于西北部，面积 1.43 万 km^2，与 R 国海湾相连。是世界上落差最大的瀑布 。

人口：2690 万。其中，印欧混血种人占 58%，白人占 29%，黑人占 11%，印第安人占 2%。西班牙语为官方语言。R 国境内有 98%的居民信奉天主教，1.5%的居民信奉基督教新教。首都：加市，人口 322 万。

经济：该国矿产资源丰富。石油已探明储量为 105.75 亿吨，居世界第六；天然气储量 4.27 万亿立方米，居世界第九；铁矿砂储量 42.22 亿吨，铝矾土储量 50 亿吨，煤炭储量 10 亿吨，黄金储量 1 万吨。此外还有镍、金刚石等矿产资源。R 国是拉美地区经济比较发达的国家之一。石油工业为国民经济的命脉，其产量和出口量名列世界前茅，是世界第五大石油出口国。石油收入占该国财政收入的 50%和外汇收入的 94%。货币为玻币。

3.6.2 商务报价的基础资料调查

工程调查是报价前极其重要的一项准备工作，所调查资料的全面、准确与否对报价的结果有着至关重要的影响。国际工程商务报价的调查涵盖国内、国际两方面，内容较多。对该工程我们重点调查了以下内容：

3.6.2.1 国内调查资料

1. 临时出国人员费用开支标准和管理办法

财政部财外字［1992］第 1100 号文发布的《关于临时出国人员费用开支标准和管理

办法的规定》。

2. 国内公路、铁路、海洋等运输价格

(1)(91)中技总财字第 0540/010 号文《关于调整进口运价的通知》;

(2)(91)中技总财字第 0531/015 号文《关于调整运保费常数的通知》;

(3)(85)海欧字第 613/766 号文《技术海运进口运费费率表》;

(4)(91)中机字第 1405/05 号文《关于调整运保费的通知》(运费定额表)。

3. 国内有关工程概算编制办法、定额、指标依据

(1)铁建管[1998]115 号文《铁路基本建设工程设计概算编制办法》;

(2)铁建设[2000]117 号文《铁路基本建设利用国外贷款项目设计概算编制办法》;

(3)铁建[1995]138 号文《铁路工程概预算定额》,(以下简称“铁道部 95 定额”);

(4)铁建[1996]147 号文《铁路工程综合劳动定额》;

(5)济铁工字第(499)号文《济南铁路桥隧、线路大修工程预算定额》。

4. 国内市场价格及对外报价

我国拟出口材料、设备和施工机械的生产厂家、名称、规格、型号、性能、重量、体积、供应能力、运输方式、国内市场价格、国际市场价格以及厂家对外报价(FOB、CIF 或 C&F)。

5. 国内保险条款及保函手续费标准

中国人民保险公司海洋运输货物保险条款、企业财产保险条款、机动车辆保险条款、人身保险条款管理办法,以及中国银行出具保函手续费标准。

6. 各种税费及政策

有关对外承包工程企业贷款利息、交纳税金规定,中华人民共和国进出口关税条例、海关进出口税则和有关出口退税优惠政策。

7. 工资指数及汇率

我国近 3~5 年工资增长指数,材料、设备及施工机械价格增长指数,价差调整办法,外汇汇率变化情况。

3.6.2.2 国外调查资料

国外调查资料见表 3-3。

国外调查资料 表 3-3

1	R 国内政治、经济局势,与周边国家的关系以及与我国的双边关系
2	该国有关工程承包方面的法律法规,如劳动法、经济合同法、税法、工商企业法、建筑法、招标投标法、环境保护法、保险法、海关法、民法、民事诉讼法等,以及经济纠纷的仲裁程序、民事权利主体之间发生各种经济关系等方面的规定等
3	该国银行体系、外汇管理制度、外汇汇率、银行信贷率和计息方法
4	该国现行基本建设工程取费方法、计算规定,相同或类似工程报价或结算资料等
5	该国关于该工程施工的具体规定,如劳动力的使用、材料和设备的进出口运输以及施工机具的转移、处理等
6	该工程沿线及其附近地形、地貌、海拔高度、地质、水文、气象、地震灾害等情况
7	当地劳动力工种、技术水平、工资水平以及有关劳动保险和福利待遇等方面的政策法规
8	当地工程所需材料、设备和施工机械的来源、质量、供应能力、运输方式、价格水平。砂、石是否准许自行开采

续表

9	当地公路、铁路及水运条件，如最大通行吨位、限制高度、运输距离、装卸能力、运杂费等
10	当地农、牧、副、渔业情况，生活用品供应情况及价格水平
11	当地给排水、供电(电压、频率)等情况以及生产用水、用电价格
12	当地国际国内电报、电话、传真、邮递的可靠性、费用、所需时间等
13	该国近 3～5 年外汇汇率变化情况、工资增长指数、物价增长指数，价差调整办法
14	其他与工程项目的相关资料

3.6.3 商务报价范围

该工程商务报价范围为工程设计中分工由中方实施部分（含中方总包、业主指定分包部分）的工程费用，根据（扩大）初步设计图纸编制。该工程按 UIC 标准设计，报价以我国“铁道部 95 定额”消耗量标准为基础，根据综合分析确定的人工单价、材料单价和机械台班单价，采用该共和国国家铁路自治协会（IAFE）提供的报价格式，按照“实物法”计算分部分项工程综合单价并汇总。报价币种为美元。

3.6.4 商务报价

商务报价＝工程费（施工费)＋设备、机车车辆费（采购费)＋咨询设计代理费（设计费）＋人员培训及翻译费（培训费）

3.6.4.1 工程费（施工费）

工程费（施工费)＝人工费＋材料费＋施工机械使用费＋综合管理费＋利润

1. 人工费

人工费＝综合工日单价×工程用工工日数量

R 国工资标准一般采用日工资形式，技术等级一般分为普通工、技术工和高级技术工 3 个等级。IAFE 规定，该工程使用外来工人与当地工人的比例应为 1∶9。结合该工程的特点，拟定高级技工由国内派遣，普工、技工由当地招聘。根据我国有关政策和当地法规规定的劳动力工资标准，参考当地劳动力市场和建筑市场的调查，综合分析和计算综合工日单价。

综合工日单价＝国内派出工人工资单价×国内派出工人工日占总工日的百分比＋当地工人工资单价×当地工人工日占总工日的百分比。

国内派出工人工资单价＝一个工人出国期间全部工资性费用/(工作年数×年工作日)

一个工人出国期间全部工资费用，包括国内费用和国外费用两部分。国内费用主要包括国内工资和工资性补贴、出国前动员和回国后休假工资、服装费、国际国内差旅费等；国外费用主要包括，国外津贴（零用费)、伙食费、餐具、卧具费、人身保险费、税金、加班工资和奖金、职工福利费等。该工程计划工期两年，还应考虑工资上涨因素，每年上涨率取 8%（一般以 5%～10%估计）。工作年数指工人参加该工程施工的平均年限。一般按承包工程合同规定工期年限的 2/3～3/4。考虑该国远离中国，按 3/4 计算。年工作日通常可按年日历天数扣除非工作日天数（星期天、法定假日、病伤假日、气候影响等因素造成的停工）计算，为提高竞争力，该工程年工作日按 300 天/年计算。

当地工人指具有当地国籍的工人和其他国籍工人。工人工资一般包括日标准工资（国外一般以每小时为单位）；带薪法定假日工资；冬、雨、夜施工，按规定应加的工资；带薪休假工资；招募、解雇费用；住房政策补贴、交通费、福利费、劳动保护费、人身保险费等；个人收入所得税、社会安全税等，工期在一年以上者，还应考虑工资上涨因素。

根据上述标准计算出国内派出工人工资单价为 35.95 美元/工日，当地工人工资单价为 46.01 美元/工日，由此计算综合人工单价为 45 美元/工日。

工程用工工日数量是根据设计图纸计算的工程数量和“铁道部 95 定额”，采用分析法进行计算的。我国从事国际工程承包的人员素质较高，很容易突破定额指标，人工工日消耗量可以适当折减。但对于该工程，由于当地工人工效较低且使用比例较高，我们并未折减。

2. 材料费

材料费＝材料预算价格×设计数量材料

预算价格是指材料到达工程现场的价格，按照当地采购、国内供应和从第三国采购三种供应方式分别确定。

(1) 当地采购材料预算价格＝当地市场批发价或出厂价＋当地运杂费

(2) 国内供应材料预算价格＝材料原价＋全程运杂费

材料原价应计算至材料出口原价，可以参考该材料在国内的正常价格水平，还需要考虑材料质量提高要求、改善包装、手续费增加的费用，以及外汇比价和国际市场价等因素。

全程运杂费包括国内段运杂费、海运段运保费、R 国段运杂费，如图 3-17 所示。

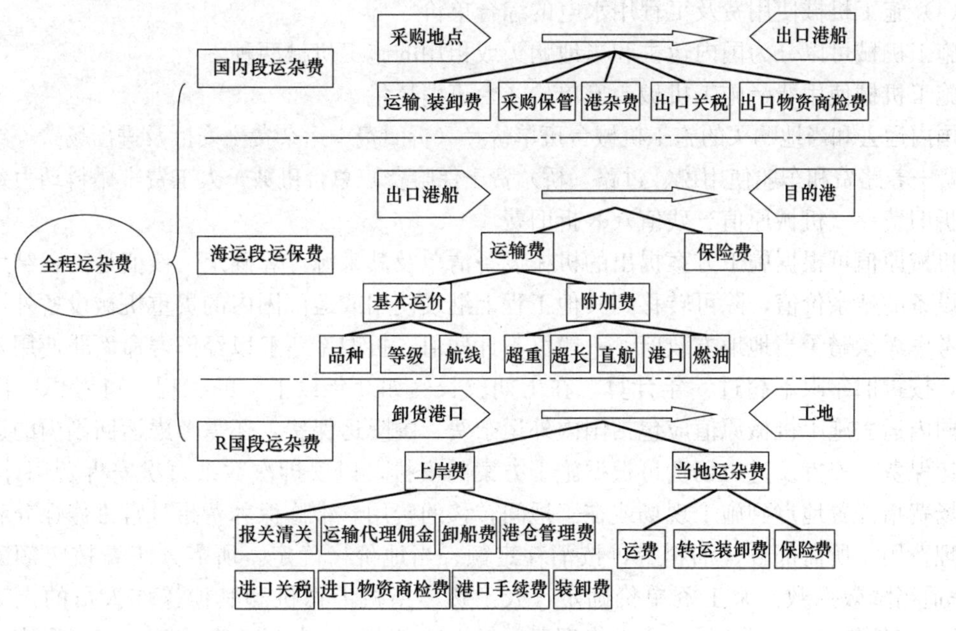

图 3-17　全程运杂费

1) 国内段运杂费是指采购地点至出口港船上所发生的运输、装卸、采购保管、港杂费、出口关税和出口物资商检费等。

2）海运段运保费是指设备从出口港船上运抵目的港所发生的运输费和保险费，包括基本运价、附加费、保险费等。基本运价可依据货物的品种、等级、航线，按我国国家远洋海运局规定的运价计算；附加费包括超重附加、超长附加、直航附加、港口附加、燃料附加等；保险费按中国人民保险公司有关规定执行，一般以货物总值为基数，费率由于险别、抵达地区不同而异。

3）R 国段运杂费应计算材料由卸货港口运至工地所发生的全部费用，包括上岸费、当地运杂费。上岸费包括报关清关、运输代理佣金、卸船费、港仓管理费、进口关税、进口物资商检费、港口手续费、装卸费等，根据当地有关规定计算；当地运杂费应根据当地运价和运距及有关规定计算，包括水、陆路运费及因交通条件不好而发生的转运装卸费和转运期间的保险费等。

(3) 从第三国采购材料预算价格＝到岸价格（CIF)＋当地运杂费＋关税

此外，材料预算价格的计算还要考虑材料运输损耗，一般为 1%～4%；材料管理费，一般为材料价值的 2%～3%；材料价格的上涨指数等。如果同一种器材来自不同的供应来源，则应按各自所占比重计算加权平均价格，作为预算价格。在（扩大）初步设计阶段，我们主要根据工程数量和“铁道部定额”，采用分析法计算主要材料数量。与国内铁路技术标准不同之处，我们采用抽换定额的方式调整。

IAFE 规定钢轨、轨枕、配件、道碴等材料在商务报价中仅列数量，不计费用，并应首先考虑利旧以及 IAFE 目前的库存，不足部分由其负责提供至就近车站；中方负责采购的道岔、护轨梭头等在商务报价中单列数量、单独计费。由此相应各分部、分项工程报价单价中未包括以上有关材料费。

(4) 施工机械使用费及工程用水电的综合单价

施工机械可以分为国内运去和当地购买或租用的施工机械两种。

施工机械使用费＝施工机械台班单价×台班消耗量

国内运去和当地购买的施工机械台班单价＝（折旧费＋运杂费＋安拆及进出场费＋维修保养费＋养路费和车船使用税、过路（桥）费＋保险费)/总台班数＋人工费＋燃料动力费

折旧费＝（机械原值－残值）×折旧费

机械原值可根据施工方案提出的机械设备清单及其来源计算确定。残值是工程结束时机械设备的残余价值，除可转移到其他工程上继续使用或运回国内的贵重机械设备外，还可以考虑无偿赠予当地地方政府，一般可不计残值。折旧率一般以经济寿命而非使用寿命考虑，按折旧年限不超过 5 年计算。在工期较长（如 3 年以上）的工程，可考虑一次摊销。国内运去施工机械原值应包括国内外运杂费、国际运保费，还需考虑运回国内的运杂费、运保费。安拆及进出场费可根据施工方案的安排，以安拆次数乘每次安拆费用计算；进出场费指停置地点到施工现场或在工地间转移的费用。维修保养费指日常维修保养和中小修理费用，所需部件、油料等，按消耗定额、当地价格确定。所需人工费按定额工日（考虑适当降效系数）乘工资单价确定，人工费是指机上司机和其他操作人员的人工费（包括规定的年工作台班以外）。大修理费一般不需考虑。燃料动力费按消耗定额乘当地燃料价格计算。养路费和车船使用税、过路（桥）费按当地有关规定执行。保险费的投保额一般为机械设备的重置价值，保险费率按当地政府或中国人民保险公司有关规定执行。施工机械在摊销期内的总工作日（时），按每年工作 300 天，每天工作 8 小时计算。此外，

还应考虑采购适当数量备品、备件的费用进行摊销。

当地租赁的施工机械台班单价按当地租赁费和人工、燃料动力的消耗量乘以当地单价计算。另外，需要注意当地租赁公司报价所包含的内容，如是否负责进出场费，是否包含操作人员人工费、燃料动力费用等。

机车台班费是根据现场调查情况分析确定，可以考虑租用 IAFE 委托中方采购、先期运达的机车或其自有机车。

工程用水电的综合单价，如果工程用水电可利用现成的供水电系统，则可根据实际用量和工期另酌加损耗（5%～10%）和必要的线路设施即可算出所需费用。如工程无法利用现成的供水电系统（如偏远地区），则施工用水的费用应考虑买水或采水、运水、贮水的设施费等，计算一次性投资费用并结合工期确定经常性的使用费等；施工用电需考虑自行发电的所有费用（包括折旧、安装与拆运，经常费应按施工期长短而定）。

（5）综合管理费

承包国际工程所发生的各项费用，除了业主允许明列的少数项目，一般都应包括在综合单价内，不允许单独列项。但为了对各项费用做到心中有底，有利于考核成本，分清各单位应取费用，编制报价时应将所有费用列出，主要包括前期费用、企业管理费、施工管理费、临时设施费、工程辅助设施费、保险费、税金、保函手续费、贷款利息、不可预见费等，逐项计算、汇总后与工料机费用相比较，综合确定费率。该工程土建工程综合管理费取 16%，三电工程取 15%。

（6）利润

国外承包商的利润一般在 10%～20%，但近几年来由于国际工程承包市场竞争加剧，利润率明显下降。我国国际工程承包公司由于管理费通常较高，本着锻炼队伍、开拓市场的精神，利润率以 8%～15%为宜，该工程的利润取 10%。

3.6.4.2　设备费、机车车辆购置费（采购费）

1. 设备费

设备费＝设备预算单价×设计数量

由于通信、信号工程采用中国的铁路技术标准设计，大部分设备将在中国采购，出口设备预算价格类似国内供应材料价格计算方法，包括出厂价、运杂费及海关费用、保险保函费用等。

经综合分析，为简化计算用公式表示为：运杂费及海关费用＝出厂价×4%；保险保函费用＝(出厂价＋运杂费及海关费用)×2%。

2. 机车车辆购置费及机车车辆保函保险费

机车车辆购置费＝机车车辆预算单价×设计数量；机车车辆预算单价＝出厂价＋运杂费及海关费用；运杂费及海关费用＝出厂价×4%。

机车车辆保函保险费＝机车车辆购置费×2%。

3.6.4.3　设计咨询代理费（设计费）

设计咨询代理费＝（工程费＋设备费＋机车车辆购置费）×5%；

设计咨询代理费包括设计咨询费、代理费。国际设计咨询收费一般约为工程造价的 8%～10%。虽然国外工程设计需要增加许多工作量和国际差旅费，但由于国际工程造价较高，所以我们可以在保本薄利的原则下适当收费。在不少国家（尤其是阿拉伯地区），工程承包实行代理制度，外国承包商进入工程所在国需通过合法的代理人，代理人的活动往往对工程项目投标的成功与否起着相当重要的作用。代理费一般为工程造价的2%～3%，可视工程项目大小进行调整。代理费的支付以工程中标为前提条件。

3.6.4.4　**人员培训及翻译费（培训费）**

由于该工程较多采用国产材料、设备，包括道岔、“三电”设备、机车车辆等，因此需要对 IAFE 人员进行业务培训以及制订操作规程、资料翻译等。原则上，应按每人每月500～1000美元考虑计算。

3.6.5　其他需要说明的问题

（1）R国内各行业采用综合税率。增值税，税率14～15%。但根据 IAFE 要求，为避免因商务报价数额增大导致获政府批准的难度增加，该项费用不列入商务报价。同时，IAFE 表示准备争取政府批准，免征该项税收。

（2）为保证行车安全，我们提出3处较大平交道口应改立交。但根据 IAFE 要求，此项费用不列入报价总额，可以作为建议提出。

（3）由于受项目建设阶段的局限，必要的地质勘探和地形补测、取土场、弃土场的拆迁补偿、青苗赔偿、土地恢复等费用无法明确，未列入报价总额。IAFE 表示工程结算时以实际发生为准。

（4）由于该项目需要中方融资建设，而且目前R国局势不稳，通货膨胀，我们争取到 IAFE 同意即在项目实施期间，因材料涨价和政府政策性调整人工单价时，工程费用相应调整。

正是有了一个切合实际、依据充分、费用合理的商务报价，商务合同谈判工作进行得相对比较顺利。

案例简析

此例是中国进出口银行贷款的铁路改造工程项目总承包。经我国承建方对该国市场的认真评估，认为R国与中国的战略伙伴关系发展良好，高层往来互访密切相互支持关切；经济合作互补性强；但距离中国遥远，运输风险、安全风险、社会风险等都比较大，工程总承包成本比较高；投资、贷款、保险等一系列问题及其应对都需考虑周密、周到和周全（图3-18）。

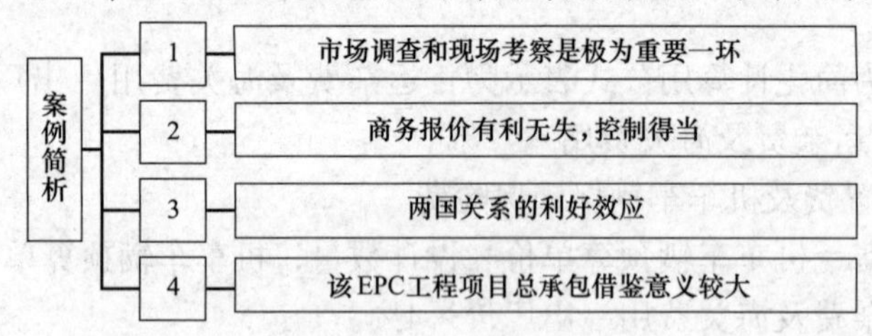

图3-18　案例简析

（1）市场调查和现场考察是极为重要一环。国内外的调研和项目所在国的考察，仔仔细细非常认真，包括该国法律、经济、自然条件、运力条件、材料、设备、水、电、劳动力、社会资源及政府事务等一概俱全，这对商务报价起了决定性作用（见表3-3）。

（2）商务报价有利无失，控制得当。其公式合理合情，业主方提不出质疑，具体计算方法明确无误，一笔一笔清清楚楚，无一漏项缺项（请看运输费采购费的计算），可见报价班子和的报价人员技术熟练责任心强，非同一般。这和某些工程模糊、马虎和迷糊的不顾工程项目实际状态地处理报价是有本质区别的。

(3) 两国关系的利好效应。尽管该国在项目执行过程中，局势动荡通货膨胀，但鉴于该项目需要中方融资支持，政府给予了政策性工程费用的调整，使工程项目保证了合理的取费水平和利润。这是两国友好关系的充分表现。

(4) 该EPC工程项目总承包借鉴意义较大。此例无论是项目的市场调查、项目现场勘查，还是项目决策、投标报价、实施过程等，功夫颇深，技巧颇精，其亮点处颇多，借鉴的实际意义很大。

3.7　F国港务局新建海岸码头工程投标及简析

3.7.1　新港口工程招标文件

3.7.1.1　工程简介

本项目是U国注册的承包商，为承揽F国港务局的新建海岸码头工程而进行投标。

工程内容包括：建造长105m、宽20m的卸货码头，结构形式为预应力钢筋混凝土高桩码头，可以靠泊20000t级货轮；修筑防波堤，长600m，结构形式为10m×10m×10m沉箱结构；港区海底疏浚，工程量为3000000 m^3；护坡工程，沿海岸线100000m^3 土方的回填以及长1000m的石砌护坡。施工作业涉及地形测量、地质勘测、现场清理、土方工程、打桩、混凝土工程等。工程总体布置图如图3-19所示。

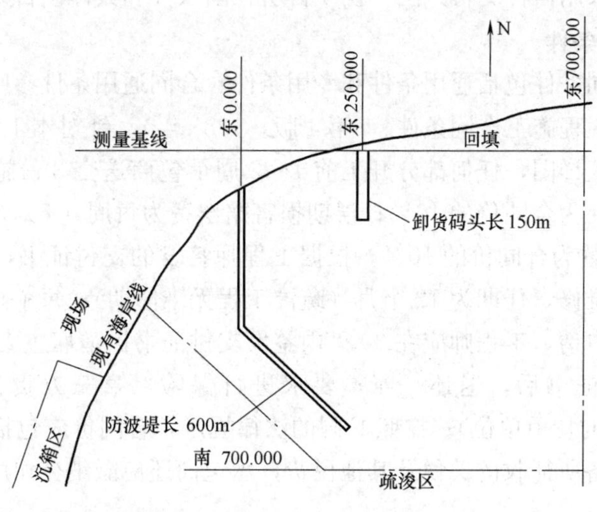

图3-19　工程总体布置图

3.7.1.2　投标人须知

投标人须知包括以下几个方面：

(1) 资金来源；(证明其可靠性)

(2) 资格要求；(主要指总承包商)

（3）工作范围；

（4）投标前现场考察；（必须的、必要的）

（5）招标文件；（承包商特别需要认真阅读和研究）

（6）向投标人提供的补充资料；

（7）招标文件的澄清；（有必要提出标书中的大大小小的质疑问题）

（8）投标书的编写；

（9）递交的投标书；

（10）投标价格；（是中标与否的最关键条件之一）

（11）投标和支付的货币；（特别注意几种货币的采用）

（12）备选设计；（最好提出备选方案，以利中标）

（13）投标担保；

（14）投标有效期；

（15）通信联络；

（16）递交投标书；（注意承诺条件的慎重选择）

（17）开标；

（18）与雇主联系；

（19）合同授予标准；

（20）授标意向书；

（21）签署合同；

（22）履约担保；

（23）支付。（采用何种支付办法，视项目所在国条件和具体项目条件而定）①

3.7.1.3 合同条件

工程项目的合同条件包括通用条件和专用条件。合同通用条件参照国际咨询工程师联合会编制的《土木工程施工合同条件》（第4版，1987年）。针对本工程的主要条款内容：承包商负责设计施工详图，任何部分开工前1～2周承包商送交3份施工详图，由工程师审查批准；履约担保为合同价的10%；误期损害赔偿费为每周0.5%，最高限额为合同价的10%；动员预付款为合同价的10%，根据工程师签发的支付证书，当完成工程价值的25%时开始偿还；维修责任期为12个月（疏浚工程无维修期）；每个月末后的8天内，承包商提交中间支付申请，工程师应在30天内签发支付证书提请雇主支付；扣留10%的保留金，在签署竣工证书后，退还一半；要求进行保险，第三方责任险的最小金额为60000000Nu（F国的货币单位）；按照F国的法律规定，合同价应包括在境外生产的用于工程中的材料、设备所征收的关税及其他税费，承包商还应缴纳公司所得税、个人所得税等税金。

3.7.1.4 技术规范

技术规范的内容包括以下方面：①概述；②总则；③现场清理；④土方工程；⑤护坡；⑥沉箱托架；⑦混凝土工程；⑧桩；⑨钢结构工程；⑩护栏系统；⑪柱子。

① 括弧中的文字是本书主编所加的，仅供参考。

3.7.1.5 工程量表

工程量表包括前言、详细开列的工程量各细目的清单和汇总报价单。前言是对如何填写工程量表的说明。工程量表中的价格应是整个项目的价值，报价应按F国的货币单位Nu填报。工程量表分为如下各部分：

(1) 清单1 一般项目；

(2) 清单2 现场准备；

(3) 清单3 土方工程；

(4) 清单4 卸货码头工程；

(5) 清单5 防波堤工程。

工程量清单1～5如表3-4～表3-10所示；汇总报价单如表3-11所示。

工程量清单1 一般项目 **表3-4**

项目	名 称	单位	数量	计划单位/Nu	金额/Nu
1.1	设备进场及退场	L. S.	1		
1.2	地形测量				
1.2.1	陆地测量	L. S.	1		
1.2.2	近海深度测量	L. S.	1		
1.3	土壤测量				
1.3.1	岸边钻孔,包括取样和现场测试	m	50		
1.3.2	近海钻孔,包括临时码头	m	100		
1.3.3	土壤样本的实验室实验,包括准备报告	L. S.	1		
1.4	提供和维修下列专供工程师使用的设施、设备				
1.4.1	办公室	L. S.	1		
1.4.2	新交通工具	Nos.	5		
1.4.3	新发电机(300kV·A)	Nos.	2		
1.4.4	饮用水、油以及储藏罐	L. S.	1		
1.4.5	住宿用独立房屋	Nos.	5		
				小计：	

工程量清单2 现场准备 **表3-5**

项目	名 称	单位	数量	计划单位/Nu	金额/Nu
2.1	清理现场				
2.1.1	总的现场清理	L. S.	1		
2.1.2	弃料区	L. S.	1		
2.2	现场准备				
2.2.1	办公室(包括门和围栏)	L. S.	1		
2.2.2	用于实验土壤、水泥、骨料、混凝土和水等的现场实验室(包括设备和人员)	L. S.	1		
2.2.3	用于永久工程材料的仓库	L. S.	1		
2.2.4	施工用水和生活饮用水的淡化设备	L. S.	1		
2.2.5	临时装货码头和龙门起重机	L. S.	1		
2.2.6	临时测量码头和平台	L. S.	1		
				小计：	

工程量清单 3　土方工程　　表 3-6

项目	名　称	单位	数量	计划单位/Nu	金额/Nu
3.1	疏浚				
3.1.1	图纸上规定的疏浚工作,包括挖出土壤的工作	m^3	3000000		
3.1.2	疏浚后的回声探测	L. S.	1		
3.2	回填				
3.2.1	水压方式回填	m^3	70000		
3.2.2	干回填	m^3	30000		
3.2.3	砂石找平	m^3	52500		
3.3	护坡				
3.3.1	护面块石的供应、放置及成形(200～300kg)	m^3	70000		
3.3.2	石料和土壤之间过滤网的供应和放置	m^3	35000		
				小计	

工程量清单 4　卸货码头工程 (1)　　表 3-7

项目	名　称	单位	数 量	计划单位/Nu	金额/Nu
4.1	打桩				
4.1.1	预应力钢筋混凝土桩的供应(ϕ750mm,20m 长,125mm 厚)	Nos.	96		
4.1.2	预应力钢筋混凝土桩的供应(ϕ900mm,26.4m 长,150mm 厚)	Nos.	24		
4.1.3	有焊接节点的钢管桩的供应(ϕ4300mm,18m 长,9mm 厚)	Nos.	42		
4.1.4	处理和打垂直桩	Nos.	96		
4.1.5	处理和打斜桩(56900mm×150t)	Nos.	24		
4.1.6	处理和打护舷桩(4300mm×9t)	Nos.	42		
4.1.7	试验桩 750mm	Nos.	2		
4.1.8	试验桩 S6900mm	Nos.	2		
4.1.9	250t 的静荷载实验(包括临时平台和反力桩)	Nos.	4		
				小计:	

工程量清单 4　卸货码头工程 (2)　　表 3-8

项目	名　称	单位	数量	计划单位/Nu	金额/Nu
4.2	混凝土工程				
	找平、修整				
4.2.1	ϕ750mm 桩的顶部的找平及处理	Nos.	96		
4.2.2	ϕ900mm 桩的顶部的找平及处理	Nos.	24		
4.2.3	ϕ300mm 桩的顶部的切断及处理	Nos.	42		
	桩帽				
4.2.4	ϕ750mm 桩,用钢筋笼填筑混凝土	Nos.	96		
4.2.5	ϕ900mm 桩,用钢筋笼填筑混凝土	Nos.	24		
	面板混凝土				
4.2.6	甲板混凝土	m^3	4500		
4.2.7	护轮坎(150mm×150mm)		7		
	钢筋				
4.2.8	用于上述 4.2.6 的 460 级钢筋				
	直径 $d \leqslant 10mm$	t	27		
	直径 $d \leqslant 19mm$	t	108		
	直径 $d \leqslant 29mm$	t	135		
				小计	

工程量清单4　卸货码头工程（3）　表3-9

项目	名　称	单位	数量	计划单位/Nu	金额/Nu
	模板				
4.2.9	拱腹模板及脚手架的安装和拆除	m^3	3000		
4.2.9	边模板的安装和拆除	m^3	450		
4.2.10	终止端模板的安装和拆除	m^3	180		
4.3	护舷系统				
4.3.1	鼓形橡胶护舷的供应和安装	Nos.	42		
4.3.2	护舷带的供应及安装	Nos.	14		
4.3.3	完工后的防腐蚀涂层或涂料	L. S.	1		
4.4	杂项				
4.4.1	镀锌钢管梯子的供应及安装	Nos.	2		
4.4.2	50t系船柱的供应及安装	Nos.	12		
4.4.3	伸缩缝				
	(a)镀锌角钢	m	20		
	(b)挡板片	Nos.	4		
				小计	

工程量清单5　防波堤工程　表3-10

项目	名　称	单位	数量	计划单位/Nu	金额/Nu
5.1	沉箱				
5.1.1	基床抛石的供应、放置及成形(50～100)kg/块	m^3	62400		
5.1.2	护面块石的供应、放置和成形(200～300)kg/片	m^3	37200		
5.1.3	过滤网的供应及放置	m^3	6000		
5.1.4	回声检测堆石层	L. S.	1		
5.2	现浇混凝土				
5.2.1	混凝土工程				
5.2.2	沉箱混凝土	m^3	17960		
5.2.3	顶部混凝土	m^3	6675		
5.2.4	用于沉箱缝隙的不收缩灰浆	Nos.	59		
5.2.5	钢筋				
	用于5.2.1的460/425级钢筋				
	直径 $d \leqslant 10mm$	t	18		
	直径 $d \leqslant 19mm$	t	1257		
	直径 $d \leqslant 29mm$	t	521		
	用于5.2.2的460/425级				
	直径 $d \leqslant 10mm$	t	33		
	直径 $d \leqslant 19mm$	t	234		
	直径 $d \leqslant 29mm$	t	67		
				小计	

汇总报价单　表3-11

	外币部分比例	合计/Nu
工程量清单1	(外币部分　%)	
工程量清单2	(外币部分　%)	
工程量清单3	(外币部分　%)	
工程量清单4 (1)	(外币部分　%)	
(2)	(外币部分　%)	
(3)	(外币部分　%)	
工程量清单5	(外币部分　%)	

签字：
投标负责人：
地址：

投标价格：

3.7.1.6　招标图纸

工程师提供的主要招标图纸样本包括：①工程总体布置图；②码头平面和立面图；③码头典型截面图；④防波堤典型截面图；⑤沉箱详图等。

3.7.1.7　书函格式

招标文件还附有各种书函格式，包括：投标书及其附录格式、投标保函格式、合同协议书格式、履约担保格式、预付款保函格式等。

3.7.2　招标文件的评估和投标前计划的准备

3.7.2.1　合同文件的评估

考虑是否投标时，承包商的总估价师应对招标文件进行以下分析：

(1) 资金来源：整个项目的资金是由某区域国际金融机构提供的一笔多种货币形式的贷款，该笔资金已经到位。

(2) 资格要求：我方是在U国注册的公司，有资格成为该工程的总包商。

(3) 工程范围：新建卸货码头、防波堤、海底疏浚、海岸回填、护坡等。

(4) 投标前现场考察：现场考察很重要，考虑到递交投标书日期，建议尽快组织现场考察。

(5) 投标文件的编写：投标文件和通信的语言是英语。

(6) 投标文件的递交：要求递交的投标文件有投标书、工程量表、进度计划、投标保证。其中，需要招标人明确进度计划的表示方式。

(7) 备选设计：由于本公司人员紧张和投标期较短不准备提供备选方案。

(8) 投标有效期：投标有效期为120天，如有必要可以被延长。

(9) 合同条件：详细研究了条款内容和有关规定，合同文件按F国的法律进行解释。

(10) 混凝土工程：在规范中采用的标准是本公司熟悉的英国标准。

(11) 工程量表：雇主提供的工程量表中大约50余项，这将便于在可操作基础上进行估算。

(12) 其他因素的建议和分析：我公司一直在寻求该地区的工程，现在有足够的人员和设备承接该工程。如果我方代理和财务顾问能够确认项目资金已经到位，我方应该投标以便得到工程。

由于公司当时工作任务较轻，并且有合适的人员和设备来实施这项工程，雇主是一家国际公认的政府机构，公司决定投标承揽这项工程。

3.7.2.2　现场组织

现场人员组织结构如图3-20所示，括号中的数字代表人数。

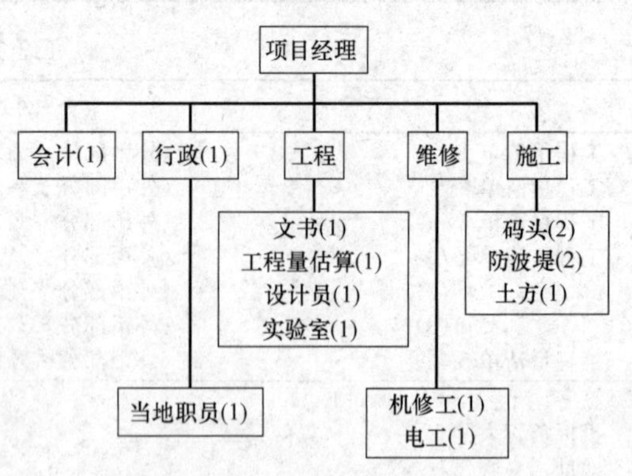

图3-20　现场人员组织结构图

3.7.2.3　施工方案说明

工程施工内容包括：海底疏浚、卸货码头、海岸回填修整与护坡，以及防波堤工程。

1. 施工方法和施工设备的选择

整个施工方案说明分成以下几个部分。

(1) 疏浚

采用挖泥船，最大疏浚深度 30m，疏浚能力 $1500m^3/h$，泵的功率为 730kW。排泥管应该首先延伸到回填区，完成＋3.70m 以下的回填。水力回填完工后，排泥管再和其他管线相连延伸到弃料区。疏浚工程实行“三班工作制”，考虑到合同期间泥沙的淤积会造成疏浚高度的相应变化，疏浚应该加深 50cm。

(2) 回填

① 在 ＋3.70m 以下的水力回填，材料是从现有海床中经上述疏浚工程取出的泥沙，并通过排泥管直接进行回填。回填时，潜水员和水下推土机参加作业。

② 水力回填完成后，继续进行陆上回填。回填土需要按规定掘取。施工机械采用：反铲挖掘机、翻斗车、推土机、轮胎式压路机等。整个区域压实之后，土壤强度和承载能力必须经过现场试验，并取得工程师的确认和批准，测试点应由工程师选择，由工程师送行试验。

(3) 码头施工

① 打桩前应该在封茬区域的海床进行疏浚或回填，并根据图纸规定来修整成形。

② 打桩采用的主要施工机械是：气锤的打桩船 1 艘、起重船 1 艘、500t 平底船 2 艘、拖船 1 艘、锚船 2 艘。平底船用于装载预制桩。在打桩过程中，测量人员应连续观察桩的位置、垂直度和倾斜度。完成打桩后，开始浇筑码头混凝土面板。桩顶面板施工先搭建脚手架，再进行桩顶处理，固定好模板，绑扎钢筋后，采用混凝土泵进行码头面板混凝土浇筑。

(4) 修筑沉箱式防波堤

① 沉箱的预制在海边进行。预制场地面用砂石平铺压实，防止地面不均匀沉降并有足够的承载力。搭好沉箱模板后混凝土浇筑分 3 次进行。

② 修建沉箱防波堤基础。由 50～100kg 的块石堆成梯形，其高度为 4m，坡度为2∶1。

③ 沉箱的运输和安装。把已经完工的沉箱从预制场运出时要用挖泥船，使其能从预制场顺利滑入海里，再用拖船将每个沉箱分别拖到合适的位置。准备好锚、钢丝绳和绞车以进行沉箱的安装和定位。当沉箱准确定位后，开始向沉箱内放水，将沉箱缓慢下沉，放置在防波堤基础上。最后向沉箱内填充砂石，并用泵将沉箱内的水排出。然后，在沉箱和沉箱基础的两侧抛掷护面块石，稳固沉箱。

2. 施工进度计划

按主要工程量考虑工程进度计划。

(1) 调遣。所需材料除砂石和骨料外均从 U 国内进口。材料和设备调遣时间从开工之日起计算共 2 个月，包括发送半个月、海关清关 1 个月、工程所在国运输半个月。

(2) 现场勘测。制作码头预应力混凝土桩之前需要再次确认地基条件，以确定桩长，从开工之日起预计 1 个月完成。

(3) 现场准备。包括人员招聘、行政管理事务、现场临时设施施工等工作，工程开工后应立即进行现场准备工作，争取调遣结束后1个月内完成此项工作。

(4) 疏浚。包括：疏浚准备期（安放梯架、安装刀具、放置排泥管）半个月和疏浚期125天。挖泥船的运送、拆卸、现场清理时间计算在调遣时间内。

(5) 回填。包括70000m^3水力回填和30000m^3陆上填方，估计总的施工持续时间为70天。

(6) 护坡。总需石量为70000m^3，总的工作持续时间为272天。

(7) 码头。包括：打桩测试和荷载测试约1个月，打桩35天，面板混凝土浇筑约6个月，安装防护系统约1个月。

(8) 防波堤。此项工程涉及较多工作，有运送沉箱基础垫层块石146天，沉箱的制作约10个月，沉箱的运输、安装、填料和封顶约8个月，护面块石工作时间依赖沉箱的安装进度，约为8个月。

施工进度计划如表3-12所示。

施工进度计划　　表3-12

名称		数量	时间/月																			
			01	02	03	04	05	06	07	08	09	10	11	12	13	14	15	16	17	18	19	20
调遣		1L.S.																				
现场调查		1L.S.																				
现场准备		1L.S.																				
疏浚		3000000m^3																				
回填		100000m^3																				
护坡		1000m																				
码头	打桩	120Nos.																				
	面板	150m																				
	护舷	42Nos.																				
防坡堤	基础堆石	6400m^3																				
	沉箱制作	60Nos.																				
	完成放置	60Nos.																				
	防坡堤护石	37200m^3																				

3.7.3 估算施工费

3.7.3.1 各项费用的估算

1. 材料费

为获得所有主要材料的报价，需要编制一份详细的材料清单，并计算其总量，然后向合适的供应商征询材料的报价。除了考虑价格因素外，还必须考虑其他要求。询价单应包括：材料的规格和数量、交货计划、现场和保税仓库的地点以及材料的出口港、包装方式、接受及确认报价的期限、提交报价单的截止日期、通用贸易合同条件。

列出经过询价的材料价格清单，包括：在F国（工程所在国）采购的材料单价表；在U国采购的永久材料单价表；在U国采购的临时材料单价表。其中，在F国采购的材料单价，包括了运到现场的所有运输费以及当地税。材料有水泥、钢筋、砂、骨料、块石等。

在U国采购的材料表中所列的在U国采购，并运到F国的临时材料和永久材料价格为FOB价（供应商的报价包括：出厂价、货物到达启运港、越过装运船船舷以前所有花费的费用）。随后，估价师还要计算将这些材料运到现场所发生的全部费用，即FOB价加上以下各项费用：海运费、保险费、进口税、当地代理佣金、清关费、港口装卸费、陆运费及其他费用。估价师可以用3种方法计算这些附加的费用。

（1）计算每一种材料的上述费用。这些费用包括在每种材料的单价中。

（2）计算一部分材料的上述费用。得到一个高于FOB价的百分比，用此百分比计算工程所需的所有材料至现场价格。

（3）计算所有来自U国的材料的FOB价以外的费用，并把它作为现场调遣费单独考虑。本案例选择这种计算方法。

2. 设备费

承包商决定为该工程采购部分新施工设备，将其运到F国，并使用承包商自有设备作为补充。此外，还将在F国租用一些设备，以应付短期的需求。可以从公司在F国的当地代理处得知能够在当地租赁到的设备及其单价。需要列出上述3类设备的清单，包括名称、规格、单位和单价。同工程所需的材料一样，这些从U国运到F国的设备的运输费等包括在调遣费中。

3. 劳务费

本工程将雇用当地劳工和来自U国的工人。公司在F国的代理提供了用于估算当地劳务费的信息。在现场考察时，承包商的人员检查了当地劳工的来源。雇用当地劳工的费用包括项目施工期间的所有津贴、保险、交通费以及现场住宿费。估算外国劳工每月的费用包括：基本工资、加班费、个人保险、生病时的支付、带薪节假日、完工奖金等。

4. 调遣费和遣返费

（1）调遣费

调遣费包括将修建场地和实施工程所需的主要机械、设备和材料运到现场的费用。

供应商以离岸价（FOB）对材料和设备报价，其价格包括货物到达启运港为止包括货物装船费在内的所有费用。海运费根据确定的海运单价计算，包括单证费和换算货币的费用，加上保险费。

对于进口的材料，一般要支付关税。对于本项目，F国的进口关税包括3种税费：进口税、销售税、附加税，均以发票价值的一定百分比或材料数量的一定比率表示。

关税计算如下：

$$C=A(I+T+S)$$

式中　C——进口关税；

I——进口税；

T——销售税；

S——附加税；

A——包括海运保险在内和海运费的总价。

不同材料的税率不同。钢材：$I=100\%$，$T=12.5\%$，$S=12.5\%$；其他材料：$I=80\%$，$T=12.5\%$，$S=20\%$。

从目的港将材料运输到现场的所有的费用包括：结关费、港口装卸费、当地代理费、运输到现场的费用。

1）材料调遣费

工程所需的主要材料包括：在U国采购后运到F国的材料，有预应力钢筋混凝土桩、钢管桩、模板、脚手架以及护舷、系船柱等。这些材料加上10%的包装费用，估计总共有4498海运吨。海运费将根据“海运吨”计算。“海运吨”是材料实际重量（按吨计）或材料体积（按立方米计）两者中的较大者。UR$是U国的货币单位，汇率为1UR$＝30Nu。

材料的FOB价为640742UR$；材料的海运费、保险费和陆路运输费的总计为110719UR$。

进口关税根据材料类型的不同而有所不同，钢材与其他材料的进口关税不同。钢材的价值约占材料总价值的70%，因此

钢材的关税＝0.7×(640742＋110719)×(1＋0.125＋0.125)
＝657528（UR$）

其他材料的关税＝0.3×(640742＋110719)×(0.8＋0.125＋0.2)
＝253618（UR$）

工程竣工后，临时工程材料都要运出工程所在国。按F国的退税规定，估计此项可以收回资金391492UR$。

运到现场的材料总价格＝640742＋110719＋657528＋253618－391492
＝1271115（UR$）

这些材料的调遣费＝1271115－640742＝630373（UR$）

2）设备调遣费

承包商在U国采购的新设备和自己原有的设备运到F国，在工程完成后再运出F国，F国政府将补偿对施工机械征收的所有关税。

① 在U国采购新设备。计算新设备调遣费时，需要把海运费、保险费以及到现场的陆路运输费等考虑在内。

与设备运输到现场有关的附加费计算如下：

新设备总的FOB价＝931000UR$

在U国采购的新设备总计为1620海运吨

海运单价＝95.00UR$/海运吨

海运费＝95×1620＝153900（UR$）

货运代理费＝0.75%×153900＝1154（UR$）

单证费为380UR$

总的运输费＝153900＋1154＋380＝155434（UR$）

货物的海运费等在内的价格＝931000＋155434＝1086434（UR$）

保险费＝0.5%×1086434＝5432（UR$）

包括海运费、保险费等在内的CIF总价＝1086434＋5432＝1091866（UR$）

设备应付关税（按规定系数I＝20%，T＝12.5%，S＝20%计算所得数额的60%）＝1091866×(0.2＋0.125＋0.2)×60%＝343937（UR$）

结关费的计算方法按每批货1500Nu，再加上75Nu/海运吨，折成UR$得出

结关费＝50＋2.5×1620 ＝4100（UR$）

F国港口装卸费＝3.125×1620＝5062（UR$）（按93.75Nu/海运吨计算）

到现场的运输费＝3.438×1620＝5570（UR$）（按103.14Nu/海运吨计算）

当地代理佣金＝2.5×1620 ＝ 4050（UR$）（按75Nu/海运吨计算）

新设备调遣费＝153900＋1154＋380＋5432＋343937＋4100＋5062＋5570＋4050
＝523585（UR$）

② 承包商的自有设备运到现场，承包商估算这些设备价值为3000000UR$，准备用2艘拖船把这些施工机械和设备运到现场，运输费的报价是92000UR$。

保险费＝(3000000＋ 92000)×0.5％＝15460（UR$）

关税＝(3000000＋92000＋15460)×(0.2＋0.125＋0.2)×60％
＝978849（UR$）

估计结关费为5000 UR$，且海洋设备没有陆运至现场的运输费，则承包商自有的内部设备的调遣费＝92000＋15460＋978849＋5000
＝1091309（UR$）

3）总调遣费

总调遣费＝新购买的施工机械调遣费＋承包商自有的设备调遣费＋材料调遣费
＝523585＋1091309＋630373＝2245267（UR$）

当承包商根据合同提交足额的银行保函后，F国政府将补偿施工机械关税，则

实际调遣费＝2245267－343937－978849＝922481（UR$）

（2）遣返费

估价师不但需要计算运输所有设备和临时材料运到现场的费用，而且还要计算把这些材料和设备运回U国的费用。估计设备和临时材料的遣返费为500000UR$，则

调遣和遣返总费＝922481＋500000 ＝1422481（UR$）

3.7.3.2 工程直接费的计算

1. 单价计算

为了计算工程的直接费，需要计算工程量清单中各分项单位工程的直接费。下面以浇筑混凝土为例进行直接费的单价分析。需要浇筑的混凝土的总量为30000m^3，假定砂、粗骨料和水泥的损耗为5％。混凝土所需的所有材料在当地购买，使用当地的劳工搅拌和运输混凝土。

（1）材料费（以每立方米混凝土中各种材料的用量计算）

水泥 56.00 UR$/t×0.36 t＝20.160UR$

砂 8.00UR$/$m^3$÷2.62t/$m^3$×0.636t＝1.942UR$

粗骨料 15.00UR$/$m^3$÷2.65t/$m^3$×1.195t＝6.764UR$

添加剂 1.05UR$/kg×1.00kg/ m^3＝ 1.05UR$

损耗 (20.16＋1.942＋6.764＋1.05)×5％＝29.916×5％＝1.496（UR$）

用水（搅拌、冲洗、养护等） 0.700UR$

单方材料费 32.112UR$/$m^3$

材料费小计 ＝ 30000×32.112＝963360（UR$）

(2) 设备费

拌和楼　200000UR$

粉碎机　50000UR$

筛分机　30000UR$

冲洗设备　30000UR$

运输车（1500×6 辆）　90000UR$

传送带（1000×6 台）　6000UR$

发电机（1000×18 个月）18000UR$

叉车　10000UR$

设备费小计　434000UR$

(3) 人工费

操作员　117UR$/月×15 个月×1 人＝1755UR$

司机　50UR$/月×15 个月×6 人＝4500UR$

劳工　50UR$/月×15 个月×8 人＝6000UR$

人工费小计 12255UR$

材料、设备和人工费总计＝963360＋434000＋12255＝1409615（UR$）

混凝土的单价＝1409615÷30000＝46.98（UR$/$m^3$）

≈47.00（UR$/$m^3$）

将单价分解为“当地”货币和“国外”货币两部分，见表 3-13。

单价分解表(UR$/$m^3$)　表 3-13

项　目	当　地	国　外
人工	0.4	0
设备	0	14.49
材料	32.11	0

2. 直接费汇总

按照上述的计算方法得出工程量表中各分项直接费的单价和合价（表 3-14），并据此可以确定整个工程的直接费，所有的计算均以 UR$ 为单位。同时，估价师还必须计算工程每个项目的“当地”费部分，以确定哪些费用可用当地货币 N_u 支付。

表 3-14 所示为各工程量清单项目的直接费以及工程的直接费汇总。

直接费汇总表（UR$）　表 3-14

名　称	项　目	金额(N_u)
清单 1	一般项目	2061208
清单 2	现场准备	453887
清单 3	土方工程	2939117
清单 4	卸货码头工程	1495514
清单 5	防波堤工程	4758141
总　计	11707867	

3.7.3.3　现场管理费

现场管理费详见表3-15。

现场管理费（UR$）　　表3-15

项　　目	当地部分	海外部分	总金额
水电费	23600	43200	66800
医疗和急救费	0	147000	147000
保险费	3634	224750	228384
税	174933	0	174933
薪金	23958	504000	527958
办公费	16900	0	16900
差旅费	29429	48000	77429
通信费	25000	0	25000
住宿费	89200	28000	117200
交通费	13000	76000	89000
总计	399654	1070950	1470604

3.7.3.4　总施工费

将工程直接费和现场管理费相加得到施工总成本费，并划分为F国货币和U国货币及各占的比例，如表3-16所示。

施工费汇总表（UR$）　　表3-16

费　　用	F国部分	U国部分	总　　计
直接费	5638262	6069605	11707867
现场管理费	399654	1070950	1470604
合计	6037916	7140555	13178471
所占比例	45.8%	54.2%	100%

3.7.4　标价的确定和投标文件的递交

3.7.4.1　标价的确定

在投标书递交前几天召开的投标会议上，公司的总经理、相关高层管理人员和直接参加算标的人员共同讨论并修正已经完成的标价计算书，决定最后要递交的投标报价。会议的重要任务是决定以下内容。

(1) 施工费估算的调整

公司总经理要求估价人员详细审核该项目的各项费用，说明估价时所作的一些假设。要求计划工程师详细地解释施工方法和项目进度计划。经研究，作出以下几点调整。

1）在估价总额中加入664800UR$，作为调遣设备从U国运往F国期间，在当地临时租用施工设备的成本费用。

2）分析打桩速度会比施工方案说明中预计的速度要快，可以将打桩设备提前从项目撤出，因此可从估价总额中减去60000UR$。

3）某供应商愿意以较低的价格供应项目的块石、砂子和碎石，决定采取此报价，从施工费中减去67500UR$。

4）公司最近得到钢材价格即将上涨的消息，决定增加59500UR$来应付钢筋价格上涨的费用。

5）对估价的详细审核表明，可以从各种杂费中节省25560UR$，这笔费可以从估价总额中减去。

（2）总部的管理费

公司总经理提出在项目的18个月期间内，必须上缴750000UR$的总部管理费。在施工期间，一些额外的总部管理人员到项目现场负责联络和对项目提供支持的费用大约需要75000UR$。

此外，项目要求提供一份投标担保和一份履约担保。这些担保的费用约70000UR$，计入总部管理费中。因而

总的总部管理费＝750000＋75000＋70000＝895000（UR$）

（3）风险费

对项目所涉及的风险要作一个评估，考虑和项目有关的自然风险、技术风险以及相关的商业风险，决定在投标报价中加上775000UR$作为风险费。

（4）利润

对于公司董事会来说，该项目的利润率不低于3%才能够被接受。

（5）总标价和间接费的分配

整个项目的总标价如下：

施工成本合计＝直接费＋现场管理费＋租用设备的额外费＋钢材价格上涨
－各种杂费的节省－打桩费调整－砂石供应节约
＝11707867＋1470604＋664800＋59500－25560－60000－67500
＝13749711（UR$）

总标价＝施工成本＋总部管理费＋风险费＋利润（施工成本的3%）
＝13749711＋895000＋775000＋13749711×3%＝15832202（UR$）

分摊费总额＝15832202－11707867＝4124335（UR$）

总经理和投标决策小组一致同意，决定通过以下方法把该数额分摊到工程量表中的各个分项中去：①每个清单分项加上25%。②把剩余数额加到调遣和遣返费中。③把UR$按合同中规定的汇率转换成F国货币Nu。

3.7.4.2 投标文件的递交

递交的投标文件中包括投标书及其附录、标价的工程量表、投标保证等。

1. 投标书

本投标书格式节选自FIDIC合同条件。

投 标 书

*F*国港务局

*C*市，*N*路

*F*国

先生们：

我方在此确认已收到上述合同的招标文件，包括为上述工程编制的工程图纸、合同条件、规范和工程量表。通过审查，我方现以 474966060Nu 的价格投标，按照招标文件的要求建设及维护其所描绘的整个工程。

如果我方中标，我方将在 30 天内开工，并依据合同和施工计划在开工后的 540 天内竣工并移交工程。

如果我方中标，我方将为恰当履行合同的目的，提供金额为 47496606Nu（相当于合同价格的 10%）的履约保证。

我方同意在投标人须知（*n*）条款中规定的投标截止日起的 120 天内遵守本投标文件，在此有效期满之前本投标文件一直对我方具有约束力，并可以随时被接收。

我方附上已经按照要求完成并签字的投标书附录。

在签订和执行一份正式的合同之前，本投标书连同你方书面的中标通知将构成双方之间有约束力的合同。

我方理解贵方并非必须接收报价最低的或你方收到的任何投标。

签字 *URX* 建筑公司

地址 *Victoria* 街， *Kingston*

日期××××年××月××日

投标书附录

（附录详细内容参阅编号所示的相应合同条款）

	条款	
保证金额	10	10%
第三方保险的最低金额	23	$60000000N_u$
开工日期	41	收到工程师的开工令的 30 天内
竣工日期	43	从开工最后一天算起的 540 天
误期损害赔偿费最高限额	47	合同价格的 10%
维修期	47	365 天
保留金百分比	60	10%
期中付款证书的最低金额	60	$300000N_u$
签发支付证书与支付时间间隔	60	30 天内

2. 标价的工程量表和报价汇总表

标价的工程量表见表 3-17～表 3-23；汇总报价单如表 3-24 所示。

工程量清单1　一般项目　　　　表3-17

项目	名　称	单位	数量	计划单位(N_u)	金额(N_u)
1.1	设备进场及退场	L.S	1	101569400	101569400
1.2	地形测量				
1.2.1	陆地测量	L.S	1	375000	375000
1.2.2	近海深度测量	L.S	1	937500	937500
1.3	土壤测量				
1.3.1	岸边钻孔,包括取样和现场测试	m	50	5625	281250
1.3.2	近海钻孔,包括临时码头	m	100	5625	562500
1.3.3	土壤样本的实验室实验,包括准备报告	L.S	1	375000	375000
1.4	提供和维修下列设施、设备				
1.4.1	办公室	L.S	1	1147500	1147500
1.4.2	新交通工具	Nos.	5	315000	1575000
1.4.3	新发电机(300kV·A)	Nos.	2	1575000	3150000
1.4.4	饮用水、油以及储藏罐	L.S	1	900000	900000
1.4.5	住宿用独立房屋	Nos	5	468750	2343750
				小计	113216900

工程量清单2　现场准备　　　　表3-18

项　目	名　称	单位	数量	计划单位(N_u)	金额(N_u)
2.1	清理现场				
2.1.1	总的清理现场	L.S	1	505620	505620
2.1.2	弃料区	L.S	1	48630	48630
2.2	现场准备				
2.2.1	办公室(包括门和围栏)	L.S	1	1500000	1500000
2.2.2	用于实验土壤、水泥、骨料、混凝土和水等的现场实验室(包括设备和人员)	L.S	1	1635000	1635000
2.2.3	用于永久工程材料的仓库	L.S	1	919050	919050
2.2.4	施工用水和生活饮用水的淡化设备	L.S	1	2713500	2713500
2.2.5	临时装货码头和龙门起重机	L.S	1	6256350	6256350
2.2.6	临时测量码头和平台	L.S	1	3442320	3442320
				小计	17020470

工程量清单3　土方工程　　　　表3-19

项目	名　称	单位	数量	计划单位(N_u)	金额(N_u)
3.1	疏浚				
3.1.1	图纸上规定的疏浚工作,包括挖出土壤的工作	m^3	3000000	16.3125	48937500
3.1.2	疏浚后的回声探测	L.S	1	750000	750000
3.2	回填				
3.2.1	水压方式回填	m^3	70000	11.475	803250
3.2.2	干回填	m^3	30000	367.200	11016000
3.2.3	砂石找平	m^3	52500	47.812	2510130
3.3	护坡				
3.3.1	护面块石的供应、放置及成型(200~300kg)	m^3	70000	584.625	40923750
3.3.2	石料和土壤之间过滤网的供应和放置	m^3	35000	150.75	5276250
				小计	110216880

工程量清单4　卸货码头工程（1）　　表3-20

项目	名　称	单位	数量	计划单位/N_u	金额/N_u
4.1	打桩				
4.1.1	预应力钢筋混凝土桩的供应(φ750mm，20m长，125mm厚)	Nos.	96	36000	3456000
4.1.2	预应力钢筋混凝土桩的供应(φ900mm，26.4m长，150mm厚)	Nos.	24	69000	1656000
4.1.3	有焊接节点的钢管桩的供应(φ300mm，18m长，9mm厚)	Nos.	42	20625	866250
4.1.4	处理和打垂直桩	Nos.	96	126525	12146400
4.1.5	处理和打斜桩(φ900mm×150t)	Nos.	24	151800	3643200
4.1.6	处理和打护舷桩(φ300mm×9t)	Nos.	42	63375	2661750
4.1.7	试验桩φ750mm	Nos.	2	126525	253050
4.1.8	试验桩φ900mm	Nos.	2	151800	303600
4.1.9	250t的静荷载试验(包括临时平台和反力桩)	Nos.	4	169500	678000
				小计	25664250

工程量清单4　卸货码头工程（2）　　表3-21

项目	名　称	单位	数量	计划单位/N_u	金额/N_u
4.2	混凝土工程找平修整				
4.2.1	φ750mm桩的顶部的找平及处理	Nos.	96	5049.062	484710
4.2.2	φ900mm桩的顶部的找平及处理	Nos.	24	7270	174480
4.2.3	φ300mm桩的顶部的切断及处理	Nos.	42	5625	236250
	桩帽				
4.2.4	φ750mm桩，用钢筋笼填筑混凝土	Nos.	96	4678.438	449130
4.2.5	φ900mm桩，用钢筋笼填筑混凝土	Nos.	24	4991.25	119790
	面板混凝土				
4.2.6	甲板混凝土	m^3	4500	2148.993	9670200
4.2.7	护轮坎(150mm×150mm)		7	2297.143	16080
	钢筋				
4.2.8	用于上述4.2.6的460级钢筋				
	直径d≤10mm	t	27	15900	429300
	直径d≤19mm	t	108	14127.5	1526850
	直径d≤29mm	t	135	14024.889	1893360
				小计	15000150

工程量清单4　卸货码头工程（3）　　表3-22

项目	名　称	单位	数量	计划单位/N_u	金额/N_u
	模板				
4.2.9	拱腹模板及脚手架的安装和拆除	m^2	3000	2051.25	6153750
4.210	边模板的安装和拆除	m^2	450	2051.27	923072
4.211	终止端模板的安装和拆除	m^2	180	2051.33	369240
4.3	护舷系统				
4.3.1	鼓形橡胶护舷的供应和安装	Nos.	42	121500	5103000
4.3.2	护舷带的供应及安装	Nos.	14	141900	1986600
4.3.3	完工后的防腐蚀涂层或涂料	L. S.	1	369780	369780
4.4	杂项				
4.4.1	镀锌钢管梯子的供应及安装	Nos.	2	52965	105930
4.4.2	50t系船柱的供应及安装	Nos.	12	14472.5	173670
4.4.2	伸缩缝				
	(a)镀锌角钢	m	80	2557.5	204600
	(b)挡板片	Nos.	4	6937.5	27750
				小计：	15417392

工程量清单5　防波堤工程　　表3-23

项目	名　称	单位	数量	计划单位/N_u	金额/N_u
5.1	沉箱				
5.1.1	基床抛石的供应、放置及成形(50～100kg/块)	m^3	62400	851.85	53155440
5.1.2	护面块石的供应、放置和成形(200～300kg/片)	m^3	37200	1002.3	37285560
5.1.3	过滤网的供应及放置	m^3	6000	150.75	904500
5.1.4	回声检测堆石层	L.S	1	375000	375000
5.2	混凝土工程				
	现浇混凝土				
5.2.1	沉箱混凝土	m^3	17960	1992	35776320
5.2.2	顶部混凝土	m^3	6675	2030.472	13553400
5.2.3	用于沉箱缝隙的不收缩灰浆	Nos	59	122770.678	7243470
	钢筋				
5.2.4	用于5.2.1的460/425级钢筋				
	直径d≤10mm	t	18	15900	286200
	直径d≤19mm	t	1257	14137.49	17770825
	直径d≤29mm	t	521	14024.971	7307010
5.2.5	用于5.2.2的460/425级钢筋				
	直径d≤10mm	t	33	15900	524700
	直径d≤19mm	t	234	14137.436	3308160
	直径d≤29mm	t	67	14024.776	939660
				小计	178430245

汇总报价单　　表3-24

	外币部分比例	合计/Nu
工程量清单1	86.48%	113216900
工程量清单2	37.71%	17020470
工程量清单3	57.84%	110216880
工程量清单4 (1)	84.78%	25664250
(2)	31.74%	15000150
(3)	37.73%	15417392
工程量清单5	52.20%	178430245
注:所有外币部分均用UR$支付 签字: 投标负责人: 地址:		
	投标总价格:	474966287

3. 投标保证

此担保格式摘自FIDIC合同条件。

投标担保书

鉴于*U*国建筑公司（以下称投标人）于××××年××月××日为建设新货物码头和防波堤提交了投标书（以下简称投标书），据此，我们向大家宣布，我们，注册于*Kingston*，*UR*的*UR*银行（以下称银行），向*F*国港务局（以下称雇主）承担支付*23748303Nu*的责任。银行将据此约束自己、其继承者以及其受让人。加盖上述银行公章，日期为××××年××月××日。

履行此义务的条件：

1. 如果投标人在投标格式中规定的投标有效期内撤回投标，或

2. 如果在投标有效期内已被通知中标，而投标人

(*a*) 在被要求时，不能或拒绝签订合同协议书格式，或

(*b*) 不能或拒绝根据投标人须知提交履约担保。

如果雇主在索要付款的要求中，注明索款原因为上述两个条件中的两个或任一个，且说明了已发生的情况，则我们一旦收到雇主的首次书面要求，即据此无条件地向雇主支付上述金额，而无需雇主证明其要求。

此保证在投标有效期满后30日（包括30日）内一直有效，任何与此有关的索款要求必须在上述日期之前递交到银行。

银行名称　　　　　　　　　　*UR*银行

银行授权的代表签字：

见证人签字：

见证人姓名：

地址：

案例简析

本例是一项较为完整、全面、系统的总结和阐述工程总承包报价的一个写境。所写之境实实在在，自成高格，有许多可借鉴之处。特别在价格计算方面，一笔一笔清清楚楚，并有其新意。其基础是来自充分的国内外各项价格政策的调研和考察，价格的计算涉及国内外的政策、市场情况、工程项目技术要求及施工图纸和企业自身的定额等等，这是承包商必须注重的。案例简析见图3-21。

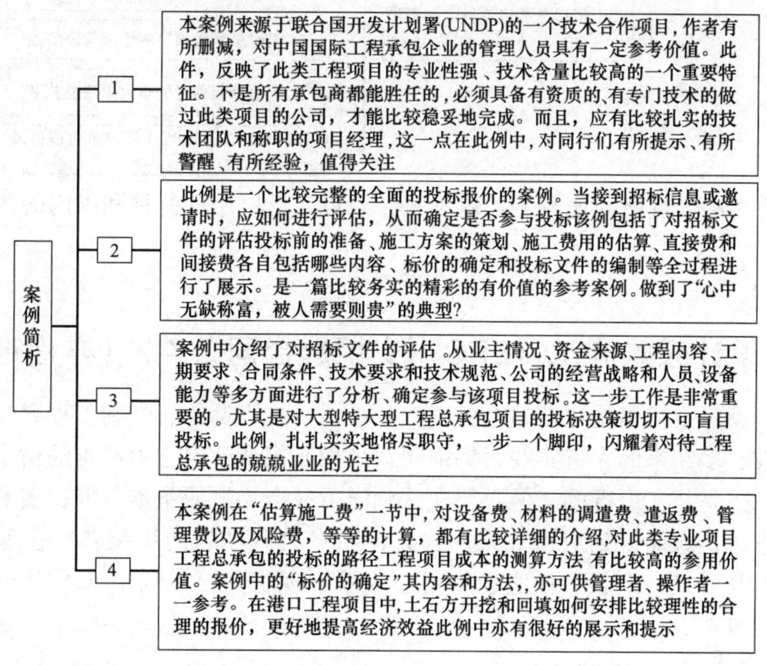

图3-21　案例简析

第 4 章　EPC 工程总承包项目合同管理

4.0　EPC 工程总承包合同管理纲要框图

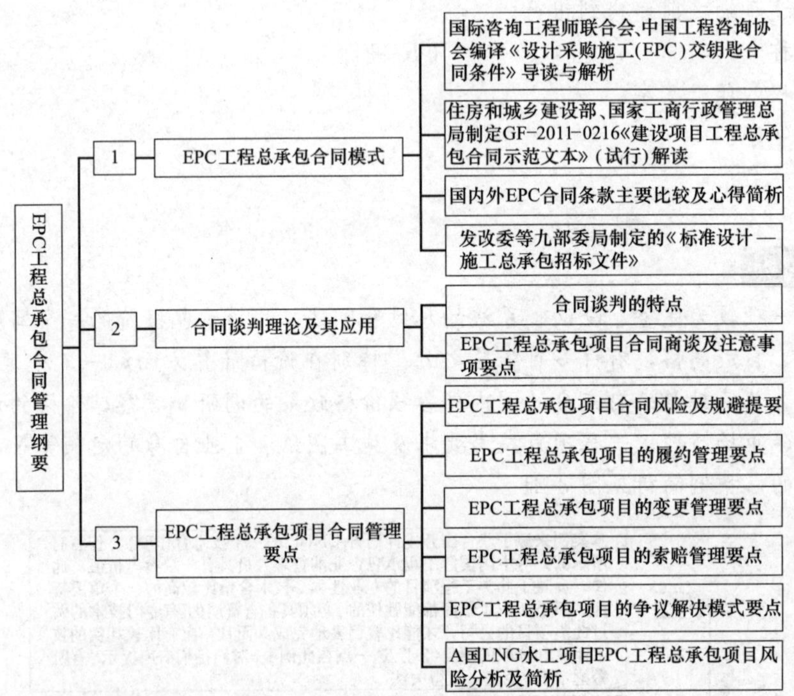

国际上应用的合同格式比较多，这里只介绍最广泛应用的一种和国内的两种格式，供参考使用。

4.1　《设计采购施工（EPC）/交钥匙合同条件》（亦称银皮书）①

整体看，新版银皮书是比较贴近公正、公平、双方平衡的、受到工程界公认的欢迎的一种合同条件。多年来的大量实践案例证明，采用其模式或以它为基础的衍生模式，进行工程项目总承包是切实可行的。但必须在深刻学习领会、原原本本掌握、实实在在自如运用的基础上进行，方能得到应得效果。据此，EPC 合同项目的决策者、管理者和项目团队，当应拿捏其要义、纲领，使之运作得心应手。现将其要点列出（不限于），如图 4-1 所示，供读者参考。

① 国际咨询工程师联合会、中国工程咨询协会编译。

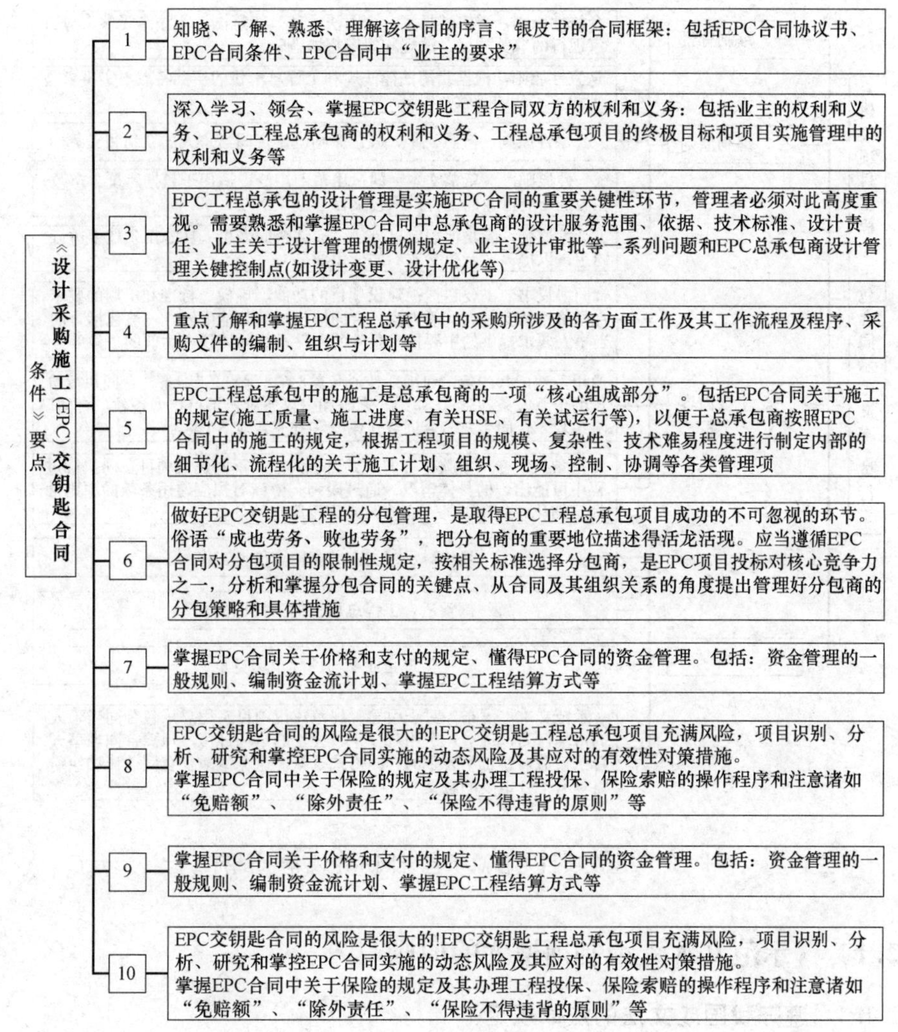

图 4-1 《设计采购施工交钥匙合同条件》要点

4.2　住房和城乡建设部、国家工商行政管理总局制定 GF-2011-0216《建设项目工程总承包合同示范文本》(试行)

《建设项目工程总承包合同示范文本》的解读如图 4-2 所示。

需要强调的是，由于建设工程总承包有众多的实施方式，如设计采购施工（EPC)/交钥匙总承包、设计施工总承包、设计采购总承包、采购施工总承包等，为此，我们在《示范文本》的条款设置中，将“技术与设计、工程物资、施工、竣工试验、工程接收、竣工后试验”等工程建设实施阶段相关工作内容皆分别作为一条独立条款，发包人可根据发包建设项目实施阶段的具体内容和要求，确定对相关建设实施阶段和工作内容的取舍。同时，《示范文本》为非强制性使用文本。合同双方当事人可依照《示范文本》订立合同，并按法律规定和合同约定承担相应的法律责任。

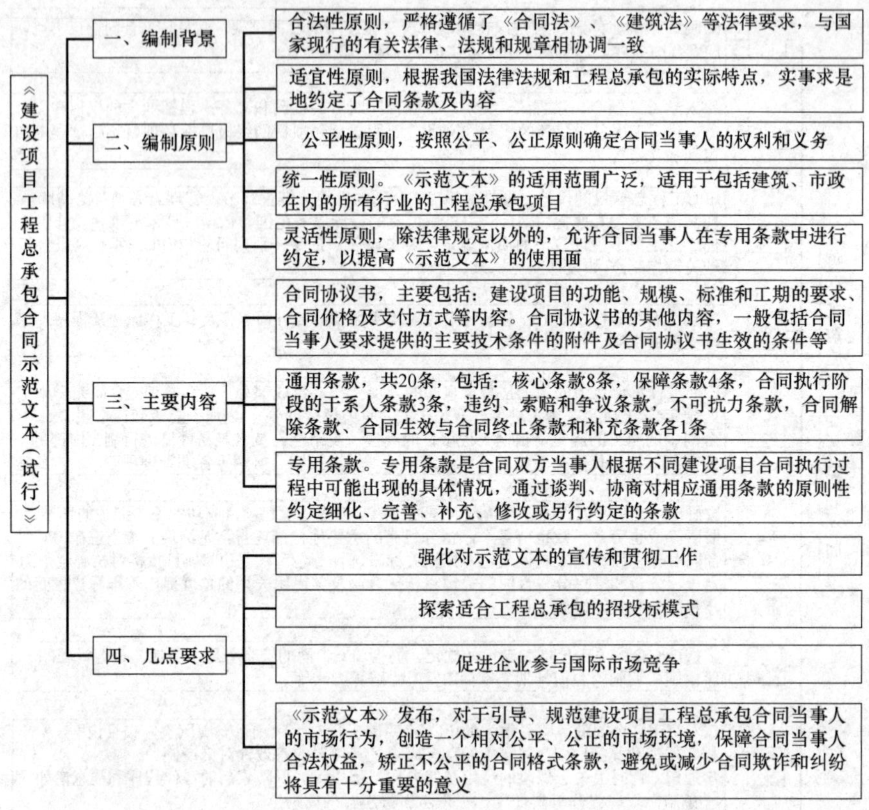

图 4-2 《建设项目工程总承包合同示范文本（试行）》

4.2.1 《示范文本》编制须遵守的原则[①]

4.2.1.1 遵守我国成文法的法律规定

依据合同法《一般规定》第八条“依法成立的合同，对当事人具有法律约束力。当事人应当按照约定履行自己的义务，不得擅自变更或者解除合同。依法成立的合同，受法律保护。”故《示范文本》须遵守我国成文法规定。

适用于合同的法律，指中华人民共和国法律（建筑法、合同法等）、行政和地方性法规、部门规章以及工程所在地的地方法规、自治条例、单行条例和地方政府规章。

4.2.1.2 遵守“适用法律”规定

随着改革开放、经济的蓬勃发展，国家将会对新出现的法律事项颁布新的成文法。故在《示范文本》中纳入了须遵守“适用法律规定”的条款。如《示范文本》通用条款中约定：“合同双方认为须明示的“适用法律”，应在专用条款约定。”再如《示范文本》中规定：“国家新颁布的强制性标准、规范，双方应遵守，并在专用条款中约定”等。避免《示范文本》对新颁布的适用法律的缺失。

① 本小节为编写组组长刘玉珂所作《建设项目工程总承包合同示范文本（试行）》宣讲内容截选，仅供参考，以原文为准。

4.2.1.3　遵守合同法的规定

合同法规定很多，介绍主要部分。

(1)《合同法》“一般规定”第三条：“合同当事人的法律地位平等，一方不得将自己的意志强加给另一方”。第八条：“依法成立的合同，对当事人具有法律约束力”。如《示范文本》对施工租地的规定，是依据《建筑法》第四十二条规定编写的。“有下列情形之一的，建设单位应当按照国家有关规定办理申请批准手续：（一）需要临时占用规划批准范围以外场地的……”

(2)《合同法》“一般规定”第五条：“当事人应当遵循公平原则确定各方的权利和义务”。如“示范文本”的索赔时效。遵循公平原则，且按意思一致（或高于法律规定）作出约定：当事人应在索赔事件发生后 30 天内提出，过期免责。

(3)《合同法》“一般规定”第四条：“当事人依法享有自愿订立合同的权利，任何单位和个人不得非法干预”。

《合同法》“一般规定”第八条“依法成立的合同，对当事人具有法律约束力”。因此“示范文本”通用条款的编写，不能按一方不符合法律规定的意愿，在通用条款中作出原则规定。但根据“一般规定”第四条规定“当事人依法享有自愿订立合同的权利，任何单位和个人不得非法干预”。就是说，尽管约定的条款似乎不符合法律规定，但高于法律规定，又合乎情理，且自愿订立的部分，将会得到法律支持。对此，在《示范文本》通用条款的编写中，除极个别条款外，仍坚持法律规定的原则，故在某些条款中约定“除专用条款另有约定”。如，超限物资运输途中特殊措施的联系、赔偿及费用，按我国成文法规定由发包人负责。但承包人为赢得合同，考虑到国内路况条件的改观，自愿接受特殊措施费用包干，又被承包人接受，将此约定写入通用条款。但又考虑到，承包人难以承担，发包人同意接受，故在通用条款中约定“专用条款另有约定除外”。

4.2.1.4　《示范文本》须与国家已颁布的其他合同文本的规定相一致

因工程总承包合同的实施阶段，一般都有设计阶段、施工阶段，故在《示范文本》实施阶段的条款约定中，应与原建设部和国家工商行政管理总局颁发的《建设工程设计合同（一）（二）》、《建设工程施工合同（示范文本）》的合同条件保持一致。

这符合《合同法》第八条“依法成立的合同，对当事人具有法律约束力”的规定。

4.2.1.5　《示范文本》组成部分须符合法律规定

依据《合同法》第十三条：“当事人订立合同，采取要约、承诺方式”和第八条“依法成立的合同，对当事人具有法律约束力”。《示范文本》由合同协议书、通用条款和专用条款三部分组成：

(1) 合同协议书，依法约定了合同的（主要）要约与承诺；

(2) 通用条款，依法约定了实施阶段的（次要）要约与承诺；

(3) 专用条款，是根据不同建设工程的情况，对相关通用条款中的（次要）要约与承诺依法作出细化、补充、修改、完善和另行约定。

因建设工程约有 21 个不同的行业类型，如通信、公路、市政、住房、铁路、港湾、矿山、冶金、电子、轻工、医药、石油、化工等，所以《示范文本》不可能对每个行业的“专用条款”作出详细具体的约定。故专用条款是合同双方应根据建设工程具体情况，通过谈判协商进行的具体细化、补充、修改、完善和另行约定的重点。

所以，通用条款是《示范文本》编制的重点。专用条款是合同双方结合具体情况依法对条款进行细化、补充、修改、完善和另行约定的重点。

4.2.1.6 通用条款应遵循的一般原则

1. 依法成立的合同具有法律约束力

(1) 依据《合同法》第十三条规定："当事人订立合同，采取要约、承诺方式"，故建设工程合同的订立须遵守此规定。《示范文本》的"合同协议书"约定了发包人对项目功能、规模、标准、工期和中标价格等要约，以及承包人对要约的承诺等。要约被承诺即合同协议书成立。它是建设工程合同的主要要约与承诺。

(2) 依据《合同法》第八条规定"依法成立的合同，对当事人具有法律约束力"。建设工程合同的依法除须遵循十三条"要约与承诺"外，还须遵守九部委颁布的《建设工程施工合同（示范文本）》指出的"适用于合同的法律，指中华人民共和国法律、行政法规、部门规章，以及工程所在地的地方法规、自治条例、单行条例和地方政府规章"。其中，法律含《建筑法》、《合同法》、新颁布的适用法律和行业规定等。

因承包人承诺的发包人的主要要约，须通过"实施阶段"（设计、采购、施工、竣工试验、工程接收和竣工后试验）来实现，而适用于合同的法律也对"实施阶段"的事项作出了相应规定，故合同对"实施阶段"的约定也应依法订立，才能对当事人具有法律约束力。通过实施阶段的相关法律规定来实现主要要约与承诺。

(3) 实施阶段是实现合同"主要要约与承诺"的保证。从上述不难看出，法律对实施阶段的相关规定是将"主要要约与承诺"分解到各实施阶段的"次要要约与承诺"的规定。对此，还需结合实施阶段可能出现的某些情况，以恰当的原因依法约定双方在实施阶段的责任、义务与权利，从而保证"主要要约与承诺"的实现。

(4) 次要要约与承诺分为两类。第一类，从承包人出发的"次要要约与承诺"。即，从承包人出发的次要要约与发包人的承诺。第二类，从发包人出发的"次要要约与承诺"。即，从发包人出发的次要要约与承包人的承诺。

2. 实施阶段的次要要约与承诺

(1) 从承包人出发的要约与发包人的承诺。承包人为实现对主要要约的承诺，须通过"实施阶段"来实现。因此，次要要约与承诺，除承包人应提供的方法、资源等须符合设计/施工/竣工试验的质量标准外，针对实施阶段，还要求发包人必须提供相关条件（即在阶段的实施过程中承包人提出的次要要约），需发包人来承诺。这符合《合同法》第十三、第二百七十八、二百八十三、二百八十四、二百八十五条等规定，即以要约、承诺并依法订立的合同受法律保护。

从承包人出发的次要要约，即对实施阶段提出须由发包人提供的条件。如，预付款、勘察资料、设计基础资料、进场道路、开工批准文件、临时水电条件、材料、设备、场地、地下障碍资料、竣工试验和竣工后试验需提供的条件、技术资料、付款和竣工结算等。

从发包人出发的次要承诺，即对实施阶段应由发包人提供的上述条件、资源和付款等承诺。

依据《合同法》第二百八十五条："因发包人变更计划，提供的资料不准确，或者未按照期限提供必需的勘察、设计工作条件而造成勘察、设计的返工、停工或者修改设计的，发包人应当按照勘察人、设计人实际消耗的工作量增付费用"。且依据第二百八十三条“发包人未按照约定的时间和要求提供原材料、设备、场地、资金、技术资料的，承包人可以顺延工程日期，并有权要求赔偿停工、窝工等损失”。第二百八十四条：“因发包人的原因致使工程中途停建、缓建的，发包人应当采取措施弥补或者减少损失，赔偿承包人因此造成的停工、窝工、倒运、机械设备调迁、材料和构件积压等损失和实际费用”。第二百七十八条：“隐蔽工程在隐蔽以前，承包人应当通知发包人检查。发包人没有及时检查的，承包人可以顺延工程日期，并有权要求赔偿停工、窝工等损失”。实现建设工程实施阶段的次要要约与承诺。

(2) 从发包人出发的要约与承包人的承诺。从发包人出发的次要要约，即对实施阶段向承包人提出：

应符合质量、进度和项目功能的约定。

如，设计、采购、施工与竣工试验实施阶段缺陷应修复，质量应符合合同标准。

如，实际进度应符合进度计划与合同工期。

如，竣工后试验与考核应符合保证值约定的项目功能、规模、消耗指标或使用功能要求。

如，工程合理使用期限内的人身财产损害赔偿等。

发包人有权随时对质量进行检查，并提出修复、返工、重订和改建，不合格不验收等。上述符合《合同法》第十三、二百七十七、二百七十八、二百七十九、二百八十、二百八十一、二百八十二条的规定，即以要约、承诺，并依法订立的合同受法律保护。

从承包人出发的次要承诺，即在实施阶段对发包人上述次要要约的承诺。

根据《合同法》第二百七十七条：“发包人在不妨碍承包人正常作业的情况下，可以随时对作业进度、质量进行检查。”

第二百七十八条“隐蔽工程在隐蔽以前，承包人应当通知发包人检查……”

第二百七十九条“建设工程竣工后，发包人应当根据施工图纸及说明书、国家颁发的施工验收规范和质量检验标准及时进行验收。验收合格的，发包人应当按照约定支付价款，并接收该建设工程。建设工程竣工经验收合格后，方可交付使用；未经验收或者验收不合格的，不得交付使用”(含竣工试验（机电设备性能)、竣工后试验（项目功能保证))。

第二百八十条“勘察、设计的质量不符合要求或者未按照期限提交勘察、设计文件拖延工期，造成发包人损失的，勘察人、设计人应当继续完善勘察、设计，减收或者免收勘察、设计费并赔偿损失”。

第二百八十一条“因施工人的原因致使建设工程质量不符合约定的，发包人有权要求施工人在合理期限内无偿修理或者返工、改建。经过修理或者返工、改建后，造成逾期交付的，施工人应当承担违约责任”。

第二百八十二条“因承包人的原因致使建设工程在合理使用期限内造成人身和财产损害的，承包人应当承担损害赔偿责任”。

实施阶段次要要约与承诺的实现，是合同主要要约与承诺得以实现的保证。即，合同法第十三条规定：“当事人订立合同，采取要约、承诺方式”以及第八条“依法成立的合同，对当事人具有法律约束力（受法律保护)”。

合同次要要约与承诺约定的主要类别。

1）费用责任约定

符合规定结果，按规定付款。不符合规定结果，自费修复变更增减的费用。给对方造成损害（费用增加/工期/功能/质量/安全）的按规定赔偿或索赔。发包人新的委托，另签协议/合同、竣工结算结清/分期支付约定/保函退还等。

2）竣工日期延长责任允诺

承包人原因落后于进度计划/自费赶工；发包人原因的延误，竣工时间给予顺延，因变更，延长或缩短竣工时间，非承包人的延误，应给予延长。

3）缺陷责任约定

承包人原因的缺陷，自费修复。发包人原因的缺陷，自费修复（委托承包人另签合同）；双方原因的缺陷，协商分担解决。

4）程序的约定

报告程序，定期、不定期、限期等。

变更程序，业主变更/承包商建议变更，变更程序等。

索赔提交程序（一次、两次、多次、最终和要求）。

争议解决程序（友好、确定、调解、仲裁或诉讼）。

5）时限约定

一般质检验收、中间验收、隐蔽工程验收、竣工试验。

验收的时限约定（如24、48小时）。接收工程的时限约定。

索赔事项的时限规定（30天提出，过期免责）。

6）其他约定

损害赔偿（误期赔偿/功能保证值的损害赔偿）；合同价格因变更、法律改变、成本改变的调整等。

3. 通用条款编写遵循的其他原则

（1）除遵循法律对实施阶段合同双方应遵守的义务和权利的规定外，并结合实施阶段双方可能出现的种种情况，依法并以恰当的原因约定双方应承担的相关责任、义务和权利，以减少双方的争议。

如《建筑法》第四十二条规定："可能损坏道路、管线、电力、邮电通信等公共设施的，建设单位应当按照国家有关规定办理申请批准手续"。这里仅规定了发包人办理申请批准手续，但对承包人按时提出、未按时提出、未能提出相关道路、管线、电力等公共设施的坐标位置；或对发包人按时办完、未按时办完、未办理相关申请批准手续等，对上述各方应承担的责任未作规定。因此，在通用条款编写中，还应根据实施过程可能出现的种种情况，以恰当的原因约定双方的责任、义务和权利。

（2）根据《合同法》自愿原则，对双方既不违反法律规定，又高于法律规定的自愿约定订立的条款，一般不在通用条款中规定。《示范文本》条款规定"在专用条款约定"或"除非专用条款另有约定"。

（3）法律对合同双方在实施阶段没有原则规定的，应结合具体情况、根据公平合理的原则，以恰当的原因对合同双方的责任、义务和权利作出约定。如，《建筑法》、《合同法》对竣工试验未作具体的详细规定。《示范文本》按竣工试验的惯例做法约定：承包人采购的机电设备，按其提交的竣工试验方案规定的试验程序、试验条件进行试验，并对其试验结果负责；发包人采购的机电设备，承包人应按发包人提供的试验程序、试验条件提供劳务服务，进行试验，发包人对其试验结果负责（除非未按发包人提供的试验程序和条件所致）。

（4）根据工程的组成特点、实施阶段的关系，确定相关实施阶段的义务和权利关系。《建筑法》《合同法》等对“竣工试验”、“工程接收”，是按“单项工程”或按“工程”进行竣工试验和接收，未作规定。《示范文本》依据“工程”的“单项工程”组成情况，以及“单项工程”之间的工艺逻辑关系、使用逻辑关系，确定各“单项工程”在“竣工试验、竣工后试验阶段”的试验程序排序，据此，约定了按“单项工程”进行竣工试验和接收，或按“工程”进行竣工试验和接收。

（5）根据《合同法》第六十七条“当事人互负债务，有先后履行顺序，先履行一方未履行的，后履行一方有权拒绝其履行要求。先履行一方履行债务不符合约定的，后履行一方有权拒绝其相应的履行要求”的规定，依据实施阶段的“债务（或义务）”履行的先后特点，约定一方享有对抗对方请求权的权利，称先履行抗辩权。建设工程恰恰符合本款“有先后履行顺序”的规定。

如，发包人应先履行支付预付款而未履行，或未按约定金额履行，则后履行的承包人有权拒绝履行设计开工要求；再如，承包人应按约定的进度计划阶段履行其义务而未履行，或履行的义务不符合约定的，发包人有权不按原付款计划的约定金额付款，或调整付款金额、或要求承包人自费赶上，诸如此类，依此约定。这符合《合同法》第八条：“依法成立的合同，对当事人具有法律约束力。”

（6）《示范文本》词语的定义、解释和含义应遵循的原则。

词语的定义、解释和含义，应与法律规定、原建设部、国家工商行政管理总局颁发的《勘察合同（示范文本）》、《设计合同（示范文本）》、《施工合同（示范文本）》、《工程项目管理试行办法》和建筑行业的惯例用语、定义、解释、含义相一致。

（7）《示范文本》的时限规定。时限规定，除《示范文本》第七条“施工”中仍保留了与《建设工程施工合同（示范文本）》中以7日为倍数的规定外，“示范文本”中其他条款的时限、时效，都以我国法律惯用的5日、10日为倍数。

4. 须结合我国工程总承包的实际情况

（1）有关实施阶段的约定按《建设项目工程总承包项目管理规范》。“工程总承包”是指承包人受发包人委托，依据项目功能等要约，对其设计、采购、施工、竣工试验、竣工后试验等实施阶段“全过程”或“若干阶段”的工程承包。所以《示范文本》的编写，既要考虑到实施阶段之间的联系，又要考虑实施阶段的独立性。故，在相关“条”款前面规定“本合同工程包含竣工试验（或竣工后试验）的，遵守本条约定。”即，双方可根据项目实施阶段的具体情况，对《示范文本》的实施阶段“条（款）”予以取舍。

（2）有关实施阶段差异性的规定。《示范文本》既有“实施阶段全过程”的承包，也有“若干实施阶段”的承包；既有“双方负责”的实施阶段，还有“单方负责”的实施阶段，故双方在各实施阶段的责任、义务和权利，较FIDIC《EPC/交钥匙项目合同条件》来得复杂。如生产工艺技术或建筑设计方案、工程设备材料的采购，国内实际情况有承包人提供的、承包人提供的，还有双方分别提供的。因上述情况的存在，故《示范文本》对项目功能的生产工艺设计或建筑功能分区设计、采购检查结果、竣工试验结果、竣工后试验考核结果等，依据恰当的原因对各自应承担的相关责任、义务和权利作出相关约定。

再如，对接收工程约定：承包人不负责（或不存在）竣工试验的工程，在完成施工后接收工程，办理竣工验收；承包人负责竣工试验但不负责竣工后试验的，在竣工试验完成后接收工程，办理竣工验收；承包人指导竣工后试验并负责考核结果的，在完成竣工后试验及考核后，办理竣工验收。

4.2.2 我国合同法与案例合同法

我国合同条款与 FIDIC 合同条款主要原则差异详述如下：

4.2.2.1 两类合同法原则差异的提出

一，国内某些工程总承包合同，近乎照抄照搬了国际咨询工程师联合会（FIDIC）的《EPC/交钥匙项目合同条件》的某些条款。而该合同条件具有浓厚的案例法（英美法合同法）色彩，故合同条款中存在着诸多不符合我国法律规定的约定，是造成某些“霸王条款”的原因之一；

二，工程总承包实施阶段的范围，与 FIDIC 的《EPC/交钥匙项目合同条件》实施阶段的范围，两者差异较大。

《EPC/交钥匙合同条件》是将设计、采购、施工、竣工试验和竣工后试验全部实施阶段交由承包人。

工程总承包实施阶段：设计与采购、设计与施工、设计与施工及竣工试验、设计与竣工后试验或设计等实施阶段全过程。实施阶段，既有双方负责的，又有单方负责的。

三，认为我国在接收某些国际融资机构的融资项目和国际招投标活动，较广泛使用了 FIDIC《EPC/交钥匙项目合同条件》，不必再编写《工程总承包合同示范文本》，即便编写，参考 FIDIC《EPC/交钥匙项目合同条件》就行了，这是不正确的想法。

上述几方面说明很多人尚不完全了解我国成文法合同法与案例法（英美法）合同法的原则差异，不了解我国工程总承包的实施阶段与《EPC/交钥匙项目合同条件》实施阶段的差异，由于合同法的原则差异，造成合同中某些法律责任的混扰。

为避免《示范文本》出现案例法合同法原则差异所造成的某些“法律责任混扰和霸王条款”，在此简短介绍两种合同法原则的主要差异。

通过介绍两种合同法原则差异，让大家进一步了解《示范文本》与 FIDIC《EPC/交钥匙项目合同条件》主要条款的差异。从而使大家理解为什么不能照抄照搬 FIDIC 合同条件来编制《示范文本》的原因。

4.2.2.2 两类合同法原则的主要差异

1. 世界法律制度

一是，成文法（也称大陆法、法典法）。我国合同条件属成文法合同。

二是，案例法（也称英美法、平衡法）。因为 18、19 世纪全球贸易和国际投资，分别由英国、美国占主导地位，使得英美合同法在国际贸易合同（含工程合同）中占主导地位。因 FIDIC 合同条件符合英美法合同法的原则，故被世界银行等国际基金组织所推荐。

2. FIDIC 合同与我国合同的主要差异。

(1) 崇尚合同“自由”约定原则（案例法）

1) 合同双方的义务和权利可“自由”约定（相对于我国成文法）。

2）认为自由原则可促进经济发展法律进步。

3）判案依据“案例”及“允诺”。

4）对工程的成文法律、法规等细则规定相对较少，即便有，绝大部分是稀疏的原则规定，仍给律师和法官留有寻求案例的空间。

5）合同约定冗长严谨，除看图纸还须看合同条件报价。

（2）崇尚“有法可依”原则（我国成文法）

没有规矩不成方圆。故颁布成文的法律、法规、条例和细则很多，并根据情况不断补充修订完善并颁布，故适用法律也多，包括：建筑法、合同法、行政法规、部委规章、地方性法规和规章和行业规定等，乃至标准，规范，安全、操作、检验规程等。故，合同约定相对较少，简洁简短。

判案遵守法律规定及符合合同法的约定。招投标时就能知道双方的责任、义务和权利。

合同法不分合同类别无分则（案例法）。由于崇尚自由原则，认为合同法只规定合同的法律原则，不须对不同合同类别规定分则。

认为自由原则：即促进经济发展又促进法律进步（不违反国家/公众利益、非虚假/非欺诈的合同，即为合法的合同）。

合同法规定合同类别和分则（我国成文法）。我国成文法认为没规矩不成方圆，故对不同合同类别制定了合同分则，在分则中规定了双方的法律义务和权利。即建设工程合同、承揽合同等14个分则，投标时就能知道双方的一般责任、义务和权利。

（3）坚持“允诺”原则（案例法）

因成文的法律对双方责任义务规定少（含实施阶段），故合同中对承诺的要约，“需依据具体详细的情况，以恰当的原因对双方作出允诺”（即约因，允诺相当于次要承诺），确定双方执行合同过程中的责任、义务和权利，来分解其合同的承诺。故合同条件深长严谨。

（4）坚持“依法”原则（成文法）

因成文法律对双方的责任义务规定多（含实施阶段），故合同中对承诺的要约，依据成文的法律、法规、条例和细则，确定双方执行合同过程中的责任、义务和权利。故需要约定的允诺（次要承诺）少，合同简洁简短。

（5）法律强制执行的唯一标准是什么（案例法）

正统合同理论不分合同类别，只规定合同的法律原则。实用于各种类型的合同。市场原则反映在“要约、反要约与承诺的原则上”，要约被承诺，协议则完成。

合同履行，是双方对约因中的“允诺”的交换。合同履行过程中造成的损害赔偿（缺陷、性能、进度、功能、影响等所造成的费用增减、工期延缩、付款多少等），法院强制执行哪些，因为无详细的成文法律规定可依，英美法把“约因中恰当原因做出的允诺”作为可强制执行的唯一标准，允诺导致了合同的“博弈性”。

（6）法律强制执行的标准是什么（我国成文法）

遵循合同法。我国合同法有总则和14章分则，分则中有“建设工程合同”和“承揽合同”，并对实施阶段双方的责任、义务和权利作出了规定。

依据对建筑业的法律规定。如，适用于建设工程合同的法律法规，对设计、采购、施工、竣工试验、竣工后试验、竣工验收和质量保证责任的质量、安全、进度、付款等对双方作出了责任义务等规定，以及“双方的依法约定”。

(7) 默许的“默示”原则（案例法）

历史上法律界、政界认为，买方是善良的消费者，卖方是久经市场历练的聪慧商人，买方只要将要求讲清楚即可（默示须符合“合理”、“必须”的原则）。这是合同里暗藏的风险之一。

(8) 坚持明示原则（我国成文法）

按我国合同法规定，要约内容应具体确定，应遵循公平原则确定责任、权利和义务。行使权利履行义务，应遵循诚实信用原则。

3. 合同“要素”差异（案例法三要素）

以“要约、承诺、约因（及其允诺）”订立的合同，成立；没有“约因（及其‘允诺’）”的合同无法判决。即使判决，也无法强制执行，因为没有详细的成文法律规定作为判决的依据。

故执行合同的实质是允诺的交换。

4. 合同“要素”差异（我国成文法二要素）

合同法规定，“当事人订立合同，采取要约、承诺方式”，“依法订立的合同，对当事人具有法律约束力”。

“依法”是指依据我国法律对“实施阶段，以及对其变更、付款、竣工验收、违约、争议及解决、不可抗力、合同解除等，对双方在相关过程中的责任、义务和权利作出了规定”（次要要约与承诺，相当于约因及其允诺）。故，须由双方“另行约定”的条款相对较少，其约定“应符合或高于法律规定，或无法可依。”故，为“要约、承诺”两要素，因实施阶段有成文法规定可依。

合同的法律地位：我国成文法规定以“要约、承诺”并“依法签订的合同”受法律保护。法律、法规、条例和细则是合同的依据，应依法（依据对主要、次要要约与承诺的规定）签订。不符合法律规定的约定，可依法纠正或救助。

一、案例法合同未纳入合同的内容一般不具法律约束力，凡与该合同有关的一般都具法律约束力。

二、案例法合同无条款根据、无条款互为根据的视为条款（法律）根据不充分。原因是没有或少有成文法将双方“允诺”的详细规定作为法律依据。

我国成文法合同，合同条款依成文法律规定签订，依法签订的合同受法律保护，未依法约定的合同，可得到法律救助。

4.2.2.3 我国成文法合同与FIDIC合同条件主要差异

1. 项目基础资料的差异

(1) 我国成文法规定

国务院令279号《建设工程质量管理条例》第2章第9条规定，“建设单位必须向有关勘察、设计、施工、工程监理等单位提供与建设工程有关的原始资料。原始资料必须真实、准确、齐全”。

《合同法》第285条规定，“因发包人变更计划，提供的资料不准确，或者未按照期限提供必需的勘察、设计工作条件而造成勘察、设计的返工、停工或者修改设计，发包人应当按照勘察人、设计人实际消耗的工作量增付费用”。

2000年11月原建设部、国家工商行政管理局颁发的《建设工程施工合同（示范文本）》第8.1款第（4）项规定“向承包人提供施工场地的工程地质和地下管线资料，对资料的真实准确性负责”。

（2）FIDIC合同条件规定

EPC/交钥匙合同条件规定：发包人提供的项目基础资料（除不能变的）及现场数据（地质水文气象地理环境）资料，供承包商参考，承包商负责解释并核实。将风险全部转移给承包人。

2. 租地（或征地）

（1）我国成文法规定，发包人提供施工场地国务院1999年5月55号令《国有土地使用权、出让和转让暂行条例》第8条规定“由使用者（含发包人）向国家交付使用权出让金”，并规定“交付出让金后，依规定办理登记，领取土地使用证，取得土地使用权”（注：指征地）。

《中华人民共和国建筑法》第42条第一项规定，“建设单位应当按照国家有关规定办理申请批准手续：（一）需要临时占用规划批准范围以外场地的（注：指租地）；……”

原建设部、国家工商管理局2000年11月颁发的《建设工程施工合同（示范文本）》的8.1款第（1）项规定，发包人“办理土地征用、拆迁补偿、平整施工场地等工作，使施工场地具备施工条件，在开工后继续负责解决以上事项遗留问题；……”

（2）FIDIC合同条件规定：通过合同自由约定原则，合同规定承包人负责租地（实际情况有的含征地）将风险转移给承包人，并以允诺捆住承包人。

3. 施工现场障碍性资料

（1）我国成文法规定

建筑法第5章40条规定：“建设单位应当向建筑施工企业提供与施工现场相关的地下管线资料，建筑施工企业应当采取措施加以保护”。原建设部、国家工商管理局2000年11月颁发的《建设工程施工合同（示范文本）》第8.1款第（4）项规定：“向承包人提供施工场地的工程地质和地下管线资料，对资料的真实准确性负责”。

（2）FIDIC合同条件规定

发包人提供的现场数据（指地质、水文、地理环境和气象资料）供参考，承包人负责解释并核实。将风险全部转移给承包人。

4. 承包人在实施过程中对公用设施影响的规定

（1）我国成文法规定

发包人负责与相关单位办理有关批准手续。《中华人民共和国建筑法》第42条第2项规定：“有下列情形之一的，建设单位应当按照国家有关规定办理申请批准手续：……

（一）需要临时占用规划批准范围以外场地的；

（二）可能损坏道路、管线、电力、邮电通信等公共设施的；

（三）需要临时停水、停电、中断道路交通的；……”

（2）FIDIC合同条件规定

实施过程中可能对场外公用设施造成临时停水、停电、中断道路交通或损害的，由承包商负责。

5. 合同双方的责任、义务的规定

(1) 我国成文法规定

规定了建设阶段发包人、承包人应承担的责任、义务。如,《建筑法》第40条规定:“建设单位应当向建筑施工企业提供与施工现场相关的地下管线资料,建筑施工企业应当采取措施加以保护。”所以《示范文本》对双方的责任和义务须根据成文法规定及具体情况另行约定来编写。

(2) FIDIC合同条件规定

按自由原则,由发包人在招标合同中规定双方的责任、义务和权利。某些发包人还规定,承认合同条件是参加投标的条件,即不能通过谈判、协商来补充、修改、另行约定。

6. 有关索赔的规定

(1) 我国成文法

规定了双方在实施过程中各自应承担的绝大部分责任、义务和权利,故《示范文本》另行约定的索赔条款较少,并约定如发生争议,根据第16条《违约、索赔和争议》解决。

(2) FIDIC条件规定

除承包商原因的误期和考核未通过属赔偿外,凡发包人/承包人根据本合同及相关文件,认为应得到的款项、竣工日期延长/缺陷通知期延长,均有权根据索赔条款的原则向对方提出索赔。1999年版本将过去条款中规定的给予合理补偿、赔偿、延长的规定,一律改为“索赔”。这是索赔多的因由,也是自由约定的结果。

7. 其他主要差异

(1) 超限物资运输道路的特殊措施,以默示原则转移给承包人。我国规定,运输途中特殊措施费用及联系、赔偿由发包人负责。

(2) 竣工资料在实施过程提交,是期中付款的条件。我国规定,工程竣工验收时提交完整的竣工资料。

(3) 有关合同价格充分性规定。合同价格含正确设计、实施和完成工程、修补缺陷;“已取得了对工程产生影响和作用的有关风险和其他情况的资料,对任何未预见到的困难和费用不调整”,就是说,以此“允诺”原则封杀了因上述原因的索赔。我国法律是以事实为根据,合情合理的会得到法律救助。

(4) 有关不可预见的物质条件规定。对红皮本、黄皮本,施工时遇到自然、人为及其他物质障碍、污染、地下和水文条件(不包括气候),如果遇到应尽快向工程师提出,工程师指示构成变更的作为变更;对于EPC/交钥匙合同全由承包商负责;而我国法律规定,由雇主负责。

(5) 竣工试验的有关规定。雇主有权对已试验合格的设备等,以变更方式改变试验地点、增加附加试验细节。经重新试验不合格,承包商承担其费用增加和竣工日期延误的责任。我国法律,对此尚无规定,《示范文本》照此约定。

(6) 竣工后试验的有关规定。未能通过竣工后试验可再进行1次,共2次。我国行业惯例共3次。

(7) 竣工验收,不存在承包商参加竣工验收的规定。因我国国企有其上级主管部门,法律规定雇主组织其上级及政府有关部门参加竣工验收。私人企业和外企一般没有该过程。

（8）在竣工结算、最终结算时，承包商应根据本合同规定，认为还应得到的款项单独列表说明因由和估算，过期免责。我国规定签订了质量保证责任书、提交了完整的竣工资料，办理竣工验收和竣工结算，无最终结算规定。《合同法》规定，免责不能免去给对方造成的经济损失。

（9）缺陷修复期为1年，缺陷通知期延长，最多2年。缺陷修复期满，办理最终结算。我国规定缺陷修复期，一般是1年。

在质量保证责任书中还规定了不同工程部位的保修期限、工程使用寿命期的责任。《示范文本》约定了缺陷修复保证金、缺陷修复期的延长，最长不能超过2年。

4.2.3　工程总承包与设计、施工分段承包的主要风险差异

工程总承包是以实现“项目功能”为最终目标，进行“设计、采购、施工、竣工试验、工程接收和竣工后试验”实施阶段全过程或若干实施段的承包。

在设计、施工一个实施阶段承包中，发包人需承担“项目实施阶段全过程的整体节奏进度计划管理、实施阶段之间衔接管理”、“实施阶段之间的变更增加”所招致的投资增加、工期延长的风险。而工程总承包，将发包人因上述造成的投资增加和工期延误的风险，转移给了承包人。

对“具有工程总承包项目整体节奏管理能力、实施阶段之间衔接管理能力的承包人”，将依据项目的单项工程组成、生产工艺逻辑关系、建筑功能区域规划设计的使用逻辑关系，建立“项目整体节奏及其进度计划”；并依据“实施阶段之间的衔接关系”对项目中的单项工程及其项目管理，采取搭接、平行的进度计划方式管理相关实施阶段。比发包人实行“设计”、“施工”分段承发包方式时，能够降低成本（投资）、缩短工期。

4.2.4　《示范文本》组成、结构与条款

4.2.4.1　核心条款的结构关系

1. 第八条《竣工试验》（共7款25项子款，详见《示范文本》）

根据竣工试验阶段的特点，约定了：第一、对“不存在竣工试验阶段”的项目，约定：“本合同工程包含竣工试验，遵守本条约定。”就是说，不存在竣工试验阶段的可“舍掉本条约定”。如，普通公路、普通道路等项目。第二、考虑到“工程”是由多个或一个单项工程所组成的特点，约定了按“单项工程或按工程”进行竣工试验。第三、根据项目的生产工艺设计确定的工艺逻辑关系、和（或）建筑功能分区规划设计的使用逻辑关系，所确定的“单项工程”在竣工试验阶段的程序排序和试验条件等特点，约定了承包人编制并提交“竣工试验方案”的义务，并根据该“方案”要求，约定了需由发包人提供某些“单项工程”竣工试验条件的义务。第四、根据发包人所提供的工程物资，且委托承包人提供竣工试验服务的情况，约定了：发包人承担该部分工程物资竣工试验结果的责任。第五、根据竣工试验通过、未通过、争议的情况，约定了三类条款：a. 竣工试验顺利通过的条款：竣工试验的义务（承包人的、发包人的）、竣工试验的检验与验收、竣工试验的安全与检查。b. 竣工试验未能顺利通过的条款：延误的竣工试验、重新试验和验收、未能通过竣工试验。c. 对竣工试验结果发生争议的条款：竣工试验结果的争议。

（1）竣工试验的义务

1）承包人的义务

① 在单项工程或工程竣工试验开始前，须完成相应单项工程或（和）工程的施工作业（不包括为竣工试验、竣工后试验必须预留的施工部位、不影响竣工试验的缺陷修复和零星扫尾）；并在竣工试验开始前，按合同约定需完成的检查、检验、检测和试验（“须完成相应单项工程或（和）工程的施工作业”，即不是所有单项工程的施工作业在竣工试验阶段需全部完成）。

② 提交了前相关款项，隐蔽工程和中间验收部位的质检资料及竣工资料。

③ 由承包人指导进行竣工后试验的，须完成前款的操作维修人员培训，并提交操作维修手册。

④ 承包人于竣工试验开始前 20 日提交竣工试验方案，发包人收到 10 日内提出建议意见，对合理建议承包人自费修正。由承包人负责实施。发包人的确认，不能减轻承包人的合同责任（方案中的单项工程、单件、单体、联动等竣工试验阶段的试验程序、试验条件，其中有的试验条件需发包人提供。方案内容详见《示范文本》）。

⑤ 承包人竣工试验包括：根据条款承包人负责提供的工程物资及发包人委托给承包人进行的竣工试验的工程物资。

⑥ 承包人按试验条件、试验程序，及第 5 条技术与设计的条款的第（3）项约定的标准、规范和数据，完成竣工试验（本款是指试验合格的依据）。

2）发包人的义务

① 按确认的竣工试验方案的要求，提供电力、供水、动力及由发包人提供的消耗材料等，须满足竣工试验对其品质、用量及时间的要求（这是项目工艺或使用逻辑关系，决定了单项工程在竣工试验阶段的试验程序及需发包人提供的试验条件）。

② 提供竣工试验的消耗材料和备品备件（库存有的话）。承包人造成的损坏，从合同价格扣除；合理耗损或发包人原因造成的，免费提供（为了工程及早交付使用的利益，相互协作，避免刁难）。

③ 根据条款由发包人提供的工程物资，由承包人进行竣工试验的服务费，含在合同价格中。试验过程新委托的工程物资的竣工试验，依据前相关条款，作为变更处理。

④ 凡发包人提供的工程物资且委托承包人进行的竣工试验，均“按发包人提供的试验条件、试验程序进行竣工试验，其试验结果须符合第 5 条技术与设计的条款（3）项约定的标准、规范和数据，发包人对该部分试验结果负责”。

3）竣工试验的义务

竣工试验领导机构。竣工试验领导机构负责竣工试验的领导、组织和协调。承包人提供竣工试验所需的人力、机具并负责完成试验。发包人负责组织、协调、提供竣工试验方案中约定的相关条件及竣工试验的验收。

这是根据国内项目实际情况做出的约定。一方面，因“紧前单项工程”的“竣工试验”和“竣工后试验”，是为其“紧后单项工程”提供“竣工试验”的主要条件（如，电力、水、压缩空气、蒸汽等），故需共同平衡调度；另一方面，因有发包人提供的工程物资，需委托承包人提供竣工试验服务。故，竣工试验领导机构的存在是必要的。

4）竣工试验的检验和验收

根据相关标准、规范、数据及竣工试验方案进行检验和验收（本款规定了发包人或承包人影响竣工试验，造成的费用增加和竣工日期延误的责任约定，详见《示范文本》)。

① 本款规定承包人开始竣工试验前的通知时限（36 小时）、内容要求，发包人参检签证回复时限（接到后 24 小时内）、试验合格的验收签证规定，及不合格的重新试验规定等。

② 发包人不能按时参加试验和验收时，在接到通知后 24 小时内以书面形式提出延期要求，延期不能超过 24 小时（避免竣工日期拖延）。未能提出延期，又未参加试验和验收，承包人可自行进行此项试验，试验结果视为经发包人认可并通过验收（详见《示范文本》)。

③ 不论发包人是否参加竣工试验和验收，发包人均有权责令重新试验。对重新试验不合格，造成承包人的费用增加、竣工日期延误由承包人负责。合格，按 13 条作为变更（这是保证机电设备、材料、部件性能试验结果的条款，详见《示范文本》)。

④ 竣工试验验收日期的约定

为避免竣工试验签发日期时间与实际完成日期时间相混扰，约定了：

某项竣工试验的验收日期和时间（某项实际完成的日期和时间）；

单项工程竣工试验的验收日期和时间（最后一项竣工试验完成的日期和时间）；

工程的竣工试验日期和时间（最后一个单项工程完成的时间和时间）。

5）竣工试验的安全和检查

因竣工试验阶段，开始送电（电气仪表、电机设备、线缆管道等试验）、动力（压缩空气、蒸汽等管道吹扫、压力试验、仪表、透平试验等）、水（压力试验、清洗等）等，以及燃料储存、使用等，都会造成对人身、工程、设备、材料、部件的伤害、损坏、损害、损毁等事故，故规定了竣工试验的安全和检查等 5 个子项条款。

6）延误的竣工试验（竣工试验延误条款，仅介绍主要部分，详见《示范文本》)

① 承包人原因使某项、某单项工程落后于竣工试验进度计划，应按约定，自费赶上。

② 承包人原因致使竣工日期延误，应根据前款误期损害赔偿的约定，承担误期赔偿责任。

③ 承包人无正当理由，未能按批准的进度计划试验，且在收到发包人通知后 10 日内无正当理由，仍未进行该项试验，造成延误时，承包人承担误期赔偿责任。且发包人有权组织该项试验，由此产生的费用由承包人承担（避免承包人因其他原因或利益，对竣工试验有意拖延)。

④ 发包人未能履行其义务，导致承包人竣工试验延误，发包人应承担承包人因此发生的合理费用，竣工试验进度计划延误时，竣工日期相应顺延。

7）重新试验和验收（指未能通过的试验，详见《示范文本》)

① 未能通过相关竣工试验，可依据前款的约定重新进行此项试验，并按约定进行检验和验收。

② 不论发包人或（和）监理人是否参加竣工试验和验收，承包人未能通过的竣工试验，发包人均有权通知承包人再次按款项的约定进行此项竣工试验，并按相关款的约定进行检验和验收。

8）未能通过竣工试验

① 因发包人的下述原因导致竣工试验未能通过的，承包人进行竣工试验的费用由发

包人承担，使竣工试验进度计划延误时，竣工日期相应延长。约定了4项，详见《示范文本》。具体如下：

a. 未按确认的竣工试验方案的参数、时间及数量提供相关试验条件，导致未通过；

b. 指令按发包人的竣工试验条件、试验程序和试验方法进行竣工试验，导致未通过；

c. 对竣工试验的干扰，导致未通过；

d. 因发包人其他原因，导致未通过。

② 因承包人原因未能通过竣工试验，允许再进行两次，两次试验后仍不符合验收条件，竣工日期不予延长，相关费用及相关事项按下述约定处理。

a. 该项未通过，对该项操作或使用不存在实质影响，自费修复。无法修复时，扣减该相应付款，视为通过。

b. 该项未通过，对该单项工程未产生实质性操作和使用影响，扣减该单项工程的相应价款，视为通过；若使竣工日期延误的，承包人承担误期损害赔偿责任。

c. 该项未能通过，对操作或使用有实质性影响，指令承包人更换相关部分，并进行竣工试验。发包人因此增加的费用，由承包人承担。使竣工日期延误时，承包人承担误期赔偿。

d. 未能通过，使单项工程的任何主要部分丧失了生产、使用功能时，有权指令承包人更换相关部分，因此增加的费用承包人承担；竣工日期延误，并承担误期赔偿责任。发包人因此增加费用的，由承包人负责赔偿。

e. 未能通过的竣工试验，使整个工程丧失了生产或（和）使用功能时，发包人有权指令承包人重新设计、重置相关部分，因此招致的费用增加（含发包人的）、竣工日期延误，由承包人承担。发包人有权根据相关条款的索赔约定，向承包人提出索赔，或根据相关条款第（7）项的约定，解除合同。

9）竣工试验结果的争议

① 款协商解决（详见《示范文本》）。仍有争议，根据前款委托鉴定机构的约定，共同委托一个具有相应资质的检测机构检测。经鉴定，针对可能出现的承包人为责任方；发包人为责任方；双方均有责任三种情况，对承包人、发包人应承担的费用增加、竣工日期延长的责任、义务和权利分别作出约定。

② 如双方对检测机构的鉴定结果有争议，依据前款争议和裁决的约定解决。

2. 第9条《工程接收》（共4款9项子款）

采购阶段、施工阶段、竣工试验阶段经对采购质量、工程质量和机械性能分别进行了检验与验收。考虑到：没有竣工试验、有竣工试验、由承包人指导竣工后试验并承担考核责任、由发包人负责竣工后试验等情况，故约定了工程接收的几个类型条款。依据竣工后试验的工艺程序或（和）使用顺序，安排按单项工程接收或按工程接收。

（1）工程接收

1）按单项工程或（和）按工程接收（根据工程项目的具体情况和特点约定）。

① 由承包人指导单项工程或（和）工程竣工后试验，并承担考核责任，在专用条款约定接收单项工程的顺序及时间，或接收工程的时间。

由发包人负责单项工程或（和）工程竣工后试验及其试运行考核责任的，在专用条款约定接收单项工程的顺序及时间，或接收工程时间。

② 不存在竣工试验或竣工后试验的单项工程或（和）工程，承包人完成扫尾工程和缺陷修复，符合合同约定的验收标准的，根据合同约定按单项工程或（和）工程办理工程接收和竣工验收。

2）接收工程时承包人提交的资料。

（2）接收证书

1）接收证书的申请与颁发。承包人应在工程或单项工程具备接收条件后 10 日内，向发包人提交申请，发包人应在接到申请后 10 日内组织接收，并签发工程或单项工程接收证书。单项工程的接收以相关款约定的日期，作为接收日期。

工程的接收以相关款项约定的日期，作为接收日期。

2）扫尾工程和缺陷修复。对操作、使用没有实质影响的扫尾工程和缺陷修复，不能作为发包人不接收工程的理由。经协商确定的承包人完成该扫尾工程和缺陷修复的合理时间，作为接收证书的附件。

（3）接收工程的责任

保安责任、照管责任和投保责任，自单项工程和（或）工程接收之日起，由发包人负责，但是，不包括需由承包人完成的缺陷修复和零星扫尾的工程部位及其区域。

（4）未能接收工程

1）不接收工程。发包人收到单项工程或工程接收申请后 15 日内不组织接收，视为接收证书申请已被发包人认可。从第 16 日起，发包人应根据 9.3 款承担相关责任。

2）未按约定接收工程。承包人未按约定提交单项工程或工程接收证书申请、或未符合接收条件的，发包人有权拒绝接收。

发包人未遵守本款约定，使用或强令接收不符合接收条件的单项工程或工程的，将承担前款接收工程约定的相关责任，以及操作、使用等所造成的损失、损坏、损害和（或）赔偿责任（国内外有经验的发包人，为避免风险，不接收部分工程只接收竣工试验通过的单项工程）。

3. 第 10 条《竣工后试验》（共 8 款 19 项子款，详见《示范文本》）

根据承包项目实施阶段的组合情况、竣工后试验由发包人负责或由承包人指导竣工后试验等情况，本款约定："本合同工程包含竣工后试验，遵守本条约定。"本条约定的内容：承包人协助编制竣工后试验方案、指导竣工后试验及考核、承担考核责任。从三个方面约定了相关合同内容，（a）竣工后试验顺利通过的条款：责任与义务（发包人、承包人）、竣工后试验程序、考核验收证书；（b）竣工后试验未能顺利通过的条款：竣工后试验的延误、重新进行竣工后试验（2 次）未能通过考核；（c）竣工后试验使工程丧失功能的条款：丧失了生产价值和使用价值。

（1）权利与义务

1）发包人的权利与义务（共 6 项，详见《示范文本》）

① 有权对承包人提交的竣工后试验方案审查批准，该批准并不能减轻或免除承包人合同责任。

② 组建竣工后试验联合协调领导机构，在发包人组织领导下，由承包人指导，依据批准的方案进行分工，完成准备工作、竣工后试验和试运行考核。机构设置及分工文件作为合同组成部分。

③ 发包人对承包人根据 10.1.2 款第（4）项提出的建议，有权向承包人发出不接受或接受的通知。发包人未能接受上述建议，承包人有义务按发包人的组织安排执行。承包人因执行发包人此项安排而发生事故、人身伤害和工程损害时，由发包人承担。

④ 向承包人发出的组织安排、指令和通知，以书面形式送达承包人的项目经理，项目经理签收姓名、日期和时间。

⑤ 有权在紧急情况下，以口头和书面形式向承包人发出紧急指令，承包人立即执行。承包人未能按发包人的指令执行，造成的事故、人身伤害和工程损害，由承包人承担其责任。发包人口头指令后 12 小时内以书面形式再发补充指令送项目经理。

⑥ 本阶段的其他义务和工作，在专用条款中约定。

2）承包人的责任和义务（共 7 项，详见《示范文本》）

① 在竣工后试验联合协调领导机构的统一安排下，派出具有相应资格和经验的人员指导竣工后试验。派出的开车经理和指导人员，在竣工后试验期间离开现场，须得到发包人批准。

② 根据合同约定和本工程竣工后试验特点，协助编制并提交竣工后试验方案。

③ 未能执行发包人的安排、指令和通知，发生的事故、人身伤害和工程损害，由承包人承担。

④ 有义务对发包人的组织安排、指令和通知提出建议，说明因由。

⑤ 在紧急情况下，承包人须执行发包人的口头指令，并对此项指令及实施做好记录。发包人在 12 小时内未发书面补充通知，承包人有权在 24 小时内以书面形式将该记录交发包人签字确认，未在 24 小时内确认，视为被发包人确认。因执行此项指令发生事故、人身伤害、工程损害和费用增加时，由发包人承担，如承包人错误执行，造成事故、伤害、损害和费用增加，由承包人承担。

⑥ 操作维修手册缺陷造成的事故、人身伤害和工程损害，承包人承担；因发包人（含其专利商）提供的操作指南存在缺陷，造成操作手册的缺陷，所发生的事故、人身伤害、工程和费用增加，发包人承担。

⑦ 根据合同约定或（和）行业规定，在竣工后试验阶段的其他义务和工作，在专用条款中约定。

（2）竣工后试验程序

1）、2）款约定了发包人、承包人根据竣工后试验联合协调领导机构批准的竣工后试验方案，完成各自应进行的竣工后试验的各项准备工作。

3）发包人根据批准的竣工后试验方案，按照单项工程内的任何部分、单项工程、单项工程之间，或（和）工程的竣工后试验程序和试验条件，组织竣工后试验。

4）联合协调领导机构组织全面检查并落实工程、单项工程及工程的任何部分竣工后试验需要的资源条件、试验条件、安全设施条件、消防设施条件、紧急事故处理设施条件或（和）相关措施，保证记录仪器、专用记录表格的齐全和数量的充分。

5）竣工后试验日期的通知。发包人在接收单项工程或（和）接收工程日期后的 15 日内通知承包人开始竣工后试验的日期。专用条款中另有约定除外。

因发包人原因未能在接收单项工程或（和）工程的 20 日内，或在专用条款中约定的日期内进行竣工后试验，自第21日开始或自专用条款中约定的开始日期后的第二日开始，发包人承担承包人由此发生的相关费用。

(3) 竣工后试验及试运行考核（顺利通过竣工后试验条款）

1) 按照批准的竣工后试验方案的试验程序、试验条件、操作程序进行试验，达到合同约定的工程或（和）单项工程的生产功能或（和）使用功能（注意：竣工后试验在先，考核在后）。

2) 同一岗位上的发包人的操作人员和承包人的指导人员，在竣工后试验过程中的试验条件记录、试验记录及表格上如实填写数据、条件、情况、时间、姓名及约定的其他内容。

3) 试运行考核

① 根据前款约定，由承包人提供生产工艺技术或建筑设计的，保证在试运行考核周期内，达到前款专用条款中约定的考核保证值或使用功能。

② 根据前款约定，由发包人提供生产工艺技术或建筑方案的，承包人保证在试运行考核周期内达到前款专用条款中约定的，由承包人承担的相关部分的考核保证值或使用功能。

③ 根据相关行业对试运行考核周期的规定，在专用条款中约定试运行考核的时间周期。

④ 试运行考核通过或使用功能通过后，双方共同整理竣工后试验及其试运行考核结果，并编写评价报告。发包人并根据相关款项的约定颁发考核验收证书。

4) 产品或（和）服务收益的所有权，均属发包人所有。

竣工后试验阶段的产品或服务收益，实际上，在竣工试验阶段就已经产生了产品或服务。因为这是项目工艺/使用逻辑关系所确定的单项工程（或“工程”中的“功能单元”）在竣工试验和竣工后试验的程序排序所确定的。如电、水、脱盐水、蒸汽、仓储设施等产品或服务。所以，应注意条款是按实施阶段分段写的，但实际上各单项工程的实施阶段，是搭接、平行进行的。

(4) 竣工后试验的延误（未能通过竣工后试验的条款，本款约定了延误的责任事项）

1) 根据相关款项竣工后试验日期通知的约定，非承包人原因，发包人未能在发出竣工后试验通知的90天内开始竣工后试验，工程或（和）单项工程视为通过了竣工后试验和试运行考核。除非专用条款另有约定（如水电站蓄水要求）。

2) 因承包人原因造成竣工后试验延误时，采取措施，尽快组织，配合发包人开始并通过竣工后试验。当延误造成发包人的费用增加时，发包人有权根据相关款项的约定向承包人提出索赔。

3) 按相关款项试运行考核的约定，在试运行考核期间，因发包人原因导致考核中断或停止，且中断或停止的累计天数超过相关款项专用条款中约定的试运行考核周期时，试运行考核在中断或停止后的60天内重新开始，过此期限视为单项工程或（和）工程已通过了试运行考核。

(5) 重新进行竣工后试验（未能通过竣工后试验条款）

1) 根据相关条款及其专用条款中的约定，因承包人原因导致工程、单项工程或工程的任何部分未能通过竣工后试验，承包人自费修补其缺陷，并依据条款约定的试验程序、试验条件重新进行此项试验。

2）承包人根据条款重新进行试验的约定，仍未能通过该项试验时，承包人自费继续修补缺陷，并按条款约定的试验程序、试验条件再次进行此项试验（根据上述两款，可累计进行 3 次，国际工程 2 次）。

3）承包人重新进行的竣工后试验，给发包人增加了额外费用时，发包人有权根据条款的约定向承包人提出索赔。

（6）未能通过考核（未能通过竣工后试验条款）

因承包人原因使工程或（和）单项工程未能通过考核，但尚具有生产功能、使用功能时，按以下约定处理：

1）未能通过试运行考核的赔偿

承包人提供的生产工艺技术或建筑设计未能通过试运行考核。根据专用条款约定的工程或（和）单项工程试运行考核保证值或使用功能保证的说明书，并按照在本项专用条款中约定的未能通过试运行考核的赔偿金额、或赔偿计算公式计算的金额，向发包人支付了相应赔偿金额后，视为承包人通过了试运行考核。

2）发包人提供的生产工艺技术或建筑艺术造型未通过试运行考核。根据条款专用条款约定的工程或（和）单项工程试运行考核中应由承包人承担的相关责任，并按照在本项专用条款对相关责任约定的赔偿金额或赔偿公式计算的金额，向发包人支付了相应赔偿金额，视为承包人通过了试运行考核。承包人对未能通过试运行考核的工程或（和）单项工程，提出自费调查、调整和修正并被发包人接受时，双方商定相应的调查、修正和试验期限，发包人为此提供方便。在通过该项考核之前，发包人可暂不按约定提出赔偿（关系到发包人工程和承包人声誉）。

3）当发包人接受了本款第 2）项约定时，但在商定的期限内发包人未能给承包人提供方便，致使承包人无法在约定期限内进行调查、调整和修正，视为该项试运行考核已被通过。

本款 2）的约定是基于，“设计文件”是根据项目功能等要求并经设计阶段审查后完成的；“工程实体”是根据设计文件规定的内容、标准和要求，经施工质检已圆满完成；“机电设备性能”经竣工试验已通过。

“工程”已被接收，但经“竣工后试验考核”，未能通过某项、某几项保证值或使用要求，并未丧失生产或使用功能，可工程“木已成舟”，难以用一般变更解决，有时也难以向承包人发出修改方向的明确指示。

明智的承包人为挽回其市场利益，要求“调查后赔偿、调查后修改”，须对其“调查后的修改方案”进行技术经济和时间比较，提出修改、不修改或无法修改。

明智的发包人，对影响小的保证值，采取“赔偿”作为最终解决办法；对影响大的保证值，采取“先赔偿、后调查”的方法，如果承包人能利用大修期免费修改完，不影响生产或使用利益，也可采取“赔偿递减”的约定方案。

（7）竣工后试验及考核验收证书

1）在专用条款中约定按工程或（和）按单项工程颁发竣工后试验及考核验收证书。

2）发包人根据条款及约定对通过或视为通过竣工后试验或（和）试运行考核的，按相关条款颁发竣工后试验及考核验收证书。该证书中写明的试运行考核通过的日期和时间，为实际完成考核或视为通过试运行考核的日期和时间。

（8）丧失了生产价值和使用价值（竣工后试验失败的条款，详见《示范文本》）

因承包人的原因，工程或（和）单项工程未能通过竣工后试验，并使整个工程丧失了生产价值或使用价值时，发包人有权提出未能履约的索赔，并扣罚已提交的履约保函。但发包人不得将本合同以外的连带合同损失包括在未履约赔偿和索赔之中。

不包括的连带合同，如投产、使用后的市场销售合同，市场预计盈利、生产流动资金贷款利息、竣工后试验及试运行考核周期以外所签订的原材料、辅助材料、电力、水、燃料等供应合同，以及运输合同等损失。除非适用法律另有规定。

4.2.4.2　保障条款的结构关系

1. 第11条《质量保修责任》（共2款5项子款，详见《示范文本》）

第二部分条款，是与本合同期内有关的"缺陷责任保修金"条款，即条款中缺陷责任保修金。

2. 第12条《工程竣工验收》（共2款6项子款，详见《示范文本》）

因通过工程物资的检查与检验、施工质量的质检和验收、竣工试验的性能试验和验收、工程接收证书、竣工后试验颁发的验收证书，合同双方已经完成了"工程竣工验收"，故私人企业、合资企业和外企一般不再组织"工程竣工验收"。

因政府投资项目、国企投资项目，发包人须请其上级主管部门（干系人）再验收，考虑到历史上形成的惯例做法，以及法律法规的相关规定，规定了竣工验收报告及完整的竣工资料、竣工验收，约定了分期组织竣工验收的条款。

3. 第13条《变更和合同价格调整》（共8款17项子款，详见《示范文本》）

对变更条款考虑了如下主要因素：因变更要增加发包人的投资或延长工期。发包人一方面要控制变更，另一方面，因签订合同时的认知、未来不可预见等因素影响，以及同业竞争者日新月日的技术改造，发包人为确保工程的安全可靠、工期缩短、运营利益、交付使用后的产品或服务更具市场竞争力或更符合社会效益要求，变更既是不可避免的，又是对发包人有利的。因为承包人负责设计、采购、施工、竣工试验、竣工后试验实施阶段全过程的项目系统管理责任。则为了区分承包人内部缺陷招致的内部变更或是发包人的变更提供了条件。故约定了"变更权（归发包人）"，避免承包人（或监理人）变更的随意性；根据我国法律规定，合同双方在工程实施过程中须依据被审查批准的符合立项文件规定的设计文件，也为约定"设计、采购、施工和竣工试验"实施阶段的"变更范围"提供了主要依据，将减少对变更认知的争议。因为合同条款中仅有变更条款，未包括变更的成本估算、费用、合理利润及对进度计划的影响；再者，发包人变更权的行使，是否会对承包人"设计文件"规定的工程质量、安全、稳定、操作、生产或使用功能造成影响，提出了变更的必要性问题，故，约定了"变更程序"。使发包人的任何一项"变更"设想，都能先得到承包人提出不支持因由，或支持的因由、方法、资源、估算、进度计划等，避免发包人"变更权"的硬性指令所招致的投资增加，且对工程安全稳定、工期、操作、生产或使用功能、运行成本等长远利益带来影响。

（1）变更权

1）变更权。发包人拥有批准变更权限。自合同生效后至工程竣工验收前的任何时间内，有权下达变更指令。变更指令以书面形式发出。

2）变更。由发包人批准并发出的书面变更指令，属于变更。包括发包人直接、或经发包人批准的由监理人下达的变更指令。承包人对自身的设计、采购、施工、竣工试验、竣工后试验存在的缺陷，自费修正、调整和完善，不属于变更（属于承包人的缺陷修复）。

3）变更建议权。承包人提出变更建议，该建议为发包人带来长远利益和其他利益（详见《示范文本》）。发包人可发出不采纳、采纳、补充进一步资料的书面通知。

（2）变更范围

应认识到工程总承包将项目实施阶段之间项目整体系统管理的成本增加、竣工日期延误的风险转移给了承包人。如各单项工程实施阶段的整体节奏管理，阶段之间的衔接关系、预留关系、制约关系、资源优化、质量安全进度风险等。故，工程总承包的“变更”比发包人分段招投标方式的变更减少了很多。承包人自身的设计、采购、施工、竣工试验的缺陷，应自费修复，不属于变更范围。为减少对变更的争议，对设计、采购、施工、赶工等变更范围作出规定。

1）设计变更范围

① 对生产工艺流程的调整，但未扩大或缩小初步设计批准的、或合同约定的生产路线和规模。

② 对平面布置、竖面布置、局部使用功能的调整，但未扩大初步设计批准的建筑规模，未改变初步设计批准的使用功能；或未扩大合同约定的建设规模，未改变合同约定的使用功能。

③ 对配套工程系统的工艺调整、使用功能调整。

④ 对区域内基准控制点、基准标高和基准线的调整。

⑤ 对设备、材料、部件的性能、规格和数量的调整。

⑥ 因执行新颁布的法律、标准、规范引起的变更。

⑦ 其他超出合同约定的设计事项。

⑧ 上述变更所需的附加工作。

2）采购变更范围

① 承包人已按合同约定的程序，与相关供货商签订采购合同或已开始加工制造、供货、运输等，发包人通知承包人选择另一家供货商。

② 因执行新颁布的法律、标准、规范引起的变更。

③ 发包人要求改变检查、检验、检测、试验的地点和增加的附加试验。

④ 发包人要求增减合同中约定的备品备件、专用工具、竣工后试验物资的采购数量。

⑤ 上述变更所需的附加工作。

3）施工变更范围

① 根据条款的设计变更，造成施工方法改变、设备、材料、部件、人工和工程量的增减。

② 发包人要求增加的附加试验、改变试验地点。

③ 除条款项目之外，新增加的施工障碍处理。

④ 发包人对竣工试验经验收或视为验收合格的项目，通知重新进行竣工试验（注意，重新竣工试验不合格的，不属于变更，承包人应承担其费用增加、竣工日期延误的风险）。

⑤ 因执行新颁布的法律、标准、规范引起的变更。

⑥ 现场其他签证。

⑦ 上述变更所需的附加工作。

4）发包人的赶工指令

承包人接受了发包人的书面指示，以发包人认为必要的方式加快设计、施工或其他任何部分的进度时，承包人为实施该赶工指令需对项目进度计划进行调整，并对所增加的措施和资源提出估算，经发包人批准后，作为一项变更。发包人未能批准此项变更的，承包人有权按合同约定的相关阶段的进度计划执行。

因承包人原因，实际进度明显落后于上述批准的项目进度计划时，承包人应按条款的约定，自费赶上；竣工日期延误时，按约定承担误期赔偿责任（承包人应以发包人赶工要求确认提交的新的进度计划，是衡量误期赔偿的时间依据）。

调减部分工程。按承包人复工要求的约定，发包人的暂停超过 45 日，承包人请求复工时仍不能复工，或因不可抗力持续而无法继续施工的，双方可按合同约定以变更方式调减受暂停影响的部分工程（发包人可分包给其他承包人）。

其他变更。根据工程的具体特点，在专用条款中约定。

（3）变更程序（详见《示范文本》）

变更程序是为避免发包人的盲目变更（违反法律规定、影响工程的稳定、安全、操作、生产或使用功能、长期利益等）使投资不必要增加，为此约定了合理的“变更程序”。承包人根据发包人对变更询问所回复的支持因由、方法、资源、估算和进度计划得到批准。使承包人为发包人的变更承担了相关责任！坚持了“先批后干”的原则，减少了因发包人的变更指令造成的对工程的安全、稳定、可靠、使用等合同责任。

（4）紧急性变更程序

1）发包人有权以书面形式或口头形式发出紧急性变更指令，承包人接到此指令，立即执行。发包人以口头形式发出紧急性变更指令的，须在 48 小时内以书面方式确认此项变更，并送交承包人项目经理。

2）完成紧急指令 10 天内，承包人提交实施此项变更工作的内容、实际消耗的资源费用及取费；造成关键路径延误时，提出竣工日期延长，说明理由，并提交与此项变更相关的进度计划 。未能在 10 天内提交上述资料，视为不涉及合同价格调整和竣工日期延长，发包人不再承担此项变更的责任。

3）发包人在接到承包人根据相关条款提交的书面资料后的 10 天内，以书面形式通知承包人被批准的合理费用、给予竣工日期的合理延长。

发包人在 10 天内，未能批准承包人的费用或竣工日期延长，自接到该报告的第 11 天后，视为承包人提交的费用或（和）竣工日期延长已被发包人批准。

承包人对发包人批准的变更费用、竣工日期的延长存有争议时，双方应友好协商解决；协商不成时，依据条款争议和裁决的程序解决。

4）变更价款确定

变更价款的确定，约定了下述四个方式，具体选用那种，双方在专用条款中约定：

① 按人工、机具、工程量等单价（含取费），确定变更价款。

② 按类似于变更工程的价格，确定变更价款。

③ 按协商的价格，确定变更价款。

④ 按其他方法。

5）建议变更的利益分享

因发包人批准采用承包人根据条款提出的变更建议，使工程的投资减少、工期缩短、获得长期运营效益或其他利益，其利益分享办法在专用条款中约定，届时另行签订利益分享补充协议，作为合同附件。

考虑到如果没有分享，承包人不会提出减少合同金额的变更建议！从国际合同看，明智的业主对此项建议，一般约定此变更减少金额的 3%～5%，作为承包商的合理利润和管理费，以激励承包商提出有利的变更建议。

6）合同价格调整（详见《示范文本》）

在下述情况发生后 30 日内（时限规定），双方均有权将调整合同价格的原因及调整金额以书面形式通知发包人 。经发包人确认的合理金额作为合同价格调整金额，并在支付当期工程进度款中支付或扣减调整的金额。发包人收到该通知后 15 天内不予确认（时限规定），也未能提修改意见，视为已经同意该项调整。调整包括：

① 合同签订后，因法律、行政法规、国家政策变化和需遵守的行业规定，影响合同价格增减的。

② 合同执行过程，工程造价管理部门公布的价格调整，涉及承包人投入成本增减的。

③ 一周内非承包人原因的停水、停电、停气、道路中断等，造成工程现场停工累计超过 8 小时的（提供证据）。

④ 根据 13.3 款至 13.5 款变更程序中批准的变更费用的增减。

⑤ 根据本合同约定的其他增减的款项调整。

合同中未约定的增减款项，发包人不承担调整合同价格的责任，适用法律另有规定除外。合同价格的调整不包括合同变更（因合同变更意味着改变主要要约和承诺，需另行签订新合同或新的补充合同)。

7）合同价格调整的争议

经协商，未能对工程变更的费用、合同价格的调整或竣工日期的延长达成一致，发生争议时，根据条款关于争议和裁决的约定解决。

4. 第 14 条《合同价格与付款》(共 12 款 40 项子款，详见《示范文本》)

(1）介绍的主要内容

合同总价，指除根据第 13 条变更和合同价格调整，以及合同中约定的其他相关增减金额进行调整外，合同价格不作调整。

工程进度款，包括设计进度款、采购进度款、施工进度款、竣工试验进度款，及竣工后试验服务费和工程总承包管理费等（见定义)。担保保函，因法律对担保保函无强制规定，以及承包人的财力状况、国内信用制度尚不完善等实际情况，故采取由合同双方根据各自情况和双方意愿来约定。可以是对等约定（履约保函与付款保函、预付款保函与预付款等)、或不对等约定（有履约保函无付款保函；有预付款无预付款保函等)，或不约定担保保函。付款条件和付款时间安排，如约定提交履约担保或预付款担保的，履约担保是各类付款的条件，预付款担保是支付预付款的条件；预付款的付款，不论是否约定了预付款保函，均按约定的金额在合同生效后 10 天内付款；进度款付款，申请报告后 25 天内付款；竣工结算付款，提交价格资料（经确认）后 30 天内付款。付款时间的延误，约定延误 15 天后的利率利息，延误 15 天后承包人可提出催促的“付款通知”，如仍未付款，视为发包人的暂停，或签订付款协议。延误付款60天以上，影响到整个工程，承包人有权提出解除合同。

1）合同总价和付款

合同总价。除根据第13条变更和调整，及合同中其他相关增减金额的约定外，合同价格不做调整。

2）付款

① 币种为人民币，境内支付。

② 发包人依据合同约定的应付款类别和付款时间安排，向承包人支付合同价款。

（2）担保

本担保指信用担保（即银行保函）。目前对施工承包合同规定：发包人须提供合同金额10%的工程预付款，但未强制规定付款担保和其他付款担保（包括承包人提交的履约担保、工程预付款担保、采购预付款担保、缺陷责任保修金担保及发包人提交的付款担保）。因为发包人有权根据社会或市场情况，随时放弃其投资项目，终止合同，故不能要求发包人提供履约保函。

考虑到我国承包人的财力现状，信用制度尚不完善，部分银行要求保函金额以存入等额现金作为担保保函的抵押等情况，故采取对担保保函的对等、不对等、不约定等双方意思一致的自愿约定方式。

1）履约保函。约定由承包人提交履约保函。

2）支付保函。约定由承包人向发包人提交履约保函时，发包人向承包人提交支付保函。

3）预付款保函。约定由承包人向发包人提交预付款保函（按惯例，预付款保函包括：为设计、动员、开工使用的工程预付款保函和采购预付款保函。本合同采取国内绝大部分合同的方法，将采购预付款以采购进度款方式解决，简化了提交采购预付款保函、财务计算支付与扣减，故未规定采购预付款保函）。

（3）预付款

工程总承包合同的预付款一般应高于施工合同预付款的金额，即大于中标合同价10%；由于工程总承包属于总价合同，且国内为减少采购预付款分期支付与分期扣回的麻烦，故根据国内习惯做法，将采购预付款作为采购进度款处理。故《示范文本》只有一笔工程预付款。

1）预付款金额。发包人同意支付预付款，金额在专用条款中约定。

2）预付款支付。约定了预付款保函时，收到保函后10天内支付。未约定预付款保函时，在合同生效后10天内，按约定的预付款金额支付。

3）预付款抵扣（保证收回预付款的约定）。

① 预付款的抵扣方式、比例和时间安排，在专用条款约定。

② 在签发工程接收证书或合同解除时，预付款尚未抵扣完的：

a. 从应付给承包人的款项或属于承包人的款项中一次或多次扣除；

b. 上述款项中不足以抵扣时，当合同约定了承包人提交预付款保函时，发包人有权从预付款保函中扣除尚未抵扣完的预付款；

c. 应付给承包人或属于承包人的款项不足以抵扣且合同未约定承包人提交预付款保

函时，承包人应与发包人签订支付尚未抵扣完的预付款支付时间安排协议书；

d. 承包人未能按上述协议书执行，发包人有权从履约保函（如有）中抵扣尚未扣完的预付款。

（4）工程进度款

1）工程进度款。工程进度款支付方式、支付条件和支付时间等，在专用条款中约定（上述是根据“1.1.43 工程进度款的定义，指发包人根据合同约定的支付内容、支付条件，分期向承包人支付的设计、采购、施工和竣工试验的进度款，竣工后试验和试运行考核的服务费，以及工程总承包管理费等款项”做的简短约定）。

2）据工程具体情况，应付的其他进度款，在专用条款约定。

（5）缺陷保修金额的暂扣与支付

1）缺陷保修金额的暂时扣减。根据条款缺陷保修金额和条款缺陷保修金额暂扣的约定，暂时扣减缺陷保修金。

2）缺陷保修金额的支付。办理竣工验收和竣工结算时，将暂扣的全部缺陷保修金额的一半付给承包人，专用条款另有约定时除外。

此后，未按发包人通知或委托发包人修复的缺陷，发包人发生的此项费用，从余下的缺陷保修金中扣除。

接收证书颁发之日起一年后的15日内，将暂扣的缺陷保修金的余额支付给承包人。

按国际管理做法，是指实施过程的缺陷保修金额的暂扣，是发包人对承包人原因的缺陷须修复的资金抵押对策。缺陷保修包括两个阶段：办理竣工验收时，施工和竣工试验阶段存在的缺陷已修复，故竣工结算时支付一半；工程接收后一年内新出现的缺陷已修复或未出现缺陷，则工程接收一年后再支付另一半的余额。

“专用条款另有约定时除外”，是指双方约定承包人在竣工结算时，提交缺陷保修金保函时，发包人接受时，将其余的一半金额支付给承包人。即对工程接收后一年内新出现的或未出现缺陷，将该保函或其余额保函退还承包人。

承包人申请付款的方式与发包人支付的方式，因为招标与投标阶段都没有工作量和工程量表作依据，由合同双方根据工程的复杂程度和付款的复杂程度来确定，一般由合同双方采取“二择一”的付款方式来约定，即选择按月工程进度申请付款；或选择按付款计划表申请付款。

选择上述哪一种方式，由双方在专用条款约定。这两个条款，吸取了国际承包合同的惯例做法。

（6）按月工程进度申请付款

按月申请付款。以合同协议书的合同价格为基础，按每月实际完成的工程量（含设计、采购、施工、竣工试验和竣工后试验等）的金额，提交付款申请。申请报告的格式、内容、份数和时间，在专用条款约定。申请报告的款项类别，详见《示范文本》。（二择一的排他条款）约定了按月工程进度的申请付款，不能再约定按付款计划表的申请付款。

（7）按付款计划表申请付款

1）按付款计划表申请付款。以合同协议书约定的合同价格为基础，按专用条款约定的付款期数、计划每期达到的主要形象进度或（和）完成的主要计划工程量及每期付款金额，提交当期付款申请报告。（建议按里程碑计划约定计划付款金额）申请报告的格式、内容、份数和时间，在专用条款中约定。申请报告的款项类别，详见《示范文本》。

2）发包人按付款计划表付款时，实际工作或（和）实际进度比付款计划表约定的关键路径的目标任务落后30天及以上时，发包人有权商定减少当期付款金额并调整付款计划表。以后各期付款申请及付款，以调整后的付款计划表为依据。

3）（二择一的排他条款）约定了按付款计划表的申请付款，不能再约定按月工程进度申请付款。

（8）付款条件与时间安排

1）付款条件。约定了履约保函时，履约保函的提交为支付各项款项的条件；未约定履约保函时，按约定支付各项款项。

2）预付款的支付。依据相关款项的预付款支付的约定执行。预付款抵扣完，应及时向承包人退还预付款保函。

3）工程进度款。

① 按月工程进度申请与付款。应在收到每月付款申请报告之日起的25天内审查并支付。

② 按付款计划表申请与付款。应在收到每期付款申请报告之日起的25天内审查并支付。

（9）付款时间延误

1）发包人原因未能按约定时间支付工程进度款的，应从发包人收到付款申请报告的第26天开始，以中国人民银行颁布的同期同类贷款利率支付延期付款的利息，作为延期付款的违约金额。

2）延误付款15天以上，承包人有权发出要求付款的通知，发包人收到通知后仍不能付款的，承包人可暂停部分工作，视为发包人导致的暂停，并遵照相关款的发包人的暂停约定执行。

双方协商签订延期付款协议书的，发包人应按延期付款协议书中约定的期数、时间、金额和利息付款。

如双方未能达成延期付款协议，导致工程无法实施，承包人可停止部分或全部工程，发包人应承担违约责任，导致工程关键路径延误时，竣工日期顺延。

（10）税务与关税

1）纳税义务的约定。按国家有关纳税规定，各自履行各自的纳税义务，含与进口工程物资相关的各项纳税义务。

2）进口增值税关税减免的约定。合同一方享有本合同进口工程设备、材料、设备配件等进口增值税和关税减免时，另一方有义务就办理减免税手续给予协助和配合。

（11）索赔款项的支付

1）对于经协商确定的或经仲裁裁决的或法院判决的发包人应得的索赔款项，可从应支付给承包人的当月或当期付款中扣减。

当支付给承包人的各期工程进度款中不足以抵扣时，承包人应当另行支付，未能支付时，可协商支付协议，仍未支付时，发包人可从履约保函（如有）中抵扣（此类事项极少发生）。

如履约保函不足以抵扣，或未约定履约保函时，承包人须另行支付该索赔款项，或以双方协商一致的支付协议的期限支付（此类事项极少发生）。

2）经协商或调解确定的或经仲裁裁决的或法院判决的承包人应得的索赔款项，承包人可在当月或当期付款申请中单列该索赔款项，发包人应在当期付款中支付该索赔款项。

发包人未能支付该索赔款项时，承包人有权从发包人提交的支付保函（如有）中抵扣。如支付保函不足以抵扣，或未约定支付保函时，发包人须另行支付该索赔款项（此类事项极少发生）。

（12）竣工结算（仅介绍与施工合同范本主要差异部分）

1）提交竣工结算资料。根据相关款的约定，提交的竣工验收报告和完整的竣工资料被发包人确认后30天内，承包人递交竣工结算报告和完整的竣工结算资料。竣工结算资料的格式、内容和份数，在专用条款中约定。

2）最终竣工结算资料。收到提交的竣工结算报告和完整的竣工结算资料后30日内，经发包人审查并提出修改意见，协商一致后，承包人自费修正，并提交最终竣工结算报告和结算资料。

3）结清竣工结算的款项。承包人提交了最终竣工结算资料的30天内，结清竣工结算的款项。竣工款结清后5天内，双方返还履约保函/支付保函（如果有）。

4）未能答复竣工结算报告。发包人接到竣工结算报告和完整的竣工结算资料30天内，未提出修改意见，也未答复，视为认可。发包人应根据约定，结清竣工结算的款项。

5）发包人未能结清竣工结算的款项：

① 未能结清竣工结算的款项余额，承包人有权从发包人提交的支付保函中扣减；未约定支付保函时，从承包人提交最终结算资料后的第31天起，按中国人民银行同期同类的贷款利率支付拖欠的竣工结算款项的余额及利息。

② 根据相关款的约定，发包人未能在约定的30天内对竣工结算资料提出修改意见和答复，也未向承包人支付竣工结算款项的余额，从承包人提交该报告后的第31天起，按中国人民银行同期同类的贷款利率支付拖欠的竣工结算款项的余额及利息。在最终竣工结算资料提交90天内仍未支付，承包人可依据第16.3款争议和裁决的约定解决。

6）未能按时提交竣工结算报告及完整的结算资料。工程竣工验收报告经发包人认可后的30日内，承包人未能向发包人提交竣工结算报告及完整的结算资料，造成工程竣工结算不能正常进行或工程竣工结算不能按时结清，发包人要求交付工程时，承包人须交付；发包人未要求交付工程时，承包人须承担保管、维护和保养的费用和责任，不包括根据第9条工程接收的约定已被发包人使用、接收的单项工程和工程的任何部分。

7）承包人未能支付竣工结算的款项：

① 未能结清应付给发包人的竣工结算中的款项余额，发包人有权从提交的履约保函中扣减；履约保函不足以抵偿时，从最终竣工结算资料提交之后的31天起，按中国人民银行同期同类贷款利率支付拖欠的竣工结算款项的余额及利息。最终竣工结算资料提交90天内仍未支付，发包人有权根据第16.3款争议和裁决的约定解决。

② 未约定履约保函时，从最终竣工结算资料提交后第31天起，按中国人民银行同期同类贷款利率，向发包人支付拖欠的余额及利息。最终竣工结算资料提交90天内仍未支付，发包人有权根据第16.3款争议和裁决的约定解决。

8）竣工结算的争议。发包人收到承包人递交的竣工结算报告及完整的结算资料后的30天内，对工程竣工结算的价款发生争议时，共同委托一家具有相应资质等级的工程造价咨询单位进行竣工结算审核，按审核结果，结清竣工结算的款项。审核周期由合同双方与工程造价审核单位约定。对审核结果仍有争议时，依据条款争议和裁决的约定解决。

5. 第15条《保险》(共3款7项子款，详见《示范文本》)

(1) 承包人的投保

1) 按适用法律、行政法规和专用条款约定的投保类别，由承包人投保的险种，其保费包含在合同价格中。

在合同执行过程中，新颁布的适用法律、法规规定由承包人投保的强制性保险，作为一项变更。

2) 保险单对联合被保险人提供保险时，保险赔偿对每个联合被保险人分别施用。承包人代表被保险人的保险责任。

3) 理赔款项，用于保单约定的方面。

4) 承包人提供保单副本和保险单生效证明。

(2) 一切险和第三方责任险

建筑工程一切险、安装工程一切险和第三者责任险，无论应投保方是任何一方，其在投保时均将本合同另一方同时列为保险合同项下的被保险人。具体的投保方在专用条款中约定。

(3) 保险的其他规定

1) 由承包人负责采购运输物资的运输险，由承包人投保。此项保险费用已包含在合同价格中。除非专用条款中另有约定。

2) 保险事项的意外事件发生时，在场的各方均有责任努力采取必要措施，防止损失、损害的扩大。

3) 本合同约定以外的险种，根据各自的需要自行投保，保险费用由各自承担。

4.2.4.3　配套条款的结构关系

干系人条款主要关系、干系人条款主要内容。

1. 第2条《发包人》(共5款18项子款，详见文《示范文本》)

规定了发包人的主要权利和义务；约定了其受托人、发包人代表，监理人的任命、职责、权利等；规定了其对现场的安全保证、保安责任。

2. 第3条《承包人》(共8款21项子款，详见《示范文本》)

约定了承包人的权利和义务；项目经理应是双方确认的人选、职责、权利、离场、更换和资格、驻现场时间与兼职违约的约定；约定了工程质量保证、安全保证 、职业健康和环境保护保证、进度保证；对其分包只提出分包事项、要求的约定。

3. 第16条《违约、索赔和争议》(3款7项子款，详见《示范文本》)

我国成文法对工程建设实施阶段合同双方应承担的责任、义务和权利都有较详细规定。但还需根据实施阶段双方可能出现的各种情况，以恰当的原因对双方作出责任、义务和权利的约定。故《示范文本》对索赔约定较少。凡是法律对责任、义务没有规定的，一方认为根据本合同和与本合同有关的文件资料，认为是应该得到的款项或延长，都可提出索赔。故约定了《违约责任》《索赔》《争议与裁决》及其索赔程序。

（1）违约责任

1）发包人的违约责任（3项，详见《示范文本》）：

① 未能按时提供真实、准确、齐全的工艺技术和（或）建筑设计方案、项目基础资料和现场障碍资料；

② 未能按第13条调整合同价格，未能按第14条有关预付款、工程进度款、竣工结算约定的款项类别、金额、承包人指定的账户和时间支付相应款项；

③ 未能履行合同中约定的其他责任和义务。

应采取补救措施，并赔偿因上述违约行为给承包人造成的损失。因其违约行为造成关键路径延误时，竣工日期顺延。发包人承担违约责任，并不能减轻或免除合同中约定的应由发包人继续履行的其他责任和义务。

2）承包人的违约责任（4项，详见《示范文本》）：

① 未能对其提供的工程物资进行检验、未能修复施工质量缺陷；

② 竣工试验、竣工后试验未能通过，且工程的任何主要部分或整个工程丧失了使用价值、生产价值、使用利益；

③ 未经发包人同意或未经必要的许可或适用法律不允许分包的，将工程分包给他人；

④ 承包人未能履行合同约定的其他责任和义务。

应采取补救措施，并赔偿因上述违约行为给发包人造成的损失。承包人承担违约责任，并不能减轻或免除合同中约定的由承包人继续履行的其他责任和义务。

（2）索赔

1）发包人的索赔（约定索赔根据和程序，详见《示范文本》）

发包人认为，承包人未能履行合同约定的职责、责任、义务，且根据本合同约定、与本合同有关的文件、资料的相关情况与事项，承包人应承担损失、损害赔偿责任，但承包人未能按合同约定履行其赔偿责任时，发包人有权向承包人提出索赔。索赔依据法律及合同约定，并遵循如下程序进行：

① 应在索赔事件发生后30天内，向承包人送交索赔通知。未在索赔事件发生后30日内发出索赔通知，承包人不再承担任何责任，法律另有规定除外；

② 应在发出索赔通知后30天内，以书面形式向承包人提供说明索赔事件正当理由、条款根据、可证实的证据和索赔估算等；

③ 承包人应在收到发包人送交的索赔资料后30天内与发包人协商解决，或给予答复，或要求发包人进一步补充提供索赔理由和证据；

④ 承包人在收到发包人送交的索赔资料后30天内未与发包人协商、未予答复或未向发包人提出进一步要求，视为该项索赔已被承包人认可；

⑤ 当发包人提出的索赔事件持续影响时，发包人每周应向承包人发出索赔事件的延续影响情况，在该索赔事件延续影响停止后的30日内，发包人应向承包人送交最终索赔报告和最终索赔估算。索赔程序与相关款项的约定相同。

2）承包人的索赔（索赔根据、程序同上，详见《示范文本》）

承包人认为，发包人未能履行合同约定的职责、责任和义务，且根据本合同的任何条款的约定、与本合同有关的文件、资料的相关情况和事项，发包人应承担损失、损害赔偿责任及延长竣工日期的，发包人未能按合同约定履行其赔偿义务或延长竣工日期时，承包人有权向发包人提出索赔。索赔依据法律和合同约定，并遵循如下程序进行：

① 应在索赔事件发生后30天内向发包人发出索赔通知。未在索赔事件发生后的30日内发出索赔通知，发包人不再承担任何责任，法律另有规定除外；

② 应在发出索赔事件通知后的30天内以书面形式向发包人提交说明索赔事件的正当理由、条款根据、有效的可证实的证据和索赔估算资料报告；

③ 发包人应在收到承包人送交的有关索赔资料的报告后30天内与承包人协商解决，或给予答复，或要求承包人进一步补充索赔理由和证据；

④ 发包人在收到承包人按本款第（3）项提交的报告和补充资料后的30日内未与承包人协商或未予答复或未向承包人提出进一步补充要求，视为该项索赔已被发包人认可；

⑤ 当承包人提出的索赔事件持续影响时，承包人每周应向发包人发出索赔事件的延续影响情况，在该索赔事件延续影响停止后的30天内，承包人向发包人送交最终索赔报告和最终索赔估算。索赔程序与本款第（1）项至第（4）项的约定相同。

3）争议和裁决

① 争议的解决程序

友好协商解决；仍存争议，提请调解；仍存争议，按专用条款约定的仲裁或诉讼解决（双方在合同中约定了具体仲裁机构，本合同的法律第一管辖权，就是该仲裁机构；如约定了诉讼，则第一管辖权为法院）。

② 争议不影响履约

争议后，须继续履行其合同的责任和义务，保持工程继续实施。除非出现下列情况，任何一方不得停止工程或部分工程的实施：

a. 当事人一方违约导致合同确已无法履行，经合同双方协议停止实施；

b. 仲裁机构或法院责令停止实施。

③ 停止实施的工程保护（详见《示范文本》）

根据约定，停止实施工程或部分工程时，双方应按合同约定的职责、责任和义务，保护好与合同工程有关的各种文件、资料、图纸、已完工程，以及尚未使用的工程物资。

4. 第17条《不可抗力》（2款2项子款，详见《示范文本》）

（1）不可抗力事件的发生。约定了双方的通知义务、承包人对损害损失的通报义务。

（2）不可抗力的后果和责任。约定了因不可抗力造成发包人的人员、已完未完工程、已用未用工程物资等，以及承包人的人员、机具、临时设施等伤亡、损坏、损伤、损毁等，均由各自承担。对发包人的恢复建设，也作了相关约定。不可抗力的具体客观情形，双方可根据不可抗力的定义，双方在专用条款约定。

（3）不可抗力发生时的义务

1）通知义务

觉察或发现的一方，有义务立即通知另一方。工程现场照管方，应在力所能及的条件下迅速采取措施，减少损失；另一方全力协助并采取措施。需暂停的施工或工作，立即停止。

2）通报义务

在不可抗力事件结束后48小时内，承包人（如为工程现场的照管方）须向发包人通报受害和损失情况。当不可抗力事件持续发生时，每周应向发包人和工程总监报告受害情况。

(4) 不可抗力的后果

不可抗力导致的损失、损害、伤害所发生的费用及延误的竣工日期，按如下约定：

1) 永久性工程和工程物资等的损失、损害，由发包人承担；

2) 受雇人员的伤害，分别按照各自的雇用合同关系负责处理；

3) 承包人的机具、设备、财产和临时工程的损失、损害，由承包人承担；

4) 承包人的停工损失，由承包人承担；

5) 不可抗力事件发生后，因一方迟延履行合同约定的保护义务导致的延续损失、损害，由迟延履行义务的一方承担；

6) 发包人通知恢复建设时，承包人应在接到通知后的20日内或双方根据具体情况约定的时间内，提交清理、修复的方案及其估算，以及进度计划安排的资料和报告，经发包人确认后，所需的清理、修复费用由发包人承担。恢复建设的竣工日期相应顺延。

5. 第18条《合同解除》(共3款14项子款，详见《示范文本》)

解除合同，不是签约本意，概率较小。但作为合同双方因受到国内外经济环境、企业经营状况、履约能力、工程实施能力、财务状况、不可抗力等影响，招致屡屡违约、不履约、无法继续履约等，则不得不解除合同的部分工作，或解除合同。所以，在合同中须约定合同解除的条款。因解除合同牵涉合同的方方面面，条款的篇幅也相当长。共规定了18.1由发包人解除合同、18.2由承包人解除合同、18.3合同解除后的事项。

(1) 由发包人解除合同

1) 通知改正

承包人未能按合同履行其职责、责任和义务，发包人可通知承包人，在合理的时间内纠正并补救其违约行为。

2) 由发包人解除合同

发包人有权基于下列原因，解除合同或解除合同的部分工作。应在发出解除合同通知15日前告知承包人。

发包人解除合同并不影响其根据合同约定享有的其他权利。

① 承包人未能遵守条款履约保函的约定；

② 承包人未能执行条款通知改正的约定；

③ 承包人未能遵守条款的有关分包和转包的约定；

④ 承包人实际进度明显落后于进度计划，发包人指令其采取措施并修正进度计划时，承包人无作为；

⑤ 工程质量有严重缺陷，承包人无正当理由使修复开始日期拖延达30日以上；

⑥ 承包人明确表示或以自己的行为明显表明不履行合同或经发包人以书面形式通知其履约后仍未能依约履行合同或以明显不适当的方式履行合同；

⑦ 根据8.6.2款第(5)项(或)和10.8款的约定，未能通过的竣工试验、未能通过的竣工后试验，使整个工程的任何部分和(或)工程丧失了主要使用功能、生产功能；

⑧ 承包人破产、停业清理或进入清算程序，或情况表明承包人将进入破产和(或)清算程序。

发包人不能为另行安排其他承包人实施工程而解除合同或解除合同的部分工作。发包人违反该约定时，承包人有权依据本项约定，提出仲裁或诉讼。

解除合同后，需要处理合同中原先约定的方方面面的事项很多，故规定了如下款项：

a. 解除合同后停止和进行的工作（约定 8 项内容）；

b. 解除日期的结算（约定已完部分的结算）；

c. 解除合同后的结算（约定 4 项结算内容）；

d. 承包人的撤离、解除合同后继续实施工程的权利。

（2）由承包人解除合同

1）由承包人解除合同。基于下列原因，有权解除合同，应在发出解除合同通知 15 天前告知发包人：

① 发包人延误付款达 60 日以上，或根据相关款项承包人要求复工，但发包人在 180 日内仍未通知复工的；

② 发包人实质上未能根据合同约定履行其义务，影响承包人实施工作停止 30 日以上；

③ 发包人未能按相关款项的约定提交支付保函；

④ 出现不可抗力事件，导致继续履行合同主要义务已成为不可能或不必要；

⑤ 发包人破产、停业清理或进入清算程序、或情况表明将进入破产或（和）清算程序，或无力支付合同款项。

2）发包人接到承包人根据相关款项解除合同的通知后，发包人随后给予了付款，或同意复工或继续履行其义务或提供了支付保函时，承包人应尽快安排并恢复正常工作。因此造成关键路线延误时，竣工日期顺延；承包人因此增加的费用，由发包人承担。

解除合同后，需要处理合同中原先约定的方方面面的事项很多，故规定如下款项：

① 承包人发出解除合同的通知后，有权停止和必须进行的工作（约定 6 项）；

② 解除合同日期的结算依据；

③ 解除合同后的结算（约定 5 项）；

④ 承包人的撤离。

（3）合同解除后的事项

1）付款约定仍然有效

合同解除后，由发包人或由承包人解除合同的结算及结算后的付款约定仍然有效，直至解除合同的结算工作结束。

2）解除合同的争议

合同双方对解除合同或对解除日期的结算有争议的，应采取友好协商方式解决。经友好协商仍存在争议或有一方不接受友好协商时，根据相关款项争议和裁决的约定解决。

6. 第 19 条《合同生效与合同终止》（共 3 款，详见《示范文本》）

规定了合同生效与终止（指合同结束）的条件：

（1）1 款合同生效，合同在合同协议书中规定的合同生效条件满足之日生效。

（2）2 款规定，除第 11.1 款质量保修责任书规定外，合同双方已履行了合同约定的全部义务，竣工结算价款已结清，合同终止。

(3) 3款规定，双方应在合同终止后，遵循诚实信用原则，履行通知、协助、保密等义务。

7. 第20条《补充条款》

合同双方，应根据建设工程项目的具体情况，并“根据有关法律规定，结合工程实施情况，经协商一致后，对本通用条款的规定”，应以恰当的原因进行细化、补充、修改、完善，或另行约定其实施阶段被分解的过程中双方的合同责任、义务和权利，是谈判协商的主要任务，也是保障条款、配套条款需谈判协商的任务。因为专用条款的解释优先于通用条款，因此专用条款的约定是谈判、协商的重要任务。

应注意：专用条款的编号应与通用条款的编号保持一致。

因我国是成文法，故许多约定可依据“建筑法、合同法、建筑业颁布的法律、行政法规、部委规章、地方性法规和规章、司法解释、安全/质量/操作/检验等规程、行业规定”等文号、名称来约定，减少了对相关约定内容的大量陈述与书写。

《示范文本》专用条款部分，仅仅对国内不同建设工程具有共性条款，以填空的方式，予以列出。以“文字方式填写”相关内容，或在“____”线部分内，填写“无”、划“斜线”或双方约定的其他方式表述，如以文字、表格、图表等方式表述。

专用条款中未能列出的条款编号，应根据具体项目的具体情况，在专用条款中进行细化、补充、修改，完善和另行约定。

补充条款第20条还约定了：

(1) 承包合同工程的内容及合同工作范围划分；

(2) 承包合同的单项工程一览表；

(3) 合同价格清单分项表；

(4) 其他合同附件。

4.2.5　第五部分《示范文本》适用范围

《示范文本》适用于根据建设工程项目的“项目功能、规模、标准和工期等要求”，对其“设计、采购、施工、竣工试验、工程接收和竣工后试验”等“实施阶段全过程”或“若干实施阶段”的承发包项目。

因为合同当事人可依据承发包项目“实施阶段的组成”对《示范文本》“实施阶段的核心条款”进行取舍；并可依据“核心条款具体实施情况”依法对“核心条款”的相关约定进行细化、补充、修改、完善和另行约定。而“保障条款和其他配套条款”，可根据“核心条款”的约定依法作出与核心条款相适应的约定。

这也是《示范文本》作为非强制性使用文本的原因。就是说，文本是为合同当事人，提供了一个示范性的服务文本，使当事人无需集中更多专业人才，花费更长时间来研究、讨论、争论合同的结构、条款设置、条款约定的主要内容和约定的主要方面等，只需研究细化、补充、修改、完善和另行约定的对策。

综上，不难看出，因项目功能要求不同、实施阶段不同、利害关系不同、实施方法不同、环境影响不同、经验习惯不同等，即便是同样的合同要素、同样的合同结构，也没有完全一样的合同、完全一样的约定。但当事人双方一旦签约，将承担合同的法律责任。

4.3 《设计采购施工（EPC）交钥匙工程合同条件》与《建设项目工程总承包合同示范文本》(试行)通用条件主要条款的比较分析

自住建部会同国家工商总局制定 GF—2011—0216《建设项目工程总承包合同示范文本》(试行）正式颁布后，受到我国业主、承包商、咨询公司和工程界的普遍重视，是大家盼望数年出台的能成为工程总承包方面国家的法制化的文件，它将给力于 EPC 工程总承包项目的规范化、程序化、科学化、市场化的鼎立推动。笔者从事 FIDIC EPC 模式学研和实践多年，借此，将 FIDIC《设计采购施工（EPC）交钥匙工程合同条件》与《建设项目工程总承包合同示范文本》(试行）做一粗浅对比及简析，以求在国内外 EPC 工程总承包项目模式中的运用和操作。对比论证，也称“比较法”，是把两种事物加以对照、比较后，推导出它们之间的差异点，使结论映衬而出的论证方法。“有比较才有鉴别”，国内外 EPC 两种合同条件一经对比，就可以分辨出彼此间的优缺差异。因此，把两种不同国情、不同发展程度、不同阶段制定的 EPC 合同条件加以对照比较，从条款的几方面进行说理，从而揭示其本质，使所阐述的认知度也许更加深刻，更有说服力。基于合同条件的对称性，尽管两种版本可比性不强，仍容易能把两种合同特征和优缺在对比中显露出来，特别是相互矛盾的条款的比较，具有极大的鲜明性，能给人留下深刻的印象。经过对比，正确的论点更加稳固。可以去非存是，可以抑难扬易。因此，运用对比论证比单纯从正面说理，论证更有力，观点更鲜明。

目前，包括我国中国工程咨询协会在内的世界有 70 余个国家和地区为国际咨询工程师联合会的会员，都公认《设计采购施工（EPC）交钥匙工程合同条件》是一个被国际上的业主、承包商和咨询公司欢迎和青睐的合同条件，在岁月消磨中经受住了实践的检验。但据我所知，除美国以外的许多国家的工程项目也口口声声采用 EPC 模式发包工程，但深入观察和参加招标投标的实际情况，大相径庭，基本上都根据本国国情和工程项目的具体情况，特别是中东、非洲等国，重新拟定一份针对性非常强大所谓 FIDIC EPC ××工程项目合同条件，显然该合同条件更倾向利好业主，许多风险及潜在性风险由承包商承担。眼下，仅有世界银行或国际组织发包的工程项目的指标文件，不折不扣地使用 FIDIC 合同条件的全部内容。因此，国内外的工程总承包合同条款，其法律性如何，值得探究一番，否则费了九牛二虎之力，到头来落个费力不讨好的结果。

《设计采购施工（EPC)/交钥匙工程合同条件》之所以在世界上广泛流行，持续性非常强，数十年不衰败，有其固有的优越性。它是 FIDIC 合同条件数十年系列化的成果，这就是对业主、承包商和咨询公司呈现出系统化、程序化、法律化，被工程界称之为工程项目承发包的“圣经”，这不是一朝一夕能成就的。据此，我建议建设主管部门或中国跨国工程公司，对国际咨询工程师联合会编制的 FIDIC 文件，组织有兴趣的专家学者进行更深入的研究，产生出一些新的学术积累，使我国工程承包项目也能有自己的、配套的、系列化的、法律化的、法则化的文件，加速我国工程管理国际化步伐，至少纳入我国经援项目或某些需要我国投资的国家或尚未有合同条件的国家使用。其适用性和非适用性，都必须引起承包商的注意，以免误入歧途造成麻烦。

《设计采购施工（EPC）交钥匙工程合同条件》与《建设项目工程总承包合同示范文本》（试行）通用条件主要条款的比较如表 4-1 所示。

《设计采购施工（EPC）交钥匙工程合同条件》与《建设项目工程总承包合同示范文本》（试行）通用条件主要条款的比较

表 4-1

条款号	名称	FIDIC EPC 条款主要内容	住建部、国家工商行政管理总局制定 GF—2011—0216《建设项目工程总承包合同示范文本》（试行）	相同、相似、相异点	说明
第1条	一般规定	包括定义、解释、通信、法律语言、文件优先次序、合同协议书、权益转让、保密性、知识产权、责任条款等14款	第1条一般规定，包括定义与解释、合同文件、语言文字、适用法律、标准规范、保密事项等6款	1. 总体条款内容相近。国内工程总承包的一般规定定义部分相对集中、细致、明确，语言通顺，便于理解。 2. FIDIC 的 EPC 合同要求、程序和深度比国内的要求似乎高些，但文字有的难于理解。 3. 两者某些定义名称、语言文字、适用法律和规范的依据不同	国内外在管理上差异比较大，合同的策划、执行、争议等并非一样明确。 国内工程总承包往往受到制度上的某些保护，还体现在成套文件、数据库、P6 软件和集成化的项目管理技术等
第2条	雇主	包括现场进入权、许可、执照或批准、雇主人员、雇主资金安排、雇主的索赔等5款	第2条发包人，包括发包人的主要权利和义务、发包人代表、监理人、安全保证、保安责任等5款	“雇主”“发包人”指的都是投资者或建设单位主体。国内涉及拆迁补偿工作，使项目具备开工条件，并提供立项文件。 国内工程总承包项目，业主方的资金安排，往往存在到位不及时的情况。 国内工程总承包项目的索赔，也存在某些落实问题	国内外的监督检查机制，似乎都有对承包商有不利好的一面情形
第3条	雇主的管理	包括雇主代表、其他雇主人员、受托人员、指示、确定等5款	第3条承包人，包括承包人的主要权利和义务、项目经理、工程质量保证、安全保证、职业健康和环境保护保证、进度保证、现场保安、分包等8款	项目经理是国内工程总承包合同的明确要求，而 FIDIC 的要求带隐蔽性。 FIDIC 的 EPC 合同条件，承包商聘请设计单位进行规划设计满足雇主的功能要求，雇主聘请监理工程师进行现场管理，监理与设计可以是一家单位，也可以是两家单位。 注意指示和确定条款，国内工程项目总承包无此内容	应注意理解不同的条款如指示、确定等

续表

条款号	名称	FIDIC EPC 条款主要内容	住建部、国家工商行政管理总局制定 GF—2011—0216《建设项目工程总承包合同示范文本》(试行)	相同、相似、相异点	说明
第4条	承包商	包括承包商的一般义务、履约担保、承包商代表、分包商、指定的分包商、合作、放线、安全程序、质量保证、现场数据、合同价格的充分性、不可预见的困难、道路通行权与设施、避免干扰、进场道路、货物运输、承包商设备、环境保护、电水和燃气、雇主设备和免费供应的材料、进度报告、现场保安、承包商的现场作业、化石等24款	第4四条进度计划，包括项目进度计划、设计进度计划、采购进度计划、施工进度计划、误期损害赔偿、暂停等6款。 此款对应国内EPC总承包第6条款"工程物资"，包括工程物资的提供、检验、进口工程物资的采购/报关/清关/和商检、运输与超限物资运输、重新订货及后果、工程物资保管与剩余	FIDIC合同条件中，对化石一项要求比较严格，其中特别对文物保护提出了明确要求。 国内工程项目总承包同样有此要求。 进度计划中，国内工程总承包合同把设计、采购和施工单列一款，强化了工程总承包项目的重要意义，对工程进度控制更加有利	两种合同都对承包商提出更严厉的苛刻条件要求。 工程项目总承包商应具备与承揽的项目相匹配的实力和能力
第5条	设计	包括设计义务一般要求、承包商文件、承包商的承诺、技术标准和法规、竣工文件、设计错误、操作和维修手册等8款	第5条技术与设计，包括生产工艺技术、建筑设计方案、设计、设计阶段审查、操作维修人员的培训、知识产权等5款	1. 国内设计单位和施工单位是分离的，承包商如有设计要求，一般需要联合设计单位，此点与欧美发达国家大不一样。 2. FIDIC的EPC合同条件，承包商聘请设计单位进行设计满足雇主的功能要求，在拿到所谓的施工图纸后，承包商的现场代表需要进行施工详图设计及其深化并提交雇主代表/监理进行批准等	国内工程总承包商体制需要完善 国内外设计阶段有比较大的不同，此点切需注意。国际工程EPC大部分需要深化设计工作
第6条	员工	包括员工的雇佣、工资标准和劳动条件、为雇主服务的人员、劳动法、工作时间、为员工提供设施、健康和安全、承包商的监督、承包商人员、承包商人员和设备的记录、无序行为等11款	第6条工程物资，包括工程物资的提供、检验、进口工程物资的采购、报关、清关和商检、运输与超限物资运输、重新订货及后、工程物资保管与剩余等6款	关于国内工程物资条款规定，符合国情的具体状态，程序性清清楚楚，比较切实可行。 FIDIC的EPC合同条件里的职员与劳工条款，应当符合工程总承包项目所在国的劳动法等相关法律，凡国际工程EPC模式，均应严格遵守，参照执行	国外要求劳工休假制度必须严格遵守和执行劳动法及相关法律

续表

条款号	名称	FIDIC EPC条款主要内容	住建部、国家工商行政管理总局制定GF—2011—0216《建设项目工程总承包合同示范文本》(试行)	相同、相似、相异点	说明
第7条	生产设备、材料和工艺	包括实施方法、样品、检验、试验、拒收、修补工作、生产设备和材料的所有权、土地(矿区)使用费等8款	第7条施工,包括发包人的义务、承包人的义务、施工技术方法、人力和机具资源、质量与检验、隐蔽工程和中间验收、对施工质量结果的争议、职业健康/安全/环境保护等8款	国内更强调施工方法和施工方案的编制和实施。 FIDIC的EPC合同条件里,主要强调设计工作和理念,而施工方案比例只是一部分,但都涉及和注意到工程项目施工过程的重要工作	国际工程EPC模式,对生产设备、材料和工艺的样品检验试验很重视,中国公司常常不适应
第8条	开工、延误和暂停	包括工程的开工、竣工时间、进度计划、竣工时间的延长、当局造成的延误、工程进度、误期损害赔偿费、暂时停工、暂停的后果、暂停时对生产设备和材料的付款、拖长的暂停、复工等12款	第8条竣工试验,包括竣工试验的义务、竣工试验的检验和验收、竣工试验的安全和检查、延误的竣工试验、重新试验和验收、未能通过竣工试验、竣工试验结果的争议等7款	对应国内EPC总承包第4条款"进度计划、延误和暂停",包括项目进度计划、设计进度计划、采购进度计划、施工进度计划、误期损害赔偿、暂停等	都涉及有关项目进度计划方面规定,误期损害赔偿费等,会给承包商带来利益受损或比较大的损害承包商应把施工组织计划做得完美,自己避免拖期
第9条	竣工试验	包括承包商的义务、延误的试验、重新试验、未能通过竣工试验等4款	第9条工程接收,包括工程接收、接收证书、接收工程的责任、未能接收工程等4款	FIDIC的EPC合同条件试运行不应代表着工程的规定接收,即工程在试运行期间生产的任何产品不属于雇主的财产,除非另有专用条件说明;而国内EPC总承包规定,发包人对符合设计和质量要求的试验结果负责。这是最大的不同	都涉及关于EPC项目/交钥匙工程竣工试验的内容
第10条	雇主的接收	包括工程和分项工程的接受、部分工程的接受、对竣工试验的干扰等3款	第10条竣工后试验,包括权利与义务、竣工后试验程序、竣工后试验及运行考核、竣工后试验的延误、重新进行竣工后试验、未能通过考核、竣工后试验及考核验收证书、丧失了生产价值和使用价值等8款	其对应国内工程总承包第9条款"工程接收",包括工程接收、接收证书、接收工程的责任、未能接收工程等	

续表

条款号	名称	FIDIC EPC 条款主要内容	住建部、国家工商行政管理总局制定GF—2011—0216《建设项目工程总承包合同示范文本》(试行)	相同、相似、相异点	说明
第11条	缺陷责任	包括完成扫尾工作和修补缺陷、修补缺陷的及其费用、缺陷通知期限的延长、未能修补缺陷、移出有缺陷的工程、进一步试验、进入权、承包商调查、履约证书、未履行的义务、现场清理等11款	第11条质量保修责任,包括质量保修责任书、缺陷责任保修金等2款	1. 国内EPC总承包项目主要强调质量保修责任书的签订和缺陷责任保修金的专用条款约定。 2. 而FIDIC的EPC合同里主要强调缺陷的修补、费用及缺陷修补的程序和履约证书和现场清理等,比国内的要求多一些	维修期一般为一年。 但有的国家建筑法规定建筑物结构维修期或保质期比较长
第12条	竣工后试验	包括竣工后试验的程序、延误的试验、重新试验、未能通过竣工后试验等4款	第12条工程竣工验收,包括竣工验收报告及完整的竣工资料、竣工验收等2款	国内工程总承包项目强调发包人的批准并不能减轻或免除承包人的责任,承包人应根据经批准的竣工后试验方案组织安排其管理人员进行竣工后试验,产品和(或)服务收益的所有权均属发包人所有	FIDIC的EPC合同的竣工后试验的结果应由承包商负责整理和评价,并编写一份详细报告,对雇主提前使用工程的影响应予适当考虑
第13条	变更和调整	包括变更权、价值工程、变更程序、以适用货币支付、暂列金额、计日工作、因法律改变的调整、因成本改变的调整等8款	第13条变更和合同价格调整,包括变更权、变更范围、变更程序、紧急性变更程序、变更价款确定、建议变更的利益分享、合同价格调整、合同价格调整的争议等8款	1. 国内工程总承包项目的变更范围,包括设计、采购、施工等变更范围,以及发包人的赶工指令和调减部分工程等规定,比较具体。 2. 而FIDIC的EPC合同里要求有价值工程,此类建议书应由承包商自费编制,并按照变更程序向雇主提交书面建议	国际工程总承包项目,因项目所在国法律更改,工程变更是在预料内应有之事
第14条	合同价格和付款	包括合同价格、预付款、期中付款的申请、付款计划表、拟用于工程的生产设备和材料、其中付款、付款的时间安排、延误的付款、保留金的支付、竣工报表、最终付款的申请结清证明最终付款、雇主责任的中止、支付的货币等15款	第14条合同总价和付款,包括合同总价和付款、担保、预付款、工程进度款、缺陷责任保修金的暂扣与支付、按月工程进度申请付款、按付款计划表申请付款、付款条件与时间安排、付款时间延误、税务与关税、索赔款项的支付、竣工结算等12款	对此款,国内相对的规定,完整周全,滴水不漏,便于操作。 国内工程投标报价只需要熟悉和参照所使用的定额和取费的技巧为依据取费,各承包商的报价差别不会太大。 国内外都以总价合同为基础,包括预付款、工程进度款、最终付款等	EPC合同一般按里程碑支付。 国际上投标报价没有现成定额,基本是单价测算和按照企业自己的定额或参考国内的一些定额并乘以系数,各承包商的报价会相差很大

续表

条款号	名称	FIDIC EPC 条款主要内容	住建部、国家工商行政管理总局制定 GF—2011—0216《建设项目工程总承包合同示范文本》(试行)	相同、相似、相异点	说明
第15条	由雇主终止	包括通知改正、由雇主终止、终止日期时的估价、终止后的付款、雇主终止的权利等5款	第15条保险,包括承包人的投保、一切险和第三方责任险、保险的其他规定等3款。 对应国内工程总承包第18条款是“合同解除”,包括由发包人解除合同、合同解除后的事项等	无论工程总承包项目在何处终止合同都是一件不愉快和不愿意看到的事,其处理过程比较复杂,比较麻烦,有时是“劳民伤财”“两败俱伤”。 此点,会反思到决策层面的问题	国际工程中,大部分因为承包商未按合同履行其职责、责任和义务,而由业主解除合同,并处理相关事宜
第16条	由承包商暂停和终止	包括承包商暂停工作的权利、由承包商终止、终止后的付款、停止工作和承包商设备的撤离、终止时的付款等4款	第16条违约、索赔和争议,包括违约责任、索赔、争议和解决等3款		国际工程EPC中,大部分基于发包人未按合同履行其职责、责任和义务,而由承包商解除合同,并处理相关事宜等
第17条	风险与职责	包括保障、承包商对工程的照管、雇主的风险、雇主风险的后果、知识产权和工业产权、责任限度等6款	第17条不可抗力,包括不可抗力发生时的义务、不可抗力的后果等2款。 国内外EPC模式,风险大且多,涉及政治、经济、军事、法律、文化、自然环境等许多方面的因素。承包商对工程风险的预测、防范等理论和实践研究都引起了严重关切	1. 国际EPC项目风险因素难且复杂,内部及外部风险涉及当地宗教信仰、政治团体、法律法规、国际经济风险、设备/材料价格变化复杂等。 2. FIDIC的EPC合同是通过激烈市场竞争的结果,风险较大,合同比关系重要。与国内EPC项目总承包相比,市场招投标时间和资金成本较高,一个项目跟踪与投标时间三至五年都是很正常的。 3. 相对来讲,国内工程总承包比国际EPC风险似好处理	此条总承包商针对具体项目应过细研究其对策和措施。 特别关注对工程风险动态管理

续表

条款号	名称	FIDIC EPC 条款主要内容	住建部、国家工商行政管理总局制定 GF—2011—0216《建设项目工程总承包合同示范文本》(试行)	相同、相似、相异点	说明
第18条	保险	包括有关保险的一般要求、工程和设备保险、人身伤害和财产损害险、承包商人员保险等 4 款	第 18 条合同解除，包括由发包人解除合同、由承包人解除合同、合同解除后的事项等 3 款。 此款对应国内 EPC 总承包第 15 条款“保险”，包括承包人的投保、一切险和第三方责任险、保险的其他规定等	两项合同条件规定，都符合国际惯例	保险是克服风险、转移风险、分担风险的一项重要措施，承包商必须认真做好
第19条	不可抗力	包括不可抗力的定义、不可抗力的通知、将延误减至最小的义务、不可抗力的后果、不可抗力影响分包商、自主选择终止、支付和解除、根据法律解除履约等 7 款	第 19 条合同生效与合同终止，包括合同生效、合同份数、后合同义务等 3 款。 其对应国内工程总承包第 17 条款是“不可抗力”，包括不可抗力发生时的义务、不可抗力的后果等	不可抗力主要来自自然力的不可避免事件，影响合同实施，并对合同双方造成重大经济和人员损失	应在合同专用条款中，通过谈判、协商，约定不可抗力细化的条款
第20条	索赔、争端和仲裁	包括承包商的索赔、争端裁决委员会的任命、取得争端裁决委员会的决定、友好解决、仲裁、未能遵守争端裁决委员会的决定等 8 款	第 20 条补充条款：双方对通用条款内容的具体约定、补充或修改在专用条款中约定。 其对应国内工程总承包第 16 条款“违约、索赔和争议”，包括违约责任、索赔、争议和裁决等	FIDIC 的 EPC 合同的索赔管理更强调时效性，错过索赔的有效期或最佳时机，则会丧失索赔的机会。这与国内是完全不同的，国内主要强调设计变更和现场签证的管理等。 FIDIC 的 EPC 合同条件里的事件索赔时效是 28 天，而国内的 EPC 合同条件里的事件索赔时效是 30 天。承包人都存在索赔事件（工期索赔和费用索赔）的处理策略	以上对比皆以国内外合同条件为准。 索赔的解决都是先进行友好解决、协商不了再进行仲裁

4.4　发改委等九部委局制定的《标准设计施工总承包招标文件》

关于印发《简明标准施工招标文件》和《标准设计施工总承包招标文件》的通知

国务院各部门、各直属机构，各省、自治区、直辖市及计划单列市、副省级省会城市、新疆生产建设兵团发展改革委、工业和信息化主管部门、通信管理局、财政厅（局）、住房和城乡建设厅（建委、局）、交通厅（局）、水利厅（局）、广播影视局，各铁路局、各铁路公司（筹备组），民航各地区管理局：

为落实中央关于建立工程建设领域突出问题专项治理长效机制的要求，进一步完善招标文件编制规则，提高招标文件编制质量，促进招标投标活动的公开、公平和公正，国家发展改革委会同工业和信息化部、财政部、住房和城乡建设部、交通运输部、铁道部、水利部、广电总局、中国民用航空局，编制了《简明标准施工招标文件》和《标准设计施工总承包招标文件》（以下如无特别说明，统一简称为《标准文件》）。现将《标准文件》印发你们，并就有关事项通知如下：

一、适用范围

依法必须进行招标的工程建设项目，工期不超过12个月、技术相对简单且设计和施工不是由同一承包人承担的小型项目，其施工招标文件应当根据《简明标准施工招标文件》编制；设计施工一体化的总承包项目，其招标文件应当根据《标准设计施工总承包招标文件》编制。

工程建设项目，是指工程以及与工程建设有关的货物和服务。工程，是指建设工程，包括建筑物和构筑物的新建、改建、扩建及其相关的装修、拆除、修缮等。与工程建设有关的货物，是指构成工程不可分割的组成部分，且为实现工程基本功能所必需的设备、材料等。与工程建设有关的服务，是指为完成工程所需的勘察、设计、监理等。

二、应当不加修改地引用《标准文件》的内容

《标准文件》中的“投标人须知”（投标人须知前附表和其他附表除外）、“评标办法”（评标办法前附表除外）、“通用合同条款”，应当不加修改地引用。

三、行业主管部门可以作出的补充规定

国务院有关行业主管部门可根据本行业招标特点和管理需要，对《简明标准施工招标文件》中的“专用合同条款”“工程量清单”“图纸”“技术标准和要求”，《标准设计施工总承包招标文件》中的“专用合同条款”“发包人要求”“发包人提供的资料和条件”作出具体规定。其中，“专用合同条款”可对“通用合同条款”进行补充、细化，但除“通用合同条款”明确规定可以作出不同约定外，“专用合同条款”补充和细化的内容不得与“通用合同条款”相抵触，否则抵触内容无效。

四、招标人可以补充、细化和修改的内容

“投标人须知”前附表用于进一步明确“投标人须知”正文中的未尽事宜，招标人或者招标代理机构应结合招标项目具体特点和实际需要编制和填写，但不得与“投标人须知”正文内容相抵触，否则抵触内容无效。

“评标办法”前附表用于明确评标的方法、因素、标准和程序。招标人应根据招标项目具体特点和实际需要，详细列明全部审查或评审因素、标准，没有列明的因素和标准不得作为资格审查或者评标的依据。

招标人或者招标代理机构可根据招标项目的具体特点和实际需要，在“专用合同条款”中对《标准文件》中的“通用合同条款”进行补充、细化和修改，但不得违反法律、行政法规的强制性规定，以及平等、自愿、公平和诚实信用原则，否则相关内容无效。

五、实施时间、解释及修改

《标准文件》自2012年5月1日起实施。因出现新情况，需要对《标准文件》不加修改地引用的内容作出解释或修改的，由国家发展改革委会同国务院有关部门作出解释或修改。该解释和修改与《标准文件》具有同等效力。

请各级人民政府有关部门认真组织好《标准文件》的贯彻落实，及时总结经验和发现问题。各地在实施《标准文件》中的经验和问题，向上级主管部门报告；国务院各部门汇总本部门的经验和问题，报国家发展和改革委员会。

特此通知。

设计—施工通用合同条款及格式（2012年版本）

第一节　设计—施工通用合同条款

1．一般约定

1.1 词语定义

通用合同条款、专用合同条款中的下列词语应具有本款所赋予的含义。

1.1.1 合同

1.1.1.1 合同文件（或称合同）：指合同协议书、中标通知书、投标函及投标函附录、专用合同条款、通用合同条款、发包人要求、价格清单、承包人建议书，以及其他构成合同组成部分的文件。

1.1.1.2 合同协议书：指第 1.5 款所指的合同协议书。

1.1.1.3 中标通知书：指发包人通知承包人中标的函件。中标通知书随附的澄清、说明、补正事项纪要等，是中标通知书的组成部分。

1.1.1.4 投标函：指构成合同文件组成部分的由承包人填写并签署的投标函。

1.1.1.5 投标函附录：指附在投标函后构成合同文件的投标函附录。

1.1.1.6 发包人要求：指构成合同文件组成部分的名为发包人要求的文件，包括招标项目的目的、范围、设计与其他技术标准和要求，以及合同双方当事人约定对其所做的修改或补充。

1.1.1.7 价格清单：指构成合同文件组成部分的由承包人按规定的格式和要求填写并标明价格的清单。

1.1.1.8 承包人建议书：指构成合同文件组成部分的名为承包人建议书的文件。承包人建议书由承包人随投标函一起提交。承包人建议书应包括承包人的设计图纸及相应说明等设计文件。

1.1.1.9 其他合同文件：指经合同双方当事人确认构成合同文件的其他文件。

1.1.2 合同当事人和人员

1.1.2.1 合同当事人：指发包人和（或）承包人。

1.1.2.2 发包人：指专用合同条款中指明并与承包人在合同协议书中签字的当事人。

1.1.2.3　承包人：指与发包人签订合同协议书的当事人。

1.1.2.4　承包人项目经理：指承包人指定代表承包人履行义务的负责人。

1.1.2.5　设计负责人：指承包人指定负责组织指导协调设计工作并具有相应资格的人员。

1.1.2.6　施工负责人：指承包人指定负责组织指导协调施工工作并具有相应资格的人员。

1.1.2.7　采购负责人：指承包人指定负责组织指导协调采购工作的人员。

1.1.2.8　分包人：指从承包人处分包合同中某一部分工作，并与其签订分包合同的分包人。

1.1.2.9　监理人：指在专用合同条款中指明的，受发包人委托对合同履行实施管理的法人或其他组织。属于国家强制监理的，监理人应当具有相应的监理资质。

1.1.2.10　总监理工程师：指由监理人委派对合同履行实施管理的全权负责人。

1.1.3　工程和设备

1.1.3.1　工程：指永久工程和（或）临时工程。

1.1.3.2　永久工程：指按合同约定建造并移交给发包人的工程，包括工程设备。

1.1.3.3　临时工程：指为完成合同约定的永久工程所修建的各类临时性工程，不包括施工设备。

1.1.3.4　区段工程：指专用合同条款中指明特定范围的能单独接收并使用的永久工程。

1.1.3.5　工程设备：指构成或计划构成永久工程的机电设备、仪器装置、运载工具及其他类似的设备和装置。

1.1.3.6　施工设备：指为完成合同约定的各项工作所需的设备、器具和其他物品，不包括临时工程和材料。

1.1.3.7　临时设施：指为完成合同约定的各项工作所服务的临时性生产和生活设施。

1.1.3.8　承包人设备：指承包人为工程实施提供的施工设备。

1.1.3.9　施工场地（或称工地、现场）：指用于合同工程施工的场所，以及在合同中指定作为施工场地组成部分的其他场所，包括永久占地和临时占地。

1.1.3.10　永久占地：指专用合同条款中指明为实施合同工程需永久占用的土地。

1.1.3.11　临时占地：指专用合同条款中指明为实施合同工程需临时占用的土地。

1.1.4　日期、检验和竣工

1.1.4.1　开始工作通知：指监理人按第 11.1 款通知承包人开始工作的函件。

1.1.4.2　开始工作日期：指监理人按第 11.1 款发出的开始工作通知中写明的开始工作日期。

1.1.4.3　工期：指承包人在投标函中承诺的完成合同工作所需的期限，包括按第 11.3 款、第 11.4 款和第 11.6 款约定所作的变更。

1.1.4.4　竣工日期：指第 1.1.4.3 目约定工期届满时的日期。实际竣工日期以工程接收证书中写明的日期为准。

1.1.4.5　缺陷责任期：指履行第 19.2 款约定的缺陷责任的期限，具体期限在发包人要求中明确包括根据第 19.3 款约定所作的延长。

1.1.4.6 基准日期：指投标截止之日前28天的日期。

1.1.4.7 天：除特别指明外，指日历天。合同中按天计算时间的，开始当天不计入，从次日开始计算。期限最后一天的截止时间为当天24：00。

1.1.4.8 竣工试验：指在工程竣工验收前，根据第18.1款要求进行的试验。

1.1.4.9 竣工验收：指承包人完成了全部合同工作后，发包人按合同要求进行的验收。

1.1.4.10 竣工后试验：指在工程竣工验收后，根据第18.9款约定进行的试验。

1.1.4.11 国家验收：指政府有关部门根据法律、规范、规程和政策要求，针对发包人全面组织实施的整个工程正式交付投运前的验收。

1.1.5 合同价格和费用

1.1.5.1 签约合同价：指中标通知书明确的并在签订合同时于合同协议书中写明的，包括了暂列金额、暂估价的合同总金额。

1.1.5.2 合同价格：指承包人按合同约定完成了包括缺陷责任期内的全部承包工作后，发包人应付给承包人的金额，包括在履行合同过程中按合同约定进行的变更和调整。

1.1.5.3 费用：指为履行合同所发生的或将要发生的所有合理开支，包括管理费和应分摊的其他费用，但不包括利润。

1.1.5.4 暂列金额：指招标文件中给定的，用于在签订协议书时尚未确定或不可预见变更的设计、施工及其所需材料、工程设备、服务等的金额，包括以计日工方式支付的金额。

1.1.5.5 暂估价：指招标文件中给定的，用于支付必然发生但暂时不能确定价格的专业服务、材料、设备专业工程的金额。

1.1.5.6 计日工：指对零星工作采取的一种计价方式，按合同中的计日工子目及其单价计价付款。

1.1.5.7 质量保证金：指按第17.4.1项约定用于保证在缺陷责任期内履行缺陷修复义务的金额。

1.1.6 其他

1.1.6.1 书面形式：指合同文件、信函、电报、传真、数据电文、电子邮件、会议纪要等可以有形地表现所载内容的形式。

1.1.6.2 承包人文件：指由承包人根据合同应提交的所有图纸、手册、模型、计算书、软件和其他文件。

1.1.6.3 变更是指根据第15条的约定，经指示或批准对发包人要求或工程所做的改变。

1.2 语言文字

合同使用的语言文字为中文。专用术语使用外文的，应附有中文注释。

1.3 法律

适用于合同的法律包括中华人民共和国法律、行政法规、部门规章，以及工程所在地的地方法规、自治条例、单行条例和地方政府规章。

1.4 合同文件的优先顺序

组成合同的各项文件应互相解释，互为说明。除专用合同条款另有约定外，解释合同文件的优先顺序如下：

（1）合同协议书；

（2）中标通知书；

（3）投标函及投标函附录；

（4）专用合同条款；

（5）通用合同条款；

（6）发包人要求；

（7）承包人建议书；

（8）价格清单；

（9）其他合同文件。

1.5　合同协议书

承包人按中标通知书规定的时间与发包人签订合同协议书。除法律另有规定或合同另有约定外，发包人和承包人的法定代表人或其委托代理人在合同协议书上签字并盖单位章后，合同生效。

1.6　文件的提供和照管

1.6.1　承包人提供的文件

除专用合同条款另有约定外，承包人应在合理的期限内按照合同约定的数量向监理人提供承包人文件。合同约定承包人文件应批准的，监理人应当在合同约定的期限内批复。承包人的设计文件的提供和审查按第 5.3 款和第 5.5 款的约定执行。

1.6.2　发包人提供的文件

按专用合同条款约定由发包人提供的文件，包括前期工作相关文件、环境保护、气象水文、地质条件等，发包人应按约定的数量和期限交给承包人。由于发包人未按时提供文件造成工期延误的，按第 11.3 款约定执行。

1.6.3　文件错误的通知

任何一方发现了文件中存在的明显错误或疏忽，应及时通知另一方。

1.6.4　文件的照管

承包人应在现场保留一份合同、发包人要求中列出的所有文件、承包人文件、变更，以及其他根据合同收发的往来信函。发包人有权在任何合理的时间查阅和使用上述所有文件。

1.7　联络

1.7.1　与合同有关的通知、批准、证明、证书、指示、要求、请求、同意、意见、确定和决定等，均应采用书面形式。

1.7.2　第 1.7.1 项中的通知、批准、证明、证书、指示、要求、请求、同意、意见、确定和决定等来往函件，均应在合同约定的期限内送达指定的地点和指定的接收人，并办理签收手续。

1.8　转让

除合同另有约定外，未经承包人同意，发包人不得将合同权利全部或部分转让给第三人，也不得全部或部分转让合同义务。承包人不得将合同权利和义务全部转让给第三人，也不得将合同的义务全部或部分转让给第三人，法律另有规定的除外。

1.9 严禁贿赂

合同双方当事人不得以贿赂或变相贿赂的方式，谋取不当利益或损害对方权益。因贿赂造成对方损失的，行为人应赔偿损失，并承担相应的法律责任。

1.10 化石、文物

1.10.1 在施工场地发掘的所有文物、古迹，以及具有地质研究或考古价值的其他遗迹、化石、钱币或物品，属于国家所有。一旦发现上述文物，承包人应采取有效、合理的保护措施，防止任何人员移动或损坏上述物品，并立即报告当地文物行政部门，同时通知监理人和发包人。发包人、监理人和承包人应按文物行政部门要求采取妥善保护措施，由此导致费用增加和（或）工期延误由发包人承担。

1.10.2 承包人发现文物后不及时报告或隐瞒不报，致使文物丢失或损坏的，应赔偿损失，并承担相应的法律责任。

1.11 知识产权

1.11.1 除专用合同条款另有约定外，承包人完成的设计工作成果和建造完成的建筑物，除署名权以外的著作权及建筑物形象使用收益等其他知识产权均归发包人享有。

1.11.2 承包人在进行设计，以及使用任何材料、承包人设备、工程设备或采用施工工艺时，因侵犯专利权或其他知识产权所引起的责任，由承包人承担。

1.11.3 承包人在投标文件中采用专利技术的，专利技术的使用费包含在投标报价内。

1.12 文件及信息的保密

未经对方同意，任何一方当事人不得将有关文件、技术秘密、需要保密的资料和信息泄露给他人或公开发表与引用。

1.13 发包人要求中的错误（A）

1.13.1 承包人应认真阅读、复核发包人要求，发现错误的，应及时书面通知发包人。

1.13.2 发包人要求中的错误导致承包人增加费用和（或）工期延误的，发包人应承担由此增加的费用和（或）工期延误，并向承包人支付合理利润。

1.14 发包人要求中的错误（B）

1.14.1 承包人应认真阅读、复核发包人要求，发现错误的，应及时书面通知发包人。发包人作相应修改的，按照第 15 条约定处理。对确实存在的错误，发包人坚持不做修改的，应承担由此导致承包人增加的费用和（或）延误的工期。

1.14.2 承包人未发现发包人要求中存在错误的，承包人自行承担由此导致的费用增加和（或）工期延误，但专用合同条款另有约定的除外。

1.14.3 无论承包人发现与否，在任何情况下，发包人要求中的下列错误导致承包人增加的费用和（或）延误的工期，由发包人承担，并向承包人支付合理利润。

（1）发包人要求中引用的原始数据和资料；

（2）对工程或其任何部分的功能要求；

（3）对工程的工艺安排或要求；

（4）试验和检验标准；

（5）除合同另有约定外，承包人无法核实的数据和资料。

1.15　发包人要求违法

发包人要求违反法律规定的，承包人发现后应书面通知发包人，并要求其改正。发包人收到通知书后不予改正或不予答复的，承包人有权拒绝履行合同义务，直至解除合同。发包人应承担由此引起的承包人全部损失。

2. 发包人义务

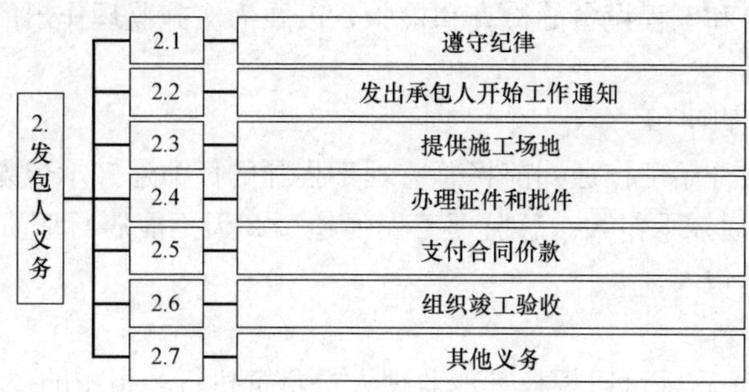

2.1　遵守法律

发包人在履行合同过程中应遵守法律，并保证承包人免于承担因发包人违反法律而引起的任何责任。

2.2　发出承包人开始工作通知

发包人应委托监理人按第 11.1 款的约定向承包人发出开始工作通知。

2.3　提供施工场地

发包人应按专用合同条款约定向承包人提供施工场地及进场施工条件，并明确与承包人的交接界面。

2.4　办理证件和批件

法律规定和（或）合同约定由发包人负责办理的工程建设项目必须履行的各类审批、核准或备案手续，发包人应按时办理。

法律规定和（或）合同约定由承包人负责的有关设计、施工证件和批件，发包人应给予必要的协助。

2.5　支付合同价款

发包人应按合同约定向承包人及时支付合同价款。专用合同条款对发包人工程款支付担保有约定的，从其约定。

2.6　组织竣工验收

发包人应按合同约定及时组织竣工验收。

2.7　其他义务

发包人应履行合同约定的其他义务。

3. 监理人

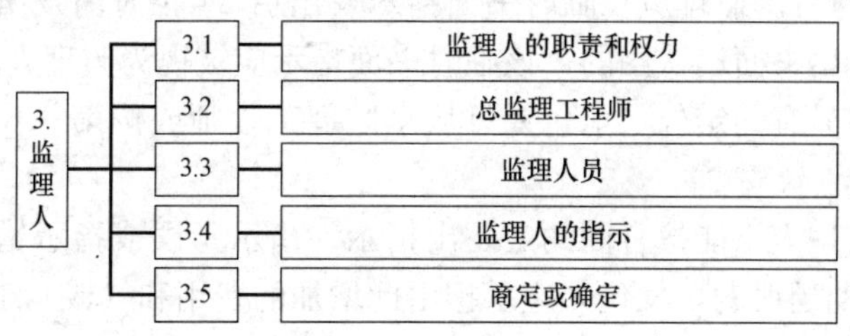

3.1　监理人的职责和权力

3.1.1　监理人受发包人委托，享有合同约定的权力，其所发出的任何指示应视为已得到发包人的批准。监理人在行使某项权力前需要经发包人事先批准而通用合同条款没有指明的，应在专用合同条款中指明。未经发包人批准，监理人无权修改合同。

3.1.2　合同约定应由承包人承担的义务和责任，不因监理人对承包人文件的审查或批准，对工程、材料和工程设备的检查和检验，以及为实施监理作出的指示等职务行为而减轻或解除。

3.2　总监理工程师

发包人应在发出开始工作通知前将总监理工程师的任命通知承包人。总监理工程师更换时，应提前14天通知承包人。总监理工程师超过2天不能履行职责的，应委派代表代行其职责，并通知承包人。

3.3　监理人员

3.3.1　总监理工程师可以授权其他监理人员负责执行其指派的一项或多项监理工作。总监理工程师应将被授权监理人员的姓名及其授权范围通知承包人。被授权的监理人员在授权范围内发出的指示视为已得到总监理工程师的同意，与总监理工程师发出的指示具有同等效力。总监理工程师撤销某项授权时，应将撤销授权的决定及时通知发包人和承包人。

3.3.2　总监理工程师授权的监理人员对承包人文件、工程或其采用的材料和工程设备未在约定的或合理的期限内提出否定意见的，视为已获批准，但不影响监理人在以后拒绝该项工作、工程、材料或工程设备的权利，监理人的拒绝应当符合法律规定和合同约定。

3.3.3　承包人对总监理工程师授权的监理人员发出的指示有疑问的，可在该指示发出的48小时内向总监理工程师提出书面异议，总监理工程师应在48小时内对该指示予以确认、更改或撤销。

3.3.4　除专用合同条款另有约定外，总监理工程师不应将第3.5　款约定应由总监理工程师作出确定的权力授权或委托给其他监理人员。

3.4　监理人的指示

3.4.1　监理人应按第3.1款的约定向承包人发出指示，监理人的指示应盖有监理人授权的项目管理机构章，并由总监理工程师或总监理工程师约定授权的监理人员签字。

3.4.2　承包人收到监理人作出的指示后应遵照执行。指示构成变更的，应按第15条执行。

3.4.3　在紧急情况下，总监理工程师或其授权的监理人员可以当场签发临时书面指示，承包人应遵照执行。监理应在临时书面指示发出后24小时内发出书面确认函，监理人在24小时内未发出书面确认函的，该临时书面指示应被视为监理人的正式指示。

3.4.4　除合同另有约定外，承包人只从总监理工程师或按第3.3.1项被授权的监理人员处取得指示。

3.4.5　由于监理人未能按合同约定发出指示、指示延误或指示错误而导致承包人费用增加和（或）工期延误的，发包人应承担由此增加的费用和（或）工期延误，并向承包人支付合理利润。

3.5　商定或确定

3.5.1　合同约定总监理工程师应按照本款对任何事项进行商定或确定时，总监理工程师应与合同当事人协商，尽量达成一致。不能达成一致的，总监理工程师应认真研究后审慎确定。

3.5.2　总监理工程师应将商定或确定的事项通知合同当事人，并附详细依据。对总监理工程师的确定有异议的，构成争议，按照第 24 条的约定处理。在争议解决前，双方应暂按总监理工程师的确定执行，按照第 24 条的约定对总监理工程师的确定作出修改的，按修改后的结果执行，由此导致承包人增加的费用和（或）延误的工期由发包人承担。

4. 承包人

4.1　承包人的一般义务

4.1.1　遵守法律

承包人在履行合同过程中应遵守法律，并保证发包人免于承担因承包人违反法律而引起的任何责任。

4.1.2　依法纳税

承包人应按有关法律规定纳税，应缴纳的税金包括在合同价格内。

4.1.3　完成各项承包工作

承包人应按合同约定以及监理人根据第 3.4 款作出的指示，完成合同约定的全部工作，并对工作中的任何缺陷进行整改、完善和修补，使其满足合同约定的目的。除专用合同条款另有约定外，承包人应提供合同约定的工程设备和承包人文件，以及为完成合同工作所需的劳务、材料、施工设备和其他物品，并按合同约定负责临时设施的设计、施工、运行、维护、管理和拆除。

4.1.4　对设计、施工作业和施工方法，以及工程的完备性负责

承包人应按合同约定的工作内容和进度要求，编制设计、施工的组织和实施计划，并对所有设计、施工作业和施工方法，以及全部工程的完备性和安全可靠性负责。

4.1.5　保证工程施工和人员的安全

承包人应按第10.2款约定采取施工安全措施，确保工程及其人员、材料、设备和设施的安全，防止因工程施工造成的人身伤害和财产损失。

4.1.6　负责施工场地及其周边环境与生态的保护工作

承包人应按照第10.4款约定负责施工场地及其周边环境与生态的保护工作。

4.1.7　避免施工对公众及他人的利益造成损害

承包人在进行合同约定的各项工作时，不得侵害发包人及他人使用公用道路、水源、市政管网等公共设施的权利，避免对邻近的公共设施产生干扰。承包人占用或使用他人的施工场地，影响他人作业或生活的，应承担相应责任。

4.1.8　为他人提供方便

承包人应按监理人的指示为他人在施工场地或附近实施与工程有关的其他各项工作提供可能的条件。除合同另有约定外，提供有关条件的内容和可能发生的费用，由监理人按第3.5款商定或确定。

4.1.9　工程的维护和照管

工程接收证书颁发前，承包人应负责照管和维护工程。工程接收证书颁发时尚有部分未竣工工程的，承包人还应负责该未竣工工程的照管和维护工作，直至竣工后移交给发包人。

4.1.10　其他义务

承包人应履行合同约定的其他义务。

4.2　履约担保

4.2.1　承包人应保证其履约担保在发包人颁发工程接收证书前一直有效。发包人应在工程接收证书颁发后28天内将履约担保退还给承包人。需进行竣工后试验的，承包人应保证其履约担保在竣工后试验通过前一直有效，发包人应在通过竣工验收后7天内将履约担保退还给承包人。

4.2.2　如工程延期，承包人有义务继续提供履约担保。由于发包人原因导致延期的，继续提供履约担保所需的费用由发包人承担；由于承包人原因导致延期的，继续提供履约担保所需费用由承包人承担。

4.3　分包和不得转包

4.3.1　承包人不得将其承包的全部工程转包给第三人，也不得将其承包的全部工程肢解后以分包的名义分别转包给第三人。

4.3.2　承包人不得将设计和施工的主体、关键性工作分包给第三人。除专用合同条款另有约定外，未经发包人同意，承包人也不得将非主体、非关键性工作分包给第三人。

4.3.3　分包人的资格能力应与其分包工作的标准和规模相适应。

4.3.4　发包人同意承包人分包工作的，承包人应向发包人和监理人提交分包合同副本。

4.4 联合体

4.4.1 联合体各方应共同与发包人签订合同。联合体各方应为履行合同承担连带责任。

4.4.2 联合体协议经发包人确认后作为合同附件。在履行合同过程中，未经发包人同意，不得修改联合体协议。

4.4.3 联合体牵头人或联合体授权的代表负责与发包人和监理人联系，并接受指示，负责组织联合体各成员全面履行合同。

4.5 承包人项目经理

4.5.1 承包人应按合同协议书的约定指派项目经理，并在约定的期限内到职。承包人更换项目经理应事先征得发包人同意，并应在更换14天前将拟更换的项目经理的姓名和详细资料提交发包人和监理人。承包人项目经理2天内不能履行职责的，应事先征得监理人同意，并委派代表代行其职责。

4.5.2 承包人项目经理应按合同约定以及监理人按第3.4款作出的指示，负责组织合同工作的实施。在情况紧急且无法与监理人取得联系时，可采取保证工程和人员生命财产安全的紧急措施，并在采取措施后24小时内向监理人提交书面报告。

4.5.3 承包人为履行合同发出的一切函件均应盖有承包人单位章或由承包人项目经理签字。

4.5.4 承包人项目经理可以授权其下属人员履行其某项职责，但事先应将这些人员的姓名和授权范围书面通知发包人和监理人。

4.6 承包人人员的管理

4.6.1 承包人应在接到开始工作通知之日起28天内，向监理人提交承包人的项目管理机构以及人员安排的报告，其内容应包括项目管理机构的设置、各主要岗位的技术和管理人员名单及其资格，以及设计人员和各工种技术工人的安排状况。承包人安排的主要管理人员和技术人员应相对稳定，更换主要管理人员和技术人员的，应取得监理人的同意，并向监理人提交继任人员的资格、管理经验等资料。项目经理的更换，应按照本章第4.5款规定执行。

4.6.2 承包人安排的主要管理人员包括项目经理、设计负责人、施工负责人、采购负责人，以及专职质量、安全生产管理人员等；技术人员包括设计师、建筑师、土木工程师、设备工程师、建造师等。

4.6.3 承包人的设计人员应由具有国家规定和发包人要求中约定的资格，并具有从事设计所必需的经验与能力。

承包人应保证其设计人员（包括分包人的设计人员）在合同期限内的任何时候，都能按时参加发包人或其委托的监理人组织的工作会议。

4.6.4 国家规定应当持证上岗的工作人员均应持有相应的资格证明，监理人有权随时检查。监理人认为有必要时，可进行现场考核。

4.6.5 除专用合同条款另有约定外，承包人的主要施工管理人员离开施工现场连续超过3天的，应事先征得监理人同意。承包人擅自更换项目经理或主要施工管理人员，或前述人员未经监理人许可擅自离开施工现场连续超过3天的，应按照专用合同条款约定承担违约责任。

4.7　撤换承包人项目经理和其他人员

承包人应对其项目经理和其他人员进行有效管理。监理人要求撤换不能胜任本职工作、行为不端或玩忽职守的承包人项目经理和其他人员的，承包人应予以撤换。

4.8　保障承包人人员的合法权益

4.8.1　承包人应与其雇佣的人员签订劳动合同，并按时发放工资。

4.8.2　承包人应按劳动法的规定安排工作时间，保证其雇佣人员享有休息和休假的权利。因设计、施工的特殊需要占用休假日或延长工作时间的，应不超过法律规定的限度，并按法律规定给予补休或付酬。

4.8.3　承包人应为其雇佣人员提供必要的食宿条件，以及符合环境保护和卫生要求的生活环境，在远离城镇的施工场地，还应配备必要的伤病防治和急救的医务人员与医疗设施。

4.8.4　承包人应按国家有关劳动保护的规定，采取有效的防止粉尘、降低噪声、控制有害气体和保障高温、高寒、高空作业安全等劳动保护措施。其雇佣人员在施工中受到伤害的，承包人应立即采取有效措施进行抢救和治疗。

4.8.5　承包人应按有关法律规定和合同约定，为其雇佣人员办理保险。

4.8.6　承包人应负责处理其雇佣人员因工伤亡事故的善后事宜。

4.9　工程价款应专款专用

发包人按合同约定支付给承包人的各项价款应专用于合同工作。

4.10　承包人现场查勘

4.10.1　发包人应向承包人提供施工场地及毗邻区域内的供水、排水、供电、供气、供热、通信、广播电视等地下管线资料、气象和水文观测资料，相邻建筑物和构筑物、地下工程的有关资料，以及其他与建设工程有关的原始资料，并承担原始资料错误造成的全部责任，但承包人应对其阅读上述有关资料后所作出的解释和推断负责。

4.10.2　承包人应对施工场地和周围环境进行查勘，并收集除发包人提供外为完成合同工作有关的当地资料。在全部合同工作中，视为承包人已充分估计了应承担的责任和风险。

4.11　不可预见物质条件（A）

4.11.1　不可预见物质条件，除专用合同条款另有约定外，是指承包人在施工场地遇到的不可预见的自然物质条件、非自然的物质障碍和污染物，包括地下和水文条件，但不包括气候条件。

4.11.2　承包人遇到不可预见物质条件时，应采取适应不利物质条件的合理措施继续设计和（或）施工，并及时通知监理人，通知应载明不利物质条件的内容以及承包人认为不可预见的理由。监理人应当及时发出指示，指示构成变更的，按第 15 条约定执行。监理人没有发出指示的，承包人因采取合理措施而增加的费用和（或）工期延误，由发包人承担。

4.11　不可预见的困难和费用（B）

除合同另有约定外，承包人应视为已取得工程有关风险、意外事件和其他情况的全部必要资料，并预见工程所有困难和费用。承包人遇到不可预见的困难和费用时，合同价格不予调整。

4.12 进度计划

4.12.1 合同进度计划

承包人应按合同约定的内容和期限，编制详细的进度计划，包括设计、承包人文件提交、采购、制造、检验、运达现场、施工、安装、试验的各个阶段的预期时间，以及设计和施工组织方案说明等报送监理人。监理人应在专用合同条款约定的期限内批复或提出修改意见，否则该进度计划视为已得到批准。经监理人批准的进度计划称为“合同进度计划”，是控制合同工程进度的依据。承包人还应根据合同进度计划，编制更为详细的分阶段或分项进度计划，报监理人批准。

4.12.2 合同进度计划的修订

不论何种原因造成工程的实际进度与第 4.12.1 项的合同进度计划不符时，承包人可以在专用合同条款约定的期限内向监理人提交修订合同进度计划的申请报告，并附有关措施和相关资料，报监理人批准；监理人也可以直接向承包人作出修订合同进度计划的指示，承包人应按该指示修订合同进度计划，报监理人批准。监理人应在专用合同条款约定的期限内批复。监理人在批复前应获得发包人同意。

4.13 质量保证

4.13.1 为保证工程质量，承包人应按照合同要求建立质量保证体系。监理人有权对承包人的质量保证体系进行审查。

4.13.2 承包人应在各设计和实施阶段开始前，向监理人提交其具体的质量保证细则和工作程序。

4.13.3 遵守质量保证体系，不应免除合同约定的承包人的义务和责任。

5. 设计

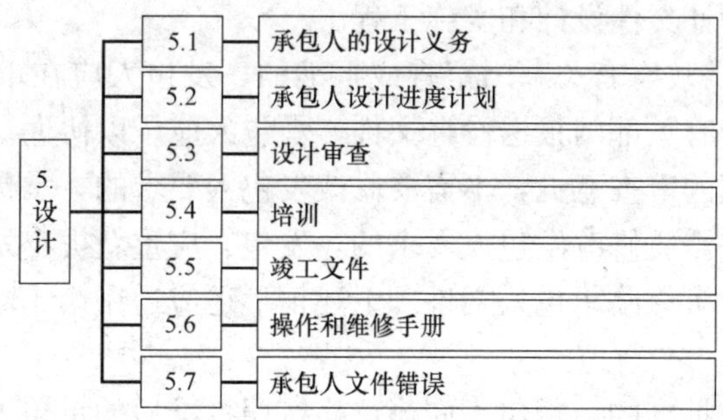

5.1 承包人的设计义务

5.1.1 设计义务的一般要求

承包人应按照法律规定，以及国家、行业和地方的规范和标准完成设计工作，并符合发包人要求。

5.1.2 法律和标准的变化

除合同另有约定外，承包人完成设计工作所应遵守的法律规定，以及国家、行业和地方的规范和标准，均应视为在基准日适用的版本。基准日之后，前述版本发生重大变化，或者有新的法律，以及国家、行业和地方的规范和标准实施的，承包人应向发包人或发包人委托的监理人提出遵守新规定的建议。发包人或其委托的监理人应在收到建议后 7 天内发出是否遵守新规定的指示。发包人或其委托的监理人指示遵守新规定的，按照第 15 条或第16.2款约定执行。

5.2 承包人设计进度计划

承包人应按照发包人要求，在合同进度计划中专门列出设计进度计划，报发包人批准后执行。承包人需按照经批准后的计划开展设计工作。

因承包人原因影响设计进度的，按第11.5款的约定执行。因发包人原因影响设计进度的，按第15条变更处理。

发包人或其委托的监理人有权要求承包人根据第11.5款提交修正的进度计划、增加投入资源并加快设计进度。

5.3 设计审查

5.3.1 承包人的设计文件应报发包人审查同意。审查的范围和内容在发包人要求中约定。

除合同另有约定外，自监理人收到承包人的设计文件以及承包人的通知之日起，发包人对承包人的设计文件审查期不超过21天。承包人的设计文件对于合同约定有偏离的，应在通知中说明。承包人需要修改已提交的承包人文件的，应立即通知监理人，并向监理人提交修改后的承包人的设计文件，审查期重新起算。

发包人不同意设计文件的，应通过监理人以书面形式通知承包人，并说明不符合合同要求的具体内容。承包人应根据监理人的书面说明，对承包人文件进行修改后重新报送发包人审查，审查期重新起算。

合同约定的审查期满，发包人没有做出审查结论也没有提出异议的，视为承包人的设计文件已获发包人同意。

5.3.2 承包人的设计文件不需要政府有关部门审查或批准的，承包人应当严格按照经发包人审查同意的设计文件设计和实施工程。

5.3.3 设计文件需政府有关部门审查或批准的，发包人应在审查同意承包人的设计文件后7天内，向政府有关部门报送设计文件，承包人应予以协助。

对于政府有关部门的审查意见，不需要修改发包人要求的，承包人需按该审查意见修改承包人的设计文件；需要修改发包人要求的，发包人应重新提出发包人要求，承包人应根据新提出的发包人要求修改承包人文件。上述情形还应适用第15条、第1.13款的有关约定。

政府有关部门审查批准的，承包人应当严格按照批准后的承包人的设计文件设计和实施工程。

5.4 培训

承包人应按照发包人要求，对发包人的人员进行工程操作和维修方面的培训。合同约定接收之前进行培训的，应在第18.3款约定的竣工验收前完成培训。

5.5 竣工文件

5.5.1 承包人应编制并及时更新反映工程实施结果的竣工记录，如实记载竣工工程的确切位置、尺寸和已实施工作的详细说明。竣工记录应保存在施工场地，并在竣工试验开始前，按照专用合同条款约定的份数提交给监理人。

5.5.2 在颁发工程接收证书之前，承包人应按照发包人要求的份数和形式向监理人提交相应竣工图纸，并取得监理人对尺寸、参照系统及其他有关细节的认可。监理人应按照第5.3款的约定进行审查。

5.5.3　在监理人收到上述文件前，不应认为工程已根据第18.3款和第18.5款约定完成验收。

5.6　操作和维修手册

5.6.1　在竣工试验开始前，承包人应向监理人提交暂行的操作和维修手册，该手册应足够详细，以便发包人能够对生产设备进行操作、维修、拆卸、重新安装、调整及修理。

5.6.2　承包人应提交足够详细的最终操作和维修手册，以及在发包人要求中明确的相关操作和维修手册。在监理人收到上述文件前，不应认为工程已根据第18.3款和第18.5款约定完成验收。

5.7　承包人文件错误

承包人文件存在错误、遗漏、含混、矛盾、不充分之处或其他缺陷，无论承包人是否根据本款获得了批准，承包人均应自费对前述问题带来的缺陷和工程问题进行改正。第1.13款发包人要求的错误导致承包人文件错误、遗漏、含混、矛盾、不充分或其他缺陷的除外。

6. 材料和工程设备

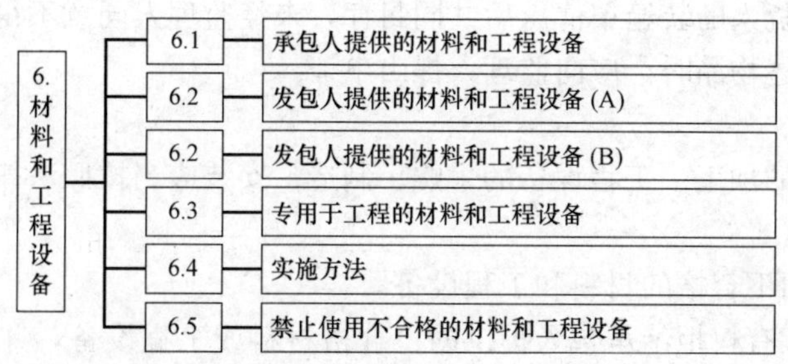

6.1　承包人提供的材料和工程设备

6.1.1　除专用合同条款另有约定外，承包人提供的材料和工程设备均由承包人负责采购、运输和保管。承包人应对其采购的材料和工程设备负责。

6.1.2　承包人应按专用合同条款的约定，将各项材料和工程设备的供货人及品种、技术要求、规格、数量和供货时间等报送监理人批准。承包人应向监理人提交其负责提供的材料和工程设备的质量证明文件，并满足合同约定的质量标准。

6.1.3　对承包人提供的材料和工程设备，承包人应会同监理人进行检验和交货验收，查验材料合格证明和产品合格证书，并按合同约定和监理人指示，进行材料的抽样检验和工程设备的检验测试，检验和测试结果应提交监理人，所需费用由承包人承担。

6.2　发包人提供的材料和工程设备（A）

6.2.1　专用合同条款约定发包人提供部分材料和工程设备的，应写明材料和工程设备的名称、规格、数量、价格、交货方式、交货地点等。

6.2.2　承包人应根据合同进度计划的安排，向监理人报送要求发包人交货的日期计划。发包人应按照监理人与合同双方当事人商定的交货日期，向承包人提交材料和工程设备。

6.2.3　发包人应在材料和工程设备到货7天前通知承包人，承包人应会同监理人在约定的时间内，赴交货地点共同进行验收。除专用合同条款另有约定外，发包人提供的材料和工程设备验收后，由承包人负责接收、运输和保管。

6.2.4 发包人要求向承包人提前交货的，承包人不得拒绝，但发包人应承担承包人由此增加的费用。

6.2.5 承包人要求更改交货日期或地点的，应事先报请监理人批准。由于承包人要求更改交货时间或地点所增加的费用和（或）工期延误由承包人承担。

6.2.6 发包人提供的材料和工程设备的规格、数量或质量不符合合同要求，或由于发包人原因发生交货日期延误及交货地点变更等情况的，发包人应承担由此增加的费用和（或）工期延误，并向承包人支付合理利润。

6.2 发包人提供的材料和工程设备（B）

发包人不提供材料和工程设备。

6.3 专用于工程的材料和工程设备

6.3.1 运入施工场地的材料、工程设备，包括备品备件、安装专用工器具与随机资料，必须专用于合同约定范围内的工程，未经监理人同意，承包人不得运出施工场地或挪作他用。

6.3.2 随同工程设备运入施工场地的备品备件、专用工器具与随机资料，应由承包人会同监理人按供货人的装箱单清点后共同封存，未经监理人同意不得启用。承包人因合同工作需要使用上述物品时，应向监理人提出申请。

6.4 实施方法

承包人对材料的加工、工程设备的采购、制造、安装应当按照法律规定、合同约定以及行业习惯来实施。

6.5 禁止使用不合格的材料和工程设备

6.5.1 监理人有权拒绝承包人提供的不合格材料或工程设备，并要求承包人立即进行更换。监理人应在更换后再次进行检查和检验，由此增加的费用和（或）工期延误由承包人承担。

6.5.2 监理人发现承包人使用了不合格的材料和工程设备，应即时发出指示要求承包人立即改正，并禁止在工程中继续使用不合格的材料和工程设备。

6.5.3 发包人提供的材料或工程设备不符合合同要求的，承包人有权拒绝，并可要求发包人更换，由此增加的费用和（或）工期延误由发包人承担。

7. 施工设备和临时设施

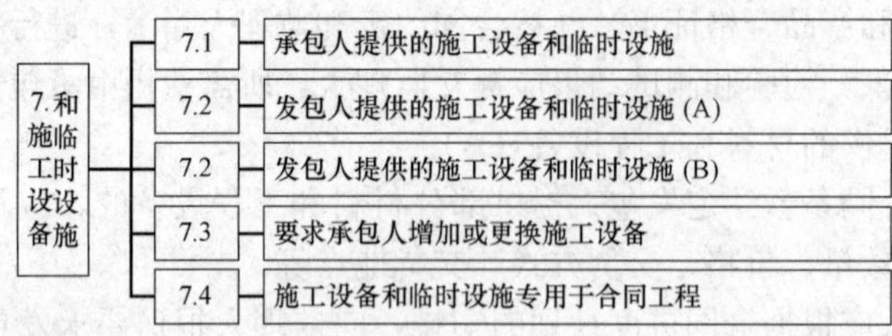

7.1 承包人提供的施工设备和临时设施

7.1.1 承包人应按合同进度计划的要求，及时配置施工设备和修建临时设施。进入施工场地的承包人设备需经监理人核查后才能投入使用。承包人更换合同约定的承包人设备的，应报监理人批准。

7.1.2 除专用合同条款另有约定外，承包人应自行承担修建临时设施的费用。需要临时占地的，应由发包人办理申请手续并承担相应费用。

7.2 发包人提供的施工设备和临时设施（A）

发包人提供的施工设备或临时设施在专用合同条款中约定。

7.2 发包人提供的施工设备和临时设施（B）

发包人不提供施工设备或临时设施。

7.3 要求承包人增加或更换施工设备

承包人使用的施工设备不能满足合同进度计划和（或）质量标准时，监理人有权要求承包人增加或更换施工设备，承包人应及时增加或更换，由此增加的费用和（或）工期延误由承包人承担。

7.4 施工设备和临时设施专用于合同工程

7.4.1 除合同另有约定外，运入施工场地的所有施工设备以及在施工场地建设的临时设施应专用于合同工程。未经监理人同意，不得将上述施工设备和临时设施中的任何部分运出施工场地或挪作他用。

7.4.2 经监理人同意，承包人可根据合同进度计划撤走闲置的施工设备。

8. 交通运输

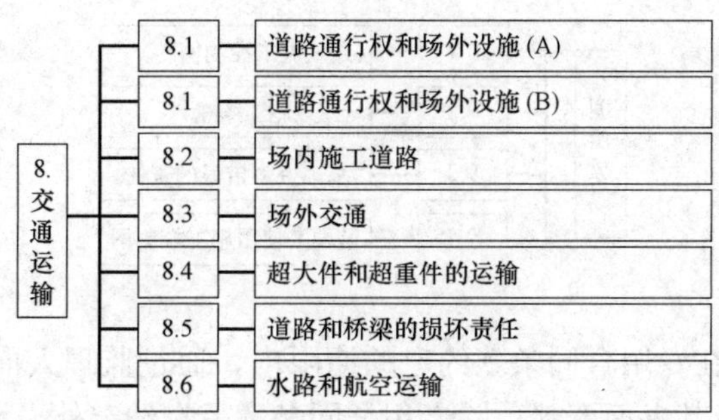

8.1 道路通行权和场外设施（A）

发包人应根据工程的施工需要，负责办理取得出入施工场地的专用和临时道路的通行权，以及取得为工程建设所需修建场外设施的权利，并承担有关费用。承包人应协助发包人办理上述手续。

8.1 道路通行权和场外设施（B）

承包人应根据工程的施工需要，负责办理取得出入施工场地的专用和临时道路的通行权，以及取得为工程建设所需修建场外设施的权利，并承担有关费用。发包人应协助承包人办理上述手续。

8.2 场内施工道路

8.2.1 除专用合同条款另有约定外，承包人应负责修建、维修、养护和管理施工所需的临时道路和交通设施，包括维修、养护和管理发包人提供的道路和交通设施，并承担相应费用。

8.2.2 除专用合同条款另有约定外，承包人修建的临时道路和交通设施应免费提供发包人和监理人为实现合同目的使用。

8.3　场外交通

8.3.1　承包人车辆外出行驶所需的场外公共道路的通行费、养路费和税款等由承包人承担。

8.3.2　承包人应遵守有关交通法规，严格按照道路和桥梁的限制荷重安全行驶，并服从交通管理部门的检查和监督。

8.4　超大件和超重件的运输

由承包人负责运输的超大件或超重件，应由承包人负责向交通管理部门办理申请手续，发包人给予协助。运输超大件或超重件所需的道路和桥梁临时加固改造费用和其他有关费用，由承包人承担，但专用合同条款另有约定除外。

8.5　道路和桥梁的损坏责任

因承包人运输造成施工场地内外公共道路和桥梁损坏的，由承包人承担修复损坏的全部费用和可能引起的赔偿。

8.6　水路和航空运输

本条上述各款的内容适用于水路运输和航空运输，其中“道路”一词的含义包括河道、航线、船闸、机场、码头、堤防，以及水路或航空运输中其他相似结构物；“车辆”一词的含义包括船舶和飞机等。

9. 测量放线

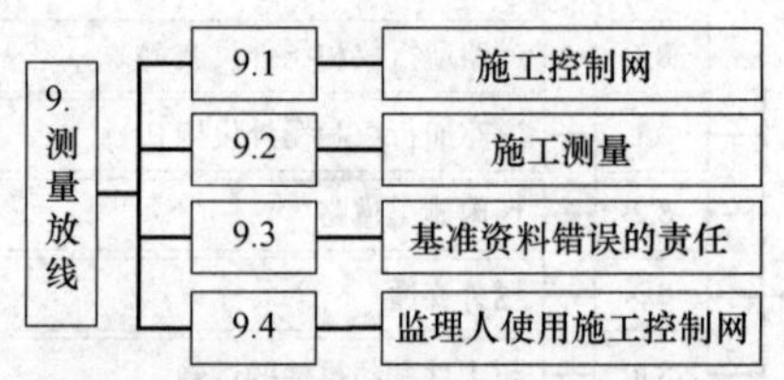

9.1　施工控制网

9.1.1　发包人应在专用合同条款约定的期限内，通过监理人向承包人提供测量基准点、基准线和水准点及其书面资料。除专用合同条款另有约定外，承包人应根据国家测绘基准、测绘系统和工程测量技术规范，按上述基准点（线）以及合同工程精度要求，测设施工控制网，并在专用合同条款约定的期限内，将施工控制网资料报送监理人批准。

9.1.2　承包人应负责管理施工控制网点。施工控制网点丢失或损坏的，承包人应及时修复。承包人应承担施工控制网点的管理与修复费用，并在工程竣工后将施工控制网点移交发包人。

9.2　施工测量

9.2.1　承包人应负责施工过程中的全部施工测量放线工作，并配置合格的人员、仪器、设备和其他物品。

9.2.2　监理人可以指示承包人进行抽样复测，当复测中发现错误或出现超过合同约定的误差时，承包人应按监理人指示进行修正或补测，并承担相应的复测费用。

9.3　基准资料错误的责任

发包人应对其提供的测量基准点、基准线和水准点及其书面资料的真实性、准确性和完整性负责，对其提供上述基准资料错误导致承包人损失的，发包人应当承担由此增加的费用和（或）工期延误，并向承包人支付合理利润。承包人应在设计或施工中对上述资料的准确性进行核实，发现存在明显错误或疏忽的，应及时通知监理人。

9.4　监理人使用施工控制网

监理人需要使用施工控制网的，承包人应提供必要的协助，发包人不再为此支付费用。

10. 安全、治安保卫和环境保护

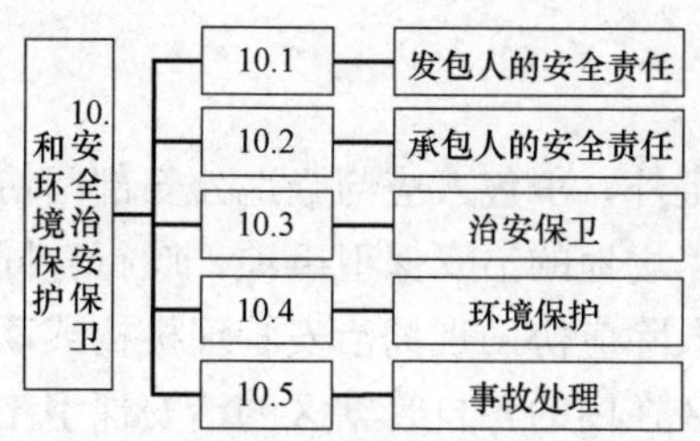

10.1　发包人的安全责任

10.1.1　发包人应按合同约定履行安全职责，授权监理人按合同约定的安全工作内容监督、检查承包人安全工作的实施，组织承包人和有关单位进行安全检查。

10.1.2　发包人应对其现场机构雇佣的全部人员的工伤事故承担责任，但由于承包人原因造成发包人人员工伤的，应由承包人承担责任。

10.1.3　发包人应负责赔偿以下各种情况造成的第三者人身伤亡和财产损失：

(1) 工程或工程的任何部分对土地的占用所造成的第三者财产损失；

(2) 由于发包人原因在施工场地及其毗邻地带、履行合同工作中造成的第三者人身伤亡和财产损失。

10.2　承包人的安全责任

10.2.1　承包人应按合同约定履行安全职责，执行监理人有关安全工作的指示，并在专用合同条款约定的期限内，按合同约定的安全工作内容，编制安全措施计划报送监理人批准。

10.2.2　承包人按照合同约定需要进行勘察的，应严格执行操作规程，采取措施保证各类管线、设施和周边建筑物、构筑物的安全。

10.2.3　承包人应当按照法律、法规和工程建设强制性标准进行设计，在设计文件中注明涉及施工安全的重点部位和环节，提出保障施工作业人员和预防安全事故的措施建议，防止因设计不合理导致生产安全事故的发生。

10.2.4　承包人应加强施工作业安全管理，特别应加强易燃、易爆材料、火工器材、有毒与腐蚀性材料和其他危险品的管理，以及对爆破作业和地下工程施工等危险作业的管理。

10.2.5　承包人应严格按照国家安全标准制定施工安全操作规程，配备必要的安全生产和劳动保护设施，加强对承包人人员的安全教育，并发放安全工作手册和劳动保护用具。

10.2.6　承包人应按监理人的指示制定应对灾害的紧急预案，报送监理人批准。承包人还应按预案做好安全检查，配置必要的救助物资和器材，切实保护好有关人员的人身和财产安全。

10.2.7　合同约定的安全作业环境及安全施工措施所需费用应遵守有关规定，并包括在相关工作的合同价格中。因采取合同未约定的安全作业环境及安全施工措施增加的费用，由监理人按第3.5款商定或确定。

10.2.8　承包人应对其履行合同所雇佣的全部人员，包括分包人人员的工伤事故承担责任，但由于发包人原因造成承包人人员工伤事故的，应由发包人承担责任。

10.2.9　由于承包人原因在施工场地内及其毗邻地带造成的第三者人员伤亡和财产损失，由承包人负责赔偿。

10.3　治安保卫

10.3.1　除合同另有约定外，承包人应与当地公安部门协商，在现场建立治安管理机构或联防组织，统一管理施工场地的治安保卫事项，履行合同工程的治安保卫职责。

10.3.2　发包人和承包人除应协助现场治安管理机构或联防组织维护施工场地的社会治安外，还应做好包括生活区在内的各自管辖区的治安保卫工作。

10.3.3　除合同另有约定外，承包人应编制施工场地治安管理计划，并制定应对突发治安事件的紧急预案，报监理人批准。自承包人进入施工现场，至发包人接收工程的期间，施工现场发生暴乱、爆炸等恐怖事件，以及群殴、械斗等群体性突发治安事件的，发包人和承包人应立即向当地政府报告。发包人和承包人应积极协助当地有关部门采取措施平息事态，防止事态扩大，尽量减少财产损失和避免人员伤亡。

10.4　环境保护

10.4.1　承包人在履行合同过程中，应遵守有关环境保护的法律，履行合同约定的环境保护义务，并对违反法律和合同约定义务所造成的环境破坏、人身伤害和财产损失负责。

10.4.2　承包人应按合同约定的环保工作内容，编制环保措施计划，报送监理人批准。

10.4.3　承包人应确保施工过程中产生的气体排放物、粉尘、噪声、地面排水及排污等，符合法律规定和发包人要求。

10.5　事故处理

合同履行过程中发生事故的，承包人应立即通知监理人，监理人应立即通知发包人。发包人和承包人应立即组织人员和设备进行紧急抢救和抢修，减少人员伤亡和财产损失，防止事故扩大，并保护事故现场。需要移动现场物品时，应作出标记和书面记录，妥善保管有关证据。发包人和承包人应按国家有关规定，及时如实地向有关部门报告事故发生的情况，以及正在采取的紧急措施等。

11. 开始工作和竣工

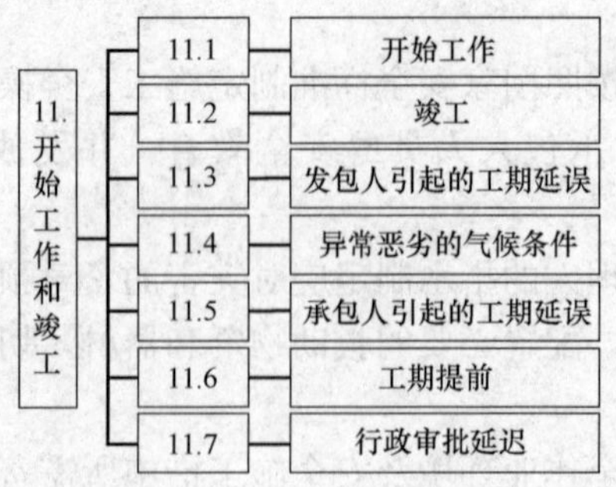

11.1　开始工作

符合专用合同条款约定的开始工作的条件的，监理人应提前7天向承包人发出开始工作通知。监理人在发出开始工作通知前应获得发包人同意。工期自开始工作通知中载明的开始工作日期起计算。除专用合同条款另有约定外，因发包人原因造成监理人未能在合同签订之日起90天内发出开始工作通知的，承包人有权提出价格调整要求，或者解除合同。发包人应当承担由此增加的费用和（或）工期延误，并向承包人支付合理利润。

11.2　竣工

承包人应在第1.1.4.3目约定的期限内完成合同工作。实际竣工日期按第18.3款约定确定，并在工程接收证书中载明。

11.3　发包人引起的工期延误

在履行合同过程中，由于发包人的下列原因造成工期延误的，承包人有权要求发包人延长工期和（或）增加费用，并支付合理利润。需要修订合同进度计划的，按照第4.12.2项的约定执行。

（1）变更；

（2）未能按照合同要求的期限对承包人文件进行审查；

（3）因发包人原因导致的暂停施工；

（4）未按合同约定及时支付预付款、进度款；

（5）发包人按第9.3款提供的基准资料错误；

（6）发包人按第6.2款迟延提供材料、工程设备或变更交货地点的；

（7）发包人未及时按照“发包人要求”履行相关义务；

（8）发包人造成工期延误的其他原因。

11.4　异常恶劣的气候条件

由于出现专用合同条款规定的异常恶劣气候的条件导致工期延误的，承包人有权要求发包人延长工期和（或）增加费用。

11.5　承包人引起的工期延误

由于承包人原因，未能按合同进度计划完成工作，或监理人认为承包人工作进度不能满足合同工期要求的，承包人应采取措施加快进度，并承担加快进度所增加的费用。由于承包人原因造成工期延误，承包人应支付逾期竣工违约金。逾期竣工违约金的计算方法和最高限额在专用合同条款中约定。承包人支付逾期竣工违约金，不免除承包人完成工作及修补缺陷的义务。

11.6　工期提前

发包人要求承包人提前竣工，或承包人提出提前竣工的建议能够给发包人带来效益的，应由监理人与承包人共同协商采取加快工程进度的措施和修订合同进度计划。发包人应承担承包人由此增加的费用，并向承包人支付专用合同条款约定的相应奖金。

11.7　行政审批迟延

合同约定范围内的工作需国家有关部门审批的，发包人和（或）承包人应按照合同约定的职责分工完成行政审批报送。因国家有关部门审批迟延造成费用增加和（或）工期延误的，由发包人承担。

12. 暂停工作

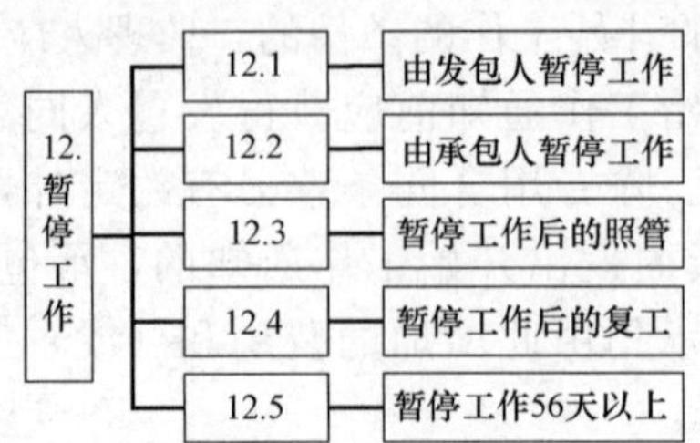

12.1　由发包人暂停工作

12.1.1　发包人认为必要时，可通过监理人向承包人发出暂停工作的指示，承包人应按监理人指示暂停工作。由于发包人原因引起的暂停工作造成工期延误的，承包人有权要求发包人延长工期和（或）增加费用，并支付合理利润。

12.1.2　由于承包人下列原因造成发包人暂停工作的，由此造成费用的增加和（或）工期延误由承包人承担：

（1）承包人违约；

（2）承包人擅自暂停工作；

（3）合同约定由承包人承担责任的其他暂停工作。

12.2　由承包人暂停工作

12.2.1　合同履行过程中发生下列情形之一的，承包人可向发包人发出通知，要求发包人采取有效措施予以纠正。发包人收到承包人通知后的28天内仍不履行合同义务，承包人有权暂停施工，并通知监理人，发包人应承担由此增加的费用和（或）工期延误责任，并支付承包人合理利润。

（1）发包人未能按合同约定支付价款，或拖延、拒绝批准付款申请和支付证书，导致付款延误的；

（2）监理人无正当理由没有在约定期限内发出复工指示，导致承包人无法复工的；

（3）发包人无法继续履行或明确表示不履行或实质上已停止履行合同的；

（4）发包人不履行合同约定其他义务的。

12.2.2　由于发包人的原因发生暂停施工的紧急情况，且监理人未及时下达暂停工作指示的，承包人可先暂停施工，并及时向监理人提出暂停工作的书面请求。监理人应在收到书面请求后的24小时内予以答复，逾期未答复的，视为同意承包人的暂停工作请求。

12.3　暂停工作后的照管

不论由于何种原因引起暂停工作的，暂停工作期间，承包人应负责妥善保护工程并提供安全保障，由此增加的费用由责任方承担。

12.4　暂停工作后的复工

12.4.1　暂停工作后，监理人应与发包人和承包人协商，采取有效措施积极消除暂停工作的影响。当工程具备复工条件时，监理人应立即向承包人发出复工通知。承包人收到复工通知后，应在监理人指定的期限内复工。

12.4.2　承包人无故拖延和拒绝复工的，由此增加的费用和工期延误由承包人承担；因发包人原因无法按时复工的，承包人有权要求发包人延长工期和（或）增加费用，并支付合理利润。

12.5　暂停工作56天以上

12.5.1　监理人发出暂停工作指示后56天内未向承包人发出复工通知的，除该项暂停由于承包人违约造成之外，承包人可向监理人提交书面通知，要求监理人在收到书面通知后28天内准许已暂停工作的全部或部分继续工作。如监理人逾期不予批准，则承包人可以通知监理人，将工程受影响的部分按第15条的约定作为可取消工作的变更处理。暂停工作影响到整个工程的，视为发包人违约，应按第12.2.1项的约定执行，同时承包人有权解除合同。

12.5.2　由于承包人原因引起暂停工作的，如承包人在收到监理人暂停工作指示后56天内不采取有效的复工措施，造成工期延误的，视为承包人违约，应按第12.1.2项的约定执行。

13. 工程质量

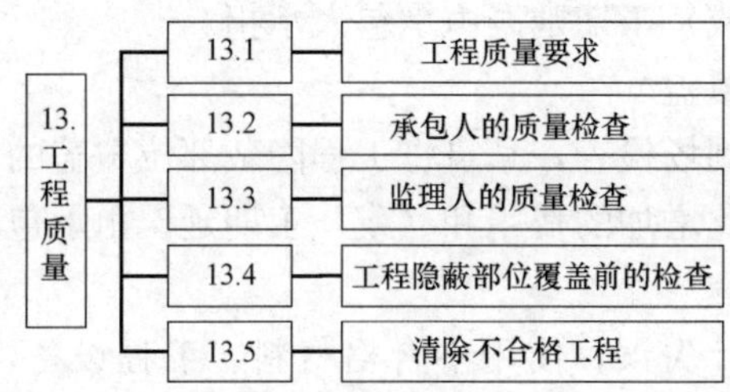

13.1　工程质量要求

13.1.1　工程质量验收按法律规定和合同约定的验收标准执行。

13.1.2　因承包人原因造成工程质量不符合法律的规定和合同约定的，监理人有权要求承包人返工直至符合合同要求为止，由此造成的费用增加和（或）工期延误由承包人承担。

13.1.3　因发包人原因造成工程质量达不到合同约定验收标准的，发包人应承担由于承包人返工造成的费用增加和（或）工期延误，并支付承包人合理利润。

13.2　承包人的质量检查

承包人应按合同约定对设计、材料、工程设备，以及全部工程内容及其施工工艺进行全过程的质量检查和检验，并作详细记录，编制工程质量报表，报送监理人审查。

13.3　监理人的质量检查

监理人有权对全部工程内容及其施工工艺、材料和工程设备进行检查和检验。承包人应为监理人的检查和检验提供方便，包括监理人到施工场地，或制造、加工地点，或合同约定的其他地方进行察看和查阅施工原始记录。承包人还应按监理人指示，进行施工场地取样试验、工程复核测量和设备性能检测，提供试验样品、提交试验报告和测量成果，以及监理人要求进行的其他工作。监理人的检查和检验，不免除承包人按合同约定应负的责任。

13.4　工程隐蔽部位覆盖前的检查

13.4.1　通知监理人检查

经承包人自检确认的工程隐蔽部位具备覆盖条件后，承包人应通知监理人在约定的期限内检查。承包人的通知应附有自检记录和必要的检查资料。监理人应按时到场检查。经监理人检查确认质量符合隐蔽要求，并在检查记录上签字后，承包人才能进行覆盖。监理人检查确认质量不合格的，承包人应在监理人指示的时间内修整返工后，由监理人重新检查。

13.4.2　监理人未到场检查

监理人未按第13.4.1项约定的时间进行检查的，除监理人另有指示外，承包人可自行完成覆盖工作，并作相应记录报送监理人，监理人应签字确认。监理人事后对检查记录有疑问的，可按第13.4.3项的约定重新检查。

13.4.3　监理人重新检查

承包人按第13.4.1项或第13.4.2项覆盖工程隐蔽部位后，监理人对质量有疑问的，可要求承包人对已覆盖的部位进行钻孔探测或揭开重新检验，承包人应遵照执行，并在检验后重新覆盖恢复原状。经检验证明工程质量符合合同要求的，由发包人承担由此增加的费用和（或）工期延误，并支付承包人合理利润；经检验证明工程质量不符合合同要求的，由此增加的费用和（或）工期延误由承包人承担。

13.4.4　承包人私自覆盖

承包人未通知监理人到场检查，私自将工程隐蔽部位覆盖的，监理人有权指示承包人钻孔探测或揭开检查，由此增加的费用和（或）工期延误由承包人承担。

13.5　清除不合格工程

13.5.1　因承包人设计失误，使用不合格材料、工程设备，或采用不适当的施工工艺，或施工不当，造成工程不合格的，监理人可以随时发出指示，要求承包人立即采取措施进行补救，直至达到合同要求的质量标准，由此增加的费用和（或）工期延误由承包人承担。

13.5.2　由于发包人提供的材料或工程设备不合格造成的工程不合格，需要承包人采取措施补救的，发包人应承担由此增加的费用和（或）工期延误，并支付承包人合理利润。

14. 试验和检验

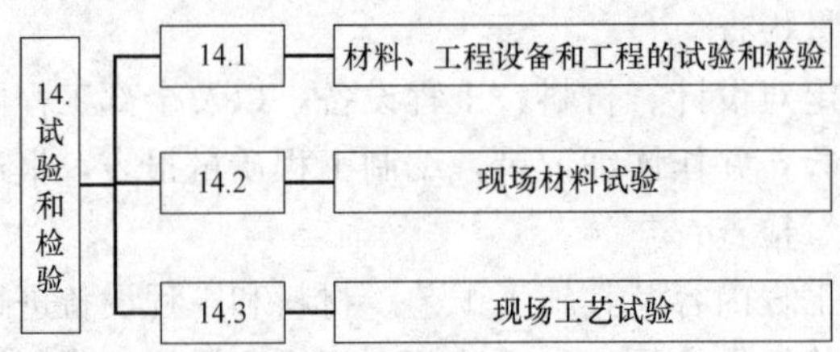

14.1　材料、工程设备和工程的试验和检验

14.1.1　本款适用于竣工试验之前的试验和检验。

14.1.2　承包人应按合同约定进行材料、工程设备和工程的试验和检验，并为监理人对上述材料、工程设备和工程的质量检查提供必要的试验资料和原始记录。按合同约定应由监理人与承包人共同进行试验和检验的，由承包人负责提供必要的试验资料和原始记录。

14.1.3　监理人未按合同约定派员参加试验和检验的，除监理人另有指示外，承包人可自行试验和检验，并应立即将试验和检验结果报送监理人，监理人应签字确认。

14.1.4　监理人对承包人的试验和检验结果有疑问的，或为查清承包人试验和检验成果的可靠性要求承包人重新试验和检验的，可按合同约定由监理人与承包人共同进行。重新试验和检验的结果证明该项材料、工程设备或工程的质量不符合合同要求的，由此增加的费用和（或）工期延误由承包人承担；重新试验和检验结果证明该项材料、工程设备和工程符合合同要求，由发包人承担由此增加的费用和（或）工期延误，并支付承包人合理利润。

14.2　现场材料试验

14.2.1　承包人根据合同约定或监理人指示进行的现场材料试验，应由承包人提供试验场所、试验人员、试验设备器材以及其他必要的试验条件。

14.2.2　监理人在必要时可以使用承包人的试验场所、试验设备器材以及其他试验条件，进行以工程质量检查为目的的复核性材料试验，承包人应予以协助。

14.3　现场工艺试验

承包人应按合同约定或监理人指示进行现场工艺试验。对大型的现场工艺试验，监理人认为必要时，应由承包人根据监理人提出的工艺试验要求，编制工艺试验措施计划，报送监理人批准。

15. 变更

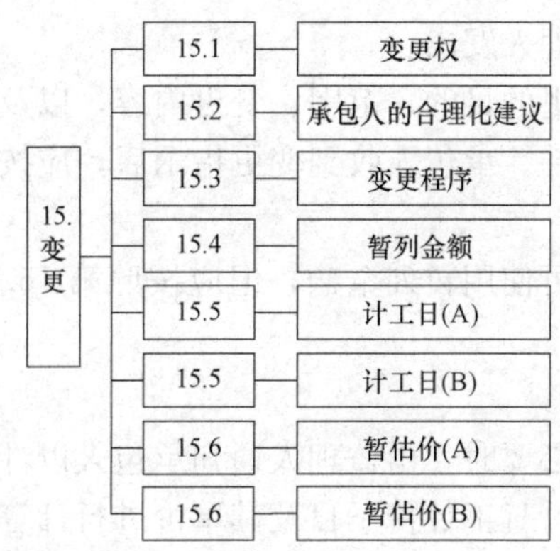

15.1　变更权

在履行合同过程中，经发包人同意，监理人可按第 15.3 款约定的变更程序向承包人作出有关发包人要求改变的变更指示，承包人应遵照执行。变更应在相应内容实施前提出，否则发包人应承担承包人损失。没有监理人的变更指示，承包人不得擅自变更。

15.2　承包人的合理化建议

15.2.1　在履行合同过程中，承包人对发包人要求的合理化建议，均应以书面形式提交监理人。合理化建议书的内容应包括建议工作的详细说明、进度计划和效益，以及与其他工作的协调等，并附必要的设计文件。监理人应与发包人协商是否采纳建议。建议被采纳并构成变更的，应按第 15.3 款约定向承包人发出变更指示。

15.2.2　承包人提出的合理化建议降低了合同价格、缩短了工期或者提高了工程经济效益的，发包人可按国家有关规定在专用合同条款中约定给予奖励。

15.3　变更程序

15.3.1　变更的提出

（1）在合同履行过程中，监理人可向承包人发出变更意向书。变更意向书应说明变更的具体内容和发包人对变更的时间要求，并附必要的相关资料。变更意向书应要求承包人提交包括拟实施变更工作的设计和计划、措施和竣工时间等内容的实施方案。发包人同意承包人根据变更意向书要求提交的变更实施方案的，由监理人按第 15.3.3 项约定发出变更指示。

(2) 承包人收到监理人按合同约定发出的文件，经检查认为其中存在对发包人要求变更情形的，可向监理人提出书面变更建议。变更建议应阐明要求变更的依据，以及实施该变更工作对合同价款和工期的影响，并附必要的图纸和说明。监理人收到承包人书面建议后，应与发包人共同研究，确认存在变更的，应在收到承包人书面建议后的 14 天内作出变更指示。经研究后不同意作为变更的，应由监理人书面答复承包人。

(3) 承包人收到监理人的变更意向书后认为难以实施此项变更的，应立即通知监理人，说明原因并附详细依据。监理人与承包人和发包人协商后确定撤销、改变或不改变原变更意向书。

15.3.2　变更估价

监理人应按照第 3.5 款商定或确定变更价格。变更价格应包括合理的利润，并应考虑承包人根据第 15.2 款提出的合理化建议。

15.3.3　变更指示

(1) 变更指示只能由监理人发出。

(2) 变更指示应说明变更的目的、范围、变更内容，以及变更的工程量及其进度和技术要求，并附有关图纸和文件。承包人收到变更指示后，应按变更指示进行变更工作。

15.4　暂列金额

经发包人同意，承包人可使用暂列金额，但应按照第 15.6 款规定的程序进行，并对合同价格进行相应调整。

15.5　计日工（A）

15.5.1　发包人认为有必要时，由监理人通知承包人以计日工方式实施变更的零星工作。其价款按列入合同中的计日工计价子目及其单价进行计算。

15.5.2　采用计日工计价的任何一项变更工作，应从暂列金额中支付，承包人应在该项变更的实施过程中，每天提交以下报表和有关凭证报送监理人批准：

(1) 工作名称、内容和数量；

(2) 投入该工作所有人员的姓名、专业/工种、级别和耗用工时；

(3) 投入该工作的材料类别和数量；

(4) 投入该工作的施工设备型号、台数和耗用台时；

(5) 监理人要求提交的其他资料和凭证。

15.5.3　计日工由承包人汇总后，按第 17.3.3 项的约定列入进度付款申请单，由监理人复核并经发包人同意后列入进度付款。

15.5　计日工（B）

签约合同价包括计日工的，按合同约定进行支付。

15.6　暂估价（A）

15.6.1　发包人在价格清单中给定暂估价的专业服务、材料、工程设备和专业工程属于依法必须招标的范围并达到规定的规模标准的，由发包人和承包人以招标的方式选择供应商或分包人。发包人和承包人的权利义务关系在专用合同条款中约定。中标金额与价格清单中所列的暂估价的金额差以及相应的税金等其他费用列入合同价格。

15.6.2　发包人在价格清单中给定暂估价的专业服务、材料和工程设备不属于依法必须招标的范围或未达到规定的规模标准的，应由承包人按第6.1款的约定提供。经监理人确认的专业服务、材料、工程设备的价格与价格清单中所列的暂估价的金额差，以及相应的税金等其他费用列入合同价格。

15.6.3　发包人在价格清单中给定暂估价的专业工程不属于依法必须招标的范围或未达到规定的规模标准的，由监理人按照第15.3.2项进行估价，但专用合同条款另有约定的除外。经估价的专业工程与价格清单中所列的暂估价的金额差以及相应的税金等其他费用列入合同价格。

15.6　暂估价（B）

签约合同价包括暂估价的，按合同约定进行支付。

16. 价格调整

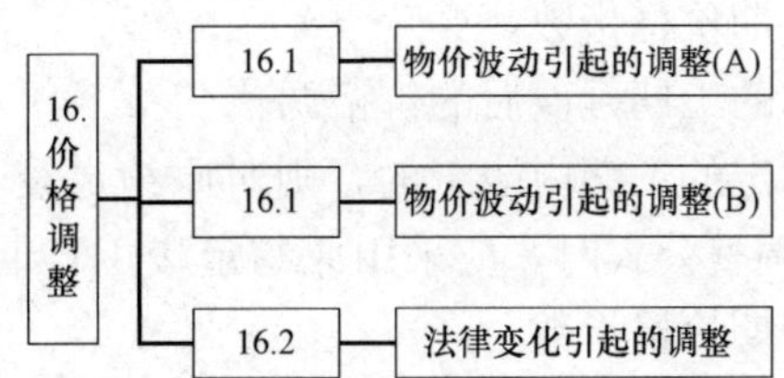

16.1　物价波动引起的调整（A）

除专用合同条款另有约定外，因物价波动引起的价格调整按照本款约定处理。

16.1.1　采用价格指数调整价格差额（适用于投标函附录约定了价格指数和权重的）

16.1.1.1　价格调整公式

因人工、材料和设备等价格波动影响合同价格时，根据投标函附录中的价格指数和权重表约定的数据，按以下公式计算差额并调整合同价格。

$$\Delta P=P_0\left[A+\left\{B_1\times\frac{F_{t_1}}{F_{0_1}}+B_2\times\frac{F_{t_2}}{F_{0_2}}+B_3\times\frac{F_{t_3}}{F_{0_3}}+\cdots+B_n\times\frac{F_{t_n}}{F_{0_n}}\right\}-1\right]$$

式中　ΔP——需调整的价格差额；

P_0——第17.3.4项、第17.5.2项和第17.6.2项约定的付款证书中承包人应得到的已完成工作量的金额。此项金额应不包括价格调整、不计质量保证金的扣留和支付、预付款的支付和扣回；第15条约定的变更及其他金额已按当期价格计价的，也不计在内；

A——定值权重（即不调部分的权重）；

B_1、B_2、B_3、$\cdots B_n$——各可调因子的变值权重（即可调部分的权重）为各可调因子在投标函投标总报价中所占的比例；

F_{t_1}、F_{t_2}、F_{t_3}、$\cdots F_{t_n}$——各可调因子的当期价格指数，指第17.3.3项、第17.5.2项和第17.6.2项约定的付款证书相关周期最后一天的前42天的各可调因子的价格指数；

F_{0_1}、F_{0_2}、F_{0_3}、$\cdots F_{0_n}$——各可调因子的基本价格指数，指基准日期的各可调因子的价格指数。

以上价格调整公式中的各可调因子、定值和变值权重，以及基本价格指数及其来源在投标函附录价格指数和权重表中约定。价格指数应首先采用投标函附录中载明的有关部门提供的价格指数，缺乏上述价格指数时，可采用有关部门提供的价格代替。

16.1.1.2 暂时确定调整差额

在计算调整差额时得不到当期价格指数的，可暂用上一次价格指数计算，并在以后的付款中再按实际价格指数进行调整。

16.1.1.3 权重的调整

按第 15.1 款约定的变更导致原定合同中的权重不合理的，由监理人与承包人和发包人协商后进行调整。

16.1.1.4 承包人引起的工期延误后的价格调整

由于承包人原因未在约定的工期内竣工的，则对原约定竣工日期后继续施工的工程，在使用第 16.1.1.1 目价格调整公式时，应采用原约定竣工日期与实际竣工日期的两个价格指数中较低的一个作为当期价格指数。

16.1.1.5 发包人引起的工期延误后的价格调整

由于发包人原因未在约定的工期内竣工的，则对原约定竣工日期后继续施工的工程，在使用第 16.1.1.1 目价格调整公式时，应采用原约定竣工日期与实际竣工日期的两个价格指数中较高的一个作为当期价格指数。

16.1.1.6 采用造价信息调整价格差额（适用于投标函附录没有约定价格指数和权重的）

合同工期内，因人工、材料、设备和机械台班价格波动影响合同价格时，人工、机械使用费按照国家或省、自治区、直辖市建设行政管理部门、行业建设管理部门或其授权的工程造价管理机构发布的人工成本信息、机械台班单价或机械使用费系数进行调整；需要进行价格调整的材料，其单价和采购数应由监理人复核，监理人确认需调整的材料单价及数量，作为调整合同价格差额的依据。

16.1 物价波动引起的调整（B）

除法律规定或专用合同条款另有约定外，合同价格不因物价波动进行调整。

16.2 法律变化引起的调整

在基准日后，因法律变化导致承包人在合同履行中所需费用发生除第 16.1 款约定以外的增减时，监理人应根据法律、国家或省、自治区、直辖市有关部门的规定，按第 3.5 款商定或确定需调整的合同价格。

17. 合同价格与支付

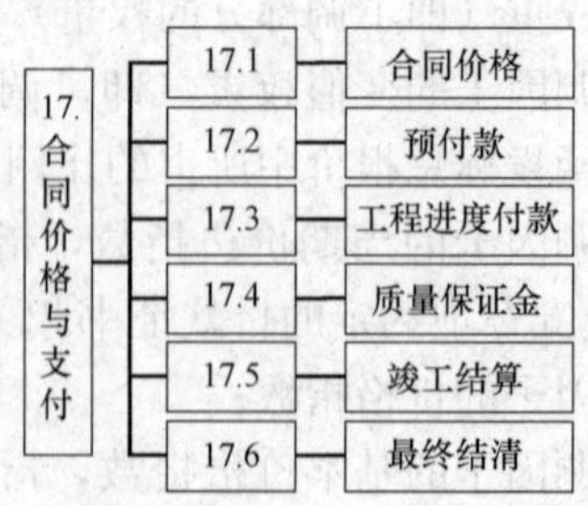

17.1　合同价格

除专用合同条款另有约定外：

（1）合同价格包括签约合同价以及按照合同约定进行的调整；

（2）合同价格包括承包人依据法律规定或合同约定应支付的规费和税金；

（3）价格清单列出的任何数量仅为估算的工作量，不得将其视为要求承包人实施的工程的实际或准确的工作量。在价格清单中列出的任何工作量和价格数据应仅限用于变更和支付的参考资料，而不能用于其他目的。

合同约定工程的某部分按照实际完成的工程量进行支付的，应按照专用合同条款的约定进行计量和估价，并据此调整合同价格。

17.2　预付款

17.2.1　预付款

预付款用于承包人为合同工程的设计和工程实施购置材料、工程设备、施工设备、修建临时设施以及组织施工队伍进场等。预付款的额度和支付在专用合同条款中约定。预付款必须专用于合同工作。

17.2.2　预付款保函

除专用合同条款另有约定外，承包人应在收到预付款的同时向发包人提交预付款保函，预付款保函的担保金额应与预付款金额相同。保函的担保金额可根据预付款扣回的金额相应递减。

17.2.3　预付款的扣回与还清

预付款在进度付款中扣回，扣回办法在专用合同条款中约定。在颁发工程接收证书前，由于不可抗力或其他原因解除合同时，预付款尚未扣清的，尚未扣清的预付款余额应作为承包人的到期应付款。

17.3　工程进度付款

17.3.1　付款时间

除专用合同条款另有约定外，工程进度款按月支付。

17.3.2　支付分解表

除专用合同条款另有约定外，承包人应根据价格清单的价格构成、费用性质、计划发生时间和相应工作量等因素，按照以下分类和分解原则，结合第 4.12.1 项约定的合同进度计划，汇总形成月度支付分解报告。

（1）勘察设计费。按照提供勘察设计阶段性成果文件的时间、对应的工作量进行分解。

（2）材料和工程设备费。分别按订立采购合同、进场验收合格、安装就位、工程竣工等阶段和专用条款约定的比例进行分解。

（3）技术服务培训费。按照价格清单中的单价，结合第 4.12.1 项约定的合同进度计划对应的工作量进行分解。

（4）其他工程价款。除第 17.1 款约定按已完成工程量计量支付的工程价款外，按照价格清单中的价格，结合第 4.12.1 项约定的合同进度计划拟完成的工程量或者比例进行分解。

承包人应当在收到经监理人批复的合同进度计划后 7 天内，将支付分解报告以及形成支付分解报告的支持性资料报监理人审批，监理人应当在收到承包人报送的支付分解报告后7天内给予批复或提出修改意见，经监理人批准的支付分解报告为有合同约束力的支付分解表。合同进度计划进行了修订的，应相应修改支付分解表，并按本目规定报监理人批复。

17.3.3 进度付款申请单

承包人应在每笔进度款支付前，按监理人批准的格式和专用合同条款约定的份数，向监理人提交进度付款申请单，并附相应的支持性证明文件。除合同另有约定外，进度付款申请单应包括下列内容：

(1) 当期应支付金额总额，以及截至当期期末累计应支付金额总额、已支付的进度付款金额总额；

(2) 当期根据支付分解表应支付金额，以及截至当期期末累计应支付金额；

(3) 当期根据第17.1款约定计量的已实施工程应支付金额，以及截至当期期末累计应支付金额；

(4) 当期根据第15条应增加和扣减的变更金额，以及截至当期期末累计变更金额；

(5) 当期根据第23条应增加和扣减的索赔金额，以及截至当期期末累计索赔金额；

(6) 当期根据第17.2款约定应支付的预付款和扣减的返还预付款金额，以及截至当期期末累计返还预付款金额；

(7) 当期根据第17.4.1项约定应扣减的质量保证金金额，以及截至当期期末累计扣减的质量保证金金额；

(8) 当期根据合同应增加和扣减的其他金额，以及截至当期期末累计增加和扣减的金额。

17.3.4 进度付款证书和支付时间

(1) 监理人在收到承包人进度付款申请单以及相应的支持性证明文件后的14天内完成审核，提出发包人到期应支付给承包人的金额以及相应的支持性材料，经发包人审批同意后，由监理人向承包人出具经发包人签认的进度付款证书。监理人未能在前述时间完成审核的，视为监理人同意承包人进度付款申请。监理人有权核减承包人未能按照合同要求履行任何工作或义务的相应金额。

(2) 发包人最迟应在监理人收到进度付款申请单后的28天内，将进度应付款支付给承包人。发包人未能在前述时间内完成审批或不予答复的，视为发包人同意进度付款申请。发包人不按期支付的，按专用合同条款的约定支付逾期付款违约金。

(3) 监理人出具进度付款证书，不应视为监理人已同意、批准或接受了承包人完成的该部分工作。

(4) 进度付款涉及政府投资资金的，按照国库集中支付等国家相关规定和专用合同条款的约定执行。

17.3.5 工程进度付款的修正

在对以往历次已签发的进度付款证书进行汇总和复核中发现错、漏或重复的，监理人有权予以修正，承包人也有权提出修正申请。经监理人、承包人复核同意的修正，应在本次进度付款中支付或扣除。

17.4 质量保证金

17.4.1　监理人应从发包人的每笔进度付款中，按专用合同条款的约定扣留质量保证金，直至扣留的质量保证金总额达到专用合同条款约定的金额或比例为止。质量保证金的计算额度不包括预付款的支付、扣回以及价格调整的金额。

17.4.2　在第1.1.4.5目约定的缺陷责任期满时，承包人向发包人申请到期应返还承包人剩余的质量保证金，发包人应在14天内会同承包人按照合同约定的内容核实承包人是否完成缺陷责任。如无异议，发包人应当在核实后将剩余质量保证金返还承包人。

17.4.3　在第1.1.4.5目约定的缺陷责任期满时，承包人没有完成缺陷责任的，发包人有权扣留与未履行责任剩余工作所需金额相应的质量保证金余额，并有权根据第19.3款约定要求延长缺陷责任期，直至完成剩余工作为止。

17.5　竣工结算

17.5.1　竣工付款申请单

（1）工程接收证书颁发后，承包人应按专用合同条款约定的份数和期限向监理人提交竣工付款申请单，并提供相关证明材料。除专用合同条款另有约定外，竣工付款申请单应包括下列内容：竣工结算合同总价、发包人已支付承包人的工程价款、应扣留的质量保证金、应支付的竣工付款金额。

（2）监理人对竣工付款申请单有异议的，有权要求承包人进行修正和提供补充资料。经监理人和承包人协商后，由承包人向监理人提交修正后的竣工付款申请单。

17.5.2　竣工付款证书及支付时间

（1）监理人在收到承包人提交的竣工付款申请单后的14天内完成核查，提出发包人到期应支付给承包人的价款送发包人审核并抄送承包人。发包人应在收到后14天内审核完毕，由监理人向承包人出具经发包人签认的竣工付款证书。监理人未在约定时间内核查，又未提出具体意见的，视为承包人提交的竣工付款申请单已经监理人核查同意；发包人未在约定时间内审核又未提出具体意见的，监理人提出发包人到期应支付给承包人的价款视为已经发包人同意。

（2）发包人应在监理人出具竣工付款证书后的14天内，将应支付款支付给承包人。发包人不按期支付的，按第17.3.4（2）目的约定，将逾期付款违约金支付给承包人。

（3）承包人对发包人签认的竣工付款证书有异议的，发包人可出具竣工付款申请单中承包人已同意部分的临时付款证书。存在争议的部分，按第24条的约定执行。

（4）竣工付款涉及政府投资资金的，按第17.3.4（4）目的约定执行。

17.6　最终结清

17.6.1　最终结清申请单

（1）缺陷责任期终止证书签发后，承包人可按专用合同条款约定的份数和期限向监理人提交最终结清申请单，并提供相关证明材料。

（2）发包人对最终结清申请单内容有异议的，有权要求承包人进行修正和提供补充资料，由承包人向监理人提交修正后的最终结清申请单。

17.6.2　最终结清证书和支付时间

（1）监理人收到承包人提交的最终结清申请单后的14天内，提出发包人应支付给承包人的价款送发包人审核并抄送承包人。发包人应在收到后14天内审核完毕，由监理人向承包人出具经发包人签认的最终结清证书。监理人未在约定时间内核查，又未提出具体意见的，视为承包人提交的最终结清申请已经监理人核查同意；发包人未在约定时间内审核又未提出具体意见的，监理人提出应支付给承包人的价款视为已经发包人同意。

（2）发包人应在监理人出具最终结清证书后的 14 天内，将应支付款支付给承包人。

发包人不按期支付的，按第 17.3.4（2）目的约定，将逾期付款违约金支付给承包人。

（3）承包人对发包人签认的最终结清证书有异议的，按第 24 条的约定执行。

（4）最终结清付款涉及政府投资资金的，按第 17.3.4（4）目的约定执行。

18. 竣工试验和竣工验收

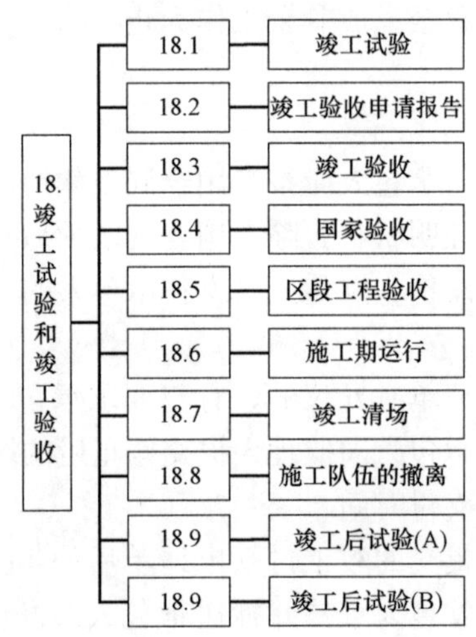

18.1　竣工试验

18.1.1　承包人按照第 5.5 款和第 5.6 款提交文件后，进行竣工试验。

18.1.2　承包人应提前 21 天将可以开始进行竣工试验的日期通知监理人，监理人应在该日期后 14 天内，确定竣工试验具体时间。除专用合同条款中另有约定外，竣工试验应按下述顺序进行：

（1）第一阶段，承包人进行适当的检查和功能性试验，保证每一项工程设备都满足合同要求，并能安全地进入下一阶段试验；

（2）第二阶段，承包人进行试验，保证工程或区段工程满足合同要求，在所有可利用的操作条件下安全运行；

（3）第三阶段，当工程能安全运行时，承包人应通知监理人，可以进行其他竣工试验，包括各种性能测试，以证明工程符合发包人要求中列明的性能保证指标。

18.1.3　承包人应按合同约定进行工程及工程设备试运行。试运行所需人员、设备、材料、燃料、电力、消耗品、工具等必要的条件以及试运行费用等由专用合同条款规定。

18.1.4　某项竣工试验未能通过的，承包人应按照监理人的指示限期改正，并承担合同约定的相应责任。

18.2　竣工验收申请报告

当工程具备以下条件时，承包人即可向监理人报送竣工验收申请报告：

（1）除监理人同意列入缺陷责任期内完成的尾工（甩项）工程和缺陷修补工作外，合同范围内的全部区段工程以及有关工作，包括合同要求的试验和竣工试验均已完成，并符合合同要求；

（2）已按合同约定的内容和份数备齐了符合要求的竣工文件；

（3）已按监理人的要求编制了在缺陷责任期内完成的尾工（甩项）工程和缺陷修补工作清单以及相应施工计划；

（4）监理人要求在竣工验收前应完成的其他工作；

（5）监理人要求提交的竣工验收资料清单。

18.3　竣工验收

监理人收到承包人按第 18.2 款约定提交的竣工验收申请报告后，应审查申请报告的各项内容，并按以下不同情况进行处理。

18.3.1　监理人审查后认为尚不具备竣工验收条件的，应在收到竣工验收申请报告后的 28 天内通知承包人，指出在颁发接收证书前承包人还需进行的工作内容。承包人完成监理人通知的全部工作内容后，应再次提交竣工验收申请报告，直至监理人同意为止。监理人收到竣工验收申请报告后 28 天内不予答复的，视为同意承包人的竣工验收申请，并应在收到该竣工验收申请报告后 28 天内提请发包人进行竣工验收。

18.3.2　监理人同意承包人提交的竣工验收申请报告的，应在收到该竣工验收申请报告后的 28 天内提请发包人进行工程验收。

18.3.3　发包人经过验收后同意接受工程的，应在监理人收到竣工验收申请报告后的 56 天内，由监理人向承包人出具经发包人签认的工程接收证书。发包人验收后同意接收工程但提出整修和完善要求的，限期修好，并缓发工程接收证书。整修和完善工作完成后，监理人复查达到要求的，经发包人同意后，再向承包人出具工程接收证书。

18.3.4　发包人验收后不同意接收工程的，监理人应按照发包人的验收意见发出指示，要求承包人对不合格工程认真返工重作或进行补救处理，并承担由此产生的费用。承包人在完成不合格工程的返工重作或补救工作后，应重新提交竣工验收申请报告，按第 18.3.1 项、第 18.3.2 项和第 18.3.3 项的约定进行。

18.3.5　除专用合同条款另有约定外，经验收合格工程的实际竣工日期，以提交竣工验收申请报告的日期为准，并在工程接收证书中写明。

18.3.6　发包人在收到承包人竣工验收申请报告 56 天后未进行验收的，视为验收合格，实际竣工日期以提交竣工验收申请报告的日期为准，但发包人由于不可抗力不能进行验收的除外。

18.4　国家验收

需要进行国家验收的，竣工验收是国家验收的一部分。竣工验收所采用的各项验收和评定标准应符合国家验收标准。发包人和承包人为竣工验收提供的各项竣工验收资料应符合国家验收的要求。

18.5　区段工程验收

18.5.1　发包人根据合同进度计划安排，在全部工程竣工前需要使用已经竣工的区段工程时，或承包人提出经发包人同意时，可进行区段工程验收。验收的程序可参照第 18.2 款与第 18.3 款的约定进行。验收合格后，由监理人向承包人出具经发包人签认的区段工程验收证书。已签发区段工程接收证书的区段工程由发包人负责照管。区段工程的验收成果和结论作为全部工程竣工验收申请报告的附件。

18.5.2　发包人在全部工程竣工前，使用已接收的区段工程导致承包人费用增加的，发包人应承担由此增加的费用和（或）工期延误，并支付承包人合理利润。

18.6　施工期运行

18.6.1　施工期运行是指合同工程尚未全部竣工，其中某项或某几项区段工程或工程设备安装已竣工，根据专用合同条款约定，需要投入施工期运行的，经发包人按第18.5款的约定验收合格，证明能确保安全后，才能在施工期投入运行。

18.6.2　在施工期运行中发现工程或工程设备损坏或存在缺陷的，由承包人按第19.2款约定进行修复。

18.7　竣工清场

18.7.1　除合同另有约定外，工程接收证书颁发后，承包人应按以下要求对施工场地进行清理，直至监理人检验合格为止。竣工清场费用由承包人承担。

（1）施工场地内残留的垃圾已全部清除出场；

（2）临时工程已拆除，场地已按合同要求进行清理、平整或复原；

（3）按合同约定应撤离的承包人设备和剩余的材料，包括废弃的施工设备和材料，已按计划撤离施工场地；

（4）工程建筑物周边及其附近道路、河道的施工堆积物，已按监理人指示全部清理；

（5）监理人指示的其他场地清理工作已全部完成。

18.7.2　承包人未按监理人的要求恢复临时占地，或者场地清理未达到合同约定的，发包人有权委托其他人恢复或清理，所发生的金额从拟支付给承包人的款项中扣除。

18.8　施工队伍的撤离

工程接收证书颁发后的56天内，除了经监理人同意需在缺陷责任期内继续工作和使用的人员、施工设备和临时工程外，其余的人员、施工设备和临时工程均应撤离施工场地或拆除。除合同另有约定外，缺陷责任期满时，承包人的人员和施工设备应全部撤离施工场地。

18.9　竣工后试验（A）

除专用合同条款另有约定外，发包人应：

（1）为竣工后试验提供必要的电力、设备、燃料、仪器、劳力、材料，以及具有适当资质和经验的工作人员；

（2）根据承包商按照第5.6款提供的手册，以及承包人给予的指导进行竣工后试验。

发包人应提前21天将竣工后试验的日期通知承包人。如果承包人未能在该日期出席竣工后试验，发包人可自行进行，承包人应对检验数据予以认可。

因承包人原因造成某项竣工后试验未能通过的，承包人应按照合同的约定进行赔偿，或者承包人提出修复建议，在发包人指示的合理期限内改正，并承担合同约定的相应责任。

18.9　竣工后试验（B）

除专用合同条款另有约定外：

（1）发包人为竣工后试验提供必要的电力、材料、燃料、发包人人员和工程设备。

（2）承包人应提供竣工后试验所需要的所有其他设备、仪器，以及有资格和经验的工作人员。

（3）承包人应在发包人在场的情况下，进行竣工后试验。发包人应提前 21 天将竣工后试验的日期通知承包人。因承包人原因造成某项竣工后试验未能通过的，承包人应按照合同的约定进行赔偿，或者承包人提出修复建议，在发包人指示的合理期限内改正，并承担合同约定的相应责任。

19. 缺陷责任与保修责任

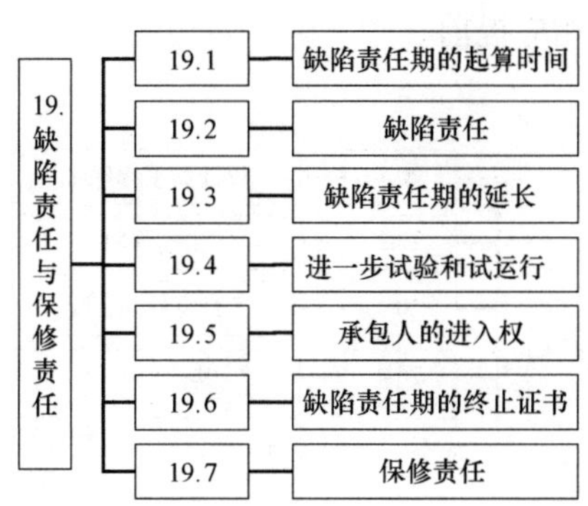

19.1　缺陷责任期的起算时间

缺陷责任期自实际竣工日期起计算。在全部工程竣工验收前，已经发包人提前验收的区段工程或进入施工期运行的工程，其缺陷责任期的起算日期相应提前到相应工程竣工日。

19.2　缺陷责任

19.2.1　承包人应在缺陷责任期内对已交付使用的工程承担缺陷责任。

19.2.2　缺陷责任期内，发包人对已接收使用的工程负责日常维护工作。发包人在使用过程中，发现已接收的工程存在新的缺陷或已修复的缺陷部位或部件又遭损坏的，承包人应负责修复，直至检验合格为止。

19.2.3　监理人和承包人应共同查清缺陷和（或）损坏的原因。经查明属承包人原因造成的，应由承包人承担修复和查验的费用。经查验属发包人原因造成的，发包人应承担修复和查验的费用，并支付承包人合理利润。

19.2.4　承包人不能在合理时间内修复缺陷的，发包人可自行修复或委托其他人修复，所需费用和利润的承担，按第 19.2.3 项约定执行。

19.3　缺陷责任期的延长

由于承包人原因造成某项缺陷或损坏使某项工程或工程设备不能按原定目标使用而需要再次检查、检验和修复的，发包人有权要求承包人相应延长缺陷责任期，但缺陷责任期最长不超过 2 年。

19.4　进一步试验和试运行

任何一项缺陷或损坏修复后，经检查证明其影响了工程或工程设备的使用性能，承包人应重新进行合同约定的试验和试运行，试验和试运行的全部费用应由责任方承担。

19.5　承包人的进入权

缺陷责任期内承包人为缺陷修复工作需要，有权进入工程现场，但应遵守发包人的保安和保密规定。

19.6　缺陷责任期终止证书

在第1.1.4.5目约定的缺陷责任期，包括根据第19.3款延长的期限终止后14天内，由监理人向承包人出具经发包人签认的缺陷责任期终止证书，并退还剩余的质量保证金。

19.7 保修责任

合同当事人根据有关法律规定，在专用合同条款中约定工程质量保修范围、期限和责任。保修期自实际竣工日期起计算。在全部工程竣工验收前，已经发包人提前验收的区段工程，其保修期的起算日期相应提前。

20. 保险

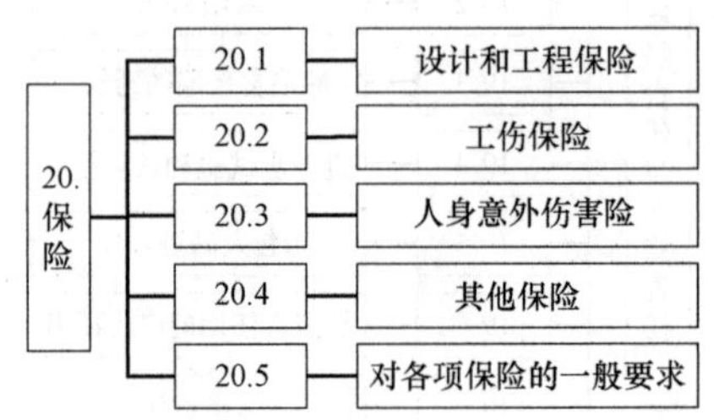

20.1 设计和工程保险

20.1.1 承包人按照专用合同条款的约定向双方同意的保险人投保建设工程设计责任险、建筑工程一切险或安装工程一切险等保险。具体的投保险种、保险范围、保险金额、保险费率、保险期限等有关内容应当在专用合同条款中明确约定。

20.1.2 在缺陷责任期终止证书颁发前，承包人应按照专用合同条款的约定投保第三者责任险。

20.2 工伤保险

20.2.1 承包人员工伤保险

承包人应依照有关法律规定，为其履行合同所雇佣的全部人员投保工伤保险，缴纳工伤保险费，并要求其分包人也投保此项保险。

20.2.2 发包人员工伤保险

发包人应依照有关法律规定，为其现场机构雇佣的全部人员投保工伤保险，缴纳工伤保险费，并要求其监理人也进行此项保险。

20.3 人身意外伤害险

20.3.1 发包人应在整个施工期间为其现场机构雇用的全部人员，投保人身意外伤害险，缴纳保险费，并要求其监理人也进行此项保险。

20.3.2 承包人应在整个施工期间为其现场机构雇用的全部人员，投保人身意外伤害险，缴纳保险费，并要求其分包人也进行此项保险。

20.4 其他保险

除专用合同条款另有约定外，承包人应为其施工设备、进场的材料和工程设备等办理保险。

20.5 对各项保险的一般要求

20.5.1 保险凭证

承包人应在专用合同条款约定的期限内向发包人提交各项保险生效的证据和保险单副本，保险单必须与专用合同条款约定的条件保持一致。

20.5.2 保险合同条款的变动

承包人需要变动保险合同条款时，应事先征得发包人同意，并通知监理人。保险人作出变动的，承包人应在收到保险人通知后立即通知发包人和监理人。

20.5.3　持续保险

承包人应与保险人保持联系，使保险人能够随时了解工程实施中的变动，并确保按保险合同条款要求持续保险。

20.5.4　保险金不足的补偿

保险金不足以补偿损失的，应由承包人和（或）发包人按合同约定负责补偿。

20.5.5　未按约定投保的补救

（1）由于负有投保义务的一方当事人未按合同约定办理保险，或未能使保险持续有效的，另一方当事人可代为办理，所需费用由对方当事人承担。

（2）由于负有投保义务的一方当事人未按合同约定办理某项保险，导致受益人未能得到保险人的赔偿，原应从该项保险得到的保险金应由负有投保义务的一方当事人支付。

20.5.6　报告义务

当保险事故发生时，投保人应按照保险单规定的条件和期限及时向保险人报告。

21. 不可抗力

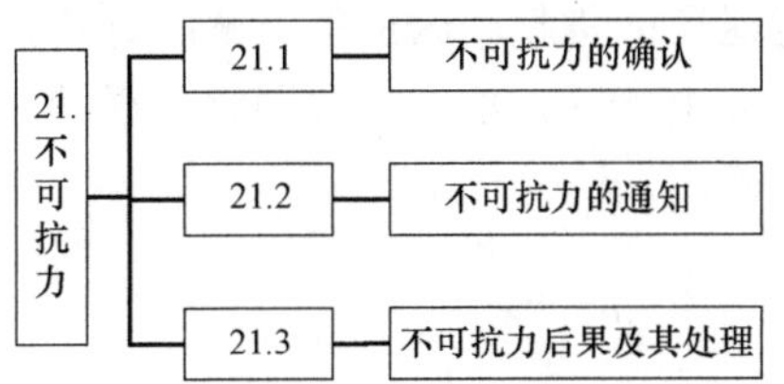

21.1　不可抗力的确认

21.1.1　不可抗力是指承包人和发包人在订立合同时不可预见，在履行合同过程中不可避免发生且不能克服的自然灾害和社会性突发事件，如地震、海啸、瘟疫、水灾、骚乱、暴动、战争和专用合同条款约定的其他情形。

21.1.2　不可抗力发生后，发包人和承包人应及时认真统计所造成的损失，收集不可抗力造成损失的证据。合同双方对是否属于不可抗力或其损失的意见不一致的，由监理人按第3.5款商定或确定。发生争议时，按第24条的约定执行。

21.2　不可抗力的通知

21.2.1　合同一方当事人遇到不可抗力事件，使其履行合同义务受到阻碍时，应立即通知合同另一方当事人和监理人，书面说明不可抗力和受阻碍的详细情况，并提供必要的证明。

21.2.2　如不可抗力持续发生，合同一方当事人应及时向合同另一方当事人和监理人提交中间报告，说明不可抗力和履行合同受阻的情况，并于不可抗力事件结束后28天内提交最终报告及有关资料。

21.3　不可抗力后果及其处理

21.3.1　不可抗力造成损害的责任

除专用合同条款另有约定外，不可抗力导致的人员伤亡、财产损失、费用增加和（或）工期延误等后果，由合同双方按以下原则承担：

（1）永久工程，包括已运至施工场地的材料和工程设备的损害，以及因工程损害造成的第三者人员伤亡和财产损失由发包人承担；

(2) 承包人设备的损坏由承包人承担；

(3) 发包人和承包人各自承担其人员伤亡和其他财产损失及其相关费用；

(4) 承包人的停工损失由承包人承担，但停工期间应监理人要求照管工程和清理、修复工程的金额由发包人承担；

(5) 不能按期竣工的，应合理延长工期，承包人不需支付逾期竣工违约金。发包人要求赶工的，承包人应采取赶工措施，赶工费用由发包人承担。

21.3.2 延迟履行期间发生的不可抗力

合同一方当事人延迟履行，在延迟履行期间发生不可抗力的，不免除其责任。

21.3.3 避免和减少不可抗力损失

不可抗力发生后，发包人和承包人均应采取措施尽量避免和减少损失的扩大，任何一方没有采取有效措施导致损失扩大的，应对扩大的损失承担责任。

21.3.4 因不可抗力解除合同

合同一方当事人因不可抗力不能履行合同的，应当及时通知对方解除合同。合同解除后，承包人应按照第22.2.4项约定撤离施工场地。已经订货的材料、设备由订货方负责退货或解除订货合同，不能退还的货款和因退货、解除订货合同发生的费用，由发包人承担，因未及时退货造成的损失由责任方承担。合同解除后的付款，参照第22.2.3项约定，由监理人按第3.5款商定或确定。

22. 违约

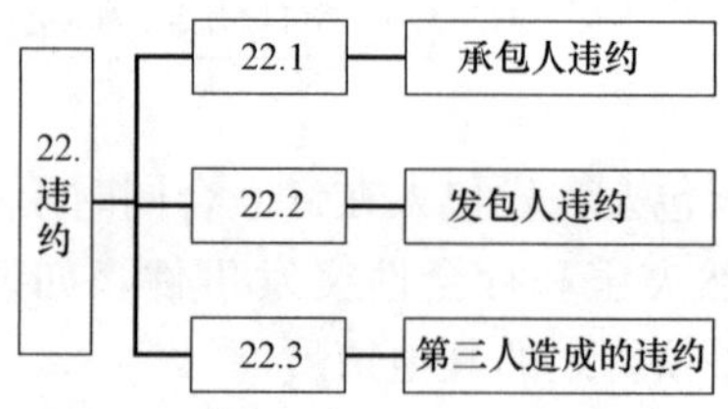

22.1 承包人违约

22.1.1 承包人违约的情形

在履行合同过程中发生的下列情况之一的，属承包人违约：

(1) 承包人的设计、承包人文件、实施和竣工的工程不符合法律以及合同约定；

(2) 承包人违反第1.8款或第4.3款的约定，私自将合同的全部或部分权利转让给其他人，或私自将合同的全部或部分义务转移给其他人；

(3) 承包人违反第6.3款或第7.4款的约定，未经监理人批准，私自将已按合同约定进入施工场地的施工设备、临时设施或材料撤离施工场地；

(4) 承包人违反第6.5款的约定使用了不合格材料或工程设备，工程质量达不到标准要求，又拒绝清除不合格工程；

(5) 承包人未能按合同进度计划及时完成合同约定的工作，造成工期延误；

(6) 由于承包人原因未能通过竣工试验或竣工后试验的；

(7) 承包人在缺陷责任期内，未能对工程接收证书所列的缺陷清单的内容或缺陷责任期内发生的缺陷进行修复，而又拒绝按监理人指示再进行修补；

(8) 承包人无法继续履行或明确表示不履行或实质上已停止履行合同；

（9）承包人不按合同约定履行义务的其他情况。

22.1.2　对承包人违约的处理

（1）承包人发生第22.1.1（6）目约定的违约情况时，按照发包人要求中的未能通过竣工/竣工后试验的损害进行赔偿。发生延期的，承包人应承担延期责任。

（2）承包人发生第22.1.1（8）目约定的违约情况时，发包人可通知承包人立即解除合同，并按第22.1.3项、第22.1.4项、第22.1.5项约定处理。

（3）承包人发生除第22.1.1（6）目和第22.1.1（8）目约定以外的其他违约情况时，监理人可向承包人发出整改通知，要求其在指定的期限内纠正。除合同条款另有约定外，承包人应承担其违约所引起的费用增加和（或）工期延误。

22.1.3　因承包人违约解除合同

监理人发出整改通知28天后，承包人仍不纠正违约行为的，发包人有权解除合同并向承包人发出解除合同通知。承包人收到发包人解除合同通知后14天内，承包人应撤离现场，发包人派员进驻施工场地完成现场交接手续，发包人有权另行组织人员或委托其他承包人。发包人因继续完成该工程的需要，有权扣留、使用承包人在现场的材料、设备和临时设施。但发包人的这一行动不免除承包人应承担的违约责任，也不影响发包人根据合同约定享有的索赔权利。

22.1.4　发包人发出合同解除通知后的估价、付款和结清

（1）承包人收到发包人解除合同通知后28天内，监理人按第3.5款商定或确定承包人实际完成工作的价值，包括发包人扣留承包人的材料、设备及临时设施和承包人已提供的设计、材料、施工设备、工程设备、临时工程等的价值。

（2）发包人发出解除合同通知后，发包人有权暂停对承包人的一切付款，查清各项付款和已扣款金额，包括承包人应支付的违约金。

（3）发包人发出解除合同通知后，发包人有权按第23.4款的约定向承包人索赔由于解除合同给发包人造成的损失。

（4）合同双方确认合同价款后，发包人颁发最终结清付款证书，并结清全部合同款项。

（5）发包人和承包人未能就解除合同后的结清达成一致而形成争议的，按第24条的约定执行。

22.1.5　协议利益的转让

因承包人违约解除合同的，发包人有权要求承包人将其为实施合同而签订的材料和设备的订货协议或任何服务协议利益转让给发包人，并在承包人收到解除合同通知后的14天内，依法办理转让手续。发包人有权使用承包人文件和由承包人或以其名义编制的其他设计文件。

22.1.6　紧急情况下无能力或不愿进行抢救

在工程实施期间或缺陷责任期内发生危及工程安全的事件，监理人通知承包人进行抢救，承包人声明无能力或不愿立即执行的，发包人有权雇佣其他人员进行抢救。此类抢救按合同约定属于承包人义务的，由此发生的金额和（或）工期延误由承包人承担。

22.2　发包人违约

22.2.1　发包人违约的情形

在履行合同过程中发生下列情形之一的，属发包人违约：

（1）发包人未能按合同约定支付价款，或拖延、拒绝批准付款申请和支付凭证，导致付款延误；

（2）发包人原因造成停工；

（3）监理人无正当理由没有在约定期限内发出复工指示，导致承包人无法复工；

（4）发包人无法继续履行或明确表示不履行或实质上已停止履行合同；

（5）发包人不履行合同约定其他义务。

22.2.2　因发包人违约解除合同

（1）发生第22.2.1（4）目的违约情况时，承包人可书面通知发包人解除合同。

（2）承包人按12.2.1项约定暂停施工28天后，发包人仍不纠正违约行为的，承包人可向发包人发出解除合同通知。但承包人的这一行为不免除发包人承担的违约责任，也不影响承包人根据合同约定享有的索赔权利。

22.2.3　解除合同后的付款

因发包人违约解除合同的，发包人应在解除合同后28天内向承包人支付下列款项，承包人应在此期限内及时向发包人提交要求支付下列金额的有关资料和凭证：

（1）承包人发出解除合同通知前所完成工作的价款；

（2）承包人为该工程施工订购并已付款的材料、工程设备和其他物品的金额。发包人付款后，该材料、工程设备和其他物品归发包人所有；

（3）承包人为完成工程所发生的，而发包人未支付的金额；

（4）承包人撤离施工场地以及遣散承包人人员的金额；

（5）因解除合同造成的承包人损失；

（6）按合同约定在承包人发出解除合同通知前应支付给承包人的其他金额。

发包人应按本项约定支付上述金额并退还质量保证金和履约担保，但有权要求承包人支付应偿还给发包人的各项金额。

22.2.4　解除合同后的承包人撤离

因发包人违约而解除合同后，承包人应妥善处理正在施工的工程和已购材料、设备的保护和移交工作，并按发包人的要求将承包人设备和人员撤出施工场地。承包人撤出施工场地应遵守第18.7.1项的约定，发包人应为承包人撤出提供必要条件并办理移交手续。

22.3　第三人造成的违约

在履行合同过程中，一方当事人因第三人的原因造成违约的，应当向对方当事人承担违约责任。一方当事人和第三人之间的纠纷，依照法律规定或者按照约定解决。

23. 索赔

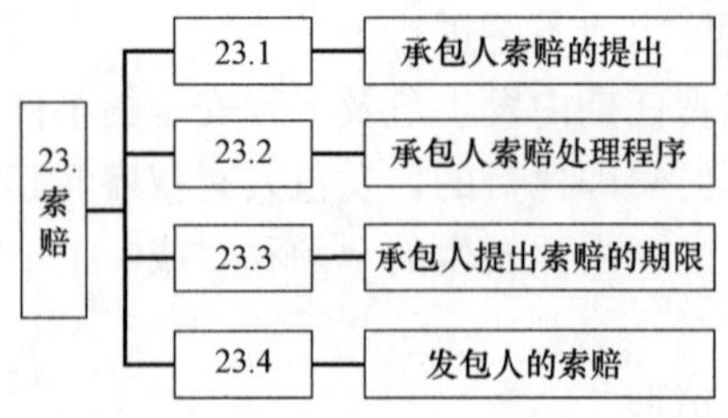

23.1　承包人索赔的提出

根据合同约定，承包人认为有权得到追加付款和（或）延长工期的，应按以下程序向发包人提出索赔：

（1）承包人应在知道或应当知道索赔事件发生后 28 天内，向监理人递交索赔意向通知书，并说明发生索赔事件的事由。承包人未在前述 28 天内发出索赔意向通知书的，工期不予顺延，且承包人无权获得追加付款。

（2）承包人应在发出索赔意向通知书后 28 天内，向监理人正式递交索赔通知书。索赔通知书应详细说明索赔理由以及要求追加的付款金额和（或）延长的工期，并附必要的记录和证明材料。

（3）索赔事件具有连续影响的，承包人应按合理时间间隔继续递交延续索赔通知，说明连续影响的实际情况和记录，列出累计的追加付款金额和（或）工期延长天数。

（4）在索赔事件影响结束后的 28 天内，承包人应向监理人递交最终索赔通知书，说明最终要求索赔的追加付款金额和延长的工期，并附必要的记录和证明材料。

23.2　承包人索赔处理程序

（1）监理人收到承包人提交的索赔通知书后，应及时审查索赔通知书的内容、查验承包人的记录和证明材料，必要时监理人可要求承包人提交全部原始记录副本。

（2）监理人应按第 3.5 款商定或确定追加的付款和（或）延长的工期，并在收到上述索赔通知书或有关索赔的进一步证明材料后的 42 天内，将索赔处理结果答复承包人。监理人应当在收到索赔通知书或有关索赔的进一步证明材料后的 42 天内不予答复的，视为认可索赔。

（3）承包人接受索赔处理结果的，发包人应在作出索赔处理结果答复后 28 天内完成赔付。承包人不接受索赔处理结果的，按第 24 条的约定执行。

23.3　承包人提出索赔的期限

23.3.1　承包人按第 17.5 款的约定接受了竣工付款证书后，应被认为已无权再提出在合同工程接收证书颁发前所发生的任何索赔。

23.3.2　承包人按第 17.6 款的约定提交的最终结清申请单中，只限于提出工程接收证书颁发后发生的索赔。提出索赔的期限自接受最终结清证书时终止。

23.4　发包人的索赔

23.4.1　发包人应在知道或应当知道索赔事件发生后 28 天内，向承包人发出索赔通知，并说明发包人有权扣减的付款和（或）延长缺陷责任期的细节和依据。发包人未在前述 28 天内发出索赔通知的，丧失要求扣减付款和（或）延长缺陷责任期的权利。发包人提出索赔的期限和要求与第 23.3 款的约定相同，要求延长缺陷责任期的通知应在缺陷责任期届满前发出。

23.4.2　发包人按第 3.5 款商定或确定发包人从承包人处得到赔付的金额和（或）缺陷责任期的延长期。承包人应付给发包人的金额可从拟支付给承包人的合同价款中扣除，或由承包人以其他方式支付给发包人。

24. 争议的解决

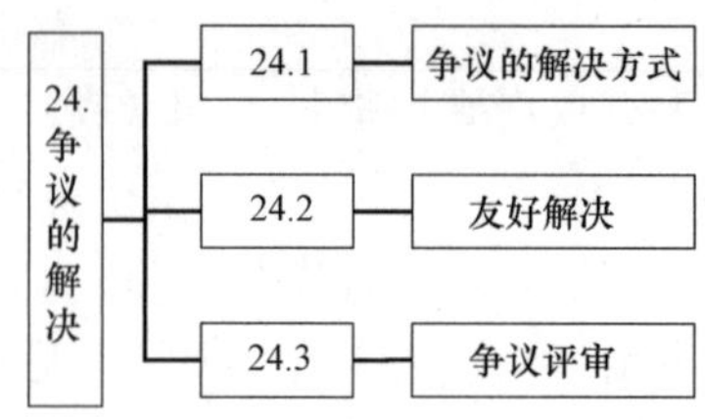

24.1　争议的解决方式

发包人和承包人在履行合同中发生争议的，可以友好协商解决或者提请争议评审组评审。合同当事人友好协商解决不成、不愿提请争议评审或者不接受争议评审组意见的，可在专用合同条款中约定下列一种方式解决：

（1）向约定的仲裁委员会申请仲裁；

（2）向有管辖权的人民法院提起诉讼。

24.2　友好解决

在提请争议评审、仲裁或者诉讼前，以及在争议评审、仲裁或诉讼过程中，发包人和承包人均可共同努力友好协商解决争议。

24.3　争议评审

24.3.1　采用争议评审的，发包人和承包人应在开工日后的 28 天内或在争议发生后，协商成立争议评审组。争议评审组由有合同管理和工程实践经验的专家组成。

24.3.2　合同双方的争议，应首先由申请人向争议评审组提交一份详细的评审申请报告，并附必要的文件、图纸和证明材料，申请人还应将上述报告的副本同时提交给被申请人和监理人。

24.3.3　被申请人在收到申请人评审申请报告副本后的 28 天内，向争议评审组提交一份答辩报告，并附证明材料。被申请人应将答辩报告的副本同时提交给申请人和监理人。

24.3.4　除专用合同条款另有约定外，争议评审组在收到合同双方报告后的 14 天内，邀请双方代表和有关人员举行调查会，向双方调查争议细节；必要时争议评审组可要求双方进一步提供补充材料。

24.3.5　除专用合同条款另有约定外，在调查会结束后的 14 天内，争议评审组应在不受任何干扰的情况下进行独立、公正的评审，作出书面评审意见，并说明理由。在争议评审期间，争议双方暂按总监理工程师的确定执行。

24.3.6　发包人和承包人接受评审意见的，由监理人根据评审意见拟订执行协议，经争议双方签字后作为合同的补充文件，并遵照执行。

24.3.7　发包人或承包人不接受评审意见，并要求提交仲裁或提起诉讼的，应在收到评审意见后的 14 天内将仲裁或起诉意向书面通知另一方，并抄送监理人，但在仲裁或诉讼结束前应暂按总监理工程师的确定执行。

第二节　专用合同条款（略）

4.5　合同谈判理论及其应用

合同谈判是为实施 EPC 工程总承包项目并使之达成契约的谈判。当 EPC 合同最基本的要件“标的、费用、工期”一旦达成协议，合同谈判也就“基本”结束。

从自然关系上说，准合同是合同的前身，在内容格式上完全相同，只是一个为草本、一个为正本而已；但从法律上说，两者有根本的区别。准合同可以在先决条件丧失时自动失效，而不必承担任何赔偿责任；但合同则必须执行，否则就是违约。

4.5.1　合同谈判的特点

EPC 工程总承包项目的合同谈判并不是一次就形成的。双方要反复多次沟通、协商，进行各种意向性、协议性谈判，直到条件成熟，才进入合同条件签约阶段。由于合同谈判是 EPC 工程总承包项目双方进入实质性交涉阶段。合同谈判的特点如图 4-3 所示。

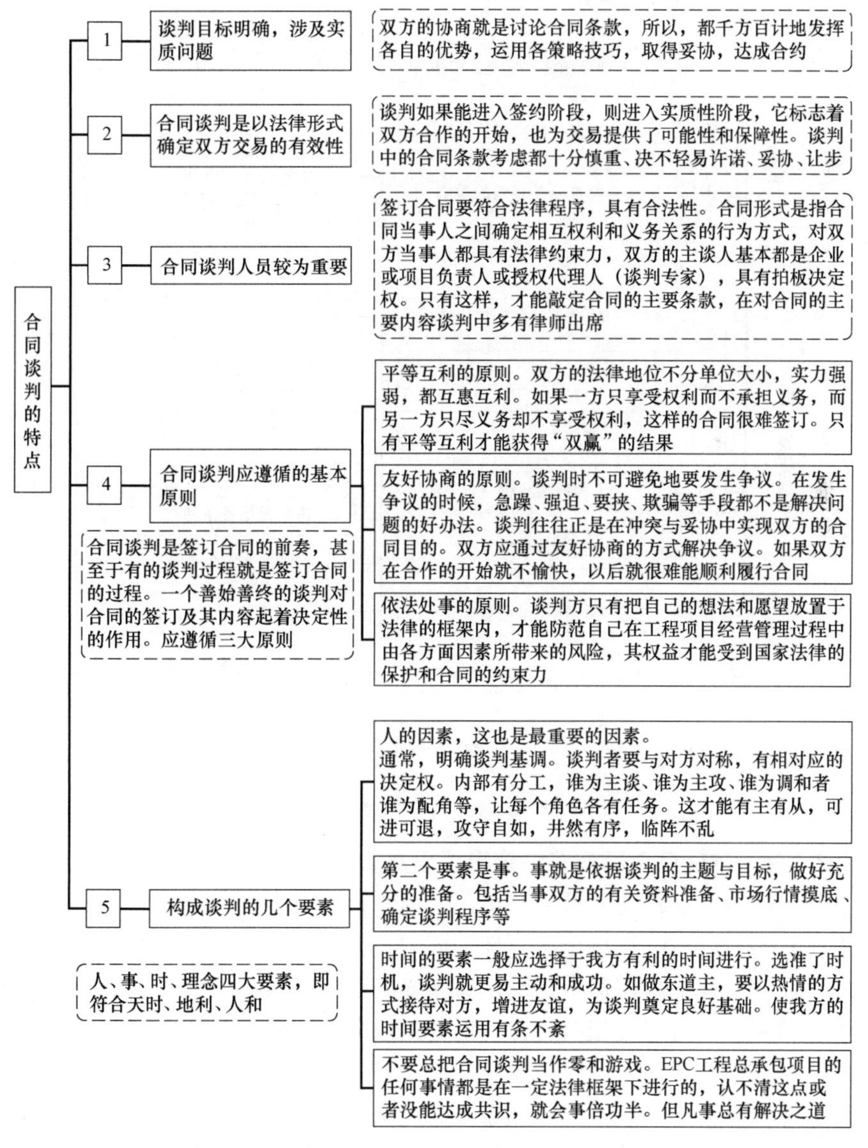

图 4-3　合同谈判的特点

4.5.2 EPC工程总承包项目合同商谈及注意事项要点

EPC工程总承包合同，是总承包商执行工程过程中控制成本、质量、进度三大目标的主要依据，用来指导总承包商顺利完成所承包的工程。做好工程总承包合同的谈判工作，是总承包商保护自我、维护正当权利、减少损失、增加利润、提高经济效益及增强市场竞争力的必然需要。

国际工程中，根据EPC合同实施的实践，合同商谈时在遵循《设计采购施工（EPC）/交钥匙工程合同条件》中业主的正常要求外，应重点注意以下问题：

4.5.2.1 总承包项目合同商谈要点

总承包项目合同商谈要点如图4-4所示。

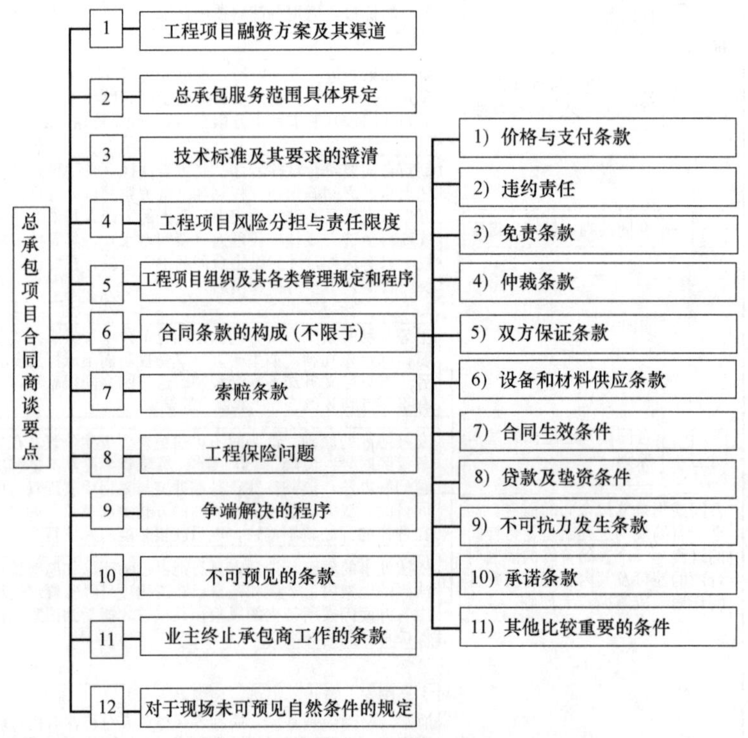

图4-4 总承包项目合同商谈要点

4.5.2.2 总承包项目合同商谈注意事项要点

合同及其合同条件谈判需要机智和勇气、原则性和灵活性。或拐弯抹角探测虚实，或单刀直入干脆利落，或吊以胃口正中下怀，或“口蜜腹剑”为我所用等一切战术，都是为了一个目标。在《鬼谷子》谋篇中，对谋有长篇的议论，其意有四：一要顺应天地自然和人道的规律，做到主观与客观相结合；二要根据不同对象的性格和心理特点采取不同的计谋；三要抓住对方的心理使用计谋，尤其要注意计谋的隐蔽性、周密性和出其不意性；四要根据交往的程度使用计谋，不要强加于人，而要适应对方等。还要采取“上智、中才、下愚”的三条标准，互相参验运用。除谈判理论中涉及的一些事宜外，还应注意以下对工程项目有影响的几个方面，如图4-5所示。

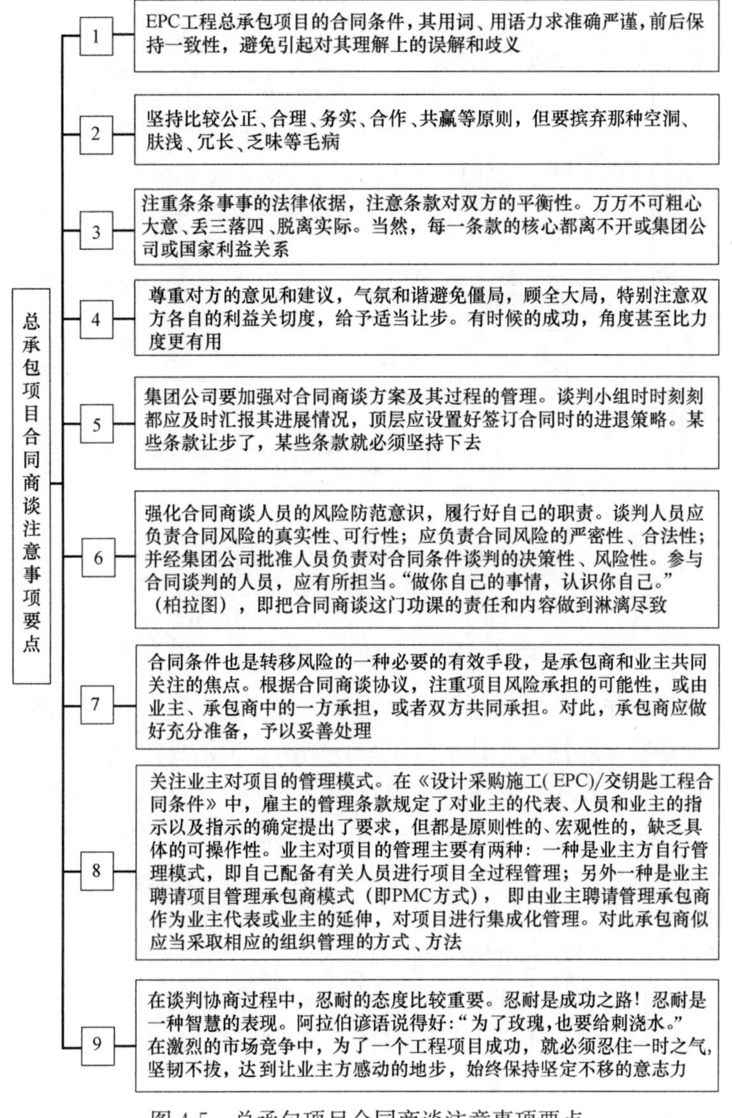

图4-5 总承包项目合同商谈注意事项要点

4.6 EPC工程总承包项目合同管理要点

4.6.1 EPC工程总承包项目合同风险及规避

在工程项目管理当中，风险管理是一个非常重要的问题，特别是EPC模式的大型或特大型的工程项目，合同的风险管理尤其是风险的动态管理的影响作用更显得突出。在一份EPC合同中，承包商的风险其实贯穿了整个合同的每一个条款和每一份附件。如图4-6所示。

4.6.1.1 EPC工程总承包项目合同及风险的简况

1. EPC项目合同的简况

由于EPC项目是由工程总承包企业按照合同双方约定，承担工程项目的设计、采购、

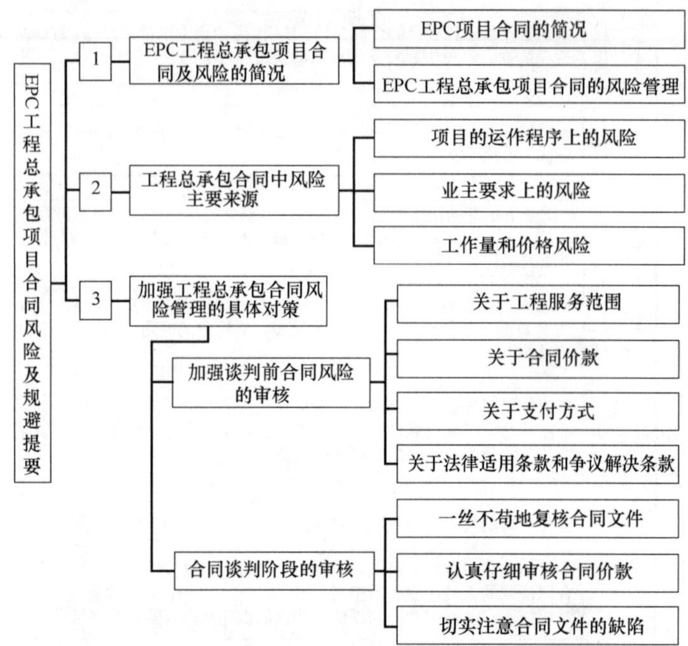

图 4-6　EPC 工程总承包项目合同风险及规避提要

施工、试运行服务等工作，并对承包工程的质量、安全、工期、造价全面承担责任。该合同格式主要适用于那些专业性强、技术含量高、结构、工艺较为复杂、一次性投资较大或特大型的建设项目。在实践中，对于此类项目，业主宁可支付相对较高的费用，也期望在合同中固定价格、固定工期，并保证项目成功的实施建设，从而使工程的成本和自己分担的风险具有更大的确定性。EPC 合同正是 FIDIC 在理解、承认并尊重业主的这种愿望和需求的基础上制定的。

2. EPC 工程总承包项目合同的风险管理

EPC 工程项目风险管理，的的确确是一大非常重要问题。EPC 指业主选择一家总承包商或总承包联营体负责整个工程项目的设计、设备和材料的采购、施工以及试运行的全过程、全方位的总承包任务。此类项目建设规模大、工期跨度长、各系统繁杂、涉及的专业技术面广，导致 EPC 项目的合同风险更为重要。

EPC 合同风险包括：合同条款内风险、合同条件外风险和总承包商合同管理风险。合同条款应本着平等、公平、诚实信用、遵守法律和社会公德的原则。每一条款都应仔细斟酌，避免出现不平等条款、定义和用词含混不清、意思表达不明的情况还应注意合同条款的遗漏，合同类型选择不当。

EPC 合同管理是承包商获利的关键手段。不善于管理合同的承包商是绝对不可能获得理想的经济效益的。它主要是利用合同条款保护自己的合法利益，扩大受益，这就要求承包商具有渊博的知识和娴熟的技巧，要善于开展索赔，否则，只能自己承担损失。因此要注意合同中的工程范围、合同价格及其款项支付方式、保函条件和违约条款等合同内容，并加强合同条款的审核。

4.6.1.2　工程总承包合同中风险主要来源

1. 项目的运作程序上的风险

总承包合同通常都是总价合同，总承包商承担工作量和报价风险。承包商按照合同条件和业主要求确定的工程范围、工作量和质量要求报价。但业主要求主要是面对功能的，没有明确的工作量，总承包合同规定：工程的范围应包括为满足业主要求或合同隐含要求的任何工作，以及合同中虽未提及但是为了工程的安全和稳定、工程的顺利完成和有效运行所需的所有工作。因此总承包商在投标报价时工作量和质量的细节是不确定的。

2. 业主要求上的风险

合同规定：承包商应被视为在基准日期前已仔细审查了业主要求。承包商应负责工程的设计，并且在除业主应负责的部分外对业主要求的正确性负责。承包商必须按照合同条件和业主要求报价，但业主对原合同内的业主要求中的任何错误、不准确、遗漏不承担责任，业主要求中的任何数据和资料并不应被认为是准确性的和完备性的表示。承包商从业主处得到的任何数据或资料不应解除承包商对工程的设计和施工责任。

3. 工作量和价格风险

总承包合同通常采用总价合同形式，除了业主要求和工程有重大变更，一般不允许调整合同价格。除此之外，EPC 总承包合同还规定：承包商应支付根据合同要求应由其支付的各项税费。除合同明确规定的情况外，合同价格不应因任何这些税费进行调整；另外当合同价格要根据劳动力、货物以及工程的其他投入的成本的升降进行调整时，应按照专用条件的规定进行计算等。

4.6.1.3　加强工程总承包合同风险管理的具体对策

1. 加强谈判前合同风险的审核

在一份 EPC 合同中，承包商的风险其实贯穿了整个合同的每一个条款和每一份附件。在审核合同正文条款及有关附件时，应该从头到尾仔细审核，不遗漏任何一个潜在的风险。对于档案式的合同文件，在合同协议书等文件之间，还有一个合同文件构成和合同文件的优先顺序问题，通常规定在具有最高合同文件效力的合同协议书中，应该特别注意对优先顺序的规定是否合理。具体可以包括以下方面：

（1）关于工程服务范围

工程范围技术性比较强，必须首先审核合同文件是否规定了明确的工程范围，注意承包商的责任范围与业主的责任范围之间的明确界限划分。

（2）关于合同价款

重点应审核以下两个方面：首先，合同价款的构成和计价货币。此时应注意汇率风险和利率风险，以及承包商和业主对汇率风险和利率风险的分担办法。其次，合同价款的调整办法。

（3）关于支付方式

首先，如果是现汇付款项目（由业主自筹资金加上业主自行解决的银行贷款），应当重点审核业主资金的来源是否可靠，自筹资金和贷款比例是多少等。其次，如果是延期付款项目，应当重点审核业主对延期付款提供什么样的保证，是否有所在国政府的主权担保、商业银行担保、银行备用信用证或者银行远期信用证，注意审核这些文件草案的具体条款。

（4）关于法律适用条款和争议解决条款

法律适用条款通常均规定适用项目所在国的法律，这一条几乎没法改变。比如就电站项目而言，有的外商在中国内地投资电站项目，却在合同条款中规定适用外国法律为合同的准据法，这是不能同意的。

2. 合同谈判阶段的审核

合同谈判和签订阶段对于承包商来说至关重要，EPC 合同中的规定将成为日后解决双方争议、提供索赔依据的最高准则。因此，在合同谈判和签订阶段，承包商应该尽可能地回避或减少风险的发生，将日后可能发生的风险损失降到最低程度。

（1）一丝不苟地复核合同文件

EPC 总价合同构成合同文件多，涉及的内容也很多，而且业主在合同中只给出基础性和概念性的要求。因此，合同中的疏漏和一些内容相互不一致的情况在所难免。在一般的 EPC 合同中都规定承包商有复核合同的义务，在详细设计中复核合同的一些数据、参数等，而且，如果合同中存在某些错误、疏漏及不一致，承包商还有修正这些错误、疏漏和不一致的义务。即使合同中没有规定，在国际合同实务中往往视这项内容为承包商的默认义务。

（2）认真仔细审核合同价款

承包商应仔细审核合同价款的构成和计价货币。此时应注意汇率风险和利率风险，以及承包商和业主对汇率风险和利率风险的分担办法。此外，应审核合同价款的分段支付是否合理。还要注意，合同的生效或者开工令的生效，必须以承包商收到业主的全部预付款为前提，否则承包商承担的风险极大。

（3）切实注意合同文件的缺陷

EPC 合同要求承包商对合同文件中业主提供的资料的准确性和充分性负责。即如果合同文件中存在错误、遗漏、不一致或相互矛盾等，即使有关数据或资料来自业主方，业主也不承担由此造成的费用增加和工期延长的责任。应在竞标阶段就组织商务和专业人员查找招标文件中的缺陷，要求业主给予书面澄清，拔掉钉子，或在报价中予以考虑。承包商的建议书将构成合同文件的一部分，因此建议书中要避免向业主作出在数量、质量等方面太笼统的承诺。

EPC 工程总承包合同条件，是适应国际工程市场的发展潮流需求而发布和推行了数十年的，欧美日发达国家积累了浩瀚而富有成果的实践经验，许多跨国公司建立并继续完善了自己的数据库、案例库，已将 EPC 工程总承包项目操作，形成一套系统化、流程化、规范化的文件。肯定将在实践的基础上突飞猛进地发酵。对于承包商来说，工程总承包项目无疑是对自身管理水平的一项挑战，机遇与风险并存。如果承包商在合同风险全面管理中采取有效措施，才能在合同双方中占据利好的地位。

为此，在实施 EPC 工程总承包项目的全过程中，同样需要树立自强不息的奋斗精神。一要有一个坚定的信念和既定的目标，无此就会得“软骨病”，站不起来，更走不远；二要拥有梦想，项目团队的每个人必须有自己的追求、自己的期待、自己的梦想；三要担当义务和责任，在责权利的统一观下，实现个人的目标；四要坚守执着，以滴水穿石的坚韧不拔去坚守、去释放自己的正能量，迈开坚实的脚步，在成功实现工程总承包项目整体效益下，彰显自己的人生观、世界观和价值观。

其风险管理过程如图 4-7 所示。

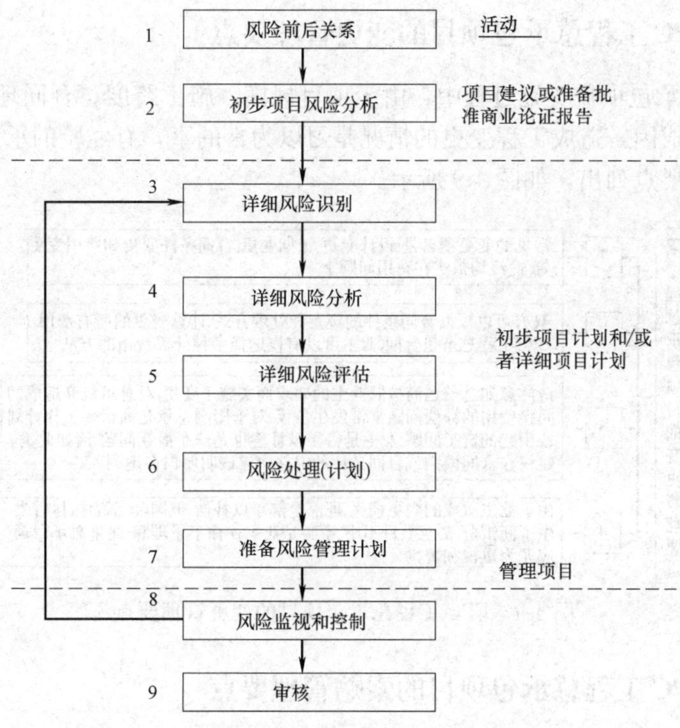

图 4-7　风险管理过程示意图

4.6.2　EPC 工程总承包项目的履约管理要点

在工程总承包项目履约管理中，其工作内容广泛，内涵非常丰富，主要关注点（不少于），见图 4-8。

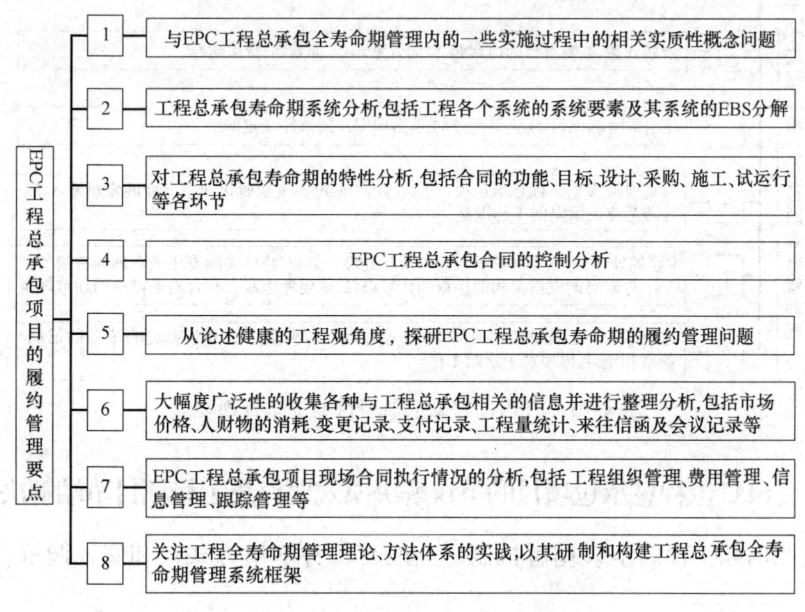

图 4-8　EPC 工程总承包项目的履约管理要点

4.6.3 EPC工程总承包项目的变更管理要点

EPC工程总承包项目实施过程中，由于项目规模、施工跨度、合同理解、自然条件、资金到位等种种成因，造成工程变更的情况是习以为常的事，有经验的承包商已有思想和心理准备。现将要点列出，如图4-9所示。

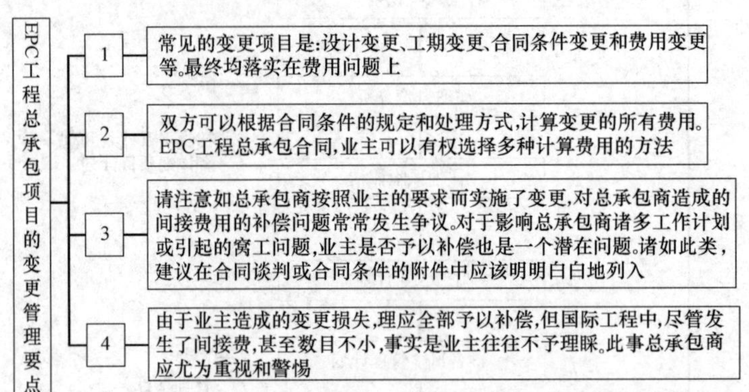

图4-9 EPC工程总承包项目的变更管理要点

4.6.4 EPC工程总承包项目的索赔管理要点

索赔是指在实施合同过程中，一方违约而导致另一方遭受损失时，无违约方向违约方提出的费用或工期补偿要求。这是大型特大型工程总承包项目常常发生的事宜，业主方和承包商对此都很重视，都有思想准备、心理准备和应对准备，也是EPC工程总承包项目的一个敏感点之一，如图4-10所示。

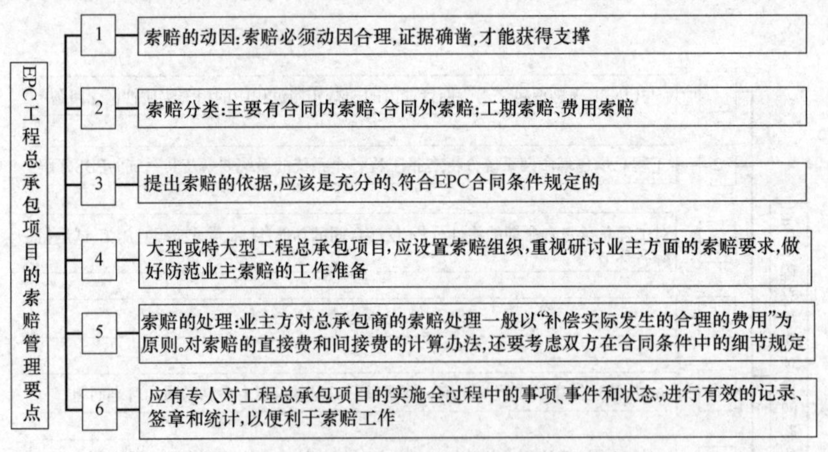

图4-10 EPC工程总承包项目的索赔管理要点

4.6.5 EPC工程总承包项目的争议解决模式要点及工程项目争端解决途径比较[①]

可以参照国际工程的争议调解机制。一般有4种解决方式：和解、调解、仲裁与诉

① 摘自《国际工程与劳务》，何伯森等文，本书主编对内容略有调整。

讼。现重点介绍工程实施过程中的各调调解方式（图 4-11）。

图 4-11 国际工程的争议调解机制要点

4.6.5.1 国际咨询工程师联合会（FIDIC）“红皮书”中的调解机制

以《土木工程施工合同条件》(1987 年第 4 版，1992 年修正版）（“红皮书”）为代表，一直沿用首先将争议提交给工程师，由工程师进行调解并向合同双方提出解决争议的复审决定。如任一方不同意，或开始时双方均同意但事后又有一方不执行，则只有走向仲裁。在合同双方得到工程师的决定后如果一方不同意并要求仲裁，还应经过一个 56 天的“友好解决”期，如不能和解或调解，则走向仲裁。但对于由工程师来处理争议的方式，人们提出了质疑和批评，理由如下：

(1) 虽然在合同条件中规定工程师应在管理合同中行为公正，但由于工程师是受雇于业主，相当于业主的雇员，因而很难保证其公正性。

(2) 因为承包商向工程师提交的争议，大多数是工程师在工程实施过程中已做出的决定，当承包商有异议并提议工程师要求复审时，实际上就是要求工程师推翻或修改其原来的决定，因此，从心理学的观点来看，这种解决争议做法的成功率也不高，这一点在实践中得到了证明。FIDIC 的这种办法，也是英国的一些合同条件（如 ICE）一直沿用的方法。

4.6.5.2 美国 AIA 合同条件中的调解机制

美国的工程项目大多采用美国建筑师学会（AIA）编制的合同条件。AIA 编制的部分合同条件也得到美国总承包商会的认可，在美国及美洲广泛采用。在 AIA 系列文件中的 A201 文件“工程承包合同通用条款”（1997 年版）中规定，凡对索赔有争议时，都要首先提交建筑师作决定，如双方对建筑师的决定均同意，则应执行，否则任一方可要求仲裁或由其他司法程序解决，但此前必须先通过调解。第 4.5 款（调解）规定：除非双方另有协议，争议双方必须先到“美国仲裁协会”进行书面登记，也可同时提出仲裁要求，但必须在仲裁之前先进行调解。调解需根据《美国仲裁协会建筑业调解规则》进行，如果登记后 60 天的调解期内还未能解决问题，则开始仲裁或诉讼。经调解达成的协议具有法律效力。

4.6.5.3 建立“争议评审委员会”（Dispute Review Board，DRB）的调解机制

该方式是 20 世纪 70 年代首先在美国发展起来的。美国科罗拉多州的艾森豪威尔隧道

工程包含价值 1.28 亿美元的土建、电器和装修 3 个合同，4 年工程实施中发生了 28 起争议，均通过 DRB 的调解得到了解决，并得到双方的尊重和执行。这种调解方式的成功引起了美国工程界的广泛关注。之后在许多工程中推广了 DRB 方式。可采用 3 种方式中的任一种来调解争议：DRB（三人）；DRE（一位争议评审专家）；“红皮书”中的工程师。

4.6.5.4 建立争议裁决委员会（Dispute Adjudication Board，DAB）的调解机制

在 1999 年新出版的《工程合同条件》（新红皮书）、《工程设备与设计—建造合同条件》（新黄皮书）、《EPC 交钥匙项目合同条件》（银皮书）中，均统一采用 DAB，并且附有“争议裁决协议书的通用条件”和“程序规则”等文件。由于 DRB 和 DAB 都是借鉴在美国采用 DRB 的经验，因此二者的规定大同小异。

1. DAB 委员的选聘

DAB 的委员一般是 3 人，小型工程也可是 1 人。委员的聘任是由业主方和承包商方在投标函附录规定的时间内各提名一位委员并经对方批准。然后由合同双方与这二位委员共同商定第三名成员作为 DAB 的主席。如果组成 DAB 有困难，则采用专用条件中指定的机构（如 FIDIC）或官方提名任命 DAB 成员，该任命是最终的和具有决定性的。DAB 委员的酬金由业主和承包商双方各支付一半。每个委员与合同双方应签订一份争议裁决协议书，其范本格式附在合同条件的文本中。

2. DAB 方式解决争议的程序

合同任一方均可将项目实施过程中产生的争议直接提交给每一位 DAB 委员，同时将副本提交给对方和工程师。合同双方均应尽快向 DAB 提交自己的立场报告以及 DAB 可能要求的进一步的资料。DAB 在收到提交的材料后的 84 天内应就争议事宜做出书面决定。如果合同双方同意则应执行本决定。如果合同双方同意 DAB 的决定，但事后任一方又不执行，则另一方可直接要求仲裁。如果任一方对 DAB 的决定不满意，可在收到决定后 28 天内将其不满通知对方（或在 DAB 收到合同任一方的通知后 84 天内未能做出决定，合同任一方也可在此后 28 天内将其不满通知对方），并可就争议提出要求仲裁。但在发出不满通知后，双方仍应努力友好解决，如未能在 56 天内友好解决争议，则可开始仲裁（DRB 没有“友好解决”这一步骤）。

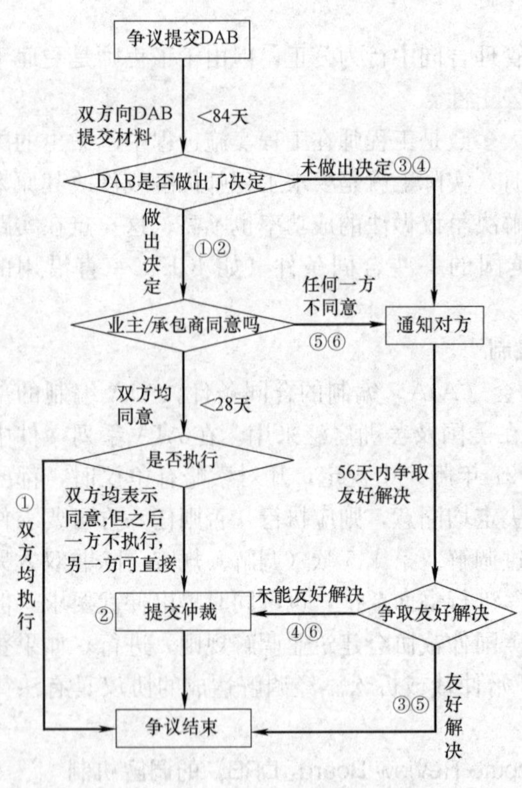

图 4-12 DAB 解决争议的程序

争议应在合同中规定的国际仲裁机构裁决。除非另有规定，应采用国际商会的仲裁规则。在仲裁过程中，合同双方及工程师均可提交新的证据，DAB 的决定也可作为一项证据。采用 DAB 解决争议的程序如图 4-12 所示，图中途径①为双方执行

DAB的决定解决争议，途径③⑤为通过协商友好解决，途径②④⑥则为依靠仲裁解决争端。工程项目争端解决途径比较如表4-2所示。

工程项目争端解决途径比较表　　表4-2

序号	解决途径	争端形成	解决速度	所需费用	保密程度	对协作影响
1	协商解决 Negotiation	在合同实施过程中随时发生	发生时，双方立即协商，达成一致	无需花费	纯属合同双方讨论，完全保密	据理协商，不影响协作关系
2	中间调解 Mediation	邀请调解者，需时数周	调解者分头探讨，一般需要1个月	费用较少	可以做到完全保密	对协作影响不大
3	调停和解 Conciliation	双方提出和解方案，需时约1个月	双方主动调节，1个月内可解决	费用甚少	可以做到完全保密	和解后可恢复协作关系
4	评判 Adjudication	双方邀请评判员，组成DAB	DAB提出评判决定，需1个月左右	请评判员，费用甚少	系内部评判，可以保密	有对立情绪，影响协作
5	仲裁 Arbitration	申请仲裁，组成仲裁庭，需1～2个月	仲裁庭审，一般4～6个月	请仲裁员，费用较高	仲裁庭审，可以保密	对立情绪较大，影响协作关系
6	诉讼 Litigation	向法院申请立案，需时1年，甚至更久	法院庭审，需时很长	请律师等，费用较高	一般属公开审判，不能保密	敌对情绪，协作关系破坏

4.6.5.5　ECC合同中的调解机制

英国土木工程师学会（ICE）在1995年出版了《工程施工合同》（ECC）。ECC合同充分体现了相互合作防范风险和通过调解在工程实施过程中解决争议的理念，主要体现在：

（1）合同核心条款规定：工作原则是合同参与各方在工作中应相互信任、相互合作。

（2）风险由合同双方合理分担，并鼓励双方以共同预测的方式降低风险发生率。

（3）在工作程序中引入“早期警告程序”，以防范风险。合同中除共用的核心条款外，提供了6种主要选项（即6种管理和支付方式）与10种次要选项，明确业主的6大类风险和承包商的风险以及可补偿事件的处理方法。任一方觉察到有影响工期、成本和质量的问题时，均有权要求对方参加“早期警告”会议，以共同采取措施，努力避免或减少损失。

（4）引入了裁决人（Adjudicator）制度，裁决人类似前面介绍的DAB委员，也是由合同双方推选并相互批准，费用由双方平均分摊。裁决人的工作一般是当合同一方将争端提交给他之后才去现场听取双方意见，并在4周内提出调解性质的裁决意见及理由，如合同任一方不同意该裁决意见，仍可将争端事件提交仲裁庭。待工程完工后才可开始仲裁。

4.6.5.6　“伙伴关系”(Partnering) 合同文本中的调解机制

“伙伴关系”的概念首先源自日本、美国和澳大利亚，并于20世纪90年代开始在英国、中国香港等地盛行。在“伙伴关系”模式下，项目各方通过相互的理解和承诺，着眼于各方利益和共同目标，建立完善的协调和沟通机制，以实现风险的合理分担和矛盾的友好解决。2000年英国咨询建筑师协会（ACA）起草了“PPC2000 ACA项目伙伴关系合同”，其中规定要任命一名伙伴关系团队成员均同意的“调解人”，在将争议提交诉讼或仲裁之前，先提交调解人按照ACA的调解程序调解。如调解成功，项目团队各方签署的书面协议对各方均有约束力，如一方不遵守，其他任一方均可要求进入裁决程序，即选定一裁决人对争端进行裁决。对裁决结果如仍不同意，即可进入仲裁或诉讼。香港房屋署和交通署的"伙伴关系"项目管理文件中也设有"解决争议顾问"，以调解争议。

4.6.6 A国LNG水工项目EPC工程总承包项目风险分析及简析①

4.6.6.1 工程概况

1. 简介

A国LNG项目位于刚果河的南岸，紧接KWANDA BASE，与A国索约镇相连。工程所在地索约可通过在罗安达搭乘飞机前往，航程约为1小时。目前到A国的国际航线主要有三条：南非—罗安达、埃塞尔比亚—罗安达，以及北京—罗安达。当地施工物资和生活物资相当匮乏，整个国家处于一个战后重建的状态。索约当地极其缺少施工大型设备，各种施工所需机械、材料均需进口，因此考虑主体材料、机械及施工辅助材料由国内或国外采购后海运至索约，利用紧挨着的Kuanda Base的码头卸货（码头前沿和航道水深－7.5m），通过陆上运输至现场。施工地材主要从首都或其他周围省份运输过来，价格相当贵。如，水泥为310美元/t（罗安达材料费）＋160美元/t（运费）＝470美元/t；碎石为250美元/m^3；砂为220美元/m^3；钢筋和型钢（索约当地没有）等结构用料都是从中国进口的。

目前，LNG项目施工现场后方场地平整完成，水工项目码头建设区疏浚施工基本完成，护岸结构为雷诺石笼（RENO MATTRESS）；岸上已有几家施工单位在进行施工，如搅拌站建设、营区建设等。施工用水、生活用水和生活用电、陆上办公用电由总承包商Bechtel提供，水陆施工用电自备柴油机发电机。陆上混凝土预制构件生产区，钢管桩堆存区、其他材料堆存区和办公区的约为13826m^2，目前已确认的施工用地安排在施工现场附近，其余13000m^2在场外。

除少量当地劳工及船员外，其他项目部人员及分包商工人均由总承包安排统一的生活、食宿区。当地物产匮乏，生活用品也是以依靠进口为主，价格为国内的同类产品的7倍左右，生活物资基本上从国内采购。

气象水文情况：索约当地风浪情况较好，施工平均水位为＋1.0m，高水位为＋1.4m，低水位为＋0.5m，潮差0.7～1.0m。A国主要分为雨季和旱季，每年的10月份到次年的4月份为雨季；5月到9月为旱季，工程所在地的气温20～32℃。

2. 工程规模及结构形式

本工程主要为水工工程部分的三个码头、附属设施和专业设施工程。水工结构施工内容主要分为：

(1) LNG装船码头：由一个位于突堤码头末端的泊位组成，码头长度380m，码头前沿水深－14.0m，工作平台面高程为＋9.0m，靠船墩、系缆墩为＋5.5m。码头由一个工作平台、4个靠船墩及6个系缆墩组成，上部结构采用现浇墩台，下部为ϕ1000mm钢管桩，厚度为22mm＋18mm和20mm＋18mm两种组合形式。码头与岸之间的引桥长度

① 中交第四航务工程局有限公司马金才提供案例。

172m，桥面总宽 12.425m，引桥结构排架间距 18m，上部结构采用现浇墩台和预应力混凝土空心箱梁，下部为 ϕ1000mm 钢管桩，壁厚为 20mm＋18mm，靠岸两跨桩基础采用 ϕ1200mm 灌注桩。

（2）冷凝 LPG 装船码头：由一个位于突堤码头末端的泊位组成，码头长度 306m，码头前沿水深－14.0m，工作平台面高程为＋7.0m，靠船墩、系缆墩为＋5.5m。码头由 1 个工作平台、4 个靠墩及 6 个系缆墩组成，上部结构采用现浇墩台，下部为 ϕ1000mm 钢管桩，厚度为 22＋18mm 和 20mm＋18mm 两种组合形式。码头与岸之间的引桥长度 174m，桥面总宽 12.425m，引桥结构排架间距为 18m，上部结构采用现浇墩台和预应力混凝土空心箱梁，下部为 ϕ1000mm 钢管桩，靠岸两跨桩基础采用 ϕ1200mm 灌注桩。

（3）加压丁烷装船码头：由一个位于突堤码头末端的泊位组成，码头长 135m，码头前沿水深－7.5m，工作平台面高程为＋6.0m，靠船墩、系缆墩为＋4.0m。码头由 1 个工作平台、2 个靠船墩及 4 个系缆墩组成，上部结构采用现浇墩台，下部为 ϕ1000mm 钢管桩。码头与岸之间的引桥长 129m，桥面总宽为 9.55m，引桥结构排架间距为 18m，上部结构采用现浇墩台及预应力混凝土空心箱梁，下部为 ϕ1000mm 钢管桩，靠岸两跨桩基础采用 ϕ1200mm 灌注桩。

（4）水上火炬台：包括火炬海事平台和 62m 钢结构管道引桥，钢结构管道引桥中间为人行通道，顶部为管道架设基础。火炬台平台和引桥基础采用 6 根厚度 20mm，ϕ1000mm 钢管桩和 6 根 ϕ1200mm 灌注桩，灌注桩基础应用在靠岸的 3 跨。上部结构采用现浇墩台，平台尺寸为 6m×6m，高度为 2m。钢结构管道引桥宽 4.0，高 2.5m；人行通道宽 1m，两侧设高 1.2m 护栏，引桥排架间距为 20m。

（5）专业设施工程：相关联的设备将为装载平台的船舶提供导航和周围海事环境的信息，为船舶的停靠，装卸载提供导航辅助。专业设施工程主要包括：消防监控系统设施、电气工程、监测系统设施、水文环境监控系统设施、靠船辅助系统设施和船岸对接专业设施工程。

（6）岸上雷达塔及雷达系统设备安装工程：主要工作为一座高 80m 的雷达塔，钢材用量为 200 多吨，具体结构形式和总体钢材用量目前为估计量，待施工图设计阶段才会明确，还有雷达专业设备的采购和安装。

3. 工程相关信息

工程名称：非洲 A 国 LNG 项目水工工程

建设承包单位：A 国 LNG 有限公司

总包单位：美国 Bechtel 公司

工程总工期：25 个月

工程造价：121811520 美元

质量要求：主要按照美国标准

水工项目 EPC 分包商：中国某国际集团公司

4.6.6.2　主要工程量

主要工程量如表 4-3 所示。

主要工程量 表 4-3

序号	项 目 名 称	单位	工程量	备 注
1	静载试桩	根	4	每个码头一根加 1 根灌注桩
2	施打 ϕ1000mm 钢管桩直桩	根	70	36～46m/根
3	施打 ϕ1000mm 钢管桩斜桩	根	345	36～46m/根
4	制作及运输 ϕ1000mm 钢管桩	t	8882	材质(Q345B,δ=20mm),制作 API5L 460t 试验用桩
5	钢管桩防腐涂层	m^2	34454.6	
6	牺牲阳极块保护	块	1245	3 块/根,100kg/块
7	桩头、桩尖加强钢箍	t	158.9	Q345B 或者 ASTM618
8	现浇结构 C40 混凝土	m^3	10949	3 个码头混凝土总量为 16376m^3
9	现浇桩芯 C40 微膨胀混凝土	m^3	948	
10	C40 面层	m^3	217	
11	C35 灌注桩混凝土	m^3	1561	
12	预制 C45 混凝土	m^3	2701	
13	钢筋制作安装	t	1754.3	ASTM A615 Grade60, 420MPa
14	箱梁钢绞线制作安装(7ϕ5mm)	t	66.8	强度为 1860MPa
15	登船梯	座	3	专业设计采购
16	铁爬梯	座	28	ASTM A36 钢材,防腐
17	栏杆	m	1901	按 0.04t/m,Q235B/Q345B
18	SCN1600 橡胶护舷购置安装	套	8	E1.5 两鼓一板
19	1250kN 快速解缆钩(双钩)	套	8	
20	1250kN 快速解缆钩(三钩)	套	12	
21	钻孔(ϕ120cm 内)	m	1008	孔深 30m 内,II 类土
22	钢护筒	t	86.7	σ=10mm Q235
23	板式橡胶支座 300mm×600mm	个	240.0	
24	SCN900 橡胶护舷购置安装	套	2	E1.0 两鼓一板标准型
25	600kN 快速解缆钩(双钩)	套	2	
26	600kN 快速解缆钩(三钩)	套	4	
27	安装 C45 混凝土箱梁	件	112.0	64.5t/件
28	管廊支架钢结构重量	t	538	
29	钢栈桥钢结构重量	t	319.5	
30	火炬台钢结构重量	t	50	估算量
31	码头输油臂安装	座	3	甲供材料,配合安装
32	码头电气设施购置安装	座	3	包括电缆、电气控制设施
33	码头监测设施工程	座	3	专业设施,国际采购安装
34	码头消防及监控系统设施	座	3	专业设施,国际采购安装
35	码头水文环境监测设施	座	3	专业设施,国际采购安装
36	靠船辅助导航设施	座	3	专业设施,国际采购安装
37	码头船岸对接设施	座	3	专业设施,国际采购安装

4.6.6.3 施工组织模式一览表

施工组织模式一览表，见表4-4。

施工组织模式一览表 表4-4

序号	项目名称	施工内容	组织模式	我方责任	分包方责任	备注
1	钢卷板采购	钢卷板采购	产品采购	技术要求	提供符合质量进度要求的钢卷板	钢卷板、钢管桩制作、涂覆、运输最好由钢管桩厂家一家全部负责
2	钢管桩制作	钢管桩制作	专业分包采购	技术要求、对口管理	技术、专业人员、设备等，并包验收	
3	钢管桩防腐涂层	钢管桩防腐涂层施工，现场破损修复	国内/国外专业分包	技术要求、对口管理	材料、专业技术人员	
4	钢管桩运输	钢管桩出运	专业分包采购	对口管理	运输船机	
5	预制场及出运码头建设					
5.1	预制场及出运码头建设	预制场的土建（包括轨道梁基础、轨道安装、底模制作等）	国内劳务	技术、材料、施工管理	劳务用工、小型机具	预制场建设拟定由预制构件劳务队完成
5.2	钢管桩制作及运输	钢管桩的制作	产品采购	技术管理、运输	材料、机械	
5.3	钢管桩施打		钢管桩施打	自行组织	技术管理、机械	劳务配合
6	预制构件生产	预制构件的钢筋、预留后张管道及预埋件安装、模板安拆、混凝土浇筑、协助灌浆封锚	国内劳务分包	技术管理、材料、主要模板	劳务用工、协助材料、施工员	
7	钻孔灌注桩	平台搭设、钻孔清渣、钢筋绑扎、导管浇筑混凝土、拆除平台、泥浆处理	国内专业分包	技术管理、结构材料、吊机、平台材料搭设及拆除	技术、钻机、小型机械设备、辅助材料、机施工人	
8	钢管桩割桩、接桩，夹桩、试桩平台	钢管桩割、接桩平台加工及安装，钢管桩割、接桩，管桩偏位校正	国内劳务分包	技术管理、材料、船机配合、辅材	熟练专业焊工、辅助材料	

续表

序号	项目名称	施工内容	组织模式	我方责任	分包方责任	备注
9	桩基静载试桩钢管桩 PDA 动态检测	水上静载试桩(4 根)检测 沉桩 PDA 动测(总桩数 20%)	自行组织(国内专业检测分包)	提供平台、船机配合	技术管理、专业检测人员、试验梁、千斤顶、仪器设备等	拟选四航科研院
10	码头上部现浇混凝土结构施工	范围包括钢管桩芯、引桥横梁、通道面层、工作平台、靠船及系船墩台。 工作内容包括现浇构件底模、钢抱柱及支架安装、钢筋制作安装，侧模安装，混凝土浇筑及养护	国内劳务分包	技术管理、材料、主要模板、船机	劳务工人、辅助材料、现场施工管理	辅材提供形式暂定
11	预应力梁安装劳务配合	预应力梁支座砂浆找平和安装，绑扣等安装配合工作	自行组织(国内/国外劳务配合)	技术管理、船机	劳务工人	
12	钢结构制作	管廊钢支架，钢栈桥，火炬台管廊、通道支架，操作平台、雷达塔及其他杂项钢结构制作	国内/国外专业采购	技术管理	材料、机械、劳务技工、辅助材料	拟与第二批钢管桩一起运输调遣
13	钢结构拼装及现场安装	管廊钢支架，钢栈桥，火炬台管廊、通道支架，操作平台钢结构拼装及现场安装	国内劳务分包	技术管理、材料、机械配合、辅材	劳务技工、辅助材料	
14	潜水作业工程	水下钢管桩割除、牺牲阳级保护块安装	国内专业劳务分包	技术管理、材料、机械配合	专业潜水员、专业设备	
15	雷达塔钢结构安装	现场安装	国内/国外专业分包	技术管理、塔吊	钢结构加工件、专业技工、辅助材料、专用小型机械	
16	码头一般附属设施预埋铁件及设施安装	码头附属包括零星铁件、橡胶护舷、系船钩、爬梯等安装	国内劳务分包	技术管理、材料、船机	熟练焊工、辅助材料	拟交给割桩、接桩等钢结构施工队伍一起完成

续表

序号	项目名称	施工内容	组织模式	我方责任	分包方责任	备注
17	码头消防及监控设施	消防及监控设施专业采购及安装，以及后期服务(调试、保修等)	国内/国外专业分包	对口管理、船机	技术方案、材料及设施、专业施工人员、后期调试及服务	
18	码头专业电气设施工程	码头专业电气设施专业采购及安装，以及后期服务(调试、保修等)	国内/国外专业分包	对口管理、船机	技术设计、材料及设施、软硬件配套产品、专业施工人员、调试、操作指导及售后服务	
19	码头监测系统设施	码头监测系统设施专业采购及安装，以及后期服务(调试、保修等)	国内/国际专业分包	对口管理、船机	技术设计、材料及设施、软硬件配套产品、专业施工人员、调试、操作指导及售后服务	
20	码头水上环境监测设施	码头水上环境监测设施专业采购及安装，以及后期服务(调试、保修等)	国内/国际专业分包	对口管理、船机	技术设计、材料及设施、软硬件配套产品、专业施工人员、调试、操作指导及售后服务	
21	码头专业导航系统设施	码头专业导航系统设施专业采购及安装，以及后期服务(调试、保修等)	国内/国际专业分包	对口管理、船机	技术设计、材料及设施、软硬件配套产品、专业施工人员、调试、操作指导及售后服务	
22	码头船与岸对接设施	码头船与岸对接设施专业采购及安装，以及后期服务(调试、保修等)	国内/国际专业分包	对口管理、船机	技术设计、材料及设施、软硬件配套产品、专业施工人员、调试、操作指导及售后服务	
23	陆上雷达塔上雷达设备安装	雷达塔专业采购及安装，以及后期服务(调试、保修等)	国内/国外专业分包	技术管理、船机	技术设计、材料及设施、软硬件配套产品、专业施工人员、调试、操作指导及售后服务	
24	试验室建设及委托外检	试验室建设及委托外检工作	自行组织/委托外检	技术管理	试验仪器服务、委托外检服务	

4.6.6.4 风险的分析与对策

本工程是一个综合性强的庞大项目，必须整合好资源、精心组织、完善考察，方可实施。通过对招投标文件、业务过程资料、技术规格书、现场考查情况进行综合分析，经项目团队认真研讨，认为本项目存在的主要风险及其采取的对策措施如下：

1. 管理方面的风险

（1）本项目前期投标过程为兄弟公司跟进的项目，我方在合同谈判时才开始接手，不能充分了解过程中的一些细节，由于该项目自身情况与我公司不同，相应策划方案在预制场和现浇混凝土供应上存在较大的差异，这给工程决策带来一定的难度风险。现在项目部正在积极收集相关资料、详细分析现有交底资料，并对当地和现场进行了考查，并积极与局、中港和 BECHTEL 进行沟通，尽量了解、消化、化解某些风险因素。

（2）合同风险，本工程为 EPC 管理模式，常称交钥匙工程（Turnkey）。固定总价使承包商对工程实施过程中因不可预见的变化进行的索赔机会降低，承包商的风险增加。故施工前必须对项目有深入的考查，调研当地人文、资源，收集有关勘察资料，并且在价格上充分考虑到各类别的风险因素，工程实施过程中做好与兄弟设计院的沟通、交流和协调工作显得尤为重要。同时，充分分析与理解合同条款的意图，做好不利因素的规避工作。

本工程分为 ONSHORE 和 OFFSHORE 两部合同，OFFSHORE 在合同签订后即可按期根据所发生工程量给予付款，但 ONSHORE 部分必须公司在 A 国当地注册后方可以付款，如公司不能及时在当地完善注册的话，此部分将会有较长时间的垫资情况出现，造成资金压力，故应派专人负责对公司能否及时在当地注册进展进行跟进和督促。

（3）本工程的节点罚款条例是非常严厉的，几乎单个节点都存在把罚款总额 2400 美元（总价的 20%）罚掉的可能，特别是第一个沉桩完成节点，在工程实施过程中必须根据 EPC 项目优势，加强与设计的沟通与配合，尽量争取部分前期设计所占时间，直接获得工期减少，特别是提前出桩长图纸，提早进行钢管桩的采购；保证投入足够、适用的船机设备和物资材料资源，其中为保证沉桩节点的需要配置 2 条打桩船。

（4）根据国际工程管理经验，类似工程做好 QS、HSE、QA/QC 对口管理工作相关重要。项目根据实际情况准备外聘 3 名具相当经验的业务经理来完成相关工作，并积极参考已参与实施的项目经验，如南海石化（由美国 Bechtel、中国 SEI 和英国 Foster Wheeler 三家公司参与）的项目经验。

2. 工程实施方面的风险

（1）自然条件风险

当地属热带草原气候，年平均气温 22℃，气候较热、日照强烈，没有四季之分，无台风影响，风浪情况俱佳，主要不利的自然条件是雨季，当地 11～4 月份为雨季，期间几乎天天有雨，会对施工进度造成较大影响，主要的对策是合理安排工序，尽量争取将受雨季影响大的工序安排在非雨季施工，例如沉桩的时间安排的 5～11 月，在雨期施工期间尽早掌握天气规律，做好现场施工安排，提高雨期施工效率。

（2）政治风险

2002 年 4 月 4 日，A 国政府与 AN 盟签署停火协议。A 国结束长达 27 年的内战，实现全面和平，开始进入战后恢复与重建时期。目前该国政局基本稳定，经济逐步恢复，但由于当地战后不久，民生机制刚刚建立，政治上存在一定的风险因素。为此，如何确保人身安全，保护设备、材料等完备无损工作，必须积极配合总承包Bechtel公司做好安全、保卫、维稳工作，同时各区域都进行封闭式严格管理，减少外界侵入的机会，并且购买保险，以防不测。

（3）技术风险

本工程的技术风险主要有：①本工程主要技术标准为美国标准，相关技术要求较高，目前本公司以及兄弟公司此类经验和资料甚少；②现场地质条件下沉桩能否顺利高效地进行，之前所掌握的水工钻孔资料极少，钢管桩桩长也存在设计风险，过多的富余会增加施工的成本。③灌注桩所处的护岸形式和地质资料均不详细，能否顺利进行，也存在一定的潜在风险性。工程技术人员必须熟悉相关技术规格书和标准规范。在沉桩施工时必须吸取兄弟公司在A国其他项目中的经验教训，认真分析地质钻探资料，采取重锤（$D125$）轻打工艺可以提高普遍存在的硬黏土层通过率。

（4）调遣及清关风险

由于当地基本没有各类型专业、大型的施工设备，故大部分设备都需要由国内调遣入场，中国到索约水路距离近8830海里，横跨大半个地球的远距离调遣，需时近一个半月，风险大。发货前须到A国商务部办理PIP，并经指定的法国船级社验货和中国海关检查。调遣半潜驳的船期需提前3个月预定，货运公司的船期均需提前1个月安排。所在地索约可办理清关，但装卸码头能力较小，故进场前，须将所有调遣的设备、机械详列清单，做好调遣过程的安排，特别是钢管桩和大型钢结构的调遣和清关工作，避免出现设备无法进入现场的情况。

（5）采购方面的风险

1）物资采购风险

根据现场调查的情况反映，该国较为落后，当地缺乏各种工程物资，各种材料基本靠进口，同时建筑地材也相当匮乏，特别是工程需用的碎石、砂价格奇高。故作为物资采购工作，应基本立足国内采购，包括生活物资、钢筋、钢材等各种结构材料，无法从国内采购的耗材如氧气、乙炔等才从当地采购。

2）专业设施产品和服务采购风险

码头专业设施包括消防及监控设施、码头监测系统设施、码头水上环境监测设施、码头专业导航系统设施、码头船与岸对接设施、陆上雷达塔的雷达设备安装。码头专业设施专业性强，所涉及工程造价大，还包括操作调试、技术指导及长期的售后服务，对码头施工后期的成败特别关键。专业设施能否成功合理地完成国际采购，也是整个施工任务后期的主要风险。此项工作在开展过程中应充分理解设计意图、技术规格书和相关标准的要求，做好相关专业设计的询价和分包采购工作。

（6）运输方面的风险

A国与中国相距近万公里，运输的全过程中的不可预见的风险因素不可预测，发生的几率也是相当高的一个方面，有时是始料不到的、不可控制的。运输的风险及其发生的费用主要来自重大设备、周转材料、临时设施、办公设施和试验设备，根据最初测算，包括海运、陆运，加上储存、损耗、检验、保管、出仓、倒运等多个过程环节。

材料物资损耗，从目前实际消耗来看，钢筋可能接近5%，水泥超过10%，地材超过10%，实际发生的费用很可能要超出预计的数据。因此，承包商要投入一定的场地、人力、财力和制订各项细节化的规章制度，以控制该项风险的扩大，保障设备、材料和物资按时按需按质到位，是成功实现项目的基本保障条件之一。

（7）分包方面的风险

技术分包、专业分包、材料分包和劳务分包等 20 多项，管理和控制应该说都有一定的潜在风险的难度。特别是劳务分包方面，其风险更大些，目前国内外有一句流行语，即“成也劳务、败也劳务”，把劳务分包看成一项对工程成败的举足轻重的因素，何况在该项工程规模大、周期长、专业性强、技术含量高的情况下实施。从整体管理角度讲，必须有专人负责管理所有的分包项目，力争做到分包项目的进度、质量、合同等管理到位、实施到位、责权利到位。

（8）组织实施的风险

本工程施工远离中国，但是主要以国内力量进行，当地只解决普通劳务，故要做好国内施工队伍的精心组织、当地人员的参与等工作。因此，必须选择国内有实力的施工单位作为分包商，明确分包模式、项目责任划分、管理协调等。

在签证办理上总承包方不会出具邀请函等相关协助，进场人员签证须通过中方在 A 国的其他工地名额上进行协调，以保证人员能够顺利进场和获得工作签证，签证等相关手续的办理可请本单位的公司协助，拟在罗安达设立驻点中转站。

（9）生产安全方面的风险

本工程庞大、工期紧张，主要的安全风险表现：水上作业、重件起吊安装等问题。必须对其各个环节加以监控管理，为降低施工安全风险，应选择能力强的安全管理人员担任相关职务，并且选择性能好的新设备投入施工，施工方案中明确安全要求，制定预警手段、应急措施，同时储备足够的安全物资。施工前期根据实际情况制定具体可行的 HSE 管理体系，制定预防危害的应急反应措施，并在施工过程中严格遵守，做好现场安全监督检查，及时消除各种安全隐患。

（10）工程项目动态风险

这是一项超大型的 EPC 工程项目，动态风险的因素比较多，包括人力资源、HSE、材料、设备、价格、货币、物流、分包工程及其当地政府政策、政局、施工环境，等等，都应属于动态控制之下，来不得半点含糊。对上述已掌控风险或在项目实施过程中的潜在、隐式或将要发生的各类风险，一律需要采取组织的、合同的、经济的进行动态跟踪、监控、预警、防范和处理。这是大型或特大型工程实践证明了的化解风险行之有效的可操作的一种方式方法。如在项目现场出示广告牌并根据项目进展，来演示风险的责任人、采取的风险措施及其防范处理等各种情况，使项目团队全员参与，把风险降低到最低程度，使效益最大化。

案例简析

该工程项目是号称标杆公司的美国 BECHTEL 公司采用 EPC/T 模式实施工程总承包一个超大型工程项目，而后又总分包给中国某集团公司承担。除了美国 BECHTEL 公司在组织模式、合同管理、履约管控、制度管理等一贯性的常规性的先进的严谨的管理惯例外，该案例中有许多亮点，现提及两项列出，如图 4-13 所示。

（1）它着重就工程实施中的两大领域十六个方面中的风险问题做了精辟细致的分析

一是管理风险，包括工程难度、合同管理、拖期罚款、经验不足等；二是工程实施风

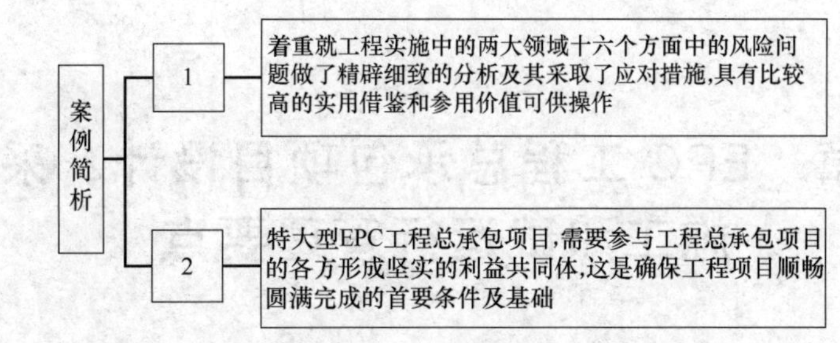

图 4-13　案例简析

险，包括自然条件风险，该国政治风险（国家及社会稳定性），技术风险（指该项目一律使用美国标准和规范），调遣和通关风险（效率低下），采购风险（指物资采购风险、专业设施产品和服务采购风险），运输风险，分包风险（指对美标不熟悉等），组织风险（指工程实施参与方过多），安全风险（在工程现场和社会安全等）。该特大型项目工期跨度大，风险动态管理任务重。

（2）特大型 EPC 工程总承包项目需要参与各方形成利益共同体

这个特大型项目，在美国 BECHTEL 公司和中国集团公司的周密策划、精心组织、多元沟通、密切配合下，实施过程井井有条，设计、采购、施工的制度、管理有序，保证了业主和总承包商及分包商的多赢，取得了比较满意的效果。工程总承包参与各方形成了利益共同体，目标一致，凝聚力量，共同奋斗，最终取得满意的效果。

第5章　EPC工程总承包项目设计、采购、施工和试运行管理要点

5.0　EPC工程总承包项目设计、采购、施工和试运行管理要点框图

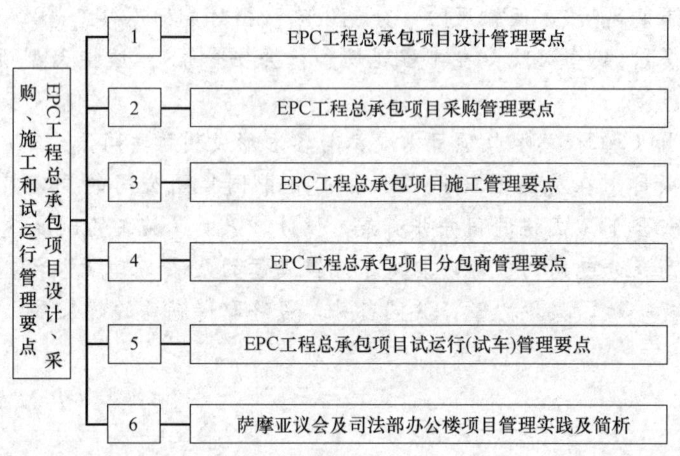

5.1　EPC工程总承包项目设计管理要点

在EPC工程总承包项目中，设计是每一集团公司及其管理者不可忽视的重点、难点或关键点。业主方常常寻找具有设计技术高超的独特性特色的EPC总承包单位，并能逐渐提升其超人的设计方案和提供高水平的设计服务水准。有时设计水平和能力决定了中标的成败，关键在于设计如何妥善地委任及管理，因此，设计是每一个企业不可或缺的。在一定程度上，设计代表了该企业最先进的科技或是有吸引力的形象，足以体现该总承包公司的文化水准、知识能力及其价值成长和创新能力等，借以满足业主方的需求和合同条件。设计及其设计管理自然就成为业主方和承包商的资源依赖。EPC总承包项目的竞争在一定意义上，设计项成为现今竞争市场决定性的或主要因素。好的工业规划设计及其施工图纸，成为选择承包商的差别性要素的生意条件之一。故国际跨国公司非常注重人力资源中的设计人员的能力和在集团公司中的比例权重。这是竞争工程总承包项目活动中的需要使然。

设计与设计管理这部分中，成功的关键在于设计个案开始之前充分的准备工作，以及设计开始运作时的控管工作，许多不成功设计的发生是由于管理者对于什么是业主所需要去达成的事没有清楚的概念，或者是因为他们无法按部就班地确定计划是否会有正确的结果，因此设计的方向及控管必须由集团公司的高级主管制定，对于已达成共识的管理者来说，设计则是一可增加服务之附加价值的资源，假使运用得当，设计上的投资可以产生良

好的利润并增加一个企业的获利率的价值工程效应。这是管理者把设计视为重点的主要缘故。决不能以世俗的眼光来看待设计在 EPC 模式中的重大作用。提醒这些问题是极为重要的，因为这是一项涉及工程总承包项目未来展望和实施的根本基础工作。

模板中提供了设计的精细化管理和调节，留意业主方对设计的描述也着重在消费者的需求，设计可清楚地定义这些需求；所以设计是一个较广泛、比一般想象更为复杂的专业活动，理所当然地不应该被视为一个为回应特定的输入而产生产量的黑盒子。为了去解决设计管理相关工作的问题，明确地定义或再定义设计及其管理中的问题，然后进行分析、研讨、评估。在设计过程中许多活动应是相关联的，因此，那些从事设计与设计管理工作的人员必定具有创造力、分析力、组合能力及沟通能力，加上现今解决方式之技术知识及现今与未来的设计趋势，根据 EPC 模式的具体项目情况，不只采用某个方法，而建构一典型的设计模型也是其可行性之处方。在设计要素必须利用公司识别系统去加以整合及系统化对于业主方的要求下，编制有针对性的设计手册和标准的设计格式是非常必要的。认知企业识别的重要性以及所有相关设计专门领域是生意成功的关键点，经过内、外部整合高品质的设计可提供给业主方较高层次的再保证。

EPC 工程总承包项目设计管理要点如图 5-1 所示。

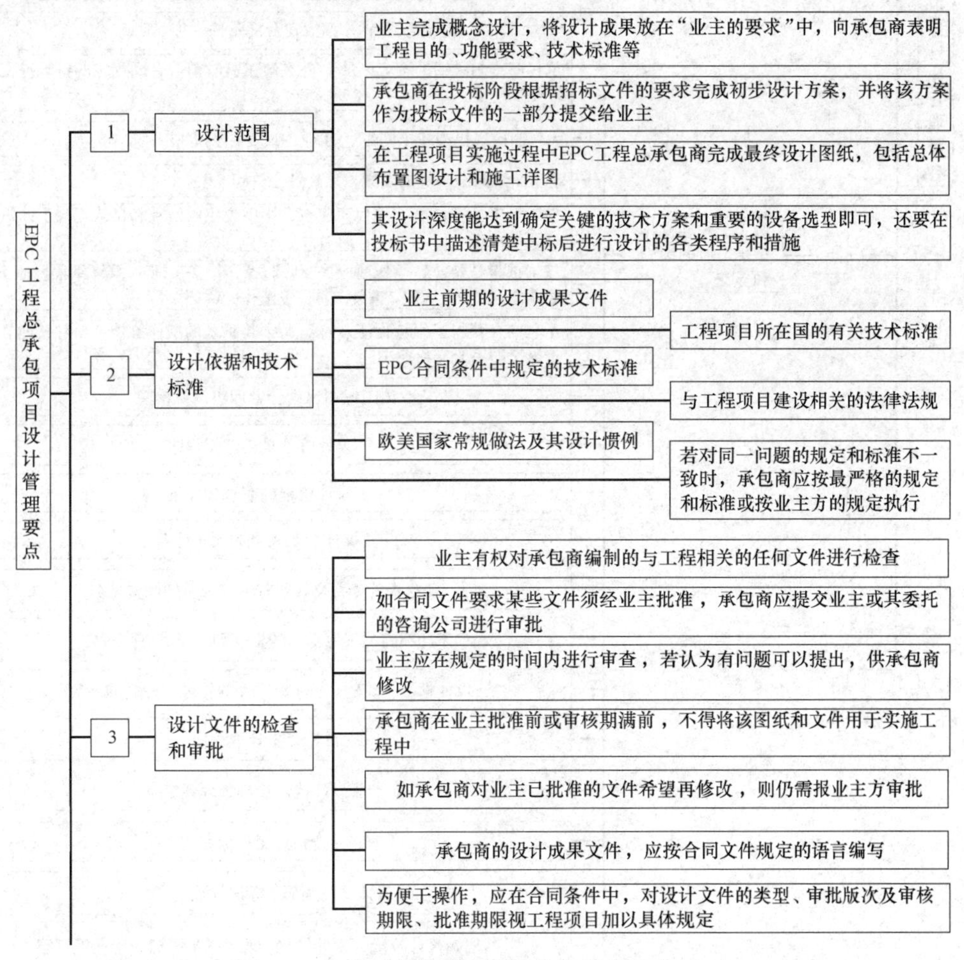

图 5-1　EPC 工程总承包项目设计管理要点（一）

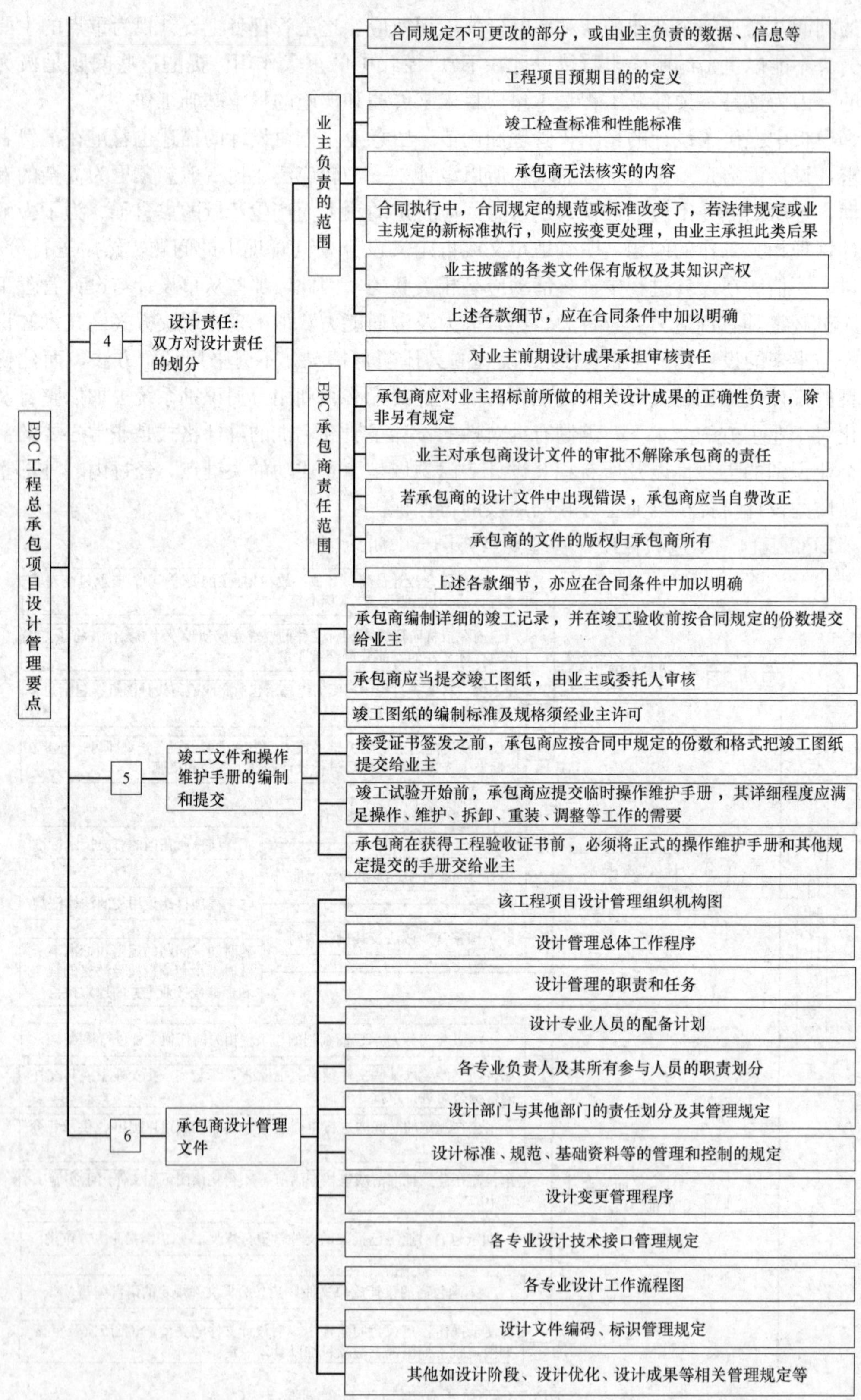

图 5-1　EPC 工程总承包项目设计管理要点（二）

5.2　EPC 工程总承包项目采购管理要点

EPC 合同中采购的一般规定涉及的文件，包括合同条件、工作范围以及各类附件等。EPC 合同规定包括采购总体责任、采购进度和质量监控、业主方的采购协助等，见图 5-2。

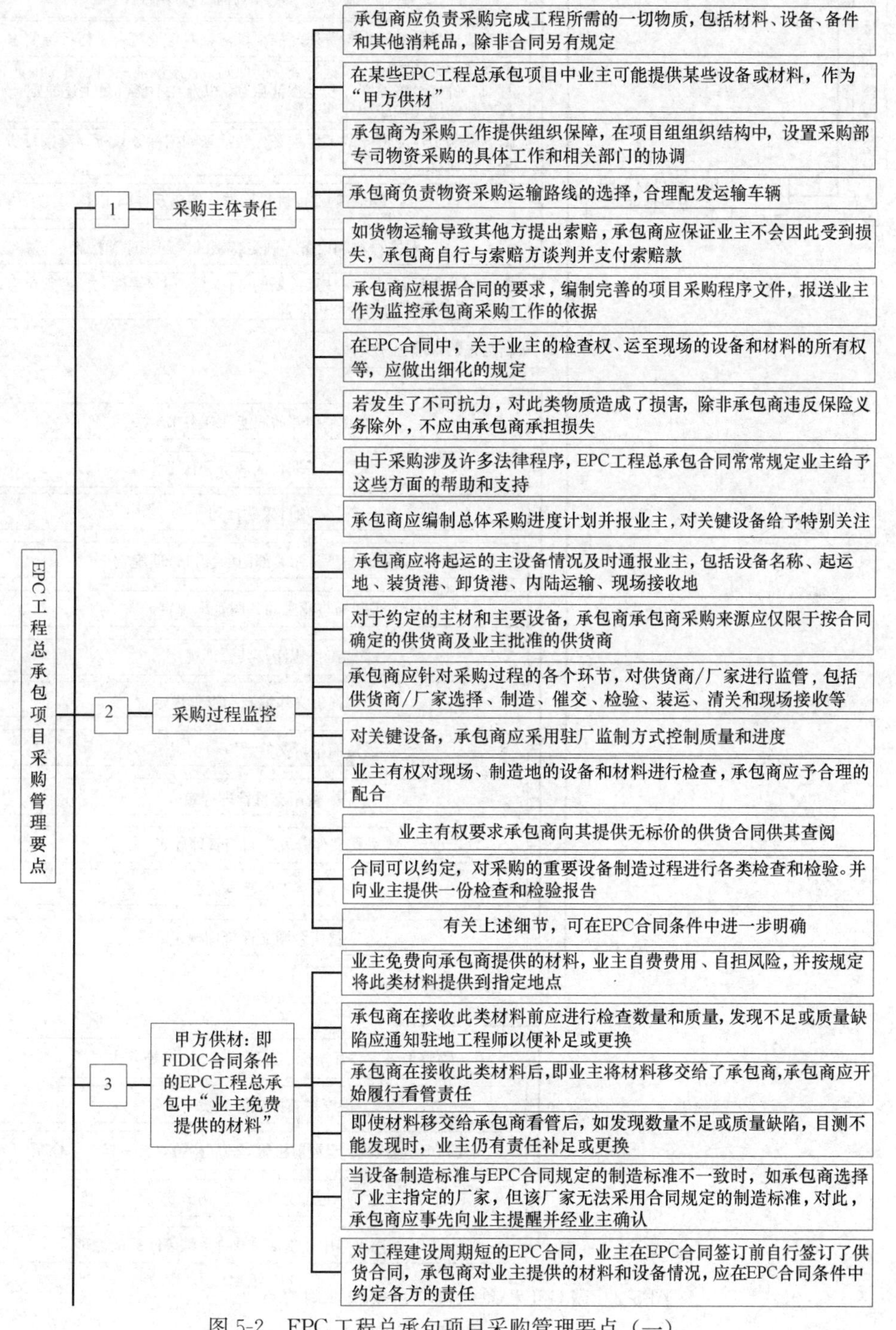

图 5-2　EPC 工程总承包项目采购管理要点（一）

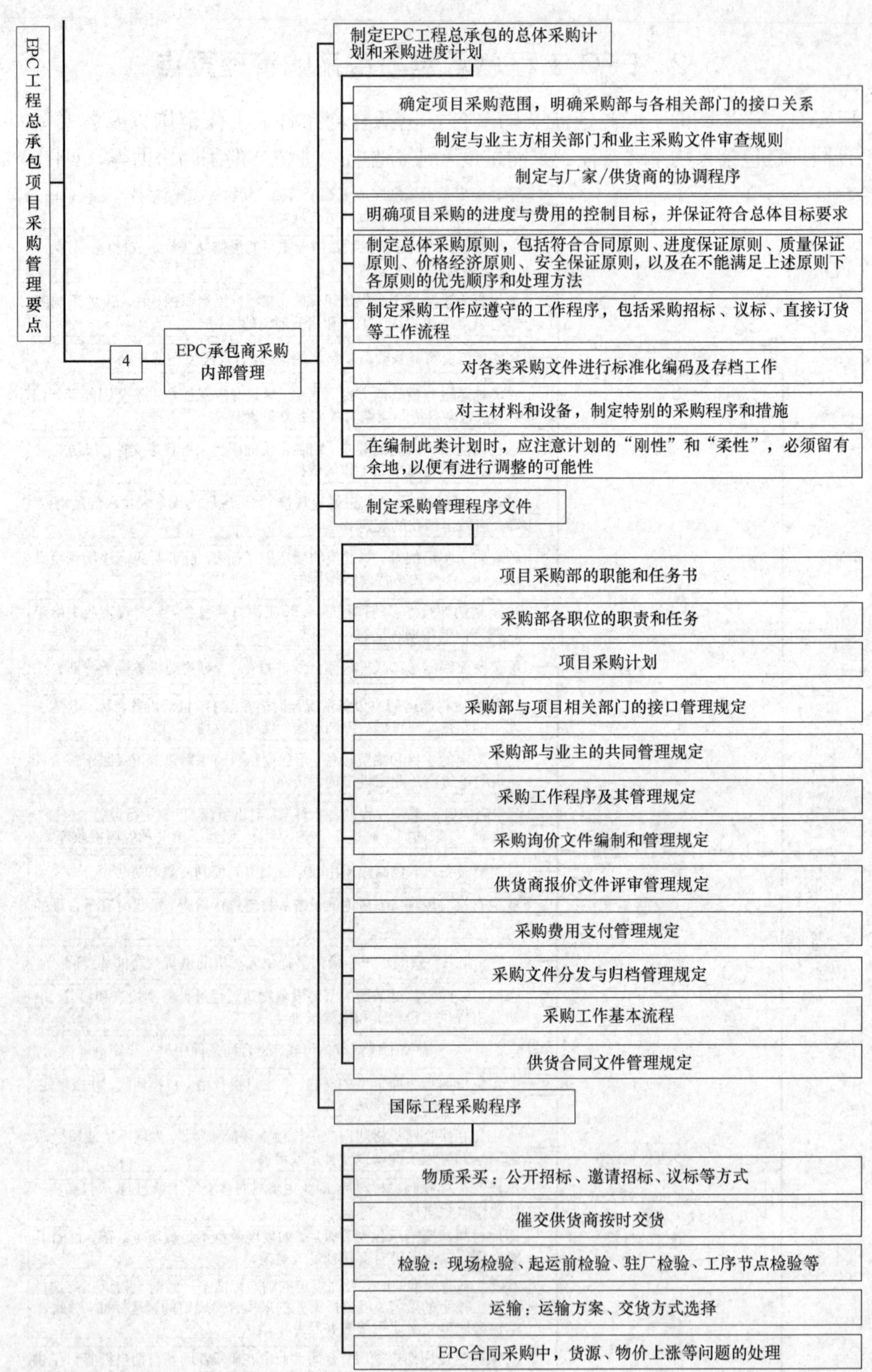

图 5-2　EPC 工程总承包项目采购管理要点（二）

该物资采购流程图的商务平台，比较全面周到，三大层关系网，包括了集团公司的管理层、采购系统协调层和实施执行层等近 20 个环节，采购过程中的方方面面基本上都囊括在内，切切实实做到信息共享，可供 EPC 模式的工程总承包项目单位参考使用，见图 5-3、图 5-4。

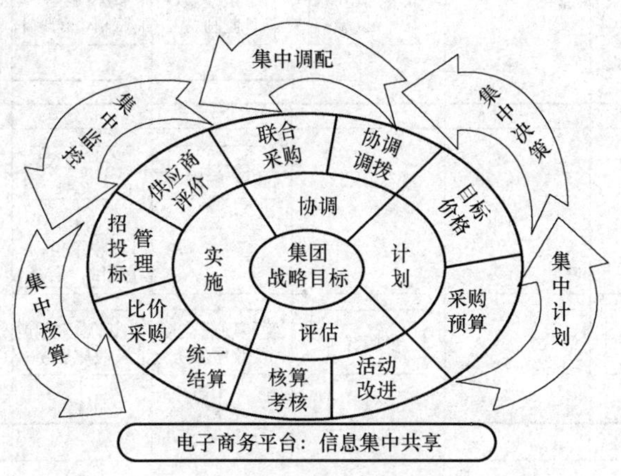

图 5-3　物资采购流程图

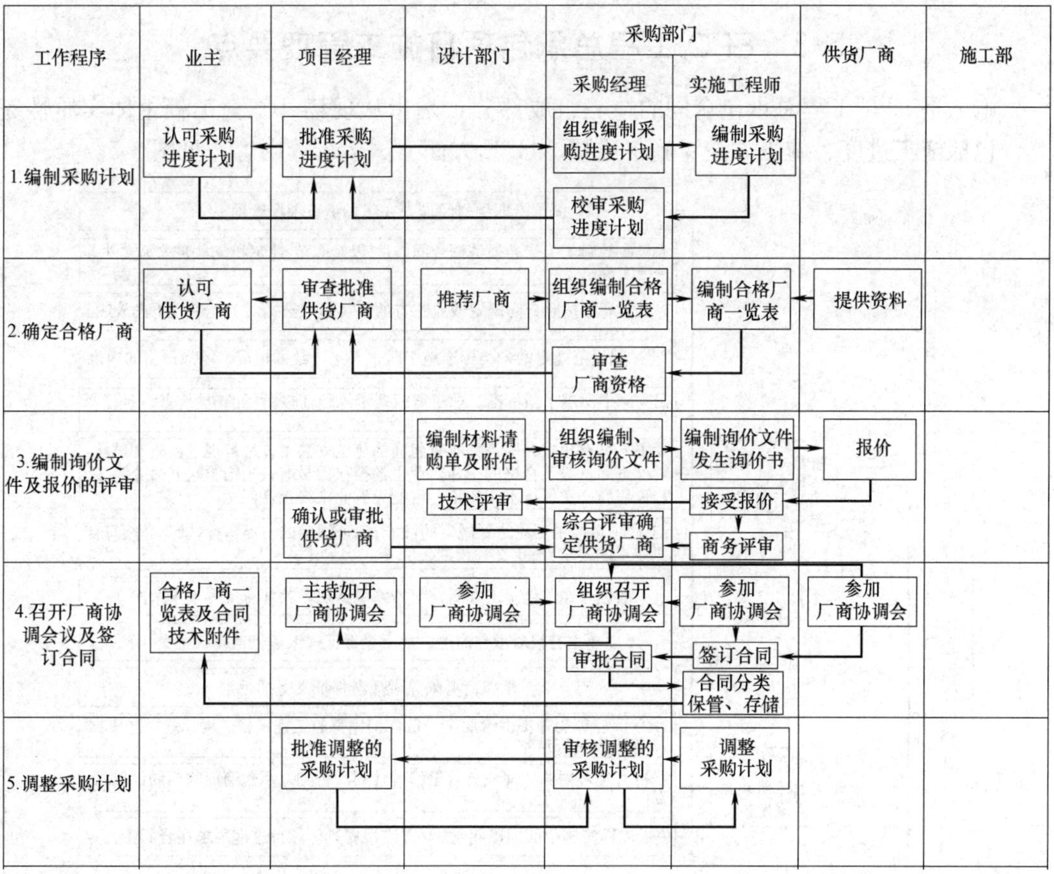

工作程序	业主	项目经理	设计部门	采购部门		供货厂商	施工部
				采购经理	实施工程师		
1.编制采购计划	认可采购进度计划	批准采购进度计划		组织编制采购进度计划 校审采购进度计划	编制采购进度计划		
2.确定合格厂商	认可供货厂商	审查批准供货厂商	推荐厂商	组织编制合格厂商一览表 审查厂商资格	编制合格厂商一览表	提供资料	
3.编制询价文件及报价的评审		确认或审批供货厂商	编制材料请购单及附件 技术评审	组织编制、审核询价文件 综合评审确定供货厂商	编制询价文件发生询价书 接受报价 商务评审	报价	
4.召开厂商协调会议及签订合同	合格厂商一览表及合同技术附件	主持如开厂商协调会	参加厂商协调会	组织召开厂商协调会 审批合同	参加厂商协调会 签订合同 合同分类保管、存储	参加厂商协调会	
5.调整采购计划		批准调整的采购计划		审核调整的采购计划	调整采购计划		

图 5-4　EPC 工程采购流程图（一）

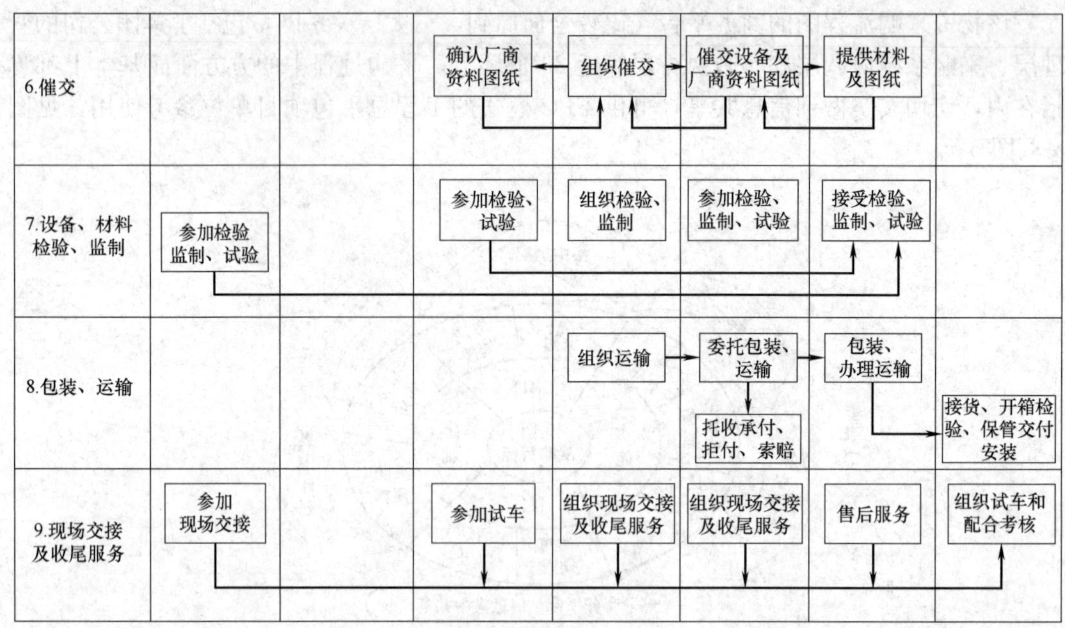

图 5-4 EPC 工程采购流程图（二）

5.3 EPC 工程总承包项目施工管理要点

施工是 EPC 工程总承包合同的核心组成部分，是指从现场开工至工程主体实质性完工，包括施工进度、施工方法、施工质量、HSE 方面、试运行等内容。见图 5-5。

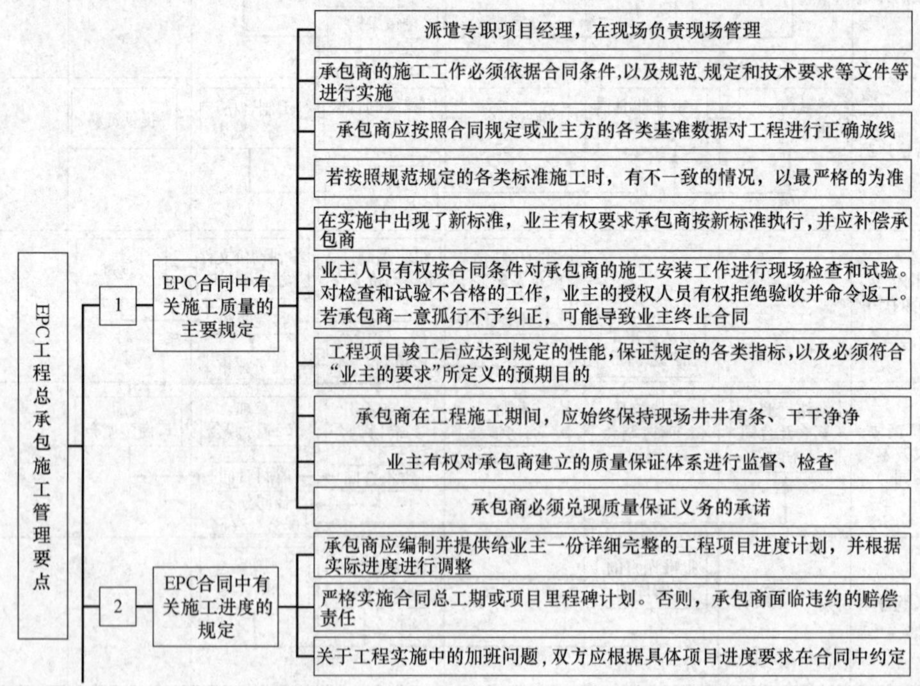

图 5-5 EPC 工程总承包项目施工管理要点（一）

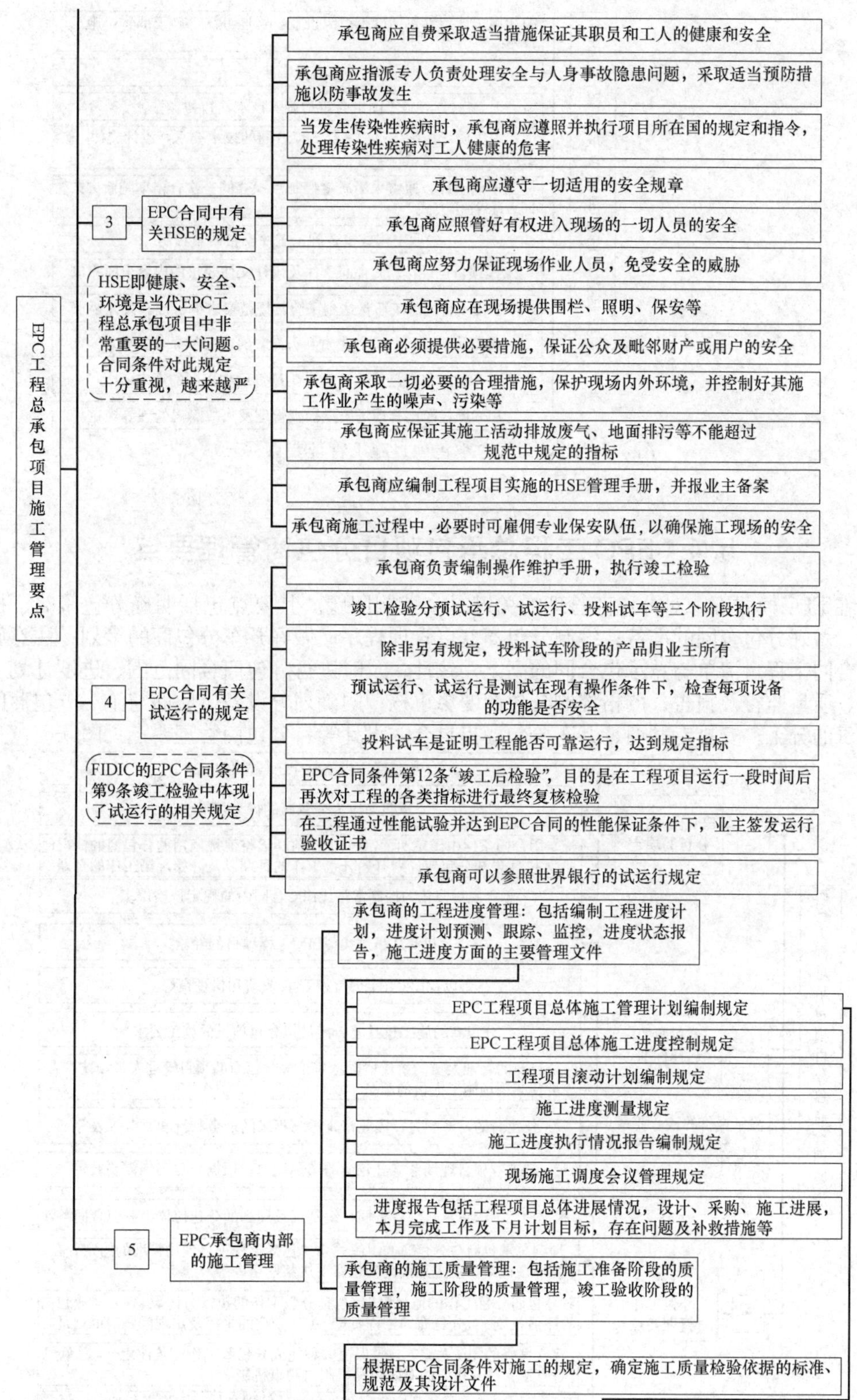

图 5-5　EPC 工程总承包项目施工管理要点（二）

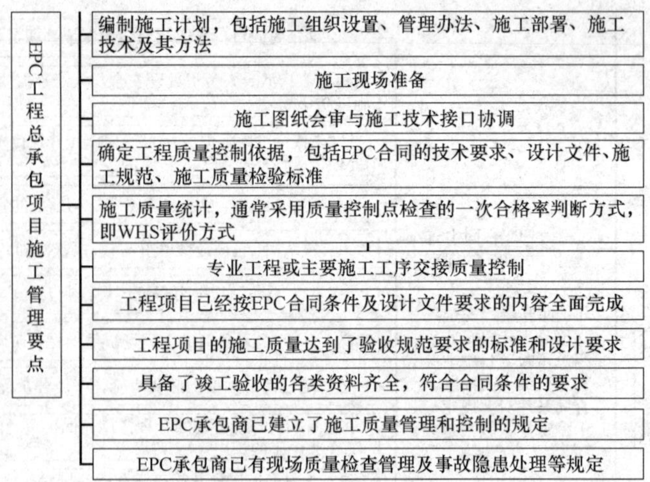

图 5-5　EPC 工程总承包项目施工管理要点（三）

5.4　EPC 工程总承包项目分包商管理要点

在 EPC 模式下，对分包商管理的关键是个控制问题。其要点包括明确分包策略、标段划分；做好分包合同的准备；编制分包商变更管理程序；做好开车分包商的策划；注意施工分包合同工程量清单与总承包合同的高度一致性；及时进行分包商合同范围、进度计划、费用流、质量监控及报告；严格控制分包商变更审核；明确划分设备供应商与施工分包商间安装职责的分工；安排专利商、开车分包商提早介入设计等。分包商管理要点见图 5-6。

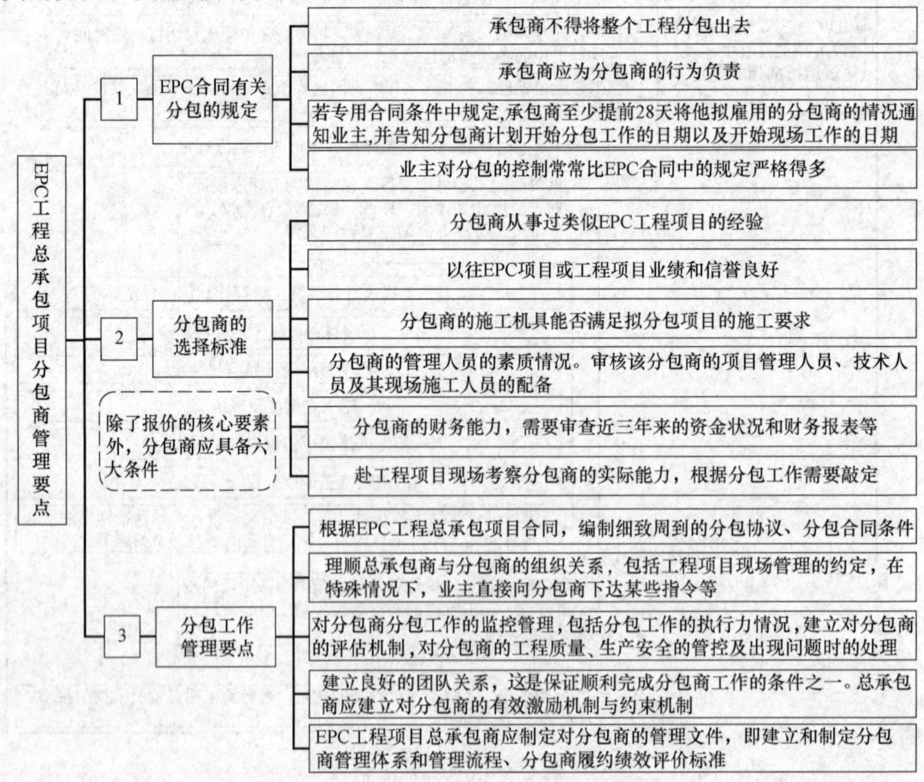

图 5-6　EPC 工程总承包项目分包商管理要点

5.5　EPC工程总承包项目试运行（试车）管理要点

一定要关注对开车分包商的策划，包括落实开车分包商的来源及其资质的合规性，拟订开车计划，确定编制操作维修手册，进行开车人员培训等事项。EPC工程总承包项目在最终竣工并移交业主前，都经试运行阶段，大体包括图5-7所示内容。

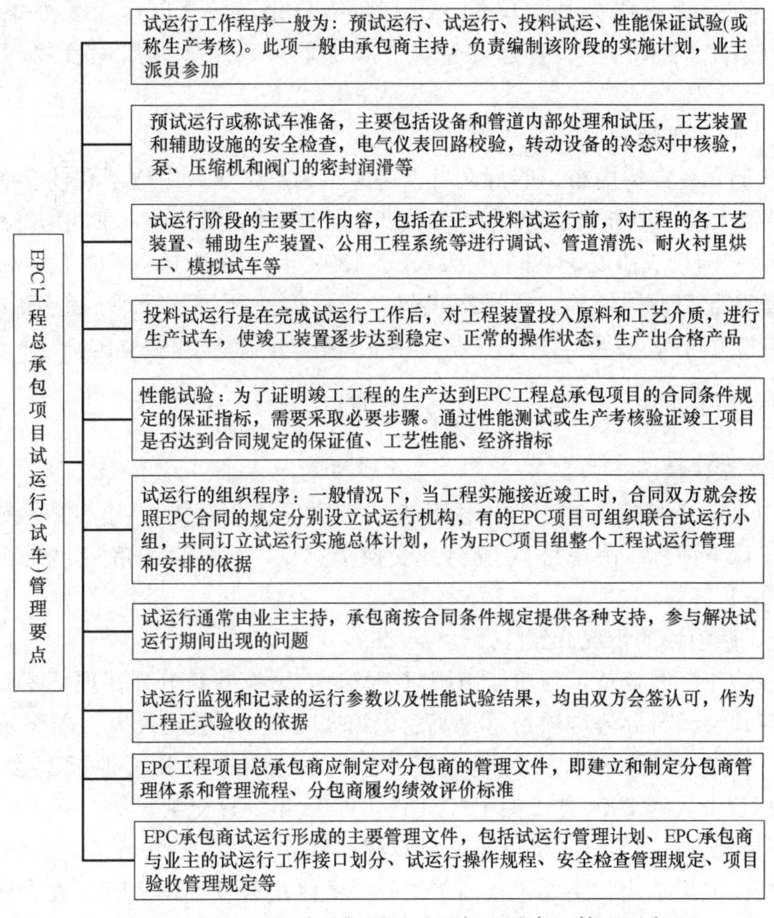

图5-7　EPC工程总承包项目试运行（试车）管理要点

5.6　萨摩亚议会及司法部办公楼项目管理实践及简析①

5.6.1　概况

萨摩亚位于（Samoans）太平洋中部萨摩亚群岛的民族，有22.2万人（1978年），其中约有15万人分布在西萨摩亚，3万人分布在东萨摩亚，4万人移居新西兰和斐济等国，

① 天津市建设装饰工程有限公司张砺提供案例。

他们属南方蒙古人种和澳大利亚人种的混合类型，为波利尼西亚人的一支，使用萨摩亚语，属南岛语系波利尼西亚语族，有以拉丁字母为基础的新创文字。通用英语。

5.6.1.1　宗教与经济

原信巫术，崇拜首领，并有众多禁忌，现多信基督教。受西方文化影响，但仍保持浓厚的民族文化传统。民间神话传说丰富。

有的研究者认为，其祖先可能早在2500年前便已从东南亚迁居到此。19世纪中叶以前，社会以父系大家族为基本单位，已有阶级分化，乃至出现家长奴隶制。经济以农业和渔业为主，种植椰子、香蕉和芋类。摩擦取火，用地灶烘烤食物。现开始发展小型工业。

5.6.1.2　风俗与历史

喜饮卡哇酒，爱穿树皮布，盛行文身。房屋多为萨摩亚人用树干和枝叶搭盖的，有的高达6m，四周无墙，但挂有编结的垂帘。19世纪中叶，英、美、德相继侵入，互相争夺，1889年，三国达成协议，共同进行统治。1899年英国退出，萨摩亚群岛由德、美两国瓜分：西萨摩亚归德国统治，第一次世界大战后委任新西兰管理；东萨摩亚归美国统治。西萨摩亚人已于1962年1月1日获得独立，建立西萨摩亚独立国。

5.6.2　萨摩亚议会、司法部办公楼项目

5.6.2.1　背景情况

2006年4月，西萨摩亚政府与中国政府有关方面、金融机构就萨摩亚议会、司法部办公楼项目（以下简称“萨项目”）充分地交换了意见，为项目的落实起到了积极的推动作用。

5.6.2.2　萨项目的情况介绍

项目地点位于萨摩亚首都阿皮亚市姆里努乌区，两座建筑分列在现萨摩亚议会大厦的两侧。萨摩亚议会综合办公楼项目总建筑面积约300m^2，2层现代风格的建筑，钢筋混凝土框架结构。主要包括35名议员办公室、会议室、图书馆及其他配套设施（图5-8、图5-9）。项目议会大楼2007年9月开工建设，2008年8月交工。

萨摩亚司法部及法院行政办公楼项目总建筑面积约为12000m^2，3层古典风格的建筑，钢筋混凝土框架结构。主要包括高级法庭、地区法庭及土地法庭、大法官办公室、司法部首席执行官办公室、警察及司法部工作人员办公室、培训室等，并提供办公家具和办

图5-8　西萨摩亚司法部办公楼竣工实景

图5-9　萨摩亚议会内部实景

公设备。2008年下半年开工，2010年1月完工。两项目总投资1亿6千万元人民币，建设工期28个月。

5.6.2.3　项目特点

1. 合同形式

本项目采用EPC合同形式，是由中方公司负责设计、采购和施工的交钥匙工程。合同的编写参考了我国政府对外经济援助通用合同文本、FIDIC中EPC合同文本，以及世行援助汤加政府医院的设计施工总承包商招标时用的合同文本。这份合同既体现了我国政府优惠贷款项目的援助特点，又体现了国际工程的特点，萨方对合同中规定的中外双方的责任和义务完全能够理解，具体操作也符合国际工程惯例，双方很快签订了本项目的商务合同。

2. 项目难点

萨摩亚是在南太平洋上的一个岛国，经济落后，不能自给，施工基础条件差，除当地生产砂子、石子外，其他建筑材料均需进口，机械设备也捉襟见肘。

当地没有一套完整的建筑法规和规范，只是参考一些相应的澳大利亚和新西兰的建筑规范。当地缺乏类似大型建筑施工经验。萨摩亚当地的较大型建筑为7层高的由中国政府于1992年援建的政府办公楼和更早时期由新西兰政府援建的国家储备银行。当地的小型建筑公司只是承包一些民用单体住宅，没有大型建筑施工经验。

质量、安全、环保要求高。萨摩亚是一个美丽的岛国，旅游业是其支柱产业之一，对于环保的要求非常高。萨政府对于建筑行业的管理方式多采用澳、新标准，对于安全和质量的要求也非常严格。考虑到萨摩亚岛处在太平洋的地震带上，且每年均要遭受飓风的袭击，每年雨季长达2个多月，所以项目工期不是很宽裕。萨政府在合同签约时提出议会项目要在开工一年首先交付使用。

5.6.3　萨项目的管理实践

5.6.3.1　项目可研阶段

在中国-太平洋岛国经济发展合作论坛会后，中方公司多次派出专家组与萨方各有关部门继续就上述项目的投资控制、建筑设计和施工等事宜进行讨论，协助萨方完成了可行性研究报告，确定了本项目的融资方案。于2006年12月签署了萨摩亚议会和综合办公楼及司法部和法院行政办公楼项目设计与施工合同。中方派出设计团队赴萨，详细地调查了当地的气候条件，尽可能地收集项目所在地的水文资料，了解萨国的建筑风格和周边建筑的特点。在与萨议会和司法部的有关主管官员会谈中，仔细倾听他们的设计要求，了解了他们的工作流程，终于提出了令萨方满意的建筑方案。

5.6.3.2　项目实施阶段

1. 项目组织架构

本项目以项目管理团队为核心，全面负责项目的设计、施工质量、工期与成本。项目经理负责项目的设计和施工全面控制。商务经理负责商务谈判、预算编制、施工全过程的计划编制，当地分包商的确定和当地材料采购及外事联络。现场施工管理项目组负责具体的施工计划、质量目标和成本计划的落实。设计团队负责深化设计图纸和变更设计。考虑到当地的施工条件，本项目在国内确定了土建和机电分包商。国内专门组建了后勤组，负责国内土建材料、机械设备和派出人员的生活物资采购。为了项目移交后的维修便利，电梯安装工程分包给了 OTIS 新西兰分公司。项目组织架构见图 5-10。

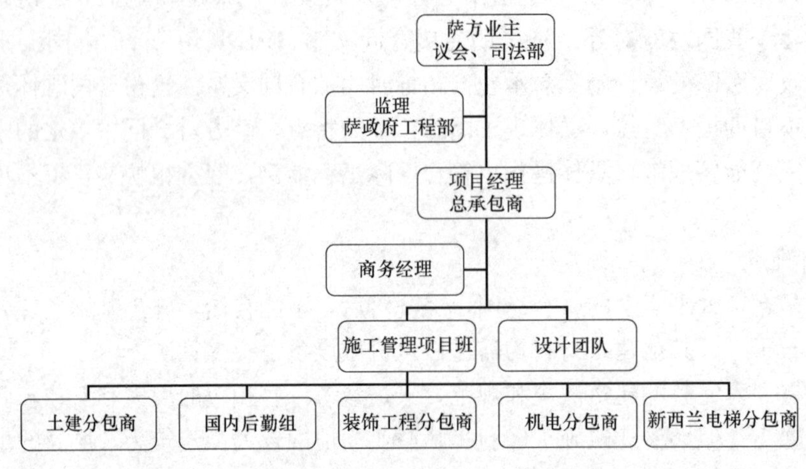

图 5-10　项目组织架构图

2. 设计管理

在 EPC 工程项目中，设计的主导作用是得到公认的。因此在前期与萨方的谈判中，充分考虑到了萨方对本项目的设计要求，又借鉴了当地的建筑经验，使得本项目的设计方案从一开始就比较符合当地条件和业主的要求，避免了施工过程中不必要的设计变更，为项目的顺利进行奠定了基础。具体做法上，我们将设计分为了四个阶段。第一个阶段是项目设计方案阶段。这一个阶段充分注意现场调研，派出了地质勘察设计人员到项目现场进行勘察，设计师会同商务谈判人员共同听取业主的设计要求，明确了业主对项目的期待，这一时期设计任务主要是配合做出项目的可行性研究报告。第二个阶段是项目的初步设计阶段。FIDIC 的《EPC/交钥匙项目合同条件》中规定，如果合同文件中存在错误、遗漏，不一致或相互矛盾等，即使有关数据或资料来自业主，业主也不承担由此造成的费用增加和工期延长的责任。我们在这一阶段主要是通过各专业图纸会审，深刻明确业主的设计要求、工程施工的技术要求和材料设备的采购要求，在项目前期尽最大可能减少工程实施中的技术和经济问题。设计的主要任务是为了估算项目的总投资，以便确定融资方案，签订设计—采购与施工合同。第三个阶段是总体施工图设计阶段。设计的主要任务是为了做出本项目的报价，明确土建、机电、给排水、配套家具、开办费及设计费等各分项组成，作为工程实施过程中支付工程款的依据。第四个阶段是详细设计阶段。设计的主要任务是深化各专业的施工图，提供施工所需的全部详细图纸和文件，作为施工依据和材料订货的补充文件。在这四个阶段中，前一个阶段的工作成果是后一阶段工作的基础、指导和设计输入，后一个阶段是对前一个阶段工作的深化和推进。这四个阶段平稳、连贯、首尾相接，各时期出图均按日期、版次统一管理，是一个设计质量、深度逐步提高的过程，其结果是现场施工中设计修改量较以往其他工程大大减少。

3. 当地材料供应

EPC 总承包是承包商承担项目责任最多的承包模式之一。在 EPC 承包模式下，总包商可能面对很大的物资采购风险，这是因为：

(1) 总包商从某种意义上要对整个项目的采购成本负责；

(2) 总包商要负责项目采购的全过程管理，承担了几乎全部的采购管理责任；

(3) EPC 总承包合同通常为固定价格，绝大部分采购风险由总包商承担。

在这种合同安排下，总包商要对大部分采购合同风险负责，需要管理的过程和环节增多，合同责任时间跨度大，要面对可能的物价水平的上涨、需求的剧烈波动，转嫁和分散风险的可能性较低。在项目实施过程中，有些问题可能在合同条款中未能得到全面的约定，或者根本无法反映，对总包商的后期合同履行和预期利润带来巨大风险，如何控制好项目的成本、保证工程质量、降低承包商可能控制的成本，这都将是采购管理的中心问题。

本项目的采购，首先在设计阶段，就考虑了萨摩亚本国的特点，制定了采购的基本原则，即除砂子、石子在当地采购外，防腐木材、水泥、消防栓从澳、新采购。另外，水管、插座及需经常维护的材料按澳、新的标准在国内采购。如插座选用澳洲奇胜品牌，灯管选用菲利浦（宽电压 240V）。钢筋等大宗材料在国内加工成半成品，经过测试和检验再发往现场，既保证了供货质量，又带动了国内物资的出口。因为萨国的主要建筑材料均从澳、新进口，当地的建筑标准也主要是参考澳、新的建筑标准和规范，所以易损易耗材料采用澳、新的产品利于工程移交后萨方的维护和更换。尤其值得一提的是，本项目的电梯是采用 OTIS 产品无机房 GEN2 电梯。这个类型的电梯只在法国和天津生产，如果我们自己从天津工厂采购，由天津派出安装人员来萨安装，他们只能提供中文系统的设备，且中国安装人员不会英语，无法培训萨方的维护人员，在安装过程中也与当地雇佣的工人无法进行语言沟通。中方人员往返机票、现场管理费加上国外津贴超过了电梯工程的总预算。由于有了在汤加国际日界线酒店分包给 OTIS 新西兰公司取得的成功经验，所以本工程仍分包给了 OTIS 新西兰公司。新西兰公司负责南太平洋国家的电梯销售和安装，他们每季度均派出技术人员巡访南太国家，为这些国家 OTIS 电梯客户提供日常检修和维护工作。新西兰与萨摩亚国家都是英联邦国家，通用英语，新西兰的技术人员与萨工人无语言障碍，在安装过程及培训方面可以做到很好的沟通。虽然新西兰公司也要从天津定购电梯主机设备，但他们提供的系统和说明书是英文的，可顺利地留给萨方存档。

根据材料的采购地制定了不同的采购方案。对于从国内采购的材料，现场项目组提出采购计划，进场时间，由国内后勤组在总部的监督下，对供应商从价格、技术、质量，供货时间等方面做出一个综合判断，确定供货商。材料采购后，按照技术要求做测试和检验，合格后再发往国外。在施工过程中，还要听取项目组使用情况的报告，对供货商做一个后期评审，作为今后继续采购和建立伙伴关系的基础资料。对于从第三国采购的物资，主要是调查萨国当地畅销产品，并从当地建材供应商处了解那些产品质量有保证、信誉度好的澳、新建材商，从他们那里直接采购，以免除进口时的关税（本项目所有进口材料均免税）。根据萨摩亚的气候特点和当地材料生产能力低的特点，尽量在飓风和雨季到来之前，与当地采石场做好沟通，提前开采和储存足够的石子和砂子，以保证项目进度要求。

物资采购是创造利润的最佳途径，通过采购可降低整体项目执行成本。采购过程中考虑到项目移交后的易维护性、易得性，也可从整体上降低项目成本。严把采购质量关，也是企业提高项目质量、提升自身核心竞争力、取得竞争优势的关键过程之一。

4. 质量与安全管理

质量取决于人及其工作态度，一个有质量观念的组织，才是一个面向顾客的组织。项目按照公司总部的质量管理体系，结合本项目的实际情况，制订了有针对性的本项目质量管理计划。质量管理计划涵盖了本项目的设计管理、施工管理、物资供应管理等几个方面。为使萨方满意，还注意做到以下几点：

(1) 项目管理人员了解萨方对本项目的预期；

(2) 做出具体的施工计划并报萨方，以便得到萨方有关部门的配合；

(3) 向萨方指出施工过程中的主要里程碑，在项目实施过程中遇到困难时，萨方通常会积极帮助予以克服；

(4) 在做隐蔽工程覆盖前，主动邀请萨方监理部门到现场检查。

作为总承包商我们认识到，从项目规划工作开始，以及在设计、施工、运行管理等过程中，都要考虑安全。每个项目组的成员都要对安全管理负责。在做现场勘探时，发现司法部办公楼所处的场地地下水位高，约为−0.8m，且离海岸线很近，不到100m，经过研究和借鉴周边建筑，将办公楼的首层标高提升了1.2m，整个建筑物坐落在一个巨大的混凝土台上，这既解决了建筑物安全问题，又突出了司法部办公楼宏伟庄严的特征。

在施工管理上，项目组充分了解萨国的安全法规要求，为每位工人投保了安全保险。总包商和各分包商分别制定了安全卫生责任制度，有总包商牵头定期检查制度执行情况。坚决落实了安全培训工作贯穿工作的始终，所有的施工人员包括中国技术人员和萨摩亚工人都要接受安全培训。萨工人的安全培训采用英文书面交底。这种培训是定期的反复进行。在工作面上，操作工人除接受管理人员的书面安全交底外，还在施工前接受口头简短而有针对性的安全指示。图5-11是司法部办公楼施工照片。

图5-11 司法部办公楼施工照片

本项目未发生安全事故，赢得了萨方的满意和我驻萨使馆的表扬。

5. 环保管理

萨摩亚是个美丽的岛国，被世界卫生组织评为无污染国家，旅游业是其主要国民经济支柱产业之一，所以本工程在设计阶段就秉持了环保理念。在做项目的方案设计时，保留了现场的树木，并在施工过程中做好保护。议会设计方案中，充分考虑到建筑物离海边较近，海风习习清爽宜人，所以注意房间的通透性，方案中仅在每个房间中安装了吊扇，没做空调系统，大大节约了用电量，提升了工程全寿命周期价值。

5.6.4 总结

5.6.4.1 建立伙伴关系

总包商与萨方主管部门从项目策划阶段就建立了伙伴关系。总包商充分听取萨方的设计要求，理解萨方对项目的期待。在设计前期仔细考察当地的建筑风格和文化习俗，做出了令萨方满意的建筑方案。在合同谈判中，明确双方的责任义务，总包方将自己能够控制的风险规定在自己的责任范围内，同时说明萨方能控制的风险由萨方负责的益处时，也得到了萨方的欣然同意。在施工过程中，总包方不隐瞒自己的困难，寻求萨方的积极配合，以顺利解决问题；同时在萨方提出一些非根本性的变更时，也能够理解萨方的意愿，不在一些小的经济问题上纠缠不清。

5.6.4.2 价值工程

本项目注意了价值工程理念的应用。在设计时不仅注意考虑施工中成本价值，也注意到了项目建成后日常维护的费用。在议会办公楼项目设计中，在保证使用效果的前提下，大胆取消了空调系统，改为以自然通风为主的方法，使议会大楼移交后运营费用的降低成为可能，这一点得到了这个经济不发达国家的议会部门的肯定。在不发达国家建设这种大型的项目，虽然遇到了施工条件落后、当地建筑法规不健全、建筑规范零散、照抄澳新标准、缺乏技术人员、物资供应匮乏等困难，但是通过制定一套较完善的管理方法，在项目策划期摸清情况，从设计阶段就考虑到竣工移交后的工作安排，并同业主建立起伙伴关系，使业主对这个项目产生信心，对总包商产生了信任的感情，使得项目圆满成功。总包商也通过不断提高自己的管理能力，更有信心接受更大的挑战。

案例简析

本案例主要记述了在萨摩亚议会及司法部办公楼项目中采用EPC合同对工程项目进行管理的实践活动。实例提供者为这个项目的策划者，参与了项目前期策划，与萨摩亚政府有关部门、中国商务部、中国进出口银行等有关政府机构和金融机构共同合作，确定了本项目的融资方案。在编制本项目EPC合同时，在FIDIC的EPC合同文本的基础上，参考了我国政府对外援助项目的合同范本和世行资助汤加首都医院项目的合同文本，编制出了适合本项目特点又符合萨方管理部门要求的合同。作为工程总承包单位，从项目的可行性研究、设计方案的确定、项目总投资的确定、到项目的物资采购和施工管理等各个阶段都进行了有条不紊的全过程管理。该项目在工程施工中，注意与萨方有关部门建立良好的伙伴关系，为项目的顺利进行创造了良好的外部条件，取得了比较满意的效果。案例简析见图5-12。

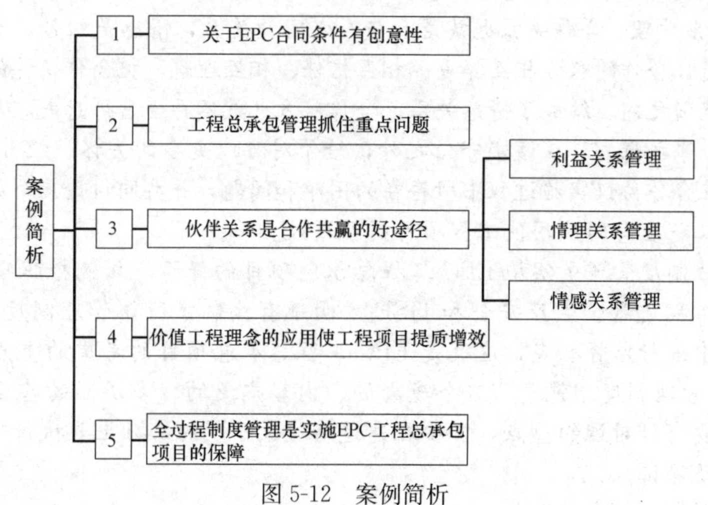

图5-12 案例简析

(1) 关于EPC合同条件有创意性

在FIDIC的设计采购施工(EPC/T)合同条件文本的基础上，进行了实事求是的、合法合理的重新整编。正如蒙田所说：“人的智慧有什么作用呢？应该说都是为了谋取最大的利益。难道我们要把智慧用来毁灭自身，与事物的普遍规律相抗衡吗？事物的规律不就是要每个人尽自己所能来谋取自己的利益吗？”

(2) 工程总承包管理抓住重点问题

从项目的可行性研究、设计方案的确定、项目总投资的确定，到项目的物资采购和施工管理等各个阶段，都进行了有条不紊的全过程管理。其关键在于对各阶段的重点给予高度的关切。法国人文大师蒙田在《蒙田随笔》中说：“一切事物的价值都是由我们自己的看法产生的。这种价值会在很多事情上体现出来，要对它们作出评价，不仅要考虑它们，还要考虑我们自己。不要去关注它们的质量、用途，只要关心我们得到它们的代价，仿佛这是它们实质的某个部件，应把我们带给事物的，而不是事物带来的称作价值。”

(3) 伙伴关系是合作共赢的好途径

此例做得比较突出。鉴于该理念的重要性，这里略加补充。伙伴关系管理至少体现在三项内容上：

1) 利益关系管理。利益关系是伙伴关系的基础，没有利益关系，也就不可能建立伙伴关系。

伙伴关系管理，一要强化员工的合作意识和合作精神的教育培训；二是合作谋划前充分考虑合作伙伴的具体利益要求，合作过程中应严格遵守合作协议，合作发生矛盾时必须主动从对方的立场上思考检查自身的行为不当而造成了对对方利益的损害；三应健全完善合作实施行为规范并贯彻始终，保障合作双方的公平合理利益；四是必须定期检查合作意识和合作精神的贯彻落实情况，清除妨碍合作的行为事件。

2) 情理关系管理。工程总承包项目参与方之间的合作关系，是由人与人之间的合作关系体现的。情理关系就是把利益关系置于情理联系之中。凡事用情理自我审定，超越情理，尽管合法但伤害合作伙伴的事也不能为之。这也就意味着：在合作关系的建立和维护上，必须避免处处以法律关系为调节合作利益关系的准绳，仅仅以法律作为最后底线，更不能经常把权利、义务挂在嘴边。在合作关系结成之前和合作实施过程中，必须事事用情理来评判，以通过情理关系的建立和维护来深化和巩固合作的利益关系。

3) 情感关系管理。合作关系也就是人与人之间的关系，情感是纽带，更是黏合剂。情感关系管理就是让合作的双方相互尊重、相互信任、相互理解，把合作伙伴的利益和需要置于自己思考的范围之内。结成了情感关系，合作双方也就不再会患得患失，斤斤计较于利益关系上的一时一事之得失。在诚实守信之外，给予对方以更多的关怀。经常进行情感联络，询问了解对方在合作协议实施过程中所存在的困难和问题，并共同讨论应对办法。

(4) 价值工程理念的应用使工程项目提质增效。

(5) 全过程制度管理是实施EPC工程总承包项目的保障。该例根据项目的所在国的具体情况，在工程质量、生产安全和HSE方面都有编制了所谓管理制度的“笼子”，并在工程全过程中进行监督检查，这也是EPC工程总承包项目的考虑的重点之一。所谓编制和建立EPC管理制度“笼子”这个庞大的、内容广泛的、多层面的甚至强交叉的全攻略的问题，一要有针对性的重点，二要在建造好“笼子”的基础上要执行好，三要有“顶层设计”的措施保证。

第6章　EPC工程总承包项目组织管理模式

6.0　EPC工程总承包项目组织管理模式纲要框图

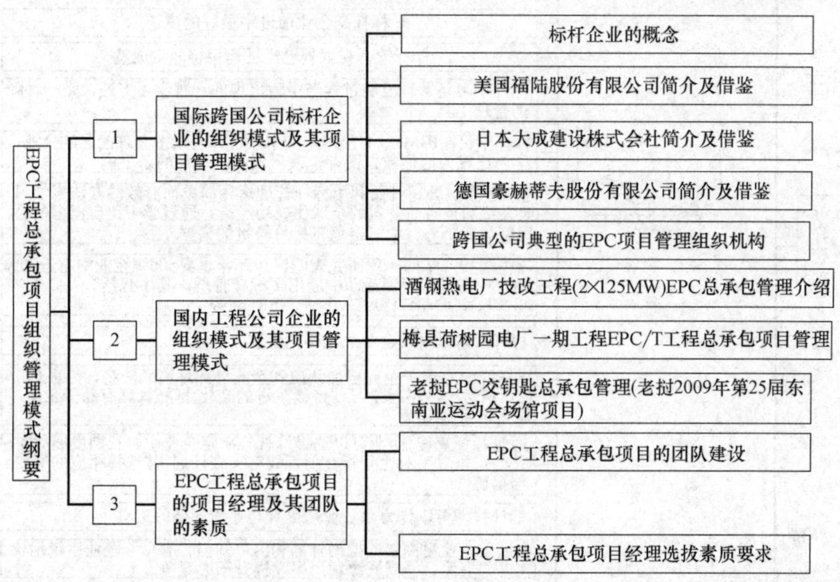

6.1　国际跨国公司标杆企业的组织模式及其项目管理模式

6.1.1　标杆企业的概念

所谓"标杆企业"是指信息化建设取得显著成效、具有先进性（包括部分方面）、示范性和行业代表性的企业，一般为知名度高、信誉好、有发展潜力、综合实力强的企业。标杆企业应发挥行业带头作用。标杆管理示意图见图6-1。

6.1.2　美国福陆股份有限公司简介及借鉴①

6.1.2.1　福陆（Fluor）公司简介

2005年，全球225家最大承包商中排名第12位（以海外营业额计）（以海外营业额计：2004年排名13位、2003年15位）。根据2005年美国《工程新闻记录》（ENR）的统计排名，美国福陆公司以其在2004年17.94亿美元的国际收益名列《ENR》海外工程咨

① 此文综合了国资委2006年竞争力课题问卷附件福陆公司部分和哈尔滨工业大学管理学院张万秋教授的《知识管理和持续性管理成就百年福陆》一文的内容，特别致谢！

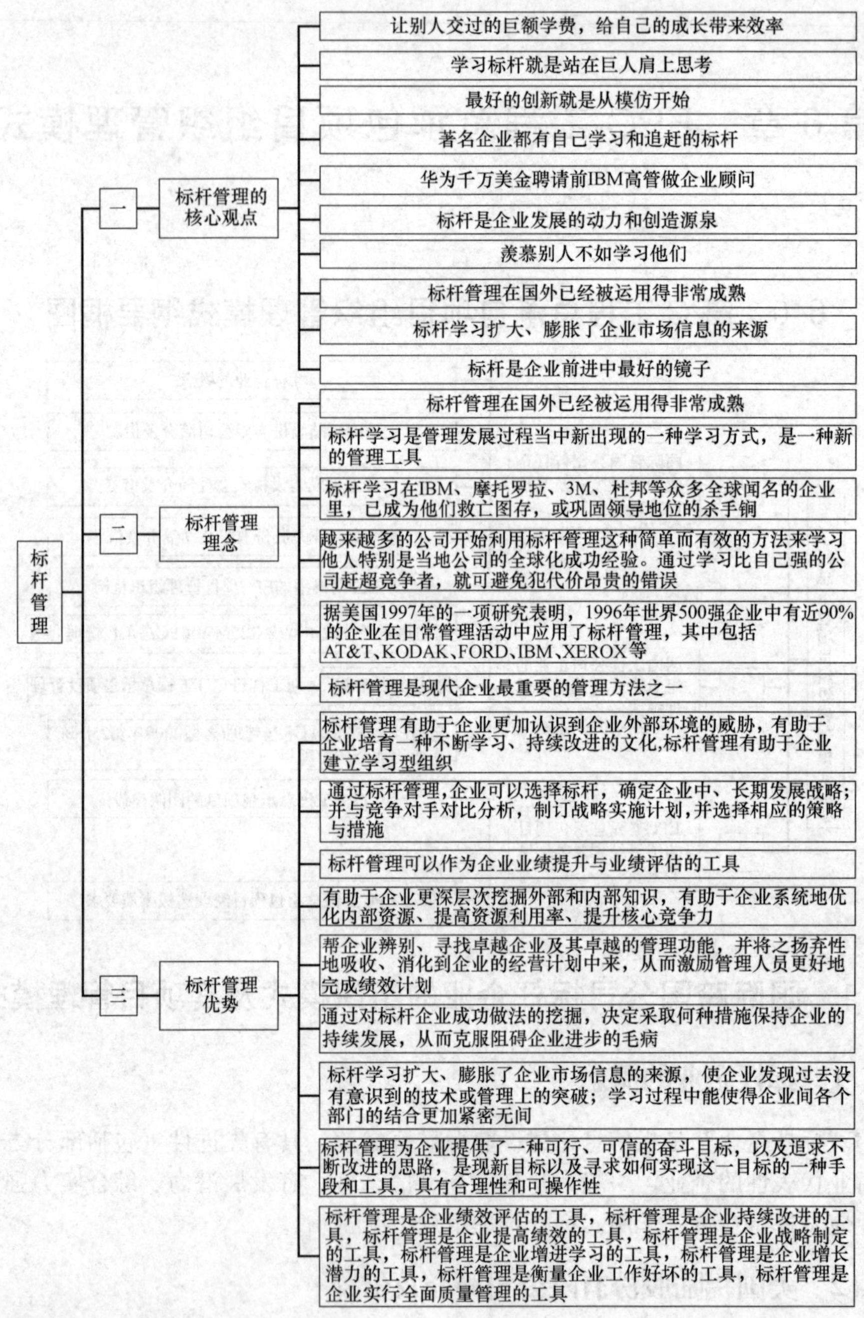

图 6-1　标杆管理

询设计商榜首，而其国内外工程咨询设计收益则达到 22.596 亿美元，在《ENR》工程咨询设计商中名列第二位。在近年来《ENR》杂志工程咨询设计商的评选中，福陆公司始终居全球 150 个顶级设计公司及 400 个顶级承包商中的前三名之列。同时，福陆公司的安全记录使它成为世界上最安全的承包商之一。

（1）2006《福布斯》全球 2000 领先企业榜排名第 1076 位。

(2) 2007《福布斯》全球上市公司2000强排名第1074位。

(3) 2008年《财富》全球500强排名第500位。

6.1.2.2 历史沿革

美国福陆公司始创于1912年，是世界最大的主要从事咨询、工程、建筑等其他多种服务的公有公司之一。

福陆公司由福陆兄弟建筑公司起步，最初在新兴的石油工业领域以其富有创新意识和精湛的工程建筑技术赢得声誉。

20世纪20年代，福陆公司开始在石油、天然气领域发展专业的工程建筑技术，在1924年，开始接手更为复杂和庞大的工程项目，如今工程建筑业仍是福陆公司不可或缺的一部分。

20世纪30年代，福陆公司在美国得克萨斯州、印第安纳州、密苏里州、伊利诺伊州陆续赢得了工程项目，逐渐使其成为精炼加工厂建筑业极具竞争力的企业。

20世纪40年代，第二次世界大战为福陆公司带来了许多发展的机会。在美国国内市场发展稳定的同时，福陆公司开始在加拿大、委内瑞拉承揽炼油厂、天然气厂的工程建筑项目。由于在炼油厂工程建筑业有良好的声誉，使它赢得了第一个中东地区国家——沙特阿拉伯的工程项目合同。

20世纪50年代初，福陆公司开始与美国政府在核能领域展开合作。该公司与美国空军签订了一份在沙特阿拉伯建设美国空军基地的合同，与此同时还赢得了在波多黎各建设炼油厂的项目。由此福陆公司的项目接踵而至，开始在澳大利亚、加拿大、苏格兰、南非建立设计和建筑公司开展石化建筑业。

20世纪50年代末，福陆公司已经在全球范围内设立了办事处，并在纽约证券市场正式成为公有贸易公司。该公司的声誉开始为它赢来更多能源领域的项目。

20世纪60年代后，福陆公司在原有的基础上继续向前发展，第一次在韩国建立了一家炼油厂，并开始致力于使其业务范围更具有多样性，开始发展沿海钻孔和开采项目。

20世纪70年代，公司将主要业务集中在全球范围内的自然资源开发业，在阿拉斯加、欧洲、印度尼西亚和南非都设立了分公司。此间，福陆公司完成了阿拉斯加管道建设项目，建成了全世界规模最大的沿海设施。1977年福陆公司收购了建筑设计业的领先企业丹尼尔国际建筑公司，此举使其提前几个月完成该公司承揽的项目。

20世纪80年代，合并后的福陆公司和丹尼尔建筑公司成为全世界范围内发展业务的福陆丹尼尔建筑公司。尽管面临着80年代的经济萧条，福陆公司积极调整公司内部结构来应对变化莫测的世界经济环境，谋求公司全球范围内的发展。

20世纪90年代，福陆公司在印度尼西亚、委内瑞拉、墨西哥、泰国、科威特、沙特阿拉伯、波兰、阿根廷等诸国成功地完成了多个项目，其领域涉及石油化工、基础设施、环境保护等建设项目。同时，还赢取了ADP马歇尔项目，并将其业务范围扩大到电力、制药、商务、制造业等领域。

目前，福陆公司在六大洲25个国家拥有50000名雇员，为不同的客户在国际商务中提供个性化服务。它是世界最大的建筑工程、维修公司之一，同时也经营其他多种相关业务，在全球范围内为各个领域的客户服务，服务范围包括石油、天然气业，化工、石化业，贸易，政府服务，生物科学，制造业，微电子业，采矿业，能源业，通信及交通业。

美国财富杂志（Fortune）的“世界声誉最好的企业”（The World's Most Admired Companies）栏目将福陆公司评为世界第一的工程建筑公司。

6.1.2.3 福陆今天

2006年6月8日，福陆集团宣布将原公司拆分新建为两家独立的公司，分别为新福陆公司和梅西能源公司。新的福陆公司管理着五个超大型企业，即福陆丹尼尔建筑公司（Fluor Daniel）、福陆全球服务公司（Fluor Global Services）A.T、梅西煤业有限公司（Massey Coal Limited Company）、福陆国际工程承包公司 、福陆信号服务公司（Fluor Signature Services）。拆分重建完成后，新福陆公司和梅西能源公司将有望运用自身的优势，成为各自领域的排头兵。这些公司的所有服务将福陆公司的战略定位为具有杰出工业技术知识和技能的全方位的服务提供者。

进入21世纪，福陆公司成功地开拓了煤炭业的副产品产业，并取得了与美国政府的多项合作项目，巩固了公司的地位，增强了公司的整体实力。2000年6月8日，福陆集团宣布拆分为新福陆公司和梅西能源公司。2005年，福陆公司赢得了阿拉伯联合酋长国9.9亿美元的天然气合同。根据合同，福陆公司将在规定的期限内完成阿联酋 Habshan 天然气联合体第一阶段的扩展计划。2008年福陆从马拉松石油公司（MRO）手中获得一项价值16亿美元的新合同。福陆将帮助马拉松石油公司扩建和升级底特律的炼油厂。合同包括服务、采购材料的价值，以及福陆直接管理下的建筑合同。此项目预计将于2010年末完成。

2008年，福陆公司新增订单在石油、天然气业、工业、基础设施、全球服务、能源业、政府服务几大领域业务比重如图6-2所示。以地域划分市场，新增订单在美国、欧洲、非洲及中东、美洲、亚太地区（包括澳大利亚）的业务比重如图6-3所示。

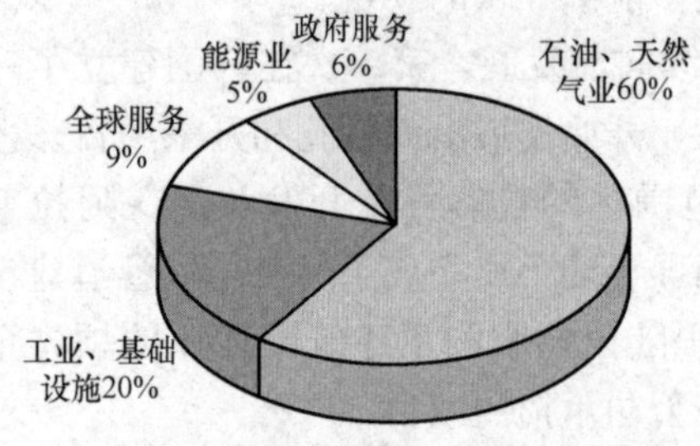

图6-2　2008年福陆公司新增订单情况

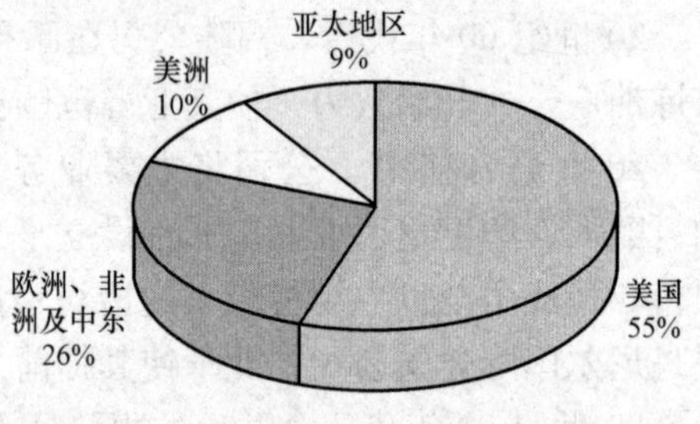

亚太地区
9%
美洲
10%
欧洲、非
洲及中东
26%
美国
55%

图6-3　2008年福陆公司新增订单地理分布情况

近年来福陆公司的业务收入保持了一个较高的增长水平。从2004年到2008年，公司的业务收入增长率平均达25%，2008年达到了223亿美元。公司在净收益方面，也保持了稳定的增长。5年中净收益分别为1.9亿、2.3亿、2.6亿、5.3亿、7.2亿美元，增长水平均为正值，这也反映了福陆公司出色的盈利能力。

福陆公司组织架构示意图见图6-4。

6.1.2.4 福陆在华

自1978年以来，福陆集团公司在中国持续执行工程项目，至今完成130余个项目，拥有丰富的中国经验。

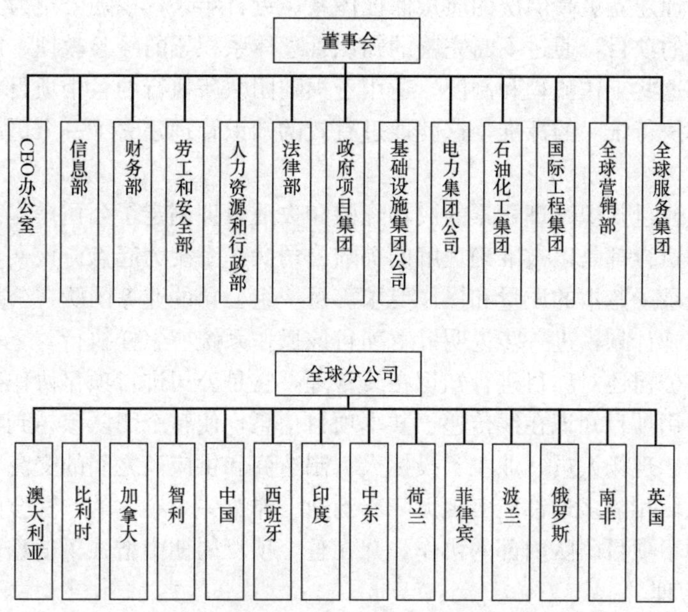

图 6-4　福陆公司组织架构示意图

注：福陆公司组织架构以实际状态为准。

6.1.2.5　福陆公司的成功因素分析

福陆公司近 100 年的发展其成功并非偶然，公司良好的知识管理体系及持续性管理等无不具备福陆特色。福陆公司的成功因素分析见图 6-5。

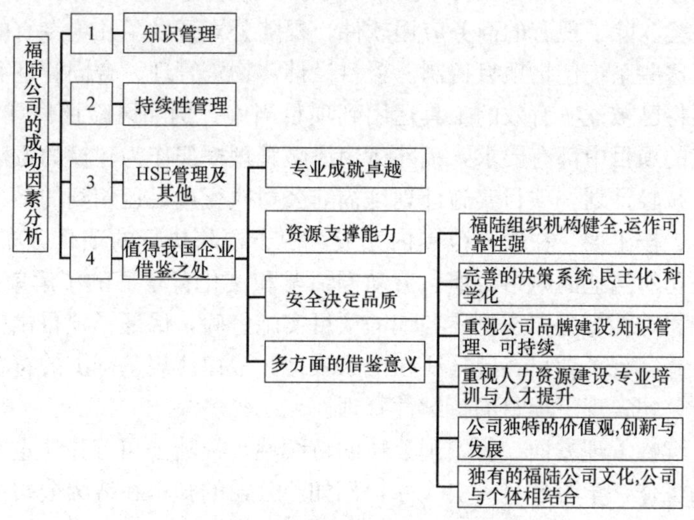

图 6-5　福陆公司的成功因素分析

1. 知识管理

福陆公司屡获殊荣的知识管理能力使得公司能够共享和运用集体经验及项目信息。具体表现在：公司通过知识管理体系建立了质量保证体系、制定了操作系统文件和项目知识在线管理。

通过知识管理建立更高层次的质量保证体系。近百年来，福陆公司为完成世界上最复杂和最富挑战性的项目，通过不断完善的知识管理体系积累的经验教训，制定了可靠的工作流程和制度，这些工作流程和制度，适用于福陆团队所执行的各个项目，不论项目大小和其所在地域都执行统一的标准，这就通过有效的知识管理建立了一个更高层次的质量保证体系。

福陆公司还通过知识管理积累的成功经验和失败教训制定了公司操作系统文件，业务的发展和项目的执行都是以被准确理解的福陆公司操作系统为起点。该文件同时也是公司的质量手册，记录了基本的质量和操作要求。每一组公司的业务团队在公司操作系统文件的基础上制订实施计划，进一步说明针对项目该操作系统应怎样执行。

此外，福陆公司还对项目进行知识在线管理，它是公司进行项目协作和文件管理的有效工具。公司运用项目知识在线传递、共享项目信息，使整个团队参与到项目之中，实现了家庭办公人员、现场人员、业主、投标人、制造商和供应商之间的交流与协作，不论以上成员之间的地域相隔多远都能实现无障碍沟通。作为一个有效的、综合的解决方案，项目知识在线加强了项目团队内部的协作，并在整个项目周期中增强了信息传播的时效性。

2. 持续性管理

包括项目的持续性管理和公司的持续性管理两方面。

项目的持续性管理方面。福陆公司的项目持续性管理主要负责：制订工程实施计划、详细的时间表、成本预算、过程跟踪和报告，以及一体化的设计、采购和施工。福陆公司通过 3 个全球执行中心为公司项目提供同等水平的设计、采购和施工管理支持。3 个全球执行中心分别位于波兰的格利维采、印度的新德里和菲律宾的马尼拉，代表着福陆全球业务的重要组成部分。每一个全球执行中心都为项目提供专家库，为项目贡献出他们世界级的专业知识和经验。除了现有的商务应用软件，福陆公司开发了几项专有的为项目实施服务的业务系统。这些系统包括项目控制、项目设计、物资管理、合同管理和知识管理等方法。福陆公司还将已被证实有效的工具运用到项目当中，例如风险评估和项目实施计划。风险评估在所有的项目中都有要求，福陆运用风险管理框架作为建模的方法，制订出风险评估报告和风险减轻计划。项目实施计划是福陆公司执行项目运用到的最主要工具，以保证项目能够安全、按工期、在预算范围内完成。由于福陆执行的项目分布在六大洲的 70 个城市，所以公司对当地的风俗习惯、劳动方情况和文化背景等的了解就显得至关重要。公司通过不断积累，拥有分布在世界各地的项目实施经验，保证了项目供应链的通畅、项目的顺利实施，并实现了项目在遵守所在国家或地区法律法规基础上的符合性交付。通过以上手段，福陆公司实现了项目的持续性管理。

在公司的持续性管理方面。为实现公司的持续性，福陆公司首先注重人才的积累和培养。通过良好的工作、学习环境吸引人才，例如，公司的知识在线为公司员工营造了不断学习的环境，为公司员工提供全球协作环境、公司所积累的经验，以及丰富的参考资料和范本。为确立持续性发展的方向，公司还制定了明确的发展目标，即在已有的计划和预算范围内，精益求精地完成任务，不论业主是否有所要求，都要做到尽善尽美。正是因为这些，福陆公司拥有了具备熟练技能、丰富经验，并致力于不断改善的动态团队，实现了公司发展的持续性。

3. HSE 管理及其他

福陆公司的健康、安全、环境管理系统（HSE）综合了目前国际上最高的标准，包括ISO14000和OHSAS18001，落实于项目执行的各个阶段，并在项目的执行过程中努力实现项目的HSE目标。福陆的安全管理工作在业界一直处于领先地位，如哈萨克斯坦的SGI/SGP项目成功实现了无伤害、无事故（IIF：Incident and Injury Free）。随着人们对健康、安全和环境的关注，福陆在该领域取得的成绩必然会为其品牌带来更大的无形价值。

4. 我国企业值得借鉴之处

综合福陆公司的自身特点和成功因素，并结合我国建筑工程行业现状，福陆公司作为全球承包市场中的佼佼者，有许多值得我国企业借鉴的地方。

（1）专业成就卓越

由ENR的细分行业，工业/石油业的承包商排名可看出，福陆公司一直处于石化领域建筑企业的前三甲。从福陆公司的业务构成上也可看出，近百年来，福陆公司在其业务发展上一直侧重石油天然气及工业领域，这种专注不仅使其在石化工业领域独树一帜，也成就了福陆公司的国际美名，为业界所瞩目。虽然福陆公司随着企业的发展不断拓展其业务范围，但加强其核心业务能力的步伐从未间断过，福陆不但能够设计和建造新的油气项目设施，而且能够修补和升级现有设施，重建遭受大火或者爆炸的设施，扩大现有设施的规模，并提供项目可行性研究、投资估算、项目融资安排等方面的咨询服务。正是这样的专业能力成就了福陆公司的卓越。

国内的建筑工程企业之间的业务有很大的同质性，大多集中于住宅、商业地产等民用建筑，因其缺乏自身的核心专精领域，大量的企业在一个相当狭窄的范围内过度竞争，造成企业利润水平不断下降，进而导致企业没有过多的力量进行施工技术和项目管理技术的研发，形成恶性循环，企业发展受限。

（2）资源支撑能力

通过知识管理和持续性管理，福陆公司拥有的优秀员工及其在世界各地完成的项目所积累的成功经验是其不断前进发展的最宝贵的资源，正是这些弥足珍贵的资源决定了福陆公司安全、按期、在预算范围内成功移交工程项目的能力。福陆公司在全球的42000名员工（包括在其研究领域的颇具盛名的专家在内），持有超过100个工程领域和60个科研领域的学位证书。针对专家级员工，公司为不同的专家制定不同的工作及薪酬措施；针对刚刚走出校门的毕业生，福陆不仅提供了工作实践的机会，也提供不断学习的环境；针对工程技师，福陆公司非常重视员工的职业生涯规划，为鼓励工程技师在公司长期发展，公司为其制定了通向管理与技术发展两条道路。除此之外，福陆公司在完成各大项目中通过系统的知识管理体系积累的集体经验成为其制定可靠工作流程和制度的基石，正是这些资源支撑起了公司长盛不衰的实力。

国内的许多同行并不重视知识管理和经验积累，各项目之间缺少统一的工作流程和制度，这就导致已完成项目的成功经验和失败教训不能被运用到今后的项目当中去，造成了资源的浪费，且多数项目处于“上一个项目，组建一批人马”的状态，工作人员流动性大，员工缺少明确的职业生涯规划。假如国内的企业能够更加重视知识管理和人才培养，那么企业在长远发展上必将迈上一个新的台阶，保证了企业的长期生存发展。

（3）安全决定品质

福陆公司相信“零伤亡是可以实现的”，这种观念已经成为福陆公司文化的基本准则，并贯彻到公司每一道工作程序和每个培训项目中。福陆公司的安全纪录使其成为世界上最安全的承包商之一。安全第一的宗旨不但有助于工人的安全，而且有利于为公司赢得客户、提高声誉和项目品质。

而我国大部分建筑企业的安全管理还没有真正落实，员工上岗前安全培训走形式、防护设施简陋等问题普遍存在。如借鉴福陆公司经验，即加强防护设施投入、重视安全人才的培养和员工的安全培训，并制定完善的安全管理措施，相信企业的安全管理水平定会得到逐步提高。

（4）多方面的借鉴意义

福陆公司从一个原来只在美国从事单一行业的建筑公司逐步发展成为全球性多领域的大型企业，成为世界上最大的从事咨询、工程建设、保修维修和其他多种服务公司之一。通过福陆公司的发展历史、业务分析和成功因素的学习，对于那些致力于长期发展的中国承包商来说，唯有根据自身特点找出专长，培养自己的专业人才，通过知识管理不断积累经验、形成知识体系，注重项目和公司发展的持续性，并不断提高工程品质、降低事故发生率，才能实现长远发展，打造出像福陆这样优秀的国际工程旗舰企业。

6.1.3 日本大成建设株式会社简介及借鉴①

日本大成建设株式会社位列2005年世界500强第438位、全球225家最大承包商第29位（以海外营业额计），2004年排名第32位，2003年排名第34位；以总营业额计：2004年排名第7位；以新签合同额计：2004年排名第8位，日本大成建设有着不同于其他承包商的身世、发展及管理模式。

6.1.3.1 大成概况

大成建设株式会社现在是一家十分著名的日本建筑公司，是世界上最大的建筑公司之一。

在积极拓展海外业务的同时，大成加快了在华发展的速度。大成建设在北京的合资企业——中大实业有限公司（中建—大成建筑有限公司的前身），是由中国建筑工程总公司和日本大成建设株式会社在北京香格里拉饭店、伊拉克综合医院等国内外工程项目成功合作的基础上，于1986年3月5日在北京成立的中外合资企业。该公司秉承母公司之所长，励精图治、诚信守约，在较高的起点上获得了长足的发展。中大实业有限公司作为中国国内首家具有建筑工程总承包一级资质的中外合资企业，以建筑工程总承包为主业，承担各类工业与民用建筑项目的勘察、设计、施工、安装和装饰等业务，在优质完成工程建设的同时，从业主的角度出发，提供多方面完善而周到的服务。1993年，中建—大成建筑有限责任公司获得了建设部颁发的工程施工总承包一级资质，这也是中外合资企业首家、独家获此殊荣。2002年，中建—大成建筑有限责任公司在建设部组织的建筑企业资质就位工作中再次被授予房屋建筑工程施工总承包一级资质，为目前国内仅有的几家拥有一级总承包资质的合资企业之一。

---

① 本节资料来源为上海慧朴企业管理有限公司。

成立至今，公司先后承建了北京国际艺苑皇冠假日饭店（五星级）、俄罗斯哈巴罗夫斯克机场国际候机楼、俄罗斯萨哈林桑塔饭店、天津武田药厂、天津万笑饭店（四星级）、北京中海雅园、回龙观居住小区、北京立恒名苑住宅小区等一大批境内外工程。良好的施工质和服务得到了当地政府和业主的高度评价。通过建立和有效运行质量、环境管理、职业健康安全体系，公司管理水平的不断提升，公司施工项目也频频获奖，其中中海雅园住宅小区和回龙观 C 区龙泽苑住宅工程获得中国建筑工程总公司金奖，中海凯旋、金融街 G4 号地住宅楼、立恒名苑住宅小区等多个项目获得北京市结构“长城杯”和北京市建筑“长城杯”。这些都标志着公司的管理已经迈上了一个新的台阶。“向管理要效益，靠人才求发展”是中建一大成建筑有限责任公司发展历程的真实写照。

以两大著名建筑集团为后盾的中建一大成建筑有限责任公司，不仅得益于母公司在资金、技术、设备、信息等诸多方面的强大支持，更重要的是人才方面的支持。大批优秀管理人员、研究生、大学毕业生被派往公司工作。现在，一批年轻人已经成熟，逐渐成为一专多能的高层次管理人才或技术骨干。公司也日益走向科学化、现代化的管理，并创造出独具特色、日臻完美的建造艺术。

公司根据国际标准化组织对 ISO 9000 标准的最新版本的发布情况，按照 ISO 9001：2000 标准对原有质量保证体系文件进行了修订，并与按照 ISO 14001—1996 环境管理标准建立的环境管理体系和按照 GB/T 28001—2001《职业健康安全管理标准》建立的职业健康安全管理体系进行整合，优化管理和资源，减少体系运行不必要的环节和资源浪费。公司制定了质量、环境和职业健康安全方针，以及质量、环境和职业健康安全目标和指标，并配备了相应的资源。遵守法规、满足顾客、预防污染、节能减废、施工安全、作业卫生，追求施工与环境的和谐，实现质量、环境和职业健康安全管理体系与产品质量、环境、职业健康安全行为的持续改进。

6.1.3.2　日本大成建设的启示

1. 成功经验

大成建设的管理以质量和技术为基石，以信息化为依托，以技术和管理人才的培养为主线，从基础管理入手，夯实管理的每一环节，为中国建筑施工企业发展树立了榜样。成功经验总结如图 6-6 所示。

（1）竞争优势分析

大成建设是日本最大的建筑公司、世界上最大的建筑公司之一、诸多环境保护事业和文化事业的赞助者。作为世界一流的土木工程企业，其技术和设备先进、工程量大、管理现代化、产业多元化，在多年海外经营过程中形成了具有竞争优势的核心竞争力。

1）世界一流的建筑资质。就资质而言，大成建设能够从事各种大型土木工程。大成建设 2008 财年产值为 16412 亿日元（约合 1168 亿元人民币），员工数量只有 8000 多人。企业规模大，人员少，效率高，项目遍布世界各地，在中国北京、上海、沈阳、大连等城市均有施工项目。大成建设施工的东京湾新海面地盘改良工程（围海、填海造地及垃圾掩埋）和临海沉埋式隧道的施工技术属世界领先。

2）精细化、实用化的设计。日本是岛国，面积约 38 万 km^2，约为我国的 1/25；人口约 1.3 亿，为我国的 1/10。其资源贫乏，但高速公路、电气列车、轻轨地铁处处可见，如以大成建设为主要建设者的大阪京桥车站，位于地下 4～6 层，纵横交错，四通八达，

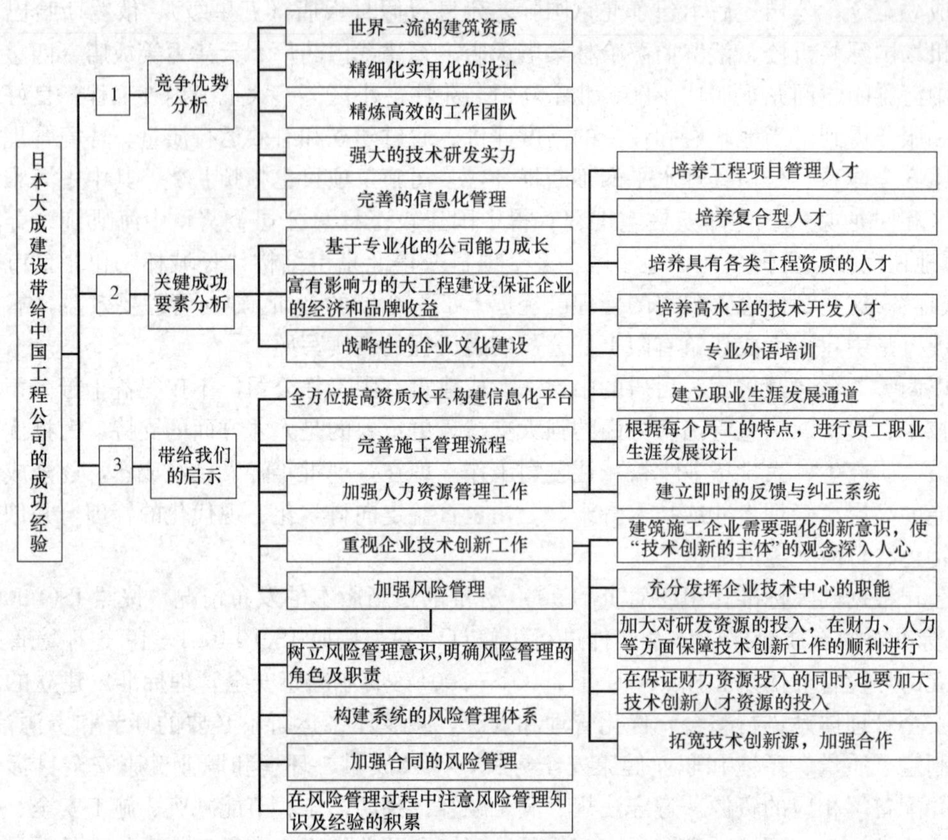

图 6-6　日本大成建设带给中国工程公司的成功经验

地上 1～6 层多为超级市场，种类俱全，琳琅满目，再向上 7～28 层、均为宾馆或写字楼，档次都很高。至于基础设施，如东京湾横断公路有着 10km 长的隧道、5km 长的桥梁，无论从建筑物的规模、数量、造型、实用、坚固、美观都堪称一绝，其总造价为 980 亿元人民币，相当于半个三峡工程。

3）精炼高效的工作团队。大成建设工作效率极高，平均 7000 万元人民币的工程，只派 1～2 个项目主管，他们所依靠的是现代化管理，以管理出效益。在大成建设的团队中，劳动力主张用菲律宾人，会英语，薪酬低；索赔主张用英国人，工作严谨，法律意识强。

4）强大的技术研发实力。大成建设的背后是强有力的技术研发实力，目前，有设计人员 1300 多人，占员工总数的 14%以上。为适应国际化的需求，大成建设建有技术研究所、生物工程所，承担城市开发—港湾 21 工程，研究城市整体规划、超高层建筑林立间的动态气流场、温度湿度与人自身的感觉等，大成建设的工程项目融入各项尖端技术。为适应时代要求，大成建设着手进行生物工程学的研究，开发出不用杀虫剂的草坪等。亚洲、中东、非洲、北美洲、拉丁美洲及欧洲，哪里有大成建设，哪里就有质量精细的工作，大成建设的目标是成为世界通用企业。

5）完善的信息化管理。经过 20 多年的努力和积累，大成建设建立起完善的信息化管理平台。大成建设的各项管理工作，均是基于大成建设开发的 G-NET 网络管理平台上的信息化管理，4000 多家关联企业均通过这个网络平台与大成建设本部进行信息传递，它们的工程月报系统和目标管理系统等均为这个管理平台上的专业管理模块。通过网络平台，大成建设本部可以实时掌握各支店及关联企业的生产经营情况、工程项目的技术和资金管理情况等；对各个作业所和关联公司实施资金管理、损益管理、技术管理、技术方案、设计服务、物资供应管理、分包选择管理等。计算机管理大成建设的各个方面，每年要投入折合 5 亿元人民币的资金用于硬件和软件的更新，满足工作和管理需要。

（2）关键成功要素分析

1）基于专业化的公司能力成长

大成建设通过专业化的方式创造了一个能够不断吸收各个“枝叶”的养分供给“主干”，使得企业综合能力不断成长的途径。

在开发业务方面，大成母公司进行大规模不动产的开发、出售及租赁，子公司更倾向于民用住宅或零散住宅的开发、出售和出租，部分业务向母公司发包，也向母公司提供不动产出租，子公司、关联公司与母公司发生业务关系只占母公司营业额的 4%，子公司和关联公司营业额的 10%，这说明母公司与子公司、关联公司基本各自开展开发业务。在建筑土木施工和开发以外的业务领域，母公司只附带性地进行一些委托研究、技术提供和测绘等业务，营业额非常少，主要是子公司从事金融、娱乐、运输、信息、服务等业务。大成建设不仅仅在公司业务发展上突出专业化发展，在具体流程运作上专业化的痕迹同样非常明显。

大成建设对项目的组织和开展有如下特点：所有项目都是公司直营；项目部管理人员由公司派遣；公司对项目部实施目标管理和预算管理；材料统一采购和配送；项目经理的作用主要是生产管理，包括协调合作单位、组织生产、在预算范围内完成公司制定的目标。项目风险由公司承担，项目经理的积极性除来自薪水外，主要是事业心和爱“社”心；公司总部拥有非常强的管理和支持能力，分公司和项目施工队伍精干。简言之，在大成建设的项目管理体系中，项目部只是负责一般性日常生产管理的“作业部”而已，经营风险、材料采购、工艺设计、预算决算等职能都由总部的其他相关部门负责实施。大成建设通过这种管理体系，不仅仅实现了关键环节上的规模效益，而且大大提升了公司在这些关键环节上的学习效率，同时加强了对项目的控制能力，并且真正将员工的个人能力与企业的能力紧紧结合在了一起。

2）富有影响力的大工程建设，保证企业的经济和品牌收益。

从公开披露的数据来看，大成建设和国内一些大型建筑企业的营业规模相差并不远，但是人均营业额所表现的劳动生产率却差距巨大。显然，中日现代化施工企业的差距关键是在效益上，而效益之差一般出自承包工程的规模和技术难度。在施工趋向现代化的今天，只有承包规模大、技术含量高的复合性工程，才能获得较高的效益。大成建设每年在日本都签订 10～20 项 1 亿美元以上的工程项目，海外项目中上亿元美金资金量的项目也比比皆是。不断地承建大规模、高难度并且富有影响力的工程项目，是大成建设的重要经营策略，也是它能够取得较高的经济、品牌收益的重要原因。

同时，富有影响力的大型工程也会为企业带来某些方面的提升。近些年来，大成建设还进一步增加了与行业内其他企业的合作，强强联手合作开发大型项目，创造规模效益。正是这一系列大规模、高难度并富有影响力的工程给大成带来了高于一般竞争对手的经济、品牌收益，同时使大成不断提高企业自身管理、业务水平以及行业地位，并最终成为世界一流的建筑企业。

3）战略性的企业文化建设。优秀的企业文化建设一直是日本企业最突出的特点之一，大成建设在这方面同样做得非常出色。战略性地推进企业文化建设，是大成建设历经 130 多年屹立不倒，并且越做越大、越做越强的原因之一。在大成建设看来，获取利润并不是企业的最终目标。在企业文化建设中，大成建设强调将社会责任、企业使命、员工利益紧密结合到一起。一是将企业履行社会责任与股东、员工的利益紧密结合起来；二是强调企业履行社会责任的直接外在表现就是为社会公众提供最好的商品和服务；三是强调社会责任感和荣誉感，将社会繁荣和企业建设结合到一起；四是把企业发展同造福人类、保护环境、建立循环型社会统一起来。大成建设在宣传产品的同时也经营“文化”。一是非常重视产品和企业形象的宣传，企业设有规模较大的宣传部门、企业文化部门或形象策划部门。二是大成建设对多项文化项目进行投资和支持，如为约翰·列农建造纪念馆、利用现代科技还原古代城市、捐赠支持环保组织等。这些投资不仅提升了企业的社会影响力，更重要的是为企业发展提供新的动力。

2. 启示

（1）全方位提高资质水平，构建信息化平台

大成建设能够承担如此广泛的施工项目，其资质水平和施工经验是在竞标中胜出的一个重要砝码，因此施工企业也要完善内部管理，提升企业的核心竞争力。近年来我国对特级资质施工企业的信息化提出了更高要求，因此企业也要大力推进信息化工作，将信息化作为一种支撑平台。同时不仅要在信息化的硬件上投入，在软件上也要跟上，在此过程中不仅要有信息化研发人员、管理人员，同时也要有信息化的应用人员，使其不再是一个摆设，而是实实在在发挥效用。

（2）完善施工管理流程

完善的施工管理流程是低成本运作的重要保证。以北京国际艺苑假日皇冠饭店施工为例，该工程由中大实业有限公司总承包，大成建设分包工程项目管理及设备安装，中国建筑工程总公司一局三公司分包土建及装饰工程，中国建筑工程总公司江苏分公司分包设备安装。工程现场成立中建一大成建筑有限公司作业所和中建一局三公司国际艺苑工程项目经理部，推进项目法施工管理，实行项目经理责任制，全面负责工期、质量、成本，统一指挥生产、劳动力及物资供应。通过项目施工的整体化管理，施工和管理成本比预期降低近 20％。

（3）加强人力资源管理工作

大成建设能够高效率为业主服务，主要得益于对技术和管理人才的重视，他们吸纳全球的人力资源，但更加重视对他们的培训。通过培训，可以向员工灌输企业的价值观，增强员工对组织的认同感，增强员工与员工、员工与管理人员之间的凝聚力及团队精神。工程公司的培训重点有以下几个方面：

培养工程项目管理人才。工程公司能否有能力承揽工程总承包和工程项目管理承包，能否提高项目管理水平，起决定作用的是工程公司是否拥有一大批高素质的项目经理、设计经理、采购经理、施工经理、开车经理、控制经理、计划、质量、费用，以及材料控制工程师等项目管理人员。其中特别缺少的管理人才是项目经理。

培养复合型人才。在开拓国内外市场、拓展业务领域、提高市场竞争能力的进程中，工程公司不仅需要高水平的专业人才，更需要既懂专业技术又懂项目运作，既懂工程又懂商务、金融、法律，既懂设计又懂采购施工的复合型人才。选拔优秀的专业技术人员，经过一定的培养，使他们成长为项目管理人员、市场营销人员、合同管理工程师、融资工程师、经济法律师等复合型人才，无疑是一条捷径。

培养具有各类工程资质的人才。工程公司工作人员的从业资质关系到市场的准入，也关系到工程项目的质量。工程资质包括注册工艺师、注册建筑师、注册结构师、注册城市规划师、注册造价师、注册监理工程师、注册设备工程师、注册电气工程师、注册安全工程师等。

培养高水平的技术开发人才。工程公司拥有的大量工程软件、工程参考资料，为培养高层次科技人才创造了良好的环境和条件。对高水平的技术开发人才的培养，必将提高公司技术创新能力，推动产、学、研紧密结合，加快科技成果向生产力转化。

专业外语培训。国内工程公司的人员素质与先进的国际工程公司相比，专业外语水平的差距是显而易见的。语言是沟通的基本工具，没有语言就没有沟通的桥梁，国内工程公司欲成为国际工程公司就只能是天方夜谭。所以开展外语培训，创造健康愉快的外语学习环境，是国内工程公司培训中的重点。

在注重对员工培养的同时也要制订并实施以留人为基础的员工职业生涯发展规划。工程公司员工职业生涯发展规划包括以下几个步骤：

1）建立职业生涯发展通道。工程公司应该依据员工个人职业定位的不同及管理类、技术类岗位工作特性的根本差异，建立包括管理类、专业技术类的双重职业生涯发展通道。在这个过程中必须明确不同职系的晋升评估、管理办法及职系中不同级别与收入的对应关系，让员工可以真正找到适合自己的上升路径。

2）根据每个员工的特点，进行员工职业生涯发展设计。在这个过程中可以借鉴博莱克·威奇公司的导师制度，为每个低等级的员工配备职业发展导师，通过导师与员工充分的沟通，并且利用人才测评工具对员工进行个人特长、技能评估和职业倾向调查，明确员工职业发展意向、设立未来职业目标、制定发展计划表。

建立即时的反馈与纠正系统。职业发展管理的成功，关键还在于及时的反馈与调整，因此员工的职业生涯发展设计计划不应成为一成不变的文件，在实施过程中应注意适时地反馈与纠正。一方面可以为员工找到更合适的发展方向，同时为每个职位找到更适合的人才。

（4）重视企业技术创新工作

首先，建筑施工企业需要强化创新意识，使“技术创新的主体”的观念深入人心。要充分发挥企业在技术创新中的决策主体、投入主体、利益主体和风险承担主体作用，这样不仅能为企业技术进步、经济发展、创造新的生产力提供充分的施展舞台，也对企业运营过程的各方面提出更高的要求，促使企业不断进步。

其次，充分发挥企业技术中心的职能。在企业运行过程中，技术中心需制定系统的技术创新战略和实施计划，构建完善的技术中心组织机构及研究、开发和试验条件。一方面领导和组织在建项目的技术攻关，突出加强有针对性的、先进的适用施工技术的开发和应用，提高常规作业的技术含量，提升施工企业的服务质量。同时系统总结和完善企业技术标准体系，扩大企业的技术积累，使技术创新更能够适应企业发展的需要。另一方面主动跟踪国际施工技术发展动态，引进或自主开发具有国际水平或国内领先优势的技术成果，形成具有竞争优势的服务能力、自主知识产权或核心技术。

再次，加大对研发资源的投入，在财力、人力等方面保障技术创新工作的顺利进行。加大技术创新经费投入，研究开发经费实行封闭式管理，此外，在一些新型结构和技术难度较大的工程中，应争取业主和地方的立项和资金支持。当然，选准一些带有普遍性和方向性的课题，争取政府或社会的立项和资金支持，也是一条不可忽视的筹资渠道。

在保证财力资源投入的同时，也要加大技术创新人才资源的投入，一方面建立技术创新的激励机制，在企业内营造尊重知识和人才的创新氛围，激发职工的创新愿望和热情，建立以公开、竞争、择优为导向，有利于优秀人才脱颖而出、充分施展才能的选拔任用机制，以及不拘一格发现人才的机制，真正打破论资排辈的框框。另一方面，加强培训力度，不断扩充科技人员的研究领域，改善其知识结构，使之成为既有技术专长，又有市场眼光的新型创新人才。

最后，拓宽技术创新源，加强合作。由于跨国工程建设集团综合实力雄厚，拥有技术创新过程中的大部分资源要素，因此他们往往采取自主研发的模式。新技术不断投入项目工程实用中，在为公司带来丰厚的利润的同时也不断提升了公司的品牌形象，技术创新的能力也在不断增强，形成了“创新—回报—再创新”的良性循环。建筑公司可以加强与研究院所、高等学校开展多种形式的合作交流，充分发挥我国众多高等院校和科研机构的优势，形成以企业为中心，高等院校和科研院所广泛参与、利益共享、风险共担的科学化、制度化、规范化的产学研联合机制。

（5）加强风险管理

国际工程公司有效的风险管理策略虽然不能避免所有的风险，但是健全的风险管理体系可以有效识别风险、控制风险并采取相应措施来尽可能规避风险，以保证项目按照既定轨道正常运作。因此，建筑公司也应树立风险管理意识，加强对风险管理知识及技能的积累，将风险管理工作贯穿于项目各个阶段。

首先，树立风险管理意识，明确风险管理的角色及职责。各级项目管理人员应树立风险管理意识，充分认识风险管理的重要性。在企业层面定义风险管理角色和组织结构的设置，确定每项风险管理计划的责任主体及风险管理团队成员，并为这些角色分配相应的权限，保证风险管理工作能够顺利展开。

其次，构建系统的风险管理体系。将风险管理工作看作一项系统工程，注重事前、事中及事后监控，变“被动式”风险管理为“主动式”风险管理。通过对项目所在地的宏观经济形势及项目特殊性的分析，将可能的风险因素分门别类地进行归纳，并制定相应的风险防范措施，建立风险预警系统；在项目实施过程中，建立以风险管理为核心的项目管理模式，努力化解内部风险压力并抵御外界风险因素；同时制订各种可能的风险应急计划，弥补由于各种风险带来的损失。

再次，加强合同的风险管理。在合同签订前，要对各种风险因素进行预评估，不仅要考察项目本身隐藏风险，同时要综合考察自身的能力，潜在的项目要与公司核心能力相匹配，对于那些超越公司能力所及范围的项目要慎重考虑；在合同签订过程中，也要注意合同条款是否不全面、不完善或是不严谨，合同条款是否存在单方面的约束性、是否存在过于苛刻的权责利不对等条件；是否缺乏或具有不完善的转移风险的担保、索赔、保险等相应条款。

最后，在风险管理过程中注意风险管理知识及经验的积累。将项目解散后项目成员的风险管理知识及经验固化下来，化隐性知识为显性知识，并在企业内部形成分享机制；加强对经验、数据的积累与分析，如对业主、分包商、供应商信用分析管理，为投标决策、选择分包商及供应商提供数据支持，避免由于业主、分包商、供应商信用风险带来的损失；通过分析与评价，找出风险管理成败的原因，总结经验教训，为未来新项目的风险管理工作提供参考，不断提高施工企业防范危险与管理风险的水平。

6.1.4　德国豪赫蒂夫（Hochtief）股份有限公司简介及借鉴

2005 年，豪赫蒂夫有限公司位列世界 500 强第 389 位、全球 225 家最大承包商第 1 位（以海外营业额计），2004 年排名第 1 位，2003 年排名第 4 位；以总营业额计：2004 年排名第 9 位；以新签合同额计：2004 年排名第 4 位，向全世界展示了其强大的实力。豪赫蒂夫的发展历程、运作模式及其管理思路可为我国对外承包工程企业的不断做大做强、转变增长方式提供有益的借鉴。

6.1.4.1　历史沿革

成立于 1873 年的豪赫蒂夫是一家具有百年历史的建筑企业。今天我们看到其庞大的组织体系、巨额的营业收入，以及在世界建筑承包业中的地位，与其各代管理者的智慧和创新是分不开的。

1873～1896 年：成立初期。1873 年，德国赫夫曼兄弟二人创立的“赫夫曼兄弟”是一个典型的合伙制民营企业，创立之初，家族企业就有着明确的分工，一人负责工程实务，一人负责银行融资。企业创立之时，正赶上德国工业化进程，因此其在住宅、工厂的建造以及市政工程建设上获得了不少订单。

1896～1921 年：公司转型。“赫夫曼兄弟”是豪赫蒂夫的前身。豪赫蒂夫合资公司从 1896 年正式宣布成立，成为社会公众持股的公司。企业形式的改变使得企业避免了合伙制企业对合伙人过分依赖造成的风险，企业开始稳步扩大并实现经营上的转变。在此阶段豪赫蒂夫设立了第一家分公司，并开始应用新技术和新材料，获得了稳定的发展。

1921～1966 年：战火洗礼。在这段岁月里，豪赫蒂夫经历了其历史发展中最困难的一个阶段。1922 年，豪赫蒂夫与另一家当时的大公司进行了资本和业务重组。该公司实力强大，在采矿、航运和工程领域均有涉足。通过重组，豪赫蒂夫第一次“走出国门”，到法国开展业务。这本是一次发展的良机。然而，第一次世界大战和第二次世界大战粉碎了他们的梦想，一战德国战败赔款、纳粹战争机器的强迫、人员的匮乏和二战最终德国战败等使得豪赫蒂夫遭受重大打击，几乎走到破产的边缘。

经过从二战结束到 1966 年，共 10 年的时间，豪赫蒂夫才逐渐从战争的创伤中恢复过来。特别从 1963～1968 年，豪赫蒂夫出色地完成了埃及 Abu Simbel 神庙的搬迁工程，在国际市场上逐步创造出自身的品牌。

1966～1989 年：公司业务调整。从 20 世纪 60 年代开始，豪赫蒂夫的业务范围开始不断拓展，并且提出筑“精品项目”，成为能提供更广服务的工程承包企业，并且努力成为服务提供商。

随着战后德国经济高速发展之后的节奏逐渐放慢，豪赫蒂夫的增长势头受阻。1967～1975年，豪赫蒂夫的主营业务仍在德国国内，其业务收入占到总收入的80%以上，国内业务以电厂建设为主。

1973年的石油危机给全球经济带来了巨大打击，但豪赫蒂夫却在这场危机中受益无穷，石油输出国组织对建筑业巨大的市场需求，使得豪赫蒂夫彻底改变了其业务布局。当1980年豪赫蒂夫营业收入第一次达到600万德国马克时，其海外收入已经占到了总量的一半以上。尽管在20世纪80年代世界建筑市场波动较大，但豪赫蒂夫仍成功调整其海外业务分布，获得了持续的发展。

1990年至今：优化管理。随着东、西德的统一，豪赫蒂夫及时把握商机，开拓了德国东部市场。建筑业受经济形势影响很大，而豪赫蒂夫则努力稳定其业务，提出寻找并提供具有更高附加值服务的理念，例如为客户提供“一站式”服务，包括从设计、融资、建筑到运营的一系列服务。为了实现这种理念，豪赫蒂夫开始涉足机场管理、软件研发、人员管理和项目管理等领域。

为了实现更有效的管理，豪赫蒂夫对组织机构进行调整，成立了4个公司分部（民用建筑部、机场部、国际部和服务部）。2001年进一步调整，把公司的核心建筑业务整合到豪赫蒂夫AG建筑公司，并在法兰克福上市。公司的国际业务则分别由豪赫蒂夫美国分公司、豪赫蒂夫亚太分公司和豪赫蒂夫国际分公司负责。2003年，豪赫蒂夫进一步调整公司结构，对原国际分公司的业务进行整合，建立了美洲、亚太和欧洲3个分公司，又设立了豪赫蒂夫全球研发分部，通过整合全球资源，不断创新和发展，取得了现今的显赫成绩。

6.1.4.2 企业现状

总部位于德国埃森的豪赫蒂夫建筑集团公司在工程承包领域的权威杂志ENR的评选中，按照2004年的销售收入排名，仅次于法国的万喜集团和布依格国际建筑公司，排名第三，按照海外业务收入来排名，豪赫蒂夫位列榜首。

1. 公司业绩

2001～2003年，全球建筑承包业受“9·11”恐怖袭击和“非典”等因素的影响，一直不太景气。豪赫蒂夫的业绩也受到一定程度的影响。从2004年开始，随着全球建筑市场需求的复苏，各大建筑承包商的业务开始复苏。2001～2005年，豪赫蒂夫每年新签合同额基本保持上升的趋势，完成合同额则在2003年降到谷底后开始反弹，2004年为131.1亿欧元，2005年达到148.5亿欧元。

在合同金额不断增加的同时，公司的雇员总数也在不断增加。2005年豪赫蒂夫的全球雇员达到41469人，而2001年的全球雇员仅为33442人，平均年增长率为4.40%，且同期的公司海外雇员的年均增长率达到了6.43%。正是由于豪赫蒂夫在开拓海外市场上的成功，公司得到了不断发展，其2004年的海外业务收入占到总收入的80%以上。

2. 组织结构

豪赫蒂夫的组织结构随着外界环境和自身业务的发展而不断调整。目前的组织机构则是在总部的统一管理下，分设机场、研发、美洲、亚太和欧洲5个分公司或分部。

豪赫蒂夫的欧洲业务2003年之前一直处于亏损状态的（全球营业收入增长率：2002年为－1.3%，2003年为－12.3%），欧洲和美洲的业务呈萎缩趋势，而亚太地区和机场业务则是其收入的巨大支撑点。2005年，豪赫蒂夫来自亚太地区的收入占到了其海外业务收入总额的72.8%。

3. 指导思想

豪赫蒂夫股份有限公司经营和发展的指导思想主要有三个方面（图6-7）：

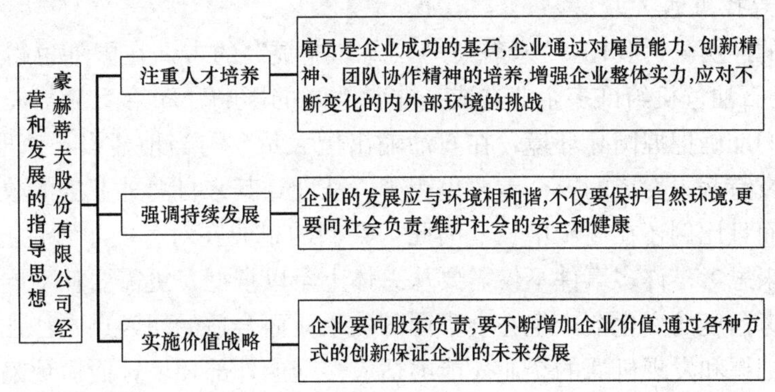

图6-7　豪赫蒂夫股份有限公司经营和发展的指导思想

6.1.4.3　几点启示

中国对外承包工程企业经历了20多年的发展，已经遇到发展和增长的瓶颈。如何突破企业现状、实现增长方式的转变，豪赫蒂夫的百年发展可以给我们很多启示。

1. 创新中谋求发展

创新是企业发展的动力，也只有不断创新才能保持企业在行业的竞争优势。一方面，在市场需求大于市场供给的时候，企业也许不需要拥有自身的核心竞争力，就能够满足正常的发展。然而，在更多的同类企业出现时，供求可能变得平衡，甚至产生供大于求的情形。此时，要获得客户的订单，就必须有自己的核心竞争力，通过提供更优质的或个性化的服务满足客户的需求。另一方面，企业的发展、同行企业的竞争也要求不断提升生产效率，降低单位成本，从而获取更多的利润，或者有可能以原有的价格提供更优质的服务。在新世纪的发展中，豪赫蒂夫通过使用最新的材料和工程机械，获取了更大的市场。而自20世纪末以来，单纯依靠生产力的提升已经无法满足企业和市场的发展需要。豪赫蒂夫开始着力于管理和服务的创新，通过提供“一站式”服务等解决方案，吸引了更多的客户，实现了迅猛发展。

2. 国际市场探寻出路

豪赫蒂夫最初是一家单纯依赖于德国国内市场的企业，而且在相当长的时间内一直是这样。然而，工程承包行业很容易受到宏观经济环境的影响，德国经济的不景气给企业的发展乃至生存都造成了巨大的压力。在这种情形下，豪赫蒂夫果断地“走出去”，进军海外市场。虽然刚开始的发展遇到了一些挫折，但谋求海外市场的发展却一直是豪赫蒂夫不变的战略。也正是这种战略使得豪赫蒂夫的海外事业蓬勃发展，实现了 2004 年海外市场收入在全球工程承包企业中排名第一的骄人成绩，且公司海外业务量达到了公司总业务量的 4/5 以上。

中国的工程承包企业拥有较大的劳动力成本优势和相当丰富的经验，几乎能够完成各类建筑承包工程。中国的建筑工人吃苦耐劳，有较高的素质，这些都是中国企业“走出去”的优势。另一方面，随着全球经济一体化的不断加强，中国企业也逐渐能够平等地在一些国家的承包市场上参与竞争。各国经济发展的不平衡可以为我们的企业提供一个调整、平衡企业发展的市场，以保持企业的可持续发展。

3. 变化中寻找机遇

豪赫蒂夫的经历告诉我们，“塞翁失马，焉知非福”的古训在国外也得到了验证。20 世纪 70 年代的石油危机给许多企业造成了非常严重的影响，却给豪赫蒂夫带来了空前的发展机遇。他们准确把握国际环境，在石油输出国大量参与当地建设，获取了巨额收益。那个时代成为豪赫蒂夫发展的一个重要里程碑。从此，其来自海外业务的收入一直在其国内收入之上，而且比例还在逐步增长。因此，我们的企业在对各类事件的把握和解读上，需要从多方面来思考。许多事件不仅需要从总体上予以把握，更需要从不同的角度进行观察和分析。思考角度的变化会产生完全不同的效果，而合适的切入点则往往能够产生更好的结果。善于把握和发现机遇的企业才能够适应多变的外部环境，而避免陷入人云亦云的大潮流中。

4. 培训中提升形象

企业的发展离不开“人”，豪赫蒂夫非常重视对其员工的培养。这种培养不只是技能培养，而且包括有思想理念和行为模式的培养。优秀的企业拥有自身优秀的企业文化，能够激励其成员进行团队协作，形成合力，进而为企业的发展提供重要的推动力。“马太效应”告诉我们，拥有更多资源、更高品牌价值的企业就有可能在未来的发展中获得更多的机会。中国对外承包工程企业的发展也需要走“精品化”的路线，通过对自身品牌的培育，逐渐做大做强。

豪赫蒂夫有限公司组织框架，如图 6-8 所示。

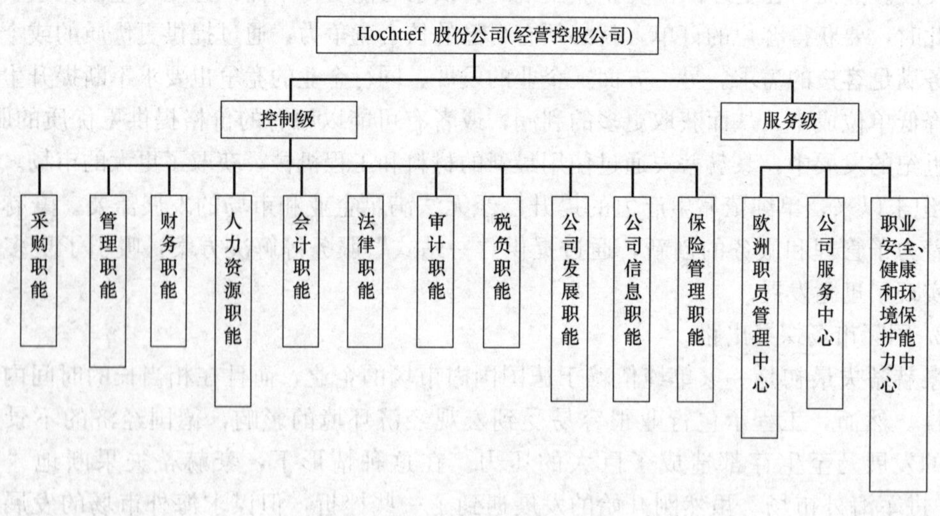

图 6-8 豪赫蒂夫有限公司组织框架

6.1.5　跨国公司典型的EPC项目管理组织机构

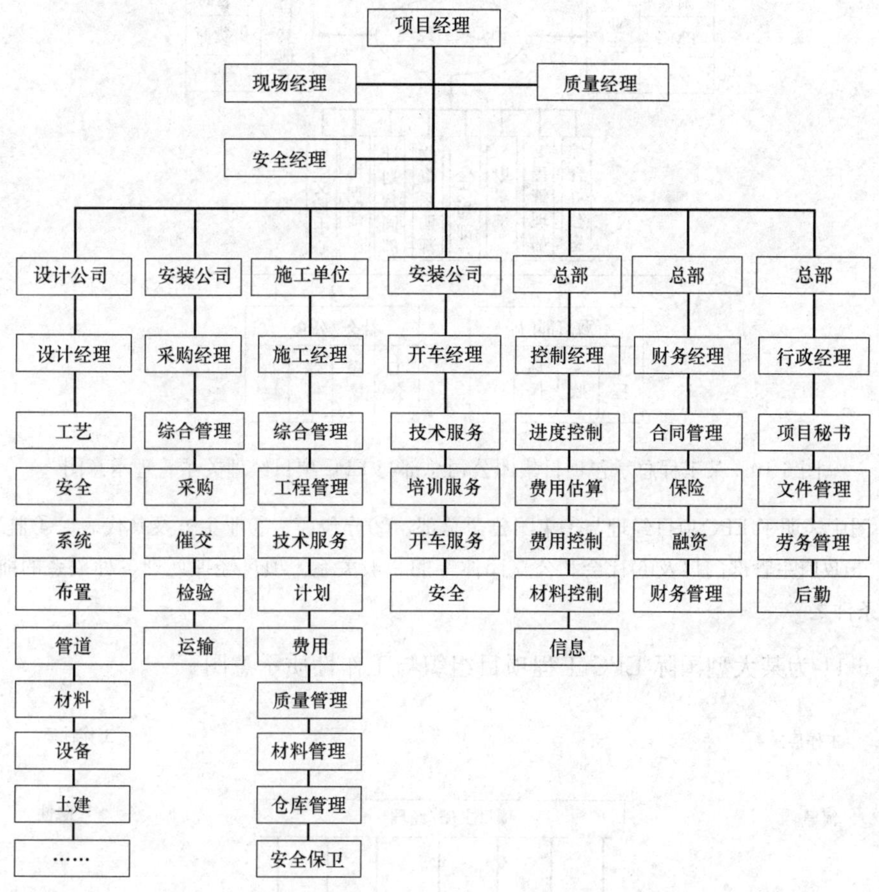

图6-9　某大型电站工程项目总承包组织机构示意框图

包括美国公司、德国公司和日本公司等国际标杆的大型工程公司，他们不仅有良好的项目管理组织体制和机制，还都有现代化的先进的项目管理技术和工具、手段作支撑的工作基础、项目管理技术和手段等。包括以下几个主要方面：

（1）工程总承包项目管理手册；

（2）工程总承包项目管理程序文件；

（3）工程总承包项目的各方面的管理规定；

（4）工程总承包项目管理的投标报价数据库；

（5）先进的计算机操作系统和网络体系；

（6）工程总承包项目集成管理软件；

（7）工程总承包项目现代化的管理工具、模板化、手段和方式、方法等。

图6-9是某大型电站工程项目总承包组织机构示意框图，它比较全方位地反映了EPC模式的工程项目总承包的管理层次结构。包括现场管理的决策层及总部管理层、现场管理层、一线工作层等。

图6-10是某工程总承包项目集团公司总部与EPC项目经理关系管理示意图。

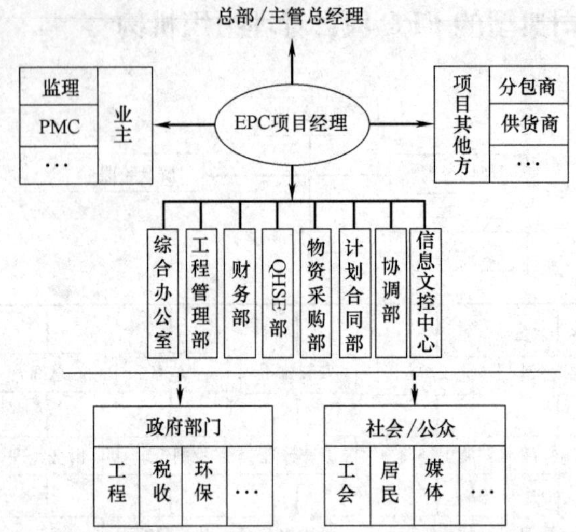

图 6-10　某工程总承包项目集团公司总部与 EPC 项目经理关系管理示意图

注：图中表明了 EPC 项目经理与①集团公司总部、②分包商、③业主方及其代表、④监理（驻地工程师）、⑤政府主管部门以及⑥社会和公众团体等的一般关系。项目经理处理各种关系的能力与否，是选拔的条件之一。

图 6-11 为某大型国际 EPC 工程项目组织与工作性质示意图。

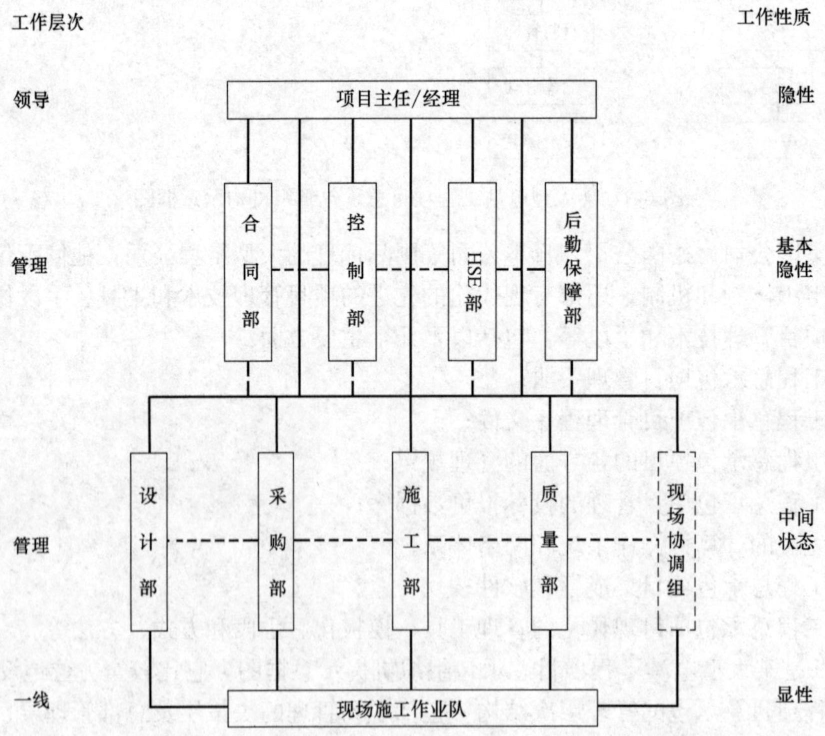

图 6-11　某大型国际 EPC 工程项目组织与工作性质示意图

注：

(1) 该示意图分四个工作层次。层次划分似应考虑到大型工程总承包项目的建设规模、合同价格、施工工期和公司资源等条件。从隐性、基本隐性、中间状态和显性的角度划分了工作性质。

(2) 实框表明的是主体关系，虚线部分表示为工程项目现场的协调关系。虚框中是否设置部门及设置多少部门取决于工程项目的具体细节情况。

(3) 施工现场即所谓的一线，是所有工程总承包项目的“主战场”，即项目经理及其项目团队漂亮的实施和完成EPC项目的成果并交付业主。

(4) 对待组织机构或架构的设置，国际跨国公司非常重视，他们以工作为重、人尽其才。完全没有那种因人而异、“看人下菜碟”的令人厌恶的做法，甚至以人设位，“掩耳盗铃”害人害己，误国误私，实不可取，此点有必要学习、借鉴和模仿跨国公司标杆企业的范例。

6.2　国内工程公司企业的组织模式及其项目管理模式①

6.2.1　酒钢热电厂技改工程（2×125MW）EPC总承包管理介绍及简析

酒钢热电厂技改工程（2×125MW）的业主是酒泉钢铁（集团）有限责任公司，该公司是甘肃省重点企业，也是西北地区最大的钢铁联合企业。2001年3月25日，酒泉钢铁（集团）有限责任公司、山东电力工程咨询院正式签订酒钢热电厂技改工程总承包合同。该工程为新装2台435T/H超高压自然循环再热汽包炉，配2台125MW超高压再热抽凝式汽轮机和2台125MW空冷式发电机。

合同范围：除了灰场、厂外公路、点火煤气、送出系统以外，厂区围墙以内的所有主体及辅助附属设施的设计、设备采购、土建、安装及调试。

合同工期：29.3月

合同目标：工程单项工程和单位工程合格率100%、土建优良率≥85%、安装优良率≥95%。

合同总额：63986万元

现将酒钢热电厂技改工程（2×125MW）总承包管理的情况介绍如下。

6.2.1.1　管理体系

完整的管理体系是成功实施EPC项目质量控制的制度保证。山东电力工程咨询院2001年9月完成了符合GB/T 19001—2000、ISO 9001：2000标准的工程总承包质量管理体系文件的编制工作，并开始试运行。2002年3月通过了长城（天津）质量保证中心质量体系认证。认证范围包括：工程设计、采购、建设总承包（EPC）、设计采购（EP）承包、设计（E）承包、采购（P）服务、施工管理（C）、调试服务等工作。质量体系文件包括质量手册、24个程序文件、27个作业程序文件。

6.2.1.2　项目组织机构

本项目采取矩阵式项目组织结构（图6-12）。

项目部对项目的安全、进度、质量、费用等全面负责管理和考核；咨询院职能部门负责对项目部宏观控制、指导、监督检查和总体考核。这种矩阵式的管理模式，体现了“以

① 山东电力工程咨询院王龙林提供案例。

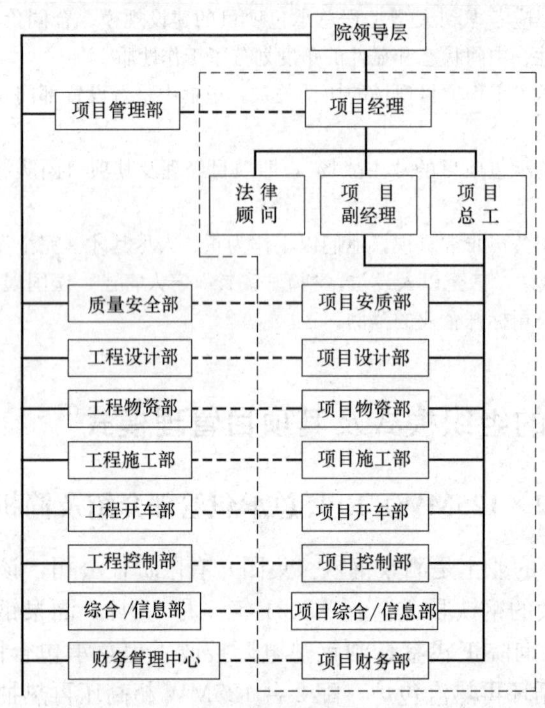

图6-12 组织结构框图

项目管理为核心”的组织原则。项目经理全面负责该工程的实施和管理，是该项目各项工作的第一责任人。这样在保证项目经理绝对权威的同时，也保证了资源的最优化配置，达到了高效的目的。

6.2.1.3 管理技术在项目管理中的应用

1. 设计控制

设计管理体现到投标、合同签订、设计、优化、分包、施工、服务和结算的全过程。充分发挥设计在EPC项目中的作用，对项目的成功实施至关重要：

（1）单纯设计和EPC总承包设计的主要区别

1）总体建设参入程度差别很大。

2）单纯设计对施工过程中施工方案、工序、安全、质量、工程环境、资源了解不深，关注不够。

3）单纯设计对工程费用管理关注不够。

4）单纯设计对物资性能价格比关注不够。

5）单纯设计对调试、运行不了解，对运行的合理、方便关注不够。

6）单纯设计优化不深。

7）单纯设计对设计进度关注不够。

（2）本工程设计对总承包的作用

1）由于EPC总承包设计和纯设计的不同，故建立了设计费用考核管理程序，设立基本设计费，增加进度、质量、费用控制考核奖，对工程设计进度、质量、费用等方面提出具体量化目标，明确责任，层层分解，压力到位。由项目部考核占70%＋咨询院经营部占30%进行考核，奖励最高到单纯设计的1.6倍，处罚最低到单纯设计的0.8倍，以激励和约束机制满足设计进度、质量要求。

2）建立设计服务管理程序，明确设计对工程EPC全过程提供技术支持的重点工作。

① 工程投标和合同签订阶段：负责工作范围接口、技术条件、报价费用。协助制定施工组织方案，制定施工、设备、设计进度等。

② 实施阶段：负责设计优化、控制概算、工程量的分解、设计进度的落实。参加施工方案和措施、调试方案、运行系统图、运行规程等的审查。

③ 参加竣工结算。

④ 参加工程性能考核、安全、质量、进度目标的制定。

3）设计还需自身重点做好的工作。

① 从初步设计开始制定工程优化设计方案、目标，并组织实施。例如本工程在主厂房长度方面，通过我院优化管道布置及选用高效率占地小的冷却水设备，主厂房长度比传统设计纵向减少 8m。

② 加强设计管理，减少设计变更。加强设计管理，严把设计质量审核关，特别是二级以上的图纸，不经过设计评审不出院，减少设计变更数量。

（3）设计效果

1）工程总投资比同期、同类工程减少 1 亿元左右。

2）设计进度大大提高。

3）工艺系统合理，更符合施工、运行要求。

设计质量大大提高，以往工程中，由于设计原因引起的费用变更约占工程预备费的 30%，本工程不足 10%。

2. 计划管理

（1）以 P3 为平台，以合同计划为目标

项目部应用 P3 软件管理技术作为计划管理平台，科学地作好项目总体组织及工程全过程施工的各方面、各层次协调工作。做到上级计划控制下级计划、下级计划支持上级计划；计划由上向下细化，由底向上跟踪。保证计划管理体系既贯穿畅通，又分工负责，从而确保项目有关各方、各单位的工作协调、有序进行（图 6-13）。

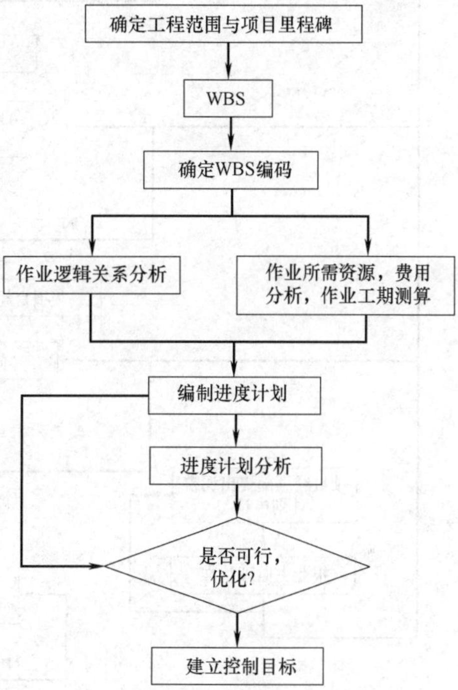

图 6-13　目标计划编制流程

（2）计划管理程序

项目部针对本项目的具体进度要求制定了完备的进度计划管理程序，工程进度计划分为四级管理：第一级项目计划为业主控制的工程里程碑计划；第二级（及以下）为总承包商编制的总体控制计划：第三级计划为设计分进度计划、采购分进度计划、施工分进度计划；第四级为月度计划，如图 6-14 所示。

（3）计划控制流程

计划控制流程如图 6-15 所示。

（4）本项目计划或进度管理的特点：

1）进度计划必须与费用结合，即以工程量完成情况反映进度计划和完成情况。

2）目标计划和工程合同总工期的偏差，要通过分析原因，在设计、施工方案、施工工序、交叉、设备交货的合理优化的基础上解决。例如：除氧器水箱和煤斗在土建框架施工到除氧层时设备吊装，以免框架到顶从两端拖入，增加费用和工期。

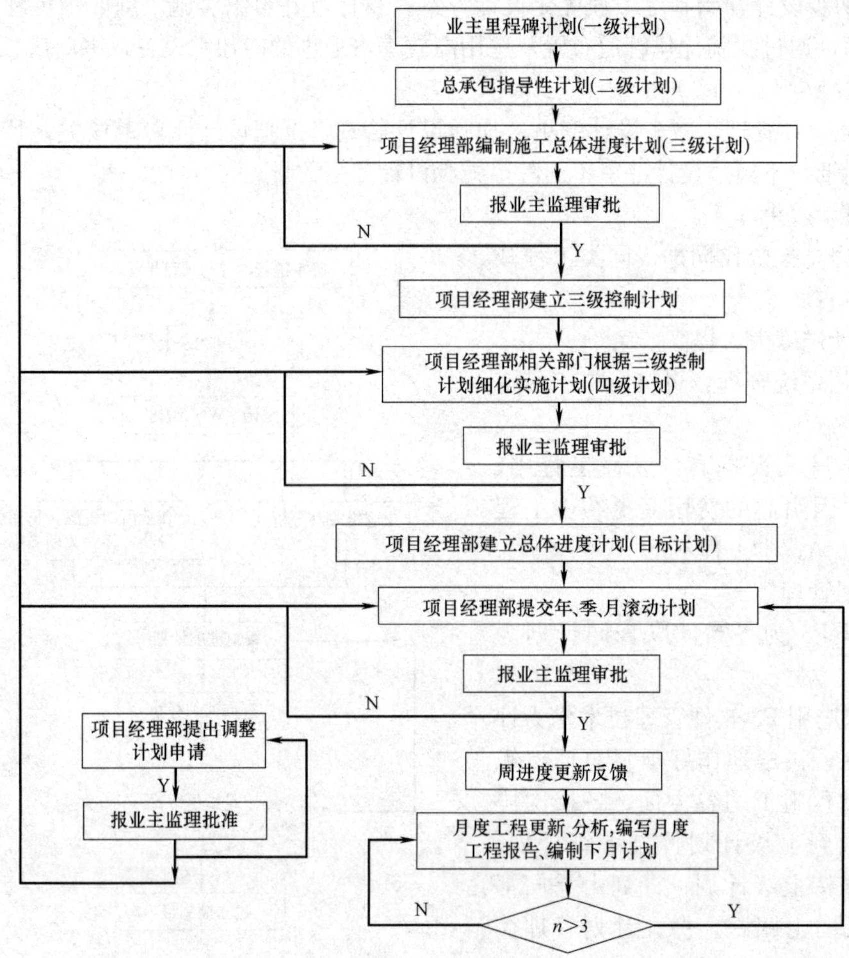

图 6-14　计划管理程序

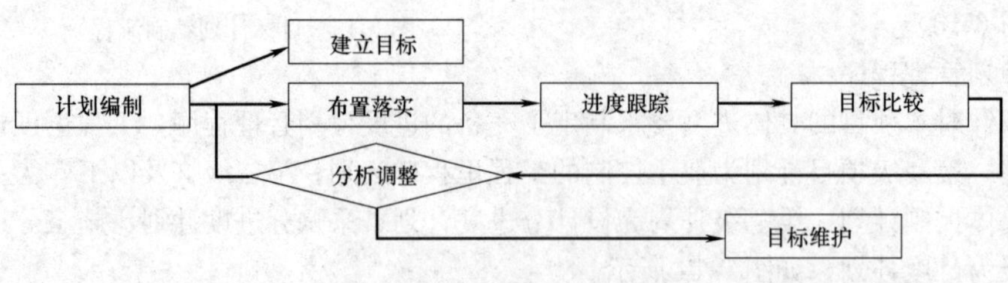

图 6-15　计划控制流程

3）认真研究合同环境对工程进度的影响，采取措施提前解决。例如：冬期施工，在2001年底实现主厂房封闭，并考虑采暖措施，保证了安装工期；另外遇材料涨价和“非典”，采取了费用提前投入，提前供货，大大减少了对工程的影响。

4）在卖方市场下，采取了7人催交小组催交、催运，保证主要设备交货。

5）在通过P3管理手段下，建设过程中的偏差，还需要人及时、果断进行原因分析、纠偏措施的制定。例如：由于汽机到货原因，汽机扣缸拖期15天，油循环需25～30天，此时离汽机启动不足 20 天，采取了汽机油系统分步循环，即油管路 20 天前先循环，汽机口缸后进入轴承循环，保证了总启动。

6）加大重点施工方案、施工工序、交叉点的研究，本工程炉后交叉作业，烟囱、电除尘、风机、地下设施同时开工，通过方案、措施、现场指挥等措施保安全和进度。

3. 项目合同管理

（1）费用计划管理流程

合同管理软件界面如图 6-16 所示。

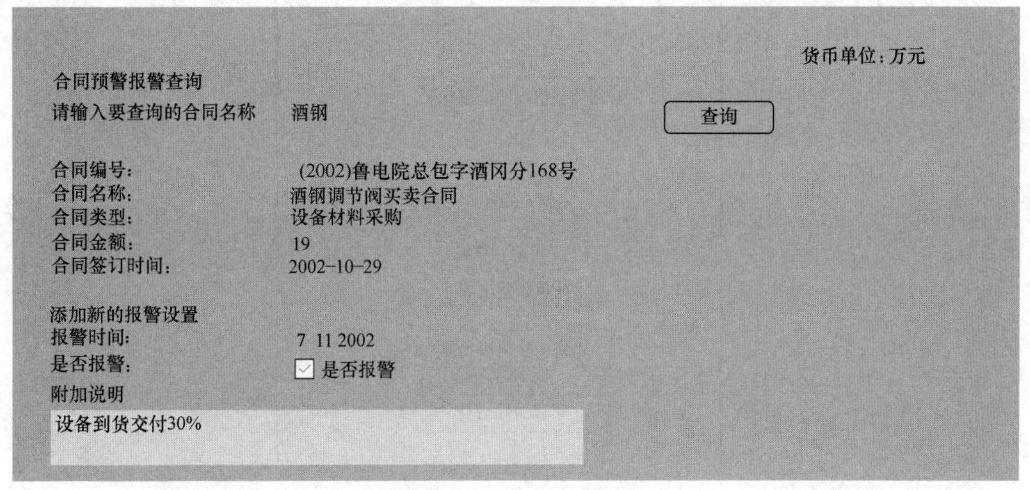

图 6-16　合同管理软件

运用 P3 项目管理软件的费用管理功能并结合合同管理软件、概预算管理软件，进行合同的管理和工程费用的控制，其流程如图 6-17 所示。

1）院组织项目部依据总承包、施工分包、设备采购、调试分包合同编制工程实施控制概算，并输入自行开发的合同管理软件。

2）项目部通过 P3 软件进行管理

（2）合同管理和费用控制的 6 个重要环节。

1）要抓好控制概算的编制和合同风险的预测，充分解读合同和分析合同，确定费用的计划控制点。

2）要确保实时工程量采录的准确性和及时性，对施工单位采录的数据加强审核。

3）对资金流的偏差原因的分析要及时，处理和沟通是非常重要的，因为其不仅影响到费用的控制，对工程进度、安全、质量也会产生重要影响。

4）索赔及反索赔要及时，程序要规范，办事方法要灵活、适合国情。

5）正确处理费用和安全、质量、进度的关系。费用服从安全；质量在满足合同和规范基础上，据情况追求价格性能比最佳；在合同和计划内降低费用。

6）限额设计、设计优化、施工方案、施工组织、采购控制对费用控制具有重要意义，但任何方案的优化都不应降低合同规定的建设标准。

7）制定项目管理程序，落实费用控制职责分工、工作程序和接口，涉及工程价格的

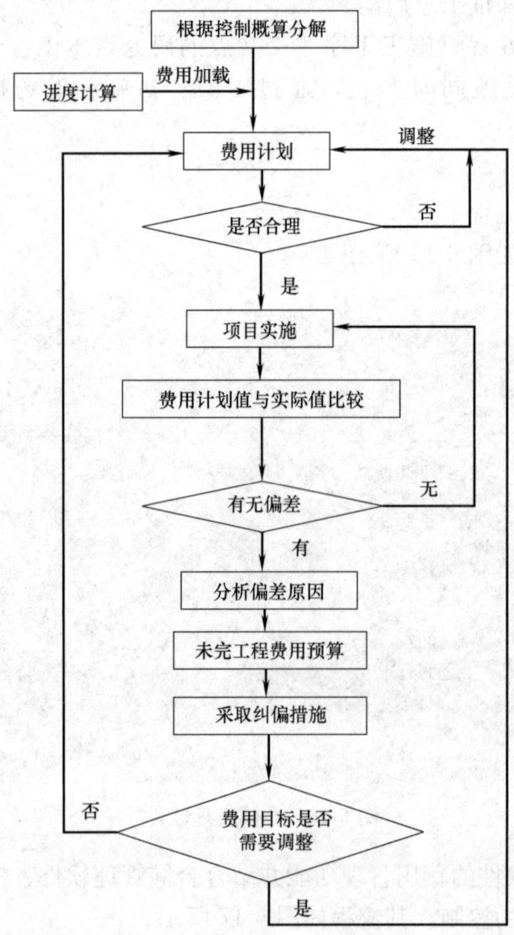

图 6-17　P3 软件管理流程

变动与调整均使用文件签证制度，实现费用控制的程序化、制度化。

（3）实施效果

本工程实际费用实现了控制概算确定的费用控制目标，资金流计划调整率低于4%。

4. 项目安全管理

在项目的安全管理上，坚决贯彻“安全第一，预防为主”的方针，坚持“以人为本、目标管理”的原则，坚持用系统控制、过程控制的方法实施安全管理。项目初始阶段首先对项目安全管理进行了策划，并努力使项目安全管理按计划实施。主要的具体做法如下：

（1）建立健全安全管理体系

识别安全管理的依据，建立项目安全管理相关的法律、法规、规程、规范、标准等有效版本清单，并依据合同的要求，建立项目的安全管理体系。建立了安全管理网络机构；配置了人力资源；落实安全责任制。本项目共建立了包括安全管理手册、安全生产岗位责任制、安全奖惩管理制度、交通安全管理办法、消防安全管理程序等在内的规章制度36

项，并根据实施情况持续改进，保持安全管理体系有效运行。

（2）项目安全管理目标

根据相关法律、法规、规程、规范、标准和合同的要求，按照《危险源辨识及风险评价控制程序》进行项目危险源辨识，确定《项目危险源清单》，确立项目的安全管理目标如下：

1）不发生重大工程设计事故；

2）不发生人身死亡事故；

3）不发生重大施工机械设备损坏事故；

4）不发生重大火灾事故；

5）不发生负主要责任的重大交通事故；

6）不发生环境污染事故和重大垮（坍）塌事故；

7）不发生群体职业中毒和食物中毒伤害事故。

8）严格执行咨询院《无违章施工管理项目考评程序》的规定，争创无违章项目工地；执行甘肃省《建筑工程文明工地标准》的规定，争创甘肃省建筑工程"文明工地"。

（3）制定安全管理程序，严格过程控制

按照确定的目标，针对《危险源清单》制定《安全管理运行控制程序》，《应急准备和响应程序》，《事故、事件、不符合的处理程序》，《安全监视和测量控制程序》和《纠正和预防措施控制程序》，并严格实施。形成了严格的日检、周检、月检和季度检查制度和周例会、月例会、专题会制度，以及周报、月报、季报和年报制度，并留有记录。对出现的违章现象实施曝光栏曝光、整改通知、安全通报等手段，并严格执行《安全生产奖惩规定》。

（4）坚持安全培训，提高安全意识

根据《培训程序》制定详细的项目安全培训计划，同时督促分包商严格执行培训计划。坚持日交底、周学习、月培训、半年一考试制度，坚持培训合格上岗。项目建设过程中，安全培训39次，参加培训人次达1.5万人次（含分包商），合格率100%。

（5）各阶段的安全控制

按照安全管理体系文件《安全生产责任制》的规定，明确责任，压力到位。将分包商安全人员纳入安全机构一体化管理。各阶段安全控制的主要内容包括：

1）设计阶段安全控制

① 监督、检查设计安全管理审查计划的实施。

② 进行设计对防火、防爆、防尘、防毒、防化学伤害、防暑、防寒、防震动、防雷击的设计方案的审查79项。

③ 进行结构和设备的稳定性、构件强度、预埋件承载力和管道支吊架、电缆托架、管道保温审核67项。

2）采购阶段安全管理

① 重点审查易爆、易燃、易漏等设备的安全管理技术要求，如制粉系统设备、燃油系统设备、水处理系统设备等25项。

② 安全管理专业人员参加施工、调试分包商的采购、评标工作，负责审查分包商的

安全管理资质，并负责签订安全管理协议书。

3）施工（调试）阶段安全管理

① 建立、动态审核分包商的资质档案、工程管理、安全管理的技术资料、安全机构的设置，人员配备，用于安全管理的工器具配备等。

② 建立、动态审核分包商的安全培训、着重特种作业人员的培训、特种作业人员名册、证件取证应符合有关规定。

③ 审查分包商执行总承包商发布的有效版本和项目安全管理体系文件。

④ 审查起重机械工器具的产品合格证、准用证、安装与拆除许可证、检测报告、试验记录等。

⑤ 审查安全防护设施的产品合格证、检验合格证、标识、试验记录。

⑥ 按危险源清单逐个做好辨识。

⑦ 风险控制：分包商针对作业环境、工况，按可容忍风险、一般风险、很大风险、不可容忍风险编制适用的风险控制措施。

⑧ 重大危险工程施工，必须现场验证，确认处于“可容忍风险”状态，施工作业处于安全可控制状态。

（6）安全管理效果

项目安全管理实现了项目安全管理目标；2002年6月获得市“安全生产月”活动优秀组织奖；2002年底通过了院级“无违章项目工地”的评审：2002年底获得“甘肃省建筑工程文明工地”称号。

5. 项目质量管理

（1）质量计划

重点项目是前期质量策划，即质量计划和过程控制。项目质量计划以本院总承包质量管理体系为基础，结合合同确定的项目质量目标，过程控制依据质量计划开展。

1）项目质量计划依据本院质量管理手册、针对项目的具体情况编制，并依此建立了一套以ISO 9001国际质量标准为平台的适于本项目的质量管理体系文件40余个。

2）项目质量计划的主要内容过程质量控制。

质量计划在咨询院管理手册的基础上主要补充下列内容：

① 工程工作范围、主要技术方案、主要工艺过程。

② 项目质量控制组织机构，人员组成、工作范围及其岗位职责等。

③ 确定项目的质量目标，目标要符合合同、国家法律法规和满足顾客对产品总体质量要求。本项目的质量目标是：

a. 质量管理体系持续有效进行；

b. 合同履约率100%；

c. 设计成品合格率100%；

d. 采购产品合格率100%；

e. 建筑安装单项工程和单位工程合格率100%；

f. 建筑工程单位工程优良率85%以上；

g. 安装工程单位工程优良率达95%以上；

h. 工程质量总评为优良；

i. 受检焊口无损探伤一次性合格率96%以上；

j. 关键工序一次成功。

④ 指出工程主要质量控制的重点、难点和对产品质量有特殊影响的环节或工序，并制定相应的技术措施。本工程共制定技术措施近400份。

⑤ 根据工程的总体进度计划，制订项目各阶段、重点是施工阶段的单位、分部、分项工程的质量检验计划，其中要明确W、H、R控制点，确定实施班组、施工队、分包商、总承包和业主/监理的四级验收项目（划分不低于国家或行业标准），并经业主批准。

（2）质量控制

工程的质量控制贯穿于EPC全过程。设计阶段质量控制重点抓好以下过程：

1）EPC合同的质量、国家有关法律法规、技术标准、设计规范、图纸的设计深度的要求；

2）合理优化设计方案，按照“技术先进、安全适用、限额设计”的原则，对设计成品设计接口、设计输入、设计输出、设计评审、设计变更、设计技术交底等进行严格的程序化管理；

3）控制施工图纸的质量通病（常见病、多发病），重点是：

① 专业间和施工图卷册间的衔接。

② 各专业的设备遗留问题和暂定资料的封闭。

③ 与安全、施工和设计功能关系重大的设计特性是否已标注。

④ 容易引起振动的设备是否有防振措施。

在本阶段，重点解决控制对业主、设计监理、图纸会审、施工分包商等提出的设计质量问题，实施闭环管理，使设计问题在施工前发现并消除，做设计变更管理。

（3）采购阶段质量控制

1）严格按设计的技术规范选型和采购。

2）严格采购程序和审批制度，选择合格的制造商或供应商。

3）控制设备监造、工厂验收，保证出厂设备符合技术规范要求。

4）控制开箱验收程序管理。

5）控制对分包商采购的管理，确保装材和建材质量满足设计要求。

（4）施工（调试）阶段质量控制

1）施工图纸质量控制：设计交底、图纸会审是施工图纸质量控制的常见形式。

2）施工质量控制

① 控制施工组织设计、施工技术方案、施工质量计划、施工质量保证措施、安全文明施工措施等。

② 控制重要项目施工方案和施工措施的讨论和制定，组织技术交底并监督实施。

③ 控制分包商单位工程、分部工程开工条件，着重审查施工技术方案和施工作业指导书。

④ 控制施工原材料，合格后方能正式投入使用。

⑤ 控制半成品。严格检验施工过程中的试样，通过了解半成品的质量，对成品的质量进行控制。

⑥ 控制成品，局部工程施工完成以后，要注意各种养护工作，并注意成品的保护，确保成品质量的最终合格。

⑦ 控制各类资质、试验设备、试验人员、测量人员、特殊工种、大型机具的准用证等是否在规定的有效期内。

⑧ 控制施工过程接口，严格签证程序和制度，避免出了质量问题责任不清。

⑨ 控制质量检验，按照施工质量检验计划划分的分项、分部、单位工程及W、H、R点进行质量检验。组织政府职能部门、业主/监理和施工供方有关人员对分项、分部、单位工程进行四级验收。

⑩ 控制竣工资料的编制及时和移交。

（5）质量控制效果

本项目全部实现了项目质量目标，项目质量管理体系持续有效运行，工程项目管理体系通过了质量安全部内部审核，并通过了长城（天津）质量保证中心的外部审核。工程于2003年12月26日顺利通过了由业主组织的工程竣工验收，受检焊口无损探伤一次合格率达98.2%，关键工序均一次成功。本工程交付时，锅炉、汽轮发电机组和所有辅机均达到额定出力，本工程的施工、安装和开车（试运行）均满足总承包合同和国家验收规范的相关要求。质量验收结果见表6-1、表6-2。

建筑工程部分质量验收结果 表6-1

项目名称	分项工程项数	合格率	优良品率
1号主厂房	22	100%	85%
2号主厂房	22	100%	85%
1号冷却塔	7	100%	86%
2号冷却塔	7	100%	87.3%
BOP建筑工程	124	100%	88.2%
烟囱	6	100%	86.7%
输煤专业	11	100%	100%
化水专业	39	100%	100%
水工专业	21	100%	100%
保温油漆	21	100%	100%
循环水及一级热力站	14	100%	100%
建筑工程分项优良品率			91.9%

安装工程部分质量验收结果 表6-2

项目名称	分项工程项数	合格率	优良品率
BOP安装	105	100%	100%
1号机组锅炉	162	100%	100%
1号机组汽机	335	100%	100%
1号机组电气	78	100%	100%
1号机组热工	138	100%	100%
2号机组锅炉	143	100%	100%
2号机组汽机	335	100%	98.5%
2号机组电气	118	100%	100%
2号机组热工	128	100%	97.7%

目前本工程运行稳定、安全、经济；年利用小时达到7000小时（设计年利用小时为5500），为业主创造了良好的经济效益。

6. 项目物资管理

在物资采购、催交、监造、运输、验收、储存、提取、缺陷处理等都建立了规范的体系，院体系文件7个，项目部文件11个。其采购管理主要分为两个阶段：

(1) 采购采用院物资部组织集中和项目部零星采购相结合，其采购程序见图6-18。

(2) 现场物资管理流程见图6-19。

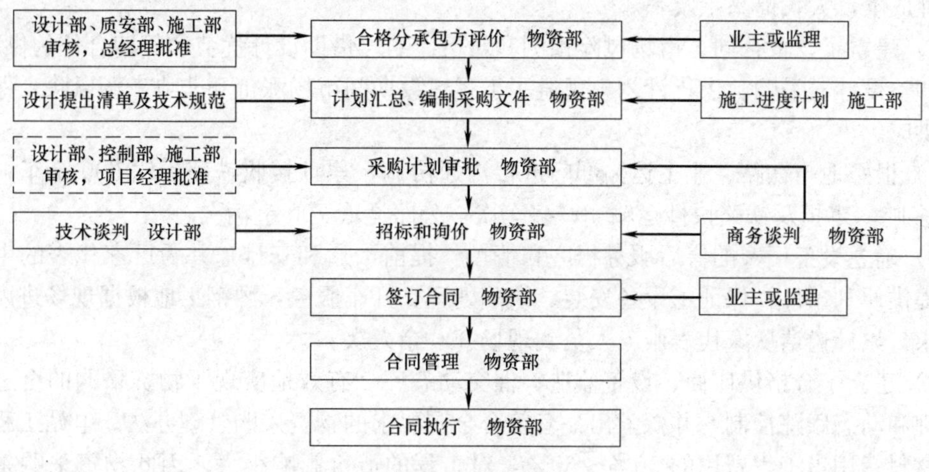

图6-18　采购程序

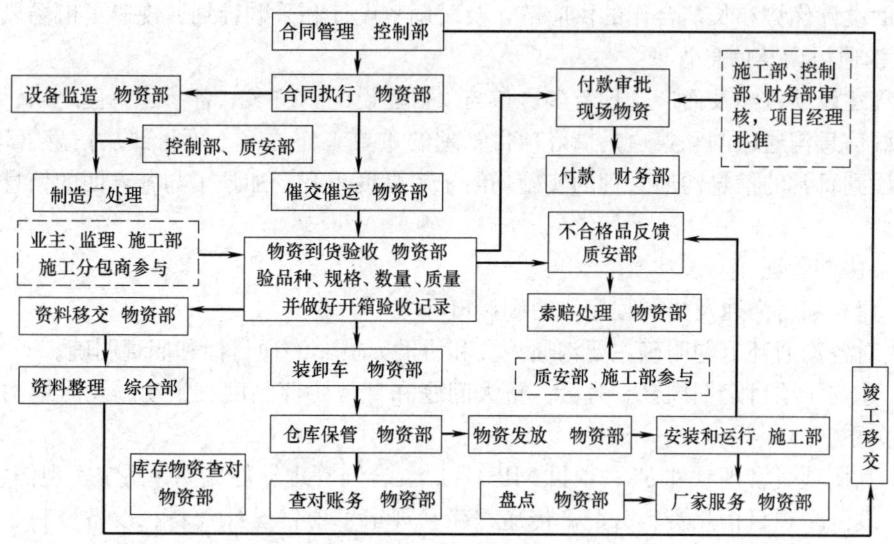

图6-19　现场物资管理流程

(3) 本工程的物资管理有以下特点：

1) 依靠自主开发的采购管理软件，建立了合格供应商合格清单和信誉等级，并进行一年一次的动态评定，利于控制设备价格、交货进度、质量。

2) 通过规范的采购和现场管理程序，实现内外多部门的参与，有效地形成制约机制，选用信誉等级高、质量好的产品。

3）面对买方市场，评价并建立重点监造设备15项，催交清单8项，有效地控制了质量和进度。

4）严格执行了厂内验收21项、全部的现场验收和缺陷反馈及处理，采购和加工物资共计1200余种。累计签订190余个成套物资买卖合同和210多个零星采购合同。开箱合格率99%，设备到货及时率98%，返厂率0.4%，确保设备提供安装合格率100%。

5）采取了多个EPC工程集中采购的方式，有利地降低了设备价格、催交催运、监造的管理成本，大大提高了效率。

6）建立了设备合同、市场风险预测和对策体系，借助设计优势和长期合作的供应链，及时调整设计、采购、供货计划，规避了工程建设期间市场涨价和非典市场风险，保证了设备供应。

7）很好地与铁路、业主运输部门进行沟通协调，累计接收铁路运输600余车，重量2200多吨，零担及铁路快件运输400多车次，公路运输700余辆次。

8）确立设备厂家的售后服务程序和清单，提前沟通和安排，并为厂家代表的生活和工作提供便利条件，保证了设备安装、缺陷处理、开车服务，酒钢工地根据现场进度和施工要求，累计邀请厂家代表服务人员到现场300余人次。

9）建立了合格供应商、设备监造、催交动态库，有效地实现了物资采购的全过程信息管理和动态跟踪控制，并探索出一套符合合同要求的物资采购管理办法。电站工程的设备和材料费用占工程费用的50%～60%，对工程的造价影响很大，因此物资采购费用的控制对本工程的成败关系重大。工程建设期间恰逢市场涨价和非典时期，物资部克服困难，借助设计优势和长期合作的供应链，及时调整设计和采购计划，规避了市场风险。

7. 沟通协调及信息管理

工程建设项目涉及面广、环节多、参与项目建设的单位多。各参建单位之间、和外部建立良好信息沟通机制和渠道是搞好项目管理的重要工作之一。项目部从信息管理策划、沟通手段到日常的信息沟通管理的实施均给予了高度重视，加强了与各方面的信息沟通协调管理。

（1）协调管理

1）建立项目沟通及协调程序，明确接口。

2）对各沟通环节均明确主要沟通人员和协助人员、沟通目标和职责明确。

3）建立了项目定期周会、月会、重大问题和日常协商制度。主动、及时地沟通与各方面的关系。

4）利用项目管理软件P3、项目MIS、OA、合同管理软件、视频系统实现信息共享。

5）编制了项目信息资料分配和传递程序。规定了项目设计资料、设备资料、管理文件、来往函件的分发和传递程序，实现了信息传递的程序化和标准化。

6）项目建设的重大决策与合同环境的变化要及时准确和业主沟通，对业主关注的问题及重大决策问题，项目部也要提出合理的建议，为业主做好参谋，比如业主自营项目的技术、工序等，从而保证了工程建设的顺利进行。

（2）信息管理

1）工程管理信息网络管理制度：

① 建立网络端口授权制度。

② 建立限时信息录入传递的规定。

③ 建立工程反馈信息问题制度。对各类信息反映的问题分类处理并整理建档。

2）编制项目信息资料分配和传递程序，并形成记录。

信息管理系统如图 6-20 所示，信息管理程序如图 6-21 所示。

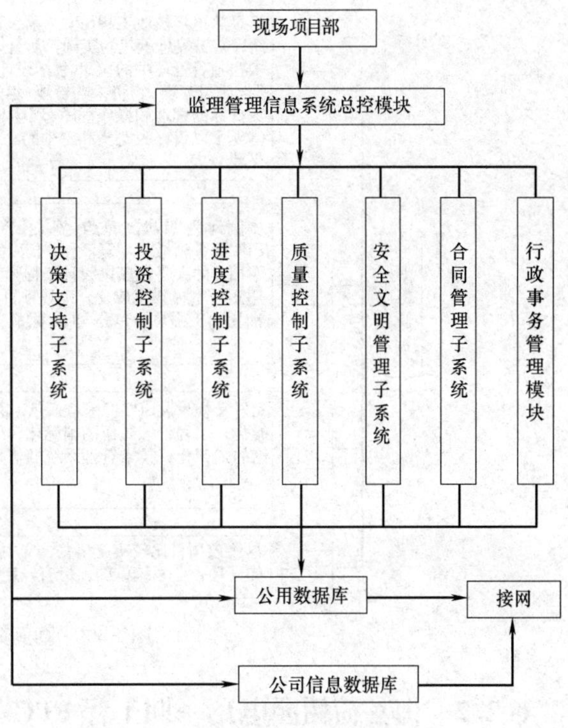

图 6-20　信息管理系统

案例简析

这是一项比较早期的国内 EPC 模式的电力工程项目，但从建设工程总承包项目各项指标评价评价是相当好的。经过项目团队共同奋斗和担当称得上是当时“独上高楼，望尽天涯路”之举，该案例曾在全国工程项目管理交流会议上讲解，成为工程总承包项目的范例和样板。案例简析见图 6-22。

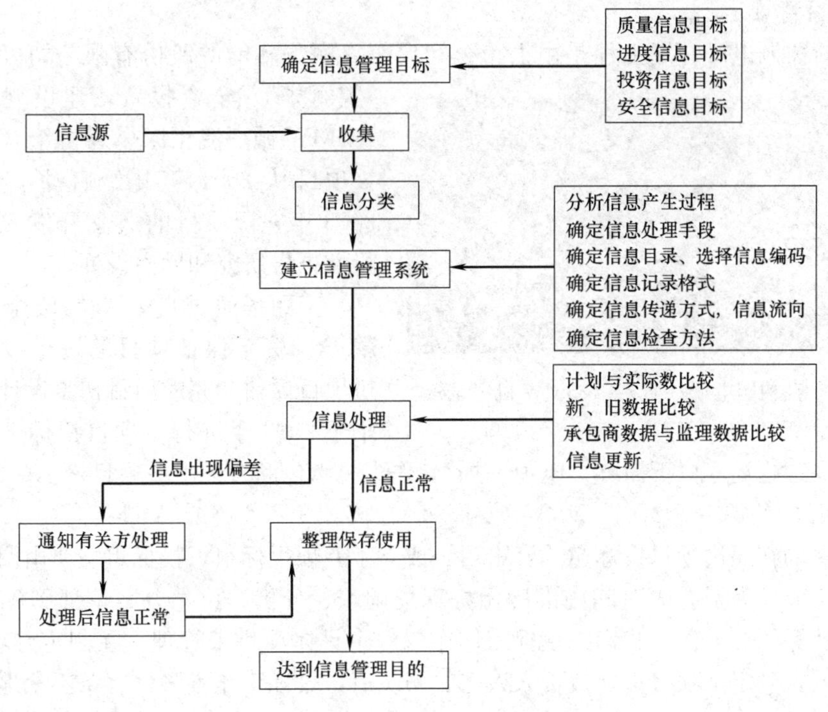

图 6-21　信息管理程序

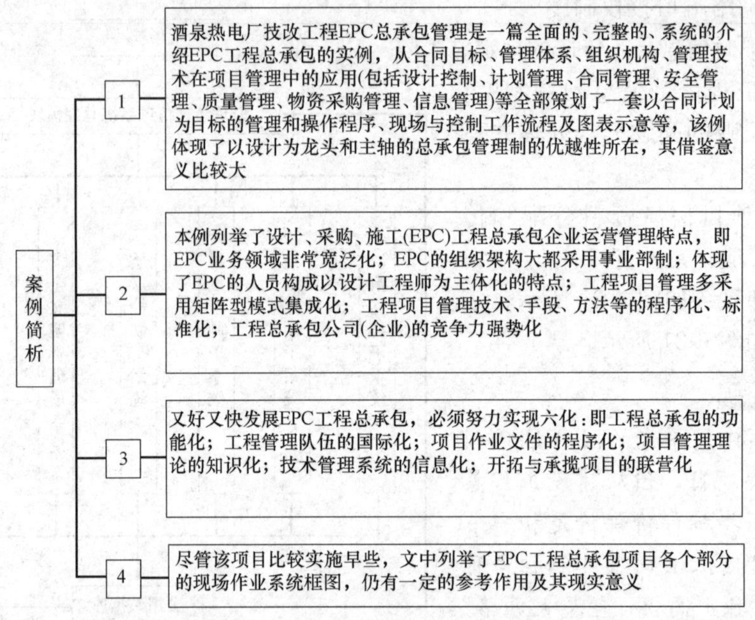

图 6-22　案例简析

6.2.2　梅县荷树园电厂一期工程 EPC/T 工程总承包项目管理及简析①

6.2.2.1　项目的背景和范围

1. 项目背景

梅县荷树园电厂一期工程是由上市公司广东宝丽华新能源股份有限公司（以下简称“宝丽华”）全资投资，建设规模为 2×135MW 循环流化床燃煤机组（图 6-23）。该项目从 2001 年开始启动，在 2001～2003 年进行项目的概念开发、调查、可行性报告研究和勘察设计。

图 6-23　荷树园电厂一期 2×135MW 机组全景

宝丽华通过自筹 28%资金和银行贷款 72%资金保证项目的资金投入。在通过项目评估和完成项目初步设计后，宝丽华于 2003 年进行了项目招标工作，广东省电力第一工程局（以下简称“电力一局”）作为总承包商参加了该项目投标。

2. 项目的获得

电力一局在通过项目投标邀约资审后，成立了专项投标组。投标组主要由商务和专业技术人员组成，为了在短时间内准确做好现场调查、分析、技术方案论证到施工组织设计、报价及保函等工作，我们把投标工作作为一个具体项目来管理。在制定好项目目标、方针和计划，确定好项目主要负责人人选、团队后，投标工作紧张且有条不紊地展开。我

① 广东省电力第一工程局胡江川提供案例。

们用项目管理的方法对投标工作进行目标管理、过程控制和质量控制，完成了标书中疑难问题的澄清；对当地工程建设市场、生产资料（工程设备和建筑材料）市场、劳动力市场、技术市场及税收、金融和有关法规等进行了详细调查了解；对设备材料的产地、采购和运输，以及施工生产要素开展周密的调查和询价。

电力一局递交的投标文件综合评价最高，技术标完全满足邀约要求，经济标为第一标，价格比标底仅仅低5%，以4.98亿元人民币中标。2003年11月11日完成合同签订工作，合同规定2003年12月28日开工，一号机组2005年5月30日发电，二号机组2005年9月30日发电，项目质保期为一年。

3. 参与单位

业主：广东宝丽华新能源股份有限公司

总承包商：广东省电力第一工程局

设计单位：广东省电力设计研究院

监理单位：广东创成建设监理咨询有限公司

质量监督单位：广东省电力质量监督站

4. 项目工程内容

本项目新建2台135MW循环流化床燃煤机组，由电力一局承担土建、安装施工及调试工作；承担三大主机（锅炉、汽轮机、发电机）催交催运工作；参与辅机设备的订货和催交催运工作；承担设计图纸的催交工作。

5. 项目管理特点

本项目是一个准EPC总承包项目，项目总包方的管理涉及设计、设备、施工及调试等各单位，因此，各参与单位必须保持良好畅通的沟通，及时解决不同项目参与方主体利益的问题和冲突为关键。

项目管理严格按EPC合同条件来进行项目进度控制、施工质量控制、安全环境控制、工程费用和支付约束性目标执行。变更和索赔、项目文件和进度报告、分包和采购管理等。

根据合同和市场条件要求做好项目目标规划、资源计划，保证项目实施的生产要素和条件一一落实，事先做好各种准备和预备应急方案，明确目标、计划安排、组织实施、资源保证、技术保障、过程监控、结果检查，使之顺利进行。

虽然电力一局在过去的项目实践中已积累和形成了传统的项目管理方式，但对于EPC总承包项目仅靠传统的管理方式是难以实现项目目标和项目内容的，必须采用先进的、科学的、系统的项目管理方法和管理流程来保证项目目标、内容的实现。因此，项目提出了先进的“四控四管一协调”的管理方针，即本项目的管理须紧紧围绕进度控制、成本控制、质量控制、安全与环境（SHE）控制，合同及风险管理、信息沟通管理、生产要素管理、现场综合管理，协调好各项目参与方如业主、监理、设计院、设备供应商和总承包商的关系。以项目进度计划管理为主线，以项目成本控制为中心，以信息、合同管理为基础，资源管理为重点，完成项目的整体目标为动力，保证不同项目参与主的利益和目标的实现。

6.2.2.2　项目实施难点和可行性

1. 项目实施难点

（1）严格的业主要求：业主在当地主营房地产，本工程是业主第一次涉及电力行业，故业主对成本造价、工期、质量、安全与环保各方面都提出严格的要求，并在合同中明确目标。

1）成本控制：由于该业主为民营企业，项目投资资金大部分都是通过贷款来筹措，因此业主要求项目严格把关，从设计、设备、施工、调试等方面在实施过程进行学习、调查、分析、优化，并设立了一定的奖励资金，降低项目投资成本。

2）工期控制：项目建设周期的长短，直接影响到项目的投资成本。因此，业主要求总承包方按省内最快的施工工期进行工期控制。

3）质量、安全、环保：业主要求该项目创“广东省电力优良样板”工程，严格要求总承包单位遵守项目安全与环保计划，并制定赏罚制度。

（2）缺乏类似的合同实施经验：本项目为我局第一个EPC合同，也是省内电力行业第一个EPC合同。从业主、电力一局及设备设计单位都缺乏相应的实践经验。

（3）缺乏技术人员：我局虽拥有大量施工技术人员，但设计、设备专业技术人员紧缺。

2. 项目实施可行性

本项目可利用的优势是：

（1）资源保障：电力一局是大型国有企业，组织有保障，资源有保障。

（2）电力一局从事电力建设60年，建筑、安装同类型机组有成熟的施工经验；建筑、安装由一家实施有其综合效能。

（3）业主为当地最大民营企业，协调地方管理快捷有效。

（4）施工不干扰交通，也不受交通干扰。

6.2.2.3 项目控制及管理

1. 项目组织机构设立

项目以项目管理团队为核心，全盘监控项目成本、工期与质量。项目组织机构如图6-24所示。

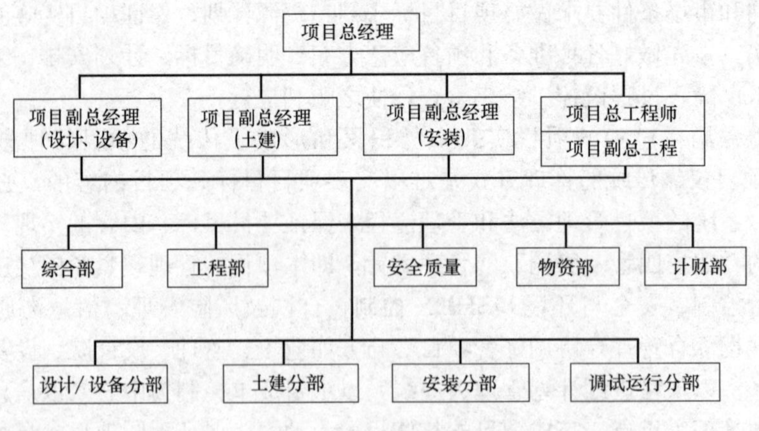

图6-24 项目组织机构图

2. 项目控制

控制等于计划加监督加纠正措施，监督是指对实际运行情况进行动态跟踪检查，并与计划相对比和分析，采用一定的手段和措施，及时发现问题，分析问题的原因，然后采取组织、技术、管理和经济措施来纠正偏差，如果出现超出项目部管理范围的重大问题和偏差，项目部应马上提出问题和建议，上报业主和局本部研究解决方案，及时处理重大的问题，保证项目按照计划运行。项目“四控”的工作如下。

（1）进度控制

里程碑计划见表6-3。

里程碑计划 表6-3

序号	节点名称	开始/完成日期	
		1号机	2号机
1	锅炉基础施工开始	2003-12-28	
2	锅炉基础交安	2004-05-20	2004-09-20
3	钢架吊装开始	2004-07-08	2004-11-08
4	汽机台板就位	2004-11-30	2005-03-30
5	水压试验完成	2004-12-23	2005-04-23
6	厂用电受电	2004-11-30	2005-03-31
7	锅炉酸洗完成	2005-03-08	2005-07-08
8	锅炉烘炉完成	2005-03-20	2005-07-20
9	冲管完成	2005-04-07	2005-08-07
10	机组整套启动试运	2005-04-20	2005-08-20
11	机组并网发电	2005-04-30	2005-08-30
12	机组商业运行	2005-05-30	2005-09-30

为达到业主要求的工期目标，项目管理从设计、施工、设备等方面进行全面规划：

1）在国内循环流化床锅炉设计尚处于摸索阶段，为加快设计进度，同时保证设计质量，由业主组织，包括电力一局主要技术人员与所有设计人员在国内同类型机组进行学习、调研，优化了本项目锅炉设计。

2）项目实施过程正值电力施工高峰，各主要设备制造商订单饱满，难以保证设备的及时交货。因此，在合同签订后，电力一局立即会同业主，与机组的锅炉、汽机及发电机这三大供应商进行交货日期谈判，同时安排设备分部技术人员驻守厂房，对交货质量在厂房内就进行验收，保证设备交货进度。

3）项目启动后，项目部组织专业技术人员对施工组织设计、主要施工方案进行研讨，以期保证施工进度。在进度控制方面，采用P3软件编制进度计划，利用关键路径法寻求关键线路和次关键线路，并着重对关键线路上的关键工作进行优化和适当调整，进一步完善后形成项目施工进度计划和资源计划。

在进度控制实践中，我们以制定的项目进度计划为基础参照系，用实际的进度与之相比较，可以马上发现工程实际进度和目标计划进度的差异，再进行关键路线的重点比较，就能立刻找出主要问题或问题的主要方面，及时分析和调整下一步的施工安排，使工程进度向计划进度靠拢，从而达到控制工期的目的。

（2）成本控制

项目管理从项目启动、施工阶段、项目竣工，一直密切关注成本控制。在设计方案阶段，举行了三次价值工程研讨会，业主、电力一局与所有设计人员都提出可行的优化方案。从最初的13亿元人民币造价一直降至11亿元人民币，有效地降低了项目投资成本，主要体现以下方面：

1）附属设备选型、采购由业主、设计、总包方一起进行，注重技术经济比较和时效性。

2）项目成本控制关键在于“节流”。项目部根据项目进度计划和资源计划，在满足业主和合同要求的前提下，选择成本低、效益好的最佳成本方案，对施工成本进行科学的预算，对成本水平和发展趋势进行分析预测，在施工成本形成过程中，针对薄弱环节加强成本控制，以逐步实现项目成本目标。

3）在成本控制实施过程中，项目定期将费用实际值与计划值进行比较，通过分析、纠正成本偏差，达到项目费用收支的良性循环。

（3）质量控制

项目按合同提出如下质量指标：

1）工程验收合格率100%。

2）工程验收优良率95%。

3）安装工程达到六个一次成功（锅炉水压、汽轮机扣盖、厂用受电、锅炉点火、汽轮机冲转、并网）。

在国内，由于循环流化床锅炉设计并不成熟，也没有统一的规范和标准。因此，项目部组织主要技术人员细心审图，对图中提出的技术要求进一步消化，然后按照ISO 9000标准和工程局的质量手册和程序文件，建立了本项目的质量保证体系，编制了项目的质量手册和程序文件，并严格贯标，进行质量控制。有效的质量控制保障了项目的顺利实施，也大大提高了工程局的信誉和知名度。

（4）安全和环境控制

项目按照合同和业主的要求制定了“项目安全管理控制程序”和“项目管理安全保证体系”。项目总经理为项目安全生产第一责任人，负责建立安全生产领导小组和管理机构，本着“管生产必须管安全”的原则，其成员由项目部相关部门负责人和专职安全员组成。各项目分部和作业公司也相应成立安全生产管理机构，并按规定配备专（兼）职安全员。用项目安全生产责任制明确安全体系成员的责、权、利；建立安全培训和生产例会制度及项目施工现场安全生产排查和检查制度，并建立相应的奖惩制度。

在环境保护管理方面，严格按照合同规定，对施工现场环境保护提出要求，并将该要求张贴在各施工班组，监督各班组和员工严格按要求进行施工，并定期检查和考评，将考评结果与奖金挂钩：

1）施工现场、临时通道应设有防尘、降尘、除尘设施；

2）对排放烟尘设备应设烟尘黑度监控；

3）废弃物应按业主指定位置和方法进行堆放；

4）污水按照规定进行处理或规定排放；

5）油料库应设有防渗漏措施；

6）强噪声设备应采取降噪措施。

3. 合同及风险管理

电力一局第一次承担EPC总包项目，也是广东省电力建设市场第一个由施工企业履约EPC总包项目，合同及风险管理是电力一局企业层面管理的重点、难点。

（1）风险管理目的

1）实现合同各子项任务目标和局既定的任务目标投资。

2）实现合同工期：1号机组2005年5月30日投产、2号机组2005年9月30日投产。

3）实现质量、安全双创优目标。

（2）风险管理过程

1）风险识别与评价（识别依据为总承包合同和风险产生的原因）

建设工程风险因素涉及面广，因素间关系复杂且相互影响。风险因素的识别有政治风险、经济风险、技术风险、公共关系方面风险、管理方面风险、合同条款连带特定风险（工期、运行的人员培训及机组一年运行的管理）等。本工程不涉及政治风险、不可抗力，经济风险中的国家地域、外汇、税收歧视、进口清关手续等方面风险也不予考虑。

风险识别与风险量评价见表6-4。

风险识别与风险量评价　　表6-4

风险因素名称	风险主要承担主体（次要主体）	风险量评价（大、中、小）
经济风险		
(1)市场采购风险	总承包商(供应商)	大
(2)分包风险	总承包商(分包商)	小
(3)没收保函风险	总承包商	大
(4)签证结算风险	总承包商	小
(5)业主支付能力	总承包商	小
技术风险		
(1)地质地基条件	总承包商	小
(2)水文气候条件	总承包商	小
(3)设备、材料供应	总承包商	小
(4)设计可能风险	总承包商	大
(5)设计变更	总承包商	小
(6)创优达标	总承包商、业主	小
公共关系方面风险		
(1)与业主关系	总承包商(业主)	小
(2)与监理关系	总承包商	小
(3)与地方关系	总承包商	小
管理方面风险		
(1)项目领导班子	总承包商	小
(2)资源量、质的风险	总承包商	大
合同特定风险		
(1)工期风险	总承包商、业主	大
(2)运行安全风险	总承包商、业主	大

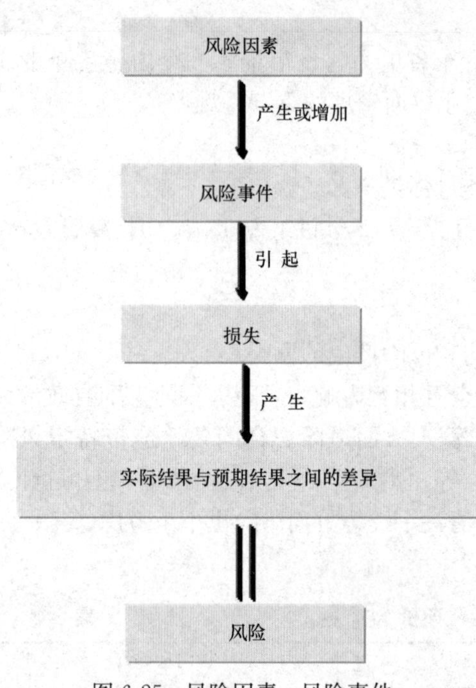

图 6-25　风险因素、风险事件、损失与风险之间的关系

2）针对风险的对策和决策

① 风险因素、风险事件、损失与风险之间的关系见图 6-25。

② 风险的对策决策过程见图 6-26。

3）风险对策决策原则

① 风险回避原则

从梅县荷树园 2×135MW 循环流化床燃煤机组总承包合同的签订、生效之日起，投标阶段可能存在的风险、合同谈判可能存在的风险、合同实施阶段可能存在的风险无一可以回避。

② 风险自留原则

对风险识别与评价中风险量大的五种风险（市场采购风险、没收保函风险、设计可能产生风险、资源量与质的风险、工期风险）是我们自己承担，通过合同任务的全面预算，从财务的角度预留一定可控费用，以应对风险。

③ 风险转移原则

进行工程保险；对运行主要设备进行保险；专业任务（开挖、装修、保温、整组调试、电厂运行）在总合同条款下的提前"合理"的责任安排，达到风险转移的目的。

④ 风险损失提前、主动控制原则

建立风险损失控制领导小组，安排制定风险损失控制措施，制订灾难计划、应急计划，分析风险损失，及时调整合同目标任务的实施计划，达到降低、消除风险发生的概率，减少损失。

4）风险控制措施的实施

① 市场采购风险控制措施

a. 保证采购数量、质量，采购总费用，采购物供货时期，建立完整的组织机构，独立运作。

b. 编制全面的采购计划，严密有利的合同范本。

c. 充分借鉴同类性电厂的成熟经验。有效利用、借用各方关系。

② 没收保函风险

a. 保函金有效期的双方认识与确定。

b. 保函金使用程序。

c. 退保程序。

③ 设计可能产生风险

a. 提高对设计工作在实施合同任务前期的认识与定位。

b. 通过同类性电厂的学习、发挥兄弟设计院的作用，加强与设计院之间的有力、有效沟通，取得设备的有效合理选型、工艺设计的优化、设计图纸按期供应。

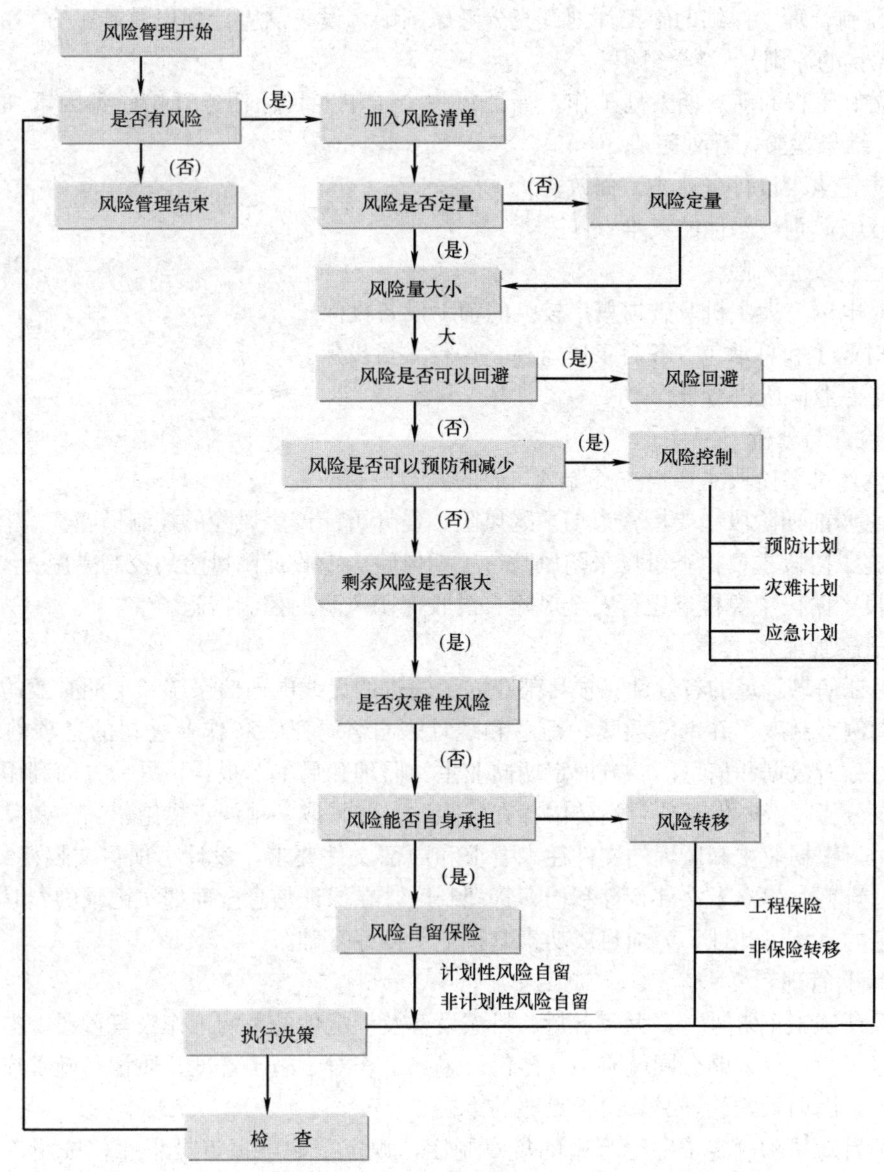

图 6-26　风险决策过程图

④ 资源量与质的风险

a. 建立项目组织机构，人员到位责任实施目标子任务。

b. 编制详细符合实际的生活临建、办公临建、生产临建、能源供应、人力资源配置等计划，并付诸实施。

c. 提出施工机械配置计划，提高配置数量和质量。

d. 建立规范的用工（职工、合同工、民工）制度，实现合理的人才竞争和收入分配机制。

⑤ 工期风险

a. 定位计划在实施整个合同任务中的绝对主导地位，保证其严肃性和约束力。

b. 编制合理、详细的施工计划（充分考虑图纸、设备供应计划以及施工方案的科学、安全、优化的原则），科学组织。

c. 做好工程的前总期策划工作，保证每一个子单元目标任务开始前各因素细化、实施过程、结果检验、计划完成。

d. 防止重大设计（业主）修改。

e. 杜绝严重、恶性的灾难事件。

⑥ 运行安全风险

a. 对电厂三大主机及破损概率较大的辅助设备投保。

b. 对业主和总承包方各自隶属监控、运行人员投保。

c. 与专业队伍进行合作。

5）检查与分析

① 生产准备阶段主要检查资源量与质的风险控制措施。

② 生产前期阶段主要检查市场采购风险、设计可能产生风险的控制措施。

③ 施工阶段主要检查市场采购风险、工期风险、没收保函风险的控制措施。

④ 投产阶段主要检查运行安全风险、没收保函风险的控制措施。

4. 信息管理

为保证信息管理的有效性，项目部建立了先进的无线电通信系统和定期有效的项目报告体系和例会制度，并定期收集、汇总和统计来自各分部、各作业公司的各项数据和信息，及时分析数据和信息。一方面定期向业主、监理和局本部报告，另一方面利用这些数据做动态分析，及时发现项目运转中存在的问题，并采取各项纠正措施。

同时，根据业主和监理的文件往来要求和内部文件要求，设计了项目文档格式模板、文件管理流程，建立了文件管理和档案管理制度，在保证信息全面如实记录的同时，也保证了信息的真实可知性，为项目成功索赔打下了良好基础。

5. 采购管理

为保证施工正常进行，大宗材料、机械设备及零配件的采购工作极其重要。本项目采购工作量很大，仅采购合同就有100多份。采购工作对于施工进度、质量和施工成本影响非同小可，因而采购管理必须给予足够的重视。

本项目对采购制定了一套严密的规章制度，规定采购申报审批程序，按照“阳光采购”实施采购工作，指定有经验又廉洁奉公、作风正派的人员负责具体事宜。在项目实施过程中，采购工作没有出现失误现象，既保证了材料、物资和设备的按时保质供应，又控制了成本。采购管理的成功也是本项目取得良好经济效益的重要原因。

6. 沟通管理

在本项目中，参与方包括设计院、材料设备供应商、监理方、业主及总承包商等。由于项目各参与方利益出发点不同，往往会产生不同的工作思路和解决问题的方案，所以建立和保持良好的沟通机制显得尤其重要。

在项目实践中，项目部除了建立有效的例会、报告和信息传递制度以外，还着重于提高沟通和社交技能。在对外沟通中，采取了各种正式、非正式、定期、不定期、官方、非官方的交流和沟通方式，真诚交流，建立了良好友谊关系。

6.2.2.4　项目管理实践成果和体会

本项目竣工日期 2005 年 9 月 13 日，比业主要求提前了 18 天。两台机组投产一年内满负荷运行小时数超过 7800 小时；2 号机组获省“优质工程”。同时，在项目部的严格成本控制下，本项目最终创造了 7.73％的利润。整个合同得到圆满实施。

项目管理实践证明，项目部采取的“四控四管一协调”的管理方针行之有效，在保证项目顺利完成的同时，在工期、质量、安全及成本方面都得到了很好的控制。

同时，通过本合同的实践，开阔了工程局的管理视野，增进了工程局与各项目参与方的良好合作关系，为下一工程的更好合作打下良好的基础。

案例简析

该项目由于公司上下从思想上重视，投标组织比较严密严谨严肃地对待 EPC/T 工程总承包，在整个履约过程中，项目组织架构及其团队，责任心强一丝不苟，按照双方所签订的合同实施，项目部严格控制成本，因此取得了比较理想的目标。但是，如能在采购上下功夫，似乎仍有潜力可挖，还能取得更大的经济效益。一般情况下，EPC 项目的利润率应在 15％左右或更大些。案例简析见图 6-27。

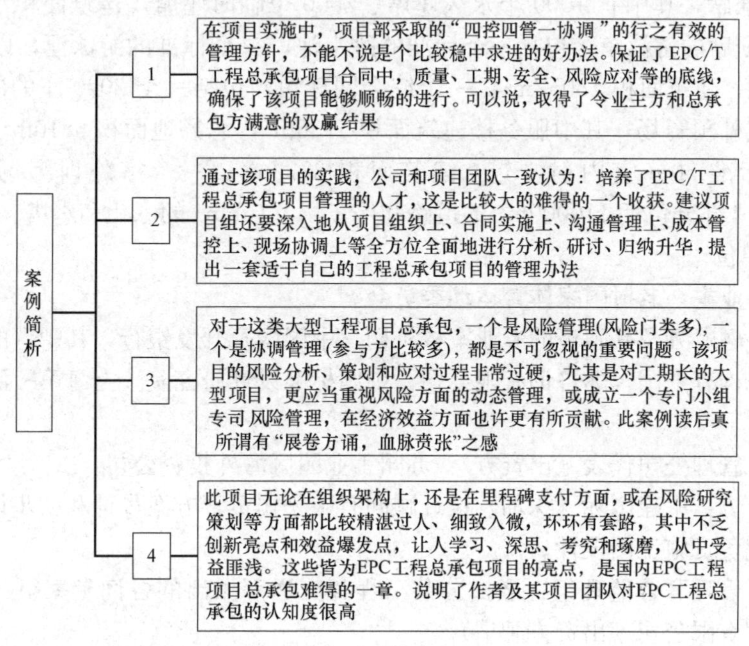

图 6-27　案例简析

6.2.3　老挝 EPC 交钥匙总承包管理（老挝 2009 年第 25 届运动会场馆项目）及简析[①]

6.2.3.1　项目背景

1. 项目简介

本项目是按中国国家开发银行与老挝政府签订的“场馆建设及其综合开发协议”的规

① 云南建工集团有限公司陈伟强提供案例。

定，由中国国家开发银行以“资源换资金”的模式提供融资支持的，同时牵头组建以苏州工业园区为主的项目公司作为项目出资方。中国国家开发银行老挝国别组和苏州工业园区海外投资有限公司领导项目的建设管理工作，具体项目管理工作由业主老挝体委委派的业主代表和专家组共同和苏州工业园区海外投资公司聘请的昆明建设咨询监理有限公司组成联合项目管理组负责，是云南建工集团有限公司以 EPC 交钥匙总承包方式具体承建的项目。本项目工期从 2007 年 10 月 28 日开始计算，2009 年 3 月 30 日验收，交付业主组织试运行。EPC 交钥匙固定总价合同（文本参考 FIDIC99 银皮书），固定合同价 7996 万美元（汇兑损益可调整，材料和劳动力价格浮动等不可调整），EPC 交钥匙合同由项目业主、出资方和云南建工集团有限公司共同签署。项目建设规范采用中国规范，但要满足东南亚运动会执委会的标准要求，保证通过执委会组织的各单项专业运动委员会的验收。

2. 项目范围

项目建设内容：总规划设计 $125hm^2$；建筑部分：总建筑面积 $94298m^2$，包括“六馆一场”，具体为：一个 20000 个观众席的主体育馆，建筑面积 $18932m^2$；2 个室内体育馆，各 3000 个观众席，其中有 1000 个永久座席、2000 个临时座席，建筑面积 $12956m^2$；一个 2000 个观众席的游泳馆，包括一个标准的跳水池，一个标准的游泳池，以及一个室外的 6 道热身池，建筑面积 $18052m^2$。一个综合网球馆，包括一个 2000 座的决赛场，6 片各 100 座的室外预赛场，其中服务楼建筑面积 $4786m^2$，总场地面积 $6810m^2$；一个 50 个 VIP 座席的标准 50m 室内射击馆，建筑面积 $3772m^2$；一个室外训练场，占地面积 $35800m^2$。室外部分包括 $110000m^2$ 的道路和停车场，$16hm^2$ 的绿化和水塔。

3. 参与单位

（1）项目业主：老挝国家体育运动委员会。

（2）项目融资方及其聘请的专业审核机构：中国国家开发银行，其聘请的审核设计及造价的专业机构有中国国际咨询有限公司，中国标准设计研究院，上海第一测量师事务所有限公司。

（3）项目管理公司代表（出资方）：苏州工业园区海外投资公司。

（4）设计方：中建国际（深圳）设计顾问有限公司负责方案设计和初步设计，云南建筑工程设计院负责施工图设计。

（5）项目管理联合监理组：老挝公共工程与交通部派出的咨询专家组（业主代表），昆明建设监理有限公司（出资方聘请）。

（6）东南亚运动会执委会各专业运动委员会专家组。

（7）各专业分包商：负责土建、体育灯光、体育场地面等施工的分包商。如我集团有限公司下属的 4 公司负责主场馆、训练场、射击馆的施工，5 公司负责 2 个室内馆、游泳馆和综合网球场的施工。飞利浦负责体育灯光，北京泛华负责主场馆和训练场地面施工，南京延明负责室内馆和综合网球场地面施工。

4. 自然、社会和政治现状

老挝是一个位于中南半岛北部的内陆国家，面积 $236800km^2$，人口 600 万。北邻中国，南接柬埔寨，东界越南，西北达缅甸，西南毗连泰国。湄公河流经西部 1900km。属热带、亚热带季风气候。5 月至 10 月为雨季，11 月至次年 4 月为旱季。年平均气温约

26℃，年降水量1250～3750mm。通用老挝语（寮语）。居民多信奉佛教。老挝实行社会主义制度，是联合国确定的世界最不发达国家之一。老挝人民革命党是老挝唯一政党。1991年老挝党“五大”确定“有原则的全面革新路线”，提出坚持党的领导和社会主义方向等六项基本原则，对外实行开放政策。2001年老挝党“七大”制定了至2010年基本消除贫困，至2020年摆脱不发达状态的奋斗目标。2006年老挝党“八大”强调坚持党的领导、社会主义方向和革新路线，继续贯彻落实“七大”制定的中长期经济社会发展目标。2006年，老挝继续保持政治稳定和社会安定。

农业人口约占全国人口的90%。2005年农业生产总值约为6823亿基普（老挝货币单位）。农作物主要有水稻、玉米、薯类、咖啡、烟叶、花生、棉花等。全国耕地面积约74.7万hm^2。主要工业企业有发电、锯木、采矿、炼铁、水泥、服装、食品、啤酒、制药等及小型修理厂和编织、竹木加工等作坊。从业人口约10万，约占总劳动力的4.2%。老挝服务业基础薄弱，起步较晚，但执行革新开放政策以来，老挝服务业取得很大发展。老挝无出海口，主要靠公路、水运和航空运输。

1994年4月21日老挝国会颁布的新修订的外资法规定，政府不干涉外资企业的事务，允许外资企业汇出所获利润，以及外商可在老挝建独资企业、合资企业，国家将在头五年不向外资企业征税等。2004年，老挝继续补充和完善外商投资法，放宽矿产业投资政策。2006年，老挝吸引外资27亿美元，同比增长一倍多，主要投资国家包括中国、泰国、越南、韩国、美国和澳大利亚等。由于历史的原因，许多方面的法律（如《建筑法》和《安全法》）尚待建立和完善，已有法律的执行不严格，行政部门管理交叉重叠严重，造成政府行政效率低下、办事拖沓。

6.2.3.2　项目管理制约因素和管理难点

1. 国际和政治影响大，业主要求高

本项目用于2009年12月老挝政府主办的25届东南亚运动会，东南亚11国都将派代表团参加，所有的体育设施要求满足这一地区性国际赛事的要求，而且老挝政府是首次主办该地区性国际赛事，本项目被列为老挝国家重点项目。场馆建设的好坏，将直接影响老挝政府是否能顺利举办该赛事，影响老挝政府的国际形象和中老两国的外交关系。因此，业主对项目各方面的管理要求高，项目团队为此承受巨大的压力。

2. 项目进度管理控制难

本项目总建筑面积94298m^2，室外工程为110000m^2的道路和停车场，16hm^2的绿化和水塔，工期（除场地平整工作外）从2007年10月28日开始，到2009年3月30日结束，共计17个月（其中包括雨季4个月无法施工）实际有效期13个月，而且本项目是典型的“三边”工程，即边设计、边施工、边采购。由于当地建筑配套市场的发展尚处于低端水平，当地工人缺乏施工技术经验，必须从中国引进劳动力。当地资源的整合和使用难，并有很大局限性，导致本项目的绝大部分材料和设备必须从中国和第二国进口。当地大部分建筑材料都不达标，钢筋型号、强度都达不到设计要求．必须从中国进口。体育场地面等材料必须从国外进口，灯具、智能建筑设备等均需从中国进口。部分当地材料供应速度也不能满足施工进度需求。例如，商品混凝土供应，施工高峰期全万象城商品混凝土供应商全部向我项目部供应混凝土。

因为老挝为内陆国，陆路和海路的运输时间都需要很长时间，老挝境内运输无火车，只有通过汽车运输，贯穿老挝南北的13号道路为老挝主要运输动脉，该道路8m宽，双向四车道。主要物资运输北1公路主要经过山区，崎岖盘旋，车辆行驶缓慢，货物从昆明起运到万象1600km，一般需要10天行程。若采取海路运输都需要中转，如从泰国进口货物抵达曼谷港后，需要通过7天的陆路运输抵达现场。若从越南进口，则需要10天的时间抵达现场，并且政府行政效率低下，货物进口和清关等手续办理程序复杂、耗时长。

项目建设地点市政设施缺乏，供电和供水及市政排水设施都需要新建，业主提供这些设施，通常都需要很长时间，而且供水和供电不稳定。由于项目占地大，建筑物相隔距离远，造成供电线损严重，因项目建设地平均年降雨量2700mm，主要集中在每年的6、7、8三个月，短时雨量很大造成场地内排水困难。上述原因导致项目工期风险大，进度管理控制难。

3. 项目利益关系人多沟通管理难

本项目的利益关系人众多，仅中方就有中国驻老挝大使馆、云南省政府相关部门、项目融资方中国国家开发银行，以及苏州工业园区海外投资公司为主的出资方及其聘请的监理机构、各专业承包方等；老挝方面主要有老挝总理府、包括老挝公共工程与交通部在内的五部委和万象市政府、东南亚运动会执委会各专业运动委员会专家组、项目业主老挝体委、业主代表及其专家组，以及项目所在地县政府和民众。公司内部包括各级领导、工程管理中心、设计中心、费用控制中心、财务中心和人事中心等职能部门，以及项目团队成员。仅老挝当地民众一方，若协调不好，如在环境保护和市政排水（项目所在地无市政排水设施）方面没有很好地考虑公众的利益，就可能对项目带来灾难性结果。同时，本项目涉及专业众多，先后引进钢结构、防水、空调、智能建筑、水处理设备、综合室内体育馆木地板、塑胶跑道、网球场地板、足球场草坪、射击设备、游泳馆设备、看台座椅安装、照明灯具等多家专业分包单位进驻现场施工，各单位工作接口管理、工作协调沟通管理是保证工作按照计划实施的关键，大部分专业分包商是首次进行海外工程承包的，陌生的环境、语言及文化背景的巨大差异造成的不适应等因素，造成项目沟通管理难。

4. 缺乏可借鉴的组织过程资产

本项目是我集团有限公司的第一个EPC总承包项目，无可借鉴相关项目的工程实践经验，同时该项目也是老挝和我集团有限公司在当地第一次组织实施的单个合同金额最大的大规模的公共建筑群，组织内部无大型海外项目实践经验可以借鉴。而且，老挝相关部委和业主缺乏大型体育公共建筑的专业人员，导致业主决策缓慢。项目实施的多个第一次，导致在资源整合及调配等方面都是全新的课题，对项目团队的胆识和管理能力、创新能力是极大的挑战。

5. 风险突出，管理困难

除项目进度管理控制难外，本项目还有以下几个方面的管理控制难度：

（1）合同管理

本项目合同的特点是EPC固定价格总承包，即业主和项目出资方以固定总价的方式交由我方承担所有的设计、采购和施工任务，我方承担了项目可能由于设计延误、失误和协调不利等造成的所有风险。由于老挝政府第一次主办东南亚运动会，老挝各相关部委和业主缺乏类似工程的管理经验，无法提出全面详细的设计任务书（业主要求），在合同的技术描述中大多使用模糊和概括性的语言，如“项目建设必须满足25届东南亚运动会顺利召开的各项要求”，工程质量“满足要求”等，导致许多合同问题将在建设过程中明确和解决，极大地增加了合同管理的难度。

(2) 质量和成本管理

本项目采用固定总价合同，明确除汇兑损失可以调整和明确的不可抗力（如地震和政治暴乱等其他的任何因素），如自然和地质原因、劳动力和材料价格的波动上涨、物流因素等合同价格不作任何调整，完全堵住了向业主和出资方索赔的渠道，而且经专家审核批准的不可预见固定费较低，仅有60万美元。再加上技术和质量标准模糊，需要在过程中完善并经出资方和业主专家审核，最终须经东南亚运动会执委会各专业运动委员会认可，若通不过最终认可，必须自费进行改进和调整至满足各专业运动委员会的要求。当地地方性材料价格的季节性变化比较大且缺乏统一的质量标准。由于合同规定支付美元，国内人民币的升值和劳务、材料价格在2008年非理性的上涨等因素，造成项目质量和成本管理可控性大大降低，很难进行质量和成本的有效控制。

(3) 采购和物流管理

本项目采购主要包括咨询服务采购、施工和安装工程采购、货物采购等三方面。项目设备、材料采购费用占整个项目成本的65％以上，因此，采购过程是降低项目成本的最重要的过程。但我方负责的工程设计、货物采购和施工安装的设施存在着较强的逻辑制约关系，特别是按合同规定很多质量和技术标准要在实施过程中明确，造成采购的计划和实施的难度，又造成物流按期、按量有计划组织的难度，而且很难控制货物价格上涨带来的风险。

(4) 分包商和劳动的管理

本项目大部分分包商都从国内选择，90％的劳务都由国内派出。大部分分包商和劳务都不具有海外或当地实践经验，陌生的环境、不同文化和行为习惯的反差，造成分包商管理的不确定因素的增加。当地的材料（如砂石料和商品径和砖块等）供应商对中国承包商的防范心理、信仰的习惯性行为（如一个月中有几天按信仰不动土开工）、供应能力的低下、法定假日多和工作时间的短暂，以及受气候影响材料供应的季节性（如当地的砂石主要来自湄公河，湄公河雨季和旱季的落差有10m，只有在旱季才能满足供应），造成分包商整合当地资源的难度。项目开始之时，国内刚开始实行《劳动合同法》，造成劳务市场的极不稳定，同时国内人民币升值，造成劳务价格的可控性降低；中国劳务人员对当地流行的登革热和疟疾等国内早已绝迹的传染病防范意识的低下和项目所在地气候的炎热，极易造成突发性公共卫生事件。本项目高峰期中国劳务人员达到1200人，当地劳务人员达到500人，由于劳务人员数量的增加和环境的影响（如建设实施期间，2008年材料和劳务价格的大幅上涨，造成劳务纠纷事件发生），潜在风险巨大等。这些综合导致分包商和劳务管理的艰难。

(5) 环保和健康、安全管理

项目实施按合同要遵守老挝法律和法规，但由于老挝法律的不完善（如没有安全法或建筑安全生产管理条例），虽然有环保法和劳动法，但执行时无实施细则和司法解释，人为的因素比较多，项目占地面积125hm^2，四周均靠近道路，四通八达，这给周边盗窃物资材料的人提供了方便，在发生偷窃事件或当地人与外国人发生纠纷时，当地的政法机关倾向于保护当地人的利益，执法缺乏公正和客观的理念。这些都造成项目在环保和健康、安全管理方面的控制难度，面临潜在的风险。

(6) 项目施工技术难点

1) 由于现场地下水位浅，造成游泳池和跳水池地下设备间的20m的人工挖孔桩施工困难，技术和安全风险大。

2) 由于主体育场一区、三区钢罩棚采用钢网架结构，其全部荷载由24根斜柱（主看台框架柱）承担包括看台主梁和网架荷载。独立斜柱截面尺寸为800mm×1200mm，柱顶最高标高29.94m，与水平地面角度均为72°（图6-28），造成主体育场高大框架斜柱模板支承架设计与施工的技术和安全风险大。

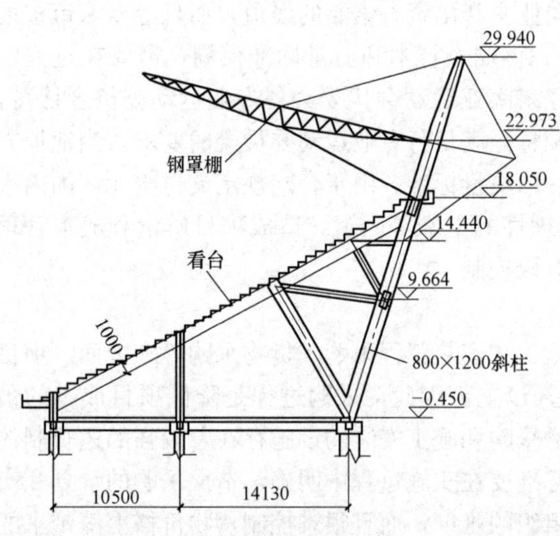

图6-28　老挝国家体育场剖面图

6. 营运维护培训难度大

本项目涉及专业众多，包括强电系统、给排水系统、智能建筑系统（扩声、LED显示屏、升旗系统、安防监控系统等）空调通风系统、足球场草地维护、游泳馆水处理系统，按合同项目移交前需要对业主方组织的运营维护人员进行培训，但在培训过程中，由于专业语言、接受培训人员专业素质低、组织纪律等多因素使培训工作难度加大，培训效果不明显。造成运营维护潜在风险大。

6.2.3.3　项目管理对策和实施

1. 项目管理的策略

本项目的管理必须充分发挥EPC总承包项目组织实施的行为规则和制度安排的优势，即EPC总承包商虽然对工程项目的全过程负责，工程绝大多数风险都由总包方承担，但可以克服设计、采购、施工、试运行相互脱节的矛盾，使各个环节的工作有机地组织在一起，有序衔接，合理交叉，能有效地对工程进度、建设资金、物资供应、工程质量等方面进行统筹安排和综合控制。同时，有利于协调各方关系，化解矛盾，提高工程建设管理水平，达到业主所期望的最佳的项目建设目标。工程总承包通过发挥其制度功能，通过内部协调，降低了协调成本，促进了合作。EPC总包方可以发挥自己资源整合的优势，将设计、采购、施工深度交叉，从而加快工程进度，提高采购效率，管理和控制施工变更，更加有效地使项目增值。

本项目的管理是以项目管理目标为中心，项目进度管理和控制为龙头。以项目合同管理为核心，以基于价值工程的设计优化为辅助，充分发挥EPC总承包的优势，大胆借鉴先进的管理思想，采用先进的管理工具，本着减少对抗、冲突，建立“非合同化”的合作伙伴关系，构建和谐项目管理的理念，从项目可行性研究开始到项目移交的过程中项目范围、项目团队、项目进度、项目合同、项目费用、项目沟通、项目采购和项目风险管理进行有效和持续改进的动态控制。针对本项目管理制约因素和管理难点，本项目采取了相应的管理对策。

2. 搭建高效的项目部组织结构和进行持续改进的团队建设

EPC 项目管理组织机构如图 6-29 所示。

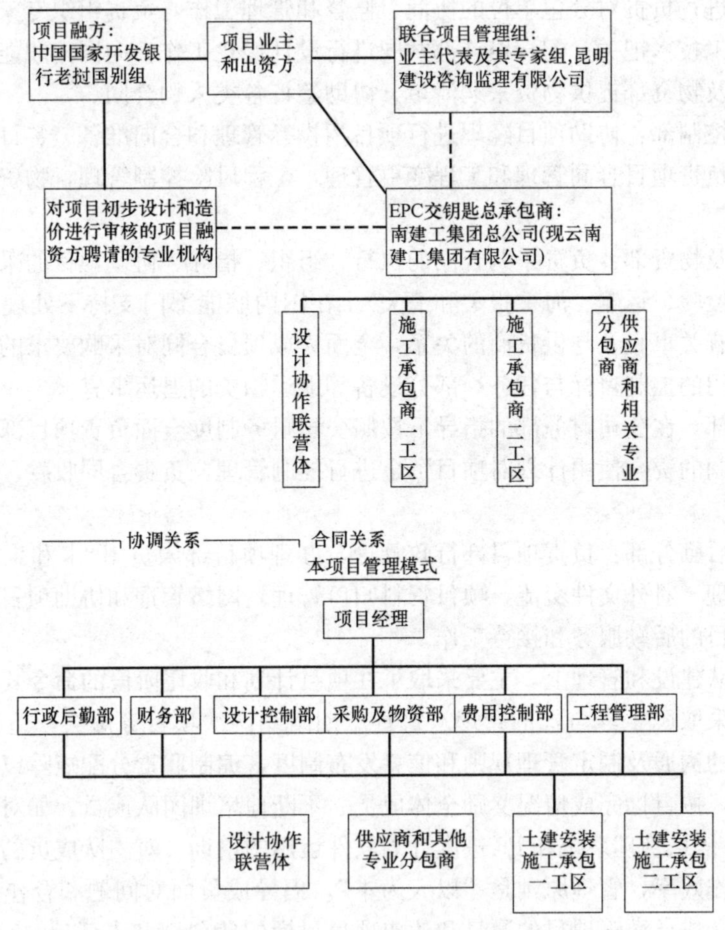

图 6-29　EPC 项目管理组织机构

本项目实行项目经理责任制，项目经理是本项目的总负责人，经云南建工集团总公司（现名为云南建工集团有限公司）法定代表人授权，代表公司执行项目合同，负责项目实施的计划、组织、领导和控制，对项目的质量、安全、费用和进度全面负责。

在经公司法定授权人授权后，在项目的可行性研究阶段就组建由公司设计和费控负责人及项目部设计和费用控制经理组成的项目前期工作组，负责前期的方案设计、估算编制，以及与项目融资方和业主的商务谈判，在项目初步设计和概算被批准后，按公司的授权立即按矩阵式组织建立老挝东南亚运动会场馆项目部，项目部设立 6 个职能部门，分别是设计控制部、工程管理部、费用控制部、采购及物资部、财务部、行政后勤分部，各职能部设立部门经理，分别由我选定后公司各相应职能部门派出，在业务上听取公司各职能部门的意见。项目经理全面协调、控制和管理各部。各部职责如下：

（1）设计部：负责组织、指导、协调项目可行性研究报告编制，项目总体规划方案设计及项目设计工作，确保设计工作按合同要求组织实施，对设计进度、质量和费用进行有效管理与控制，负责在国内职能部门的支持下采用价值工程进行设计优化的具体组织实施。

（2）工程管理部：负责项目的计划编制，对施工进度、质量、费用及安全等进行全面监控和动态改进；负责对分包单位的协商、监督和管理工作，负责组织专家对特殊施工技术审核；对施工技术把关；配合设计部共同进行设计优化工作；向国内职能部门报告工程进展；向采购及物资部提供物资采购清单，协助签订各类采购合同。

（3）费用控制部：协助项目经理进行项目招投标管理和合向准备、签订，在国内职能部门的支持下负责项目合同管理和工程变更管理，工程风险控制管理，物资采购及费用控制管理等。

（4）采购及物资部：负责采购合同的执行，组织、指导、协调项目的采购工作（包括采买、催缴、检验、运输、海关报关和清关）。在国内职能部门支持下处理协调项目实施工程中与采购有关事宜及与供货商的关系，全面完成项目合同对采购要求的进度、质量及公司对采购费用的控制目标与任务；部分设备等退运物资的退运事宜。

（5）财务部：在公司财务部的指导下按照公司财务制度全面负责项目部资金使用，根据控制分部编制的资金使用计划对项目资金进行控制管理，负责合同收款、付款，编制财务报告等工作。

（6）行政后勤分部：负责项目部行政管理，办理项目部人员 ID 卡和工作许可证，负责项目信息管理，对外文件交流，项目资料归口管理，网络管理和协助项目经理进行沟通管理，负责项目的后勤服务和接待工作。

在项目团队建设和管理上，主要采取了在项目计划和收尾阶段的命令式管理，在项目全面实施阶段采取民主参与式的管理。每月定期组织两次项目务虚会，适当组织文体活动，加强成员的沟通及制定管理规则和信息发布制度，编制职责分配矩阵以明确成员的职责和主作关系，按目标完成情况奖励全体成员。不断地培训团队成员，如对团队成员进行现场 PowerOn 信息管理系统和 P6 进度计划软件运用的培训。对团队成员的冲突进行管理以提高团队工作效率，管理原则是“以人为本”，倡导成员面对问题和合作解决问题，持续不断地向团队成员灌输项目的愿景和达成项目目标的使命感和责任感、荣誉感。“成功完成项目，实现自己的梦想”成为每个团队成员职业发展的阶段性目标。

3. 加强项目沟通管理，整合项目资源

针对本项目众多的项目关系人，我们花费了大量的时间协调项目的主要关系人，在明确项目按期按量顺利完成是各主要项目关系人的共同期望的基础上，借鉴 PPC2000 和 NEC3 合同建立项目合作伙伴关系的理念，引进“非合同”化的伙伴关系模式，争取多赢的局面。以解决工程进度矛盾和各方冲突为主要的协调切入点，通过项目商务谈判和各阶段设计报审和各种形式的项目管理会议，展示公司诚信务实，为客户创造最大价值的理念，充分利用中国驻老挝大使馆和老挝政府老中经济合作委员会的协调力量，正式和非正式的协调项目融资方和业主、出资方等项目主要利益关系人，积极寻找各方的利益平衡点，懂得合理进退和妥协，争取各方的支持，以达到创造最优项目资源整合的目的。最终协调项目融资方认可，项目出资方和业主采用有利于合作、减少冲突的进度里程碑阶段付款的方式，并争取到了20%多次抵扣的预付款，同时协调业主充分授权给业主代表，老挝政府总理府给予行政支持，业主代表一支笔就可以顺利办理人员和货物的出入境各项手续及各项审批，有效地推动了业主方快速的决策，使项目计划得以顺利推进，货物实现海关现场报关和检验，开通了项目物流的“绿色通道”，免除了各项税费。积极协调业主层次项目专家，最终同意采用中国规范和大部分中国产材料和设备。

与设计方以集团有限公司下属的云南建筑工程设计院为主结成设计协作式联营体，引入国内体育建筑设计知名的中建国际（深圳）设计顾问有限公司，最大限度减少与设计方的冲突，为以价值工程为主的设计优化进行良好的制度安排。积极参与老挝社会公益活动，如多次向老挝教育基金和消除贫困基金捐款，为保护良好的自然和社会环境在项目设计中采用“建设一个现代化融入环境的可持续发展的体育公园”的理念，通过就地开挖具有景观和地表水排水蓄水池，开挖余土（除部分腐殖土外）用于填高低洼部分的技术措施，合理地解决场地大、排水难而且会淹没附近村民财产的问题，最大限度确保了公众的利益，为项目顺利实施创造了宽松的社会环境。最终项目成功实施了沟通管理，整合了外部的各项资源，顺利实现了各方共同的目标。

4. 项目快速推进对策

（1）设计与施工同步进行

项目在方案设计和估算阶段，前期工作组就编制了项目的基准计划管理和控制项目设计和施工及分包商选择的节点，先按计划选择集团有限公司内部的 4 家潜在施工分包商参与这一阶段的各项工作。项目前期工作组指定专人负责以简明的单价合同形式（合同明确将根据本合同的实施达成工期、成本和质量、环保安全等的情况最终选择两家实施整个项目）在集团驻老挝办事处的支持下管理 4 家施工分包商，各自利用当地的施工资源开始项目红线范围内植被清理工作，方案设计确认后，就开始分区对场地内进行土方开挖换填工作，同时根据基准计划由集团驻老挝办事处配合前期工作组专人完成标准临时设施和相关施工用水、电接入现场的工作。初步设计和项目概算批准后，就编制完成了项目总控制计划，根据场地平整实施绩效情况选定了两家集团内部的施工分包商，同时正式组建项目部并于 2007 年 10 月 28 日召开开工会议，正式进入项目施工阶段。各专业设计配合结构设计师，提供有效数据，率先完成地下基础结构工程施工图设计，采取“三班倒”和大流水的施工组织方法，保证了 2008 年 6 月 1 日前主体结构工程完成，即东南亚雨季开始之前完成基础及结构工程。

（2）阶段性发包选择其他专业分包商

借鉴业主项目管理的阶段性发包方式（快速轨道方式 Fast Track Method），按边设计、边发包、边施工的方式选择钢结构、体育灯光、体育场地面施工等专业分包商。在施工阶段，不断完善在总控制计划框架内的修改计划。在选择土建安装施工分包商和其他专业分包时，按建立和发展合作伙伴关系的理念，合同模式从“对抗型”和“敌对型”转向“合作型”，思维模式从招标的方式、“如何解决发生的问题”转向“如何合作实现合同目标”。合同条款简明扼要，付款方式采用进度里程碑付款，同一工作内容选择两家相同资质的分包商，确保充分竞争。合同条款中明确了提前完成阶段性目标，里程碑付款可以增加额度的奖励方式，条款中除环保健康和安全条款有惩罚外，不设置其他惩罚条款。

（3）搭建信息管理平台（P6、PowerOn、鲁班算量软件）实现项目高效管理

为提高项目管理的效率，实现项目的高效快速推进目标和集约化、精细化的统一，在本项目初步设计阶段，公司就建立了以计划为龙头，物资流、资金流和工作流为主线的基

于普华 PowerOn 软件的项目管理信息平台，以互联网为基础连接了已建立的项目部信息管理平台（项目部安装了当地的光纤网的接入），同时项目使用 P6（原 P3e/c）计划控制软件加强项目进度控制与管理工作，实现“周密计划、统一协调、有力控制、确保重点”的目的。工程实施阶段利用鲁班算量软件计算工程量快速的优势，结合 P6 进行费用控制管理。编制项目进度管理各层级的计划，对工作逐步分解。项目实施阶段，每周对该周工作进行跟踪（可以精确到小时），更新数据，利用分析工具发现工程的潜在问题，生成报表，在每周五项目部例会上分析各项工作产生偏差的原因，确定纠偏措施，调整工作重点，国内、外协同，高效配置资源，加强动态控制，使项目按照正确计划方向顺利实施。由于工程实施采用先进的信息化手段，确保了各项信息传递的全面性、及时性、准确性，基于 WBS 的对计划和资源的精细控制和管理，使各工序和各专业接口薄弱部位实现平滑无缝搭接，最终保证了项目按照基准计划于 2009 年 3 月 31 日按时竣工。

5. 项目风险管理其他控制难点对策

（1）明确模糊的管理目标

项目部在方案设计阶段和初步设计阶段共三次组织项目设计协作联合体对在泰国科勒主办的第 24 届东南亚运动会场馆建设项目和越南第 22 届东南亚运动会场馆进行了实地考察，并观摩了 2007 年 12 月举办的第 24 届东南亚运动会。在初步设计阶段，根据考察的结果，配合项目概算，制定了项目实施规划大纲，包括工程项目范围管理、设计优化指导原则、分包计划、项目部管理模式、各种管理制度、协调纠纷原则、物资运输计划及方式等。在业主要求模糊，仅为满足东南亚运动会举办，无明确具体规定的情况下，同时部分技术、设备及建筑智能化功能在老挝还是新事物，很多方案确认需要我们做大量工作，克服专业语言翻译的困难，绘制效果图，使表现形式一目了然。经过良好沟通，业主最终接受了我方的初步设计方案，同时通过了融资方聘请的中国建筑标准设计研究院、中国国际工程咨询公司、上海第一测量师事务所有限公司参与的顾问团的审核，最终明确了原来模糊的项目范围管理、合同管理、成本管理和设计管理的目标。

（2）采取措施加强合同管理和质量管理

针对和业主签订的合同中大量需要在实施过程中经多级认方可解决的标准和质量方面的问题，在项目施工图设计阶段，主动积极编制与第 24 届东南亚运动会实体参照物照片的对照表，解释说明我方的优点，在场地面材料选择上，积极提供不同材料的参数，听取各方意见，寻找最优解决方案。如在主场馆场地面施工中，为取得国际田径联合会的二级场地认证，积极协调专业分包商，利用其与材料供应商的良好商业关系，主动承担本应由业主负责的聘请国际田联德国专家赴现场进行的测量画线和确认工作，进一步赢得了业主及其专家监理组的信任，加快了业主和相关方的审核过程，使得涉及体育的专业施工顺利进行。

（3）借鉴先进管理思想促进成本和采购物流的管理、分包商和劳务管理

基于价值工程的理念，根据当地特点，通过合理化优化，调整部分设计标准及方案，在满足使用功能、安全和美观功能的前提下做到更经济、节约项目成本，同时也获得业主的认可。如根据老挝无地震的历史记录结合老挝当地已完工建筑的结构特点，调整结构设计的安全系数，降低含钢量和框架梁柱截面尺寸；根据风动试验结果，优化钢结构设计；结合老挝气候特点，大部分屋面采用斜屋面，降低防水施工成本等。根据概算的工程量，

提前以银行远期承兑的方式和大宗材料国内供应商达成长期锁定供应价格的合同，利用场地大的优点，在价格最优的季节大量采购当地砂石料进行现场储备，购买免税水泥提供给当地商品混凝土供应商，保证其对我方供应。抛开传统观念，积极和当地处于竞争对手地位的同行的中资企业合作，优势互补，在实力相当情况下尽量分包给当地兄弟企业，降低资源使用成本，同时也降低项目成本。

为有力支撑与分包商结成合作伙伴关系的管理理念，从招标开始就要求分包商提供合同预测金额 3%的银行投标保函或保证金，签约后要求分包商提供和预付款等值的保函（15%）和合同额 10%的履约保函，提高分包商履约的诚信度。合同中要求，对与分包商已建立长期关系的劳务人员，在当地仅支付生活费，另外为劳务人员办理银行卡，通过银行专户在国内支付所有国内劳务人民币，保证劳务人员的收入不受汇率影响，不被拖延、克扣。

（4）转移风险加强环保和健康、安全管理

采用竞争性谈判的方式，向国内购买工程一切险和第三者责任险，为所有管理人员和从事有潜在风险作业的劳务人员购买人身意外伤害险，在当地为所有货物和所有车辆购买全险，以规避相关法律不全或执行不利造成的环保和健康、安全管理风险。

6. 运动会前检查、运动会期间提供专业技术支持

2009 年 11 月份，第 25 届东南亚运动会召开前，为确保运动会的顺利举办，项目部组织了专业技术人员和已接受培训的业主运营队伍组成应急工作组，提前对各个场馆设施设备进行运动会前最后一次试运行测试，全面监控运动会期间各专业系统功能运行情况；同时为项目设施设备正常运转提供技术支持，各个场馆设置技术应急办公室，最终无紧急事件发生，顺利召开运动会。

6.2.3.4　项目总结

在没有组织过程资产可以借鉴的国外最不发达国家，以 EPC 总承包的方式承接一个大型公共设施项目，必须了解当地行业现状，根据建筑风格、建材市场、当地施工技术力量、劳动力素质，制定一套完善基于价值工程的设计优化的管理方法和策略，充分发挥 EPC 总承包项目组织实施的行为规则和制度安排的优势，大胆借鉴先进的管理思想，采用先进的管理工具，本着减少对抗、冲突，建立"非合同化"的合作伙伴关系，构建和谐项目管理的理念，高效协调整合配置资源，加强风险管理，才能克服工程实施过程中遇到的各种困难。以保护当地公众利益为重要的价值取向之一，与当地中资企业团结一致，共同树立中国企业的形象，以精品项目树品牌，推动企业进一步开拓国际市场和推动当地建筑行业的发展。

案例简析

该 EPC 工程总承包项目是按照 FIDIC 设计采购施工（EPC/T）交钥匙固定总价合同价 7996 万美元（汇兑损益可调整，材料和劳动力价格浮动等不可调整），具体操作实施 EPC 交钥匙合同由项目业主、出资方和云南建工集团有限公司共同签署。工程项目建设规范采用中国规范，但要满足东南亚运动会执委会的标准要求，保证执委会组织的各单项专业运动委员会的验收。案例简析见图 6-30。

（1）制定一套完善的基于价值工程设计优化的管理方法和策略，根据当地特点进行设计、采购和施工优化。如根据老挝无地震的历史记录结合老挝当地已完工建筑的结构特

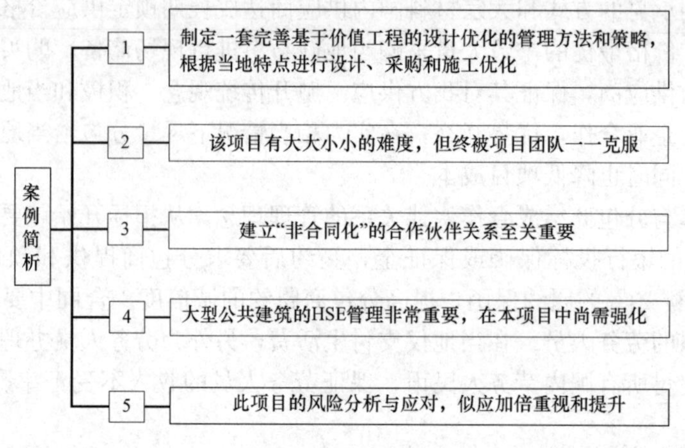

图 6-30 案例简析

点，调整结构设计的安全系数，降低含钢量和框架梁柱截面尺寸；根据风动试验结果，优化钢结构设计；结合老挝气候特点，大部分屋面采用斜屋面，降低防水施工成本等一系列措施。

(2) 该项目有大大小小的难度，但终被项目团队一一克服。由于此项目的国际政治影响，业主要求很高；鉴于边设计、边施工、边采购，进度管理难度大；该项目的直接利益关系方多达近20家，沟通管理的投入亦费劲；加之缺乏组织过程资产的经验等因素。在充分发挥EPC总承包项目组织实施的行为规则和制度安排的优势下，大胆借鉴先进的管理思想，采用先进的管理工具，都协调解决，使工程顺利进行。

(3) 建立"非合同化"的合作伙伴关系至关重要，构建和谐项目管理的理念，高效协调整合配置资源，加强风险管理，才能克服工程实施过程中遇到的各种困难，以保护当地公众利益为重要的价值取向之一，与当地中资企业团结一致，树中国企业形象，以精品项目树品牌，推动企业及行业的发展。

(4) 大型公共建筑的HSE管理非常重要，在本项目中尚需强化。这对一项大型公共建筑是非常重要的一大问题。从工程项目实施中，很少看到项目团队树立的HSE理念、HSE管理体系、HSE现场管理措施及其HSE监督管理机制等。对此应当"更上一层楼"，进一步探讨研究。

(5) 此项目的风险分析与应对，似应加倍重视和提升。对比较不发达国家，EPC工程总承包项目风险是多方面的，特别是潜在性风险不容置疑，其重要性更深刻。但该项目在组织架构和管理上比较严密细致，发挥了比较大的作用和取得令人骄傲的成效。

6.3 EPC工程总承包项目的项目经理及其团队的素质

6.3.1 EPC工程总承包项目的团队建设

6.3.1.1 EPC工程总承包项目团队建设要点

团队建设主要是通过项目经理选拔的组织形式进行，负责一个完整的工程项目或工作过程或其中一部分工作。团队建设应该是一个有效的沟通过程。在该过程中，参与者和推进者都会彼此增进信任、坦诚相对，愿意探索影响工作小组发挥出色作用的核心问题。

1. 团队精神

简单来说就是大局意识、协作精神和服务精神的集中体现（图 6-31）。团队精神的基础是尊重个人的兴趣和成就。核心是协同合作，最高境界是全体成员的向心力、凝聚力，也就是个体利益和整体利益的统一后而推动团队的高效率运转。没有良好的从业心态和奉献精神，就不会有团队精神。团队精神更强调个人的主动性，团队是由员工和管理层组成的一个共同体，该共同体合理利用每一个成员的知识和技能协同工作。

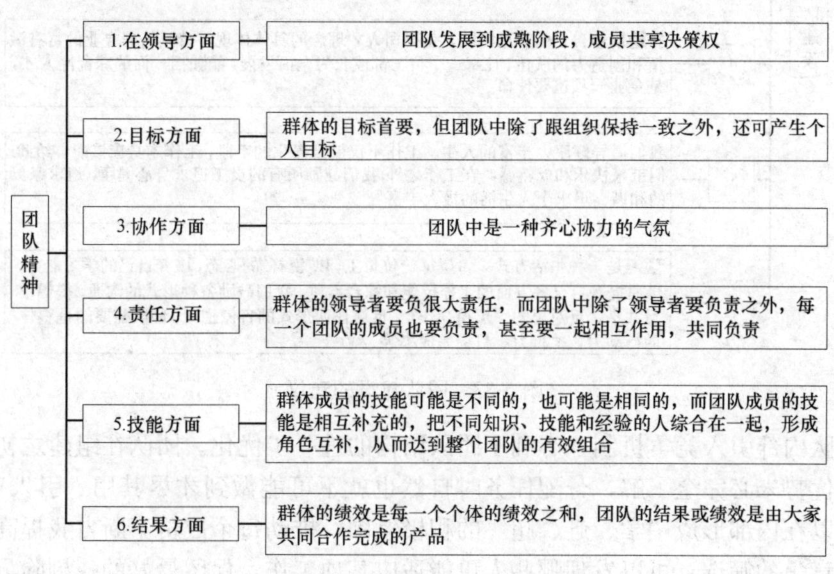

图 6-31　团队精神的体现

2. 团队需做到“五个统一”

“五个统一”如图 6-32 所示。

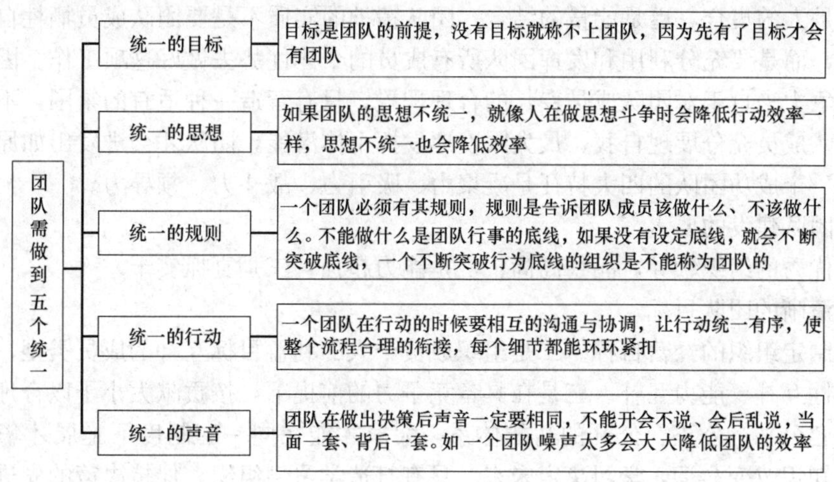

图 6-32　团队需做到“五个统一”

3. 团队建设的建议

团队建设的建议如图 6-33 所示。

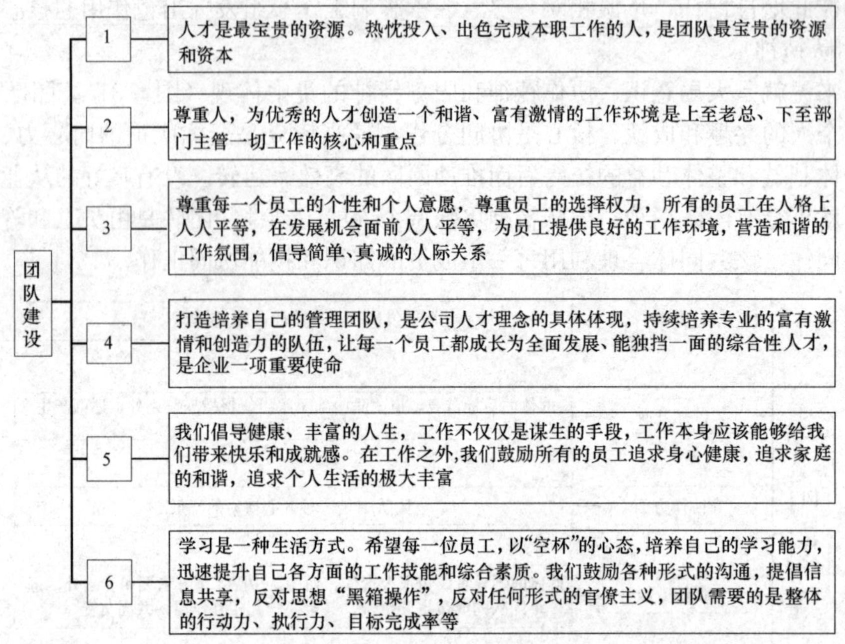

图 6-33　团队建设的建议

在团队内部引入竞争机制，有利于团队结构的进一步优化。团队在组建之初，对其成员的特长优势未必完全了解，分配任务时自然也就不可能做到才尽其用。引入竞争机制，一方面可以在内部形成“学、赶、超”的积极氛围，推动每个成员不断自我提高；另一方面，通过竞争的筛选，可以发现哪些人更能适应某项工作，保留最好的，剔除最差的，从而实现团队结构的最优配置，激发出团队的最大潜能。纪律是胜利的保证，只有做到令行禁止，团队才会战无不胜，否则充其量只是一群乌合之众，稍有挫折就会作鸟兽散。

（1）中国文化价值观下的团队建设

不仅是人的集合，更是能量的结合。团队精神的实质不是要团队成员牺牲自我去完成一项工作，而是要充分利用和发挥团队所有成员的个体优势去做好这项工作。因此，团队的综合竞争力来自于对团队成员专长的合理配置。只有营造一种适宜的氛围，不断地鼓励和刺激团队成员充分展现自我，最大限度地发挥个体潜能，团队才会迸发出如原子裂变般的能量。一个成功团队的四大特征是凝聚力、吸引力、战斗力、领导力。

（2）团队建设的要素

一是优秀的组织领导，品德高尚；二是能力超强；三是真抓实干。

（3）清晰的团队目标

一是制定组织的经营目标。二是组织成员个人的利益目标互补的成员类型，包括团队成员的个性互补、能力互补。三是在具备竞争力的前提下，按贡献大小予以合理分配，只有建立一套公平、公正、公开的薪酬体系，大家才能在同一套制度下施展才华、建功立业。四是知识改变命运，学习决定未来。只有打造学习型组织，保持决策的先进性、前瞻性，企业的流程才不会“僵死”，才会实现“大企业的规模，小企业的活力”，这种学习型组织，一定是自上而下的，组织成员每一个人要有一种学习的动力与渴望，确保让学习成为企业的“驱动力”。

6.3.2　EPC 工程总承包项目经理选拔素质要求

6.3.2.1　EPC 工程总承包项目经理通常规定

通常规定如图 6-34 所示。

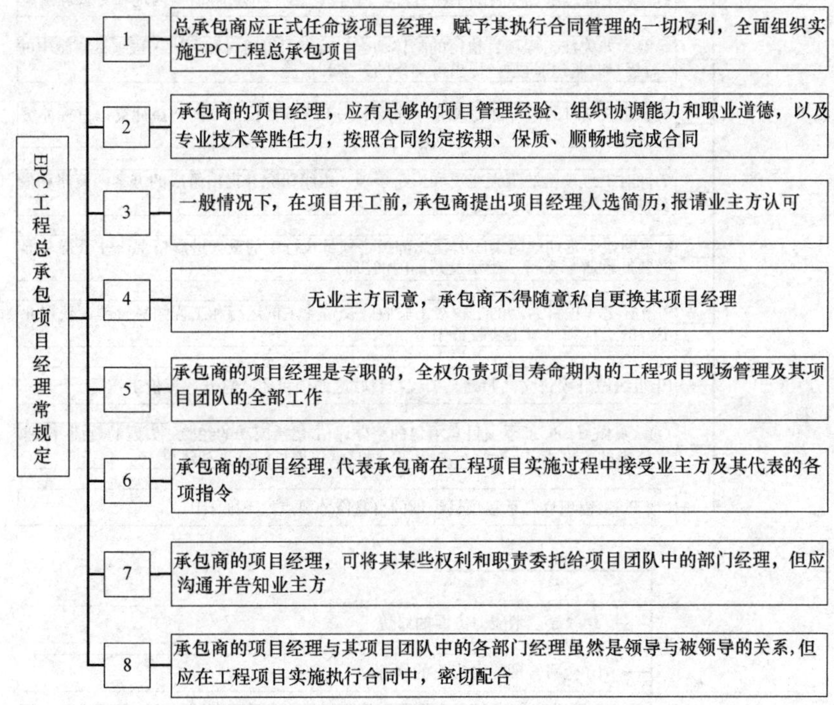

图 6-34　EPC 工程总承包项目经理通常规定

6.3.2.2　项目经理的管理工作及其工作内容要点

项目经理的管理工作及其工作内容要点如图 6-35 所示。

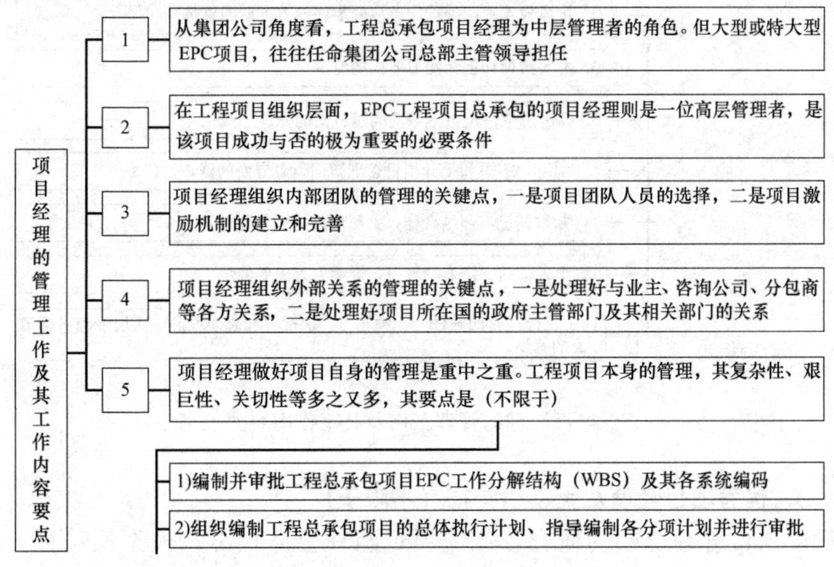

图 6-35　项目经理的管理工作及其工作内容要点（一）

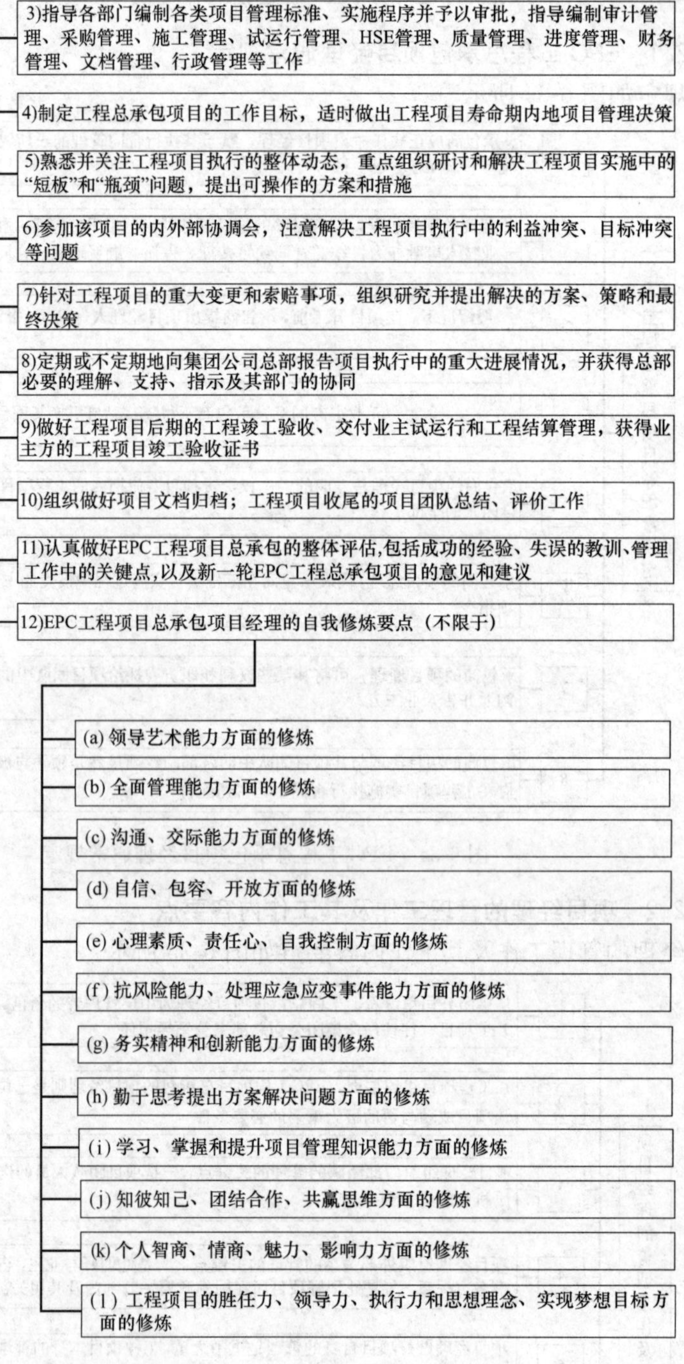

图 6-35 项目经理的管理工作及其工作内容要点（二）

6.3.2.3 优秀项目经理八大素质特征（不限于）

根据国际项目管理协会的研究，优秀项目经理应体现出八大素质特征，如图 6-36 所示。

图6-36　EPC工程总承包项目经理选拔的素质要求

第7章　信息化在EPC工程总承包项目中的作用

7.0　信息化在EPC工程总承包项目中的作用纲要框图

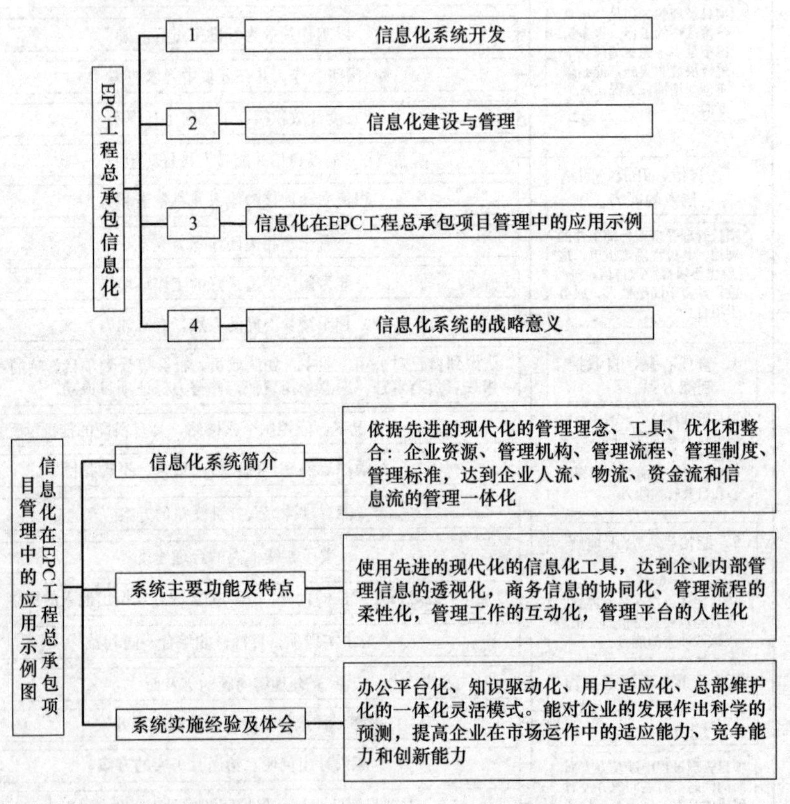

7.1　信息化系统开发

7.1.1　信息化系统的体系结构

根据工程总承包管理型企业的经营管理特点和实际需求，企业基于因特网的管理信息系统采用浏览器/服务器（B/S）三层体系结构，一方面保证满足现有需求，另一方面使系统保持一定的先进性，采用一些先进的技术，使其能更好地适应未来的发展。

采用浏览器/服务器三层体系结构，用户通过浏览器与应用层交互，使用系统提供的各项功能，完成各种操作；应用层提供对客户层的响应，实现界面上表现的各个功能；服务器层提供对数据的访问、控制。这种体系结构特别适合网络应用系统的需要，其特点是：

(1) 应用面广。采用B/S体系结构，通过权限控制，能方便地让系统在网络上供多用户同时使用。

(2) 通过Internet支持远程、移动办公，使用系统的时间、地点更灵活，充分适应总承包企业的跨地域经营特点。

(3) 增强了系统的安全性。B/S系统在客户机与数据库服务器之间增加了一层Web服务器，使两者不再直接相连，客户机无法直接对数据库操纵，有效地防止非法入侵。

(4) 通过中间层表达企业规则，使系统配置更加灵活。B/S系统的三部分模块各自相对独立，其中一部分模块改变时其他模块不受影响，系统改进变得非常容易，且可以用不同厂家的产品来组成性能更佳的系统。

(5) 可以减小系统维护工作量，管理信息系统的程序全部安装在应用服务器上，服务器上的所有应用程序都可以通过Web浏览器在客户机上执行，进行系统的更新维护时，只要更新服务器上的相应程序，用户在重新登录后就能使用新系统。

(6) 将计算负担从性能相对较低的客户机转移到功能强大的服务器上，能充分利用计算机资源获得的性能，降低对客户端的要求，改善系统性能。

7.1.2　系统优势

(1) 适应性强：可以自定义经营管理信息系统必备的模型、组织结构、业务流程、人员职责权限及信息，平台实现定义的企业模型的运转。一旦应用需求发生变化，可以灵活调整，使系统适应新的要求。

(2) 集成性强：提供了简单的系统集成方式，被集成的软件通过平台提供的设置工具挂接到系统中。

(3) 增强系统的安全性：建立在平台之上的应用使客户端与系统数据、文件完全隔离，大大提高了系统数据的安全性。

(4) 开发维护成本低、周期短：平台避免了网络环境复杂性、数据来源分散、需求流程多变等问题的出现。应用开发不必从最低层做起，可利用平台提供的开发套件进行二次开发，缩短了系统的开发周期，系统的维护也相对容易。

7.1.3　信息化系统开发原则

信息化系统开发原则，如图7-1所示。

信息化的实施是一个系统工程，需要整体设计、分步实施，需要有限目标、效益为主，更需要管理制度与人力资源整合的全力配合。因此信息系统的建设要做好统一规划，尤其是在战略层面的规划。在具体实施过程中，要结合现代的计算机技术，不断地修正既定的技术和管理方案。

7.1.4　系统开发过程中应注意的问题

管理信息系统的建立不是一朝一夕就可以完成的事情，在系统建设过程中，以下问题应得到足够的重视：

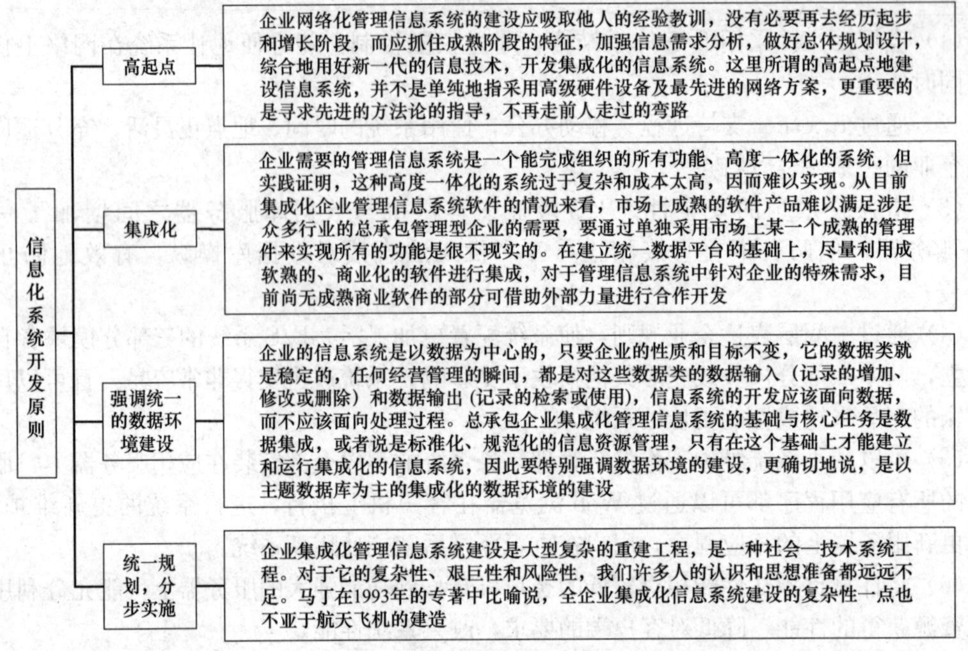

图 7-1　信息化系统开发原则

（1）信息系统建设一定要做好总体规划，在具体实施过程中，系统总体架构和指导思想不能随意变更，否则将导致系统建设的失败。特别应注意防止出现因信息化建设领导者变更而导致整个系统建设的夭折。

（2）理清业务流程和管理思路是信息化建设的首要问题。管理信息系统是对公司业务和管理效率和质量的提升，甚至是脱胎换骨式的改进，但计算机系统不能代替人的思想，不要期望人管不好的事情仅靠计算机系统就能够管理好。

（3）企业需要的是真正能够提升企业综合竞争力的信息系统。信息化本身无法使企业获得经济效益，只有信息化与管理者紧密结合起来，才有可能给企业带来经济效益。

（4）全员关注程度决定信息化项目的命运。"一把手工程"解决了总体规划与企业管理思路一致的问题，但解决不了员工对信息化的冷漠态度，因此应强调管理信息系统是"一把手领导下的全员化工程"。

（5）计算机技术的快速发展带给我们的机遇和风险都是很大的，尤其是硬件系统的摩尔定律应该被给予足够的重视，管理信息系统的建立应按照应用在先、软件配置稍后、硬件配备最后的顺序施行。

7.2　信息化建设与管理

信息化、网络化、集成化是工程总承包行业发展的重要手段。建设和推进总承包公司信息化水平，一是不断提升对信息化的新认识，二是不断加快对"三化"的建设和完善，三是在 EPC 工程总承包中充分发挥信息化的潜能。为此：

(1) 集团公司各级次领导必须重视“三化”建设，号称“一把手”工作。

(2) 制定切实可行的长远规划，并融合于企业战略规划中。

(3) 信息化系统建设做到资金投入落实、组织机构健全、职责明确、人员到位。

(4) 慎重选择软件供应商，要有自己的信息化咨询实施队伍，充分发挥信息化功能。

总之，信息化是指培养、发展以计算机为主的智能化工具为代表的新生产力，并使之造福于社会的历史过程（智能化工具又称“信息化的生产工具”，它一般必须具备信息获取、信息传递、信息处理、信息再生、信息利用的功能）。与智能化工具相适应的生产力，称为“信息化生产力”。智能化生产工具与过去生产力中的生产工具不一样的是，它不是一件孤立分散的东西，而是一个具有庞大规模的、自上而下的、有组织的信息网络体系。这种网络性生产工具将改变人们的生产方式、工作方式、学习方式、交往方式、生活方式、思维方式等，将使人类社会发生极其深刻的变化。企业信息化建设是通过 IT 技术的部署来提高企业的生产运维效率，从而降低经营成本。

信息化管理是以信息化带动工业化，实现企业管理现代化的过程（图 7-2），它是将现代信息技术与先进的管理理念相融合，转变企业生产方式、经营方式、业务流程、传统管理方式和组织方式，重新整合企业内、外部资源，提高企业效率和效益、增强企业竞争力的过程。

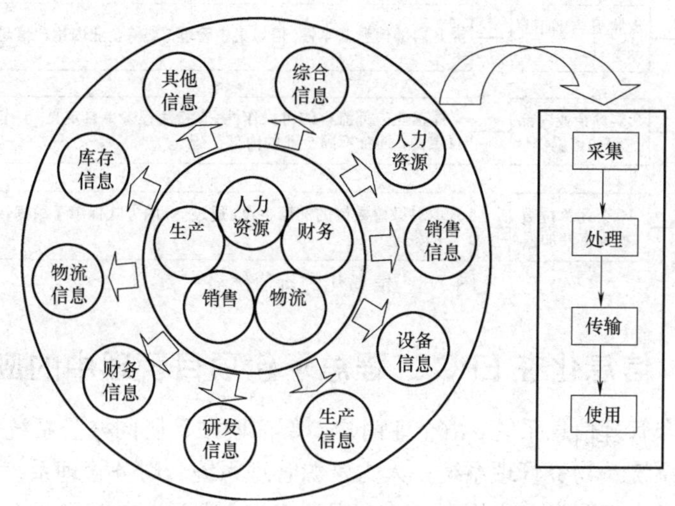

图 7-2　信息化管理过程

信息化的价值优势如图 7-3 所示。

企业通过专设信息机构、信息主管，配备适应现代企业管理运营要求的自动化、智能化、高技术硬件、软件、设备、设施，建立包括网络、数据库和各类信息管理系统在内的工作平台，提高企业经营管理效率。

企业的信息化建设不外乎两个方向，第一是电子商务网站，是企业开向互联网的一扇窗户；第二就是管理信息系统，它是企业内部信息的组织管理者。电子商务的发展速度和规模是惊人的，各行各业的许多企业都在互联网上建立起自己的网站。这些网站有的以介绍产品为主，有的以提供技术支持为主，还有一些企业网站则开展电子商务，利用互联网组织企业的进货和销售。

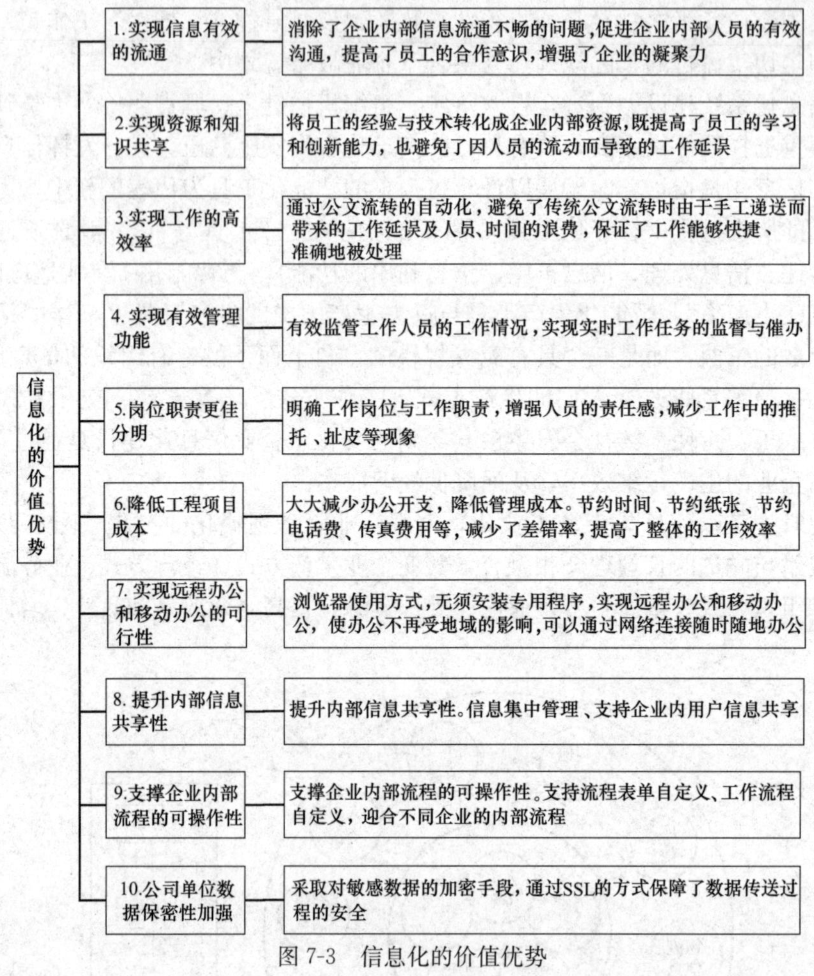

图 7-3　信息化的价值优势

7.3　信息化在 EPC 工程总承包项目管理中的应用①

集成化的综合管理信息系统，由企业门户、部门网站、协同办公系统、综合档案管理系统、项目管理系统、物资管理系统、人力资源管理系统、财务管理系统、党政工团管理系统等组成。经过多年开发、应用、完善，现已成为企业运行的信息平台。

工程项目管理是核心系统。我们借鉴国内外先进的项目管理经验，根据工程项目实际需求，在市场分析和业务流程再造的基础上，提出了系统应具备的功能及系统体系结构。通过收集、存储和处理有关数据，为项目管理人员提供信息，作为项目管理规划、决策、控制和检查的依据，以保证项目管理工作高效、规范实施。

7.3.1　信息化系统简介

7.3.1.1　系统目标及设计思想

1. 系统目标

① 广西电力工业勘察设计研究院陈守华提供案例，本书主编对内容略有增补删减。

围绕企业发展战略，以中国勘察设计协会提出的“一个中心、两条主线、三个为主、四个提升”为方向，按照行业信息化示范设计院的要求，面向生产，工程项目管理为主线、服务生产为核心，通过企业信息门户实现系统集成，建立企业级统一数据库和综合应用平台。工程公司信息化的目标参考示例见图 7-4。

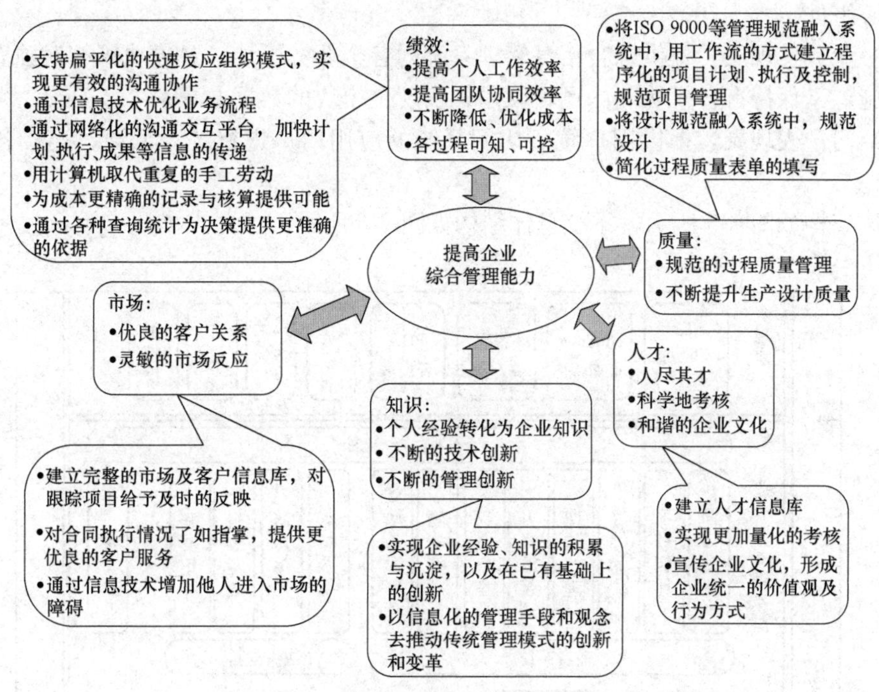

图 7-4　工程公司信息化的目标参考示例

2. 设计思想

消除各系统间的信息孤岛，在经营、生产、管理的意义上实现了最大程度的信息共享，保证数据的一致性和可靠性，以协同办公（公文管理、行政事务、即时通信、辅助办公等）、经营管理（项目信息、招投标管理、合同管理、收付费管理、客户关系管理等）、生产管理（项目计划管理、项目进度管理、项目信息管理、协同设计管理及成品分发管理、技术质量管理、产值分配管理、项目结算管理等）、图档管理（CAD 电子文件管理、科技档案管理、规程规范管理、图书资料管理等）为主，以人力资源管理（人事管理、劳资管理、社保管理、绩效考核管理、培训管理、假期管理等）、财务管理、物资管理、党政工团管理等为辅，构建面向勘察设计项目管理的全流程一体化企业信息化系统。

7.3.1.2　实施策略及原则

系统建设依靠专业、稳定、优秀的开发团队和参与管理的员工；实施从业务/信息关键点入手，兼顾已有系统（资源），滚动开发，持之以恒，实施逐步推进策略。坚持“效益驱动，整体规划，分步实施，重点突破”原则，保证系统实用、高效。

7.3.1.3　系统架构

系统架构由支持系统、管理系统、业务系统构成。支持系统由网络及硬件基础设施、数据库及支撑系统软件和统一流转/协同工作平台构成；管理系统由安全管理、企业门户和系统管理模块组成；业务系统由生产及项目管理系统和职能业务系统组成，包括协同办公系统、项目管理、经营管理、物资管理、人力资源管理、财务管理、综合图档管理、技术质量管理等。系统分为：

（1）数据访问层：提供数据的统一访问接口，使应用和底层物理数据的存储无关。

（2）系统支持层：提供通用的工作流引擎、通信引擎、知识管理引擎、权限机制等的通用核心组件。

（3）业务实现层：提供综合信息管理系统的各个业务模块。各模块既相对独立，可以单独实施，又保持有各模块间的逻辑联系，实现个模块的数据共享。

（4）门户表现层：提供用户统一访问系统的应用门户进行统一认证，连接各个应用系统。

系统架构如图 7-5 所示，系统总体结构如图 7-6 所示。

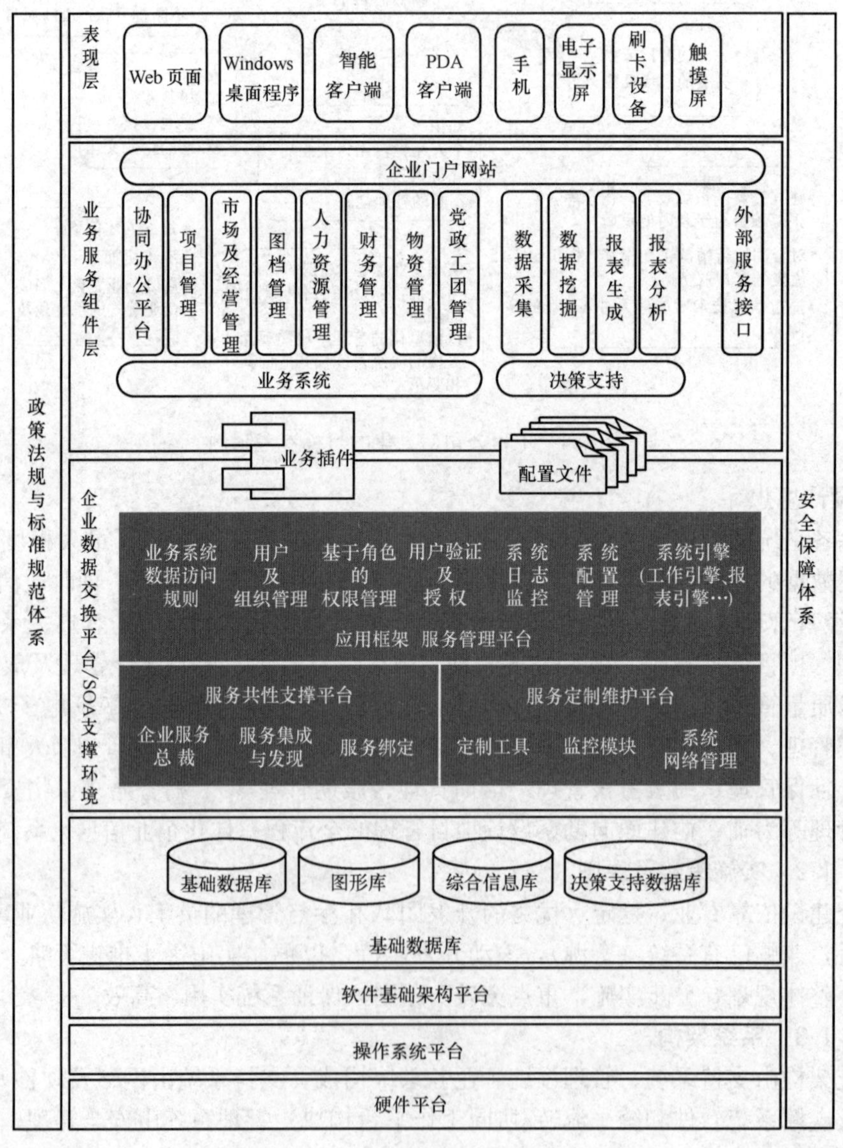

图 7-5 系统架构示意图

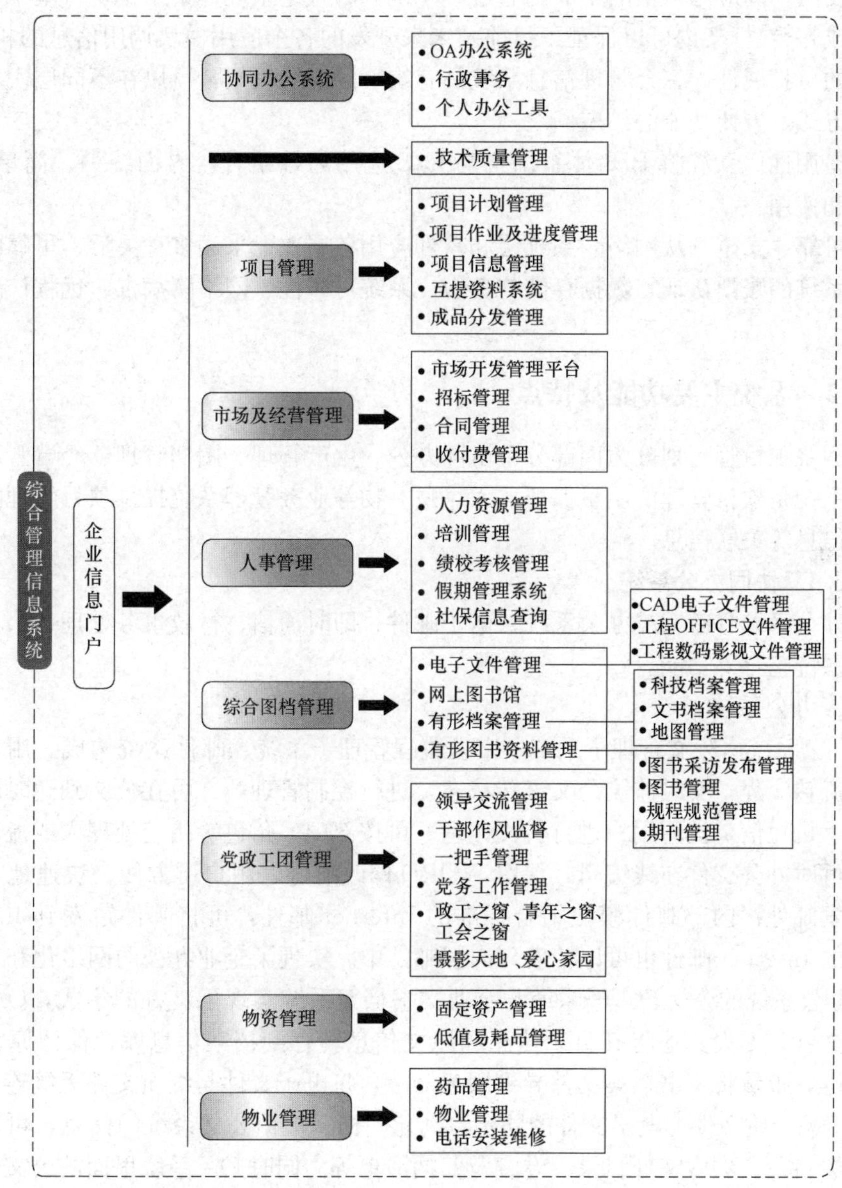

图7-6　系统总体架构示意图

7.3.1.4　系统技术性能

系统采用微软的NET体系结构，基于多层B/S（浏览器服务器）体系，统一数据库的支持，消除企业应用系统中的信息孤岛，实现了真正意义上的信息资源共享。

系统采用统一权限控制机制，授权方式准确、灵活，可以对根据工作需要和人员岗位、角色变化进行授权控制。

系统运用基于Internet的VPN技术，采用设计院外勤人员、外驻机构安全、便捷登录的系统，满足进行远程网络办公和网上协同设计的要求。

良好的集成性。对已有应用系统、第三方系统的集成是通过数据转换接口来实现的。

自主新开发的不同应用模块的集成则通过一个统一的应用系统框架来实现（基于平台和流程上的集成），在框架内可以保证了目前及未来开发的各个应用模块调用信息的相关性。

良好的可扩展性。综合管理信息系统具有统一的系统框架，可以在不同层次上支持灵活的集成方式，方便功能的扩展。

简单易用性。系统将 B/S 体系结构与 C/S 应用巧妙结合，界面统一、简单、直观，易于操作和使用。

系统可靠、安全。从网络、系统层和软件应用各层次上采用多种灵活、可靠的安全措施，包括系统的账户认证、数据存储与备份、系统可靠性、网络防病毒、远程访问安全等方面。

7.3.2 系统主要功能及特点

系统围绕项目管理划分为四部分：协同办公、生产管理、图档管理、经营管理；技术质量管理系统是项目管理的质量保证，人、财、物等业务管理系统提供项目管理的基础信息、指标信息等关联信息。

7.3.2.1 协同办公系统

协同办公系统具有 OA 办公系统、电子邮件、即时通信、行政事务处理、个人办公助手等应用系统整合等功能。

1. OA 办公系统

OA 办公系统由公文管理子系统、审批流程管理子系统、邮件系统构成。用户可任意定义公文流转流程，实时监测公文流转状态，进行控制管理，并可在公文到达时由系统向用户发送手机短信，提醒用户进行公文办理。可按部门、角色等指定处理人或流转时决定处理人。可对办公文件在线编辑，保留 WORD 修改痕迹。用户可方便、快速地与企业内部员工互发邮件；内部邮件模块结合标准的 Internet 邮件，可将邮件转发到 Internet 邮箱，收到的 Internet 邮件也可以转发到内部邮件中。实现了企业办公的网络化和无纸化。

OA 办公系统的公文管理子系统与企业文书档案系统实现了良好的集成，OA 系统生成的电子文件，不失真地将其目录信息和原文信息转存到档案信息库，保留原文上的红头、红章等，批量将文书档案文件导到服务器上，将电子文件与纸质文件无缝连接，实现 OA 系统相关纸质文件与电子文件的同步自动化归档。根据公文系统的信息，可自动生成和打印案卷目录、卷内文件目录、卷脊及归档清单等。同时 OA 系统里面的公文管理和邮件系统都集成了即时通信和短信提醒功能。

2. 行政事务处理

行政事务处理系统包括会议室管理、车辆管理、电话安装维护、领导信箱等内容；实现日常事务办公审批的网络化。

3. 交流平台

交流平台由一把手管理系统、领导交流管理系统、工地信息、信息交流等模块构成，提供各层面信息传输、互动平台，促进员工间的信息交流、工作和思想沟通。

7.3.2.2 工程项目管理系统

工程项目管理系统以工程设计项目为核心，以设计进度控制为主线，按照 ISO 9000 质量管理体系的原则采集信息数据，对设计工作全过程进行控制和管理，使所有参与创建、交流、维护设计意图的人能够自由共享和传递与项目有关的数据。工程项目管理系统由项目计划管理、项目进度管理、项目作业管理、项目信息管理和互提资料系统、成品分发管理等系统组成。

1. 项目信息管理

本系统管理、发布与项目相关的信息，包括最新动态、项目月报、工程概况、会议纪要、质量信息、合理化建议及工地信息等。用户可根据实际要求对信息进行分类和栏目维护与定制。

2. 项目计划管理

项目计划管理包括项目立项、计划分解、任务下达等工作。主要功能有工程项目基本信息维护、任务书编辑与提交、项目设计计划管理、专业生产计划管理。

系统特点：

(1) 以树形结构组织的设计计划信息，适应复杂的工程信息描述和组织；

(2) 实时提示多项进度状况（状态、进展、缓急、变更、延误、信息）；

(3) 可维护的系统编码体系（类别、职责、进展、原因、阶段、专业）；

(4) 同时适应标准的设计进度管理和互提资料过程跟踪的需要；

(5) 针对特定用户的工作界面。

3. 项目作业管理系统

项目作业管理系统可以进行跟踪员工项目进度、执行项目时间采集、分析控制资源调度、工作考核统计，使项目计划变更快速反应到设计人员桌面，提高项目计划自动化程度。

系统流程为：生产部门员工每天上班要在此登记工作时间段的起止时间和工作内容，由科长或主任等部门科室负责人进行审核，并可以进行项目计划的任务分配。

根据作业的登记，系统自动计算出任务完成情况，具有工作延误报警、查询统计及进度总表生成等功能。

4. 项目进度管理系统

根据我们的业务结构分为水工项目进度管理系统和电力项目进度管理系统（包括电网工程、火电工程、民用建筑项目等），系统根据项目计划，对项目资源进行配置，对进度和成品进行控制、统计，记录质量问题，反馈出现的问题，为产值结算管理系统提供依据。

系统能比较清楚地掌握设计产品从计划制订到成品发出的全过程，并能准确的统计出产品的实际完成情况。实现项目的信息汇总，方便有关部门领导了解每位职工手头上有哪些项目，为任务分配提供依据；根据各专业人员的任务进度、生成项目的部门进度和全院进度；根据部门职工的月工日情况，自动算出每位职工的奖金系数。

5. 互提资料管理系统

互提资料管理系统实现各部门的资料的流转管理。设计人员填写资料后，选择下一步（校核）的处理人，依此类推。资料经过校核、审查、核定步骤后，最终转给接收专业。然后接收专业的事务人员签收该资料，需要该资料的技术人员可以验证该资料（通过或不通过）。

系统实现工程中各专业互提资料的编写、校核、审查、核定、签收、验证、回退功能，还提供提资卡打印、流程定义、历史记录、资料分类和查询统计功能；提高工作效率，减少实际流程中资源的浪费。

6. 成品分发管理系统

成品分发管理系统实现图纸及设计文件的归档、出版和分发过程的管理。设计人员将设计好的图纸提交到印制出版室打印，在送往印制出版室打印前，通过图标读取系统读取DWG 图纸文件的各项基础信息（如工程名称、设计阶段、专业、图名、比例、图号、图幅等），并将该文件转换成打印格式送往出版室打印，然后由生产科室事务员填写归档清单，将底图归档到信息档案部。系统还提供产品分发清单打印、分发情况信息发布和查询统计功能。

生产技术部负责制订产品分发计划，印制出版室根据产品分发计划配置晒图，进行产品分发，同时将底图扫描成 TIF 格式电子文件，交信息档案部归档。

成品分发管理系统采用数据共享的方式，把生产的流程模拟到该分发系统中，实现产品录入、产品归档、产品配置、自动打印分发清单、产品分发，减少实际流程中资源的浪费。系统提供预定义分发方案的方式，让分发方案的配置轻松而快速。

7.3.2.3 综合图档管理系统

1. 综合图档管理系统概述

本系统所述图档指企业信息档案部门所管理的一切档案和资料，包括电子档案、有形的档案和图书资料。系统以档案管理规律为基础，以生产和管理流程为主线，采取多种措施保证图档的安全、完整和较高自动化程度的规范管理。

档案工作全程介入生产和管理过程，通过 CAD 电子图档管理和电子文档管理等系统，可自动地从生产设计、管理流程（OA 等）中收集档案信息，使档案材料形成的初期就处于受控和标准化管理状态中，实现档案材料信息的自动收集、转换和整编。

图书资料数据由采访发布模块统一管理预订信息发布、采购、分发和整编工作。

在流通环节，档案卡片、借阅记录本和检索卡片柜已从档案管理过程中消失。职工直接在网页上的数字档案图书馆查询资料，通过网页发送借阅请求并查看本人借阅办理情况。

2. 综合图档管理系统结构

综合图档管理系统结构见图 7-7。

3. 综合图档管理系统特点

（1）系统实用性强、共享性好，完全实现了档案收集、整编、检索和借阅的电子化、网络化的管理。可自动地从生产设计、管理流程（OA 等）中收集档案信息，提供卷脊、封面和卷内目录打印，避免手工抄写，极大提高整编效率和效果。WEB 方式的检索、借阅提供了极大的便利。职工直接在网页上查询资料，发送借阅请求并查看本人借阅办理情况。系统还支持“送货上门”服务功能。

（2）界面友好、灵活，方便用户使用。用户可根据自己的偏好选择界面风格；对部分字段提供数字字典功能，方便用户选择，减少手工录入；提供字典注释，把鼠标放到任一图标上，系统会提供图标注释；提供钩选功能，方便对档案选择并进行同步操作，例如钩选后多项删除、多项打印。

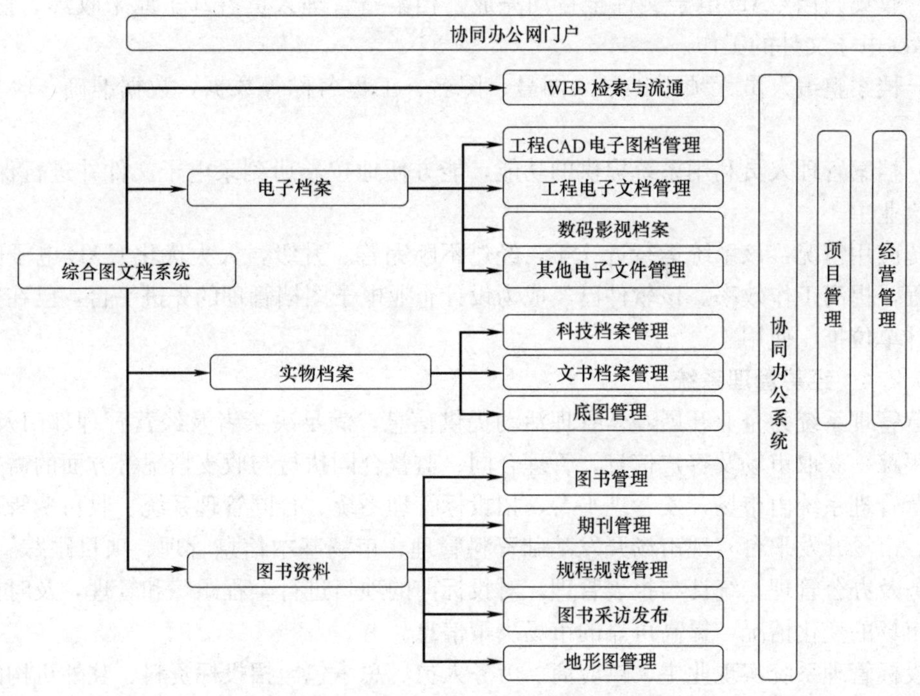

图 7-7　综合图文档系统平台示意图

(3) 自动化程度高，数据输入辅助功能强。能从外部接口提取信息，充分利用其他系统的信息，并提供从 EXCEL 文件导入功能，减少工作量；提供记录拷贝功能，并且部分数据可以复制、粘贴；提供批量修改数据功能，根据数据字段批量修改数据；提供分类号和分类排序号的自动分析功能，分析出工程代号、工程阶段、工程名称、专业等字段，减少录入时间和步骤。

(4) 可对打印的报表进行页面设置和导出功能。

(5) 系统采用 C/S 和 B/S 两种体系结构，充分利用 C/S 访问效率高、控制手段强而 B/S 结构易于部署和使用的特点，很好地满足档案管理人员和设计管理人员的使用、查询要求。

4. 工程 CAD 电子图档管理系统

工程 CAD 电子图档管理系统是综合图档管理系统中的重要系统，其任务是收集和管理 CAD 电子图档，实现完整、准确、自动并实时地收集归档，方便检索与利用 CAD 电子文件。

系统特点：

(1) 系统保证了所有 CAD 电子文件能完整、准确、实时、自动地收集归档，从根本上解决了 CAD 电子文件统一管理的问题，有效地防止了设计资源的流失。

(2) 设计人员可在网上检索、浏览、借阅电子文件，提高了 CAD 电子文件的重复利用率。

(3) 设计人员打印图纸时，由系统自动打印绘图清单，无需手工填写并送到出版室；设计人员还可在网上查看到图纸打印的状态，不需要电话与出版室联系。

(4) 收集归档 CAD 电子文件全自动完成，档案室管理人员省却了原来收集、整理、校验 CAD 电子文件的工作。

(5) 档案整编人员无须手工录入图号、图名、工程名称等数据，数据准确，收集速度快。

(6) 档案管理人员利用系统提供的功能，能方便地按卷册刻录电子文件并进行保管，或提供给业主。

系统应用情况：该系统运行近 5 年，经过不断完善、升级，大大优化 CAD 电子图档管理流程，提高工作效率。该软件已经成为设计企业电子图档管理的先进平台，已在全国多家设计单位推广使用。

7.3.2.4 经营管理系统

经营管理系统为企业开展经营管理活动提供信息，满足决策者及经营管理部门及时、准确地跟踪、获取市场及客户信息，管理合同、监督合同执行与收支情况等方面的需要。

经营管理系统由市场开发管理平台、招投标管理系统、合同管理系统、收付费管理系统组成。市场开发平台实现市场开发基础资料管理、市场基本信息管理、项目跟踪管理、日常事务及办公管理、统计与报表管理。对投标前的项目进行全程跟踪和管理，及时记录和处理市场的变化情况，提高可靠的市场决策信息。

招投标管理系统实现业主、供应商、劳务人员、总承包、招投标资料、驻外机构的信息管理。合同管理系统包括：合同文本基本信息管理、工程管理、收付费预算管理、合同分解等功能。支持多个部门协同工作的方式，把所管合同录入系统，对合同进行统一的管理，自动生成合同台账。

收付费管理系统包括：项目付款计划、项目付费台账、统计分析功能。支持多个部门协同工作的方式，把对合同的收付费数据录入到系统中，对收付费进行统一的管理，自动生成收付费台账。

7.3.2.5 技术质量管理系统

以技术与质量信息管理为主线，将质量管理体系文件、质量管理、技术管理、学会动态等技术质量管理文件分门别类的管理起来，方便查询、浏览。内部职工可以方便及时地检索到标准的有效版本，使得质量监督与指导工作以更有效、快捷、灵活的形式深入群众。

1. 系统提供了以下模块：

(1) 三标整合管理体系：公告体系概况、体系文件、贯标认证资质等信息。

(2) 质量管理体系：发布体系文件、体系文件通报、贯标认证资料等体系文件。

(3) 质量管理：发布质量管理制度、主管部门文件和质量分析报告；进行设计回访、产品评优、质量信息管理、质量问题调查、QC 活动、顾客满意、统计分析等各方面的管理。

(4) 技术管理：提供技术管理文件、科标业工作、技术培训、设计模板库、范本库、科技信息、成果申报等常用文件和范本的下载。

(5) 管理制度：公布内部各项规章制度。

(6) 文件与通知：公布政府、行业主管部门来文、技术质量管理文件、技术质量信息通报。

(7) 学会动态：关注学会最新动态，发布学会新闻、通知等信息。

(8) 获奖信息：发布单位各类获奖信息。

2. 信息化建设的经验

以需求和效率为目的，以技术和服务品牌为保障，是我院信息化建设总结和坚持的经验。具体有如下几点：

(1) 根据行业信息化建设规划，围绕企业战略目标、工作思路，建设、完善、提升信息系统，方能达到实用、规范、高效目的。

(2) 系统集成是避免信息孤岛、数据共享的必然途径，在规划和开发时一定要考虑。

(3) 领导重视、全员参与、专业、稳定、优秀的开发、服务团队是信息系统开发、持续运行、发挥效益的保证。

(4) 信息化建设联系实际、分阶段、抓重点、讲实效、持续推进，才能保证充分利用信息资源，否则就会浪费投资、浪费资源。

3. 系统的不足和约束

(1) 系统还没有完全实现数据库层次上的集成，应用系统跨部门的协同处理、信息集成度还有待进一步提高。

(2) 系统还处于业务处理阶段，信息分析、利用不足；对高、中层的管理决策缺乏有效辅助决策信息支持。

(3) 由于企业机构、运作模式未完全定型，GXED MIS（综合管理信息系统）在项目管理和生产支持方面还较弱，还未完全实现部门间协同工作、全流程管理。

4. 今后发展方向

在现在的基础上，不断完善营销的手段策略和管理模式，持续建设与国际工程咨询公司接轨的全面对接市场的营销管理体系。这对信息系统经营管理、项目管理提出了更高要求。我们要继续努力，吸取国内外相关先进经验，克服不足，构建、完善面向勘察设计项目管理的全流程一体化企业信息化系统。

7.4　信息化系统的战略意义

对我国绝大部分企业而言，在竞争力这个木桶上，管理是所有木板中最短的一块。而信息化是实现硬化基础管理、活化综合管理、强化例外管理、建立危机管理、优化战略管理的强有力变革工具。因此，面对企业发展战略的重新定位，面对企业管理模式的创新与变革，通过管理流程再造，利用信息化手段，实现科学管理已成为具有智力密集型、技术密集型及资金密集型特点的工程总承包管理型企业信息化的主要目标。

定位于工程总承包管理的企业，应具备以下基本能力：

(1) 具备对工程项目实行勘察、设计、采购、施工、试运行等全过程的总承包及项目监理、管理的经验和综合能力；

(2) 具有国际先进水平的工艺技术和工程技术，有较强的独立进行工艺设计和基础设计的能力；

(3) 具有系统的项目管理工作手册和程序，先进的项目管理方法和手段，先进的工程项目计算机管理系统，国际通行的设计体制、程序、方法等；

（4）具有高素质的，能按照国际通行项目管理模式、程序、标准进行项目管理，熟悉项目管理软件，能进行进度、质量、费用、材料、安全五大控制的复合型高级项目管理人才；

（5）较强的项目前期开发能力，包括项目可行性研究、项目咨询、项目规划等；

（6）较强的项目融资能力和经验；

（7）能为业主提供全过程、全方位的项目管理服务。

针对工程总承包管理型企业特点，我们归纳出信息化建设的几个具体目标：进行企业业务流程重组，依据现代经营管理理念，优化现有的管理模式和经营模式，逐步建立起与工程总承包和项目管理相适应的组织架构和业务流程体系；确立企业作为管理中心、信息中心和资源中心的地位，改变信息传递的方式，打破部门职能的限制，将企业管理结构从传统的“金字塔型”变成“扁平的矩阵型”，提高管理质量、效率，降低管理成本，增加管理透明度，使管理由静态走向动态，从事后控制转向实时监控甚至事前控制，降低时间成本，提升企业快速反应能力和抗风险能力，使企业管理透明化、标准化和制度化。

信息化系统的战略意义如图7-8所示。

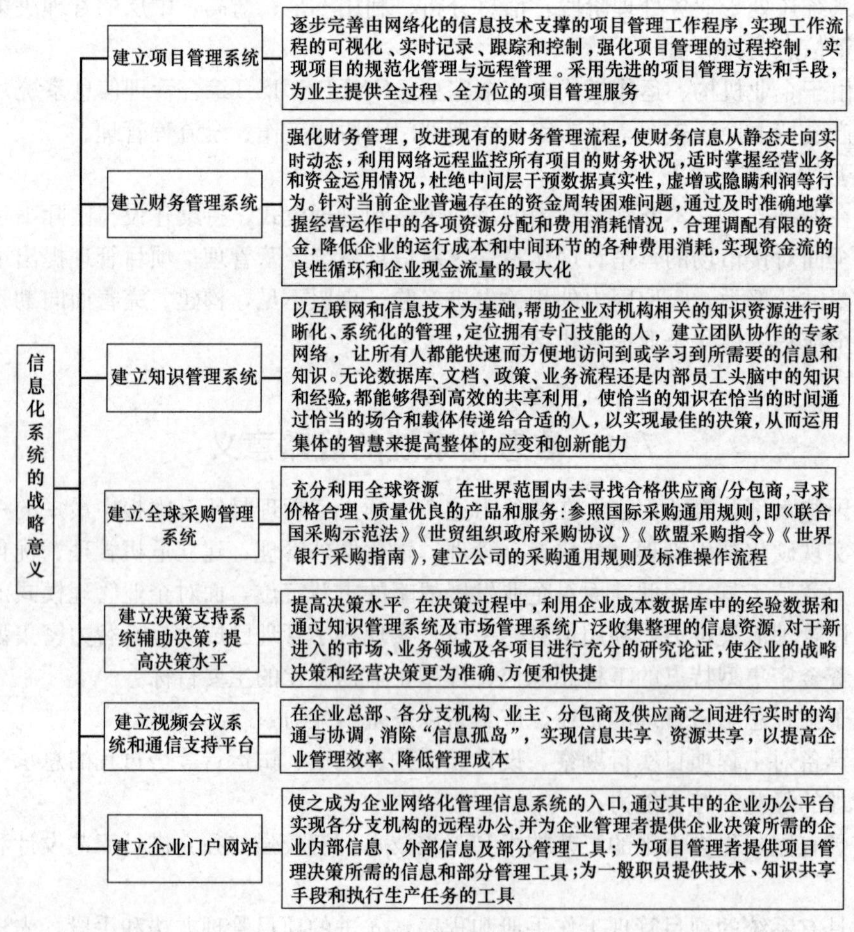

图7-8 信息化系统的战略意义

当前许多大型工程承包企业都在致力于培育工程项目总承包管理能力，同时也在加强企业信息化建设。在竞争日益激烈的市场环境中，如何根据企业的总承包管理型定位和企业发展战略，规划、建设企业的信息化系统，实现管理科学化，提高企业核心竞争力，已成为潜在的总承包管理型企业所面临的一个关系到生存和发展的重要课题。

EPC工程总承包项目的信息化建设与管理的战略意义深远重大，是实施EPC模式不可忽略的一个重要问题，是工程总承包项目管理的主要构成之一，更是跨国集团公司在工程总承包项目中的创新大有用武之地的广泛空间。对提高经济效益、提升工作效率都带来不可估量的作用。

第 8 章　EPC 工程总承包项目案例精选及简析

8.0　EPC 工程总承包项目案例总汇框图

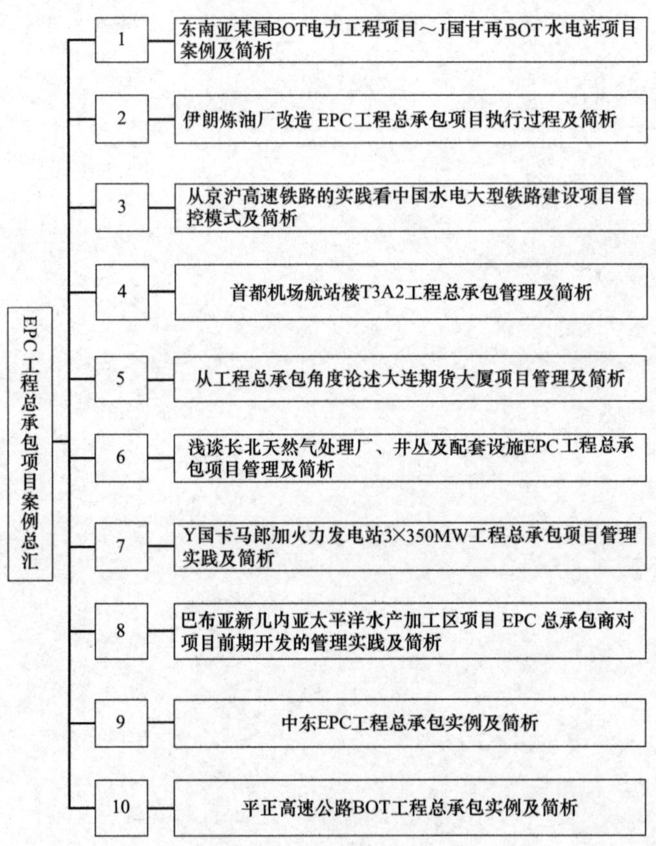

8.1　东南亚某国 BOT 电力工程项目——J 国甘再 BOT 水电站项目案例及解析[①]

J 国甘再 BOT 水电站项目是中国水电建设集团公司首个以 BOT 模式投资开发的境外水电投资项目，是中国 2006 年援建计划的三大工程之一，也是目前 J 国国内最大的引进外资项目，具有重大意义。

① 中水电国际沈德才提供案例。

8.1.1　项目概述

8.1.1.1　J 国电力市场分析

J 国属于电力短缺国家，虽然全国的水力资源蕴藏量约为 10000MW，但是由于缺乏可行性研究和资金，绝大部分水电资源没有得到开发利用。

从电力装机情况下看，2006 年仅在首都金边、西哈努克港及部分省市可供电。按照 J 国电力规划，到 2020 年，除进口电力外，J 国国内总发电量将达到 170 万 kW。根据 J 国规定，J 国从国外进口电量不超过当年总需求的 25%。因此，预计到 2020 年，J 国国内及进口电力供应合计约为 200 万 kW。而 2006 年除从越南、泰国等邻国进口电力外，J 国主要靠柴油/重油发电来满足本国电力需求，只有一个装机 1.2 万 kW 的水电站（基里隆水电站），尚没有火电发电站。

从电力需求方面来年，首都金边消耗了全国电力的 54%，是最大的电力需求地区。2004 年，金边对电力的最高需求为 17 万 kW，到 2020 年将会上升至 64 万 kW。而 J 国全国每年的电力需求增长在 10%左右，将由 2003 年的 24.4 万 kW 上升到 2020 年的 99.1 万 kW。到 2020 年，J 国国内电力供应紧缺矛盾能够得到一定程度的缓解，届时应该可以解决 J 国各乡、村、镇等的用电问题，计划 2030 年保证 J 国 70%的民众用电充足。

另外从电价水平来看，2006 年 J 国市场电价为每度 0.15～0.2 美元。J 国鼓励工业用电，不鼓励民用电。就民用电来讲，用电量越少电价越便宜，这也在侧面说明了当前 J 国电力资源较为缺乏。

8.1.1.2　项目基本情况综述

J 国甘再水电站 BOT 项目（Kamchay Hydroelectric BOT Project）是 J 国政府工作矿产和能源部（MIME）按 J 国法律规定以国际竞标和 BOT 方式开发实施的一个水电站项目。

J 国工业矿产和能源部（MIME）部代表 J 国政府机构与项目发起人（或开发商 PROJECT SPONSOR）商签项目开发协议（Implementation Agreement，IA）和土地租赁协议（Land Lease Agreement ，LA）；J 国国有公司——J 国国家电力公司（Electricity du Cambodia，EDC）与项目发起人（或开发商 PROJECT SPONSOR）商签长期购电协议（Power Purchase Agreement，PPA）。J 国国家电力管理局（Electricity Authority of Cambodia，EAC）是根据 J 国电力法成立的全国电力管理机构，将根据 J 国的电力法行使全国电力的管理和监督职能，规范全国的电力采购程序。

J 国要求开发产成立专门的项目公司以融资、设计、施工、试运行、运行和维护、移交的方式开发、实施和运行（BOT 方式）该项目。

甘再水电站位于 J 国西南部大象山区的 Kamchay 河上，距离 J 国贡布省首府贡布市 15km。贡布市位于金边西南方向 150km，两城市之间是 J 国 3 号国道，交通状况良好。该项目以标准的 BOT 方式运作，电站总装机容量 19.32 万 kW，多年平均发电量 4.98 亿度。工程内容主要包括大坝、取水口、发电引水隧洞、3 台机组（总装机 180MW）、反调节电站（10MW）、坝后小机组（3.2MW）、230kV 开关站、10km 长的 230kV 双回路输变电线路，以及配套的配电站，将电站电力输送到贡布省电站。另外，还包括一些临时工程、导流工程、尾水调节堰等工程的建设。项目的主要任务是发电，同时兼顾城市供水及灌溉。项目的主要目标是替代从越南进口的电能。

该电站工程动态总投资 2.805 亿美元。项目特许经营期 44 年，其中施工期 4 年，商业运行期 40 年。平均电价为 8.008 美分/度。J 国国家电力公司（Electricity du Cambodia，EDC）承诺购买所有发电量，由 J 国政府提供支付担保。J 国国会和参议院审议通过了对甘再项目的政府担保，并于 2006 年 8 月 23 日颁布了王令，以法律的形式予以确认。

8.1.2 项目实施

8.1.2.1 项目参与方

项目融资涉及诸多参与者，这些参与者通过各种合同协议联系在一起，所执行的职责和承担的责任各不相同。项目融资的组织过程同时也是在一同参与者之间达到利益分配与风险分配平衡的过程（图 8-1）。甘再项目参与方主要包括：

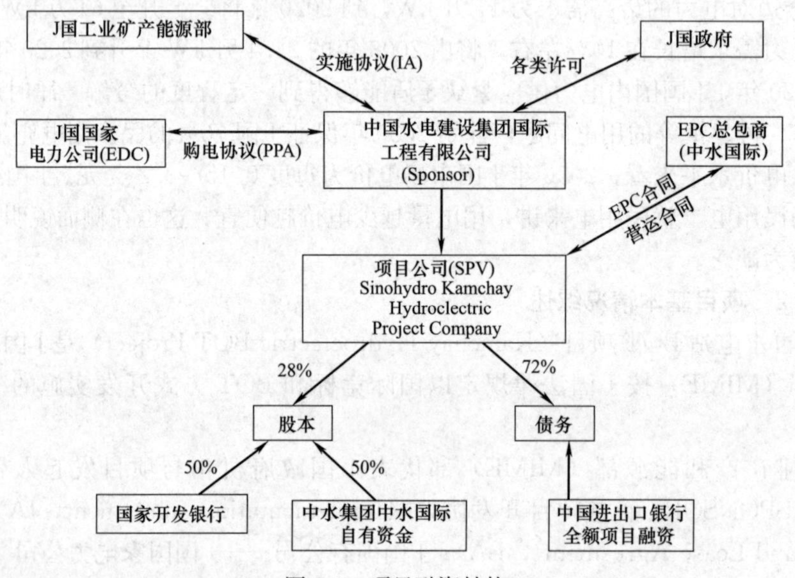

图 8-1 项目融资结构

1. 项目发起人

项目发起人一般为股本投资者，通过组织项目融资，实现投资项目的综合目标要求。可以是一个公司，或者一个由承包商、供应商、项目产品的购买方或使用方构成的多边联合体或财团。项目发起人主要负责争取或协助项目公司取得一切项目所需的政府批文及许可证，直接或间接地履行合约，并以直接担保或间接担保的形式为项目公司提供一定的信用支持。

中国水电建设集团国际工程有限公司（以下简称“中水国际”），具有丰富的国际工程投融资和总承包资质、业绩和能力，是甘再项目的发起人。

2. 项目公司

项目公司是直接参与项目投资和项目管理、直接承担项目债务责任和项目风险的经济法律实体，项目资产和现金流量是还款的唯一来源。中水国际采用有限追索的项目融资模式，即中水国际作为项目发起人全资在 J 国当地注册成立了专门的项目公司“中国水电甘再项目公司"（Sinohydro Kamchay Hydroelectric Project Company），注册资本 100 万美元。该项目公司具体负责甘再项目的设计、建设与营运。所有的合同安排都围绕着项目公司展开，并且项目公司以自己的名义对外进行融资贷款。

3. 项目贷款人

项目贷款人是为项目提供资金来源的商业银行、非银行金融机构和一些国家政府的出口信贷机构。承担项目融资贷款责任的银行可以是单一的银行，也可以是由多家银行组成的国际银团。

甘再项目的贷款人是中国进出口银行（以下简称"进出口银行"）。作为国务院直属的政策性金融机构，进出口银行主要为国内企业出口机电产品和成套设备、对外承包工程和海外投资提供信贷支持。进出口银行作为中国的官方出口信用机构，为本项目提供贷款具有较强的政策意义，可带动我国大型成套设备出口，有利于巩固并扩大我国企业在东南亚的市场份额，发挥我国国有大型企业的既有优势，提高其国际竞争能力，同时为开展 BOT 项目融资积累项目经验。

4. 项目建设的工程承包商

中水国际作为甘再项目的 EPC 总承包商和运营商，与项目公司之间签订了工程总承包合同。具体发包商如下：项目的设计及可研编制（E）由中国水电工程顾问集团西北勘测设计院负责，该院为国家甲级勘测设计研究单位，设计经验丰富。项目采购（P）由中水国际负责，设备向国内大型设备制造厂商采购。施工建设（C）由中水国际所属水利水电第八工程局（简称"中水八局"）负责。中水八局先后独立或参与建设水电工程 200 多座，总装机 14081MW，施工经验丰富。

5. 项目产品的购买者和使用者

J 国国有公司——J 国国家电力公司（Electricity du Cambodia，EDC）作为购电方，其与中水国际签订了为期 40 年照付不议的长期购电协议（Power Purchase Agreement，PPA）。EDC 成立于 1996 年，为政府全资控股的公司，负责全国电力的调度，占据了全国电力市场的 85%。EDC 承担着 PPA 项下的购电和支付义务，如果 EDC 不能支付，J 国政府担保还款支付。

6. 东道国政府

政府在项目融资中很少直接参与实际运作。但其在项目融资中扮演的角色极其重要，譬如，在宏观方面为项目建设提供一种良好的投资环境，在微观方面给予有关的批准和营运特许，提供项目优惠待遇等，具有不可替代的地位。

J 国工业矿产能源部（Ministry of Industry Mine and Energy，MIME）代表 J 国政府按法律规定程序以国际竞标方式开发和实施 J 国甘再水电站 BOT 项目，并与开发商签订项目实施协议（Implementation Agreement，IA）和土地租赁协议（Land lease Agreement，LA）。

J 国国家电力管理局（Electricity Authority of Cambodia，EAC）是根据 J 国电力法成立的全国电力管理机构，根据 J 国电力法行使全国电力的管理和监督职能，规范全国的电力采购程序。

7. 项目其他相关方

项目第三方包括融资顾问、技术顾问、法律顾问、保险顾问、代理银行或信托人。

8.1.2.2 项目重要文件和协议

与传统的公司融资相比，项目融资结构复杂，参与者众多，因而其涉及的法律文件也非常繁多，大致可分为项目基本文件（特许经营协议、购电协议和股东协议等）、商务文件（工程承包合同、产品销售合同、原材料采购协议等）、贷款文件（贷款协议、共同贷款人协议）、担保文件（财产抵押协议、保险合同、银行保函等）四种。

1. 项目实施协议

J 国工业矿产能源部与中水国际签订为期 44 年的关于甘再水电站特许经营权协议。约定中水国际负责项目的设计、融资、保险、施工、运行、维护、管理及 PPA 期满后移交。J 国国家电力公司按照付不议原则购买电站全部电量。中水国际作为项目发起人，在 J 国注册成立项目公司，并由该项目公司具体负责甘再项目的设计、建设与营运。协议还涉及项目特许经营期限的规定、项目建设的规定、土地征收的使用的规定、项目的融资义务及利润分配、税收规定、协议双方的责任义务等内容，保证了经营期内开发商享有稳定的政策。

2. 长期购电协议

对于一般的 BOT 水电项目而言，长期的电力销售协议即购电协议是国际项目融资所特有的项目担保形式，也是项目融资结构中不可缺少的组成部分。最常见的形式是“照付不议”协议（Take or Pay Contract），它表现为一种项目公司与项目产品购买者之间长期的、无条件的供销协议。其长期性是指项目产品购买者承担的责任至少不应短于贷款期限；其无条件性是指无论卖方是否按期交货，买方必须按期支付贷款。产品的定价方法通常有三种：一是公式定价法，产品定价以市场价格为基础，但通常规定最低限价；二是固定价格定价法，通常根据通货膨胀率或工业部门生产指数进行调整；三是实际成本加固定收益定价法。产品数量的规定通常是以下两种：一是固定数量，这部分固定数量的产品销售收入将足以支付生产成本和偿还债务，其余部分允许产品所有者在市场上销售；二是包括 100%项目产品，即生产多少，购买多少。

本项目中 J 国国家电力公司与中水国际签订了为期 40 年照付不议的长期购电协议。协议限定了项目公司的经营活动范围及对购电方的选择，规定了双方权利、义务关系及违约责任等。协议主要保证了甘再水电站的全部发电量由 J 国政府负责全部购买，即基本条件为 EDC 每年按照“照付不议”原则至少从该项目购买 4.98 亿度电。

3. 土地租赁协议

J 国工业矿产能源部与中水国际签订了为期 44 年的土地租赁协议。工业部把土地无障碍地租赁给中水国际使用，并保证承租人免受与所租土地有关的路权、通行权、收费、告诫、许可、留置及其他权利和其他任何第三方权利的干扰和阻碍。

4. 借款合用

中国进出口银行作为项目的贷款方，以项目融资方式与项目公司签订了融资贷款协议，提供项目公司 72%的总投资。

5. 担保文件

项目担保结构设计如图 8-2 所示。

(1) J 国政府担保函

2006 年 7 月 4 日，J 国政府（由 J 国经济与金融部为代表）承诺提供以下无条件不可

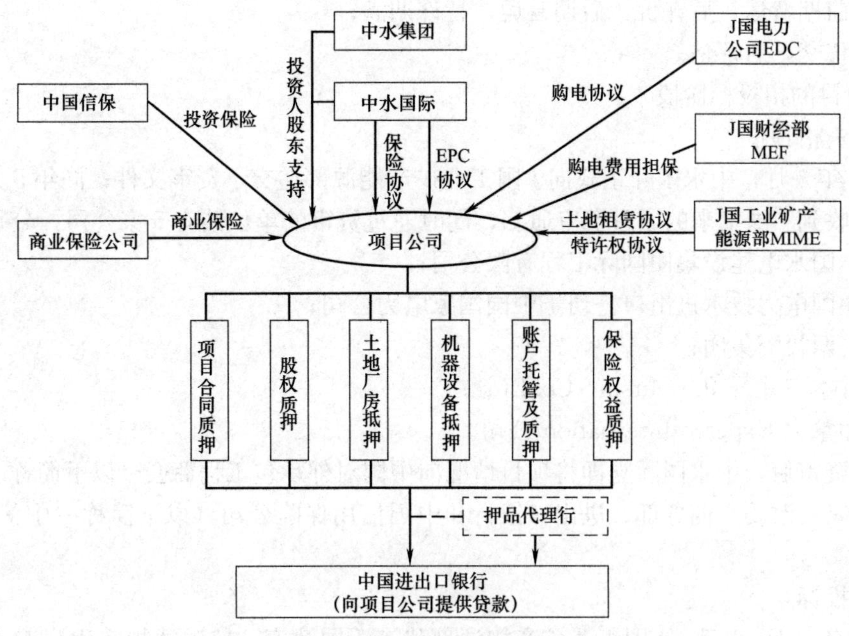

图 8-2　项目担保结构设计

撤销的担保：在国家电公司不支付的情况下由政府支付购电款；根据 PPA 和/或 LA，如果由于政治不同抗力事件发生致使公司无法进行电站建设而被迫终止协议时，政府保证从公司手中购买电站设施，J 国国会和参议院审议通过了对甘再项目的政府担保，并于 2006 年 8 月 23 日颁布了王令，以法律的形式予以确认。

(2) 中国信用保险公司提供的海外投资保险

中信保为项目的资本金和贷款提供海外投资保险。

(3) 商业保险

中国人保公司为项目提供了各种商业保险，包括竣工延迟险（BSU）、建筑安装一切险（CEAR）、三者险、海运险、车险、人员意外伤害险等。

6. EPC 合同及分包协议

中水国际既是这个项目的投资人和发起人，又是这个项目的 EPC 总承包商。中水国际与甘再项目公司双方签订了 EPC 合同。在 EPC 合同项下，中水国际又分别和其他方签订设计咨询协议、施工协议、设备制造供货协议等。

8.1.2.3　项目的运作阶段

以 BOT 方式开发水电能源的程序大致为：

(1) 发起人发布招标公告，标前考察，编标，投标，谈判；

(2) 选择 BOT 项目开发商，签订特许经营协议，产品销售协议等；

(3) 成立项目公司，注册资本金；

(4) 融资保险安排，签订融资协议，担保协议；

(5) 商谈签订 EPC 合同，O&M 合同；

(6) 融资关闭，施工准备；

(7) 项目建设，试车，验收；

（8）前期营运，后评价，后期营运，特许期满；

（9）移交，后评估。

1. 项目的招投标阶段

（1）资格预审

2004年3月，中水国际正式向J国工业矿产能源部递交了资审文件；同年5月19日，中水国际收到J国发来的通过资审通知，同时通过资审的单位共有5家公司，分别是：

1）中国水电建设集团国际工程有限公司；

2）中国电力技术进出口公司＋中国国家电力公司；

3）广西投资集团；

4）日本三井公司（Mitsui&Co. Ltd）；

5）加拿大 Experco Internation 公司。

通过资审后，中水国际立即将项目情况向中国对外承包工程商会（以下简称“承包商会”）、国家发改委、商务部、进出口银行和中国信用保险公司（以下简称“中信保”）进行汇报。

（2）投标

2004年6月11日，J国工业矿产能源部代表J国政府，按法律规定程序对本项目进行国际公开招标；

2004年7月10日，中水国际购买了标书文件；

2004年7月12日，中水国际代表参加了标前会议；

2004年8月15～22日，中水国际组织项目考察小组对甘再水电站项目进行了现场考察，并收集了大量项目资料；

2004年9月～2005年1月，中水国际组织编制了投标文件，进行了施工技术专家论证，完成了投标文件的编制工作；

2004年11月18日，中信保为中水国际出具项目海外投资保险兴趣函；

2005年1月10日，进出口银行为中水国国际出具项目贷款兴趣函；

2005年1月初，国家发改委、承包商会和商务部批准了中水国际及中国国电集团公司和广西投资集团公司参加此项目的投标；

2005年1月17日，中水国际代表向J国提交了全套标书文件。

（3）评标与决标

2005年1月17日上午，J国工业矿产能源部部长、J国评标委员会成员及参加投标的各公司代表在J国工业矿产能源部会议室进行开标。

只有两家中国公司参加，即中水国际及中国国电集团公司＋中国电力技术进出口公司联营体。而已经通过资审的中国广西投资集团、日本三井公司和加拿大公司没有参加投标。

最终J国评标委员会评定中水国际的技术标最优，商务标融资结构基本合理，邀请中水国际直接进行合同谈判。

2005年3月3日，中水国际收到J国方项目评标委员会“直接进行合同谈判邀请函”。

中水国际奖投标情况和开标结果分别向中国驻J国大使馆和经商处、承包商会、商务部、中信保、进出口银行和国家发改委做了书面汇报。

2. 项目合同的谈判及签订

(1) 第一阶段合同谈判（2005 年 3 月 16～3 月 30 日）

2005 年 3 月 16 日，双方谈判小组开始第一轮的正式合同谈判。J 国谈判人员由工业矿业能源部（MIME）、财政部、国家发展改革委员会（CDC）、国家电力公司（EDC）和评标委员会（EC）组成，中水国际谈判小组由设计、施工、商务和融资等方面的专家组成。

J 国希望中方对项目的设计方案进行优化以降低工程成本，同时保证将尽一切努力提供最优惠政策，目的是把电价谈到双方都能接受的程序，力求与中水国际的会谈取得圆满成功。

双方解释、澄清并优化了技术方案，明确了各自责任和基本商务条件，商签了第一阶段的会议纪要。

(2) 第二阶段合同谈判（2005 年 3 月 31 日～4 月 6 日）

在第一阶段合同谈判的基础上，J 国于 2005 年 3 月 31 日发邀请函与中水集团和中水国际领导进行第二阶段的合同谈判。第二阶段的合同谈判主要目的是明确税费结构、优惠政策、最终电价和相关条件。J 国方给出巨大的优惠条件和激励措施，明确电价基础和电价结构，商签了第二阶段的会议纪要。

在上述两个阶段的会谈谈判过程中，中水国际始终与中国驻 J 国大使馆和经商处、中国商务部、中信保、进出口银行保持密切联系和沟通，上述机构都表示支持中水国际投资开发该项目。

经过 J 国发改委主席、总理、副总理内阁部长对合同谈判内容的批准，2005 年 4 月 27 日，J 国工业矿产能源部部长向中水国际颁发了中标通知书。该通知书明确指出，J 国决定由中水国际以 BOT 方式投资开发该水电站项目，并邀请公司代表进行下一阶段的项目开发协议和售电协议的谈判。

(3) 签署项目合作备忘录

2005 年 7 月 4 日，在昆明举行的大湄公河次流域国家首脑峰会上，在两国总理的见证下，J 国工业部和中水国际签订了甘再水电站 BOT 项目投资开发备忘录，该备忘录明确：两国政府支持中水国际以 BOT 方式投资开发甘再水电站项目，并要求双方尽快商定未定事宜，促使项目尽快签约。备忘录签订后，中水国际又与 J 国工业部、财政部进行了为期两个月的多轮会谈，就原先设计的所有未定事宜基本达成一致。

(4) 签订项目协议

2006 年 2 月 23 日上午，J 国甘再水电站 BOT 项目的实施协议、售电协议和土地租赁协议的签字仪式在 J 国首都金边隆重举行。

3. 项目公司成立及国审批

2006 年 4 月 30 日，中水国际全资项目公司（Sinohydro Kamchay Hydroelectric Project Company）在 J 国注册成立，并于 2006 年 7 月 31 日获得最后注册登记证明。

项目公司注册完毕后，向 J 国政府申请各类许可，同时在国内向进出口银行寻求资金支持，向国家发改委报批，向国家外汇管理局提出批准外汇账户的申请，并与出口信用保险公司商讨投保海外投资险事宜。

2006 年 5 月 9 日，国家外汇管理局北京外汇管理部向中水国际出具了《关于中国水电建设集团国际工程有限公司开立境外外汇的批复》，同意中水国际在 Malayan Banking Bhd.（Maybank）Phnom Penh Branch Cambodia 开立美元专用账户，有效期至 2009 年 5 月。

2006 年 8 月 31 日，商务部向中水集团颁发中国企业境外机构批准证书，同意中水集团在 J 国设立境外机构，即中国水利水电建设集团公司 J 国代表处。

2006 年 10 月 2 日，国家发改委向中水集团出具了《关于中国水利水电建设集团公司投资 J 国甘再水电站项目核准的批复》，同意中水集团所属中水国际在 J 国贡布省以 BOT 方式独资建设经营甘再水电站项目。

4. 项目融资合同的签署过程

进出口银行自 2004 年底开始介入该项目，认为该项目适合以有限追索项目融资方式予以支持，并于 2005 年 1 月 10 日为中水国际出具了项目贷款兴趣函。

2006 年 4 月，进出口银行为该项目出具了有限追索项目融资方式的融资方案及贷款意向书。

2006 年 7 月，进出口银行联合项目发起人、中信保、项目的法律顾问及技术顾问召开了融资启动会。

2006 年 8 月，中水国际就其投资的 J 国甘再 BOT 水电站项目正式向进出口银行申请总额为 20199 万美元的项目融资贷款，期限 15 年。

2006 年 10 月，由进出口银行和中水国际就 J 国甘再水电站项目有关协议进行讨论。谈判的内容主要是关于项目的重点问题及对主要项目合同的修改问题，涉及投保问题、离岸账户的设置问题、抵押登记问题、还贷储备金等问题。

经过数轮谈判，最终双方就贷款协议和相关保险、担保协议达成了一致意见，并正式签署了带宽协议和担保协议。

5. 项目里程碑

项目前期工作进展的主要里程碑有：

（1）2004 年 3 月，提交资审文件；

（2）2004 年 5 月 19 日，通过资质审察；

（3）2005 年 4 月 27 日，接到中标通知书；

（4）2005 年 7 月 4 日，双方代表在两国高层领导人见证下签订项目备忘录；

（5）2006 年 2 月 23 日，正式签订实施协议、土地租赁协议和购电协议；

（6）2006 年 4 月 8 日，两国首脑在金边为甘再项目象征性开工揭幕；

（7）2006 年 4 月 30 日，项目公司注册成立；

（8）2006 年 7 月 4 日，J 国政府担保；

（9）2007 年 9 月 18 日，甘再项目内部施工正式开始；

（10）2008 年 1 月 30 日，项目融资关闭；

（11）2008 年 3 月 20 日，J 国政府正式起算项目建设工期；

（12）2008 年 11 月 18 日，主坝成功截流。

8.1.3 项目的经济效益分析

银行关注项目经济效益的预测，即项目建成投产后现金流量和收益预测，这是项目主办人决定是否采用项目融资技术的最主要根据，也是项目贷款人和投资者贷款和投资的重要参考。在项目融资中，贷款人最关心的是项目的偿债能力。通过对项目融资期间的净现金流量的测算，对风险评价做出定量的描述，为贷款银行进行项目融资的方案设计，包括股本与债务比例、债务形式、期限、信用保证形式等提供重要的数据。

8.1.3.1 项目经济效益指标

项目主要财务指标测算表见表8-1，主要有项目的投资收益率、股本收益率、投资回收期、内部收益率等。项目经济效益的最低要求是：IRR（内部收益率）大于WACC（加权平均资本成本），ROE（投资收益率）大于股本成本。

项目主要财务指标测算表 表8-1

序号	项目	单位	指标
1	总投资	千美元	280546
2	上网电价	美元/kW·h	0.084
3	发电销售总额	千美元	1595223
4	发电成本费用总额	千美元	684709
5	利润率	千美元	165939
6	利息率	千美元	13204
7	分红税	千美元	95496
8	发电利润总额	千美元	910515
9	盈利能力指标		
9.1	全投资年利润率(税后)	%	5.67%
9.2	资本金年利润率(税后)	%	23.28%
9.3	全部投资财务内部收益率(税后)	%	9.551%
9.4	全部投资财务净现值(税后)	千美元	36520
9.5	资本金财务内部收益率(税后)	%	11.077%
9.6	资本金财务净现值(税后)	千美元	11208
9.7	投资回收期(税后)	年	12.3
10	清偿能力指标		
10.1	借款偿还期	年	11
10.2	资产负债率	%	72.0%

经测算，本项目全部投资的财务内部收益率达到9.551%，大于贷款利率6%，也大于全部投资基准收益率8%；全投资财务净现值3652万美元，远大于零。投资回收期12.3年（不含4年建设期），在机组全部投产后的第9年即要收回全部投资，资本金利润率11.08%，资本金财务净现值1121万美元。按资本金现金流计算，本项目资本金财务部内部收益率达11.884%，大于10%的资本金基准收益率。

计算结果表明：借款偿还期和营运成本的变化对全部投资和资本金的内部收益率影响不大，但固定资产投资的增加对内部收益率影响较大，鉴于在确定合同价格对已经考虑了土建工程增加（9.5%）和机电设备涨价（10%）因素，本项目具有一定的抗风险能力。

8.1.3.2 项目债务清偿能力指标

主要指标有债务覆盖率、债务承受比率、资源收益覆盖率等。债务覆盖率（DCR）是指项目可用于偿还债务的有效净现金流量与债务偿还责任的比值。通常单一年度的债务覆盖率的取值范围应在1.5～2。债务承受比率（CR）指项目先进流量的现值与预期贷款金额的比值，通常取值1.3～1.5。资源收益率指未开采的已证实资源储量与项目未偿还债务的比值，最低资源覆盖率比率是根据具体项目的技术条件和贷款银行在这一工业部门的经验确定的，一般要求在2以上；如果资源覆盖比率小于1.5，则贷款银行就可能认为项目的资源风险过高，要求投资者提供相应最低资源储量担保，或者要求在安排融资前做进一步勘探工作，落实资源情况。

电站还贷资金主要包括利润和折旧费。未分配利润用来还贷，前 12 年的折旧费 100%用于还贷，后 8 年的折旧费作为收益。根据进出口银行对项目预期现金流的测算，在“商业运行日”后，借款人可能在相当长的一段时期内无法凭借项目自身产生的现金流使 DSCR>2（即在偿还当期本息后，还能使“储备账户”中余有至少一期的还款本息作为储备金）；而前述对现金流的要求已属于进出口银行的最低要求。进出口银行提出，在此情况下，或者由发起人将一期还款本息作为储备金长期存放于储备账户，以使项目尽早实现财务完工，发起人须长期提供还贷支持。

另外，据计算表明，项目在建设期的负债率较高，达 72%，但随着机组投产发电，资产负债率很快下降（机组全部投产后第 9 年即将到 23.73%以下）；还清固定资产借款本息后，不再负责。说明财务风险较低，偿还债务能力较强。

8.1.3.3 项目融资的敏感性分析

敏感性分析是指当项目的主要风险因素发生变化时对项目经济效益和目标产生的影响。贷款银行可以从中检验项目在不同假设条件下满足债务偿还计划的能力。通常，被要求测算敏感性的变量因素包括生产能力、资源储量、产品价格、经营费用、生产成本、利率、汇率、税率等。

该电站的不确定因素主要有固定资产投资、年发电量、借款偿还期、营运成本等。由于本工程合同为照付不议合同，没有年发电量变化的风险，因此只对固定资产投资、借款偿还期及营运成本发生变化时对全部投资财务内部收益率及资本金财务内部收益率的影响进行分析计算。财务内部收益率分析见表 8-2。

项目账务内部收益率分析表　　表 8-2

序号	项　目	财务内部收益率(%)	
		全部投资	
一	基本方案	9.551	11.08
二	固定资产投资变化		
1	增加 20%	7.897	7.365
2	增加 10%	8.661	8.827
3	减少 20%	10.603	12.831
4	减少 10%	11.873	15.281
三	借款偿还期变化		
1	18 年	9.551	11.148
2	20 年	9.551	11.385
3	24 年	9.551	11.938
四	营运成本变化		
1	增加 20%	9.195	9.976
2	增加 10%	9.374	10.366
3	减少 10%	9.727	11.127
4	减少 20%	9.902	11.483

计算结果表明：借款偿还期和营运成本的变化时全部和资本金的内部收益率影响不大，都接近或大于各自的基准收益率，基本上都比贷款利率（6%）高 2%以上。但固定资产投资的增加对内部收益率影响较大。鉴于合同价格中已经考虑了土建工程量增加（9.5%）和机电设备涨价（10%）因素，固定资产投资增加对内部收益率的影响基本可控。

综上所述，本项目财务评价指标较好，具有一定的抗风险能力，建议该项目在财务上是切实可行的。

8.1.4　融资结构

在对项目融资进行分析时，主要从项目的投资结构、项目的融资模式、项目的资金结构和项目的信用保证这四个模块入手。贷款银行通过对项目融资整体结构的关注，可以对潜在的风险形成初步认识，从而为进一步的风险控制和风险管理打下基础，提高项目的经济强度和债务承受能力。

8.1.4.1　项目的投资结构

1. 要点

项目的投资结构是项目融资整体结构的基础，是指项目的投资所有权结构，即项目的投资都对项目资产权益和法律拥有形式及项目投资者之间的法律合作关系。贷款银行需要明确了解这些关系和结构，因为这些结构通常会直接或间接地给项目带来法律、税收、日常管理等方面的影响，并且是借贷双方协商确定融资方案的基础。对于 BOT 项目融资来说，国际上通常采用的投资结构有以下基本法律形式：公司型合资结构、合伙制或者有限合伙制结构、非公司型合资结构、信托基金结构。其中，公司型合资结构、有限合伙制结构和非公司型合资结构在项目融资中应用最为普遍。

2. 本项目投资结构设计

在本项目中，由于项目公司是投资者中水国际的全资公司，所以并不涉及股东之间复杂的法律关系。项目公司是独立于投资者的法律实体，拥有电站一切资产的所有权和处置权，而投资者只是拥有相应比例的股权，对电站财产并没有直接的法律权益。这种结构的好处有：投资者只承担股本资本部分的有限责任；投资转让程序较为简单。同时，在这种结构下，以项目公司进行融资较为容易被贷款银行所接受，因为项目的资产和项目现金流可以作为一个整体抵押给贷款银行作为融资的保证。从贷款银行的角度，项目的贷款是完整的，不需要在投资者之间进行分割，有利于贷款银行对项目现金流量、项目决策权和资产处置权实行全面的监督和控制。正是因为以上原因，本项目的投资结构采用了国际上 BOT 项目普遍采用的公司制组织结构。

8.1.4.2　项目的融资模式

按照借款主体的不同，项目融资的典型模式有以下几种：以投资者作为借款人的融资模式、以项目公司作为借款人的融资模式，以 SPV 作为借款人的融资模式和杠杆租赁模式。

甘再项目采用的模式是以项目公司作为贷款人进行项目融资，原因如下：一是甘再项目为标准的 BOT 招投标项目，可以完全依照国际上通行的 BOT 项目模式运作；二是 J 国国家电力法律、法规较为健全，法律环境良好；三是 J 国对此项目给予税收、土地征用、特许经营期等多方面优惠政策；四是随着 J 国致力于国内经济建设，对于电力的需求量也呈上升趋势，项目市场前景较好；五是与政府签订了照付不议的购电协议，且由 J 国政府提供付款担保，项目具有稳定的现金流作为还款来源；六是中水集团能够提供完工担保，出口信用保险公司也有意向提供海外投资险。

8.1.4.3 项目的资金结构

项目的资金结构是指股本资金、准股本资金与债务资金比例关系及相应的来源。甘再项目总投资28055万美元，其中固定资产投资2.4亿美元，建设期利息0.4亿美元。股本8050万美元，股本与债务比为28：72。

根据国家发改委批准，项目股本部分（8050万美元）由国家开发银行提供3.2亿元人民币（约合4000万美元）软贷款，其余由中水国际以自有资金出资，债务部分由进出口银行提供2亿美元有限追索的项目融资贷款，期限15年（含建设期4年）。项目资金使用及来源对照表见表8-3。

项目资金使用及来源对照表 表8-3

资金的使用/万美元		资金的来源/万美元	
土建工程	15827	企业自有股本	4050
钢结构	584		
机电设备	5355	股本融资(国家开发银行)	4000
输电线路	141	股本合计	8050
工程预备费	1500		
征地费用	100	债务融资(进出口银行项目融资)	20005
建设期利息	1724	债务合计	20005
其他	2869		
资金使用总计	28055	资金来源总计	28055

年度投资和贷款金额及其比例见表8-4。

年度投资和贷款及其比例（千美元） 表8-4

年度	2006年	2007年	2009年	2010年	合计
建设工程总投资(年度)	18285	38135	85119	98944	280545
其中:资本金部分(28%)	5120	10678	23833	11217	78552
其中:贷款部分(72%)	13165	27457	61286	28845	201993
建设工程总投资(累计)	18285	56420	141539	280545	
其中:资本金部分(累计)	5120	15798	39631	78552	
其中:贷款部分(累计)	13165	40622	101908	201993	
占比例	6.52%	13.59%	30.34%	14.28%	100.00%

8.1.4.4 项目的信用保证结构

对于贷款银行来说，项目融资的安全性来自两个方面：一是项目本身的经济强度；二是项目资产及项目参与者的各种担保，即信用保证结构。项目本身经济强度和信用保证相辅相成，项目的经济强度越高，信用保证结构越简单。甘再项目的融资担保结构由以下几部分组成：《项目合同质押协议》、《股权质押协议》、土地权益及厂房抵押协议、机器设备抵押协议、账户质押协议、账户托管协议、保险转让和抵押担保协议、股东支持协议。

1. 项目合同质押及担保协议

由项目公司将其在项目合同（包括特许权协议、购电费用担保协议、总承包合同、购电合同、电网调度合同及设备运行、管理、维修合同等）项下的权益转让、质押给进出口银行。项目公司在有关银行开立若干账户，交由托管人托管。

2. 股权质押协议

项目公司股东将其在项目公司的全部股权质押给进出口银行。

3. 土地权益及厂房抵押协议

项目公司将其拥有的土地权益、厂房及其他地上定着物抵押给进出口银行。

4. 机器设备抵押协议

项目公司将其拥有的机器设备及其他一切财产抵押给进出口银行。

5. 账户质押协议

项目公司根据进出口银行的要求，在代理行开立若干账户，且项目公司同意将账户下的权益质押给进出口银行。

6. 保险转让和抵押担保协议

项目公司将其与项目有关的所有保险合同项下的权利及根据保险合同取得的一切保险金均转让、抵押、质押和转移给进出口银行。

7. 股东支持协议

项目公司股东承诺如下：①按期缴纳项目公司注册资本；②股权处置限制；③成本超支保证：股东承诺如发生超支情况，将立即按照项目公司合作合同的章程的规定无条件地向项目公司提供项目超支融资；④完工担保，股东承诺对贷款合同项下贷款承担连带保证的完工担保责任。为了加强担保力度，由股东的母公司——中水集团出具承诺函，承诺在股东支持不足时，由中水集团提供担保支持。

完工标准不仅包括物理完工，同时涵盖财务完工。具体设定如下：一是进出口银行聘请独立技术顾问就项目的物理完工进行评估并出具专家意见；二是将财务完工的标准设置为偿债保证比（DSCR）不低于1.1，贷款期保障比（LLCR）不低于1.0。

8.1.4.5 本项目融资方案

贷款人：甘再项目公司

币种：美元；

借款额：不超过债务部分（约2.02亿美元）；

贷款期限：结合项目建设投资回收期考虑；

利率：6个月LIBOR+MARGIN，完工前、完工后采用不同利差；

还款期：项目完工后起至贷款还清结束，每半年还款，具体还款计划待定；

完工担保：项目完工前，股东的母公司（中水集团）提供还本付息的担保。

担保及支持性安排：营运期提供项目资产抵押；设立项目托管账户，托管账户质押；在电力购买协议上设置质押；在特许经营协议上设置质押；J国政府提供还款保证；借款人股权质押；投保境外投资险及其他担保及支持性安排。

8.1.4.6 代理行选择与账户监管

1. 代理行选择

本次项目小组共考察了5家银行，其中J国当地银行2家，外资银行在J国分行3家，具体情况对比如表8-5所示。

代理行优劣分析对比 **表 8-5**

银行	银行总部所在国	有无代理行经验	有无押品代理行经验	在京有无分支机构	开立账户币种	代理费及汇款手续费率	业务范围
Maybank	马来西亚	无	无	无	仅能开立美元账户	代理费为 1%	银行业务
大众银行	柬埔寨	做过法国 BOT 项目账户行	无	无	美元和瑞尔均可	可谈	银行业务
ANZ Royal	澳大利亚	无	为越南项目做过抵押品代理行	北京分行	美元和瑞尔均可	代理费和汇款手续费按照业务处理量和批次确定	银行业务
加华银行	柬埔寨	为 KFC 做转贷行	有抵押贷款经历	无	美元和瑞尔均可	可谈	银行业务及房产投资
ACLEDA Bank	柬埔寨	无	无	无	美元和瑞尔均可	无代理费，汇入费用 0.1%，汇出执行央行政策	

对比上述 5 家银行的各项情况，考察小组认为澳新银行（ANZ）项目融资经验丰富，且该行在北京也有分行，便于沟通，因此选择澳新银行为本项目代理行。

2. 账户监管

项目公司需要在 J 国 ANZ 银行开立贷款控制账户（用于股本注入与卖电收入注入）、营运账户、大修基金账户、分红账户，在 J 国开立贷款账户、偿债储备账户（待定）及偿债账户。进出口银行将与 ANZ 银行签署账户托管协议。账户流程图如图 8-3 所示。

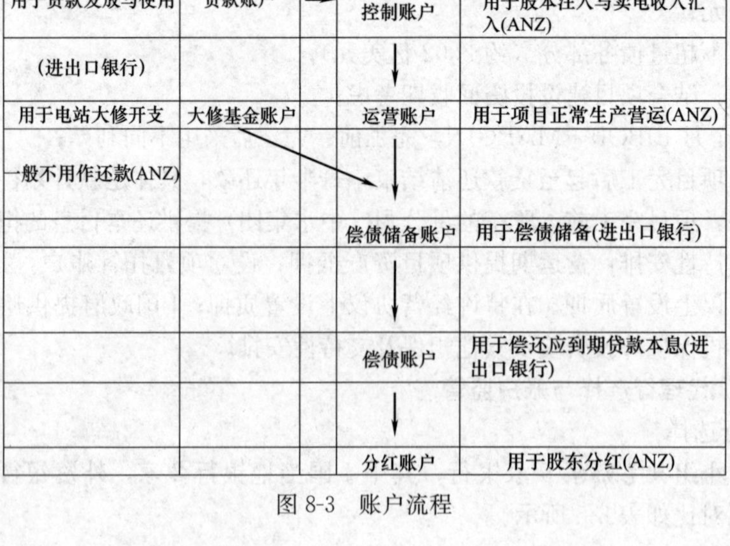

用于贷款发放与使用	贷款账户 →	控制账户	用于股本注入与卖电收入汇入(ANZ)
(进出口银行)		↓	
用于电站大修开支	大修基金账户	运营账户	用于项目正常生产营运(ANZ)
一般不用作还款(ANZ)		↓	
		偿债储备账户	用于偿债储备(进出口银行)
		↓	
		偿债账户	用于偿还应到期贷款本息(进出口银行)
		↓	
		分红账户	用于股东分红(ANZ)

图 8-3 账户流程

8.1.5　风险分析及管理

项目融资以其复杂性高风险性而著称。首先要对项目进行科学全面地风险识别，在此基础上项目发起人通过谈判按照风险分摊原则（将该风险分配给最有能力或控制风险的项目参与方）在项目参与方（如项目发起人、项目公司、EPC承包商、项目贷款人、项目所在东道国政府、保险人、项目产品包销商、第三方运营同等）之间建立合理的风险分摊机制。

海外项目投资中风险可以分投资项目东道国政治风险（海外投资政治风险，包括战争、内乱、征税、汇兑限制，违约等）和项目风险；投资项目东道国国家风险是投资企业面临的宏观层面风险，企业对其只能加以转移规避或承受；而项目风险则是企业面临的微观层面的风险，企业可以通过各种风险管理工具加以控制，如果项目初步可行，企业应立即着手该项目所在的国家风险分析。若国家风险过高而企业又难以承受或转移，无论该项目的可行性有多好，其收益都可能因为国家政治风险的爆发而化为乌有。如果经过论证，认为国家政治风险是可承受的那就继续做项目详细可行性研究，包括项目风险分析。

在鉴别国家政治风险时，可以参照国际评级机构——标准普尔和穆迪等对于世界各国的主权评级，这些评级主要是对于各国政府在国际市场举债的违约程度进行评估，从而这些债务的投资价值及相应的风险溢价。因此，中国企业选择海外投资时应多借鉴权威机构的评估意见，以便规避政治风险。在资源丰富的非洲和拉美等国家，往往政局很不稳定，政权更迭和部族冲突是家常便饭。在政权更迭之后，对外资政策也会相应发生重大变化，甚至采取敌视政策，认为外资是在掠夺他们的资源，使他们变得更加贫困，因此，他们往往会撕毁前任政府的正式承诺甚至书面合同，通过强制性方式剥夺外国投资者的权益，令外国投资者损失惨重。也有一些国家政府的外资政策朝令夕改，令外国投资者投诉无门。除了公司的项目现场考察获取资料分析等工作外，为了全面客观地分析和控制风险，投资企业还应该积极与相关部门的保险公司（如中信保、多边担保机构等）、保险经纪人（保险顾问）合作，对于相关政治风险，在甘再项目中，为了有效降低政治风险，采取了以下措施：①与J国政府签订项目执行协议（LA）规避政治和财务不确定性问题；②促使J国政府提供了担保；③通过与中信保签订政治风险保险，规避征收、汇兑限制和违约风险。

BOT项目的风险分类通常有以下几种形式：从风险性质上一般分为“非商业风险”和“商业风险”两大类。以BOT项目实施阶段分类可分为施工期风险和运营期风险。其风险特征如下：

（1）公共事业单位不再承担财务风险，商业投资者必须限制自身所需承担的商务风险，这种商务风险所带来的各种财务负担必有要利用风险管理手段和综合保险方案进行控制和规避。鉴于项目参与的各方具有各自不同的利益，在实物当中，采取将各种复杂的合同/协议纳入一个综合性的合同包，虽然借款以一个小的项目公司出现，他仅是承担很少的责任或债务责任。

（2）BOT项目融资模式首要的也是最为重要的一点，是建立一套与项目相关的、完整、真实的风险管理方案，以便风险最小化；合理地将风险由项目相关各方（项目投资方、借贷方、承包商、供应商、采购商、项目主权国代表方）分担，对某些无法被分担的风险，则要通过商业保险手段转嫁。因而，BOT项目需要采用相对长期的、综合性保险保障，而这种保障需要进行严格的风险评估才能够获得。

（3）一般来说，由承包商聘用的咨询单位所造成的损失不包括在保险保障范围之内，因此，应将其纳入被保险人之列。

（4）在BOT项目中，商业投资方与承包商通常为一体，或者共同组建项目公司。因此，无法严格区分项目竣工与交接的过程，那么在此期间发生损失会造成整体的财务问题，尤其是在分期竣工、交接的期间更是难以处理风险损失。

（5）BOT项目中，通常将主要设备厂商纳入被保险人之列，将其风险转嫁给保险公司。因为，普通的制造厂商提供的所谓保修保证无法体现和弥补开发商财务损失。

（6）在BOT项目实施过程中，由于技术更新、经济和政治环境变化，项目的生命力常常会遭遇质疑，从而造成重大损失，特别是几乎所有的项目公司都是以有限责任形式注册的。

（7）项目投资贷款方通常也要求被纳入被保险人之列，很显然以，这个问题难以被保险公司所接受。如果坚持将其纳入被保险人，则保险公司出具风险评估报告。

8.1.5.1　**信用风险**

1. 要点

项目融资所面临的信用风险是指项目有关参与方不能履行协定责任和义务而出现的风险。信用风险贯穿于项目的各个阶段。项目发起人进行详细的市场调研和必要时的尽职调查，对有效规避和控制信用风险造成的损失是非常必要的。贷款银行应对各参与方的信用状况给予关注，即从信贷、业绩、管理技术、资金能力、管理者素质等各个方面进行考察。在融资执行阶段，随时关注各有关参与者的履约情况、重大经营变动等。

2. 本项目的信用风险

在本项目中，这种信用风险主要体现为购电方违约时造成的风险，即J国国电公司（EDC）不按照PPA合同中约定的支付条款对项目公司支付约定数额及约定币种比例（美元80%、瑞尔20%）的电费。

本项目由J国政府（由J国经济与金融部分代表）对PPA支付条款出具了无条件且不可撤销的主权担保，担保在EDC不支付情况下由政府支付购电款，并以法律的形式对上述担保予以固定。此外，中水国际拟投保海外投资保险。因此，购电方违约风险虽然存在，但一旦出现，则构成政府违约，可以通过中信保履行赔偿责任来保证进出口银行贷款安全。

就支付电费币种结构方面而言，据中信保的国别风险报告显示，J国美元化现象严重，本币瑞尔只被用作辅币，全国90%以上的存款为美元存款，因此按照其当前的外汇储备，J国具有一定的美元支付能力。但未来基础设施建设将带来大量原材料和机械设备进口，同时各类投资项目建成投产后将出现大量利润汇出，外汇储备压力增加，其充足性需要关注。一旦出现J国外汇储备不足，不能履行PPA电费支付币种结构时，则需要由中信保履行赔偿责任。

8.1.5.2　**完工风险**

项目的完工风险（项目无法完工、工程预算超支、延期完工或完工后无法达到运行标准）是项目投资面对的最重要风险，存在于项目建设阶段和试生产阶段，项目能否按期建成并按照其设计指标进行生产经营是以项目现金流为融资基础的项目融资的核心，因此项目的完工风险是项目融资的主要核心风险之一。完工风险对项目的负面影响主要表现在建设成本的增加、利息支出的增加、贷款偿还期限的延长和市场机会的错过，甚至有可能导致整个项目的失败。

按照风险分担原则，最适合及有能力控制风险的是项目的 EPC 承包商，控制和降低风险的措施包括：①项目公司通过利用不同形式的项目建设合同来把完工风险转移给 EPC 承包商，以最大限度地规避完工风险。常见的合同有：固定总价合同、成本加酬金合同、可调价合同。固定总价合同，双方在专用条款内约定合同价款包含的风险范围和风险费用的计算方法，以固定的总价格委托给承包商，价格不因环境变化和工程量增减而变化，承包承担了全部的完工风险。在这种合同形式下，项目公司承担的风险是很小的，而承包商所承担的风险最大。成本加酬金合同，项目公司承担了大部分风险，承包商承担的风险是很小的，项目公司对这种合同应加强对实施过程的控制，包括决定实施方案，明确成本开支范围，规定项目公司对成本开支的决策、监督和审查的权利，否则容易造成不应有的损失。可调价格合同，项目公司和承包商对完工风险进行了合理的分担。而项目公司为了有效规避完工风险，通常采用固定总价合同把这一风险转移给 EPC 承包商，并且在“项目建设合同”中明确规定因延误或者没有完成特定业绩指标时必须赔偿的特定金额，即确定违约赔偿金（Liquidity Damages）；②项目公司利用担保和保险，要求 EPC 承包商提供履约保函或第三方担保，以及购买足够的商业保险来规避项目完工风险。

8.1.5.3　**生产风险**

1. 要点

生产风险存在于项目的试生产阶段和生产运营阶段，是项目融资的另一个主要核心风险。生产风险是指在生产运营过程中由于技术稳定性、资源储量、能源和原材料供应、经营管理、劳动力状况等因素的影响造成项目产品未能达到计划产量或质量及生产成本超支的风险。生产风险的主要表现形式有：技术风险、资源风险、能源和原材料供应风险、经营管理风险。降低这种类风险可以通过一系列的融资文件和信用担保协议来实施。针对生产风险种类不同，设计不同的合同文件。对于能源和原材料风险，可以通过签订长期的能源和原材料供应合同，加以预防和消除。对于资源类项目所引起的资源风险，可以利用最低资源覆盖比率和最低资源储量担保等加以控制。对于生产风险中的技术风险，一般要求项目中所使用的技术是通过市场证实的成熟生产技术，是成功合理并有成功先例的。

贷款银行针对不同生产风险采取不同的管理措施。对于技术风险，一般在达到商业完工后，技术风险较小，因此该风险在完工风险的管理中基本得以控制；同时贷款银行通常要求项目中所使用的技术是通过市场证实的成熟技术。对于能源和原材料供应风险，可以通过签订照付不议协议保证项目按照一定的价格稳定地取得重要能源和原材料供应，也可以利用商品调期、期权、期货、远期等金融工具进行管理。对于资源类项目所引起的资源风险，可以利用最低资源覆盖比率和最低资源储量担保等加以控制，有时贷款银行要求在实际放款前做进一步的勘探工作、落实资源。对于经营管理风险，主要考察经营公司对融资项目及其产业领域是否熟悉，签订的经营与维护合同定价是否合理，是否有利润分成或成本控制奖励等鼓励机制，如果项目经营者同时又是项目最大的投资者，则对于降低项目经营管理风险十分有利。另外，投资者提供的资金缺额保证是进行生产风险管理的一个常用措施。

2. 本项目的生产风险

J 国处于热带季风气候区，5 月中旬～11 月上旬为雨季，11 月中旬～次年 3 月为旱季。工程所在地区是 J 国最湿润的地区之一。在 Kamchay 流域，大约 80%的降雨发生在 5～11 月的雨季。该地区降雨量一般从 1 月～8 月逐渐增加，8 月达到高峰，然后减少，直到年底。

综合分析，该项目存在着来水不足的风险。但由于 PPA 中约定，对于降雨不足导致的电量减少，EDC 保证在商业运行期内每年按照付不议的原则购买 4.98 亿度基本电量，对于因降雨不足造成的电量不足将由双方同意并记录，并从今后年度超额电量中冲减。故在电站建成并达到设计标准的前提下，水资源量不足风险可以分摊在今后年度内并用超额电量冲减。

8.1.5.4 市场风险

1. 要点

项目产品的销售是项目利润和现金流的直接来源，是项目还款的重要保障。市场风险是指在项目按计划维持产品质量、产量的情况下，产品市场需求量与市场价格波动所带来的风险。

首先，应在项目的筹划阶段做好充分的市场调研和市场预测，减少投资的盲目性。在项目生产经营过程中，降低市场风险的有效方法是签订长期产品销售协议，主要是照付不议协议。另外商品调期、期权、期货、远期等金融工具在规避产品价格风险中得到越来越多的应用。

2. 本项目的市场风险

当前的 J 国属于电力短缺国家。绝大部分水电资源没有得到开发利用，目前只能靠柴油/重油发电和从邻国进口电力来满足国内电力需求。

短期来看，无论针对进口电价还是国内电价，甘再水电站的电价具有一定的竞争力，能够被 J 国政府和市场接受，可以部分替代高成本的柴油/重油发电站。从长期来看，随着 J 国电力供应的增加，供求矛盾能够得到一定程度的缓解，但仍处于供不应求的局面。因此 J 国政府下调电价的可能性很小。而一旦出现电价下调的情况，考虑到本项目投保了海外投资险，对于政府违反 PPA 的约定而下调本项目上网电价的情况可以由中国出口信用保险公司履行赔偿责任。故本项目的市场风险在一定程度上可以得到降低。

8.1.5.5 金融风险

1. 要点

项目的金融风险主要表现在利率风险和汇率风险两个方面。在项目融资中，贷款银行应对项目自身难以控制的金融市场上可能出现的变化加以认真分析和预测，如汇率波动、利率上涨、通货膨胀、国际贸易政策的趋向等，这些因素会引发项目的金融风险。

随着国际金融市场的发展，期权、掉期、期货和远期等新兴金融衍生工具被逐步地引入项目融资的风险管理领域。除了在项目产品、原材料、能源价格风险的管理方面得到广泛应用，在金融风险管理中也发挥了重要作用。对金融风险的管理首先是要对金融市场汇率、利率等变动情况和通货膨胀、国际贸易政策的趋向等进行分析和预测，在此基础上运用以上金融工具对相关金融风险进行有效规避。

2. 本项目的金融风险

J 国对外资的开放程度很高。对各行业中外资占股比例没有限制。没有外汇管理制，经常账户和资本账户项下都可以自由兑换并汇入汇出。根据购电协议，电费中 80%以美元支付，而进出口银行提供的贷款为美元，币种匹配。电费中 20%以当地币瑞尔支付，据中水国际初步测算，当地币部分主要由于项目正常营运费用，且在 J 国瑞尔和美元可以自由兑换，故项目的汇率风险不高。

8.1.5.6　环境保护风险

1. 要点

环境保护风险是指由于满足环保法规要求而导致项目增加生产成本、降低生产效率、投入新的资产以改善项目的生产环境或项目被迫停产等风险。

控制项目的环境保护风险可采取如下措施：①充分了解东道国与环境保护有关的法律，在项目的可行性研究中充分考虑环境保护风险；②考虑未来可能加强的环保管制，拟订环境保护计划，并将该计划作为融资前提；③把环保评估纳入项目的不断监督范围内。

2. 本项目的环境保护风险

J 国已经颁布了一些关于环境管理和环境保护的法律法规，并在 1993 年成立了环境部。“国家环境行动计划 1998—2002”是一个五年计划，意在改进环境管理。国家环境行动计划提出了管理受保护区域的综合性战略，该战略中一个重要内容就是让当地原住民参与到环境管理中。

项目环评报告在投标阶段已经完成，随后项目公司向 J 国环境部申请取得环保许可证。在尽职调查中发现本工程不涉及移民问题，但有可能淹没 Bokor 国家公园部分属地(2000ha，占公园总面积的 1.42%)，并淹没三种珍稀物种，影响一些动物种群栖息地。但一旦取得环境许可，上述对环境的影响将被允许。

8.1.5.7　法律风险

1. 要点

法律风险指东道国法律制度给项目带来风险。世界各国的法律制度不尽相同，经济体制也各具特色。跨国借贷可能面临因法律不同而引发的争议，有些国家担保法的不健全可能导致获得担保品成为困难，有些国家对知识产权的保护尚处于初级阶段，还有些国家缺乏有关公平贸易和竞争的法律等，这些因素带来的风险是不言而喻的。

项目融资中，律师的作用非常重要。投资者按照律师的建议将项目东道国的法规税收等体系作为项目可行性研究的一部分。贷款银行在接受项目财产抵押前，必须询问财产所在国律师的意见。贷款银行的法律顾问负责综合考虑律师的意见，保证所安排的融资方案和担保方案确实能够起到预期的作用，保证税收及其他利益确实能够实现。

2. 本项目的法律风险

J 国国家电力法律、法规较为健全，《J 国电力法》是国家在电力供应和服务方面的指导性法规 BOT 模式、投资法保护投资者的利益。故其投资的活动环境相对健全，为外国投资者赴 J 国投资提供了法律保障。

《投资法》第8、9、10条明确规定：外国投资者不会因国籍被歧视；J国政府不实行损害投资者财产的国有化政策；J国政府不对投资项目的产品或服务进行价格特定制。上述原则的而成立，使甘水在水电站项目财产权和收益权得到了法律保障。

《投资法》第11条明确规定，允许投资者从J国银行体系换购外汇，用于进口产品、偿还国际贷款、将投资利润汇出等。这从法律上保障了上述费用的兑换及汇出，降低了项目的汇兑风险。

《投资法》第14条明确了给予投资者的税收优惠，包括一定期限的所得税减免，以及设备、原材料等进出口免关税。据此，甘在水电站项目的相关税收优惠是有法律依据的。

《投资法》第20条明确允许通过境内或境外的仲裁方式解决投资纠纷，这为甘水电站项目有关项目文件规定的争议解决方式提供了法律支持。

上述规定也在《BOT合同法》中有所体现。

当然，有关法律的规定还较为概括、简单，如虽确立了不进行国有化的原则，但对特殊情况下采取国有化时应给予的补偿原则未予规定；虽明确了有关政策部门的义务和责任，但对政府部门违反相关规定时，外商投资者的救济权利和渠道未做出明确规定。这些也将对投资项目带来一定风险。

总体来看，J国在投资领域的法律注重保障外国投资者的权益，没有明显歧视性条款，并以法律形式确定了部分优惠措施，是正面和积极的，对赴J国投资较为有利；但其法律仍有待进一步健全、细化和完备。

8.1.5.8 政治风险

政治风险是指由于项目东道国的政治条件和法律制度发生变化而导致项目失败、项目信用结构改变、项目债务偿还能力降低等方面的风险。政治风险主要有：项目征收风险、汇兑限制风险、生产限制风险、税制变更风险、进出口政策变更风险、环保立法变更风险、战争风险。

对项目政治风险的防范措施主要是：①对东道国的政治稳定性进行充分的考虑和分析，对项目的政治风险进行识别；②通过投资风险来降低可能损失；③东道国政府或中央银行、税收机构等向贷款银行出具书面保证作为意向性担保；④在项目融资中引入多家金融机构共同对项目发放贷款；⑤当地政府、企业、银行等机构的参与对政治风险的评价起到一定的心理保障作用。

J国政治制度脆弱，党派存在矛盾与纠葛，政治权利的分配受制于军事实力对比。经济机构单一，工业基础薄弱，主要依赖外援，在出口信用保险公司的国别风险评级中列第八类，属于相当显著风险。

但J国实行对外开放政策和自由市场经济。最近，J国王国政府又提出了建立工业发展基础和市场开放的战略，进一步吸引投资，J国王国政府非常重视基础设施的建设，特别是公路、桥梁、电力、通信、水利设施的建设。

综上，J国国别风险较高，但其投资法律环境尚算健全，中水国际投保海外投资政治风险，降低了国别风险。具体来讲，投保人为中水国际，被保险人为中水国际在J国注册成立的项目公司，保险受益受让人为贷款人进出口银行，保险范围为征收、汇兑限制与政府违约三项。政府违约盖中水国际或项目公司就投资项目签署的有关协议或作出的承诺，包括但不限于MIME或EDC与中水国际或项目企业签署的LA、LA及PPA。

此外，政府针对政治风险出具了担保函，并由立法加以确定。

8.1.5.9 **不可抗力风险**

不可抗力风险是指由于项目本身不可直接控制的、无法预料的、突发性事件对项目造成的物质损失或灭失。如因自然条件的变化（洪水、地震、地下矿井塌方等）对项目资产和生产经营活动造成的损失和危害。

对于不可抗力风险损失的规避方法主要是投资商业保险。

8.1.6 保险

从上述风险分析可以看出，BOT项目的一个典型的特征是：项目的承办单位在项目所在地以相对较小的资本注册一个项目公司，由该项目公司进行项目融资，从而使得项目承办单位并不承担还贷款责任（也称为“无依靠性”融资）。因此开发一个BOT项目需要面对的不仅有商业风险（Commercial Risks），还有非商业风险（Non-Commercial Risks）或者成为政治风险/信用风险，这些风险贯穿在项目实施、运营的各个阶段，唯一处理办法只能是采用有效的风险管理技术，设计出相应的保险方案，合理地采购保险产品，以保障项目的融资和项目的顺利实施。

BOT项目的公司必须在整个项目特许经营期间，承担项目的所有风险，这是BOT项目的特殊性。因此，需要制定一个长期的风险管理方案和完整的“无缝连接”的保险方案，进行严格的风险评估，对整个合同执行期间内适时进行检查，实施完整的风险控制方案，并由保险专家来确定保险公司和再保险公司的保险价格和条件及处理风险事故能力。

“没有风险，就没有投资/融资”。这是投资项目不同于其他类型的国际工程项目的根本点。而采用什么样的风险方案，既要获得可靠的风险保障，又要降低保险成本，我们在该项目中体会颇深。

8.1.6.1 **BOT项目保险内容**

1. 非商业保险（政治风险/信用风险）

（1）政府征收/充公；

（2）政治动乱（党派、人选及民众骚乱）；

（3）货币转换，汇率及向境外汇出限制；

（4）各种合同违约；

（5）政府担保无效。

2. 商业风险保险

（1）职业责任保险：用以承担项目执行中每个独立的职业承包商风险。这种保险在单一项目中并不常见，但其承保范围以年保单方式承保了所有独立的承包商风险，因此，职业责任保险应独立于其他保险而贯穿于建设期和运营期始终。

（2）常规的保险，包括工程建安一切险、人员意外伤害险、第三方责任险、运输险等。

3. 建设期内保险内容

（1）运输险：（含内陆和海运）承保自项目所需设备制造厂至项目现场的风险损失；

（2）运输后续损失险：因运输过程中造成的风险损失而导致其运营所造成的后续损失；

（3）建筑工程一切险/安装一切险：工程建设及试车运行期的风险损失；以及在此期间内的责任风险损失保险；

（4）运营逾期利润损失险：建设期内由货物运输和工程建设及试运行期内发生风险损失导致项目逾期运营而带来的利润损失。

（5）采购信用保险：通常是对设备供应商/厂商的支付保障（可选）。

4. 运营期间的保险内容

包括火灾保险；火灾造成的利润损失险；设备损坏险（与设备供应商提供的相应的设备担保综合考虑）；财产/设备损坏利润险；综合性商业责任险；环境责任险（如有）。

8.1.6.2 保险市场

1. 非商业保险市场

由于非商业风险属于国际上的政治风险，风险本身非常复杂，很难进行量化，保险市场和承保能力非常有限。目前主要有：

（1）国际市场

MIGA，承保能力很大，承保条件和承保范围也比较宽泛，但审核程序复杂，前期费用高；以劳合社为首的政治风险保险市场，与 MIGA 类似，但往往保险承保过高。

以美国 AIG 为首的政治风险保险市场，单独承保能力有限，通常作为再保险人考虑。

（2）中国信保

中国信保虽然是最直接的、最方便保险市场，但承保条件和范围有限，审批程序复杂，保险成本和承保条件较高。

2. 商业保险保险市场

商业保险市场相对比较发达，保险产品种类比较全面，选择性较强。大约在 10 年前，德国安联保险公司和慕尼黑再保险公司推出了 BOT 项目统括保单。但由于国际市场形势变化，此类保单目前已经无法买到。因此，我们只能利用现有的保险市场和保险产品。

（1）国际保险市场有：欧洲保险市场（安联、慕再等）；伦敦保险市场（劳合社等）；北美保险市场（AIG 等）。

（2）中国保险市场有：主要是人保、太平洋保险和平安保险。如果单独追求保险成本，中国保险市场的保险成本比较低，但保险产品尚无法完全满足 BOT 项目的需要，而且保险服务水平和信用等级相对较低。

8.1.6.3 保险方案实施注意事项

1. 保险公司的选择

对于上述综合性保险方案的实施，为使各保单之间相互衔接，最好选择同一个保险公司进行承保，以保证风险协调转嫁，避免产生缝隙。从融资的银行角度看，它们固然希望能够采用一个贯穿项目建设期直至运营期的统括性保险方案。这里所说的同一个保险公司是针对以传统模式的工程保险方式而言的，可以看到，普通的工程项目中，不同的保险内容或标的，如设备生产厂商、运输商、项目运营商等大多都是分别在不同的保险公司选择购买不同用途的保单；而在 BOT 项目下，应聘请有经验的风险顾问（如有经验的保险经纪公司）来组织、设计风险管理方案，并据此制定风险转嫁方案、保险方案，并组织各保险公司方案报价，进行综合评估，向项目公司提供最终的保险方案，以供决策。

传统的风险转嫁方式对被保险人（本案为项目公司）而言，为建设期转向运营期时，保单承保责任并不能全部扩展和应用；在BOT模式下，所有风险都是由项目公司所面对的，不仅是建设期，也包括运营期，无论在两个期间内所有分包单位提供什么样的担保保证，风险总是无法避免的。换句话说，所有保单的首要被保险人都是项目公司，而其他分包商是共同被保险人。

上述对BOT项目的保险方案通常承保范围很广泛，因此必须谨慎考虑方案的可行性，即使项目不是很大的情况下，也须格外注意在每个单独的保单下会形成风险事故的不断累积，尤其是对项目财产保险和利润损失险要采取严格慎重的态度。此外，对上述所有的保单中，如果包括自然风险损失（暴风雨、洪水、地震等），也需要购买与其相对应的利润损失险。

2. 保险成本的评估

选择保险公司往往会遇到性价比的问题，即信誉度高的保险公司往往会带来高成本问题。在BOT项目中，由于必须考虑一些特殊的保险产品，如本案BOT项目中的DSU保险，由于风险发生幅度度和损失发生率均偏高，必须统筹考虑保险公司的信/价比，在合理的价格内，选择最好的保险公司。本项目最终选择了慕尼黑再保险和PICC结合的保险方案。

另外，在项目启动前，应整体考虑由建设期进入运营的保险成本变化，因此，应从项目总成本及收入状况来统筹规划总保险成本。如果设计一套长期的、综合性保险方案，将会大大地节省保险费用，并对保持项目平稳、持续地发展提供可靠的财务保障。

3. 特殊风险的风险管理要点

职业责任损失补偿保险（PI，Professional Indemnity）在通常的工程建设/安装工程项目中，咨询服务商（如设计单位）是由项目公司聘用的，但咨询服务商风险一般不在工程一切险/安装一切险保单的承保范围之内，如果在项目进行中由于设计错误给项目造成任何损失，保险公司或项目公司往往会从咨询单位及其职业损失补偿保险中寻求补偿。

在BOT项目中，虽然咨询设计单位有时是由项目公司聘用的，但有时它也是项目公司的一部分，因此，应将咨询单位也纳入到共同被保险人之列，一旦发生风险损失就不必单独向咨询单位寻求补偿。值得注意的是，在BOT项目中，设计错误所带来的风险往往高于普通的工程建设项目。

4. 职业损失风险处理方案建议

(1) 尽可能地将设计错误风险纳入保单之中；

(2) 适度提高设计错误损失赔偿的免赔偿率；

(3) 要求设计单位提供相应的担保保证。

将上述三种方法综合使用。

5. 建设期至运营期的风险移交处理

在普通工程项目中，业主单位在施工单位施工结束后将开始承担全部责任，通常以验收报告方式进行接管。

而在BOT项目中，施工单位与业方单位或项目公司为同一单位或项目公司成员，因此，不存在像普通工程项目那样由建设单位向业主单位移交的过程。然而，在由建设期向运营期转移当中，特别是局部工程竣工转向部分运营阶段，如果发生风险损失事故，将会对项目公司经营和财务带来很多问题。进而，如果过渡期转移的定义不明确时，这类问题会更加突出，因为，很难区分保单规定承保责任、免赔责任及工期延误等。基于此类问题，项目公司应与各咨询商或分包商/供应商签署相应的协议，以利于保险公司便于核实赔付，从而保障项目公司的经济利益。

6. 生产制造商担保

水电站工程设备的生产的制造商也可视为一个承包商，如果设备厂商因其自身的风险原因造成供货延误，或因为设置在运营期内无法正常运行或停止运行，由此会给 BOT 项目带来无法预测的损失，在这种情况下，项目公司或保险公司自然首先是从设备的生产制造商所提供的担保来寻求补偿。然而，在 BOT 项目中，设备厂商往往也是在被保险人之列，而将其风险转移给了项目公司。类似的赔偿工作面临着困难，因此要明确界定设备厂商与项目公司的关系，同时也要格外关注保单中的除外责任条款，以防保险公司拒绝赔偿。

7. 设备厂商责任保险应注意

(1) 核查保单中对设备厂商责任除外条款。

(2) 适应调高设备厂商的免赔偿，以获得足够的风险保障。

(3) 合理支付保费，统筹考虑设备损失/损失保障范围与利润损失保障。

综合上述 3 项内容设置保险方案。

8. 银行融资人的风险

银行融资人固然会对 BOT 项目做出自己的评估分析，以确保其投资的收回。通常，银行会要求项目公司与其签署相应的协议或在贷款合同中加以限定，甚至要求项目公司提供竣工担保保函。

有些银行会要求作为保险合同中的共同被保险人，以直接从保险人处获得补偿。如前所述，BOT 项目在建设期内，若发生财产损失而造成项目与其延误，鉴于项目公司尚未得到任何收益，因而无法偿还贷款利息，而从保单项下得到补偿。

9. 利润损失

由于 BOT 项目融资的绝大部分是来自外部门（非企业内部的），而且项目公司缺少其他资金来源，因此对银行来说，利润损失保险对其尤为重要。

在这里相关的保险单中存在一个共同的问题，就是当项目刚刚开始的阶段，因风险损失而造成延误工期，将会对整个项目的竣工带来部分的乃至全面的影响。例如，有一种非常难以表述的案例情况，货物运输损失在项目刚刚开始阶段发生，从而导致整个项目逾期/延误，涉及上述各险种项目下的利润损失险，要对项目进展的每个阶段实施跟踪，以确保一旦损失事故发生则便于向保险公司索赔。

在 BOT 项目保险中，供应商扩展条款包含在利润损失中，将会有效地转嫁项目公司的风险，该条款将承保水电部主要设备部分，设备制造商在制造过程中发生可保的风险事故而造成生产/供货延误损失，很明显，此扩展条款对保险公司非常不利，因为设备厂家原本并不是该保险公司的承保客户，因此，需要与保险公司协调，调查和评估设备厂家的风险状况，以求获取合理的承保条件和费率。

项目公司在利润损失项下最重要的是保障支付贷款利息和分期偿付贷款，当贷款利息和贷款本金为固定款额时，可以考虑按毛利润额设定百分的方式，但在多数情况下，建议采取用全额毛利润进行投保。

8.1.6.4　甘再项目的投保内容和范围

1. 非商业保险（海外投资保险）

2007 年 12 月，中国水电建设集团国际工程有限公司同中国出口信用保险公司就中国水电建设集团国际工程有限公司投资建设的 J 国甘再水电站 BOT 项目海外投资保险事宜达成一致并签订保单。保单的保险内容和范围如下：

①保险人：中国出口信用保险公司；②被保险人：中国水电甘再项目公司；③投保人：中国水电建设集团国际工程有限公司；④项目企业：中国水电甘再项目公司；⑤承保风险：征收、汇兑限制、违约；⑥保险金额：2 亿美元；⑦等待期：汇兑限制：90 天；⑧征收：180 天；⑨违约：180 天；⑩赔偿比例：汇兑限制，90%；⑪征收：90%；⑫违约：90%；⑬初始保险期：1 年；⑭承诺保险期：15 年；⑮免赔额：0。

2. 商业保险

2007 年 8 月，中国人民财产保险股份有限公司天津市分公司国际业务部通过 J 国亚洲保险公司（出单公司，根据 J 国法律要求，在 J 国的项目承保工程一切险及其附加险必须由 J 国当地保险公司承保出单）为中国水电建设集团国际工程有限公司投资建设的 J 国甘再水电站 BOT 项目公司出单承包商业险。其承包的险种及内容如下：

（1）工程一切险（含延迟投产险）附带第三方责任险

1）出保单公司：J 国亚洲保险公司。

2）再保险公司：中国人民财产保险股份有限公司和慕尼黑再保险公司。

3）被保险人：中国水电再甘项目公司和/或他们的分支和次级公司和/或中国水电建设集团国际工程有限公司和/或 J 国国家电力公司和/或直接的和/或特别的承包商和/或任何分包商和/或任何指定的供应商和/或可能的一次又一次指定的供应商和/或借贷人的权益和利息。

4）保险期限：自 2006 年 11 月 1 日起计共 56 个月并外加 12 个月保修期。在保险期限延长不超过 3 个月时不增加保费。保险期限延长超过 3 个月时，需要征得保险公司的同意。

5）项目：甘再水电站 BOT 项目，包括在不限于土建工程，机械和设备安装，输电线路安装和其他相关工程。

（2）货物运输险：中国水电甘再项目公司（甲方）与中国人民财产保险股份有限公司天津市分公司国际业务营业部（乙方）于 2007 年 7 月 31 日签订了“中国人民财产保险股份有限公司进出口货物运输预约保险协议书”。

（3）建筑施工机具险

1）保险公司：中国人民财产保险股份有限公司。

2）投保人：中国水电甘再项目公司。

3）保险期限：自 2007 年 8 月 1 日至 2009 年 7 月 31 日。

4）保险标的：准备运到甘再项目工地的建筑施工机具设备。

（4）雇主责任险：

1）保险公司：中国人民财产保险股份有限公司。

2）投保人：中国水电甘再项目公司。

3）保险期限：自 2007 年 8 月 1 日至 2009 年 7 月 31 日。

4）保险标的：甘再项目雇员。

5）保险责任：死亡伤残、医疗费用和重大疾病。

6）特别约定：特约扩展承保谋杀和袭击，驾驶或者骑乘摩托车、飞机，疾病以及以下热带病：①淋巴丝虫病；②疟疾；③麻风病；④肺结核；⑤登革热。

（5）附加险：境外紧急救援意外伤害保险 A 条款。

8.1.7 总结

8.1.7.1 本项目的基本特点

作为一个较为典型的以 BOT 方式运作的水电项目，本项目具有项目融资的通常特点，如投资客体的特殊性，投资协议主导体、项目导向和有限追索、参与主体的多样性，参与各方法律关系的复杂性等。具体来看：

一是 J 国工矿能源通过特许权协议，授权签约方中水国际在 J 国注册项目公司，并由项目公司负责甘再水电站项目的融资、建造、经营和维护。

二是在协议规定的特许期限（44 年）内，项目公司拥有投资建造设施的所有权，允许向购电方收取适当的费用，由此回收项目投资、经营和维护成本获得合理的回报。

三是特许期满后，项目公司将设施无偿地移交给签约方的下属政府部门。

四是 EDC 提供照付不议的购电协议，应由 J 国政府提供购电的主权担保，从而保证项目具有稳定的现金流。

8.1.7.2 本项目成功实施的关键因素

1. 项目运作方面

（1）前期调研：投资项目调研工作内容，包括项目东道国宏观层面和项目微观层面两个方面，宏观方面包括对项目东道国政治、经济、外资引入政策法规，投资的行业领域发展潜力等投资环境的调研，微观方面包括对项目的技术可行性、财务可行性项目分析报告，以及发展规划、建设用地、环境影响评价、节能评估、资金筹措等开工前的各个环节。

（2）策划：在初步确定投资环境达到要求以及投资项目技术、财务可行的情况下，公司作为项目发起人开始策划成立项目投资工作小组（项目公司雏形），项目投资工作小组策划项目整体进展计划，包括项目的融资方案、融资结构，项目的 EPC 承包商和建设计划、项目固定资产投资计划、项目的供应商、运营商等工作。

（3）谈判：投资项目的谈判可以分为三个层次，一是项目公司/发起人与项目东道国政府机构的谈判，需要获取诸如特许经营协议（Concession Agreement）或项目实施协议（LA），项目产品承购（如 PPA）以及项目生产所必需原料（如煤燃料等）的供应担保函；二是与项目贷款人及出口信用担保机构（如中信保、多边担保机构等）之间的融资谈判，以形成满意的投资保险和贷款协议，完成项目融资；三是与项目的 EPC 承包商、运营商、重要原料供应商、包销商以及商业险保险公司关于项目实施的谈判，以确保固定资产投资能够获得预期的产品和投资收益；并在项目参与方之间形成合理的风险分担机制。我公司甘再项目和南俄 5 电站项目都是按这样的合同谈判模式进行的。

（4）执行：选择信誉好、经验丰富、素质高的 EPC 承包商对于项目的按期高质量完工至关重要，也是有效控制项目完工风险重要举措，由于我公司自己拥有国内一流的水电施工建设力量，选择在海外有丰富经验的专业施工队伍。目前甘再水电站顺利实施，也说明了这一点。

2. 管理方面

（1）人才储备：工程项目海外投资是一项复杂的跨国经营活动，由于项目参与方众多，涉及面广，不仅要求项目发起人经营者通晓国际投资、工程技术、金融、贸易、法律等必要的专业知识、经验和具备娴熟的外语能力，熟悉国际惯例和国际市场，还要求对东道国的历史、文化背景、政治环境、法律制度、经济情况有一定的了解，并具备较强的管理技能，因此加强培养一批高素质的外向型经济人才，公司通过各种研修培训班、项目开发合作等方式培养人才，通过职业发展平台和合理的薪水吸收人才，通过公平的绩效考核体系统和岗位调整留住人才，使得人才有充分的发展空间，形成公司自有的持久而强劲的海外投资国际竞争力。

（2）融资能力：中水国际公司具有较好的信用级别，经过中国外经贸企业协会信用体系专家委员会、中国对外贸易经济合作企业协会、北京国商国际资信评估有限公司评定，中水国际信用等级被评为 AAA 级；2009 年中国建设银行北京分行经评定，给中水国际颁发了 AAA 信用等级证书。在法人融资方面具有较强的融资能力。鉴于项目公司是由中水国际投资组建的新公司，所以为了实现项目公司为借款主体的项目融资顺利进行，应该通过一系列的合同安排来提高项目公司的资信。其中最重要的合同是产品包销合同，因为这是决定项目收益安全和稳定、减少市场风险的基础。

（3）风险控制：首先要科学全面地进行风险识别，在此基础上项目发起人通过谈判按照风险分摊原则（将该风险分配给最有能力降低或控制风险的项目参与方），在项目参与方（如项目发起人、项目公司、EPC 承包商，项目贷款人、项目所在东道国政府、保险人、项目产品包销商、第三方运营商等）之间建立合理的风险分摊机制。

3. 融资方面

我公司的海外新建水电站投资项目，主要采用有限追索的项目融资模式，即中水国际作为项目发起人投资成立专门的项目公司（SPV，××× project company），项目公司作为借款人的融资方式。

4. 政策运用方面

（1）积极利用和严格执行发改委、国资委关于境外投资的相关规定和政策，积极利用中国进出口银行的海外投资政策性融资支持和“境外投资专项贷款”，我公司第一个境外 BOT 项目是在国行的融资支持下成功实施的。

（2）积极响应和深化执行“走出去”的政策，在公司传统工程承包和劳务输出的基础上，通过承担项目发起人角色进行中大型工程项目的投融资，并在海外工程项目投资中实现中国资金投资、中国机电设备输出，充分利用中国劳务和技术的项目承包商有效统一，推动中国资金、技术、设备和劳务的出口力度。

8.1.7.3 经验、教训和问题

1. 经验

（1）严格规范的海外投资项目评估决策程序

各企业要制定符合自身发展战略的长期规划和目标，拟投资的海外项目要符合国家的有关规定。应建立并完善一整套海外投资项目的运作流程和决策程序。

（2）项目可行性研究和社会环境评估研究

选择专业的设计咨询单位和实施单位，编制完备的项目可行性研究报告和环境评估研究报告，认真分析项目的经济技术可行性和社会影响，这是项目可行与否的最基本条件。

（3）海外投资项目风险评估程序和规避措施

在项目的各个阶段，都要有项目风险评估方案的规避措施与预案，最大程度的控制和规避风险。

（4）融资方式和融资渠道提前安排和磋商

在可行性研究阶段就要提前落实项目的融资方式和融资渠道，和潜在的金融机构商谈项目的融资规模、条件、程序和要求，确保项目融资可行。

（5）完全合法的国内外审批程序

按法定程序和要求落实并完成项目各个险段的国内外审批程序，确保项目的运作和开发过程完全规范合法。

（6）法律、税务、融资、保险和技术顾问

根据项目需要，及时聘用法律、税务、融资、保险和技术顾问，为项目保驾护航，控制成本和风险。

2. 吸取的教训

（1）进一步深入了解项目东道国相关法律、法规，必要时要通过当地声誉好的法律顾问帮助研究和分析相关的法律法规，保证投资合法并受到法律保护；同时要研究中国海外投资的有关法律法规和审批程序与要求。

（2）尽可能让项目的金融和保险机构提前介入项目融资和保险谈判，帮助投资人完成项目融资与风险评估，会有利于企业在最短时间内形成合理的最终投资决策。

3. 遇到的问题

（1）金融障碍，即我国银行提供的跨国服务大都局限于传统的常规银行业务，自身投资参股于工商企业活动或者愿以项目融资中国银行屈指可数。由于受传统体制的束缚，我国银行还不能对我国跨国公司的海外融资起到足够的支持作用，而跨国银行的海外分支机构担心我国工程企业收益低，风险大，会给银行带来损失，不愿采取追索权或者有限追索权的项目融资模式支持我国企业境外项目融资。

（2）企业国际融资能力差，我国对外承包工程企业对国际融资环境的研究和重视不足，对国际融资环境不熟悉，特别是在信用增级方面工作不够重视，使得利用国际融资的能力不强，进而导致资本运作和融资能力都非常有限的瓶颈。

（3）海外投资保险困难重重。海外投资保险实质上是一种国家保险或政府保险，它不以营利为目的，而是以保护海外投资、促进本国经济发展为目的。目前中国只有中国出口信用保险公司能承保此类风险，中信保作为中国政府扶持中国企业，“走出去”提供相应信用担保的唯一代理机构，其作用无疑是巨大的，但由于其风险评级程序、抵押担保要求和相对较高的保费令很多中国企业望而却步。

8.1.7.4 发展海外投资业务对相关方的建议

1. 对政府支持政策的建议

（1）进一步简化政府审批手续，支持和鼓励有利于国家经济和资源安全、带动内需和出口的基础设施大型项目投资融资活动，特别是对于在境外投资中能够实现中国资金、设备技术、劳务一体化出口的可行项目投资应该在政策和审批进度上给予重点支持和鼓励。

(2) 给予海外投资企业一定的优惠政策，由于海外工程项目投资一般具有前期运作时间长、运作费用高、程序复杂等特点，因此政府给予一定的前期运作配套资金等优惠政策非常必要，将会增加企业信心，加快投资进程。

(3) 加强对境外投资的指导和加快相关立法的建设、加强对境外投资的信息服务及对涉外企业和税收优惠保护等都将有利于海外工程投资的顺利进展。

(4) 政府出台相关政策，进一步支持中国企业“走出去”，最大限度地降低资金融通和投资保险的成本。

2. 对行业组织服务、协调方面的建议

充分发挥对外承包商会等行业组织的协调作用，规范区域市场，提高市场的准入门槛，协调投资项目的中国企业独占性角色或者进行联营运作，严禁海外工程投资项目的中国企业之间恶性竞争、唱对台戏及损害中国企业集团整体经济利益的竞争，严禁和杜绝项目炒作。在行业范围内通过及时的信息通报和协调，实现中国企业海外工程投资的计划性和秩序化，维护中国企业集团的整体利益。

3. 对金融、保险机构的建议

(1) 金融机构开发更多的融资品种，提供更多的融资模式和渠道，提高项目融资效率，缩短项目融资进程。在很多情况下，我国企业在境外找到较好的投资项目，但是由于缺乏融资渠道和平台被迫放弃，或者因为项目融资程序复杂，周期长而错失最佳时机。

(2) 由于海外工程投资项目的商业运营期比较长，期间的套期保值等金融衍生产品对于企业有效规避和管理金融市场风险显得尤其重要，目前国内金融机构在针对汇率、利率、通货膨胀风险管理类的金融衍生产品品种单一，希望金融机构开发和推出更多针对风险管理的金融衍生品。

(3) 对于保险机构，加强与国际保险，担保机构的合作，建立灵活高效的国别项下项目风险评级机制，给境内工程企业投资提供有力担保的同时实现保险费的合理下降。

案例简析

图 8-4 为案例简析。本文的论证和分析精湛入微，头头是道。对工程项目必须的态度

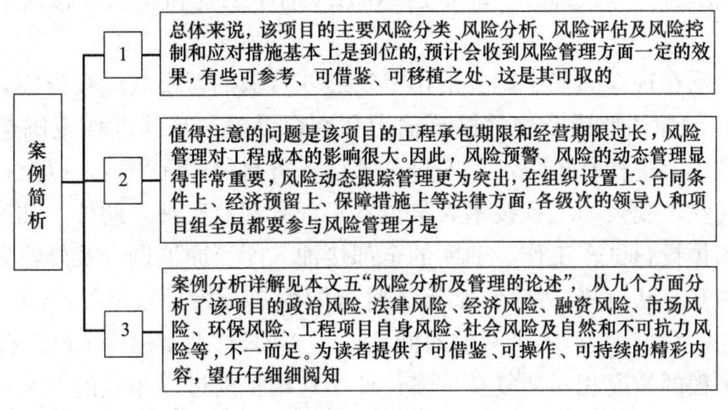

图 8-4　案例简析

是："入乎其内，又须出乎其外。入乎其内，故能写之。出乎其外，故能观之。入乎其内，故有生气。出乎其外，故有高致。"没有亲历其境和深刻体验，闭门造车是万万不能的。此点，给工程项目承包的决策层、管理者以范例和榜样。

另外，该文对今后发展海外投资业务的建议和意见，也值得承包商重视。一是对政府的支持政策的四条建议；二是对行业组织的服务、协调、规范区域市场方面的建议；三是对金融、保险机构的三条建议。这些建议从中国公司开拓国际市场出发，建议实际，中肯可行。

8.2 伊朗炼厂改造 EPC 工程总承包项目执行过程及简析

8.2.1 伊朗炼厂改造项目（简称 CROS 项目）概述

8.2.1.1 CROS 项目概况

伊朗国家石油公司（NIOC）是伊朗最大的国有公司，主营石油开采及石油炼制。伊朗全国九大炼厂都在 NIOC 管辖之下，总炼油能力达 7000 多万 t/年，各炼油厂炼制能力从 500 万 t 到两千万吨不等，均为中型及大型炼厂。苏联解体后，分裂出来的中亚内陆国家—哈萨克斯坦、土库曼斯坦等国都急于开拓便捷的原油出口通道。原油通过伊朗，经伊南部港口下海外运是最为经济合理的通道。为了实施这一战略，伊方决定建设位于其北部里海岸边的 NEKA 油库的原油接运、调合和贮存设施，并改造其北部的德黑兰、大不里士三个炼油厂。改造后三个炼厂可以改炼从中亚国家输入的原油，而炼厂原来加工炼制的伊朗南部 AHWAS 油田的原油将被顶替出来，并就近入海外销。此工程即为 NIOC 的里海原油串换工程（Caspian Sea Republic's Oil Swap Project 简称 CROS 项目）。按其核心工作内容界定，我们称其为伊朗炼厂改造项目。

该工程项目于 1998 年开始进行国际招标，当时有英、德、西班牙、韩国、沙特等国十余家工程公司参与竞标。我公司经几轮激烈斗争，于 2000 年 3 月与 NIOC 签署总承包合同。合同总额 1.5 亿美元，其中 EPC 工程合同额 1.43 亿美元，其余部分为计划安排的两年备品备件采购额 0.07 亿美元。

合同工作范围分为两大部分，即新建 NEKA 油库工程和德黑兰、大不里士炼厂改造工程。

油库工程包括在现有的三个码头泊位上安装 6 台输油臂及其配套设施，新建 9 台，总容积为 26 万 m^3 的原油贮罐及相关机泵输送和调合设施。具体工作范围包括按 NIOC 及国际通行的标准规范进行基础设计，安排全部设备材料的国际采购，以招标方式安排伊朗当地队伍施工安装、我公司工程技术人员负责工程管理及监理。此外，油库工程的单机试运、联运等全部预投料试车工作，油库的全部接油入库、原油调合及外输等试车任务，均由我公司派出的开工队负责。从 2001 年 1 月合同生效开始，直至 2003 年 3 月 NEKA 油库开始接卸原油，我们用了 26 个月的时间完成了 NEKA 大型油库 EPC 交钥匙工程。

炼厂改造工程的情况相对要复杂许多。业主在招标前进行相应的方案可行性研究，确立了几项改造原则，即装置改造后要适于加工四种组分各异的调合原油（即四种不同工况），并保持炼厂的原油加工能力不变，产品必须符合 NIOC 质量标准，产品回收率可以依据原油性质作合理的调整等。根据上述改造原则，我公司工作范围被延伸到前期的方案比选、方案设计及基础设计（该内容非通常 EPC 项目的工作内容），即首先要对既有炼油装置进行全面调查摸底，收集全部工艺及设备相关资料及实际生产数据，在此基础上提出改造方案并进行基础设计。在完成这些前期工作并得到业主确认后，方可进入详细设计，设备材料采购，施工等 EPC 工程的工作。此外，要协助业主进行重新投油试车，直至生产出合格产品。由于改造后装置要加工的中亚原油组分变轻，含盐量剧增，蒸馏装置需要增设脱盐器、加热炉，更换常减压蒸馏塔绝大部分塔盘，更换和调整相当数量的换热器、机泵及相关管道、仪表。此外还需要对减粘、LPG 回收、硫磺回收等装置进行大规模改造。针对原油中硫醇含量偏高，还需新建 LPG 及直馏石脑油脱硫醇装置。

8.2.1.2 合同类型

（1）本合同类型为固定总价的 EPC 总承包合同，采用 FIDIC 的 EPC/交钥匙工程合同条件。SEI 负责合同项目的设计、采购、施工和试车服务。

（2）该项目由伊朗国家石油公司提供信用担保，由承包商负责从国际相关银行获取贷款作为项目资金（项目的融资工作由 SEI 的合作伙伴分工负责）。业主承诺按贷款合同规定的时间表无条件按期偿还银行贷款，并以其自有的原油长输管线承输的中亚原油所收取的管输费作为基本还款资金来源。

8.2.1.3 工程费用

本项目工程总承包合同额为 1.43 亿美元，在合同执行过程中工作范围有一定的增减变化，至本项目 2004 年初与业主结算时，合同变更增减金额基本持平，总合同额仍维持在 1.43 亿美元。业主原计划安排的 700 万美元备品备件的采购改由业主自行安排采购，不再计入本合同总价范围内。

到目前为止，本项目应收 1.43 亿美元工程款已全部进入我公司账户。扣除我公司全部采购、施工费用支出及公司管理与设计成本并扣除合作伙伴融资业务取费以外，本项目成功实现了合理数额的盈余。

8.2.1.4 建设工期

本项目 2000 年 3 月签署总承包合同，因国际环境以及合同生效条件如融资、输油协议及其他因素的影响，合同于 2001 年 1 月正式生效启动。按合同规定 NEKA 油库及三个炼厂应分别于合同生效后的 26、30、32、34 个月内竣工投产。SEI 按合同工期要求完成了全部工作。

8.2.1.5 合作方式

本项目承包商为中国石化工程建设公司（SEI）—VITOL（英国的原油贸易公司）—亚联（FEDERAL ASIA）（香港的商贸公司）三方联合体。在联合体内部协议及 CROS 项目总合同书中明确界定了三方责任与义务，即 SEI 作为本联合体首脑，负责本项目 EPC 的全部工作并承担相应责任与义务；Vitol 与亚联联合负责项目融资并向 NIOC 提供一定数额的中亚原油用于串换，并承担相应责任与义务。

8.2.2 CROS 项目执行效果

8.2.2.1 项目管理的集成化

项目管理的集成化就是将项目不同阶段（设计、采购、施工）；不同范围包括工艺设计、基础设计、详细设计；计划与进度控制、估算与费用控制；采购与材料控制、合同控制、文档管理等通过 IT 的应用，不同软件的数据的集成，形成一个系统，实现数据共享，优化管理。

系统的集成主要体现在对各自不同软件相关部分的数据接口，主要有：进度控制和费用控制软件的接口；设计产生的 BOM 表与材料控制软件的接口；信息管理平台上的所有设计、采购、施工等信息的共享等。目前伊朗项目的计划与进度控制采用 P3 软件进行管理，估算与费用控制采用 Cobra 软件进行管理，采购与材料控制软件采用自行开发的 Lunar 软件进行管理，文档管理采用基于 Lotus Notes 开发的项目管理信息平台进行管理；Cobra 软件的费用分解可以直接从 P3 软件中传递过来，可以与 P3 有直接接口；自行开发的采购与材料控制软件 Lunar 中的数据可以直接从设计生成的电子料表导入到系统中，实现数据共享；项目管理信息平台可以将项目的进度信息、费用信息、项目文档、技术标准、ISO 9000 文件等信息都可以反映在此平台上，如图 8-5 所示。

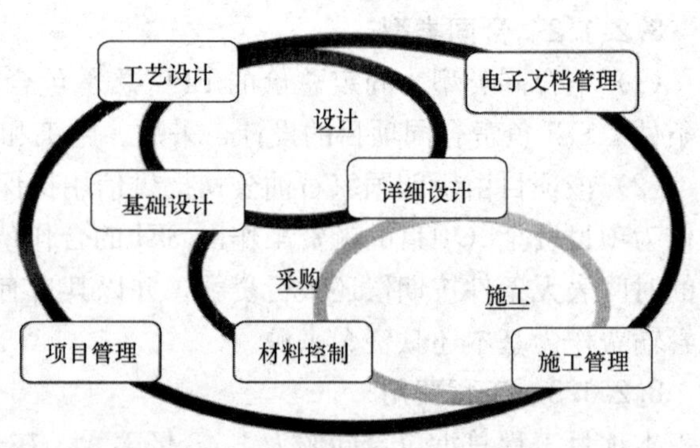

图 8-5 项目集成系统

8.2.2.2 项目设计与工程新技术

CROS 项目是固定总价合同，任何多余的不必要的改造都意味着是公司的损失。在合同生效前，SEI 在收集全厂技术资料的同时，以满足合同最低要求为前提，不断优化各装置的进料，将需要改造的装置和设备降到最低水平，为此共向业主提交了 7 版全厂总流程（每版包括 4 种原油加工方案），并在项目开工会上得到业主的确认。主要装置改造所采用技术的特点如下：

（1）常减压装置为本次改造的主要装置，采用了以下技术优化设计，改善操作，同时降低费用：

1）采用窄点技术优化换热网络，在最低限度地新增和调整换热设备的同时，提高了换热终温，降低了操作费用，减少了后续加热炉的负荷。

2）新增加热炉与现有加热炉并联操作，这种生产方案大大增加了装置操作灵活性。

3）对常压塔、减压塔采用了新型高效的填料及塔盘，以适应多种原油及产品方案。

（2）减粘改造采用了中国石油化工科学研究院的专有技术——SOAKER 反应器工艺技术，用最简便、直接、先进的技术方案完成了改造，满足了合同对产品规格要求，同时大幅度地降低了操作苛刻度及装置燃料耗量，既减少操作费用，又延长原有设备的寿命。

（3）硫磺回收装置直接关系到环境保护。本次改造采用了新型热反应器及低 SO_x，NO_x 燃烧器，使装置的操作弹性、产品质量大大提高，减少了环境污染。

上述新工艺、新方案、新设备的使用，使得本项目的技术先进性和经济合理性上得到了较好的统一，既满足了合同总体要求，节省了费用，也得到最终用户从生产操作角度的高度评价。

8.2.2.3　项目管理与控制

项目在确定 WBS 的同时，结合项目的特点，开发出了项目 OBS。项目初期，分为北京总部和伊朗现场两地，伊朗又分为德黑兰 CORE、德黑兰现场、大布里士现场和 NEKA 现场，不同时期各地的功能也不尽相同，随着项目的进展，工作重点由北京逐步转移到伊朗现场，北京总部自动削减成项目协调处。

1. 项目计划体系

CROS 项目共制定出四级计划的分级体系，即第一级项目主进度计划、第二级项目控制网络计划、第三级项目的详细计划、第四级工作（或称作业）计划，各层次的计划分别与项目的工作分解结构 WBS 相对应。

项目的第一、二、三级计划均使用 P3（Primavera Project Planner）开发逻辑关系驱动的进度计划，并应用 CPM（关键路径法）进行进度计算，以网络图（Time-scaled Network）、条形图（Barchart）的形式出版。第四级计划使用 Microsoft 开发的电子表格，以表格和曲线形式呈现。

所有层次的进度计划都将加载资源，并严格按照 WBS 编码的要求编制计划和出版报告。

（1）一级计划：项目主进度计划

项目主进度计划（Project Master Schedule）是在合同工期要求的基础上，在合同生效后两周内完成，同时递交业主批准，为项目各阶段主要进度控制点和主要活动的汇总，编制深度至 WBS 的第三级（专业级）。项目主进度计划确定了设计、采购和施工阶段的主要控制点的起止时间。

（2）二级计划：项目控制网络计划

项目控制网络计划是本项目的第二级计划，是在项目主进度计划时间框架的基础上开发出来的，也是主进度计划的进一步延伸。本计划对项目工作范围内的设计、采购和施工等所有工作包（的工作）进行统筹安排，侧重点在于项目全部任务的起止日期及资金运作方面的合理性。对工作包活动的分解应与首次核定估算的分解层次相对应，以便利用项目管理软件加载资源，作出初步的项目费用（现金流）曲线，上交决策层对项目现金流计划曲线进行审核、决策，在此基础上进行资源优化，最终确定最优的项目计划基准。

项目控制网络计划的中心问题是工作包如何划分的问题。第一，工作包应与项目估算对应；第二，必须能够正确地连接 EPC 间的逻辑关系；第三，应能够应用项目管理软件功能，进行逐级汇总；第四，要符合设计、采购和施工各自的特点，即设计专业及其工作包的进度，按制造和供货分类的设备、材料采购进度，以及施工各单位工程的施工进度。项目控制网络计划以网络图的形式出版。网络图注重关键路径分析及活动间的关系，是把握进度方向的有力工具。项目控制网络计划每月进行更新。

项目控制网络计划的完成标志着工程设计各个专业总的人力负荷及工作时间；采购各专业总的人力负荷、工作周期及设备货款的时间分布；施工实物工程量的分布及施工费用（或人工机具）分布的确定。

项目控制网络计划是在项目经理和控制经理的组织下，设计经理、采购经理、施工经理以及计划工程师、费用工程师、材料工程师集体智慧的结晶。

根据伊朗项目的 WBS 特点，项目先后共出版了 5 个子项目的控制网络计划，即：德黑兰南厂、德黑兰北厂、大布里士炼厂、REY 调和设施及 NEKA 罐区。

(3) 三级计划：项目的详细计划

对于项目的管理，项目与项目之间有其共性，但更多的是每个项目的特殊性。不同的项目，必然有其不同管理方法，相对应的计划体系也有所不同。伊朗项目由装置改造和新建两部分组成，工作的重点在改造部分，改造部分的工作量占各个子项目工作量的 80%以上，而改造时间只有 45 天，要是以常规的控制方法，肯定无法保证项目在业主规定的时间内完成如此巨大的工作，而如果不能在业主规定的时间内完成改造工作，项目将面临巨额的罚款，进而导致整个项目的失败。对于这个严峻的问题，项目部有关人员进行了多次论证，认为问题的关键是何时停车和停车的基本条件。对于何时停车的问题，经与业主协商决定，为不影响整个伊朗的油品平衡，三个炼厂依次停车，分别为：大布里士 2003 年 4 月 15 日、德黑兰南厂 2003 年 7 月 15 日、德黑兰北厂 2003 年 9 月 15 日。至于停车的基本条件，一致认为有两个：一是改造所需材料必须在停车前到场；二是对于改造工作，能在停车前创造条件提前干的必须在停车前干完（经测算，停车前施工进度达到 60%左右），以最大限度地降低停车期间的进度风险。在进度控制方面，对项目详细计划和作业计划的控制就显得尤为重要。伊朗项目的详细计划编制原则、方法同其他项目一样，即把工作包按单元/主项进行分解，连接这些活动间的逻辑关系，列出项目采购、施工的关键控制点，计算出活动的起止日期。整个计划从停车前和停车期间两个角度进行考虑，特别是停车改造期间，有些活动细化到了 WBS 的最底一级，计划执行中，对关键路径上的设计、采购、施工活动进行重点跟踪，考虑到装置停车的两个基本条件，在狠抓施工的同时，对设备、材料的到货更是给予重点跟踪。进度控制工程师在跟踪项目详细计划的同时，结合项目的进度检测系统，生成进度曲线，在此基础上，分析进度偏差，形成报告，上报项目经理，同时上报业主。

(4) 四级计划：周、日工作计划

工作计划即设计、采购、施工及联动试车阶段的作业级计划，是计划控制体系中的最低一级，即项目组织机构中每个成员具体的工作计划。

由于项目分区的详细计划把项目工作范围内的专业工作包按单元/主项确定了时间进度的安排，所以作业计划是对专业工作包进行进一步细化，即描述专业工作包的每个分项的时间安排，甚至对每个的工序，以及完成任务所需要的人力、机具和材料都要具体地安排。由于作业计划所包含的内容众多，活动数据应按主项—专业—工作包—工序的顺序进行组织，即要求严格按照 WBS 编码体系的分解汇总顺序进行。

工程设计的作业计划应由设计经理下属专业负责人负责编制，项目计划工程师协助，为了使设计活动的管理更清晰且工作效率更高，还应编制设计条件控制索引和设计文件状态报告并配合工时卡进行执行效绩的测量。

采购作业计划应由采购经理下属采购管理组负责编制，项目计划工程师予以协助。采购进度的管理和控制应编制设备材料状态报告、采购订单管理台账，很好地应用 Lunar 软件进行执行效绩的测量。

施工作业计划应由施工经理下属的现场计划工程师负责编制，项目计划工程师协助。施工作业计划的管理和控制需要编制设计出图计划、材料计划、人力动迁计划、机具使用计划及分部分项工程的施工状态报告来予以保证，施工执行效绩的测量通过进度检测系统来实现。

对于伊朗项目来说，除实行周作业计划外，由于上面提到的项目的特殊性，为保证在很短的时间内完成繁重的改造工作任务，停车改造期间还实行了日报制度，再次加大了进度控制力度，每天统计当天的计划完成情况及人力状况，同时安排下一天的工作任务，分析进度完成情况，形成报告，上报现场经理及现场有关人员。

(5) 项目90天开工计划

在项目详细计划不具备条件编制之前，项目控制部编制了合同生效后的90天开工计划，主要描述承包商在项目初期90天内的主要活动，项目90天开工计划随着项目详细计划的形成而自动取消。

2. 项目进度检测与控制

项目初期，项目控制部结合项目特点和合同要求编制了项目的进度控制程序，规定了进度控制的目的、职责、组织、计划体系以及具体的控制程序。

项目生效后一个月内，项目控制部完成了设计的带权重的详细分解表（设计文件控制目录），基础设计结束后两周内，采购、施工的带权重的详细分解表也相继完成，按照合同要求，递交业主批准，这些分解作为以后评估进度的基础，WBS最低层次的完成百分比按权重汇总出上一级的进度百分比，最终产生项目的完成百分比。与此同时，评估每个设计、采购、施工活动的进度里程碑也被编制完成并递交给了业主批准。

(1) 设计进度检测

设计文件的控制目录在合同生效后一个月内完成，以人工时为基础，按照项目的WBS，对每个活动所占权重进行一一分解，最后汇总出的文件控制目录交业主批准，同时，每个活动的进度里程碑确定后交业主审批，伊朗项目每个设计文件的里程碑为：递交60%，修改后再次递交批准20%，最终批准20%。

按照合同要求，不同时期设计工作所占整个设计工作的比例也给予了规定，其中：基础设计占26.25%，详细设计占48.75%，标准规范及数据表占10%，材料表占7%，设备与技术手册占5%，操作手册占3%。

实际操作中，按照项目规定的报告截止日期，设计计划工程师填写每个设计文件的编制状况，按照预先建立好的设计进度检测表，最后汇总出项目的设计总进度。

(2) 采购进度检测

设备、材料的控制目录在基础设计完成后被编制完成，按照项目的WBS，其中的设备被分解至位号，材料被分解至类别，所占权重以分解的合同价格为基础，汇总成总控制表后交业主审批，作为检测采购进度的基础。另外，规定了每个采购活动的进度里程碑，如：对于伊朗境外的设备采购，发出订单20%，出厂、装船30%，货物到港30%，运抵现场20%；对于伊朗境内的设备采购，发出订单20%，出厂60%，运抵现场20%。

实际操作中，按照项目规定的报告截止日期，采购计划工程师填写每个采购订单的状况，最后汇总出项目的采购总进度。

(3) 施工进度检测

相对于设计、采购的进度控制，施工的进度检测比较复杂，主要是施工涉及的作业面广、工序繁多，每个专业的施工活动里程碑又各不相同，施工检测系统的统计基础是人工时，按照项目的 WBS 结构进行逐级分解，每个施工活动按其人工时分配权重比例。

由于施工活动的里程碑比较繁杂，在施工前期，项目控制部专门编制并完善了“施工进度检测里程碑”文件。

在实际的进度检测过程中，相对设计、采购进度而言，业主对施工进度的批复时间比较长，主要是业主综合考虑因素多，对活动完成的百分比有不同理解，这就对项目进度控制人员的沟通、协调能力提出了很高的要求。

3. 进度控制效果分析

通过四级计划体系的实施和严格的进度控制，应用赢得值原理，密切掌控项目的进度状况，分析偏差，发现问题并暴露问题，及时提出解决方案，供项目决策，使整个项目的工程进度始终控制在项目计划范围内，特别是对停车改造期间进度的控制，使得三个炼厂的实际改造工期均少于计划工期 45 天，赢得了业主的赞誉。

从图 8-6 可以非常清楚地观察到 EPC 工程总承包项目的人工时投入的分析比例：设计为 41%，采购为 12%，施工管理为 21%，项目管理与控制为 15%，其他为 11%。

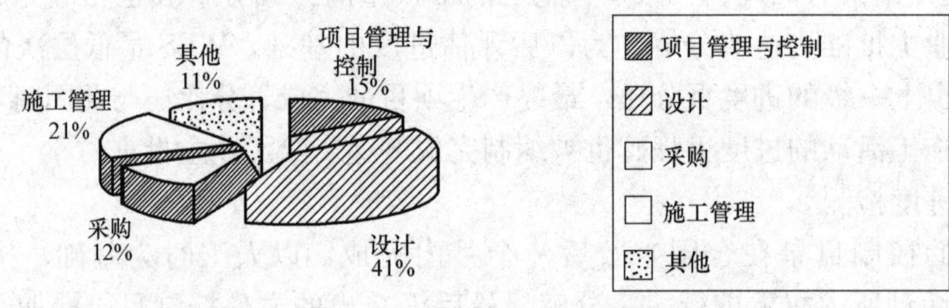

图 8-6　CROS 项目人工时投入情况

4. 项目估算与费用控制

根据项目工作分解结构建立项目费用记账码，即实现项目的费用分解，同时结合 WBS 的分解，对相应的级别（如工作包一级）进行费用预算分解，然后按费用记账码汇总相应的费用。项目执行中根据项目的进度情况，同时检测项目的费用发生情况，利用 Cobra 软件进行分析，通过对项目进度偏差、费用偏差的综合分析，确定项目新的进度/费用计划，达到对项目的进度/费用的综合控制。

费用估算与控制的工作分为两个阶段，一是项目工程费用的基础管理工作，即建立费用控制程序和基准；二是项目工程费用的跟踪、检测和过程控制工作。CROS 项目费用控制的关键环节与要点：

制定投资控制目标，分阶段进行费用控制（图 8-7）。

（1）设计阶段：开展满足合同要求的工程设计，从根本上控制工程投资，严格控制设计变更。

（2）采购阶段：限额采购，运输、保险、清关、代理费用的控制。

（3）施工阶段：施工分包招标；控制非设计原因引起的变更。

（4）制定投资控制目标，分现场进行费用控制，责任到人。

（5）做好合同管理，以合同为武器开展索赔和反索赔工作。

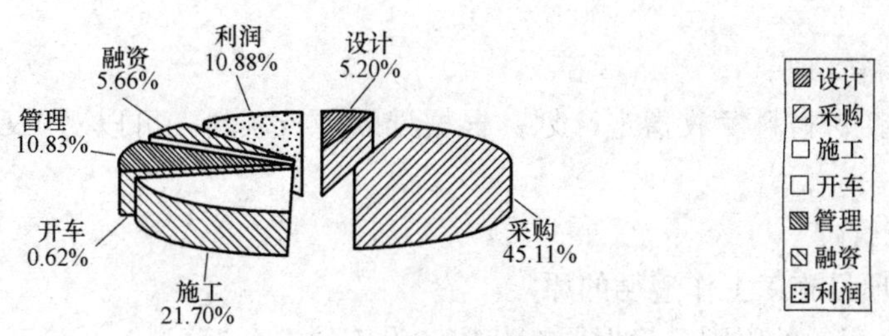

图8-7　CROS项目费用构成

（6）每月编制费用报告，进行项目费用分析和预测。

5. 采购管理与材料控制

采购与材料控制主要采用自行开发的系统Lunar来实现，功能覆盖了设备材料从设计、采购、库房管理到施工的全过程的控制，包括请购系统、询报价系统、采购系统、库房管理和现场材料管理系统以及相应的支持和接口子系统。主要功能如下：

（1）代码子系统

它是Lunar系统的运转基础，可以满足现有流程的要求。包括专业代码，主项代码，材料类别码，材料代码描述，供应商代码，施工单位代码，产地代码。在代码维护中可以方便地进行查找、分类排序等。

（2）材料数据表系统

它是Lunar系统的进行开始点。通过材料数据表系统可以对材料数据进行收集整理，作为下一步材料控制的依据。包括：

1）基本数据建立。专业设计人员可以将他们在设计过程中提交的电子料单导入Lunar系统中。

2）ISO数据的建立。由于伊朗项目主要采用AutoCAD进行设计，因此开发一个转换程序，将配管图上的料表转出后再导入Lunar系统中。这样极大地减少了设计人员的工作量，同时实现了数据的集成。

3）综合数据表。对基本数据进行整理汇总，形成可以进行请购的数据。同时生成费用控制需要的价格系统的材料依据。

4）变更数据。对设计提出的变更数据进行记录和处理，可以直接生成请购单，同时记录下该请购单与变更单的对应关系，方便以后的数据追述。

（3）请购系统

根据专业设计人员提出的请购要求，将设计数据形成请购数据，作为下一步工作的依据。

（4）采购系统

根据请购单生成询价数据，并可以对询价单进行状态的跟踪。

根据请购数据生成订单数据，并可以对订单进行状态的跟踪。

（5）库房管理

包括入库管理和出库管理。根据合同的材料数据对指定的合同进行入库操作，控制合同设备材料的入库时间、入库量等信息。同时记录下每种材料的价格，计算出材料的加权平均价为材料出库价格提供依据。根据领料单进行数据出库，控制出库量与库存量。

（6）现场材料管理

该子系统包括对材料发放指定计划，根据计划进行领料，可以对ISO领料进行按主项和管线的领料。

6. 项目施工管理

（1）CROS项目施工工作遵循的原

1）坚持安全第一的原则，确保原有装置和设施的安全运行。

2）施工质量满足合同要求，避免因质量事故引起的返工。

3）确保在装置停车改造周期内完成改造装置施工工作。

（2）施工重点加强的工作

1）提前开展可施工性研究，设计阶段针对关键设备的改造方案进行讨论，选择合理方案，确保45天改造周期的实现。

2）加强施工分包的策划和管理，科学打包，适时分包，准确界定工作范围，尽可能减少交叉，降低合同外工作索赔，保证费用和进度目标的双重实现。

7. 项目信息管理与IT网络

伊朗项目信息管理平台，主要处理现场项目管理信息，以Notes为底层支撑环境，将材料管理、进度管理、合同管理、费用管理和质量管理等系统集成在一起，为现场办公提供统一界面。项目管理信息按“Specification for Project Document”中项目文档类型设置，自动创建文档编号，同时实现文档的版本维护、文档查询和文档发布等功能，满足三地部门内部、部门之间信息交换；同时还提供公共信息、现场公告、讨论园地、电子邮件和工作日志等功能，通过伊朗现场三个城市与北京总部之间的信息复制，实现信息共享。

因伊朗项目参加的人员分散（有在北京总部办公，有在伊朗现场办公），现场施工地点分散（Neka港口、德黑兰和大不里士，其中Neka距德黑兰超过400km、大不里士距德黑兰近700km），要求硬件、软件的配备，网络的建立及通信比较复杂，这就要求项目IT人员在项目定义阶段全面考虑并实施IT执行计划。IT需求从下面几个方面考虑：

（1）根据项目的组织机构及参加人员，确定微机配备台数、配备地点；

（2）根据各组织部门的功能，预装、开发和购置软件；

（3）根据现场三地的情况，确定局域网的构成；

（4）根据当地电信部门提供的服务，确定Internet接入及邮件系统；

（5）确定分包商、供货商信息平台系统，建立与其相连接的邮件系统及相关接口；

（6）本部与现场的计算机软硬件维护；

（7）相关计算机系统的安装、调试及培训。

通过对如上需求的满足，实现国内外信息的交流，现场信息交流及与业主、供货商信息的传递等，确保各计算机系统运转正常。

8. 合同管理与控制

（1）项目合同管理的目标

通过主合同管理，在保护和实现业主的利益的同时，充分合理地利用合同的规定，以保护和实现公司和项目的利益。通过分包管理，为分包商执行项目提供理想环境、创造合理条件，最大限度地降低发生项目分包索赔的风险；与此同时，事先为合同索赔制定必须遵循的原则。

（2）施工分包合同根据CROS项目的性质，按照工作范围及当地的具体情况，分包工作包除少量的EPC工作包外，均为施工工作包，一般按土建、机械安装、电仪专业划分。项目强调，工作包的划分和界定，要从技术上和经济上创造条件，保证整个项目的工期和费用；创造条件实施闭口总价分包。

工作包的划分，强化工作范围的界定，保证工作量的最大准确性，最大限度地减低项目实施过程中的不确定性和不可预见性，减少分包合同执行过程中发生工作范围纠纷的可能性。

9. 财务管理（略）

10. 文档管理（略）

11. 质量安全管理与控制（略）

8.2.3　工作总结与业主评价

本项目从投标至完成合同任务，我们与业主密切合作达5年有余。通过工作实践，包括讨论与争议、维权与让步，双方建立了尊重—互信的亲密关系。在实际交往中，双方坚定地维护各自国家、公司的利益。与此同时也注意倾听对方要求，设身处地地考虑对方困难，不采取无理伤害对方利益的举措。

2003年11月29日，SEI在伊朗成功举办CROS项目竣工招待会，伊石油部两位副部长和各部门的主管及SINOPEC高级代表团参加了招待会。NIOEC总裁卡萨依扎德先生在招待会的讲话中说，“SEI在三个炼厂几乎同时进行改造，无任何安全事故，在伊朗创造了奇迹。SEI成功地实现了边生产边施工和在有限条件下的停车改造工作，也为伊朗国家石油公司积累了经验”。

德黑兰炼厂总经理KAZEMI先生在接待中石化集团公司高级代表团时说：我们厂有很长历史了，我接触过国际上很多著名的工程公司，评价执行项目的表现，SEI是最好的。我希望看到在伊朗其他炼厂也能有中国石化的参与，在伊朗的其他项目建设上，在伊朗的石油工程中，能看到中国石化和SEI的出现。我希望在德黑兰炼厂我们与SEI还有更好的合作机会。

2004年4月29日，伊朗总统哈塔米先生在NEKA为CROS项目投入运行正式揭幕，并给项目有功人员授奖。伊朗石油部长、工业部长及里海周边国家的领导人、政府官员及石化集团公司和SEI的代表应邀参加了揭幕仪式。

2004年10月29日在北京举行的中伊能源合作研讨会上，伊朗石油部部长对CROS项目的执行给予了高度评价：中国石化的工程公司在伊朗CROS项目的炼厂改造中取得了成功，为伊朗的炼厂改造树立了好的榜样，欢迎其继续参加伊朗炼厂的新一轮改造。

案例简析

本案例为设计-采购-施工（EPC）工程总承包项目，合同额为1.5亿美元，其中包括业主自行采购的备品备件0.07亿美元，支付到位。油库及三个炼厂的工期分别为26个月、30个月、32个月、34个月，SEI如期圆满完成。

该项目采用合作方式为联营体模式。SEI作为项目总牵头人，由SEI-VITOL-FED-

ERAL ASIA组成联合体，VITOL与FEDERAL ASIA负责融资并向NIOC提供一定数额的中亚原油用于串换，取得成功。

在项目管理中，其集成化的应用成为该项目的一大亮点。所谓项目管理集成化，即将工程总承包（EPC）的不同阶段、不同范围、不同软件等的数据集成为一个系统，以达数据共享优化管理的目标。

这是EPC工程总承包操作成功的项目，其成功元素是多方面的，如图8-8所示。

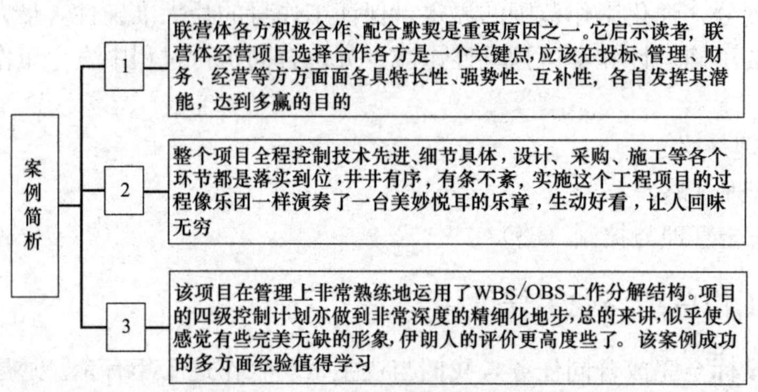

图8-8　案例简析

现代成就EPC工程总承包项目之大事业者，必须经过这种复杂的你中有我、我中有你的多方合作共赢的境界锤炼，方能获得EPC有效的实施。

8.3　从京沪高速铁路的实践看中国水电大型铁路建设项目管控模式①

8.3.1　项目背景

京沪高速铁路是我国《中长期铁路网规划》中"四纵四横"客运专线的南北向主骨架，线路经过地区人口稠密、村镇密集、土地肥沃、经济发达。建设京沪高速铁路，对促进东部地区快速客运网的形成，带动铁路及其沿线相关产业的发展具有极其重要的意义。

京沪高速铁路全长1318km，静态投资2200亿元，起自北京南站，途经北京、天津、河北、山东、安徽、江苏，止于上海虹桥站（图8-9）。

中国水电承建的京沪高铁三标段位于山东省济南、泰安、曲阜、滕州、枣庄和江苏省徐州境内，起讫里程为DIK412＋062.274～DK667＋026.73，正线全长266.617km，工程总价165.2亿元人民币。主要工程量为：路基94.418km（占35％），桥梁161.469km（占61％），隧道10.73km（占4％），铺轨264.596km，车站4座（泰安站、曲阜站、滕州站、枣庄站）。本标段的主要工程特点为：建设规模巨大、专业门类齐全、与既有铁路频繁交叉、不良地质突出、结构形式多样。

京沪高速铁路是世界上一次建成里程最长、技术标准最高、投资规模最大的高速铁

① 中国水利水电建设集团蒋宗全提供案例。

路，是继三峡工程后我国最大的基础设施项目。中标京沪高速铁路项目，在中国水电发展史上具有重大的里程碑意义。建设好这个项目，对中国水电在国际国内市场主体地位的提升，对扩大“中国水电”的品牌影响力，对中国水电的产业结构调整及可持续发展具有重大的现实意义和深远的历史意义。

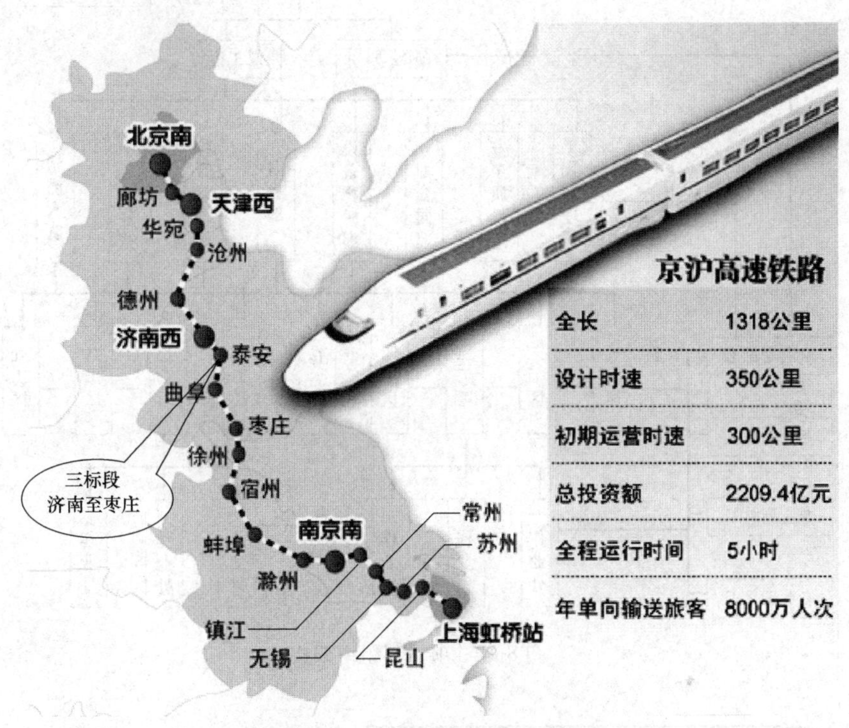

图 8-9　京沪高速铁路线路示意图

8.3.2　中国水电京沪项目采用的管控模式

京沪高速铁路全线共划分为六个土建标段，分别由国务院国资委管理的中国中铁、中国铁建、中交集团、中国水电四家大型国有企业承建。各家组织实施模式总体上趋同，基本上是直线职能式管理模式。

中国水电京沪项目管理模式，由集团组建项目经理部，按战略需求和施工组织要求切分工程量，由中国水电下属十三个工程局及两个专业联合单位组成九个工区参与项目实施，各工区施工任务由各成员企业或专业联合单位承担，各成员企业及专业联合单位独立核算、自负盈亏。各成员企业或专业联合单位下设作业处。

1. 组织架构

(1) 项目部组织架构——矩阵式与直线职能式相结合的混合式组织架构

项目部组织架构如图 8-10 所示。

(2) 工区组织架构——各工程局既有直线职能式组织架构又有混合式组织架构

1) 混合式组织架构如图 8-11 所示。

2) 直线职能式组织架构如图 8-12 所示。

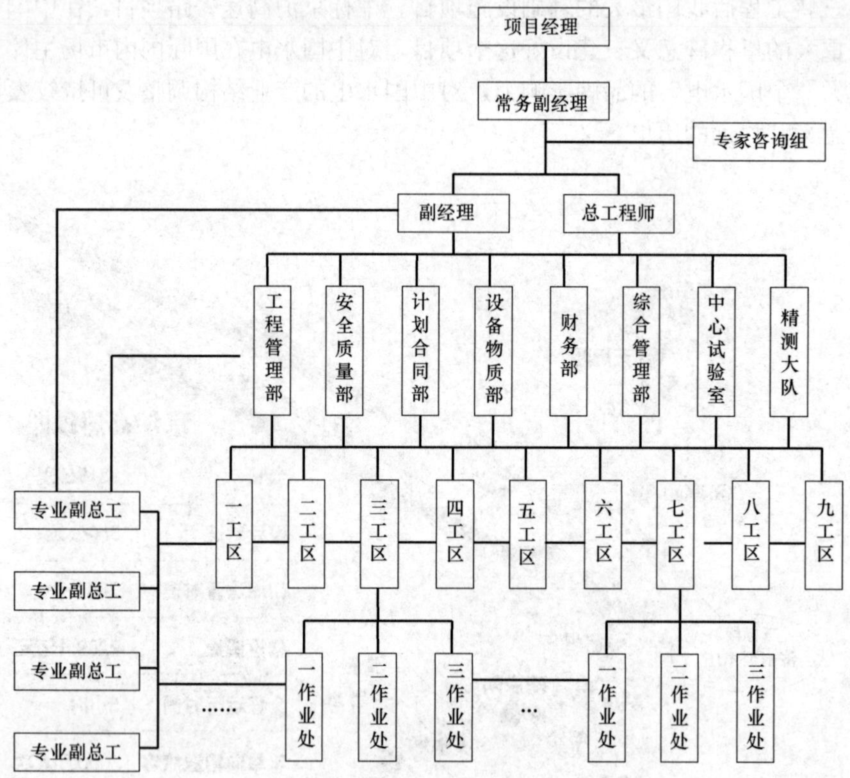

图 8-10　项目部组织架构

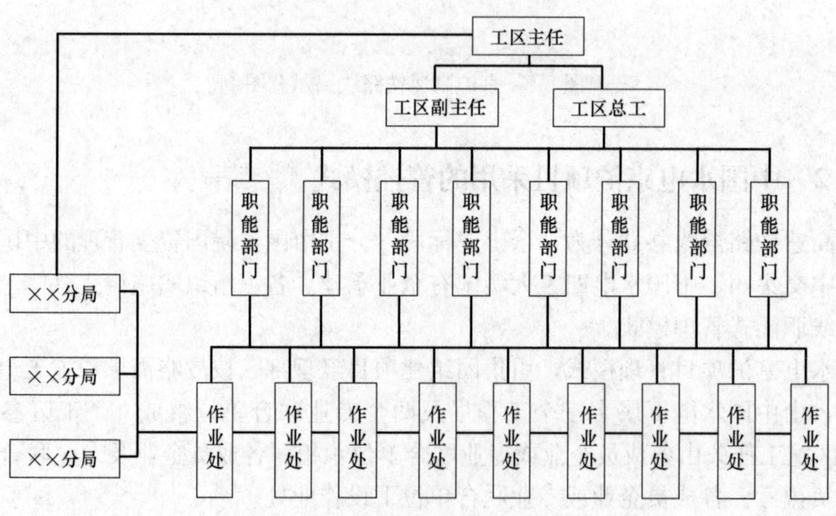

图 8-11　混合式组织架构

2. 各工区任务的划分

集团外按照投标前专业联合协议及中标后业主指令划分，集团内按照成员企业施工实力、专业特点划分为七个工区，每个工区采用一拖一的方式，由两个成员企业组成，工区任务由集团确定，工区内部由两个成员企业协商确定，工区内意见不统一时，由集团项目部协调（图 8-13）。

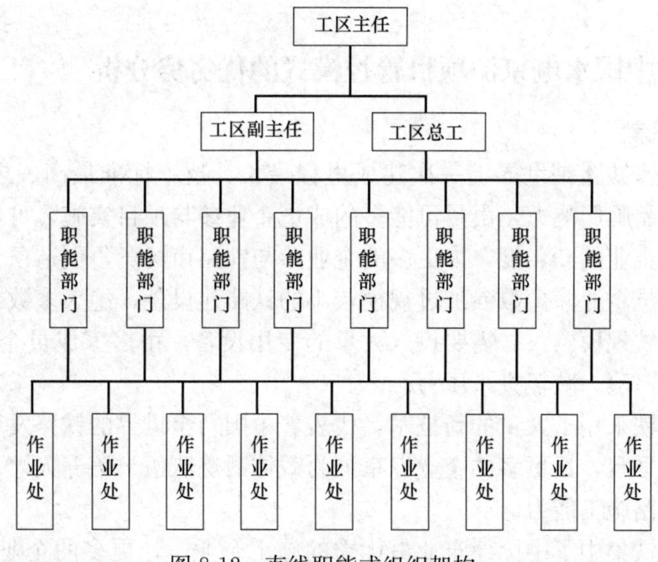

图 8-12　直线职能式组织架构

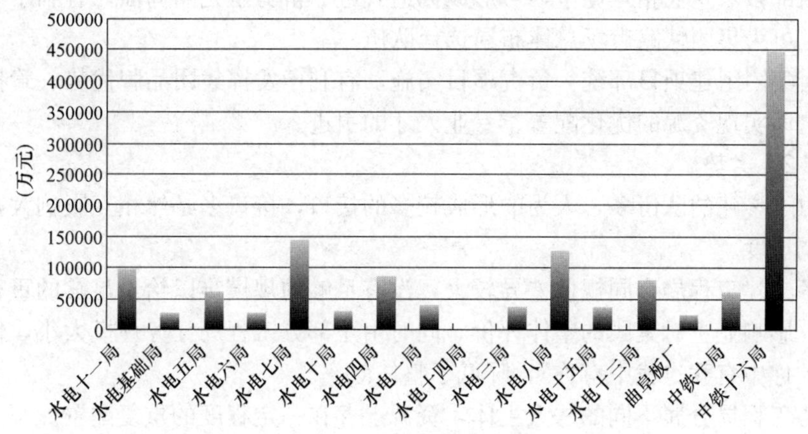

图 8-13　京沪高铁三标段各参建单位任务额分配直方图

3. 经营管理方式

项目部依据铁路施工定额，参照铁路施工企业经验，结合集团实际情况编制标后预算，确定内部各参建单位清单单价及合同总价，签订内部经营责任书，据此明确集团与参建单位双方的责任、权利、义务。

4. 项目管控方式

项目部编制总体实施性施工组织设计，依据总体施工组织设计的安排及业主的要求编制年、季、月、周进度计划，并分解到各参建单位，督促各参建单位严格执行下达计划并进行考评、奖惩；建立内部信誉评价体系，激励各参建单位你追我赶、奋勇争先；打造管理与技术支持平台，统一高端关系的维护、统一变更与索赔、统一构建技术支持平台、统一重大方案的制定与评审、统一进行系统性的培训；着力解决各参建单位结合部出现的问题；动态调整各参建单位的任务划分；合理调整资源配置，使资源在内部充分流动，提高资源的使用效率。

8.3.3 对中国水电京沪项目管控模式的优劣势分析

8.3.3.1 优势

（1）京沪高速铁路是世界上一次建成里程最长、技术标准最高、规模最大的高速铁路，具有很强的品牌影响力，由尽可能多的成员企业参与项目实施，可以放大京沪的品牌效应，扩大成员企业的知名度，为更多的企业参与铁路市场竞争创造条件。

（2）集团成员企业除少数参加过规模较小的铁路建设外，绝大多数未曾涉足铁路项目施工，而京沪高铁规模巨大，需要投入大量的专用设备，由多家成员企业负责项目实施，有利于分散投资风险，减轻投入压力。

（3）京沪高铁采用了大量的新技术，代表着中国乃至世界的铁路发展方向，是千载难逢的管理与技术平台，让更多的企业以京沪为载体锻炼队伍、培养人才、积累经验，可整体上提升集团铁路施工能力。

（4）京沪高铁集中了中国建筑业最优秀的施工企业，让更多的企业与它们同台竞技，可以通过对照找到差距，学到经验，提升水平。

（5）内部多家企业相互竞争，可形成你追我赶、奋勇争先的局面，有利于项目全面履约，同时也可为集团铁路市场总体布局选择队伍。

（6）由集团组建项目部统一负责项目实施，有利于发挥集团品牌优势、管控优势、地域优势，从而实现资源的优化配置、专业人才的引进。

8.3.3.2 劣势

（1）由于参建的队伍多，人为的形成较多的接口，接口多必然相互影响大，增加了项目管理协调难度。

（2）各参建工程局合同规模差异较大，没有足够的规模难以给予足够的重视，内部发展不平衡，影响业主对集团的整体评价，同时由于部分工程局任务规模太小，使任务划分相互交叉“你中有我、我中有你”，降低了整体效率。

（3）各工程局分属不同的法人主体，资源上存在一定程度的重复配置。

（4）各工程局不能与业主、设计等直接进行高端对接，减少了锻炼机会，同时也难以实现以在建项目为平台带动市场营销工作的目标。

（5）由于成员企业不是合同主体，因此难以焕发内生动力，荣誉感、成就感相对较弱。

8.3.4 对中国水电大型铁路建设项目管控模式的研究

8.3.4.1 项目组织架构

（1）对于项目组织架构的设置，总体上应以减少管理层级、缩短管理链条为原则，从而加快信息传输的速度、降低信息衰减、节约管理成本。如果业主对投标主体没有强制性要求或非重大战略性项目或规模在 50 亿元以下的项目，集团不宜设项目部，由各工程局自行组织实施，集团进行战略管控和提供技术支持。

（2）集团项目部采用混合式组织架构的管理理念是正确的，目的是想针对规模巨大、技术含量高的项目创新组织管理体系，使职能管控与专业化支持相得益彰，共同提升项目管理水平。但京沪高铁项目一年多来的实践证明，这种模式容易形成多头指挥或管理真空，应在此基础上清晰界定职能部门与技术支持系统各自的职责，探索结合部的解决之道。

（3）各工程局在京沪高铁项目有三种组织架构，一是由工程局组建管理机构和作业层，实行一级核算（简称：一级管理模式）；二是由工程局组建管理机构，由分局组建作业层，实行二级核算（简称：二级管理模式）；三是由工程局组建管理机构和部分作业层，由分局组建其余部分作业层（简称：混合管理模式）。一级管理模式符合管理学中唯一上级的原则，执行力强，反应迅速，管理成本低，但风险由工程局承担，分局的支持力度小；二级管理模式及混合管理模式，由工程局和分局共同承担风险，分局对项目支持力度大，但存在多头指挥，反应速度慢，整体管理成本大的问题。对几种管理模式的优劣势比较正在进行，从初步研究成果看：加入工程局和分局二者风险分担和利益分享元素后的一级管理模式是更合理的项目组织实施模式。

8.3.4.2　施工单元设置（任务划分）

京沪高铁项目施工单元设置是按铁路业务战略发展需要和各工程局能力、专业特点进行任务划分的。总体上按纵向切分，但也存在水平切分、范围交叉、协作方置于先架方向、部分工程局规模较小等不利于施工组织的问题。通过京沪的实践，我们认为施工单元宜按下述基本原则设置：

（1）规模适度（15 亿元左右），以利于资源最优配置和工程局给予足够重视。

（2）纵向切分，减少接口，范围不交叉，以明确责任、减少相互干扰。

（3）以梁场供梁范围为一个施工单元，确有困难也应尽量将协作单位置于后架方向，以利于系统组织施工，减少相互干扰。

8.3.4.3　项目经营考核

1. 目标设定

项目经营从宏观上讲可以划分为两个阶段，第一阶段是收到中标通知书以前的市场营销阶段，第二阶段是收到中标通知书以后的项目实施阶段。一般情况下，项目一旦中标，项目的报价水平已决定了项目的行业平均利润水平。因此，应依据项目的报价水平、企业定额及项目的环境条件编制标后预算，据此确定合理的项目二次经营目标。

2. 企业定额

企业定额是编制标后预算、确定经营目标、测算考核指标、进行成本核算、评估报价水平的依据。应结合企业自身具体情况，以典型项目为平台，借助咨询单位的专业优势，编制一套适合企业的内部定额，以指导类似项目的经营管理。

3. 成本分析

企业是以盈利为目的的经济组织，各参建单位应在项目部的指导下对各自的成本进行认真的分析，找出盈亏的原因，为以后的项目经营提供经验，为投标报价提供依据。同时可以通过成本分析发现变更索赔机会，提高项目经营成效。

4. 变更索赔

变更索赔是改善经营状况，提高经营业绩的重要手段。要根据项目实施的不同阶段，动态的调整人员配置。前期技术、安全质量人员的配置较多，中后期应减少技术、安全质量人员配置，同时增加合同人员的配置。着力抓好业务培训、信息捕捉、机会发现、可追溯资料的积累。

5. 合同分析

大型铁路项目目前均采用总价合同为主、单价合同为辅的组合合同模式，计价采用月预付季验工的方式。其特点决定了采用合理的计价策略有利于加速资金的周转，一定程度上缓解资金的压力；同时，变更设计什么情况下提出？怎么提出？什么情况下不提出？都需认真策划，提出变更不一定有利，不提出变更不一定不利。诸如此类的问题都应认真加以研究。

6. 业绩考核

铁路项目的特点，决定了一个会计期间甚至项目建设期间难以准确考核项目业绩。因此，有必要针对铁路项目的特点，研究制订更为合理的考核周期与核算范围。同时，对于战略性项目宜有相应的政策支持，在考核指标体系的设计上突出项目履约的权重。

8.3.4.4 内部资源共享

随着铁路业务板块的快速发展，在建项目的数量、营业额将迅速增长，打造专业化、集团化的项目管控与支持平台，有利于减少资源重复配置，有利于集团整体利益最大化

1. 信息资源共享

京沪项目前期每天要投入大量的人力和时间收集、整理、上报调度信息。为提高调度信息质量和效率，项目部根据铁路工程的特点，自行开发了调度信息系统。新的系统启用后，每天能在较短的时间快速收集到整个项目进度、质量、安全、资源保有量等方面的信息，提高了信息收集效率，降低了管理成本。如果能在此基础上开发一套适合集团铁路项目的管理系统，将能及时地掌握集团所有铁路项目的实施情况，为集团化管控和领导决策提供依据。同时，为各工程局搭建一个沟通、交流、提供数据信息的平台，共享铁路业务项目信息资源。

2. 人力资源共享

项目进场之初，要编制实施性施工组织设计、制定各项规章制度、编制标后预测、编制重大技术方案、测算项目经营目标、进行图纸会审、全线复测等工作，短时间内需要集中大量的人力资源。由于各工程局铁路项目相对较少，如果各工程局都配置相应的人员，则大多数时间人员将闲置，从而增加管理成本，并且多数项目相关度较大，各工程局都去做类似的重复工作，总体上是资源的浪费。打造集团层面的技术支持平台，让集团的专业团队在项目之间流动，由集团的专业团队协助各工程局完成项目前期工作，各项目只配日常管理人员，这样既可减少重复劳动、节省管理成本、解决高速增长带来的人才瓶颈问题，又可通过专业化团队产出高质量的成果。同时，专业化团队还可对过程中的培训、重大方案的评审等需要集中人力资源的工作提供支持。

3. 设备资源共享

京沪项目部在项目实施过程中通过调度信息系统，实时掌握各参建单位的资源保有量及使用情况，统一协调使用各参建单位的设备，使设备资源在内部充分流动，提高了设备的利用率，减少了设备的重复投入。实践证明，加强集团化的管控，实时发布集团铁路设备信息，让设备在更大范围流动，将减少由于信息不对称带来的重复投入，提高集团的整体效益。

4. 专家资源共享

从京沪高铁的实践看，重大方案的评审、梁场的取证、板厂的上道认证、设计方案的优化、精测网的复测、沉降的评估等大量的工作都必须要业内知名专家参与。如果各工程局都去建立专家库，不仅总体成本大，而且达不到应有的广度，难以将各专业全面覆盖。因此，由集团建立和维护各工程局共享的统一的专家库，更有利、更经济、更便捷。

5. 研究成果共享

我们在项目实施过程中会遇到许多系统性的问题，如：怎样使用分包商才能依法合规？怎样防范分包合同风险？怎样选择分包商？哪些项目采用专业分包？哪些项目采用劳务分包？国家宏观政策或相关法规发生变化后我们如何应对？总价合同有哪些特点？单价合同有什么对策？诸如此类带有共性的问题，宜有专门的团队或组织专业咨询机构加以研究，用研究成果指导各工程局的项目实施。

8.3.4.5　科研与技术创新

京沪高铁项目一年多来的实践证明，大型项目采用的新技术、遇到的新问题较多，是科研工作最好的载体。以在建项目为平台积极主动地开展技术创新，对提升企业的软实力、增加企业的美誉度、提高企业经济效益都有极大的推动作用。如：中交跨阳澄湖大桥，原设计方案为钢栈桥方案，经技术人员和江苏省环保部门的共同研究，改为木栅栏围堰方案，不仅保护了环境，创造了可观的效益，还受到了业主的表彰；集团开发的移动式仰拱栈桥，使各工序能平行作业，提高施工效率，保证了作业安全，节约了施工成本，铁道部为此召开了全路现场交流会；水电七局长清板厂通过大量的试验研究，用普通掺合料代替专用掺合料，节约成本上百万元。

大型项目领导重视，平时检查多、会议多、繁杂事务多，项目部有很多好的思路，但缺乏人员做系统性的研究和总结。因此，必须创新项目科研工作思路：一是科研工作要从业主关注的、企业需要的、能取得可观经济效益的课题入手；二是各工程局后方的科研支持体系要重心前移，深入现场与项目部一起开展科研工作；三是要广泛与科研院校合作，从理论上拔高，从而提高科研项目质量。

8.3.4.6　合理的专业化布局

中国水电铁路在建项目合同总额已接近 400 亿元，基本涵盖了与铁路土建工程相关的专业门类，配置了移动模架、箱梁制运架、轨道板生产线、轨道板铺设、无缝线路铺设等大型专用设备，已形成较完备的铁路工程施工能力，专业化施工特点已显现雏形。如：十一局、五局移动模架造桥；四局、七局、八局、十四局箱梁制运架；四局、七局轨道板生产；十三局轨道板及无缝线路铺设等。因此，应在集团范围内进行专业化布局，有针对性的打造专业化施工能力，整体提升集团铁路施工水平。同时，统筹协调项目组织实施方式，在集团内实行专业联合，以减少大型专用设备的重复投入。

8.3.5　铁路建设项目管理的几个策略

8.3.5.1　早期介入

铁路大型项目基本采用总价合同，一个变更单元增减金额不足 300 万元的，在总承包风险费中列支，不引起总价的变化。因此，应尽可能地通过资源互换、市场互换等方式与设计单位结成战略伙伴关系，早期介入项目设计，尽量使承包人的意图在设计阶段就得到体现，充分利用承包人已有的资源，以便扩大项目一次经营成果，提前做好项目二次经营准备。

8.3.5.2　打造差异

铁路建设市场强手如林，竞争异常惨烈，要想在与“传统强队”同台竞技中立于不败之地，必须做出自己的亮点、自己的特色，用差异化战略赢得市场地位。京沪项目在西渴马 1 号隧道中把“猫当虎打”，使用“移动式仰拱栈桥、沉降自动报警、人员自动登录、混凝土喷射机械手”一套组合拳，把一个普通的隧道打造成了全路样板，铁道部首次在一家路外单位召开了两年一度的现场会，使全路几乎所有的业主认识了中国水电。

8.3.5.3　持续培训

高速铁路项目具有规模大、专业齐、技术新、接口多的特点，京沪高铁项目公司采用的大规模、高强度、全覆盖的培训理念是实现高标准建设世界一流高速铁路的重要保障，收到了很好的效果。在京沪每开始一项新的工序都要进行多层次的业务培训，以使安全可控、质量保证。按照施工过程的不同阶段适时开展培训的方式，应作为所有项目组织实施的重要理念，这一措施是保证安全、优质、高效地完成项目的重要手段。

8.3.5.4　优势互补

受周边环境的限制，在铁路选线设计时不可避免地要与既有铁路交叉，尤其是在经济发达地区。跨既有铁路施工涉及铁路机、车、工、电等多个部门，具有专业性强，协调困难，施工难度大，安全风险突出等特点，而且一旦出事就是大事。类似这样的项目，首先要在投标时给予充分关注，能避则避；其次，在项目实施时应选择专业联合的方式转移或降低风险。实践证明，中国水电京沪项目坚持“用专业的人，做专业的事”的专业化施工组织理念，采用专业联合方式解决跨既有铁路施工问题的决策是正确的。

8.3.5.5　先声夺人

必须要做的事情最好抢先做，这样支付同样的成本将获得更大的综合收益。如：京沪项目中心试验室，一开始就迅速的按标准建设到位，由于第一个按标准建成，因此受到了各级领导的关注，被评为全线第一个样板工程，与其他标段的中心试验室相比，同样的投入获得了不同的回报；十四局考虑到遮板的主要功能是用于外观装饰，因此在遮板施工时，一开始就按照工厂化生产、模具化施工，不但获得了荣誉，而且未产生任何废品。与其他单位建场后返工，先期生产的产品报废相比，无疑十四局在遮板项目上是最大的赢家。

8.3.5.6　展现自己

进入京沪高铁项目之初，业主认为中国水电从未施工过高速铁路，而京沪高铁又是世界上技术水平最高的铁路，因此，对我们的履约能力一直很担心，处处表现出对我们的不放心。为此，集团组织了业主领导和铁路知名专家参观了正在施工的向家坝和溪洛渡电站。超大规模的人工砂石料系统，精湛的爆刻技术，给专家们留下深刻的印象，从此对中国水电的施工能力、大型项目的组织能力有了新的认识。因此，要利用一切有利时机，充分的展示自己的实力，赢得业主的信任。

8.3.6　结语

孙子曰：“水无常形、兵无定势。”一切事物都在变化之中，项目管理也是如此，应因时因地的设计与之相适应的管理模式。上述观点是在京沪高速铁路建设实践中的一些初步体会，整理出来供大家参考，希望能对我们的项目管理者有所帮助。

案例简析

京沪高铁投资规模巨大，建设技术复杂，参建队伍众多，对项目管理提出了新的要求。结合京沪高铁的管理实践，分析了现有管控模式的优劣势，从项目组织架构、施工单元划分、项目经营与考核、资源共享、技术创新、专业化布局、项目管理策略七个方面提出了具体措施。对大型铁路建设项目管控模式进行了有益的探索。从该案例得出的基本经验总结如图 8-14 所示。

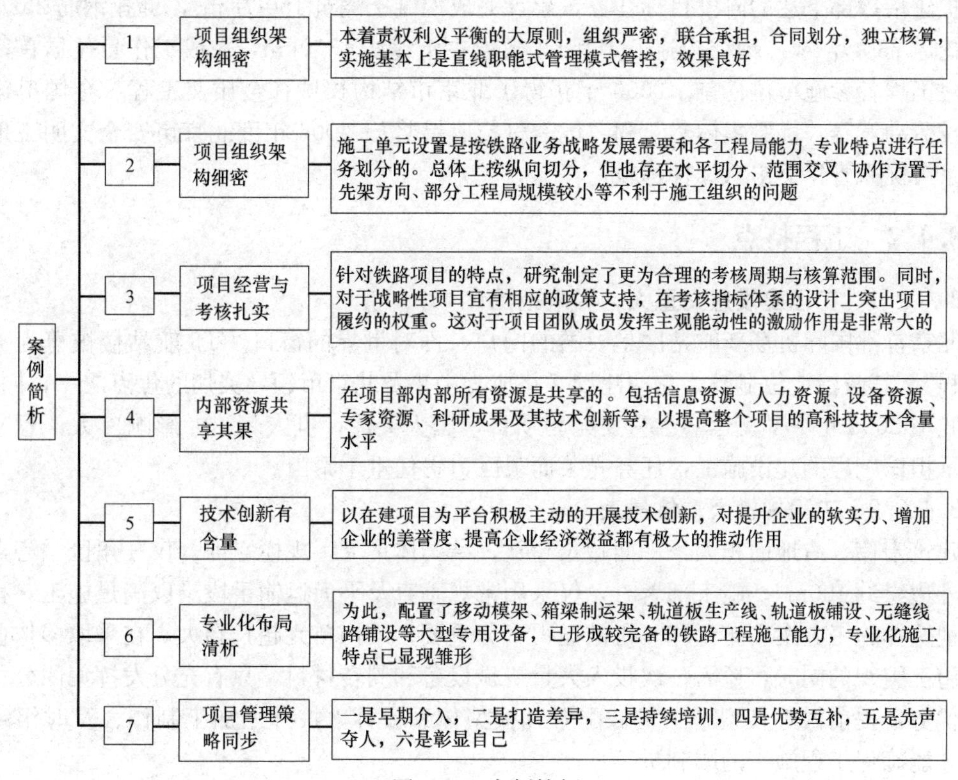

图 8-14　案例简析

8.4　北京首都机场航站楼（T3A）工程管理与简析①

8.4.1　工程简介

北京首都机场扩建工程是 2008 年北京奥运会最大的建设项目。该工程主要由 3 号航站楼主楼（T3A）和国际候机指廊以及停车楼（GTC）等组成，其中，3 号航站楼主楼是整个扩建工程的核心，地上五层，地下二层，其主要功能：四层为值机大厅，三层为旅客出发候机区，二层为国内旅客到达层和国际国内旅客行李提取大厅。经过公开招标投标，北京城建集团获 3 号航站楼主楼 58 万 m^2、国际候机指廊 5.1 万 m^2 及捷运通道 3.22 万 m^2

① 北京城建集团代玉民提供案例。

的施工总承包权。该工程由英国福斯特公司、荷兰纳科欧、英国奥雅那公司以及北京建筑设计研究院共同设计。本次扩建的目标为：到 2015 年，年旅客吞吐量将达到 7600 万人次，年货运吞吐量 180 万 t，年飞机起降 58 万架次。通过本期扩建，首都机场将实现三大目标：一是实现枢纽机场功能；二是满足北京奥运需求；三是创造国门新形象。

3 号航站楼主楼工程于 2004 年 3 月 28 日开工奠基，2007 年 9 月 28 日竣工，总工期 1186 天。自开工以来，北京城建集团全体参施员工时刻把“节俭、科技、人文、绿色、阳光”理念贯穿于施工生产管理全过程，发扬只争朝夕的精神，确保了安全、优质、按期完成扩建指挥部下达的阶段目标任务，累计完成混凝土浇筑 150 万 m^3，绑扎钢筋 25 万 t，土方挖运 230 万 m^3，钢结构施工 4 万 t，敷设主干缆线 1300km，完成工作量位居首都机场扩建工程各参施单位榜首。2006 年获得了北京市结构长城杯金质奖工程、全国奥运工程建设劳动竞赛“优胜集体奖”和“优秀科技成果奖”、2006 年度北京市安全文明工地以及北京市优秀青年突击队标杆称号。

8.4.2 工程特点

8.4.2.1 工程建设意义重大，影响范围广

北京首都国际机场新航站区是中国的门户，面对世界的窗口。T3 航站楼被尊为“国门工程”，其政治地位显赫，它的建设必将成为中央及北京市领导关切的焦点之一，同时，作为我国 2008 年举办奥运盛会重要配套项目，国人关注，世人瞩目，影响广大，意义深远。承担该工程的建设施工，任务光荣而艰巨，责任重于泰山。

8.4.2.2 工程规模大，体量大

建筑宏伟，占地面积大，平面超长超宽，结构体量大，规模空前（仅三角区中心点距结构外边缘约 100m）。施工部署时，仅采用常规垂直及平面运输手段难以满足施工，科学合理地选择施工方案和布置施工机械显得十分重要；结构单元超长超大，在采取多作业面流水施工组织的同时，还需一次投入大量机械设备和周转材料。只有充分发挥集团公司各方面优势，提前做好大型施工机械配置和模架体系设计，按计划加工制作、及时组织进场，才能确保工程施工的顺利进行。

8.4.2.3 场区地下水位高，降水面积大

根据水文地质勘察报告和现场实际考察，地下水位在自然地面下 2.0m 左右，需降水高度达 15m，降水区域达 18 万 m^2。另外，基础埋深变化大，需采取有效的降水方法，才能确保基坑土方的正常开挖和地下结构施工的顺利进行。

8.4.2.4 基桩数量大，施工复杂

基桩设计规格多、数量大、群桩密度高、桩体长、桩顶标高差异大，因此必须选用先进、精密、高效的成桩机械和技术，合理安排基桩的施工顺序和作业面，科学调配各项资源，保证成桩质量和施工进度，实现总工期目标。

8.4.2.5 建筑结构复杂，施工技术要求高

建筑造型独特，结构形式新颖，设计理念表现先进、前卫，结构体系复杂，科技含量高。工程中大量使用高性能自防水混凝土、纤维混凝土；地下室外墙及首层楼板采用预应力混凝土技术；地上结构大范围采用国内不多见的高等级清水混凝土结构；大体积混凝土、超长结构整体浇筑等。专业技术性强，质量要求高，施工难度大，施工中必须建立技

术质量保证组织，配备高素质的且具有同类工程施工经验的专业技术人员，应用成熟可靠的施工经验和先进可行的工艺措施，有针对性地制定专项方案。

8.4.2.6　**钢结构应用范围广，吊装难度大**

本工程屋面钢网架作为专业分包项目，针对其特点，需要按部位分别采用楼面散拼提升和原位散装架子滑移的方法。对于总承包自行完成的支撑钢网架的竖向钢管柱，由于其柱身形体长，质量要求高，斜向定位及结构内吊装施工有一定难度，需要按钢管柱类型和位置差异情况，灵活采用可移动“人字扒杆”与大吨位吊机配合吊装的方法，并制定出详细的措施。

8.4.2.7　**安全、文明、环保要求高**

T3A 航站楼地处繁忙的首都机场空港区，由于紧邻正常运营的飞机东跑道东侧，施工中不允许出现任何影响飞机飞行安全的行为，不能发生施工扬尘、环境污染、影响交通、超高施工及空中出现漂浮物等现象。因此施工过程中需要建立专职安全防护管理部门，实行专人负责同机场空管方面取得紧密联系，制定专项防护管理措施，保证飞行安全和滑行区内正常运营。

8.4.2.8　**专业项目分包多，总承包管理协调任务重**

作为 3 号航站楼 T3A 主楼工程的总承包人，除承包主体结构、预留预埋等项目自行组织施工外，还将负责隔热金属屋面、通用机电设备安装、贵宾区公共区精装修、外装修工程等多达 14 项的专业项目分包施工管理，并与其他承包人（如旅客捷运系统制作安装、轻轨工程等 6 项指定分包项目）进行配合。涉及专业技术强，配合单位众多，协调工作量大面广，总承包管理任务重，施工统筹组织困难，为此，总承包部建立健全总承包管理工作程序和各项规章制度，以良好的工作作风和高尚的职业道德水准与雇主、设计、监理等相关单位予以充分的合作，建立起融洽和谐的工作关系，承担起雇主赋予总承包人的总承包管理使命。

8.4.3　工程施工管控

8.4.3.1　**主要施工项目的管理原则**

1. 建立健全组织机构，明确各级管理职责，确定“战区负责制”组织原则

面对如此巨大的施工项目，要在如此紧迫的时间内完成，只凭一己之力是不可能实现的。集团领导充分认识到工程的难度，在开工伊始，组建了首都机场工程经理部（下称总部），由集团领导担任正、副指挥长，并发挥大兵团集中作战的优势，调兵遣将，组建了各分公司和事业部（组建了五个土建分部和四个机电分部），在完成了各级组织机构建设后，集团领导高瞻远瞩地提出了“战区负责制”的组织原则，即由各土建分部负责其各自辖区内的施工管理、协调和服务工作，总部负责对下属各分部进行监督管理，同时负责对业主、设计单位的服务、沟通，以及和外部兄弟单位间的协调工作。各级管理部门在“战区负责制”的组织原则下，制定各自的部门职责，从而形成以总部为核心，分部为基础的放射状管理模式，确保部门职能横向到边，纵向到底，逐级落实，责任到人。

2. 兼顾工期目标与成本控制，制定“大平行，小流水”施工原则

首都机场因其功能的特殊性，建筑高度有严格的限制，本工程最高建筑檐高 44m，而最大单层建筑面积超过 10 万 m^2。从施工组织的角度来说，有人将之形象地比喻为将一座

塔楼放平了进行施工，在施工工期方面，经与国外类似工程比较，我们要在3年半的时间里，完成别人需要5年才能完成的施工任务，所面临的重重困难是超乎想象的。既要完成工期目标，又要千方百计地降低成本，为此，我们制定了“大平行，小流水”的施工原则。本工程划分为7个施工区域，96个流水段，各个施工区域平行施工，以期达到最短施工周期，而各施工区域又划分为若干个小流水段，按工序进行流水施工，以期将劳动力投入和周转材料调配到最合理状态。

3. 加强员工培训，提高生产计划编制水平

网络计划技术是一种科学的计划管理方法，它的使用能降低成本，缩短施工时间。但目前，网络计划的作用并未在施工中发挥作用。分析原因，主要有两点：一是计划员素质良莠不齐，老计划员根据经验能较为合理地编排单项工程计划，但多项工序编排容易出现逻辑关系错误。而年轻计划员善于使用计算机软件，但施工经验不足，常出现对问题考虑不全面施工工期估算不足等问题；二是编制计划容易出现本位主意，为使自己留有足够的施工时间，不得不挤占其他单位施工的时间。因此会导致生产计划编制不够合理，甚至没有可行性。针对这一现象，总部采取了加强培训，统一规定，目标控制等措施。

(1) 进场伊始，由总部牵头，对所有施工单位的计划员进行了统一的培训和指导。提供应用软件，详细介绍双代号网络计划和甘特图的编制技巧，认真讲解逻辑关系表示方法。同时，组织经验交流会，互帮互学，交流心得，以提高各施工单位的计划编制水平。

(2) 总部制定了一系列计划管理规定，从报表格式、编制内容、上报时间、审批流程等各方面严格加以约束，取得了良好的效果，同时也为开展四级计划管理奠定了坚实的基础。

(3) 总部依据业主要求和投标文件承诺工期，编制并下发工程总控计划，确定“底板施工战役”、“混凝土结构施工战役”、“屋面钢网架施工战役”、“封顶封围施工战役”、“精装修施工战役”五大战役里程碑目标，加强对各施工单位生产计划编制的指导性。同时，总部在每个阶段开始前，牵头组织各相关单位负责人召开生计划协调会，确定每个单位、每道工序穿插顺序及施工时间，一经讨论确认，无重大事件不得擅自调整，以确保各阶段里程碑目标的实现以及各施工单位的利益。

8.4.3.2 实施有效的措施，推动管理目标按期实现

生产计划反映的是管理者的施工部署和决策思路，为确保生产计划和整体部署按期有序进行，提高计划的严肃性，减少网络计划破网的风险性，我们主要采取了以下措施：

1. 加大检查和监控力度，充分做到有安排就有落实

以关键线路为依据，网络计划起止里程碑为控制点，从宏观的施工部署到微观的工序穿插，每一个环节都不容错过。在工程桩施工阶段，我们从区域划分、生产部署、计划安排、成孔顺序、资料归档、钻机布设、道路设置、钢筋笼后台加工等，逐一派人落实。要求各战区负责单位每日对现场150余台钻机认真进行巡视，询问机手工作情况，检查钻机工作效率，每晚总部将各战区检查结果进行汇总，并提供给领导和相关部门进行分析，对钻机布设不合理的马上进行调整，对成桩率低的钻机要求马上更换或退出工作面，最终我们不但按期完成了阶段性工期目标，还创造了百日成桩7221颗的北京市桩基施工新纪录。

2. 建立生产例会制度，解决问题不过夜

总部每月牵头组织召开由业主、监理、设计及各施工单位参加的月度工程调度会，进行工程进度分析，其主要内容包括：月度计划指标完成情况，是否影响总体工期目标；劳

动力和机械设备投入是否按计划进行，能否满足施工进度需要；材料及设备供应是否按计划进行，有无停工待料现象；试验和检验是否及时进行，检测资料是否及时签认；施工进度款是否按期支付，建设资金是否落实；施工图纸是否按时发放等。通过工程进度分析，总结经验，找出原因，制定措施，协调各生产要素，及时解决各种生产障碍，落实施工准备，创造施工条件，确保施工进度的顺利进行。同时，总部每周组织召开由所有施工单位的项目经理、生产经理、总工等相关负责人参加的生产例会，检查、交流二、三级进度计划完成情况、相应措施和计划安排。在结构施工阶段，总部将各战区施工进度完成情况整理汇总，在生产例会上利用笔记本电脑、投影仪、数码照相机等先进器材，采用多媒体形式，将现场拍摄的各部位照片镶嵌在 CAD 制作的流水段示意图上，逐一播放演示，把现场情况实时生动地反映出来，然后对比分析每一施工区域、每一流水段、每一道工序、每一支外施队的施工部位完成情况，指出拖期部位，拖期原因，预测重点、难点部位，提出赶工措施，降低了网络计划破网的风险性。因工期紧迫，需频繁进行施工协调时，每周生产例会改为每日现场协调会，直至施工进入平稳期。在装修施工阶段，为不影响正常工作安排，总部组织所有分包单位每晚 8 点进行施工部位检查，随后在现场会议室召开协调会，重点解决落实各工序穿插顺序及施工时间，布置次日工作安排，做到解决问题不过夜。

3. 开展劳动竞赛，营造竞争氛围，签订风险责任状，目标逐级分解落实

本工程功能多，系统多，参战单位多，适时地推行包括进度、质量、安全文明施工、总包配合等各方面的劳动竞赛，在施工过程中形成一种竞赛精神，营造积极向上、相互攀比的竞争氛围，有利于施工进度的推进。根据工程总控计划里程碑要求，可划分成五个阶段性目标，并形成了“底板施工战役”、“混凝土结构施工战役”、“屋面钢网架施工战役”、“封顶封围施工战役”、“精装修施工战役”五大战役里程碑目标，通过各战役目标的实现，为最终完成竣工目标奠定了坚实的基础。在开展劳动竞赛的同时，辅以涵盖项目全员、全方位和全过程的风险承包责任制是强化施工管理的有效方法。首先，我们将对项目管理综合风险进行逐步分析和层层分解，使之细化成一个个子风险和阶段性风险。根据风险项目分解，我们将建立健全相应的风险管理机构和制度，签订风险承包责任状，使各土建、机电分部和各专业分包单位以及各类施工人员明确努力方向，工作有重点性。同时，在风险项目实施中的每一个点和面的结果又能追踪到具体的单位或者个人，充分做到有奖有罚，确保风险目标的实现。

4. 加强劳务管理，选择信誉好、素质高的劳务队伍

劳务队伍的选择和管理由各分部负责，但总部作出了详细的劳务管理规定，并持续进行监督检查。在劳务队伍的选择上，总部规定必须在集团合格分供方名录范围内，优先选取长期配合并具有长城杯、鲁班奖工程施工经验的、整建制管理的劳务施工队伍，以保证我们对工程的所有要求得到及时、迅速的执行。在底板混凝土施工阶段，我们在短时间内甄选了 13 支优秀外施队，现场高峰施工人数超过万人。这有赖于各分部的劳务管理部门，他们提前做了大量的工作，总部对于各分部的劳务管理从招标投标、合同备案到日常工作中的各项劳务管理工作全过程进行监督，确保劳动力来源的同时，监督其执行程序和办理手续的合法性和完备性。2005 年春节，正值结构施工阶段，我们在细致分析建筑市场行情后，经过集团和总部领导认真权衡，对各施工单位提出了春节不休息继续抢工，并给予适当补贴的要求，一方面确保了施工生产进度；另一方面有效地保证了节后劳动力的稳

定。事后证明，2005 年适逢奥运工程全面开工，劳动力市场供应十分紧张，劳务费用也是水涨船高，同时，各外施队在盲目扩张的同时，其队伍素质迅速下滑总部的决策不仅降低了劳务成本，同时也确保了现场劳动力的整体素质，在成本和工期方面取得了双赢。

5. 正确选择材料供应商，为现场施工保驾护航

材料、设备能否按期供应，是决定施工生产能否按期进行的重要条件。在这个多家大型建筑企业同台竞争的工程中，后勤保障能力的较量也在后台进行着紧张的较量。了解市场动态，掌握市场信息，正确选择有实力、有信誉的材料供应商，是确保材料按期到场的首要条件。我们在钢结构施工阶段，用于支撑屋面钢网架的梭形钢管柱共计 8000 余吨，是结构受力体系的重要部分，其根部嵌固在不同部位的混凝土结构中，与混凝土结构穿插进行施工。总部在对各厂家实地考察后，凭借多年经验，顶着巨大的压力，选择确定了上海沪宁钢机公司为最终中标单位。该公司在投标报价中并不是最低价，但企业综合实力较强。T3B 工程对钢管柱材质及加工要求极高，钢材最大壁厚达到 5cm，重要部位有 z 向抗层间撕裂要求，钢材采购周期很长。上海沪宁公司找到有长期战略合作关系的钢厂，在最短时间内采购到原材，同时为本工程购置了新型加工设备，在提高加工质量的同时，缩短了构件加工时间，确保构件按计划时间进场。而兄弟单位选用的加工厂，原材采购周期长，厂内现有卷板机达不到加工要求，只能委托其他厂家配合卷板，然后在回厂焊接加工。加工周期延长，构件不能按期进场，直接导致施工现场停工待料，同时与钢结构穿插施工的混凝土工程也被迫停止。供应商的正确选择，使我们在比兄弟单位晚开工 4 个月的情况下，在钢结构战役中一举超越了对手，所有参战单位士气大振。

8.4.3.3 对分包单位深入服务，将管理渗透到细枝末节

对于专业分包单位特别是业主直接指定分包单位的管理，不仅关系到工程能否顺利开展，也关系到总工期目标能否按期实现。我们立足于总承包的地位，以合约为控制手段，以总控计划为准绳，调动各专业分包单位的积极性，发挥综合协调管理的优势，确保各合同段目标的全部实现。

1. 积极为专业分包单位服务，赢得认可，获取信任

在本工程的管理中，我们认真履行总承包单位的职责、权利和义务，坚持在严格监督、检查和控制所有分包单位的前提下，积极主动地提供必要的技术支持和服务，尽量减少总承包单位职能部门对同一问题处理的歧义，提高效率，减少人为因素对正常工作的干扰。对每一个施工合同段，指派专人负责与专业分包单位之间的配合，积极深入现场，对现场进度实施动态跟踪，提供施工便利条件（诸如现场照明、现场办公、用水用电、垂直运输、材料设备进出场、材料设备堆放场地、消防安全保卫等）。及时通报整体施工安排，及时协调施工中与其他专业分包单位之间的各种问题，做好各分包单位的工序计划安排及相互之间的工序衔接和交接，为各分包单位创造良好的工作环境和作业条件，从而提高整个工程的施工效率和工程质量水平。

2. 明确施工界面划分，对深化设计进行统一协调

在各阶段施工前，由总部牵头组织相关专业分包单位召开施工界面划分协调会，研究各自的边界条件，确定各自的责任划分，减少日后相互推诿扯皮现象，并确保不出现真空部位。特别是在精装修阶段，分包单位多，施工工序多，易造成施工部位不交圈，施工工艺不一致，交接部位无人施工，建筑饰面标高出现错台等现象，这就需要我们提前熟悉各

专业分包的施工范围，施工工艺，合同要求等，同时要对各专业分包单位图纸深化设计进行统一协调，引导和协助其与设计单位的协调配合，使其设计进度和设计深度满足工程的需要。并努力消除各专业设计上的错、漏、缺，严格明确各分包单位的承包范围和界面，避免承包范围重叠、遗漏，造成工程损失。另外，还要注重不同专业分包单位对同施工项目的图纸深化，施工工艺和节点设计可以不同，但装饰效果必须百分之百一样，确保整体装饰风格协调统一。

3. 推行施工会签制度，减少窝工、返工发生

本工程是集多系统为一体的高度智能化建筑，机电、弱电、通信、安防、航显、标识等各种系统多达40余家，这对于施工总承包的协调工作是个巨大的挑战，协调解决各系统之间的交叉影响问题，避免发生系统的点位遗漏和偏差等问题成为协调管理的重要课题。总部在精装修开始前就制定了详细而严格的施工会签制度，从施工会签的组织原则、实施内容、各项表格的填报须知以及整个会签活动流程一一进行了规定，使之标准化、制度化，并大力在各专业分包单位中推广实施。该制度主要要求下道工序施工单位在施工前，对上道各工序的完成情况进行书面会签，其内容包括机电、弱电、装修等23个系统功能和40家专业分包单位，其目的是通过下道工序督促上道工序快速推进，并核查各系统有无遗漏，其模式类似于质量隐检、预检，但其涵盖面更广更大。施工会签由总部工程部和机电部联合牵头，定期组织所有专业分包单位共同参加，通过组织施工会签，有利于施工进度的快速推进，在施工会签的过程中能够发现影响施工进度的关键工序，在施工管理上进行有的放矢的重点协调。

4. 加强对分包单位的掌控，开展全方位的施工管理

总部以总体施工进度控制计划为依据，在编制分阶段施工进度计划时，充分结合施工技术方案和各专业分包单位的进度要求，高度重视设备安装、调试以及专业设备安装与装修施工的相互协调关系，合理利用进度计划中的自由时差，抓住关键线路和重点工序，确保施工的最佳均衡流水和连续作业。同时，制定出施工过程中的控制节点，持续地对各分包单位施工进度执行情况进行检查，加强现场信息的传递与反馈，加大对各分包单位的现场管理力度，确保施工现场各专业分包单位在统一指挥、统一调度下，有条不紊地工作，确保里程碑工期目标按期实现。在对专业分包单位物资进场管理方面，总部设专人负责，并根据设备、材料进场计划，严格按照物资进场管理流程对分包单位进场物资持续进行动态管理。当分包单位材料不能按计划进场时，总部将督促分包单位采取指派专人到材料加工厂驻场督办、增加材料加工厂家等措施，缓解材料供应矛盾，确保施工生产需要。在对专业分包单位劳动力管理方面，专业分包单位的主要管理人员必须按投标文件的承诺，立即组织就位，擅自更换主要负责人导致分包工程不能顺利开展的，将进行严厉处罚，并通报业主和监理。专业分包单位使用的劳务人员须提供三证复印件及特殊工种的相应操作证及上岗证，完成入场教育后，由总部安保部负责办理施工现场出入证。当分包单位劳动力不足或不能满足施工进度要求时，总部将督促分包单位采取增加劳动力、延长工作时间等措施直至施工进度满足计划要求。对不履行合同承诺，又不采取积极有效措施的分包单位，总部将正式去函给分包单位上级主管部门要求协助解决，如果问题仍不能有效解决，我们将按照合同分割条款，对其施工任务和工程量进行分割处理。如涉及业主指定分包单位的，我们会与业主和监理积极进行沟通，获取业主和监理的支持，在确保工程顺利推进

的同时，进一步巩固总承包管理的威信。在对专业分包单位成品保护管理方面，由总部安保部统一牵头组织实施现场的成品保护工作，投入充足人员专门监督和看管施工作业面，并在重点部位安装监视设备，设置中控室并派专人 24 小时进行监控，确保施工成品和半成品不受破坏、材料设备不丢失，以保证工程顺利交付使用。在对专业分包单位文件档案、施工技术资料的协调管理方面，总部技术部安排专职档案资料员，建立健全资料收集、管理的组织管理网络，对资料的分类编号采用计算机编号系统进行统一编码，便于查询和调阅。总部技术部和质量部每月组织检查考核，监督指导分包单位建立自己的图纸接收、发放、变更等管理程序，确保施工图纸的有效管理、正确使用，保证工程资料的真实性、完整性和有效性。

8.4.3.4 制定合理的施工方案，采用先进的施工工艺，保障工程顺利开展

1. 方案先行，样板引路

总部在制订好工程总控计划后，总部技术部根据工程总控计划要求，拟定好各阶段设计出图计划和施工方案编制计划。一方面牵头组织设计单位及相关单位召开设计进度协调会，在发放总控计划的同时，对出图计划和各专业图纸配套工作进行讲解及说明，确保各相关单位按期获得施工图纸；另一方面督促各施工单位按期编制有针对性的、具有现场指导意义的施工组织设计、施工方案和技术交底。同时，在主体结构工程、装饰装修工程等施工阶段开始前，在现场合适的位置进行样板和样板间的施工，提前解决设计、工艺及施工配合中存在的问题，并与业主积极沟通，提前做好材料设备选型工作，为全面展开施工做好充分的准备。

2. 以严谨合理的施工方案为基础，正确确定关键线路

一份好的施工计划必须具有可行性，而正是严谨合理的施工方案为计划的可行性提供了充足的论据。我们在编制南指廊区域结构施工计划时，面临着两种施工选择，一是使用 400t 履带吊在结构外围吊装钢管柱，然后施工与钢管柱相连接的混凝土结构，优点是结构中部混凝土结构可同步施工，缺点是钢管柱分节多，安装速度慢，混凝土结构施工间隔时间长；二是在结构中部设置 MC-480 型行走式塔吊，优点是钢管柱分节少，安装速度快，与钢管柱相连的混凝土结构等待时间短，缺点是结构中部混凝土结构需等到钢管柱吊装完成塔吊拆除后方可施工。因钢管柱为屋面钢网架的主要承重结构，通过逻辑关系分析，是屋面钢网架的紧前工序，因此作为关键线路优先安排施工，由此可见第二种施工方法在逻辑关系安排上更为合理，但是在结构中部设置行走式塔吊，意味着在地下一层楼板上铺设塔吊轨道。经过技术人员仔细研究，发明出工具式支撑系统，塔吊轮压传力方向为钢轨、钢枕、工具式支撑系统、钢筋混凝土结构梁。经过反复计算，荷载值在允许范围内，既解决了塔吊立设问题，又解决了地下室结构加固问题。有了施工方案作基础，施工计划亦科学可行。结果证明，使用该项施工工艺比兄弟单位使用 400t 履带吊进行施工，工期缩短 1.5 个月，成本降低 500 万元，该项施工技术在 2008 年 2 月《建筑技术》杂志发表。

3. 科学先进的施工工艺，为施工管理推波助澜

本工程获得国家级工法 2 项，北京市级工法 3 项，获集团科技进步一等奖 1 项、二等奖 11 项、三等奖 6 项。先进的施工工艺，为我们的施工管理奠定了坚实的基础，使许多不可能的工作成为了现实。本工程在巨型双曲面金属格栅吊顶施工阶段，核心区部位使用了安德固脚手架支撑体系，该技术采用法国专利技术并已获得国内模块式脚手架专利认

证。核心区部位因其建筑功能的特殊，局部从地下二层到屋顶全部挑空，最大悬挑高度达到50m，最大悬挑跨度达到21m。安德固脚手架不同于普通脚手架，其杆件材料为Q345B焊接钢管，且经过热镀锌处理，承载能力较普通脚手管高，架体格构为3m×2m，大于普通脚手架搭设格构，使用C形自锁扣件和竖向U形卡钩搭接，连接方式安全牢固、整体性强。我们在采用该项施工工艺时，进行了专家论证，并在脚手架正式使用前，进行了堆载试验，确认无安全隐患后才准许进行装修施工。采用了新型脚手架悬挑支撑体系，与使用满堂红脚手架支撑体系相比，施工周期缩短了1个月，降低成本180万元。

8.4.4　工程运行验收总结

8.4.4.1　体会

观念决定“思路”，思路决定“出路”，有了新思路、新定位、新措施的落实，才能保证整体施工进度的落实，科学合理的管理是施工管理的基础，求真务实的工作作风是确保施工进度的关键，团队人员的素质是控制工期、安全、质量、成本的前提。

8.4.4.2　收获

北京首都机场3号航站楼T3A2工程，是2008年北京奥运会的重点配套工程，是国家的重点工程，自2004年3月28日开工，历时3年零9个月，于2007年12月28日通过竣工验收，经过七个月的运行调试，各项功能运行正常，用户满意，按时保质完成，满足了奥运会各国运动员进场的需要，本工程先后获得了“北京市结构长城杯金质奖”、“全国施工安全文明工地”、“全国建筑业新技术应用示范工程”、“竣工长城杯”、“鲁班奖”、“詹天佑奖”。为社会带来荣誉，为企业创造了效益，同时也为企业培养了一大批管理人才。

案例简析

北京首都国际机场3号（T3）航站楼主楼由荷兰机场顾问公司（NACO）、英国诺曼·福斯特建筑事务所负责方案设计，北京市建筑设计研究院负责设计管理和施工图设计，民航机场（成都）电子工程设计所负责弱电/信息系统专项设计。2000年6月，中国民用航空总局开始进行北京首都国际机场中远期规划研究。2004年3月26日，3号航站楼完成施工及监理招标，正式签订了施工和监理合同；国家发改委同日批准扩建工程开工，首都机场开始三期扩建工程，共征用了22200多亩土地，搬迁了9个村庄，共涉及1.2万人。扩建工程已于2007年底全面竣工，2008年2月试运行，确保了2008年奥运会之前投入正常运营。3号航站楼位于北京首都国际机场东边。T3主楼及其配套工程位于现有东跑道和新建跑道之间。3号航站楼是世界第二大的单体航站楼。3号航站楼（T3）由主楼和国内候机廊、国际候机廊组成，配备了自动处理和高速传输的行李系统、快捷的旅客捷运系统以及信息系统，总建筑面积98.6万m^2。新建一条长3800m、宽60m的跑道，满足F类飞机的使用要求，配备了世界上最先进的三类精密自动飞机引导系统，这是我国目前最先进的起降导航系统，在很低的能见度下仍可实行飞机起降。世界上最大的飞机空中客车A380能够顺利起降。跑道试飞成功后，于2008年10月份投入试用。此外，新建北货运区，相应配套建设场内交通系统，以及供水、供电、供气、供油、通导、航空公司基地等设施。旅客自动捷运系统全长4km，每2分钟一趟。届时，旅客在3号航站楼出入时，令不少旅客头疼的携带重物在机场内长距离奔走的问题将得到解决。该文仅就一个标段的工程总承包进行的重点论述。案例简析见图8-15。

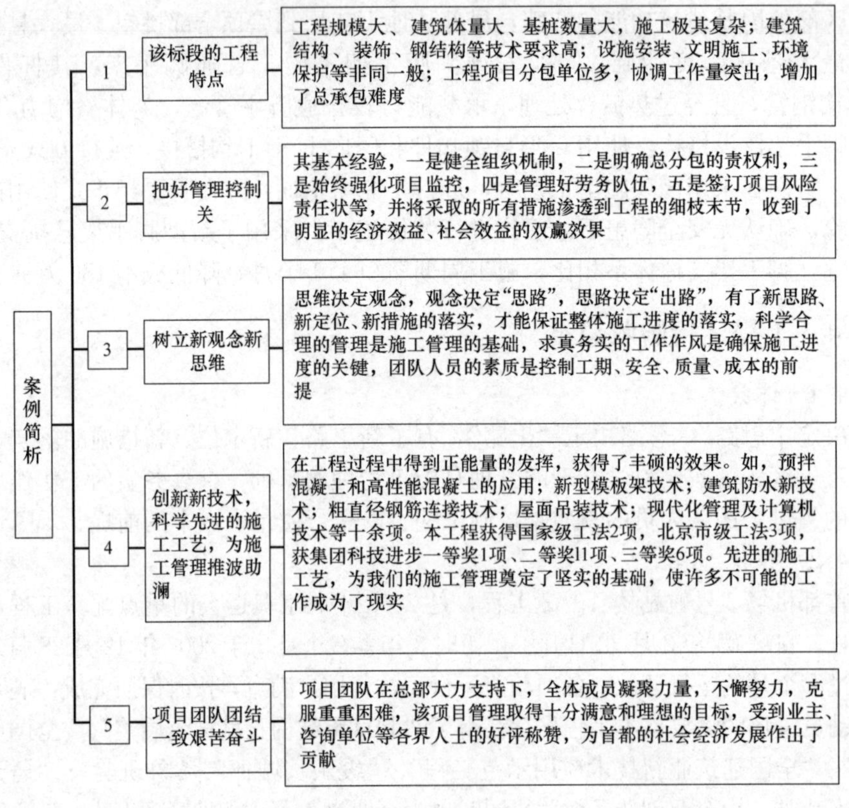

图 8-15　案例简析

8.5　从工程总承包角度论述西柳中国商贸城项目管理及简析

8.5.1　项目背景

8.5.1.1　项目简介

项目位于中国辽宁省鞍山市下辖的海城市西柳镇，位于西柳镇中心，地上五层地下一层，总建筑面积 158819m^2，建筑总高 24m。项目已经完成并投入使用，该项目实行总承包管理，幕墙与擦窗机安装、电梯、机电工程，消防工程、精装修工程分包给相应的专业队伍进行施工。合同工期为 2009 年 8 月 30 日主体结构封顶，2010 年 3 月 10 日正式开业运营。图 8-16 为项目地理位置图，图 8-17、图 8-18 为该工程效果图。

8.5.1.2　项目地理位置及重要性

项目位于号称"关东第一镇"的辽宁省海城市西柳镇内，地处辽宁南部、辽东半岛北端，居沈阳、大连、鞍山、营口等城市群中心，距海城市区 10km，拥有得天独厚的区位优势，沈大高速公路、中长铁路、海沟铁路在西柳纵横交错，桃仙机场、大连、营口等港口近在咫尺，150 多条客货运输线路通达全国，往返客货班车 450 多台，年均货物吞吐量 80 万 t，程控电话多达 1.2 万门，各类高、中、低档饭店、旅店 600 余家，可同时容纳 2 万人就餐和住宿。

自从 20 世纪 80 年代起步以来，历时 20 余年的发展壮大，现已成为累计总投资 8 亿

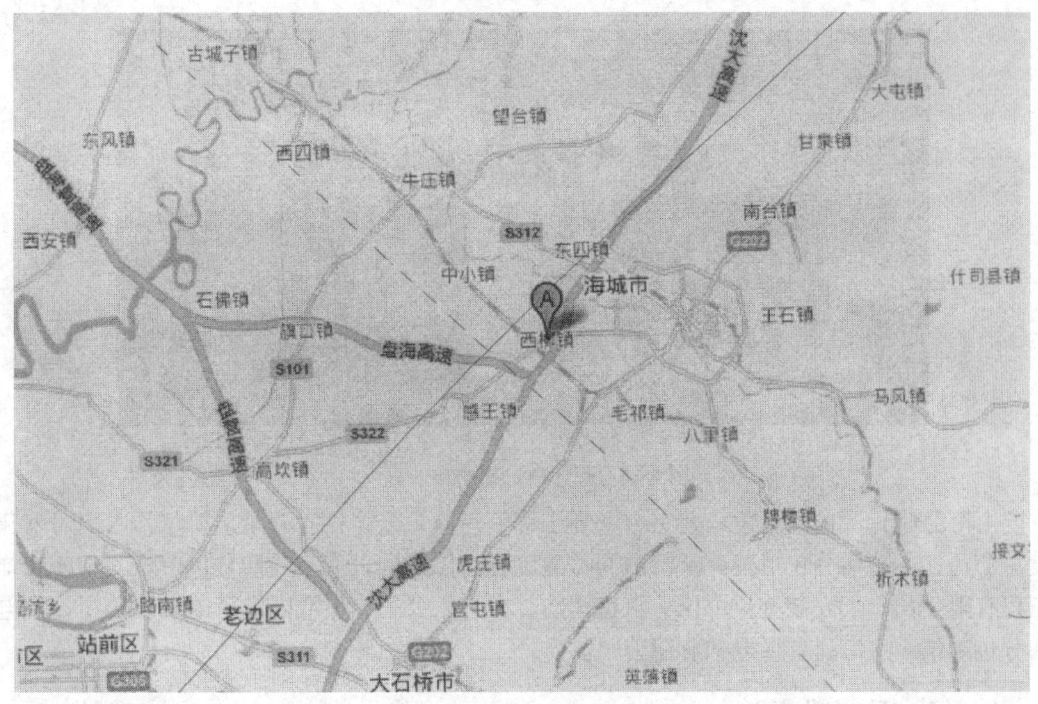

图 8-16　项目地理位置图

图 8-17　白天商贸城南侧效果图

元人民币、占地面积 100 万 m^2、建筑面积 80 万 m^2、摊位 1.6 万个的全国最大规模的专业批发市场。在新的时代里，西柳中国商贸城依托西柳市场的成熟商圈优势，和东北地区庞大的市场需求优势，实现市场全面升级，力争打造北方义乌城。

8.5.1.3　参建单位

业主希望将本项目建设成为海城地区的标志性建筑，并要求该工程必须达到优质结构工程的标准，因此从设计单位到监理单位及施工单位，都是经过精挑细选的。以下就是主要参建单位名单：①建设单位：海城市西柳商贸城有限公司；②设计单位：佳木斯设计研

图 8-18 晚间商贸城南侧效果图

究院上海分院；③监理单位：北京中联环工程管理有限公司；④总承包单位：中国对外建设总公司；⑤幕墙分包单位：上海恒利益建工程有限公司；⑥精装修分包单位：中南装饰工程有限公司；⑦安装分包单位：江盛消防工程有限公司＋上海陆海机电安装公司；⑧电梯分包单位：上海爱登堡电梯有限公司。

8.5.2 项目难点

8.5.2.1 业主的严格要求

业主常年在全国各地投资兴建大型商贸城建筑，以“专业化、规模化、品牌化”的理念为商户提供服务，建筑工程质量直接影响着建筑功能的实现和体验，因此，在招标初期，业主就提出了确保优质工程的质量目标。此外，业主对成本造价、工期、质量、安全和环境各方面都提出了非常高的要求。

8.5.2.2 社会的广泛关注

由于本项目的重要性，从项目开始策划到竣工投入使用，一直受到当地政府，及省市主管部门的关注，经常莅临指导。为了保证公司的品牌化战略不受影响，项目从初期策划就要对现场文明施工及CI形象进行投入大量的成本。

8.5.2.3 工期控制

这个项目我公司直接承建的土建部分需要保证在2009年8月30日前全部完工，以便后续工程水电进行，从我公司中标成为总承包单位到进场施工只有短短10天时间，用以招标各专业分包单位，搭设临建，场地硬化，大型机械进场的前期准备工作，加上工程正值雨季，无疑给工程顺利完成带来了众多不便。

8.5.2.4 成本控制

项目管理从项目策划阶段一直密切关注缩短工期，减少工期成本。关注成本控制。在整个施工过程中，曾经多次修改设计，避免不必要的投入。

8.5.2.5 设计的滞后

由于工程工期较紧，项目启动仓促，除主体部分设计已经全部完成，安装、幕墙、外灯光、外景观、精装修等都需要二次设计，这就给前期土建预留预埋带来了很多不便，也为后续工程施工引起很多二次施工，造成成本增加。

8.5.3　分包管理的思考

我国建筑业自推行项目管理体制改革以来，初步形成了以施工总承包为龙头、以专业施工企业为骨干、以劳务作业为依托的企业组织结构形式。但是，这种理想的组织结构形式并没有起到预期的理想效果。除少部分专业程度较高的分部、分项工程由专业分包企业完成外，大部分具体的施工任务还是由建筑总承包企业组织劳务队和自有机械设备、自供材料来完成。劳务队伍专业化程度低，素质参差不齐；总承包商投入大量的人力、物力和资源来管理劳务队，管理精力被牵制，管理水平无法提高。随着市场开放性程度提高，国外建筑投资商和承包商进入，政策法律、法规逐渐国际化，进一步规范和完善建筑业专业分包体系，将是我国建筑市场发展的必然趋势。

为增强核心竞争力，大型建筑企业必将甩掉低端生产资源，专注于项目管理。对专业分包队伍或劳务队伍来说，提高管理能力，培育优秀的专业技术人员，使用机械设备，提高专业化施工能力是必由之路。劳务队将发生分化，其中的优秀管理和技术人员将逐渐稳定下来，成为固定的职业人员；劳务队将由自身技术管理能力的差异，分化为大大小小的专业承包企业，既走劳务承包，又走专项工程承包的道路。专业施工能力是专业分包企业的核心竞争力。

降低成本，提高利润率、生产率的需求。大型建筑企业一旦抛弃低端资源，必然更多地依赖于分包商来完成任务，分包管理能力要增强；而专业的分包队伍和劳务队必须提高管理能力、技术水平，使用新型机械设备，提高生产率，降低成本，从而获得更高的生产率和利润率。

提高效率和应变能力的需求。为了适应变化，总承包商会授予项目更多的处理变化的权力，更多地依赖外部资源，为提高效率，从而对分包的管理将越来越重要。专业的项目管理，最终使项目变得更有效率。小型专业施工队伍和劳务队提高管理水平和技术能力，加强自身竞争力，可以在市场中获取更多的业务机会，这样其企业人力、设备资源能得到更多的利用，生产效率提高，利润增加，从而增加其抗风险的能力。对社会来说，专业化分工，使资源的利用更有效率，多余的消耗减少，基础的施工能力提高，减少了直接的生产物质消耗，这些变成利润储存起来。社会生产发展总是向资源的更高效利用发展的。

8.5.4　项目管理方法与策略

8.5.4.1　项目组织架构

本项目以项目管理团队为核心，为增强核心竞争力，调整低端生产资源，专注于项目管理。这样可以提高管理能力，培育优秀的专业技术人员，使用机械设备，提高专业化施工能力。另外，这也是降低成本，提高利润率、生产率的需求。

图 8-19 是本工程的项目组织构架框图。

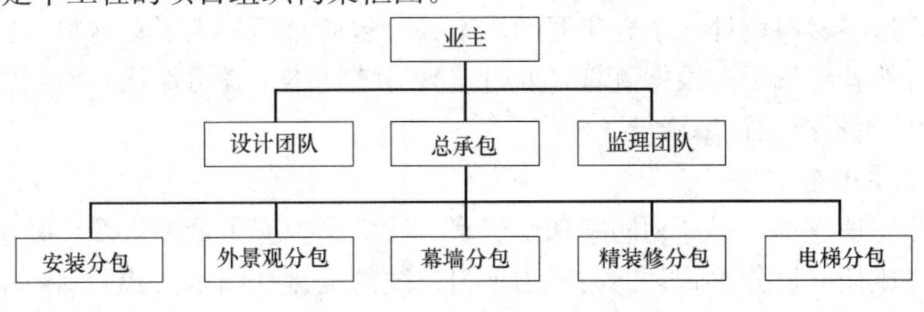

图 8-19　项目组织架构图

8.5.4.2 项目快速推进计划

整个项目总工期299天，并计划于2009年8月30日主体封顶，开始后续工程施工。但是分包商为了最少的人员和材料机械的投入，换取最大的经济回报，通常不愿投入过多的资源，为后续工程抢工期。所以项目管理在招标与工程管理过程中采取以下策略：

(1) 针对土建、预留预埋等前期工程进行优先招标，并在分包合同中规定现场人员配置情况，及工期奖惩措施。

(2) 项目部通过深入了解图纸，优化施工组织设计，认为土建部分在保证作业面足够的情况下，不间断施工，保证足够数量施工人员，可以将主体封顶时间提前约一个月的时间，于是，在签订合同时，为了防止分包商为降低成本，节省材料，拖后工期，要求分包商进场时，在指定的施工阶段必须配备项目部要求的作业人数，并列出了详细的付款节点，来控制各个工期节点。

(3) 在整个施工过程中，项目部坚持每天一次的生产例会，把施工任务划分到日，对日、周、旬、月的进度计划都做了详尽的安排，并根据每天各分包单位的实际进展情况，以各种奖惩机制随时进行调节，确保大的节点工期能顺利完成。

最后，我公司以局部提前45天，总体提前30天的成绩完成了主体结构施工，为后续工程的顺利进场，抢下了宝贵的工期。

8.5.4.3 质量控制

分包管理的另一个弊端就是分包队伍素质参差不齐，分包商将部分工程量转包，造成管理链过长，项目指令执行慢，现场施工人员不服从总包单位管理人员的直接管理；分包商材料方面质量问题，以次充好，鱼目混珠。

为了把好分包商质量控制这一关，项目部组织了多个QC小组，针对混凝土保护层控制、砌体结构中构造柱浇筑质量控制等多个课题进行研究，从而提高建筑工程质量。

建立健全项目质量管理体系，充分调动项目管理人员力量，工程部、技术部、质量部联手共同控制各分项工程的施工质量，确保监理验收一次通过率达到98%以上。最终本工程获得了辽宁省优质主体结构的称号。

8.5.4.4 成本控制

1. 材料成本的控制

由于本工程是一个大型公共建筑，涉及专业比较多，很多设备及材料由设计单位设计指定品牌，或者直接甲供。尤其是在主体结构施工阶段，如机械连接用套筒、加固模板用对拉螺栓杆等物资本来是由总包单位提供的，后来发现工人在使用过程中根本不注意节省材料，经常在基坑等地方发现这些物资，几经教育效果不明显，由于不是分包商的自有物资，分包商管理人员对此事也不愿下大力气管理。于是项目部决定把这部分材料转包给分包商，这样，这些材料就计入了分包商的成本，分包商自然加大了对这类材料的管理，这样材料成本自然就降低了。根据测算，通过这种方式，本工程可循环利用材料回收率提高6%，一次性使用资源损耗率降低2%。

2. 管理成本的控制

为了降低管理成本，提高利润率和生产率。我们了抛弃了低端资源，必然更多地依赖于分包商来完成任务，分包管理能力成为项目成败的关键性因素。我们削减了专业工长的数目，以分区工长代替，更多的是进行综合性的管理而非专业性的管理。这样，既充分利用了分包商的资源优势，又降低了管理成本，使总包单位能抽出更多的精力进行工程整体的策划及管理。

8.5.4.5　**建立伙伴关系**

正所谓现场就是市场，现代化的大型建筑企业，如果想在竞争如此激烈的建筑市场中占有一席之地，必须学会对项目进行二次经营，同业主建立伙伴关系，在保证自有利润空间的前提下，应该让业主觉得物有所值，也就是我们的服务应该与业主的投入成正比；另外，就是应该让业主觉得我们的是设身处地的为自己着想，尤其是在业主不是专业人士的时候，对于设计及现场施工过程中，可能为业主节省成本的建议是必需的。以下就是本项目施工过程中的几个实例：

（1）原设计本建筑屋面全部为上人屋面，但是根据我方观察，本建筑周边没有什么可以观看之风景，而且建筑周围的幕墙顶标高也影响了楼顶的视野，加之屋面上的设备多有设备基础，且无需经常上人，所以建议改成非上人屋面，只有个别几处需要上设备进行维护的部位保留上人屋面的做法。这一建议被业主采纳，使本工程造价降低 300 余万元。

（2）地下室底板原设计全部为卷材防水，但是经项目总工办根据以往实际工程经验，本建筑的底板厚度完全没有必要使用这种防水设计，建议换成渗透结晶防水，这样既降低了工程造价，又缩短了工期。经业主与设计院协商，决定采纳我方建议。

8.5.5　总结

专业化程度更高，总包向管理方向分化，分包商则向专业施工分化。总包对分包的依赖度进一步增加，更多的具体施工任务要寻找分包商来完成；分包商将专注于其专业核心竞争力，分包商的一些不重要的辅助性工作将会外包，由更专业的分包商来完成。

组织更灵活，组织界限将模糊，总包项目团队也将出现分化，总分包将更多地以针对任务的临时性团队组合（任务小组）来完成工作。项目组织将会更趋灵活地组建，分包商会更多地参与总包的项目团队工作，合同的联系使各方更趋于平等合作的关系。项目会有更多的补充协议。

管理将更规范化，合同管理的地位将更重要，项目正式信息沟通会更规范，工作程序会更加规范和严格。

分包商授权度更高，分包商权力会增大，总包商将更趋向于向业主提供更周到的服务；分包商将趋于更多的自我管理，善于自我管理的分包商更受欢迎。

由于市场竞争的加剧，建筑工程项目业主变得越来越专业化，对质量和服务水平的要求越来越高。这样对任何建筑企业都有增强竞争力、降低成本、提高利润的需求，专业化的趋势不可避免，企业不会是大而全，而是精而强。这种趋势将使企业压缩规模，专注于提升核心竞争力，将更多使用外包的形式，利用更有效率的资源。现代项目管理有着很强的整合能力，对完成有外包参与的任务有着很强的管理能力。总之，如何在项目管理中更好地做好分包形式的管理工作，是未来建筑市场竞争的核心。

案例简析

本案例从 EPC 工程总承包的角度来总结，提升本工程项目的管控水平，实为难得，并处处讲一个“真”字，即真景物、真抓实干。犹如把读者也引入其中，工程项目实施过程中之人物、影像、声音、气象等现场栩栩如生。

8.6 长北天然气处理厂、井丛及配套设施 EPC 工程总承包项目管理及简析①

8.6.1 项目简介

长北气田位于陕西省榆林市西北，气田呈长方形条状分布（图 8-20），南北长约 70km，东西宽约 20km，气田面积约 1588km^2，探明地质总储量 961×10^{8}m^3，可采储量 669×10^{8}m^3。气田共设开采井 53 口，分别位于 23 座井丛内，气田设计产能为 30×10^{8}m^3/年。集气干线在气田内沿南北方向展布，全长 55.6km，其中北干线长 43.3km，管径 ϕ610，在干线中部设有两座截断阀室。南干线长 12.3km，管径 ϕ457，23 座井丛分布于东西两侧。处理厂位于中部，与榆林天然气处理厂和陕—京二线增压站毗邻。

该项目是国家重点工程，陕—京二线重要气源，由壳牌（中国）勘探生产有限公司与中国石油天然气集团公司合作开发，是国内目前最大的陆上石油天然气中外合资项目，是 WTO 承诺能源市场对外开放的标志性项目，2008 年奥运会清洁能源供应的指定项目，华北地区可持续发展的能源基础项目。项目分两期建设，一期 2006 年底前投产，二期 2008 年底前投产。

图 8-20 长北天然气处理厂外景

一期工程包括：TPO（试采工程）、集气干线（*DN*600/450 43.3+12.3km）和集气支线（*DN*200/25084.7km）、天然气处理厂（CPF）、井丛及配套工程（6 座井丛）；CPF 位于气田中南部，中央处理厂设于气田中南部，距榆林市区约 18km，占地 183 亩，厂内 168.3 亩。主要装置包括：清管接收、预处理、脱水脱烃、凝析油稳定、甲醇再生及注醇、外输计量、火炬及放空系统、凝析油罐区及装车设施、燃料气系统、空气氮气站，还设有控制中心、变配电所、分析化验室、水处理设施、消防设施及备品备件库房、值班休息室。

二期工程包括：增压站及丙烷制冷装置，在气田进入稳产期后投用，CPE 西南分公司负责全部设计工作。

气田集输处理总体工艺流程为：各井丛集气装置→集气支线→集气干线→中央处理厂→低温分离脱水脱烃→合格天然气→商业计量。陕京二线榆林首站分离出的凝析油经稳定装置稳定后装车外运。为防止气体在集输管道和低温分离过程中形成水合物，加注甲醇作为水合物抑制剂，并在中央处理厂建甲醇回收装置。

长北天然气处理厂（CPF）井丛及配套工程 EPC 项目的工作范围包括：CPF、6 个井丛（C1、C2、C3、C4、C12、C15）水源井、道路等。

① 中石油集团工程设计有限公司西南分公司张大书提供案例。

8.6.2　项目组织机构

长北项目根据现代项目管理模式建立了项目经理负责制的组织管理，由公司最高决策层聘任项目经理，由项目经理提名项目部门经理，分公司任命的形式组建 EPC 项目组织机构；项目组负责与分公司各职能部门协调，在项目前期，按照项目式管理组织结构实行全部管理人员独立项目运作，后期按矩阵式项目管理，项目人员实行双重管理；在项目经理的领导下，项目控制经理、设计经理、采购经理、施工经理、QA/QC 及 HSE 经理和综合部经理按责任分工矩阵进行分级管理。

8.6.3　项目实施方式

本项目采用 EPC 总承包固定总价方式，IEC（英式工程合同）。

分包商各自负责其工作和业务范围内的分包组织管理；服从总承包商的统一指挥和协调。

8.6.3.1　目标管理

在预算范围内，按计划进度完成符合合同质量要求的工程，保证人员、设备和工程设施符合 HSE 要求，实现公司承诺与价值。

8.6.3.2　系统化管理

1. 规范化

用管理程序和工作规定实现项目规范化控制。

2. 全员化

用项目岗位职责分工及 OBS 分解实现全员化控制。

3. 精细化

用项目 WBS 编码、物资编码实现每一个单元的精细化控制。

4. 度量化

根据每一个 WBS 单元测算工程预算值，限额设计/限额采购，对预算值与实际值进行比较、决策、修订，实现量化控制。

5. 动态化

以“计划＋监督＋纠偏”实现 PDCA 动态化控制。

6. 文件化

用报告、记录、指示、通知等书面文件实现项目过程控制。

8.6.4　项目 HSE 管理

在 HSE 方面，国内项目通常采用承包商单位的 HSE 控制体系和目标控制，而长北项目壳牌公司是代表业主全面负责项目建设管理权，所以要求承包商在全面执行承包商 HSE 管理体制的基础上，必须将壳牌的 HSE 体系纳入项目管理，并以合同形式约束，壳牌公司对 HSE 的管理分为工作场所的 HSE 管理和工程技术的 HSE 管理两大部分。在工作场所的 HSE 管理方面，主要通过建立完善的 HSE 管理体系，要求参加工程设计建设的各方在工作场所、工作过程中去认真执行，确保人员安全、健康、环保目标的实现，处处体现“以人为本”、“零伤亡”、“人人是 HSE 主人翁”、“安全是行动，不是口号”的 HSE 理念，如果项目存在 HSE 隐患，任何人都有权阻止和停止该项作业，人人都必须拒绝执行不安全命令，承包商不得对因 HSE 隐患拒绝作业的任何人拒付报酬。在工程技术的 HSE 管理方面十分重视，指派了工程经验丰富工程师担任技术 HSE 工程师，全面负责工程设计中的 HSE 技术问题，通过专题评估、分专业审查、风险定量分析等方式确保设备材料的本质安全，确保人身安全及卫生防护，确保最低环境影响的具体技术措施在设计中得到落实。壳牌公司的 HSE 体系属于世界一流，其投入占到项目投资的 5%以上，与国内项目比，HSE 投入相差甚远，管理要求差距巨大，如果承包商不能提高足够的 HSE 管理措施或拒绝投入，业主将代表承包商投入，包括管理人员、设备与措施等，但一切费用由承包商承担。

贯彻执行公司 HSE 管理体系，结合项目合同制定项目 HSE 方针与目标，注重员工健康；保障生产安全：创造和谐环境，全员健康、杜绝传染病传播；无重、特大事故发生，控制生产作业环境的风险；不发生环境污染事件，不破坏生态环境，建立 HSE 管理制度和程序，项目根据壳牌的要求和《中华人民共和国安全生产法》的规定，特别编制了停工程序、HSE 事故处理程序。根据项目实际需求，编制了 30 多项目管理规定，如营地卫生管理规定、应急预案、消防管理规定、环境管理要求、废弃物管理规定、临时厕所方案、营地建设方案、分包队伍管理办法、HSE 检查表、入场管理规定、HSE 奖惩管理办法、HSE 培训计划、设备检查程序等 HSE 作业文件。制定了详细的工作许可制度、检查制度、巡查制度、门卫制度、设备检查制度、进出场翻牌制度、钢丝绳捯链色标制度、脚手架检查挂牌制度、施工现场分区隔离制度等，全员 100%HSE 基本常识培训、专业技能、岗位培训、认证培训等，培训约 1200 人次，20 余项。

项目部除针对高风险的作业人员进行内部培训、派出去专业培训外，还参加了壳牌组织的防御性驾驶培训、脚手架培训、电气安全培训、吊装安全培训、起重机操作培训、工作许可培训、气体检测培训、工作危害分析培训、事故控制技术培训、HSE 工场管理监督培训、HSE 工场管理培训、事故调研培训、叉车和升降机培训、食物管理培训、应急反应培训、急救培训等。明确 HSE 管理职责与分工，定点、定人、分片 HSE 责任包干；建立 HSE 例会制度，每周一集体 HSE 会，每天班组班前会、JH 传达、不定期工班长以上管理人员 HSE 案例分析会、壳牌全球 HSE 信息共享传达会，编制 HSE 应急预案；进行了各种 HSE 预案演习；现场 HSE 检查（每周四联合大检查，每天巡回检查），定期开展 HSE 审计，进行过三次内审，一次外审，做到持续改进与提高。项目实施过程中获得业主 PMT 颁发的 100 万元、200 万元、300 万元和 400 万元安全工时奖，项目主要管理人员得到 PMT 鼓励和奖励。

建立 HSE 计划执行跟踪报告，项目每周/每月提交 HSE 事故分类统计报告，实施 ACT（事故控制技术）卡制度，严格实施 HSE 停工制度，重大安全隐患必须停工整改；实施奖惩制度，每周/每月评出先进集体与个人，每月奖惩兑现。项目坚持实施人文环境建设管理，劳逸结合，按照每三个月一次的休假政策，实施休假。项目开展经常性的 HSE 研讨会（WORKSHOP），项目相关方共同参加，相互学习与经验交流；贯彻“一切以人为本”、“HSE 是行动不是口号”的人性化管理的 HSE 理念。

8.6.5 项目质量管理

项目开工前根据合同和技术标准、规范要求，编制合理的质量控制计划，与业主、监理达成共识，项目实施过程中严格执行质量计划。项目质量方面，国内项目质量管理通常采用企业的 ISO 9000 质量管理体系进行质量控制。本项目在严格执行 ISO 9000 质量管理体系文件的基础上，结合项目特殊要求，采用了“分公司—专业室—项目组—业主—监理审查”的五级质量管理机制。分公司对设计实施了专家主审制和重点质量抽查，设置了项目总工程师和质量经理，由质量经理与项目总工程师、技术质量部密切配合，策划项目质量计划，及时反馈项目质量信息，组织项目自检，确保了项目各项质量保证措施的实施和落实。业主对项目实施专业工程师全程跟踪审查、确认和专家集中审查等质量控制措施，监理工程师参与过程控制技术方案审查。

将设计、采购、施工质量及各项管理工作的业务质量等全面纳入质量管理；将设计质量作为项目管理的首控目标之一，全面优化设计方案，材料可施工性；严格控制设备、材料采购质量，狠抓施工质量；项目质量管理完全遵照公司质量体系的要求有效地运行、确保了公司《质量手册》规定的政策和方法得到贯穿，工程项目的质量和服务均以业主满意为宗旨；除对施工质量控制点按级别划分管理外，对设计过程、采购过程也设置质量控制点进行管理；在完善的质量体系基础上，加强质量检查和质量报告制度，定期开展质量内审和质量外审；坚持质量例会制度；坚持工序交验制度；贯彻执行 QA/QC 管理体系；制定项目 QA/QC 目标；建立 QA/QC 管理制度和程序；建立现场施工 QA/QC 管理规定和 QA/QC 计划；建立 QA/QC 保障措施；明确 QA/QC 管理职责与分工；QC 检查、施工检验申请日计划；设备出厂联合检查、第三方独立检查；加强与监理公司协调，促进工序经验、验收，质量严格把关；不合格项通报、整改与关闭。

8.6.6　项目进度管理

8.6.6.1　计划编制

按照 WBS 展开，遵循进度计划控制流程，分别编制项目主进度计划、装置的主进度计划，以及专业网络进度计划。

按装置进度计划及专业网络进度计划，每月编制向前看 2 个月滚动计划，下达给设计、采购和施工部门执行。施工部门编制月详细计划、周详细计划及日详细计划，以日计划保周计划，以周计划保证月计划的形式实施。

8.6.6.2　进度统计

进度统计也是按照 WBS 展开的，每月统计进行中的 WBS 进展情况，输入计算机则可自动计算出项目进度并绘出进度曲线。

进度的计算，是按照项目进度测量系统辅以实物进度检测标志，统计每个 WBS 的进度百分比，按权重逐级加权自动进行的。

8.6.7　项目费用管理

8.6.7.1　项目费用计划

根据进度计划和 WBS 分解计划，编制费用需求计划；绘制费用累计及控制基准 S 曲线；分解费用结构，实施限额设计、限额采购、定额计价施工。

8.6.7.2　项目费用控制

设计阶段的费用控制以优化设计实现限额设计，确保工程标准和工程量在规定的范围内。采购阶段费用的控制首先编制采购预算，限额采购，公开招标，对大宗材料及设备按“公平、公正、公开”的原则采取综合方式；零星采购按照限额单价执行、相关部门确认，严格控制采购数量，减少余量。设置材料控制工程师岗位，对设备材料进行从设计、采购、施工等关键工序的控制；利用项目材料管理软件实现数据的极大共享，提高透明度、提高工作效率，减少重复劳动及工作误差。项目设计+采购联合控制，将采购纳入设计程序，推行限额设计。设计参与询价、评标、检验、验收；严格变更、质量、进度管理；优化设计方案、压缩投资；结合版次设计，实现限额设计；精确开料，限量、限额采购；将采购与进度、费用控制紧密结合。施工阶段的费用控制，加强预算的编校审制度，控制每个底层 WBS 的工程造价；加强对现场签证和项目变更的控制；结算、材料核销同步进行，以确保材料采购量、施工工程量的一致。施工以定额计价，达不到平均劳动生产率，不按工时计价，超过部分适当计奖。全过程的费用控制，加强间接费用支出的监控力度，增强成本核算意识，降低间接成本；按照 WBS 动态监控项目成本，定期报告。

8.6.7.3 项目材料控制

材料质量的控制，采用购前质量控制与采购后质量控制的原则，购前数量控制：正确编审材料计划，严格审批补料需求，合理确定采购数量。购后数量控制：按 WBS 从预算、采购、仓储、调拨方面平衡材料。材料进度的控制：材料平衡会，材料需求计划，材料采购计划。材料控制的全过程化：对设备、材料从进行设计到采购、施工、变更的全过程化管理。

8.6.7.4 项目财务管理

及时进行应收账、应付账的收支及往来核算；项目现场管理费用核算；每月稽核设备、材料结存情况；定期将与项目有关的总部成本进行结转，真实反映项目成本；对资金流动、费用支出、报表数据进行财务分析；定期对设备、材料结存处理；项目成本核算。

8.6.8 项目合同管理

本项目采用了最倾向业主 IEC 标准合同文本格式。该合同条件苛刻，限制性条款多，是目前国际上风险等级最高的合同。项目以 EPC 总承包方式，固定总价合同，亏盈风险自担，公开竞标，综合最优中标，奖罚明确。业主各种建设风险大大降低，承包商风险大增。为此我们成立了专门合同评审组，对合同条款逐条学习与理解，对项目可能存在的各种风险进行全面评估；合同经理动态跟踪管理；及时解决合同纠纷与变更管理；严格分包合同管理，强化风险管理；全程计算机化管理，合同重要内容和主要条款对项目组全体成员进行宣贯并组织专项条款学习和理解；合同文本多达 14 卷，共计一万多页。

项目实施过程中坚持不断开展合同学习、熟悉与掌握要求和内容，研讨与分析合同，组织对合同重要内容全员宣贯，坚持开展合同例会（月会、周会），分析风险，量化处理，制定风险策略与应对措施，风险备用方案选择。

合同索赔管理，对设计、采购、施工分包合同进行严格评审，编制规范招标文件，采用“公平、公正、公开”综合招标方式，严格合同管理及审批，委派专职采购合同管理员负责合同执行检查和监督，跟踪合同，对违约索赔实施专人负责管理，将合同风险最大限度转移。

合同变更管理，对项目变更进行严格的控制，对变更影响的测量、进度、费用均事前确认；在分公司 EPC 管理体系文件的基础上，补充编制项目变更工作规定；对进度影响超过 7 天、费用影响超过 2 万元者视为重大变更；业主提出的变更等同重大变更；较大变更需要经设计经理、控制经理、施工经理联合确认；重大变更需经项目经理批准。

8.6.9 项目文件管理

严格执行信息管理规定；信息沟通渠道唯一；文档签署规范、完善；一切以书面通知、指示、变更为准，口头无效，紧急状态下口头通知、指令必须48小时内书面确认；信息系统统一平台，全部计算机化管理；文件按事先约定格式、数量、编码存档，按保密级别查阅。

制定《项目文件和资料管理规定》，统一文件发送、接收工作流程；项目文件统一编号管理；编制和及时更新文件目录清单；以组织形式强化项目文秘职责分工；由专人负责文件收集、整理管理，资料归档管理等，交工、竣工文件编制、整理与移交管理；项目管理类文件以文件源和类型为主线进行管理，并充分注重文件所述问题的闭环处理过程。

8.6.10　项目团队管理

项目管理部按照公司的品牌建设统一要求，坚持文明管项目，科学管项目，要求全体项目人员在项目经理的领导下，从员工团队意识、行为规范、品牌创建等方面进行文化建设。

项目管理部专门组织全体职工定期和不定期学术交流，知识问答、知识竞赛，劳动竞赛、质量竞赛、HSE竞赛等活动；经常举行文娱活动、交谊活动、体育活动等。组织希望工程捐助活动，借助大量国外管理人员的语言优势，组织革命老区英语教学支教活动等。

制定了“自我定位、自我计划、自我执行、自我提高”和“共同分享发现问题和解决问题的快乐”的团队座右铭，提倡你的工作我关心，你的责任我共担，你的建议我采纳，你的帮助我感动，充分保证团队凝聚力和战斗力，项目团队获得公司和业主的一致好评。

经过长北项目的锻炼，从长北项目管理团队中公司已经提拔了一位副总经理、一位副总工程师、四位科室主任。涌现了十余个先进个人和优秀管理者，为公司培养了大批EPC管理骨干。

8.6.11　项目经验与教训

(1) IEC合同条件主张一切权利业主优先，EPC合同工作范围必须定义清楚，降低合同执行难度和项目风险。

(2) 积极协助业主征地，注意交地日期合同规定条文，否则承包商的进度和责任无法摆脱。

(3) 强调设计审批控制，统一各方意见，避免设计方案反复修改。

(4) EPC合同管理仅有专业人员不够，必须有懂工程的律师，以便及时解决合同纠纷、索赔和反索赔。

(5) 加强市场调研，建立完整合格的分包商、供应商信息库。

(6) 强化资源配置的合理性与可选择性。

(7) 强化工程质量管理、标准规范的使用和执行。

(8) 强化HSE管理，扭转低、老、坏传统习惯，提高施工安全性，保证项目有效进度。

(9) 加强地方关系协调，减少当地政府干预，百姓阻挠，降低项目成本，保证项目工期少受影响。

(10) 加强界面管理，理顺沟通渠道，提高沟通效率。

(11) 使用有经验的EPC项目管理专业人员，尽量避免项目管理人员在几个EPC项目上担任角色，影响管理效率和出现管理不到位。

案例简析

本案例是中国石油天然气集团与英国壳牌合作开发的长北气田天然气处理厂正式投产运行项目管理实践，标志着中国陆上规模最大的天然气合作开发项目——长北气田正式投入商业生产。长北气田位于鄂尔多斯盆地东北部陕西与内蒙古境内，是中国石油与壳牌公司在我国陆上规模最大的合作开发项目，投入商业生产后主要向北京、天津、河北等地区供气。1999年，中国石油与壳牌公司签订合作开发协议，启动项目前期研究和开发准备工作。2005年5月，中国石油与壳牌公司联合宣布，双方正式启动合作开发长北天然气项目。经过两年的努力，长北气田于2006年年底开始向陕—京二线供气。长北气田投入开发成为西气东输的又一稳定气源，到目前为止，这个气田地面工程建设已形成年产30亿m^3的供气能力。案例简析见图8-21。

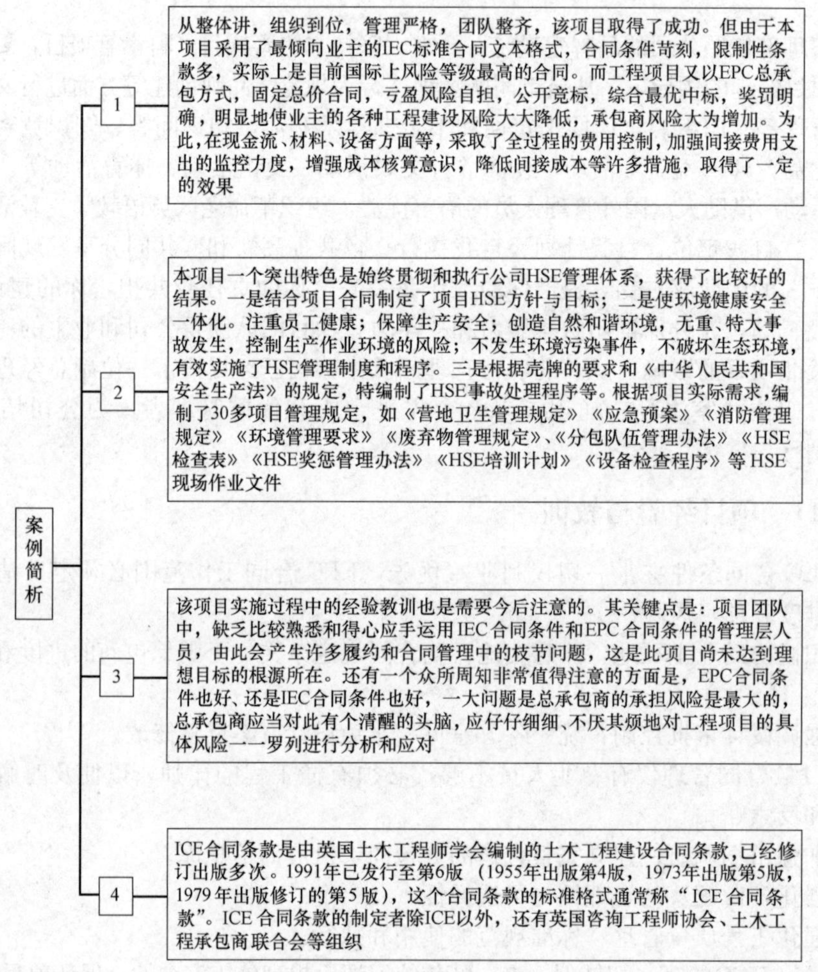

图8-21 案例简析

注：ICE合同条款是属于固定单价合同的格式，以实际完成的工程量和投标书时的单价来控制工程项目的总造价。ICE合同条款不可缺少的组成部分还包括投标文件的表格、协议书及保函格式、施工技术规程、工程量清单及工程图纸。

ICE合同条款第6版主要内容如下：

1. ICE合同包括25个主条款，共有72个条款。

2. 关于工程师的职责和权力作了详细的规定，并明确规定哪些方面工程师在发出指示之前必须征得业主的同意，例如：给承包商延长工期，要求承包商采取加速施工的措施，颁发竣工证书，颁发最终验收证书，决定是否属于特定的自然条件等。

3. 关于承包商的施工索赔，新版的合同条款亦作了比较具体的规定。例如，工程师拖延发放施工图纸或施工指令，承包商有权提出索赔；索赔款额中允许包括管理费及资金利息，但不能包括利润等。

同ICE合同条款标准格式配套参照使用的还有一个《ICE分包合同标准格式》（ICE Sub-contract Standard Form）。它规定了总承包商与分包商签订分包合同时采用的标准格式。这个分包合同标准格式于1984年9月修订发布，建议与ICE合同条款配套采用。ICE分包合同条款作为英国土木工程师学会的承包合同标准格式系列之一，它实际上是由英国土木工程承包商联合会编制，经过ICE及其他组织审核通过。

8.7 Y国卡马郎加火力发电站3×350MW工程总承包项目管理实践及简析

8.7.1 项目概况

8.7.1.1 工程概况

Y国卡马朗加3×350MW火力发电站项目，是该国GMR集团在Orissa邦德卡纳尔区卡玛郎加村投资建设的燃煤火力发电站项目，规划装机容量为4×350MW，一期建设3×350MW。主要包括厂外供水、卸煤沟、专用铁路、煤场和输煤系统、灰场、厂内水库、机力通风冷却塔、锅炉补给水处理、废水处理、除灰除渣系统、电袋除尘、烟囱、锅炉及辅机、汽轮发电机及辅机、变压器、变电站、厂区雨水排水、办公楼、检修车间和仓库、厂区道路、厂区绿化、厂区消防、启动锅炉、燃油罐等，厂区总占地面积300多公顷。

本工程厂址位于Y国东部Orissa邦Dhenkanal区，项目所在地的南部为国家高速公路和铁路，距离项目现场大约直线距离为3～5km，业主修建一条公路由国家高速公路至项目现场；Budhapank火车站距离现场大约3～5km，火车站非常小，为客运站，不具备卸车能力；距离现场较近的码头为帕拉帝码头，为综合性货物码头，距离现场大约150km，由帕拉帝码头至帕拉帝火车站大约3km的路程。水源地位于东部Brahmani河，取水方式为渗井取水。最近的城镇为Angul镇，距离现场大约25km。

厂址所在区域为典型的热带季风型气候，冬季温暖、夏季炎热，年平均气温约28℃，极端最高气温达47.2℃，极端最低气温为6.7℃。最热月为5月，其平均气温为40.3℃；最冷月为12月，其平均气温为13.4℃。季节可分热季（3～6月）、雨季（6～9月）、过渡季（10～11月）和冷季（12月～次年2月）。厂址区域年平均降雨量约1000～1400mm，大多发生在6～9月。

厂址及其向西区域地势平坦，向北、向南、向西三个方向地势均较低，坡度平缓，区域内基本为草地，没有种植农作物。根据现场历史洪水调查，主厂房区域地势较高，从没发生过洪水淹没及内涝积水情况。电厂运行期间使用水库蓄水，水库水源取自东侧Brahmani河，水库坝址位于主厂房东侧约500m的低洼地区，坝址自然地面高程比主厂房区域低约10～15m。灰库东侧与主厂区交界处有一条400kV线路贯穿通过。

地貌类型为低丘，地貌成因类型为剥蚀丘陵。地层主要为灰白色强风化～中风化砂岩（强风化厚度一般小于2m），上覆第四系地层为含粗砾砂、铁锰结核黏性土，其厚度一般小于3m。地下水类型主要为基岩裂隙水，没有统一稳定水位，丘顶可不考虑地下水影响，低洼处雨季地下水可达地表。

该项目北方约1.5km处打一深井，用于电站建设期的施工用水源；位于项目的西北方向约1.5km处有33kV变电站Chainpal，施工电源由Chainpal变电站引接。

8.7.1.2 项目参与单位

（1）业主：GMR集团公司；

（2）业主工程师（咨询公司）：拉玛雅国际咨询公司；

（3）EPC 工程总承包：某国电力建设第二工程公司；

（4）设计分包商：某国核电规划设计研究院；

（5）设备、材料供应分包商：某国三大动力设备厂及各辅机设备厂等；

（6）项目所在国境内分包商：Y 国火力发电站建设安装公司等。

8.7.1.3 项目投标组织机构建立

为做好该项目工程总承包的投标工作，首先组成了该项目投标组织机构，主要有：

1. 综合组

投标经理兼任组长并向公司负责整个投标阶段的总体管理和协调，编制投标计划，供各组实施，代表整个投标团队与业主方联络，如现场考察，标前会议，谈判安排，审查招标文件/合同中双方的权利、义务、担保责任、索赔、仲裁等条款的均衡性，并对整个合同的风险作出正确的评估，供公司决策；汇总整套投标文件，确保技术标与商务标的一致性，以及投标文件的完整性，并向业主提交投标文件，主持投标阶段内部会议以及中标前的对外合同谈判。

2. 技术组

研究招标文件的技术部分的要求，会同综合组进行现场考察，并提出相关质疑，要求业主解答，会同综合组、商务组，确定工作范围，基于上述情况提出总体设计方案，提出工程实施所需的设备、材料、人工时估算，提出总体施工方案，以及施工设备选型和数量，提出分包项目以及对分包方式的推荐意见，负责技术标的编写以及初步评审，派员参加各类内部审核会议以及对外谈判。

3. 商务组

分析项目的资金筹措情况，并作出风险分析报告，包括业主价格条款和支付条件，以及提出付款保证建议，该工程项目的支付以及开支的货币种类、汇率等，研究税法，确定各项税款，采取措施进行合理避税，研究合同保险条款要求和保险市场，提出投保要求和条件，保险询价，基于技术组提出的工作范围、方案、工程实施条件，进行设备、材料、采购或租赁的价格数据，采购和租赁风险评估，根据综合组对合同风险的建议，估算工程风险费；基于上述工作并考虑利润额度，编制初步报价估算；编制商务建议书，供投标经理和公司领导决策，派员参加各类内部审核会议以及对外谈判。

4. 其他机构（略）。

8.7.2 项目信息收集和社会调查

8.7.2.1 调查项目

1. 对招标方情况的调查

本工程的资金来源、额度、落实情况；本工程各项审批手续是否齐全；招标人员是第一次搞建设项目，还是有较丰富的工程建设经验；在已建工程和在建工程招标、评标过程中的习惯做法，对承包人的态度和信誉，是否及时支付工程款、合理对待承包人的索赔要求；咨询工程师的资历，承担过监理任务的主要工程，工作方式和习惯，对承包人的基本态度，当出现争端时能否站在公正的立场上，提出合理解决方案等。

2. 对竞争对手的调查

首先了解有多少家公司获得本工程的投标资格，有多少家公司购买了标书等，从而分析可能参与投标的公司；进而了解可能参与投标竞争的公司的有关情况，包括技术特长、管理水平、经营状况等。

3. 生产要素市场调查

实施工程购买所需工程材料，增置施工机械、零配件、工具和油料等的市场价格和支付条件、价格过去的变化情况、供货计划等；同时了解可能雇用到的工人的工种、数量、素质、基本工资和各种补助费及有关社会福利、社会保险等方面的规定。

8.7.2.2 参加标前会议

1. 通过标前会议加深对标书的理解

标前会议是招标人给所有投标人的一次答疑的机会，有利于加深对招标文件的理解。在标前会议之前事先深入研究招标文件，并将在研究过程中发现的各类问题整理成书面文件，在标前会议上予以解释和澄清。

2. 标前会议主要澄清问题

对工程内容范围不清的问题，招标文件中的图纸、技术规范存在相互矛盾之处，对含糊不清、容易产生理解上歧义的合同条款等。

8.7.2.3 现场勘察

在现场勘察前，对现场勘察需要收集的资料进行了详细的研究统计，主要有以下几个方面：

（1）Y国当地政府关于火电厂在环保方面的要求或文件，如烟气、废水、废渣等的排放处理要求，对水土保持、绿化方面要求，对设备、厂区各区域噪声的要求。

（2）当地的交通运输条件，铁路或公路的运输能力能否满足设备、材料的运输要求。

（3）厂区的地形地貌，周围的环境条件，总体布置，生产临建和生活临建的位置。

（4）项目所在地的物资材料的价格、产量、质量、供应方式等。

（5）该国的劳动力价格及保证情况。

（6）该国施工企业的施工能力及技术状况，当地制造加工企业加工能力。

（7）通信能力及保障情况如何。

（8）当地的医疗卫生情况，有无流行性疾病。

（9）工程项目所在地的大气污染状态。

（10）需要缴纳税费种类，各种税费的税率。

（11）在当地承包工程需要购买的保险等。

（12）其他与项目实施需要调查取证的资料性文件等。

8.7.2.4 向项目所在国承包类似项目的X国兄弟公司学习

我公司虽为首次进入Y国市场，但X国多家电力公司和三大动力设备集团公司等已在该国承建了数个电站项目，它们有丰富的实战经验。所以，我们多次派人到这些公司学习取经，使我们对该国电建市场情况、风土人情、社会环境、潜在风险等有了更详细地了解和更深刻地认识。

8.7.2.5 招标标书的研读

在取得标书后，根据投标组织的分工，各投标小组按分工要求，对本组负责的工作范围的标书内容再进行细化，落实到人，分组认真细致地进行研读，真正理解招标书的内容和业主的目的。对发现标书中的问题及时记录。按计划各组研读完标书后，标书经理召开专题汇报会议，由各小组将标书内容中存在的问题、对标书的理解等一一进行全面汇报和介绍。通过会议使全体投标人员对整个招标文件内容有个全面了解，同时对招标书中的疑问、矛盾、不清楚等问题进一步讨论、澄清、作出处理等。

8.7.3 项目的风险分析

8.7.3.1 查找项目的主要风险因素

为了既达到进入该国电力工程市场，又能够尽可能规避或降低各种风险的目的，首先对可能发生的主要风险因素进行挖掘、探研和分析。通过统计分析，项目团队认为本项目存在以下主要风险因素：

(1) 国家、地区的社会环境风险问题。

(2) 政府工作部门办事效率及流程方面。

(3) 当地有关工程的配套能力。

(4) 电力市场的基本状况。

(5) 市场准入相关的法律法规条例制度。

(6) 当地人力、机械等社会资源欠缺率。

(7) 自身人力资源能力因素。

(8) 业主经济实力。

(9) 金融危机所带来的影响。

(10) 税收变化。

(11) 政治、政策、法规等变化。

(12) 物价上涨因素。

(13) 汇率变化及其对该工程项目的影响。

(14) 技术性能和标准。

(15) 自然灾害、战争、恐怖事件等不可抗力及不确定因素。

(16) 其他非传统性相关方面风险。

8.7.3.2 风险因素分析

通过上述工作，收集了大量的信息和资料并进行了归纳、整理，对照各种类风险因素进行有针对性的分析和研究。

1. 国家、地区的社会环境问题

经调查，Y 国为多民族、多宗教信仰的国家，有 10 个大民族和许多小民族，主要包括印度斯坦族占 46.3 %，泰卢固族、孟加拉族等民族、各族居民主要信奉印度教，约占该国总人口的 82%，其次为伊斯兰教和基督教，分别约占国家总人口的 12%和 2.3%；各信仰和宗教之间存在各种矛盾。但近几年在该地区没有大的社会动乱；受英国殖民统治的影响，加之公民民主意识比较强，地方工会时常组织罢工，向企业和政府施压，对项目的顺利进行会造成一定的影响；当地由于产煤炭，电厂等企业较多，所以村民对企业施压很有经验，经常集体闹事，向企业索要钱财和工作，阻碍工程的进展；邦首府所在地布巴内斯瓦尔市号称神庙之城，所以当地信仰多，地方节日也比较多，比如当地的菩嘉节日非常隆重；综合以上因素，对工程工期和工程费用都可能造成较大的影响。

2. 政府效率方面

经过调查，Y国大部分政府部门工作效率相对比较低，但经过业主协调和我们自身努力，对工程项目的执行影响不会太大，在工期和工程费用上作少量考虑。

3. 当地配套能力

Y国国内有一些较大的机械设备、建材、电气设备和材料等加工制造商，但当地生产厂家少、价格较高、生产周期长、质量没有保障等，除少量建材、地材和小型设备可以从当地采购外，大部分设备、钢结构、管道等都要考虑从Y国国外采购，所以在报价时需考虑相关费用。

4. 电力市场状况

目前Y国当地电力非常紧张缺乏，拉闸限电现象比较严重，用电价格较高，有大批电厂正在建设或正准备建设，所以要考虑电厂建设期间各种资源短缺，电力供应不足等对工期和价格的影响。

5. 市场准入法律制度

Y国与X国近几年虽在贸易方面逐年增加，但由于Y国本国人口众多，就业困难；大部分设备制造业技术落后、生产效率低、成本高等，在国际市场上竞争实力不够；Y国在发展经济和对内保护上处于一种矛盾的心态；另外我们虽为邻国，但互相了解并不是很多，文化差异比较大，所以在对待C国的政策上，各阶层、各方面的想法更是复杂，存在着一些戒备、排挤或恐惧心态；因此，C国企业进入Y国市场始终受到人员工作签证限制和进口关税高的约束等，这些严重影响着项目执行的效率和顺利实施，无形中延长了工程工期，加大了工程成本。

6. 当地人力、机械等社会资源情况

当地从事一般体力劳动的人员很多，Y国电站项目近几年才不断增加，所以从事电站建设安装的熟练技术工人和工程专业管理人员非常匮乏，造成买方市场，每年的施工安装人工费用都在以15%～20%的速度上涨；同样，施工用大型机械设备也非常短缺，不能满足目前的市场需求，大部分需要从国外进口或租赁；Y国施工机械化程度较低，工人劳动效率也很低，再加上当地工会和劳动法的影响及当地的风俗习惯等因素，使得劳动效率只相当于C国的50%～70%。

7. 自身人力资源因素

作为我们国内企业最普遍的缺点是既懂专业外语又好的人才少，对Y国法律了解不够、对当地的规范标准了解少等，所以在项目执行管理上存在一定的困难。

8. 业主经济实力

GMR集团公司在该国是一家比较有名气的私人公司，公司有50多年的历史，拥有糖厂、矿业、机场、航空、电力能源等多产业，目前正在运行的电站装机容量有80多万kW，正在投资建设的装机容量有230多万kW，经济实力比较强。

9. 金融危机的影响

本项目投标阶段正处在全世界经济危机爆发阶段，危机对本项目的影响有多大程度当时还不很明朗，但是从业主对该项目的推进速度上也感觉到确实有一定的影响，我们怀疑项目融资可能遇到了一定的困难，项目的工期可能会有些调整。

10. 税收变化

由于Y国贸易保护主义的作用，从以往的经验考虑，Y国政府对某些进口商品的税收进行提高的可能性很大，所以在报价时必须考虑。

11. 政治、政策变化

该国国内由于宗教、党派之间的矛盾始终中存在，存在着内部各派之间发生争执的可能性，最近几年虽有各种动乱发生，但影响不是很大；该国与C国之间这几年一直因为边界问题和其他一些因素影响，经常听到一些不合时宜的声音，对两国贸易带来一些负面影响；但从两国高层的互访和频繁沟通情况，认为大趋势是贸易额在不断增加，两国之间贸易政策近几年出现大的变化的可能性不大。

12. 物价变化

我们投标阶段正受经济危机的影响，物价相对较低，整个项目建设周期在三年多时间，经济危机过后物价上涨是必然的，究竟涨多少是不可预测的，但作为EPC总承包商必须要预测出一个比较适当的值。

13. 汇率变化

最近几年人民币升值，而Y国币贬值一直存在，考虑当地币主要用在该国国内，所以对我们影响不大；而如果在该国国外部分的工程款采用美元报价的，人民币升值对我们的报价影响比较大，必须考虑。

14. 技术性能和标准

由于本项目与X国国内主要有以下不同：一是该国煤质差，热值低、灰分高；二是该国煤质化学成分特殊，燃烧后灰分不易用电除尘吸附，电除尘效果差，达不到环保要求；三是当地气候炎热，机组冷却效果差，效率低，煤耗高；四是由于气候和煤质的影响，各辅机功率增加，造成厂用电提高。

15. 自然灾害、战争、恐怖事件等

自然灾害、战争、恐怖事件等虽对我们存在潜在的风险，但是我们无法预测和控制，是不可抗力，我们只有做好各项应急预案，当事件发生时尽一切可能避免或减少损失。

8.7.3.3 关键风险因素的确定和采取的防范措施

1. 关键风险

（1）汇率变化。当地币和美元贬值，人民币升值，如果投标报价考虑不足，将可能亏损，此点非常重要。

（2）物价上涨。该国和C国等情形差不多，物价上涨幅度超出预测值及国际规定的警戒线。

（3）税收变化。该国的地方税收和进口关税的提高或X国的出口税收提高。

（4）该国劳动力效率低。电厂建设队伍力量薄弱，施工工期长，可能造成脱期罚款。

（5）技术性能和标准方面。因该国煤质差、灰分高，采用电除尘难于达到除尘环保要求，由于煤质差和气温高，而造成常用电和性能参数降低，可能造成罚款。

2. 针对性措施

（1）报价采用固定人民币报价，或固定汇率报价对汇率增加单独报价；最后业主同意固定人民币报价，避免了汇率风险。

（2）根据物价上涨趋势测算出物价可能上涨率，适当调整报价。

（3）Y国境内税费由业主承担，C国国内税收我们承担，双双分担风险。

（4）针对Y国施工队伍效率低、素质差等各种因素，对工期有较大的影响，所以在工期上与业主协商做适当加长，同时与业主协商，业主同意提前支付部分设计等项目启动资金，加快设计进度。

(5) 将电除尘改为除尘效率高的电袋除尘，将厂用电率适当提高，将机组单位千瓦煤耗适当提高等，适当调整机组保证性能参数，避免罚款。

8.7.4　项目投标方案的策划

由于本项目是我公司第一个进入该国市场的项目，业主是个私人公司，参加投标的单位有 Y 国公司和 X 国公司六家，业主聘用的咨询公司是德国拉玛亚公司在 Y 国的分公司。为了中标本项目，我们采取了如下策略：一是技术方案上采用多方案方式，首先完全响应业主要求做一套方案，然后做一套优化推荐方案，避免因设计方案变化太大，而使业主咨询公司的直接拒绝，因招标方案是咨询公司提供的；二是在报价上，采用选项报价方式，首先按业主招标方案报一个报价，再按优化方案报一个报价。主要方案和措施如下。

8.7.4.1　项目投标技术方案的确定

为了使方案既能让业主接受，又能充分表达自己的观点和显示自己的实力，我们确定在投标时采用多方案方式，一是完全响应标书要求的方案；二是我们自己优化后的方案；三是采用三维动画对方案给业主作一个全面介绍。

方案优化的原则是站在业主的角度，在充分为业主着想，不伤害业主利益，保证电厂的质量和安全可靠的基础上，能降低工程造价，展现我们的实力，提高竞标能力，进行各项优化。通过对原招标设计方案调查、研究、分析发现，如果按原方案设计，一是如输煤栈桥设计不合理，备用太多，煤场布置在低洼河沟上，除尘设备和炉底除灰设备等选型不合理，机力通风冷却塔布置与一高压线路相碰，灰场、运煤铁路布置占地面积大，电气、机务控制等多处设计技术落后、造价高，浓缩除灰布置不合理等；导致工程费用高、工期长、厂区占地面积大、部分设备性能指标可能难于达到标准要求、工程施工难度大等。因为在投标时，如果不响应标书，技术标的评标分数可能打低或成为废标，如果采用业主方案，确实存在很不合理的地方，工程造价高的太多，所以采取了同时报两个方案的办法，一是按标书要求报一个方案；同时报一个我们的建议方案。

我方建议的方案为：①输煤设计优化，减小输煤栈桥长度和数量；②煤场布置调整位置和方向，减少工程量；③灰场、铁路布置优化，减少占地面积约 60 公顷；④机力通风塔布置进行优化，避免了与高压线路的相碰，节约了费用和缩短了工期，减少了用地；⑤将电除尘改电袋除尘，除尘效果好、价格低、占地小、生产周期短；⑥对除灰由水力喷射除灰改为刮板捞渣机，电气厂用电三个电压等级改为两个电压等级，机力高低压加热器小旁路改为大旁路控制，直接硬接线控制改为 DCS 控制等；⑦浓缩除灰布置位置调整等。通过设计方案优化，使电厂布置合理、技术先进、工程造价大大降低。

为了进入 Y 国市场，作为第一个项目，把利润降到较低值。因为汇率、Y 国境内的各项税收，存在诸多不确定因素，报价低可能会有很大风险，报价高难于中标，我们采用选项报价；对优化设计方案后的报价，也作为选项报价，如果业主坚持标书要求方案，就选择按标书要求作技术方案的报价；如业主愿意接受我们推荐的方案，就选择优化方案后的报价，这样更进一步提高了我们的竞争实力，如图 8-22 所示。

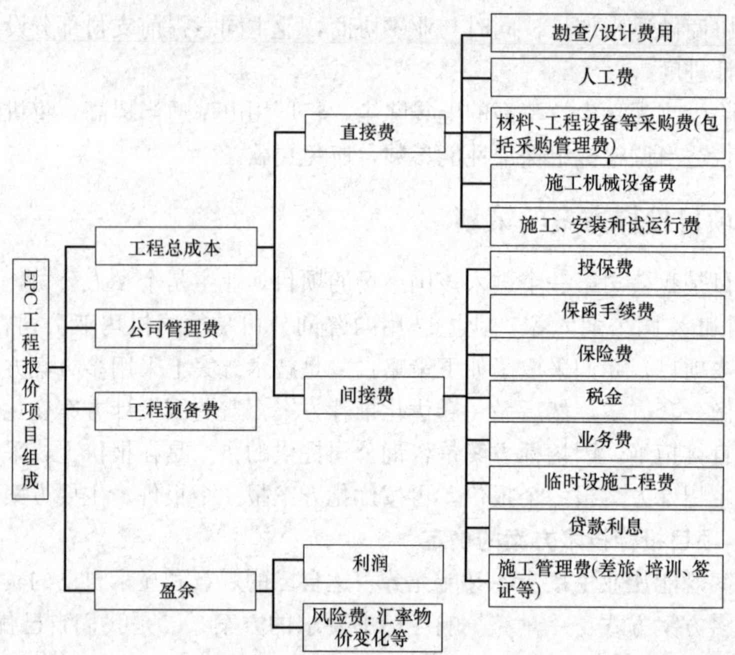

图 8-22　EPC 工程报价项目组成

8.7.4.2　**投标方案的澄清和合同的签订**

我们按上述投标技术方案和投标报价方式将标书报给业主，业主对我们的标书产生了极大兴趣，很快通知我们进行标书技术澄清和商务谈判。通过澄清和谈判，除铁路因 Y 国的特殊原因没接受我们的建议，煤场布置根据铁路布置做了适当调整之外，业主基本上全部接受了我们的其他优化方案。通过方案优化，不仅为业主节省了 20 多公顷的占地，而且使工程费用大大降低；机力通风冷却塔布置的改变，解决了业主为高压线路改道需要做的大量工作。

在商务谈判过程中，业主同意承担 Y 国境内的各种税费，对于 Y 国境外的费用采用固定人民币报价，业主承担人民币升值带来的汇率风险。

最后双方都非常满意地签订了该项目的 EPC 合同。

8.7.5　项目实施方案策划和执行管理

为了执行好本项目，我们从业主对项目的目标和承包商对项目的目标以及项目管理的流程图，对项目进行详细细致的分析，在业主目标和承包方目标间找到一个合适的平衡点，对目标进行分解，找出项目各环节应控制的关键点，然后制定出切实可行的措施和方案，在执行过程中将拟订好的措施和方案逐步落实。

项目管理流程如图 8-23 所示。

8.7.5.1　**项目实施方案策划**

合同签订后，我们立即建立了正式的项目实施组织机构，对项目合同最后确定的方案进行深入分析研究，进一步细化、完善、补充投标书制定的各项方案和措施。

1．项目实施组织机构建立

根据本项目合同要求、工程特点和社会环境条件等各种因素的影响，最终确定了本项目实施的组织机构，如图 8-24 所示。

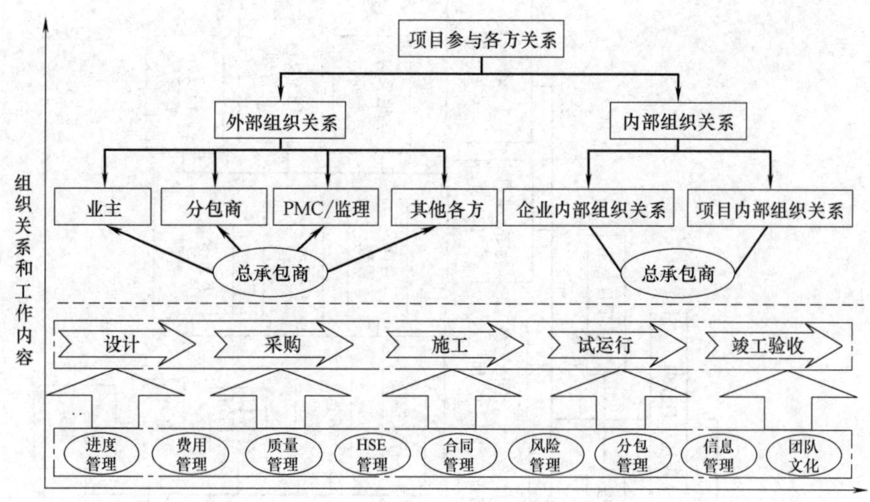

图 8-23 项目管理流程

2. 项目实施方案确定

由于 Y 国国内在设计和大部分设备、材料制造上不能满足技术、质量、供货期等方面的要求，所以设计、主要设备、部分材料的分包商选用 X 国的企业；部分材料和小型设备，Y 国能够满足要求，选用 Y 国的厂家；还有一部分，两国都不能采购到的材料，如大口径高温高压管道，选用其他国家产品；X 国采购的设备、材料选用 X 国国内的知名运输公司。

因 Y 国对外国企业职工进入 Y 国有严格的限制，所以在施工管理上我们采取，一方面雇佣部分 Y 国工程技术人员，另一方面在 Y 国选择实力强的施工企业作为分包商。

由于 Y 国分包商的实力和业务技术水平比较低，所以我们采取加大培训指导，一是现场通过图片、文字、动画、影音等方式进行培训，另一方面请他们有关工程技术和管理人员到 X 国参观学习。

针对 Y 国工程管理落后、不规范等，我们编制了全套的管理程序，对我们聘用的工程技术、管理人员、分包商进行培训；培训工作邀请业主和业主咨询公司的有关人员参加，使其能够适应和配合好我们的管理，同时也能够及时发现和纠正我们做的不完善和适应的地方。

3. 项目实施主要工作准备

在项目合同签订后，首先做了以下准备工作：

（1）按组织机构设立，列出人员组织计划，按计划要求，人员逐步到位。

（2）进行合同、法律及相关内容的培训，使有关人员达到合格要求。

（3）制定详细的项目执行方案，比如：项目计划、人力机械资源配置、项目管理程序、设计管理、采购管理、施工管理、施工临建设计、“五通一平”方案等。

（4）设备和材料采购信息收集。

（5）有关税务、进出口等手续和证件的办理。

（6）分包合同等资料的准备。

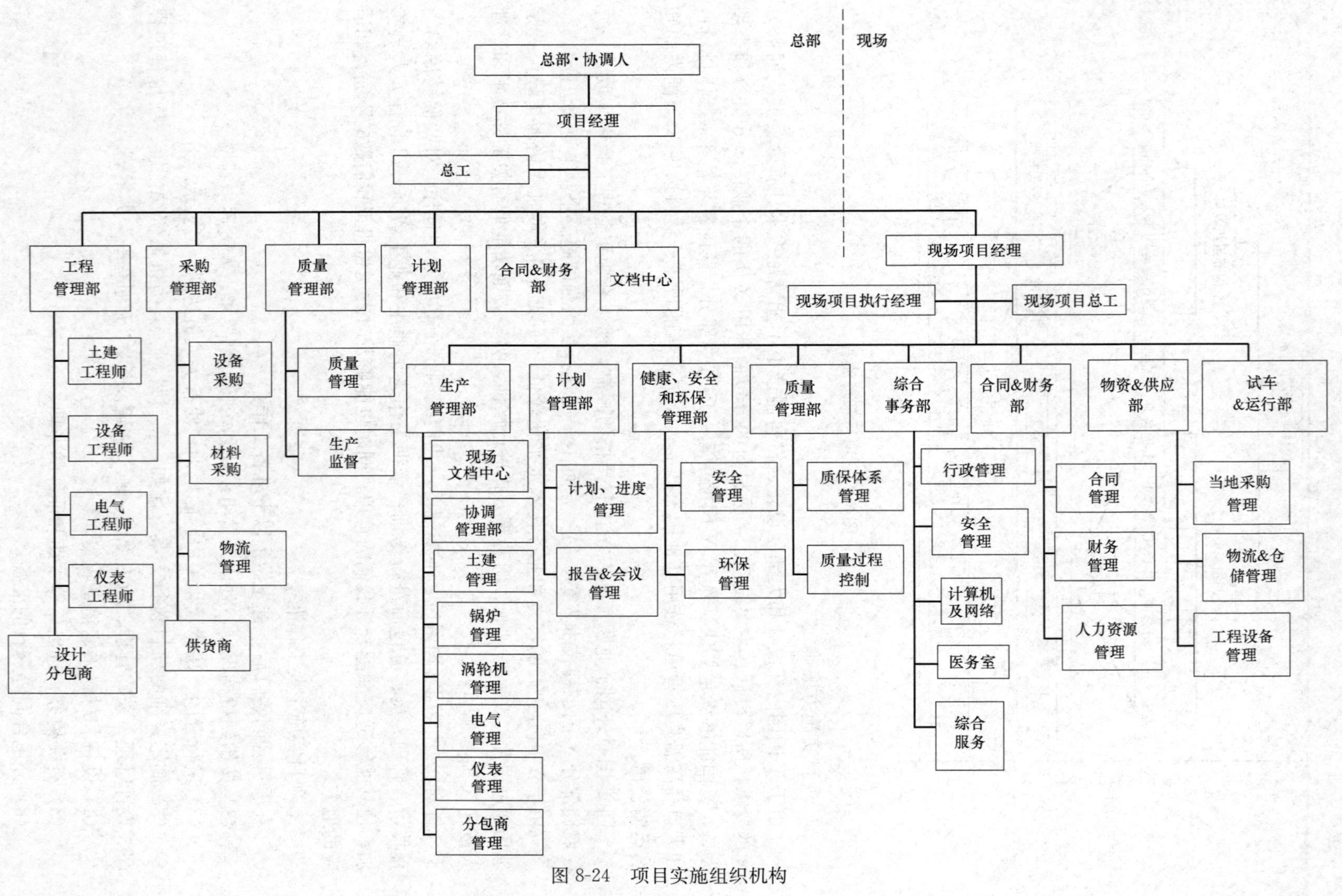

图 8-24 项目实施组织机构

8.7.5.2　项目实施的重点管理

为了执行好本项目，在项目管理上我方把下述几个方面作为管理工作重点：

1. 设计管理

设计管理是 EPC 承包成本和质量控制的关键，设计是合同技术要求的主要体现，同时也是整个项目进度控制的关键。为了把好设计这一关，我们首先选择了实力强、有在 Y 国设计同类型机组经验的设计单位作为设计分包商；在设计分包合同中明确规定设计标准和要求必须满足 EPC 合同的要求；同时我们对设计分包单位进行了 EPC 合同技术规范书的培训；要求设计分包商根据 EPC 总承包计划制定出设计计划和设计管理程序；为严格控制好设计，在设计图纸和资料报业主审核之前，我们的工程技术人员和聘请的有关专家从合同的符合性、采用标准和规范、总平面布置、标高、结构形式、建筑装修标准、机械选型、管道布置、电缆的选型和布置、机组的安全性、经济性和可靠性等方面先进行严格细致的全面审核；另一方面要求设计单位严格按合同要求和有关规范、标准规定，编写详细的设备技术规范书，同时要求设计单位参与设备的招标技术澄清，确保设备满足技术性能要求；为保证设计和设备的接口清晰、相互提供的资料准确及时，我们各专业设专人负责对设计和设备厂家间的联络和协调，并且不定期召开设计、设备联络会，及时解决设计和设备厂家存在的问题。

2. 采购与物流管理

设备和材料的采购价格和质量控制，是整个项目成本控制和质量控制的关键。在设备和材料采购管理方面，我们首先编写了采购管理程序，建立了采购招标小组，对潜在分包商进行严格审核，选取出合格分包商，在设备和材料采购时重点控制合同、标准、参数、范围、包装、质保期等的符合性；先由设计单位根据 EPC 合同和设计要求编制设备技术规范书，经专业工程师审核后提交业主审批，按批准后的技术规范书的技术要求选订设备；设备制造质量控制从设备厂家采购的原材料开始，按照质量检验计划确定的质量验收项目，对相应工序进行检查验收，对重要检验或试验项目邀请业主工程师参加。

物流管理首先通过招标选择了一个有经验的实力强的国际运输公司，并买了保险，确保设备材料的运输安全；同时在设备材料采购合同中明确规定包装要求，保证运输过程中不被损坏；另外做好 X 国国内的出口检验、备案、退税等和 Y 国国内的报关、清关、运输、储存、保管等工作。

3. 经营与施工管理

为了在不损害业主利益和符合合同、法律规定的情况下，使承包项目利益最大化，我们一方面优化设计，另一方面严格采购和分包管理；同时加大措施，强化工期、安全、质量、性能指标等风险控制；设专人负责索赔管理；由经营管理部负责合同管理；从 Y 国聘用专业咨询公司负责财务、税务、法律等咨询服务；由专业财务人员负责付款计划、现金流、出口退税等财务管理。从目前情况看，各项经营指标都取得了较满意的结果。

由于受 Y 国政府对外国人员工作签证限制的影响，本项目只能从 X 国进入 Y 国最多不超过 40 个人，所以我采取了从当地聘用部分技术管理人员作为我公司的职工，同时将建筑安装工程的施工全部分包给当地实力比较强的分包商。为了确保分包施工质量和安全，首先在合同中明确质量目标、安全责任、签订奖惩办法；同时加强各种培训，提高施工和管理人员素质。

4. 认证与合法性的管理

在Y国进行电站项目建设，有许多与X国不同的法律规定和要求，比如锅炉等压力容器必须通过Y国的IBR认证；消防、环保、起重机械等必须满足Y国当地的标准要求等。这些是我们在设备采购、设计方面必须遵守的，否则就面临罚款甚至通不过竣工验收的风险，因此压力容器设计、制造、安装工作我们请了专业咨询公司给培训指导，消防分包给Y国专业公司进行设计和安装。

5. 项目管理团队和伙伴关系建设

明确通信和联络方式、渠道，指定各方联系人，为加强沟通建立了良好的桥梁；建立会议制度，利于沟通和各方协调。作为EPC承包商协调好设计单位和厂家关系非常重要，对工程设计制造的进度和质量影响非常大，所以我们采取定期开设计联络会，并指定专人负责协调。与X国不仅语言不同，风俗、信仰、思想、观念、处事方式、生活习惯等都差别很大，所以，无论与业主和业主工程师之间，还是分包商之间，以及当地有关政府部门间等，加强沟通、尊重对方的信仰和习惯，多从对方考虑、培养双方的感情是非常重要的。因为我们能够事先对职工加强有关方面教育和培训，才使得我们在设计审查等诸多方面与业主很快达成共识，取得了良好的效果。

案例简析

如图8-25所示。

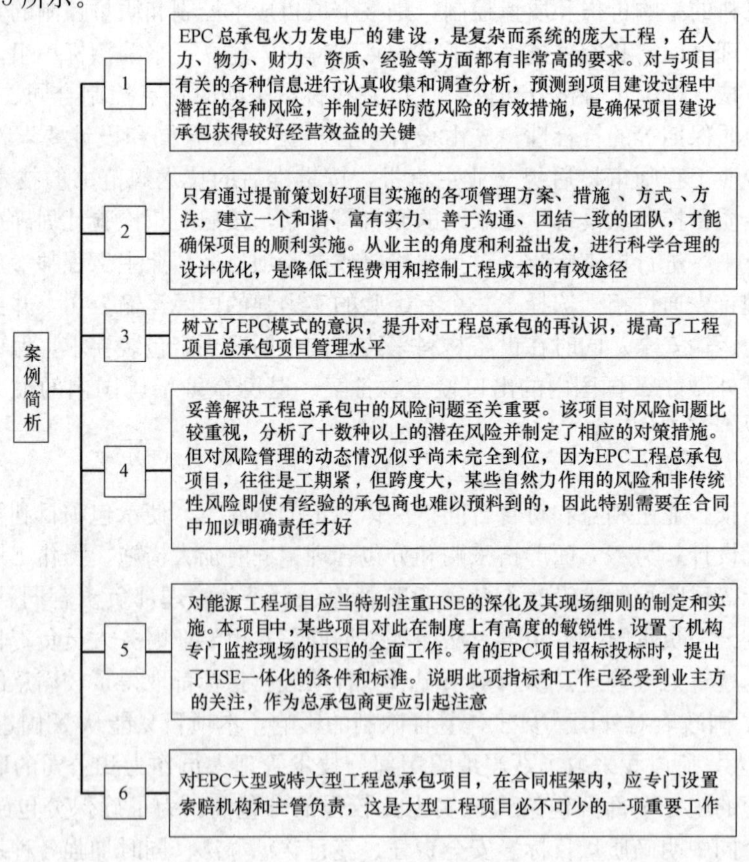

图8-25　案例简析

8.8　巴布亚新几内亚太平洋水产加工区项目 EPC 总承包商对项目前期开发的管理实践①

8.8.1　巴布亚新几内亚政治经济简况

巴新是发展中国家，资源丰富，经济落后，相当一部分人民迄今仍过着原始部落自给自足经济生活。近 40%的人口挣扎在国际贫困线以下。2002 年联合国开发计划署人类发展指数显示，巴新在 174 个国家中列第 133 位，居南太岛国之末。

矿产、石油和经济作物种植是巴新经济的支柱产业。林业、渔业资源丰富。主要农产品为椰干、可可豆、咖啡和天然橡胶、棕榈油。工业基础薄弱。金、铜产量居世界前列，石油、天然气蕴藏丰富。2003 年，巴新国民生产总值 116.31 亿基那，利率为 14%，通货膨胀率为 8.4%。汇率：1 基那＝0.3040 美元（2004 年 3 月）。

巴布亚新几内亚政党主要有：（1）国民联盟党，1996 年 8 月成立，执政党，现有议员 22 名，总理索马雷为该党领袖。（2）联合执政党有：人民进步党，现有议员 8 名；人民行动党，现有议员 5 名；人民全国代表大会党，现有议员 13 名；巴布亚新几内亚党，现有议员 9 名；人民民主运动党等。反对党，现有议员 12 名。巴布亚新几内亚政府：宪法是 1975 年 8 月 15 日制定，同年 9 月 15 日生效。巴新议会为一院制。议员 109 人，任期 5 年。现任议长比尔·斯卡特（BILL·SKATE）。

政府由议会中占多数的党或政党联盟组阁，内阁对议会负责。

巴布亚新几内亚政治：索马雷政府上台后，放缓私有化改革步伐，实行“以出口带动经济复苏”战略，加大矿产资源的勘探和开发力度，大力推行国家公务部门改革，争取党派合作，化解社会矛盾，巩固执政地位，巴新社会秩序渐趋稳定，物价指数逐渐回落，币值逐渐回升。但吏治腐败、经济疲弱、党派争斗、基础设施落后、贫富分化悬殊以及与澳大利亚等地区大国关系不睦等问题仍使巴新面临不稳定因素。中巴外交有磋商沟通机制，现已进行了 10 次磋商。两国有友好省、市关系 4 对。

8.8.2　双边经贸、投资等合作关系

2011 年，中巴新贸易额为 12.65 亿美元，同比增长 12%，其中中国出口 4.5 亿美元，同比增长 28.5%；进口 8.1 亿美元，同比增长 4.5%。2006 年 11 月 3 日，中国冶金集团与巴新方合作开发的拉姆镍矿项目奠基，2012 年 12 月该项目正式投产，这是中国在太平洋岛国地区最大投资项目。2008 年 7 月，首届巴新—中国贸易洽谈会在巴新首都莫尔斯比港举行。2009 年 12 月，中国石油化工集团与巴新液化天然气项目牵头方埃克森美孚签署协议，中石化在项目投产后每年将获得 200 万 t 液化天然气。截至 2012 年 6 月，中国在巴新非金融领域直接投资总额为 3.24 亿美元。

---

① 中国沈阳国际经济技术合作公司王宝东提供案例。

8.8.3 科技、文化、卫生交流

中国政府每年向巴新提供政府奖学金，供巴新方选派赴华留学生。1996年，中国杂技小组访问巴新。2000年，山东省济南市杂技团访问巴新。2011年，广东省艺术团访问巴新。2007年11月，双方签署关于中国旅游团队赴巴新旅游实施方案谅解备忘录，巴新正式成为中国公民出国旅游目的地。2012年底，中国向巴新派遣了第六批医疗队。

8.8.4 重要双边协议

1976年10月12日《中华人民共和国和巴布亚新几内亚独立国关于建立外交关系的联合公报》，1996年7月《中华人民共和国政府和巴布亚新几内亚独立国政府关于巴新在中国香港特别行政区保留名誉领事协定》，1996年7月《中华人民共和国政府和巴布亚新几内亚独立国政府渔业合作协定》，1996年7月《中华人民共和国政府和巴布亚新几内亚独立国政府贸易协定》，1997年3月《中华人民共和国政府和巴布亚新几内亚独立国政府关于中国香港特别行政区与巴新互免签证协定》等文件。

8.8.5 工程项目情况

8.8.5.1 项目背景

2006年4月，中国在中国-太平洋岛国经济合作与发展论坛上承诺，3年内向太平洋岛国提供30亿人民币的优惠贷款，主要用于基础设施等项目建设。2008年2月，中国进出口银行副行长率团访问巴新，推动落实各优惠贷款项目。2008年，中国沈阳国际经济技术合作公司几次与巴新政府商谈并达成合作意向。巴布亚新几内亚（以下简称巴新）太平洋水产加工区项目就是在这样的背景下形成的。

巴新位于太平洋中南部，是世界上最大的金枪鱼输出国之一，但因加工能力有限，只有很少量的金枪鱼在巴新加工，大部分均直接出口。为了促进巴新经济发展和增加税收，巴新拟制定政策，凡在巴国海域续签捕鱼许可证的船队都必须在巴新设立加工厂。同时，巴新政府启动马当太平洋水产加工区项目，吸引各国船队在加工区建立水产品加工厂。巴新政府还派团到菲律宾棉兰老岛桑托斯将军城学习加工区经验。这个加工区原是由日本国际合作银行贷款新建，后由中国贷款扩建，是一个非常成功的水产加工区。

2009年9月，巴新政府内阁批准了该项目，国库部批准1700万美元的配套资金，用于购买土地及前期工程，并启动了申请中国政府优惠贷款的程序。

8.8.5.2 地理位置

巴新西邻印度尼西亚，南与澳大利亚隔海相望。本项目位于巴新马当省，该省在巴新大陆的北部，以美丽的景色而闻名。

项目地点距马当市公路23km，距马当港公路25km，水路10km，加工区可充分利用当地齐全的水、电、通信、消防等外部条件。建设地点的陆域和海域也均符合巴新海洋功能区划，与相邻功能区协调情况良好，是理想的建设地点。

8.8.5.3 项目内容

项目分两期进行。一期工程占地100ha，包括：渔港和集装箱码头、冷库、供水、供电、供油、通信、污水处理、综合办公楼、场区平整、道路、围栏等。一期主要建设内容

如表 8-6 所示。

主要建设内容　　表 8-6

序号	项目	单位	数量	备注	序号	项目	单位	数量	备注
1	填海造地面积	万 m^2	8.8		8	码头作业区	m^2	5720	
2	用地面积	万 m^2	145.35	海陆域总和	9	绿化区	m^2	5800	
3	集装箱泊位	个	1	码头长 220m	渔港区				
4	渔码头泊位	个	14	码头长 936m	1	综合楼	m^2	720	
集装箱港区					2	公共冷库	m^2	24000	3 座
1	综合楼	m^2	2700	3 层	3	制冰厂	m^2	2100	
2	车间仓库	m^2	2005		基础设施区				
3	变电所	m^2	100		1	污水处理站	t	16000	
4	集装箱堆场	m^2	31595		2	消防站	m^2	250	
5	拖挂车停车场	m^2	3320	42 车位	3	电厂	MW	8	
6	汽车停车场	m^2	1350	80 车位	4	油罐	m^3	6000	3000m^3 2 个
7	道路	m^2	28000		5	供水厂	t	20000	

8.8.5.4　项目简况

（1）项目名称：巴新太平洋水产加工区项目

（2）业主名称：巴新商工部

（3）管理单位：太平洋水产加工区管理委员会（商工部委托）

（4）占地面积：200 公顷

（5）项目金额：9500 万美元（一期）

（6）资金来源：中国政府优惠贷款（78%），当地政府筹资（22%）

（7）承包及招标方式：EPC 总承包，议标方式

（8）总承包商：中国沈阳国际经济技术合作公司

（9）设计咨询单位：菲律宾丘克太平洋开发公司、美国马特里克斯设计咨询公司、中国交通建设集团第一航务局设计院

8.8.5.5　当地政治经济状况

巴新自 18 世纪下半叶起受荷兰、英国、德国殖民者统治。1975 年从澳大利亚托管下独立。现属于英联邦。设总督和总理，总督为英国女王代表，总理为政府首脑。

巴新是发展中国家，资源丰富，经济落后，近 40%人口生活在国际贫困线（1$/天）以下。

巴新自然资源丰富，有铜矿、富金矿、铬、镍、铝矾土、海底天然气、石油、森林和海洋资源。矿产、石油和经济作物是巴新的经济支柱。巴新有 600 多个岛屿，海岸线长 8300km。金枪鱼捕捞量占中西太平洋年捕捞量的 20%。渔业除盛产金枪鱼外，还盛产对虾和龙虾。旅游业是重要的产业，旅游资源丰富，大部分旅游者来自澳大利亚、美国和英国。

8.8.5.6　**项目进展**

(1) 2008 年 7 月，巴新商工部长与总承包商签订了谅解与合作备忘录。

(2) 2009 年 5 月，巴新财政部向中国政府提交正式申贷函。

(3) 2009 年 10 月，两国政府签署框架协议。

(4) 2010 年 1 月，业主与总承包商商签确认总承包合同文稿。3 月底，由总督正式签署。

(5) 2009 年 2 月，中国进出口银行基本完成项目评估，于 4 月签署贷款协议。然后项目正式开工。

8.8.5.7　**项目特点**

1. 概括的业主要求

本项目是一项标志着巴新经济转型并将巴新渔业融入全球经济一体化的重要举措。然而，业主对于项目的要求非常概括，虽然参照了菲律宾将军城水产加工区的经验，但仍未能提出详尽的业主要求。绝大部分前期工作均由总承包商委托咨询公司完成，包括项目可行性研究、加工区政策等，由业主对各阶段成果进行审批确认。

2. 复杂的健康安全环境（HSE）条件

(1) 当地治安环境差。首都和各省常有盗抢案件发生，由此产生的伤人和致死案件也时有发生。马当省还曾发生因劳资问题引起工人罢工闹事的事件。工程治安需雇用专业的保安队伍。

(2) 巴新为疟疾、登革热等传染病区。当地医疗设施和服务条件差。项目需制定针对性措施保障人员健康，如配备急救人员和医疗设施等。

(3) 马当省风景优美，政府和民众对环境保护问题非常重视。项目的设计施工方案对环保问题应采取足够措施。

(4) 总承包商应编制 HSE 管理手册报业主审批后实施。

3. 当地建材和设备缺乏

当地建材工业落后，除砂、石外，仅有少量建材和设备配件供应，价格较高。本项目大部分设备和材料及施工机械均需进口。马当省属旅游地区，当地对大规模采石进行审查严格。因此本项目方案设计中大量采用预制件，海运或陆运到现场后组装。

4. 缺乏当地标准

巴新主要采用澳大利亚标准。当地没有完整的建筑法规、设计施工规范、行业标准等。根据贷款协议规定，本项目大部分设备材料来自中国，设计施工单位多为中国企业，选用合适的标准对工程实施和验收影响重大，也是总承包合同谈判的重点之一。

5. 涉及专业种类繁多

本项目内容包括渔港码头、集装箱码头、制冰厂、冷藏库、供水厂、污水处理厂、发电厂、通信站、综合办公楼等，涉及专业种类多，协调工作任务重。EPC 总承包商前期开发管理中采用设计总包，并聘请咨询顾问进行设计审查，力求责任主体简单，提高协调效率。

6. 水文地质资料缺乏

根据总承包合同，本项目水文材料和水下地质资料由业主另行委托并向总承包方提供，且确保其准确性。实际上，由于当地没有对海洋的常年观测资料，用于设计的基础资料缺乏，业主仅可提供潮汐水位资料和部分地质勘察资料，无波浪、水流和泥沙等资料。因此，方案设计和详细设计中采用理论推算、参照附近海域资料及补充勘测等方法加以解决。

7. 当地机构效率低下

巴新政府机构的办事效率较为低下，办理工程审批相关事宜常常一拖再拖。这也是多数项目难以按计划工期完成的重要原因。另外，当地政府高层到地方各行政部门贪污腐化现象较为严重，这也加大了项目实施的难度。

8.8.6 项目开发管理的方法和策略

8.8.6.1 项目组织架构

项目组织架构如图 8-26 所示。

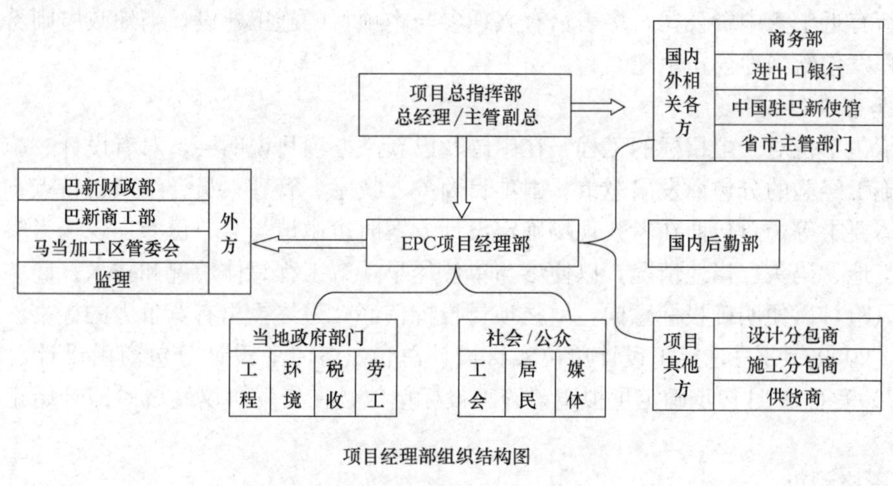

项目经理部组织结构图

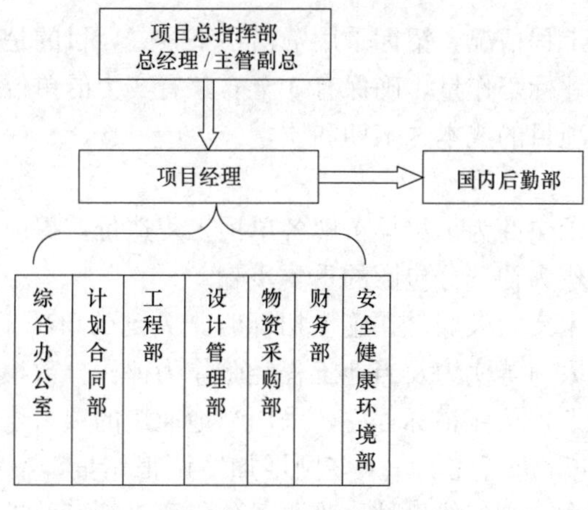

图 8-26　项目组织架构

8.8.6.2 快速推进计划

1. 总进度计划

项目总工期 48 个月。其中设计工期 6 个月，施工工期 42 个月。工程于 2010 年 5 月开工。

2. 项目奠基仪式已经举行

业主的对项目需求非常迫切，已于 2009 年 6 月举行了项目启动奠基仪式，开始进行现场准备工作，包括项目动迁、现场范围周边道路施工、开发区测量定界及边界围栏工程。

3. 设计期同步进行施工准备

为配合项目进展，总承包商计划于设计期同步进行施工准备。设计批复后即正式展开施工。对风浪季节对施工进度的影响也做好了充分准备，保证项目在计划工期内完成。

4. 组织分包商提前进行现场考察

对于项目的主要工程集装箱码头和渔港码头，在设计考察和方案设计时即邀请潜在的三个港口工程分包商介入，熟悉现场情况，参与方案优选，并提早进行工程投标准备。

8.8.6.3 招标策略

巴新有近十家中资公司，多表示有兴趣参与本项目的施工建设，当地政府则希望能将部分工程发包给当地公司承建。

1. 举办项目简介会

总承包单位对于拟招标的工程，在中国及巴新举办项目说明会，对有设计、施工资质和当地施工经验的分包商发出邀请。由项目商务、技术、管理人员介绍项目特点、当地情况、具体要求等。总包商在考察现场确定设计方案时也邀请与会单位参加现场考察，并参观附近工地、码头、当地情况，以便参与单位尽早了解工程总体情况和技术、商务、自然情况等风险，以便明确投标意向，增强项目投标信心，最终投出有竞争力的标书。通过谈判比选，2009 年 8 月选定了设计单位实行设计总包。各专业设计分包商由设计总包单位协调。2009 年 10 月初步确定了拟邀请施工投标单位，在贷款协议签署后即开始正式招标程序。

2. 资格预审

根据项目的各单项工程情况，招标采用资格预审方式，目的是了解投标单位对项目的意向和实力，减少招标评标工作量，确保有 3 至 6 家有实力的单位参与竞标，力求在招标阶段就可以有效地控制项目的成本、工期和质量。

3. 严格招标程序

在方案设计时，总承包商为了尽早了解各单项工程造价，提前请当地分包商对方案提出方案和初步估价，并作为初选分包商的重要步骤。

考虑到当地公司技术实力较弱。在施工招标时，关键的单项工程拟选用中国分包商，并将公司财力、技术、人力等实力及当地工程经验作为评标分数权重的组成部分。

对于当地分包商将严格按照招标程序，采用当地通用的项目合同条件进行招标。整个项目计划由 4～6 个分包商进行施工，太多则增加协调工作量，不利于统一调度和明晰责任。太少则一旦发生重大合同纠纷事件，难于对分包商进行有效控制，增大工期、成本等风险。

8.8.6.4 建立伙伴关系

总承包商作为沟通业主及各设计施工咨询单位的核心，应提倡在业主、贷款方、总承包单位、分包单位等干系人之间建立伙伴关系。

1. 业主与贷款方

本项目为中国政府优惠贷款项目，项目成败对两国政府关系发展意义重大。良好的伙伴关系是促进项目成功实施和两国加强交往合作的必要方式。

2. 业主与总承包商

总承包商是业主和贷款方共同确定的工程实施单位，肩负着实施政府间合作项目的经济和政治责任，并促进中国设计和施工企业国际化、带动中国材料设备出口和劳务输出。要实现在确定的成本工期和质量要求下顺利完成任务的目标，必须充分认识本项目的性质，与业主建立伙伴关系，突破国际承包工程业主与承包商合作中容易产生的对立立场。

鉴于本项目属于政府间援助项目，在总承包协议谈判中，双方同意采用 FIDIC 总承包通用合同条件。对于一些特殊条款，双方商定：

（1）业主负责委托实施地质勘察工作，施工时地下开挖及水下开挖的不可预见的地质风险由业主承担；

（2）所有进口物资应符合贷款协议中的有关规定；

（3）与项目有关的所有税费均应免除，包括进口货物关税、当地货物税费和营业税、所得税。业主应签署支持承包商清关和免税的文件。如未能获得免税，应付和已付和税款由业主补偿；

（4）付给承包商的工程款应根据工程所用的劳动力、货物和其他投入的成本的涨落（超过 20%）而调整。

3. 总承包商与各分包商、供货商

总承包商将尽量选用中国分包商和中国供货商，并适当考虑当地政府对带动当地分包商发展的要求，合理选用当地分包单位。总承包商和各分包商、供货商在此基础上更利于建立伙伴关系，使参与各方通过实施项目实现共赢，并共同完成项目的整体目标。

8.8.6.5　采用标准

当地没有系统的标准和规范，在本项目的总承包合同谈判中，双方商订，鉴于本项目设计由中方进行，大部分设备材料均从中国进口，因此，本项目可采用中国标准，但在设备选型和制造时，应选用通过 ISO 9000 系列标准认证的厂商，并考虑当地实际情况，采用适当措施满足与当地设施接口、外围配套等使用和运行要求。

8.8.6.6　价值工程

前期开发管理中，总承包非常重视设计阶段的成果成本、质量、工期等方面的影响。在方案设计阶段，对渔港、集装箱码头的设计组织了多次技术方案论证会，利用价值工程技术，优化整体设计。主要优化内容包括：

（1）码头与集装箱泊位布局位置的调整优化。

（2）装卸工艺由岸桥场桥方式改为多用途门机、集装箱吊运机和叉车组合方案。

（3）集装箱堆场和场区道路由混凝土大板方案改为高强联锁块方案，以适应当地石料短缺现状并满足成本控制的要求。

（4）发电厂装机容量由 24MW 优化为 8MW，并预留二期扩容位置，以满足一期功能，以及业主分期投资开发的规划。

8.8.7　结语

（1）大型基础设施项目的前期开发管理，其成果对项目的顺利实施和实现预期功能意义重大，对总承包商在设计管理、商务谈判、采购方式和合同管理等方面要求很高，还会遇到业主的要求不详或不断修改、经济落后地区的法规标准不完善、水文地质情况复杂、资料缺乏等情况，应采取措施，积极应对。

(2) EPC总承包商应从一开始就制定系统有效的管理方法和策略，分析和发现不确定的因素及存在的各种风险，采取合理的应对措施。

(3) 总承包商应发挥在EPC项目管理中的核心作用，为实现项目的预期目的，积极寻求各方多赢的方案。

图 8-27 巴新太平洋水产加工区项目外景

(4) 以建立合作伙伴制为基础，与业主及各方进行有效协商，并根据项目特点，力争在总承包合同条款中对风险进行合理分担，适当突破EPC合同固有模式。

(5) 使用价值工程进行方案优化，通过各种可行的方法实现项目整体利益增值的目的。最终使业主得到满意的工程，承包方得到良好的效益。

巴新太平洋水产加工区项目外景见图8-27。

案例简析

本工程总承包项目在FIDIC的EPC/T合同条件总框架下，适当突破了该合同的固有模式，经业主和总承包双方协商签订了适于该项目的总承包合同条件。案例简析见图8-28。

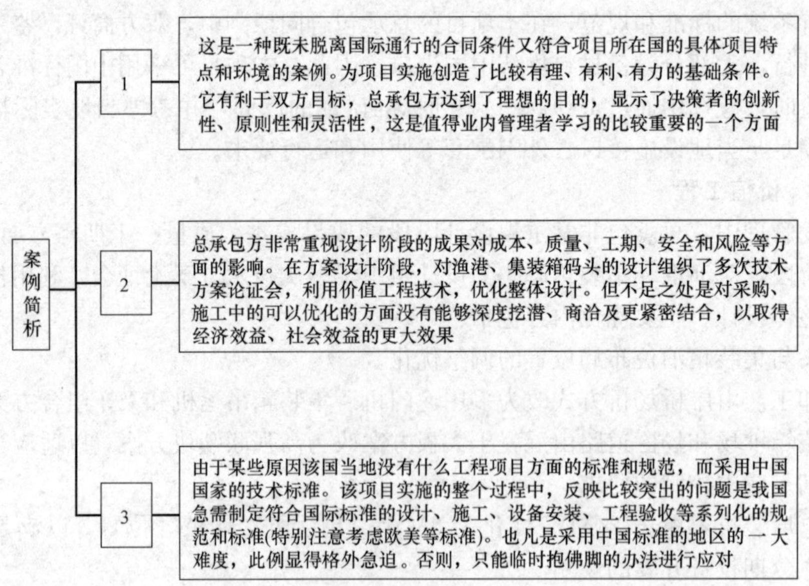

图 8-28 案例简析

8.9 中东EPC工程总承包实例及简析①

在EPC模式下，业主对承包商进行招标时还未进行工程设计，工程设计与施工将在总承包与业主签订后，由总承包商统一负责。这与传统的施工条件下的总承包模式不同，即业主方在完成设计后再进行对总承包商招标投标。总承包商承担设计、采购和建造双重任务，同时也面临着双重风险。然而以施工为主业的传统的总承包商，缺乏设计经验，对设计的地位和管理还认识不足，经验和制度也不完备，容易导致设计管理混乱，最终使进度和质量都无法保证。这就增大了总承包商履约风险，尤其是海外工程。如何进行设计管理，成为中国建筑承包商在海外建筑市场面临的难题。下面结合阿联酋A项目EPC工程总承包管理，探讨EPC模式下的管理改进与建议。

8.9.1 项目概况

A项目位于中东阿联酋阿布扎比的Al Reem岛上，总建筑面积约为387898m²，五栋塔楼分为两组，一组是C2、C3两栋塔楼及其附属裙房组成的高档住宅楼，分别是35、31层，最高建筑高度为146m，两栋塔楼由裙房连通；另一组是C10、C10A和C11三栋塔楼及其附属裙房组成的高档住宅及现代办公楼，分别为36、44、36层，最高建筑高度为203.35m（图8-29）。所有塔楼均采用框架一核心筒结构体系，裙房部分构件采用后张拉预应力结构体系，建筑外立面全部采用玻璃幕墙饰面，在全球变暖的大背景下，采用这种外立面饰面装饰既能够充分利用当地日照资源，改善生活环境，同时也使得整个高层建筑的造型新颖独特，具有现代高层建筑的典型特征。在裙房的屋顶均设有游泳水池，绿化景观，娱乐休闲设施，多层次、多变化和多功能的设计理念增强了建筑的艺术气息，突显了以人为本的现代生活、办公、娱乐的建筑风格设计理念。该项目采用EPC合同模式，包括设计采购与建造的任务。

图8-29 C2、C3与C10、C10A和C11五栋楼

A项目设计任务只是部分设计任务，即业主方完成概念设计后与总承包商签订EPC合同。部分设计任务包括基础设计、施工图设计、竣工图设计，由总承包商统一负责，并

① 中建中东责任有限公司王力尚等提供案例，杨俊杰修订。

以边设计边施工的方式分阶段开展工作。为了发挥设计优势，提出优化设计阶段，主要在项目基础设计阶段（技术设计），通过引进第三方专业优化设计公司，对设计方案进行评估与优化。主要的优势：（1）降低经济风险，总承包商可以在设计阶段对工程造价进行控制，通过第三方独立优化设计，使设计方案更为经济、合理。（2）将设计与施工结合起来，目标一致，统一运作，可以很好地解决设计与施工衔接问题，使设计方案更加具备可操作性。

8.9.2 A项目施工管理特点

8.9.2.1 项目管理模式

（1）RFI（Request Of Information）管理程序标准化。

（2）项目管理模式格式化：项目领导分为项目代表和项目经理，对外（业主和监理）协调由项目经理（相当于国内项目执行经理）负责，对内（项目经理部管理）由项目代表（相当于国内项目经理）负责；中层部门经理多由国外人员来担任；工程师级别则为中式化，多由中国人担任；劳务队伍为我们公司的自营队。如图8-30所示。

（3）劳务队伍固定化：自营队伍。

（4）融入当地属地化：从当地招聘一些员工。

（5）对接西方国际化：招聘一些西方员工与我们共同工作。

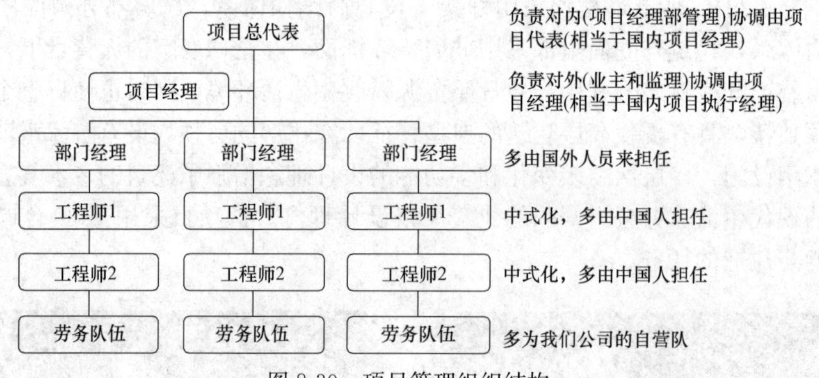

图8-30 项目管理组织结构

8.9.2.2 使用P3软件对项目跟踪升级，并且动态优化，使计划更趋合理、优化

P3软件的应用能够使计划管理与工程实际更密切地结合在一起，从而使计划管理体系的建立成为可能，解决了计划分类，分层次管理的问题，真正实现了计划由多人管理的目的，改变了以部门为中心到实现以项目管理为中心的状态，改变了以往计划不如变化快的局面。P3软件编制进度计划的直接目的就是工程所有参与人员知道各个时间段应该达到的具体工程进度以及明确下各阶段哪些工作是关键路径，然后有的放矢，并且有效准确的预测工程图纸，材料的到场需要时间，当遇到工程延误关键路径的时候，可以及时提醒项目管理人员，通过调整资源，改变施工方法等手段，及时弥补，减少工程损失。P3软件使多级计划共存于一个计划，下级计划完成量可以在上级计划完成量中反映管理等方面的问题，并且解决了计划信息实时更新的问题，便于计划管理人员、决策人员对工程的进展进行实时动态控制，从而保证了项目按计划实施，达到预期目的。这就要求，项目业主、项目的设计、监理、承包商、质量监督多方共同使用P3软件，在统一的管理模式

下，完成各自权限下的计划。

建立 WBS 骨架，在随后编制具体工作的计划时，要粗细有别，对于业主方、监理方以及业主指定分包和指定材料的计划安排及其与我们工作的相关逻辑关系，尤其要做到全面、详细，计划严格、严谨，以便日后当工程有延误的时候，我们需要通过主计划准确地反映出来相应的责任方。把合同额根据 WBS 的单元工程进行分配，根据具体工作分布的时间，计算出合同工期内每个月所需要的人力及应该创造的价值，再通过 Excel 即可编制成项目资金曲线，即我们常说的"Cash Flow"（现金流）。

当项目进度延误的时候，做好记录进行索赔的同时，进行分析得出接下来的关键路径，然后通过调整资源分配，或者通过改进施工分法等手段，即时弥补，追赶进度，同时制作追赶计划，并绘制追赶曲线。如果对工期没有影响，因此而多花费的成本则需要业主承担。

P3 软件就是应用许多相互制约、相互关联的因素，来客观分析工程实际情况，为管理决策提供依据。只有这样，项目的进度、资源、费用等关键因素才能够真正得以统筹考虑，项目才可能在合理的工期、资源和费用下平稳顺利地加以实施。当工程有工期延误的情况时，P3 软件作为科学评估问题的具体责任方以及定量的评估延误时间（EOT）具有极其重要的作用和意义。动态计划管理工作需要综合考虑公司所有资源，包括机械、人力、财务控制等，对各个项目进行协调优化，从而节约工程成本，提高工作效率，把项目管理水平推到新的高度。

8.9.2.3　打造有凝聚力、战斗力、执行力的项目管理团队是成功的基石

项目管理是一项团队工作，必须有一只有凝聚力、战斗力、执行力的管理团队方可实现既定目标。A 项目开始之时，阿布扎比建筑市场正处于蓬勃发展初期，项目管理人员严重短缺，通过市场化方式获得职业化人才的难度很大，而同时中东公司也处于高速扩张阶段，内部资源也都处在满负荷运转状态，组建项目管理团队遇到很大的困难。在分析此客观现实后，项目管理层在中东公司领导层的大力支持下，果断作出了稳定项目已有核心管理人员与加快培养中国籍年轻管理人员的决策，首先通过多种"留人"方式并用，保证了项目管理层中数位核心管理人员长期稳定地工作；其次通过卓有成效的管理人员后备队伍建设，在与有潜质的培养对象摸底、谈话、考察的基础上与其共同制定在本项目的职业发展目标，坚持培训与任用相结合，很快就培养出一大批能够独当一面的中国籍青年管理骨干，在项目中期即开始发挥显著作用，在项目后期已经成长为项目核心人员，这批青年管理人员专业基础扎实、熟悉海外工程特点、对公司忠诚度高、稳定性好，以后也将成为中东公司发展的重要力量。

在项目管理团队骨架形成后，高效的沟通与管理工作也就成为能否保证项目团队长期有凝聚力、战斗力、执行力的决定因素。项目管理层采取多种方式结合，大力倡导沟通与管理并重的理念，在有效沟通中实现管理，在管理的过程中加强沟通，使项目管理团队绝大多数人员能够认同项目管理的愿景与目标，认可项目管理所实行的方法，并愿意为实现项目目标而努力工作，从而在整个项目团队中创造出良好的工作氛围，而这也是项目能够圆满实施的又一重要保证。

8.9.2.4　准确分析与判断项目所处的外在局面，采取灵活有效的措施积极应对

在 A 项目实施期间，整个阿布扎比房地产市场大起大落，因而导致处于下游的建筑

承包市场与项目日常管理工作都处于纷繁复杂、变化多端的局面之中，如何能正确地分析与把握项目所处的局面，抓住主要矛盾及采取灵活有效的措施去解决，是项目管理团队尤其是项目管理层所必须面对与解决的问题。房地产市场的不同周期阶段，业主采取的策略不同，由此也引发承包商的工作重点不同。

结构设计方案常常能满足建筑功能和结构安全可靠度的要求，然而往往设计人员施工经验不足，对施工流程和工艺不熟悉，致使设计与现场施工脱节，造成施工难度加大，成本支出增加。因此结构优化设计阶段，始终树立优化设计与施工集成思想。同时要求施工技术人员积极参与设计方案讨论，紧密结合建筑结构特点和所采取施工措施，将技术、材料和施工工艺进行综合考虑，已达到降低施工难度和工程造价。在项目实施过程中，A项目管理层在中东公司领导层的正确指导下，准确分析房地产市场给业主带来的影响，密切观察业主的策略调整，及时确定最优应对方案与积极应对，从而做到了在不同阶段都占有一定程度的主动，保证项目实施的最后效果。

8.9.2.5　从设计优化与装修材料采购入手，大幅降低工程成本

本项目经过激烈的市场竞争而得到，加之在施工阶段又经历了2008年上半年的建筑材料价格飙升、施工期显著拖长等不利因素的影响，成本压力较大。项目管理层在工程开工之时即根据项目特点制定了项目策划，找出项目成本控制的关键点与突破点，从人员安排、工作策划、过程监控等多方面精心部署，细致工作，最终从设计优化与装修材料采购方面取得显著突破，大幅降低了工程成本，保证了项目盈利目标的实现。

8.9.2.6　推行责权利相统一的现场区域化管理模式，有效调动所有参与人员的积极性

A项目施工面积大，施工栋号多，参建队伍多，是平面展开施工项目与竖向垂直施工项目的结合体，现场管理难度很大。在施工过程中项目管理层根据项目特点，推行责权利统一的现场区域化管理模式，打破现场工程师与施工队伍的管理界限，使之成为目标一致、利益相同的一个团队，在各个栋号之间形成“比、学、赶、超”的良好竞赛氛围，通过项目的周期性评比，极大程度地激发了所有参与人员的积极性与创造性，为项目成功实施奠定了坚实的基础。

8.9.2.7　积极发挥价值工程在EPC项目的作用

EPC项目的实施过程中，由于总承包商承担了全部设计的责任，合约上来讲这是权利与义务的结合。义务方面，不言而喻，总承包商有100%的义务与责任向业主提供所要求的产品，所以总承包商在设计过程中，一定要贯彻“业主要求”，了解与界定这个要求非常重要。EPC总承包商在设计方面应享受其权利。这个“权利”，我们可以将其当作“价值工程”来理解。承包商可以通过“优化设计”，在满足业主需要的前提下，进行效益与利益的最优化。

通过在本项目的结构设计优化过程中应用价值工程分析，取得了较好的经济效益，节约大量的材料，降低劳动力的使用量，保证了项目工期，赢得了业主的口碑，为中建中东公司在阿布扎比承包市场上的不断开拓打下了扎实的基础。

从表8-7可以看出，通过在项目初步设计以及施工图设计阶段，对整个工程项目进行结构优化设计和价值工程分析，仅就混凝土和钢筋这两项施工材料的用量就节省了2877万元（人民币），创造了相当可观的经济效益，而且为现场钢筋的绑扎和混凝土的浇筑工作提供了便利的条件，因此节省了大量的劳动力，也加快了建筑项目的施工速度。

混凝土和钢筋材料节约数量及金额　　表 8-7

材料	C2、C3	C10、C10A、C11	合计
混凝土(m^3)	10271	16755	27026
钢筋(kg)	321687	1105852	1427539
合计(万元)	990	1887	2877

根据帕累托图法（也叫主次因素分析图法），处在 0～80％百分比区间的因素为 A 类因素，为重点控制对象，处在 80％～90％百分比区间的因素为 B 类因素，为次重点控制对象，处在 90％～100％百分比区间的因素为 C 类因素，为一般控制对象。从图 8-31 和图 8-32 可知，对于混凝土这一主要建筑材料进行结构优化设计和价值工程分析，剪力墙和挡土墙为 A 类因素，进行重点控制；裙房筏板为 B 类因素，进行次重点控制；水箱为 C 类因素，应进行一般控制。而对于钢筋这一主要建筑材料进行结构优化设计和价值工程分析，挡土墙、塔楼筏板、桩帽及水箱为 A 类因素，进行重点控制；裙房筏板为 B 类因素，进行次重点控制；剪力墙为 C 类因素，应进行一般控制。

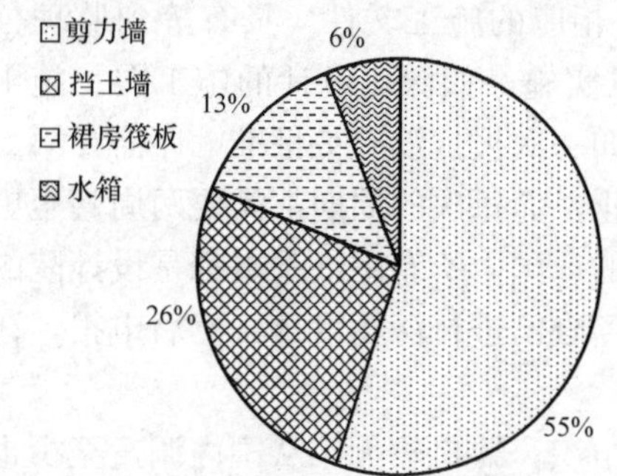

图 8-31　混凝土节约量构成分布图

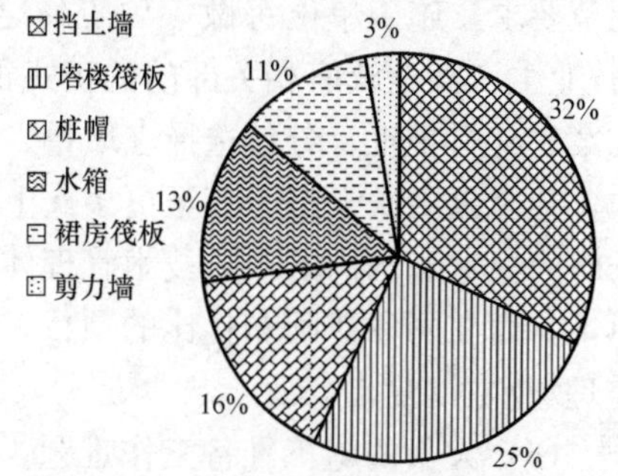

图 8-32　钢筋节约量构成分布图

价值工程作为一门系统性、交叉性的管理科学技术，它是以功能创新作为核心，实现经济效益作为目标，寻找出工程建设项目中重点改进的研究对象，再创新优化，提高建设项目的整体价值，将技术、经济与经营管理三者紧密结合的方法。通过大量的研究调查表明，工程建设项目的各个阶段对成本都有影响，但影响的程度大小不一。人们已经认识到，对建设项目成本影响较大的是决策和设计阶段，但是如何在这两个阶段进行成本的有效控制，尤其是在建设项目设计阶段的研究较少。前文通过分析建设项目设计阶段成本的预测、预控的要点，提出了在这个阶段成本与功能的正确配置，是能否进行有效成本控制的核心，而价值工程理论正好为成本与功能的正确配置提供了应用的条件。

8.9.3　项目施工管理的几个难点

8.9.3.1　客观存在的难点

（1）自然环境的难点。中东地区气候燥热，夏季室外温度高达 50℃以上，每年 6～9 月份下午 3 点以前按照阿布扎比劳工部的要求是不允许进行室外施工的。

（2）社会环境的难点。中东地区，信奉伊斯兰教，主流语言为阿拉伯语，并且有大量的外来人员（印度、巴基斯坦、约旦、泰国、越南等），语言环境复杂，文化差异巨大，对相同事物的理解偏差很大。不同地域，不同文化，风土人情，法律政策人相聚在一起，判断失误，管理产生误差，都是很正常的事情。

(3) 海外工程跨文化管理复杂。项目跨文化管理是指对来自不同地域、文化背景的人员、组织机构等进行的协调、整合的管理过程，是海外工程项目管理中重要组成部分。当地分包商、供应商、政府机构等办事效率低，选择面不大，不如国内，由于文化背景与习惯上的差异，容易导致总承包商的计划超期。项目跨文化管理对海外工程项目管理是非常重要的。因为在海外工程项目中，承包商往往来自不同地域，如果对当地的文化、风土人情、法律政策等了解不够，就可能产生重大误解，从而导致管理者对工程项目的实际情况判断失误，管理产生误差，进而严重影响项目的进展，最终可能导致项目的失败。

(4) 市场行情变化剧烈（2008～2009 年经济危机）。面对经济危机洪水猛兽般的肆意攻击，上至公司领导下到基层人员集体通力合作，用执着与艰辛固守在如气候般恶劣的中东建筑市场。项目领导首先鼓励大家建立信心，珍惜项目，努力工作，减少一切能节约的开支。

(5) 施工文件的准备与报批过程长。根据阿拉伯世界特色的国际 FIDIC 条款及相应规范要求，施工单位每做一项工作之前，都需要准备相应的施工文件，只有等到监理公司/业主、甚至政府相关部门的正式批准之后，才可以实施，如深化设计的施工图、施工方案、材料报批、分包选择、质量、安全计划等。假如一次报批没有被批准，还需要第二次，甚至更多次上报，直至更多次上报，直到批准为止，而每次的周期都需要两周甚至更长时间。这和国内的项目技术管理体制是完全不一样的，国内所有图纸基本都是设计院的事情，而在阿联酋阿布扎比的项目，就需要建筑承包商自己进行深化设计，然后申报，让监理/业主批复。

(6) 大量的施工准备工作难题。项目管理人员的组织，缺口较大，从国内调遣至少也得一个月左右；施工现场的临时办公室使用集装箱代替，搭设的是简易厕所，加工场地的安排临时就近布置；为正常施工服务的生产和生活设施所需的物资和投入到施工生产的各项物资材料准备受到外界影响；图纸深化、方案编制、建立测量控制网、规范四个方面的技术准备也需要一定的时间。这些繁多复杂的千头万绪准备工作就需要领导能够在很短的时间内，迅速作出判断，理清思路，抓住关键线路开展工作。同时，公司的管理人员大多属于国内内派，合同期 2～3 年，因此每 2～3 年时间几乎会轮换一批，流动性大。

(7) 分包管理材料和图纸报批难。在阿联酋项目管理中，业主方的管理由业主代表和业主选定的监理公司共同组成。在阿联酋项目施工过程中，材料、图纸必须经过业主和监理的批准以后才能用于施工，所以图纸和材料的报批对工程的顺利实施非常重要。然而在报批的程序和时间的消耗上却是巨大的，因此，如何顺利的通过报批就是摆在国际工程承包商面前的一道难题。

(8) 施工组织管理难度大。基础阶段和主体施工阶段，每个塔楼划分两个流水段。材料问题。由于工期紧、现场施工速度快的现实，本项目每天所需要的施工材料和周转材料强度远远超出我们的想象。施工过程中根据每天的工作量制定钢筋、模板、管材等材料进场计划，使进场材料能够得到科学运用。最复杂的时候是主体结构施工到 15 层以上，下部几层进入装修阶段，现场材料的进场、堆放、周转就得要满足现场施工进度。

(9) 劳动力问题及车辆问题。由于项目的超大，劳动力的需求也超出了一般项目，高峰期的时候 3500～5000 工人，每天乘坐大巴汽车往返营地和项目上下班，场面非常壮观。按照每个大巴座位 70 人的话，大巴数量差不多就是 65～70 辆。

（10）工期紧张问题。因为在阿联酋国家执行国际 FIDIC 条款，图纸需要承包商进行深化设计，并申报监理/业主批复。提前做好各项施工准备，尽可能提前进场；合理分区，科学组织流水施工，标准层施工期间，平均每层工期为 7～8 天；尽早插入机电和内外装修施工，机电材料设备应尽早订货并确保供应；尽早拆除塔吊和施工电梯等机械，确保外墙封闭提前，确保室内装修尽早施工；合理规划现场平面布置图，使各种材料科学堆放。以解决地下室阶段的材料加工、堆放用地需求。

（11）质量难题分析。项目质量的控制难度比国内更难，公司领导和项目领导都很重视质量。公司领导直接委派质量总监到项目工作，代表公司对项目质量进行全过程监督和负责。编制项目质量计划、创优计划，动态管理、节点考核，严格奖罚的原则，确保每个分项工程为精品工程。分级进行质量目标管理。按照人员不同层次进行质量控制，从工人、班组长、工长日常管理之中。按照工程不同阶段进行质量控制，从地基阶段、基础阶段、主体阶段、内外装修阶段、机电安装阶段制定相应的质量目标。通过对各个分解目标的控制来确保整体质量目标的实现。按照工程不同分部进行质量控制。从混凝土工程、钢筋工程、模板工程、测量工程、装修工程、给水排水工程、电气工程、暖通工程等分项工程建立相应质量控制目标。

（12）施工时间的限制。①阿联酋当地夏季比较炎热，7～9 月份三个月中午休息时间为 10：30am～3：30pm。②由于伊斯兰教，斋月期间下午休息，进而影响施工进度。③周五休息，不施工。④工人的工作效率比国内低，而且劳动力资源的选择量小。中国工人在高温气候下的日产值不如国内，印度和巴基斯坦等国的工人技术水平差，每天工作时间短，而且往往休息日不愿意工作，工程进度受到影响。

8.9.3.2　施工人员流动问题

国际项目工程员工来自很多国家，如中国、印度、阿联酋、埃及、黎巴嫩、英国、新加坡、马来西亚等 20 多个国家。这就使国际 EPC 工程的总承包管理与国内 EPC 工程总承包管理有所差异。A 项目采用中外组合的方式，由外籍员工负责对外沟通，中籍员工负责内部管理并向公司及业主最终负责。以此找到了适合于中国建筑施工企业在海外施工的管理方法，在较短时间内适应了国际建筑市场的要求，保障了项目管理的正常进行。

但是海外项目的施工人员流动性是很大的，一些在国内有工作经验的工作人员，英语和国际项目管理的水平很弱；而一些刚毕业的大学生，英语虽然会一些但还不精通，国际项目管理还没经验；如果想适应国际 EPC 工程的总承包管理就需要员工提高英语和熟悉 FIDIC 条款，以及项目管理水平，这就需要 5 年以上的海外项目管理经验的沉淀。而我们的大多数员工海外合同期限是两年或三年，3 年后员工基本剩余 40%，5 年后员工基本剩余 20%，7 年后员工基本剩余 10%；人员的流动性问题给项目往往带来一些很严重的问题。

8.9.3.3　充分使用设计/采购功能，发挥 EPC 优势

把设计进度纳入项目工程总进度计划之中，设计要按照项目的控制里程碑进行分批分阶段设计工作。在项目前期和设计时，要充分考虑设计对采购与施工的因素，考虑订货时间长及影响施工关键点的设计工作。为了节约项目工期，保证项目总进度计划，设计工作应当按照项目施工现场要求分阶段交图。采购工作也应当纳入项目总进度计划，提高采购

质量与层次，节约成本费用，缩短采购周期。在项目施工期间，项目工程技术部要把设计失误的信息提前解决，避免返工浪费，节约成本缩短项目施工工期。

8.9.3.4 项目管理合同问题

本 EPC 工程合同条件，在合同特殊条款中增加了很多对业主有利的条款，与国内的建筑合同相差很大。如何在已签订的合同框架下履约是项目经理部的主要任务，而合约管理也是国际工程管理的核心组成部分之一。项目经理部通过完整的合约交底、定期举行业务学习交流、根据项目合约特点来制定有针对性的项目内部管理制度、聘用外部合约管理顾问公司等提升项目的合约管理水平。通过上述各种方式，项目经理部得以有效地开展了合约管理工作，维护了我方的合同权益，为项目目标的实现提供了保障。

8.9.3.5 建筑市场风险管控问题

A 项目在实施过程中经受了全球债务危机给建筑行业带来的冲击。项目部在工程开始即把项目风险管理作为项目管理的重中之重，从战略高度来规划项目风险管理，最大限度地规避风险、降低风险发生时的影响，最终取得了较为满意的结果。例如在合同谈判阶段就预见到了项目市政配套设施有可能出现延误，因此有针对性地在合同中增加相关工期索赔条款，保证了我方利益。实践证明，这种以项目风险管理作为海外项目施工管理核心内容来抓的管理方式较好地适应了海外项目施工管理的特点，具有很强的推广价值。对项目全面有效的管理是在质量方面取得管理成果的基础，A 项目经理部通过以上各方面的不断努力，保证了项目施工管理的良好进行，也保证了项目质量管理取得良好成果。

8.9.4 设计管理现状及存在问题

8.9.4.1 设计管理地位模糊

以施工为主营的总承包商在海外 EPC 项目中，面临着诸多挑战，就本项目而言，主要面临问题有：①由于项目的特殊性，业主方已经完成项目的结构方案的设计，虽规避了部分设计风险，同时也失去了设计的主动权。不仅对结构优化设计产生一定的局限性，而且还需承担原设计存在的缺陷风险。②由于设计规范、法律、文化背景与国内情形有很大差别，仅仅依靠承包商自身技术力量难以完成设计任务。③采用设计分包，设计的核心技术往往由设计方控制，承包商多以被动接受，难以有效进行技术控制。④结构设计方案与现场施工脱节问题。⑤结构优化设计，涉及多部门多专业工种，技术协调工作繁重。⑥项目合同工期压力大。

总承包商自身的设计部门或设计管理人员难以完成项目全部设计工作，通常采用“设计分包”来完成设计任务。在设计合同中对设计工作的范围、义务和相应要求进行明确规定，造成总承包的管理人员往往将设计单位定位于“设计分包”的角色，将设计管理变成了设计工作监督，设计地位认识模糊。因为设计的地位和服务对象发生变化，设计工作不是单一设计任务，而应是在总承包商统一管理下整个项目周期所有工作的一个部分。

8.9.4.2 设计动态管理的经验不足

为了加快施工进度，采用边设计边施工，设计工作本身就是个动态的过程，总承包商往往缺乏动态设计管理的经验。项目设计是一个系统工作，包括建筑、结构、电气、暖通、幕墙等多个专业。随着设计深度不断细化，专业设计间不断深度交叉，不同专业设计的进度快慢或设计深度不同，相互影响，缺乏统筹兼顾的管理经验。同时，在设计过程中发现的错误、遗漏及设计缺陷需要及时更新设计文件，各专业图纸变更和版本号升级，以及对设计中存在的问题，缺乏统一的动态管理。

8.9.5　设计风险因素

在 EPC 项目中，设计工作处于整个项目核心地位，对项目的工期、质量、成本都有相当大的影响，因此设计风险也成为 EPC 项目最重要的风险。设计风险如下：

8.9.5.1　设计进度控制

(1) 由于以施工为主业的承包商缺乏设计经验或者不具备设计能力，通常采用设计分包的形式，进行设计工作。然而设计核心技术在于设计分包，难以有效控制，因而项目前期的基础设计进度过分依赖设计分包，分包的设计进度直接影响后续工作。如果设计方不能按计划完成设计图纸，导致施工图纸不能及时提供，直接影响工程进度。

(2) 施工图纸获得批准不确定性，承包商的施工图设计，需要业主方及顾问公司的进行批准，审核的时间通常为 15 个工作日。因不同的国家的设计习惯、采用标准不同，或要求不同，使得报验的施工图设计不能正确理解，需要进行修改或补充设计，难以一次获得批准，造成批准的延误。

(3) 虽然设计分为不同阶段，但整个设计过程是连续的，并逐步深化和细化的过程，在不同设计阶段的设计的内容和设计深度有不同的要求，随着设计工作深度交叉，容易受信息流动和各专业间设计进度制约，造成设计进度滞后或停滞。主要表现在三个层面：①各个专业内部的信息流动与设计进度；②各个专业间的信息流动与设计进度；③各个专业设计与采购、施工、合约等部门间协调。在实际操作过程中，常常面临着“计划赶不上变化”，使得设计人员产生懈怠情绪，相互间推卸责任，从而影响设计进度。

8.9.5.2　设计质量

设计质量风险主要包括设计缺陷、错误和遗漏。一方面由于本项目设计工作是部分设计，承包商需要承担着业主提供的原始设计数据错误和概念设计的中缺陷；另一方面采用设计分包，设计方提供设计成果往往不是最完善的图纸，也包含着设计缺陷、错误或遗漏。如果这些设计缺陷、错误和遗漏不能及时发现，将会影响项目正常实施。设计缺陷和遗漏必然导致设计变更的频繁，容易造成现场返工或补救，从而造成工期延误，增加工程量及建造成本等影响，因此承包方承担着更多因设计原因造成的风险。

8.9.5.3　设计标准差异与变化

设计标准差异与变化主要有三种情形：①标准与标准之间差异：项目设计的标准同时采用英标（BS）和美标（ACI），如结构设计中，基础设计采用 BS8004：：1986（Code of practice for foundation），混凝土规范则采用 ACI318：2005（Structural use of concrete：code of practice）。不同的标准之间存在一定的差异或矛盾，如果承包商不能正确理解或进行必要澄清，易导致设计标准的混淆。②设计标准与本地政府要求之间差异：承包商项目设计过程中，虽满足规范的要求，但必须获得当地政府批准。项目所在地相关行政部门可能会强制要求承包商满足某一特定标准或规范，尤其需要与市政工程接入的项目，最终导致总承包商不得不修改设计或重建。③本地政府要求变化：EPC 项目设计工作量大，项目工期相对较长，在项目实施的过程中，项目所在地规范标准变化或新规范的出现，容易造成设计工作的被动。如主体结构施工过半，本地政府出于安全考虑，要求超高层建筑必须设立独立逃生层及独立的逃生电梯，对原设计方案影响重大。

8.9.5.4　优化设计

采用第三方优化设计，不仅可以弥补总承包方的技术不足，同时也是对设计分包设计方案进行技术控制，对工程造价进行关键性控制。然而在实际操作过程中也存在不确定性：①优化范围不确定性，优化设计分包的设计费用是根据优化节约工程量进行取费，容易造成优化分包“抓大放小”，只对能节约较大工程量部位进行优化；②优化设计提出新的设计方案，往往注重技术可行性而忽视施工的可操作性，施工难度加大，无形中增加施工成本。如办公楼转换层采用钢骨混凝土结构，虽减少一定数量剪力墙，但大型钢梁在高空安装的费用超出节约的工程量费用；③采用新工艺和材料时，没有成熟经验和技术，工艺无法达到要求性能指标，造成施工质量的不确定性。

8.9.6　几点建议

8.9.6.1　设计管理改进与建议

针对不同的设计阶段，提出工作方式和步骤的管理改进与建议：

（1）基础设计阶段：①提前介入；②审核项目招标，投标、技术澄清文件；③建立与业主及设计方及时沟通渠道；④明确设计实施规划及内容；⑤明确设计进度与深度要求。

（2）优化设计阶段：①初步设计；②内部审核版；③供专业优化公司审核版；④供其他专业协调版；⑤最终设计政府报验版。

（3）施工图设计阶段及竣工图：①细节设计；②标准节点；③RFI；④业主及咨询公司批准；⑤施工图编号及版本更新；⑥竣工图及时更新版本。

（4）图纸审核过程：①内部审核（内控、专业分包图纸审核），内部协调、专业间协调和部门间协调（技术、QA/QC、施工、合约、进度）；②外部审核（主要是施工图，业主及顾问公司审核）。

8.9.6.2　正确处理好项目索赔和暂停问题

由于受 2008 年全球金融危机的影响，本项目业主资金安排受到一定的影响，付款时间自然拖延，根据 FIDIC，承包商可以正当的进行暂停和进行索赔，以减少自己的风险。

索赔包括工期索赔和款项索赔，就目前的状况来看，承包商有两到三次暂停阶段，随着业主的付款到位，承包商又尽快复工，一切按照合同办事。

8.9.6.3　正确处理好合同工期、施工工期和合理工期的关系

合理工期是综合考虑设计进度、采购进度和施工进度的项目总进度计划，也是谈判期间必须坚守的合理建设工期。在实施过程中不能随意改变或提前工期，因为提前工期要加大投入，成本费用将会提高。只有业主同意追加提前工期补偿，才可以考虑加大投入。只有深刻理解这三者的关系，才会灵活处理这三者的关系。

8.9.6.4　尽快与国际化接轨，熟悉 FIDIC 条款

总承包商要始终站在业主的角度上看待问题、分析问题和解决问题，变成实质性的合作关系。国际 EPC 项目总承包管理要协调和监控各分包商完成项目的工程细节。充分理解 FIDIC 条款下的 EPC 项目总承包的含义，积极考虑设计与施工的结合，降低工程造价。因为工程造价的 85%～90%是由设计阶段确定的，施工阶段的影响是比较小的。首先，在结构技术设计阶段，采用设计分包，并优选国际知名的设计咨询公司，为 A 项目提供

高质量的方案和设计支持。其次，为了发挥优化设计的核心作用和优势，联合本地一家声誉好、结构优化设计经验丰富的工程咨询公司，对设计方提供结构设计方案，再进行优化设计。一方面可以弥补自身技术力量薄弱，另一方面对设计方案进行技术监督与控制。设计阶段可以积极引用新技术、新工艺、新材料、新设备等，可以最大限度优化项目功能的措施。比如本项目使用了大体积斜柱浇筑技术、大跨预应力技术、优化设计和价值工程技术、台模和爬模施工技术，以及很多新材料和新设备等。

只有改变我们的某些局限性思维与国际理念接轨，学习 FIDIC 条款从业主的角度视野看待问题，保证业主的利益，才达到资源和整体利益的最佳组合，达到最佳结果。

案例简析

如图 8-33 所示。

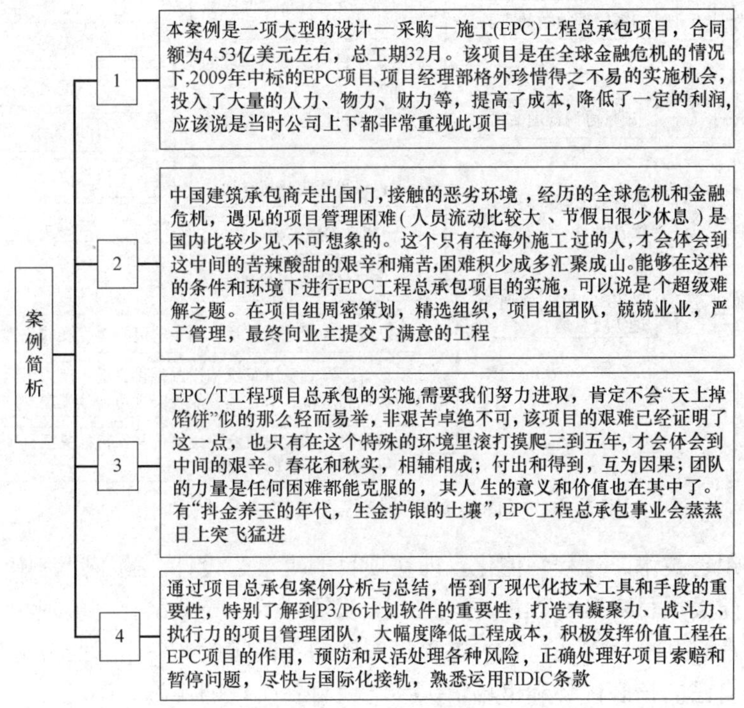

图 8-33　案例简析

8.10　平正高速公路 BOT 工程总承包实例及解析①

全面协调管理模式在平正项目中的应用如图 8-34 所示。

8.10.1　平正项目的全寿命周期协调管理

项目全寿命周期管理的思路是要求项目策划、建设面向运营，使项目策划、建设和运

① 郭峰，王喜军，《建设项目协调管理》，北京：科学出版社。

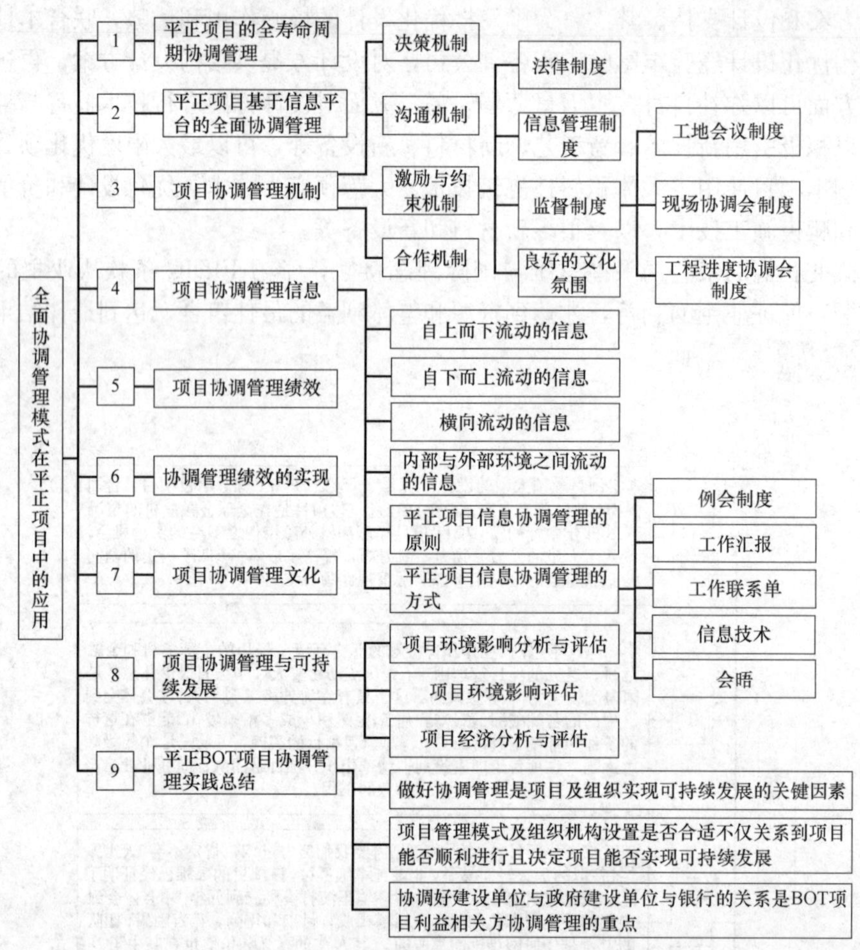

图 8-34　全面协调管理模式在平正项目中的应用

营的资源、组织、技术、过程一体化，即在项目的决策、设计、施工过程中充分考虑运营的情况，通过建设项目决策、设计、施工、运营等环节的充分结合，实现相关参与方之间的有效沟通和信息共享。因此，在平整项目实施的不同阶段，各个参与方应提前介入项目管理中，依据自己的核心优势和市场情况参与项目各阶段的实施。同时，应通过及时的信息沟通，使各参与方充分了解项目情况和项目信息，为下一阶段项目管理计划的制订和调整提供信息和技术支持。此外，平正项目全生命周期协调管理应以业主方为总协调人，负责项目整体的运作和协调，督促各相关方按照项目进度情况完成相关工作，各阶段则由责任方负责。在不同实施阶段，将相关信息都反馈到该阶段的责任方，由责任方组织对信息的处理，并将处理结果及时反馈，同时完成信息的及时整理和归档集成。

8.10.2　平正项目基于信息平台的全面协调管理

基于信息平台的项目全面协调管理由项目各阶段主要责任方负责收集项目相关信息和来自业主、政府、设计、施工、运营方等项目参与方提供的信息和建议等，并对其进行分析、处理和反馈，同时对相关指令、建议处理过程和结果及时地整理和归档并提交中央数据库。

为了实现信息的充分共享，平正项目可通过建立统一的信息模块定义的中央数据库，实现包括项目决策、设计、施工、运营等不同阶段的信息集成、处理、反馈，实现不同功能模块数据的有效集成，保证全寿命周期不同阶段数据的一致性和准确性，为项目不同阶段各主要责任方和参与方提供决策和管理信息的共享和互换，为所有参与方提供信息服务，辅助其进行项目决策、控制、实施，使项目各参与方运用公共的、统一的管理语言和规则及集成化的管理信息系统，实施项目全寿命周期目标。

8.10.3　项目协调管理机制

平正项目在协调管理上采取了一系列有效的协调管理方法及协调管理机制，成立了专门的协调管理部门，并设置了现场协调会议制度。现场协调会议由总监理工程师或其代表主持，承包商出席，有关监理及施工人员酌情参加。

8.10.3.1　决策机制

为确保平正项目目标的顺利实现，平正公司与项目的各参与方之间制定了一系列项目协调管理机制，对项目的变更设计、安全、质量、监理、物资等各方面都制定了具体的协调管理机制，包括《平正高速公路建设会议制度》、《平正高速公路建设工作联系单管理办法》、《平正高速公路建设计量支付管理办法》、《 平正高速公路建设变更设计管理办法》、《平正高速公路建设工程质量管理办法》、《平正高速公路项目管理部质量体系图》、《平正高速公路建设安全管理办法》、《平正高速建设监理管理办法》、《平正高速公路建设设计代表管理办法》、《平正高速公路建设物资管理办法》、《平正高速公路建设物资管理实施细则》、《关于公布物资统一编号的说明》、《平正高速公路建设物资招标采购管理办法》、《平正高速公路建设计划管理办法》、《平正高速公路建设施工期环境保护管理办法》、《平正高速公路施工期环境保护措施》、《平正高速公路建设样板工程评选办法》、《平正高速公路建设劳动竞赛实施办法》等。组织的各个机构、部门必须严格遵守这些规定，使之做到有章可循。

8.10.3.2　沟通机制

为了加强项目各参与方之间的合作与沟通，促进项目建设、设计、监理、施工四方单位之间信息传递的规范化、标准化、制度化，提高办事效率，切实保证整个施工过程的正常顺利开展，平正公司制定了建设工作联系单的协调管理办法，对参与方各方日常之间的往来文件采取统一格式、统一程序进行传递。工作联系单是指建设、设计、监理、施工四方单位在工程建设实施过程中协商解决有关问题的一种载体。建设、设计、监理、施工四方单位之间的日常往来文件必须采用工作联系单形式，并遵循统一的格式、统一的程序进行传递的原则。工作联系单的传递按规定流程进行，不得无序递送。

承包商的工作联系单首先应报送监理单位审查，监理单位提出明确的书面审查意见后，报送业主。所有报到业主的工作联系单必须统一送至项目管理部办公室签收，由办公室按工作程序处理。

8.10.3.3　激励与约束机制

为加快平正高速公路建设，充分调动各参与方的积极性和创造性，使平正高速公路建设朝着更加健康的方向持续发展，平正项目在管理中除建立了报酬激励、声誉激励外，还建立了奖罚等激励机制。项目管理部开展平正高速公路建设劳动竞赛活动，以得分多少排列名次，对综合得分在 85 分以上者（考评总分为 100 分）表彰奖励、对在劳动竞赛中综合评定成绩 70 分以下的承包商，项目管理部将给予全线通报批评，并根据情况处以不同程度的罚金。此外，在该项目中对工程质量的奖励按照《平正高速公路样板工程奖励办法》执行。为了约束项目各参与方，该项目在利益相关方协调管理过程中除建立了法律制度、信息管理制度、各种会议监督制度以外，还创建了良好的文化氛围，为项目的顺利进行创造了良好的条件。

1. 法律制度

该项目规定，在合同规定的保修期内，施工承包商应对由于施工质量原因造成的损坏进行自行修复。若施工承包商不履行保修义务和责任，则施工承包商应承担因违约造成的法律责任。此外，监理严禁收受施工承包商任何形式的礼金、礼品，构成经济犯罪的依法进行处罚。施工承包商通过评价确认的合格供方必须经监理单位审核和项目管理部确认。项目管理部将根据施工承包商推荐和监理单位审核意见建立合格供方名单，只有经审核确认并进入合格供方名单后，施工承包商方可与之签订具有法律约束方的购销合同。

2. 信息管理制度

该项目中，项目管理部、监理单位、施工承包商的物资管理部门以及施工承包商所有的各作业队的物资管理人员之间建立了灵活高效的、通顺有序的信息交流网络体系。做到了一方有急难，八方来支援，保证工程用料的不间断。按时上报项目管理部要求的各类报表和有关资料，认真执行有关通知和要求。此外，还充分利用现有的现代化通信工具，办公和信息传递手段等，以减少信息的不对称。

3. 监督制度

为及时沟通情况，准确掌握工程进度，并规范会议程序，依据有关规定制定了本制度。该项目实施中的工地会议、现场协调会、工程进度协调会等会议旨在检查、监督施工承包商对本工程承包合同的执行协调有关各方的关系，促进各方认真履行工程承包合同所规定的职责、权利和义务。包括：工地会议制度；现场协调会制度；工程进度协调会制度。项目管理部视工程进展情况组织工程进度协调会，主要协调内容有：施工承包商制约工程进展的有关事项；协调工组织存在较大偏差的有关事项；客观因素严重制约工程进展的有关事项。协调会应在会后印发会议纪要，并应由参加协调各方签认。

4. 良好的文化氛围

该项目重视项目文化的构建，注重营造一种良好的组织氛围。公司为了处理公司与政府及当地农民之间的沟通协调，以及与科技承包商、监理等单位的沟通协调关系，专门成立了协调部，该部门主要从事与农民及承包商、监理等个人和单位的沟通协调，而与政府部门的沟通协调则由公司领导出面。公司内部，即工总与金汇通两家股东公司之间，当然这里面包括公司内部公司内各部门之间，比如董事会综合办公室与项目管理部之间，也注重沟通协调。为了便于沟通，双方定期开会，管理部三天一次会议，综合部与管理部一周一次会议，双方股东高层代表每月至少会晤两次，此外，董事会中有人过生日企业都会发生日蛋糕，为他庆祝生日，这样有利于拉近董事会成员间的距离，有利于董事会成员间的沟通协调。

8.10.3.4 合作机制

平正公司与设计、监理、施工单位之间签订了相应的合同，一切协调管理活动都以合同为准则。公司高度重视合同管理，掌握合同条款，把合同作为项目建设管理的依据和基础，按合同约定办事，依据合同解决建设过程中出现的问题和矛盾。

合同管理是项目协调管理合作机制的基础，是项目建设过程中规范参建各方建设行为的依据和准则。在建设过程中，竞争公司采取多种方式不断提高参建各方的合同意识，强化履约责任，始终保持同监理、施工单位在合同技术上的合作关系，相互依存，相互制约，坚持按照合同约定办事，依照合同规定，解决建设过程中出现的各种矛盾和问题，规范参建各方的建设行为。平正项目通过这一系列的项目协调管理机制，将项目的各个方面都协调统一起来，共同为项目目标努力，最终圆满完成了项目的预期目标。

8.10.4　项目协调管理信息

项目信息的分类，平正项目建设规模较大，项目参与方较多，组织结构复杂，产生了大量的信息，主要分为以下几类：

8.10.4.1　自上而下流动的信息

决策层→管理层→作业层（项目公司→项目管理部→施工单位、监理单位）。信息的内容主要包括：平正项目的控制目标、指令、工作条例、办法、规章制度、业务指导意见、奖励和处罚。自上而下的信息是项目有序开展的保障，是让项目组织各主体明确了解项目目标的途径。因此，自上而下信息的协调管理是项目预定目标得以实现的前提。

8.10.4.2　自下而上流动的信息

作业层→管理层→决策层（施工单位、监理单位→项目管理部→项目公司）。信息的内容包括：主要是平正项目施工过程中，完成的工程量、进度、质量、成本、协作情况，下级向上级提供的资料、资金、安全、消耗、效率等情况，工作人员的工作情况，下级向上级提出的资料、情报以及合理化建议等。自上而下的信息将项目实际进展中的各类信息传递给项目管理、决策层，为项目的有效管理和制订战略计划提供可靠依据。

8.10.4.3　横向流动的信息

包括横向与部门内人员的沟通和横向与其他部门人员的沟通，如监理单位与施工单位间信息的流动，计合部与工程部的信息流动等。信息流在同一层次横向流动，各种信息互相补充。在项目建设过程中，质量、进度与安全、投资三大目标的实现是相互关联，彼此影响的，而且在实现过程中涉及项目公司多个部门的协作，因此对横向流动的信息进行协调管理对工程项目的实施非常有益。

8.10.4.4　内部与外部环境之间流动的信息

项目内部组织与外部组织之间的信息流，如项目公司与政府相关部门、咨询机构、贷款银行间的信息交流等。在平正项目中，内外部信息流最主要是涉及征地拆迁工作。平正项目工期十分紧张，征地拆迁工作是否能顺利进行直接影响工程施工建设的顺利开展，因此与当地居民、地方政府、驻马店市高速公路指挥部等外部系统的信息协调效果直接对工期进度产生影响。

8.10.4.5　平正项目信息协调管理的原则

（1）营造真诚协作的组织氛围。

（2）明确角色与换位思考。

（3）保证信息的有效和完整。第一，有效信息协调管理强调信息的全面对称。这一原则有两层含义：一是所传递的信息是完全的，二是所传递的信息是精确对称的。有效沟通的信息组织原则要求沟通者在沟通过程中掌握三个方面的完全信息：首先，沟通中是否提供全部的必要信息——5W1H（Who、When、What、Why、Where、How）。在提供全面信息的同时，沟通者还要分析所提供信息的精确性，如分析数据是否足够、信息解释是否正确、关键信息是什么等问题；其次，是否回答询问的全部问题，信息的完整性就是要求沟通这个回答全部问题，以诚实、真诚取信于人；再次，是否在需要时提供额外信息，就是要根据沟通对象的要求，结合沟通的具体策略向沟通对象提供原来信息中不具有的信息和不完全信息。第二，强化信息的甄选。针对信息过量问题，要对信息进行甄选，选出有用的信息，以提高决策的效率和准确性。

（4）对不同的人使用不同的语言。

（5）注意保持理性，避免情绪化行为。

（6）减少信息传递的层级。管理者在与员工进行沟通的时候应当尽量减少沟通的层级。越是高层的管理者越要注意与员工进行直接的信息沟通。

（7）实施有效监管。在平正项目组织中，业主作为项目的拥有者，最有信息协调的意愿以得到项目各方面的信息，对项目实施全方位控制。而承包商和监理单位是业主通过合同委托的项目具体实施的代理人，有着较强的隐藏对自己不利信息的传递的动机，因此，业主通过对承包商和监理实施有效的监管达到信息协调的目的。

8.10.4.6 平正项目信息协调管理的形式

（1）例会制度。平正项目在工程开工前就制定了《平正高速公路建设会议制度》。

（2）工作汇报。定期以书面形式提交工作进展报告，重点指出问题并提出解决办法和期限。

（3）工作联系单。平正公司通过建立联系单制度，严格规定联系单的传递程序，统一联系单格式，促进了建设、设计、监理、施工四方单位之间信息传递的规范化、标准化、制度化，提高了办事效率，切实保证整个施工工程能正常顺利开展。

（4）信息技术。利用信息技术建立管理信息系统，实现对工作流程的跟踪、工程进度动态管理以及办公自动化三大目标。

（5）会晤。平正作为 BOT 项目，面临复杂的风险因素体系，需要股东双方保持良好的信息交流方式，及时就公司发展方针，经营规划等重大问题达成共识，按规定双方股东高层代表每月至少会晤两次。

8.10.5 项目协调管理绩效

8.10.5.1 协调管理的实现主体

平正高速公路 BOT 项目中，利益相关方主要包括项目的业主、项目的各级承包商（勘察设计承包商、施工承包商、监理单位、材料设备供应承包商）、项目的监理单位、咨询单位、贷款银团、各级政府、社区以及项目投入运营后的用户等。平正外部组织由驻马店交通局、项目的贷款银团（郑州农行、郑州工行、驻马店市建行、郑州兴业银行、郑州交行、中信银行）、项目发起人（中国铁路工程总公司、河南金汇通投资有限公司）以及设计单位组成。

本项目区别其他 BOT 项目的地方在于，该项目的设计工作已经在政府部门进行招商时由政府委托相关设计单位完成，项目公司并没有进入项目的设计工作中。项目公司与设计单位的联系体现在，施工接待项目公司委托设计单位委派参与项目设计工作的人员以设计代表的身份进驻现场，对现场的设计变更进行审核义务，设计单位完成设计变更施工图的工作。项目内部组织由平正项目公司、监理单位和承包商组成。项目公司与承包商通过承包合同建立起双方关系，项目公司按照合同要求支付承包商工程款，承包商则依合同要求完成项目公司的建设要求。项目公司与监理单位通过委托合同完成委托代理管理，项目公司支付监理相应费用，监理则通过专业知识协助项目公司完成施工过程中的三大目标。

河南平正高速公路发展有限公司下有董事会、监事会、综合办公室、项目管理部等。工程项目参与方众多，不少职能部门的工作有着交叉的部分。①董事会的职责有召集和主持公司管理工作会议；组织讨论和决定公司的发展规划、经营方针、年度计划及日常工作中的重大事项；负责召集股东会会议；听取股东会报告工作；执行股东会的决议；确定绩效总目标；审查总经理提出的各项发展计划及执行结果；识别公司的财务报表和其他重要报表；全盘控制公司的财务状况；有权对总经理及各部门的工作提出意见和建议等。监事会的职责，检查公司的财务状况；对董事总经理及其高级管理人员执行公司职务是否违反法律法规或者公司章程的行为进行监督。②总经理的职责有，组织实施董事会决议，并向董事会报告工作；对下拟订公司年度经营计划和投资方案，公司内部管理设置方案以及基本管理制度和具体规章制度；主持公司日常各项经营管理工作；负责对公司各部门工作布置、指导、检查监督、评价考核和管理工作等。③综合办公室职责有，了解、掌握、监控、指导项目管理动态、办法和举措，定期和项目管理部主要领导及分管领导、部门负责人进行问题沟通和工作交流；参加公司和管理部的重要工作会议，为公司和项目管理部作出重大决策和管理举措出谋划策，提出合理化建议；对项目建设管理重要文件、资料（含招标投标、设计、施工图预算、概算、工程计量、统计上报资料、工程变更及管理部采取的施工方案）布置本室人员进行审查、复核，并及时提出建议，做好备案和台账；布置本室人员及时了解、掌握项目进度、质量、安全等工程运转情况，收集工程月报和监理月报，定期撰写情况通报，为公司领导提供决策依据；协助公司财务部了解项目资金运用状态，对建设资金实现有效监控，对资金使用提出合理化建议；定期深入工地，了解承包商及监理单位的动态，掌握工程信息，发现问题及时向公司领导汇报并同管理部交流，采取有效措施，确保项目建设正常进行等。负责对公司项目管理部呈送的有关工程技术管理问题、重大施工方案和技术措施进行审查，协助公司项目管理部做好工程技术管理，配合公司对项目建设的进度、质量、安全、工期和投资实施监、管、控；掌握现场施工进展情况和监理管理动态。公司项目管理部落实分解总绩效目标，控制检查建设项目的进度、质量，分析工期滞后的原因，安排安全质量部严格对质量把关，对软基、路堤等公路关键点严加控制。

与政府高层及相关职能部门的协调主要由公司高层领导即董事会承担；县、乡、村级的协调工作主要由项目管理部协调部承担；标段之间的协调主要由监理和项目管理部主要负责人与董事会综合办公室承担。董事会综合办公室及计合部负责编制项目总体计划，并提交给驻马店市高速公路指挥部进行审批，通过后再下达给监理单位及承包商。施工单位根据业主下达的总体施工计划、本标段的工程量清单和施工单位的具体情况，编制月度、季度、年度等的阶段性施工计划。并将阶段性的施工计划提交驻地监理、总监办和指挥部计划合约部、董事会综合办公室，审核通过后将作为施工单位的具体施工进度控制依据。董事会综合办公室、工程部以及安质部负责编辑和制定质量安全保障体系，作为项目施工质量安全管理的依据，并将质量安全保障体系下达到监理及承包商，以保证质量安全控制的顺利实施。项目管理部下又设计合部、物质部、安质部和办公室。管理部的职能为组织项目各部门依据公司既定方针目标来共同确立质量目标、经营目标、管理目标，并形成相关文件；贯彻公司方针，实现对工程项目实施的各项具体措施进行管理与监督；综合协调项目管理部各个部门之间的关系，保证项目总体目标的顺利实现。

8.10.6 协调管理绩效的实现

平正B0T项目中，项目管理部设置了专门的项目管理协调部。项目管理协调部的主要工作可以概括为三个方面：与政府的协调、与居民的协调和与施工单位的协调。与政府的协调主要指和政府相关部门以及高速公路指挥的协调。因为是国家投资的项目，并且在征地拆迁问题上必须与县级政府及市政府协调。相比传统项目，平正BOT项目征地拆迁自行完成，当地政府维护自身利益，补偿时要价高，政策贯彻不顺利。平正BOT项目是高速公路项目，和交通厅的协调也比较多。与居民的协调也集中体现在征地拆迁上。项目公司先自行协调，不能解决后汇报董事会，由董事会或高速公路指挥部协调解决。与施工单位的协调主要是项目建设过程中一些问题的协调，较多的是设计变更的协调，如四车道改成六车道，高路基改成低路基，某些地段护栏的更换等。如果项目设计需要变更，通过工作联系单通知项目管理部，由设计部门出具设计依据，再确定变更方案。但协调管理是贯穿在整个项目建设过程中，并不局限于这三个方面。

要想一个建设项目能够顺利沟通交流，实现协调管理绩效，信息管理是必须得到足够的重视的。合同进程管理包括进度信息管理、质量信息管理、计量信息管理、支付信息管理四大模块管理。

规章制度指约束和调整项目组织成员行为的正式成文的规则。平正项目编制了项目管理手册，尽量使组织成员的任何工作都有章可依。平正项目在工程开工前就制定了《平正高速公路建设会议制度》，并在工程施工过程中严格按照此规定定期或不定期地召开工地会议和现场沟通会，对工程进展中质量、进度、投资等信息进行沟通，并就进度计划的调整、施工质量问题的处理等进行协商。

所有与平正高速公路建设有直接合同关系的施工、监理单位均为平正高速公路建设劳动竞赛参赛单位。设有工程质量、施工进度、文明施工、安全生产和环境保护五个比赛内容。

为加强人员管理，保证人员的在岗情况，对工地负责人实行全勤奖励机制，每月考勤为全勤者，奖励1000元，缺勤超过五天者，罚款2000元。项目部主要负责人分别负责一个工区，监督各工区人员及施工情况。将任务分配到各个土方工区，对各工区下达周生产任务及日生产任务，月底进行考核，对按计划仅完成工程量的工区，按工作量的5%予以奖励，对未完成计划仅完成工程量90%的工区，按工作量的2%予以罚款。

8.10.7 项目协调管理文化

平正公司组织协调管理文化可以从三个层次分析。

（1）理念文化层，即精神文化层。在公司管理部有八字方针“守约、诚信、协调、高效”，这一方针深入组织各个成员心中，在协调组织内外关系时，时刻以这八字为指导思想。守约即遵守双方签订的协议约定，以协议为一切组织协调管理活动的依据；诚信即组织内上下级之间、各成员之间不能存在欺诈，出了问题要如实汇报，而不能怕损及自己的利益就弄虚作假，最终损害组织整体利益；协调即组织内出现冲突、矛盾时，要相互之间协调处理，以组织目标为重，步调一致、配合协作；高效即通过组织协调管理，整个组织步伐一致，齐心协力，共同为组织目标努力。

（2）制度文化层。平正BOT项目组织内合作双方的协调管理，主要依据的制度是中国中铁和金汇通签订的协议，在这个协议许可的范围内，双方各自享有自己的权利和履行自己的职责。当组织内部出现矛盾或意见不一致，需要进行协调的时候，制度在这里就能起到约束作用，协调管理的范围不能超出双方的协议，要在双方都能接受的条件下协调一致。中国中铁最初对项目建设实施全面的管理，与金汇通分离开来，组织协调管理没有切实到位，制度不够完善，导致项目建设进程迟缓，延误了工期。在经过与中国中铁的深入研究，双方进一步的协调后，组织制度建设逐渐成熟，组织运行良好，工作效率大大提高。如平正公司规定项目管理部每周举行一次工程管理例会，对一周的工程进展、质量、资金使用方面做总结以及对下一阶段工作的开展指明方向。

（3）行为文化层。平正公司项目组织时刻要求组织内成员自检个人行为，提高个人素质，注重树立组织形象。此外，为了让组织内协调一致，建立一种融洽和谐的气氛，公司每年都会为过生日的员工举行庆祝，让组织内每一个成员都能感受到家的温暖和亲人的关怀，消减思乡之情，专心为实现组织目标努力工作。通过这样一系列的组织协调管理文化建设，平正公司凝聚了组织力，使组织内各个部门、每个成员都协调一致，共同为组织总体目标的实现努力。

8.10.8 项目协调管理与可持续发展

8.10.8.1 项目环境影响分析与评估

1. 项目环境影响分析

（1）施工期污染源分析

1）生态环境污染源。该项目规模大、里程长，将会占用大量的土地，主线工程占用土地6208.6亩（包括连接线），其中73.3%是耕地，使当地农民的土地绝对数量减少，对沿线局部农业生产产生一定的影响。拟建公路沿线没有野生动物保护区和自然保护区，施工期对生态环境的影响主要表现为路基填挖等工程对沿途地形地貌的改变及原有植被的破坏是地表裸露，从而造成局部生态环境的破坏，裸露的地面被雨水冲刷后将造成水土流失，进而降低土壤肥力，影响局部水文条件和陆生生态系统的稳定性。此外，工程取土场、施工便道等处理不当会引起水土流失。

2）水环境污染源。桥梁施工时，施工机械跑、冒、滴、漏及露天机械被雨水冲刷后产生的污物有对水体污染；施工营地的生活污水、生活垃圾对水体的污染；堆放的建筑材料被雨水冲刷对水体的污染；桥梁施工时产生的淤泥、岩浆、废渣对河道的影响。

3）噪声污染源。公路施工期间的噪声主要来源于施工机械作业和运输车辆，如土路基填筑时有推土机、装载机、平地机等；桥梁施工时有钻机、内燃发电机、卷扬机、推土机、压路机等；公路面层施工时有铲运机、平地机、压路机、沥青混凝土摊铺机等，这些机械运行时产生的突发性非稳态声源及施工的运输车辆的噪声将影响沿线学校、居民的正常教学、工作及生活，对施工人员将产生不利影响。

4）大气污染源。施工期的空气污染主要是扬尘污染。路基施工中，筑路材料的运输、装卸、拌合过程中有大量的粉尘散落到周围的大气环境中；建筑材料堆放时，由于风吹会引起扬尘污染，尤其是在风速较大或装卸、汽车行驶速度较快的情况下，粉尘的污染更严重。此外，本项目路面工程采用沥青混凝土路面，沥青的熬炼、搅拌和摊铺过程中产生大量沥青油烟，沥青油烟中含有烃类及芳烃类等有毒有害物质，对操作人员和周围居民的身体健康将产生影响。

（2）营运期生污染源分析

交通噪声源。高速公路运营后，随着交通量的增加，过往车辆的交通噪声加大；由于公路路面平整度等原因使公路上行驶的汽车产生整车噪声，这些都将增加沿线敏感点的影响。

环境空气污染源。主要是汽车尾气带来的环境污染。随着交通量增加，汽车尾气排放的主要污染物会污染环境空气。

水环境污染源。路面径流与桥面冲刷水可能会对水体产生污染；装有危险物质的车辆因交通事故造成的泄漏或洒落会造成有毒、有害物质对水体的污染；路面清洗产生的废水污染；停车区、养护中心、管理中心、收费站等的生活污水和洗车废水，若不经过处理直接排入附近的水体，对水体产生污染。

2. 项目环境影响评估

（1）施工期环境影响评估

1）生态环境评估。沿线地区土层土质良好，区内地貌为平地和洼地两种类型，地表覆盖土质风蚀为弱，加之垦殖指数高，自然植被保护相对较少。

2）地面水环境现状及评估。通过对平正高速公路桥河段水质评价，结果表明，洪河和汝河水质均有污染现象，pH、石油类均达到《地表水环境质量标准》中的Ⅳ类标准，但 COD 超标。两河相比而言，洪河比汝河污染指数高，超标现象严重。施工期对水环境的污染主要来自于施工人员的生活污水的排放及桥梁施工时对水体造成的污染。

3）声环境现状评估。据现场踏勘调查，平正公路沿线评价范围内主线共有噪声敏感点 48 个。公路沿线噪声源主要是农村居民生活噪声和现有公路的交通噪声，邱庄、曹岗崖、二张庄均能达到 4 类标准，其他村庄均能达到 1 类标准，学校均能达到 2 类标准，项目沿线环境质量良好。公路工程建设分几个阶段进行，各施工阶段的设备作业时间需要一定的作业空间，施工机械操作运转时有一定的间距，因此噪声源强，为点声源，其噪声影响随距离增加而逐渐衰减。根据《建筑施工场界噪声限值令》，施工机械噪声达标距离为：土石方施工阶段昼间 34m，夜间 335m；结构施工阶段昼间 35m，夜间 199m。昼间施工机械噪声对村庄敏感点影响不大，对距路较近的学校影响较大；夜间施工将对沿线评价范围内居民休息干扰较为严重。

4）环境空气质量现状评估。本项目所经地区位于农村地区，经现场调查，沿线没有大型污染源，主要环境空气污染是一些小砖窑生产造成的，但空气质量保持在国家二级标准。经环境空气监测数据的统计结果表明，公路沿线 NO_2 值远低于二级标准，污染指数小，说明公路沿线经过区域 NO_2 环境容量较大。TSP满足二级标准要求，但环境容量相对较小。施工期间，扬尘和沥青烟对环境空气的影响较大。

（2）运营期生态环境影响评估

1）公路占地造成耕地损失及农业生产的影响分析。项目所经地区大部分为基本农田，影响最大的是正阳县的岳城乡，其次是新蔡县的陈店乡和砖店乡。沿线所经过的乡镇，基本农田可调整数量可以满足沿线所采用的基本农田数量。永久性占用土地将加剧该地区后备耕地资源严重缺乏，对沿线农民的收入产生一定的影响。公路占地使当地每年粮食产量减少最多的是新蔡县，每年损失的粮产量只占新蔡县粮食总产量的0.19%。但对本征地农户个人来说，影响较大。除永久占地外，施工期的取土场、施工便道、施工营地、拌合站等工程临时性占地，对当地的农业生产也会带来一定的影响。由于其数量较小且占用仅为施工期，待施工结束后，经过清理、整治，基本可以逐渐恢复其原有的功能。

2）耕地占用对典型乡镇的影响分析。项目在经过的村庄，村内无法做到村内耕地占补平衡，将使村内耕地面积减少，村民耕地绝对数量下降将长期影响村民。但是在全乡内，可以通过土地整理开发实现占补平衡，因此项目占地对乡镇级以上行政区影响不大，受影响的村庄通过乡镇内土地调配，可以解决此影响。

3）对地表植被影响分析及评估。本公路建设中影响地表植被的主要环节有公路永久性占用土地，施工期临时用地，取土场及施工期作业等。本公路所经地区植被类型位于东部平原落叶阔叶林区。该植被区地势平坦，人口密度大、开垦历史悠久，天然植被已为人工所代替。由于公路永久性占地导致农作物、林果、花草及其他野生植被损失以及临时用地的地表植被损失，使沿线植被覆盖率下降。公路占地中耕地约4224亩、林地约60亩，使整个区域植被覆盖率减少0.061%。沿线所经地区属大陆性季风型半湿润气候，阳光充足，流量丰富，雨量充沛，温和湿润，四季分明，经济以农业为主。由于公路建设占地以及施工期的人为活动，使路线经过地区的耕地及林地种植面积有所减少。公路建成后，路基边坡、互通立交、中央隔离带及公路两侧绿化等，使沿线地表植被得到恢复。

4）对地表径流的阻隔影响分析与评估。项目所经过地区位于淮河冲积平原的西部，地势低平，属淮北平原低洼易涝区。大部分路段地势平坦，水网密集，道路纵横。本项目建成将影响地表径流。为尽可能减小高速公路的建设对沿线地表径流的阻隔，设计单位通过对本项目和原有水网及排灌系统进行了综合分析，设计时采用了合理设置桥涵等工程设施，并对部分沟渠进行了适当改移，使本项目与原沟渠衔接顺适。在既满足工程建设需要又尽可能不破坏原有排灌体系下，共改过2277.5m，改移后的沟渠均不低于原有的标准。

5）水土流失影响分析。公路地处典型的北方平原耕作区，平坦的地势限制了水土流失范围，长期以来一直属于水土流失不敏感性级别区。另外，公路本身设计了完善的排水系统、绿化工程，因此公路建成后基本不存在形成水土流失的条件。

公路建成后，路基边坡已在其坡面和护坡道上铺三围网垫、植被防护或浆砌片石防护，同时完善的横、纵向的排水设施也将解决道路汇水的冲刷影响，避免对沿线农田的冲刷，路基水土流失将得到控制。

6）地面水环境影响评估：

① 公路建成运营后，对地表水环境的污染物主要来自汽车尾气污染物及运行车辆所泄漏的石油类物质。据调查，项目所在区域年平均降雨量在 878.9～1017.2mm之间，雨水多集中在7、8月份，其他月份降雨量较小，因此在全年大部分时间内路面径流较小。并且根据类比资料分析，雨水径流污染物对河流原有背景浓度的增加量很小，对水体影响甚微，不会改变河流原有水质类别。

② 公路运营期，运输危险品车辆在所经水域路段发生可能引起水体污染的重大交通事故的概率比较低。尽管如此，这种小概率事件是有可能发生的。一旦此突发事故发生，后果不堪设想，所以为防止危险品运输的污染风险，必须采取有效的预防和应急措施，要求公路管理部门做好应急计划，通过加强管理，使发生事故时污染影响降到最低。

7）环境空气影响评估：本项目建成后，营运期间对环境的影响主要是交通噪声影响。由于本项目停车区不设住宿，建议停车区和管理中心不使用锅炉，冬季采暖采用空调，饮水采用饮水机。因此，就没有锅炉污染物排放问题。项目沿线所经地区为农村开阔地区，营运期汽车尾气对沿线环境空气质量的影响不大，NO_2 营运期不存在超标现象。

8）景观环境影响评估：本项目沿线地处平原区，沿线主要以村落田园景观、洪河与汝河及小清河沿岸景观和少量的以华北植物为主的绿色景观为主。项目建设使沿线的村落田园景观、洪河与汝河及小清河沿岸景观和少量的以华北植物为主的绿色景观受到分割，将使局部生态系统的构成和布局发生改变，导致景观美学质量下降。植被本身具有很重要的生态功能，植被的减少对当地的环境状况都会产生一定的负面影响。公路的建设必将带动黄淮地区社会经济的进一步发展，进而推动中西部地区经济发展，改变该项目就业结构，原有的农业生产模式将逐渐为大规模的集约化现代化农业所取代，以往的田园景观也将失去其质朴自然的美。项目建成后，公路、公路构造物及沿线设施作为有形的实体等，构成了新的景观因子，影响着整体景观的生态美学功能。因此，建议沿线设施及公路构造物件在满足工程技术的基础上，应注意从美学方面设计。公路建成后沿线路基边坡、互通立交、中央隔离带及公路两侧的绿化，为沿线的自然景观提供了一条观景的绿色长廊通道，本公路的建设，为区域内各旅游景点提供了更为便捷的通道，提高了旅游的联系性，从而使景观价值得到提升。

8.10.8.2 项目社会影响分析与评估

平正BOT项目的建设，对沿途区域将产生显著的影响，尤其是对项目的直接影响区更是具有明显的社会效益。对平正项目进行社会影响分析与评估应该主要从项目的施工到运营这两个环节对社会的影响分别加以分析。

1. 直接影响区的社会概况与评估

平正BOT项目是周口至信阳高速公路的一段，位于驻马店市内，沿途经过驻马店市所辖的平舆县、新蔡县和正阳县。因此，该项目的直接影响区为驻马店市平舆县、新蔡县和正阳县。1978年以来，驻马店市国民经济综合实力稳步快速增强，2001年国内生产总值为305.6亿元，人均国内生产总值为3760元。农业经济发展健康而协调。农林牧副业总产值由1978年的8.6亿元增长到2001年的172.3亿元。平正项目沿线影响区地处中原人口密集地带，2001年全市人口占全省人口的8.54%，其中，非农业人口占全市人口总数的11.03%，大大低于全省19.01%的水平；2001年全市工农业生产总值达到了206.67亿元人民币，占全省工农业生产总值的5.72%；国内生产总值占全省的5.42%；全市第三产业产值占总产值的比重27.4%，低于全省31%的水平。人均耕地面积达到了1.55亩，高于全省平均1.05亩的水平，土地后备资源丰富。项目所经地区有着悠久的历史文化，周口、驻马店、信阳都是全国文明的历史文化名城，该项目通过地区文化古迹星罗棋布，由以上内容可以看出，项目直接影响区人口众多，文化水平和经济水平相对滞后，产业结构布局不合理，这样的现状和包括公路在内的交通不发达有很大的关系。经沿线踏勘，路线走向已最大程度上绕避了人口密集区、学校、医院、工厂等建筑物和沿线的风景区、自然保护区、文物等一批对环境有特殊要求的景区和文化保护区。

2. 项目施工期社会影响评估

(1) 征地、拆迁影响分析。在施工期，平正BOT项目对沿途所经过的社会区域的影响主要涉及占地、拆迁安置工作。

征地、拆迁量。平正BOT项目共需要征用土地6208.627亩（包括渠管、服务设施和连接线），将拆迁砖墙瓦顶、砖墙混凝土板顶和简易房共52794m^2。

征地影响分析。公路占地主要以耕地，沿线受影响的共有14个乡镇。因此，必须通过合理的补偿和有效的安置，才能减缓此类影响。目前，高速公路建设也是建设单位将拆迁安置工作承包给地方政府部门。经调研，对拆迁户的各种安置方式对拆迁人口的影响分析如下：

① 就地靠后安置方式：由于仍在原来的村庄，对农民生活的影响较小，基本不改变其生活方式，该方式适用于拆迁数量小，且分散的情况。在公众调查时，村民比较愿意采取该安置方式。邻村安置：村民将置身比较熟悉的环境中，一般在较短的时间内就能较好的融入邻村环境。该方式适用于本村征地，且拆迁数量较大的情况。

② 形成新村：当地政府可以将拆迁户的安置与城镇的规划相结合，将拆迁户集中在一起，靠近城区形成一定规模的新村。从促进农村城镇化的角度出发，此种方法较好。此方法适合拆迁量较大的情况

(2) 对电力通信设施的影响。对重要电力、通信线路，在选线过程中遵循“在不偏离路线走向的前提下尽量少拆迁”的原则进行绕避，不得已需拆迁跨越或升高的电力、电信线路，通过与相关部门联系协商安排动迁。

全线共设互通立交3座，分离式立交54座，通过这些立交可以合理连接现有路网和规划道路，使沿线县、乡道、机耕道等保持畅通，解决了干线公路与地方道路的衔接，以及交通转换问题。施工期间不可避免地对沿线居民的通行造成短时不便，在施工时承包商应与交通、公安部门充分协商，进行专门的施工期交通指挥疏导，尽量减少公路施工对现有交通的干扰。

3. 项目运营期社会影响评估

(1) 平正项目对区公路网的影响。根据河南省高速公路的规划，河南省将形成“五纵、四横、四通道”为骨架的网络布局。而平正项目所在的阿荣旗至深圳国家重点公路则是贯穿河南省东部地区的一条极为重要的通道。国家重点干线的规划建设，是交通部调整全国公路网络的新举措，是对国道主干线系统的补充和完善。它将在全国范围内加密和优化干线公路运输通道，加强重要区域经济中心对周边地区的连接，改善我国发达地区与相

对落后地区之间的联系，进一步完善全国区域综合运输网体系公路网布局。本项目是国家规划的28条国家重点公路之一，它处于区域路网主架骨的重要地位，对河南省高速公路网的形成和完善具有重要作用。从发展战略的角度出发，它的建设对于位于中原枢纽地域河南省的南北交通需求，将起到对国家主干线的分流作用。工程建成运营后，将连接河南省东南部广大地区与湖北省之间的高速公路通道。

(2) 平正项目对沿线城镇规划的影响。在国家国民经济和社会发展“十五”规划中明确提出了“实施城镇化战略，促进城乡共同进步”的指导思想。平正项目在确定路线方案时以上述思想为指导，努力做到与所经地区的城市规划形成良好的结合，路线方案以“近而不进，远而不疏”的原则，尽量不侵占城市规划用地，给城市发展留下足够空间；结合城市规划及周边路网现状，合理布设出入口位置，发挥公路的最佳运营效益，促进沿线各地的经济发展。平正项目在正阳县城区东约40km地带通过，因此，本项目不会对城市的发展规划产生影响，并且为城市发展留下余地。本项目与沿途经过的驻马店市、平舆县、新蔡县和正阳县的城市总体规划协调一致，对其经济发展和城市发展将会发挥重要作用。

(3) 平正项目对地方旅游业的影响。河南省的旅游资源十分丰富，周口、驻马店、信阳三地市有众多的游览景点，每年吸引了大量的中外游客。因此，本项目的建成，可以大大节约主城区与各旅游景点以及旅游景点相互之间的到达时间，缩短各旅游景点之间的距离，这些都将大大提高旅游景点的吸引力和旅游的连续性，从而增加中外游客的旅游人数和地方财政收入，促进旅游事业的发展。

(4) 平正项目对沿线通行阻隔和通道积水的影响。依据交通流性质和位置均衡的原则，平正项目分别设置分离式立交、通道和天桥等横向交通设施共138处。另外，大部分大、中桥梁边孔都留有人行和农用车辆通行道路，可作为横向通道使用。还有，所设置的跨径较大的涵洞在非汛期内也可作为横向通道使用。本项目所设置的横向交通设施在高速公路的运营期完全能够满足地方交通和沿线人民生活的需要，基本不影响公路两侧群众的正常生产和生活秩序。

由于本项目地处平原地区，地势洼的地区在雨季容易积水，使附近居民通行不便。因此，为方便居民通行，应切实解决好通道排水问题。通过边沟将积水引入附近的旱沟和河流中，或设置必要的蒸发池，采取垫高通道一侧的方式方，方便沿线居民的通行。

(5) 平正项目对沿线基础设施的影响。平正项目全线共设大桥5座、中桥28座、小桥1座及涵洞40道的地表径流通道，可以满足百年一遇的排洪需求。全线线路及两侧设有边沟或排水沟，路面积水汇入排水沟内。公路本身有只完整的排水系统，不会致使地面径流任意外泄。通过现场踏勘及调查所收集到的资料和采取以上工程措施后，公路建设不会造成河渠堵塞，保证农田水利设施安全畅通。

综上所述，在对项目所占用的沿线农民土地的安置补偿问题中，实施有限的货币补偿只能保证失地农民短期的生活，更重要的是为他们提供长期的收入来源。主要办法有：

一是重新分配土地（在村内、镇内或县内）。

二是获得其他工作机会，如平正高速公路建成后所需要的管养工等应优先考虑失去土地的农民。

三是提供启动资金并进行技术培训，帮助开展农副业经营等，或根据当地具体情况办一些企业，使这些失去土地的农民有生活来源。

高速公路建设过程中的征地拆迁补偿安置是一个社会系统工程，只有通过政府部门和建设单位的一致努力，充分调研，才能有效缓解平正项目征地对沿线农民的影响。

8.10.8.3　项目经济分析与评估

平正高速公路项目经济评价部分是依据国家计委、建设部《建设项目经济评价方法的参数》、交通部《公路建设项目经济评价方法》编制的。对平正BOT项目进行经济分析与评估，主要包括项目财务分析与评估和区域经济分析与评估。这里只进行财务分析与评估。

1. 项目经济分析

平正项目财务评价的费用包括建设投资费、运营费用、营业税及附加税、所得税、折旧、公积金等。

建设投资费用见表8-8。

建设投资费用　　表8-8

年份	2003	2004	2005	合计
银行贷款(万元)	0	50000	48000	98000
资本金(万元)	15000	23922.19	23023.29	61945.48
总投资(万元)	15000	73922.19	71023.29	159945.48

2. 项目经济评估

(1) 盈利能力分析

根据各项收入和支出，计算得到项目经营期各年损益。项目全部投资和自有资金各项财务评价指标见表8-9。

项目全部投资和自有资金各项财务评价　　表8-9

指标	单位	全部投资		自有资金	
		所得税前	所得税后	所得税前	所得税后
FIRR	%	9.66	7.7	8.86	11.62
FNPV	万元	144136.77	84400.39	75037.21	135043.58
FBCR	—	1.66	1.3	1.26	1.59
N	年	14.43	15.95	16.65	14.95

税后全部投资FIRR＝7.7大于基准收益率3.52%，税后自有资金FIRR＝11.62大于基准收益率3.52%，说明项目本身的盈利能力是很强的，并且业主预期的收入很乐观。

在上述最大还款能力分析法下，当贷款利率使用5.76%时，项目公司在第17年开始盈利；当贷款利率选用6.84%时，项目公司在第18年开始盈利。

(2) 偿债能力分析

根据财务的盈利能力和偿债能力分析，本项目的现金流量稳定，具备可靠的偿债能力和盈利能力，在理论上完全可行；不足之处在于项目的盈利周期较长，超过15年，存在一定的政策风险。

8.10.9　平正BOT项目协调管理实践总结

平正高速公路BOT项目协调管理在实践中总结出了一些有益的经验，从内容上涉及项目的协调管理、项目组织的可持续发展、项目协调管理与项目环境、社会、经济可持续发展之间的内在关系的主要方面。平正 BOT 项目协调管理实践从主要结论和对策建议上作了提炼和总结。

8.10.9.1 **主要结论**

(1) 做好协调管理是项目及组织实现可持续发展的关键因素。项目可持续发展可以认为是指项目从提出、建造、形成到发挥其服务功能的整个生命周期内直至最后项目报废，所达到的既能满足当代人的需要，又不损害后代人满足需要的能力的标准程度，既要能实现项目本身的可持续发展，又要能与环境、社会、经济三大系统保持长期动态协调发展。要使项目实现自身与外部环境的可持续发展，既满足当代人的需要又不损害后代的满足需要的能力，这就需要从各个方面对象的整个生命周期阶段（包含建设期、运营期、报废三个阶段）进行协调管理。

(2) 项目管理模式及组织机构设置是否合适，不仅关系到项目能否顺利进行且决定项目能否实现可持续发展。项目管理模式与项目组织结构之间的相互影响，项目管理模式决定了采用什么样的组织结构形式，组织结构形式反过来又会影响项目的管理效率。组织结构设置合理能提高项目的管理效率，促进组织目标的顺利实现，反之，就会阻碍组织目标的实现。平正项目在管理方面取得成功的一个重要经验就是根据项目进展情况及时改变了项目管理模式。项目管理模式的转变扭转了影响管理模式的不合理、不能充分发挥各自的优势及双方沟通协调出现困难的局面。

(3) 协调好建设单位与政府、建设单位与银行的关系是 BOT 项目利益相关方协调管理的重点。建设 BOT 项目的难点就是处理好与当地政府的关系和融资，因此，协调好建设单位与政府、建设单位与银行的关系是 BOT 项目利益相关方协调管理的重点。平正项目取得成功的一个关键就是平正公司利用金汇通的地方优势，与地方政府关系处理融洽，利用公司雄厚的实力和良好的信誉，顺利获得多家银行的贷款。协调管理与项目环境、社会、经济可持续发展相互依赖，相互促进。项目环境、社会、经济可持续发展的实现需要从对项目整个生命周期阶段（包含建设期、运营期、报废期三个阶段）进行协调管理。

8.10.9.2 **对策建议**

对策建议如图 8-35 所示。

(1) 完善公司的制度及文化建设，重视协调管理的内在要求。企业协调管理的良好进

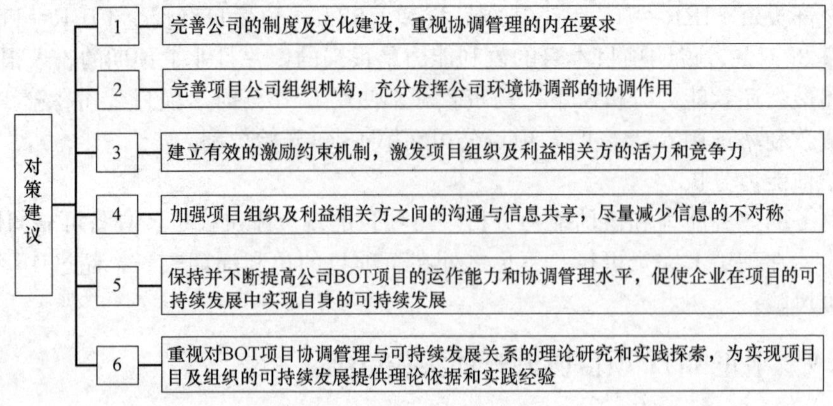

图 8-35 对策建议

行，需要提供一定的组织制度及组织文化作为保障。制度安排可用来协调企业内各要素的功能及其相互关系。在企业制度与企业内外环境完全协调的前提下，项目协调管理才能发挥出最佳的功效。企业文化通过培养组织认同感和团队精神来减少机会主义行为，为企业决策效率的提高提供了天然的保障机制，为员工提供了行为的框架、准则和价值体系，引导和约束了员工的行为。提高组织管理效率，同时重视公司文化建设，凝聚组织力，使组织内各个部门、每个成员都协调一致，共同为组织总体目标的实现而努力。

（2）完善项目公司组织机构，充分发挥公司环境协调部的协调作用。在项目建设与运营中，不论是从公平性角度，还是从保障公司正常运行的角度考虑，都可在其治理机制中引入贷款银行的参与。如在平正公司董事会中增加银行代表，对项目执行中的相关问题及时予以监控并具有一定发言权；同时，对于建设期投资用途和重要施工合同的变更、运营期设备维护要求和主要人事的调整，项目公司具有对贷款银行的通知义务，或需要贷款银行书面同意等。环境协调部作为协调政府、施工单位及居民的重要部门，在平正项目的建设过程中发挥了极其重要的作用。

（3）建立有效的激励约束机制，激发项目组织及利益相关方的活力和竞争力。建立有效的激励约束机制是协调管理的重要内容。当前国有企业之所以缺乏应有的活力和竞争力，不能尽快摆脱困境，一个极为重要的原因就是激励与约束机制不健全。为了提高管理效率，加强创新意识，建立有效的激励与约束机制，在提高企业的经济效益，提高企业在市场经济条件下的竞争力方面有着极其重要的意义。

（4）加强项目组织及利益相关方之间的沟通与信息共享，尽量减少信息的不对称。平正公司加强了项目组织及利益相关方之间的信息沟通，减少因信息沟通不充分所造成的损失。为了加强公司与政府的信息沟通，公司应了解政府的管理意图，才能更好地把握住公司经营方向，以降低经营成本，政府的认可和支持是最具高度权威性和影响力的，可以为公司的生存和发展形成有利的政策、法律和社会管理环境。

（5）保持并不断提高公司 BOT 项目的运作能力和协调管理水平，促使企业在项目的可持续发展中实现自身的可持续发展。平正项目的成功建设为公司提供了建设 BOT 项目的丰富经验，为以后 BOT 项目的运作和协调管理提供了很好的借鉴，为提高企业的竞争力起到了很大的促进作用。公司应保持并不断提高公司 BOT 项目的运作能力和协调管理水平，在实现项目可持续发展的同时，不断提高企业的竞争力，以实现企业自身的可持续发展。

（6）重视对 BOT 项目协调管理与可持续发展关系的理论研究和实践探索，为实现项目及组织的可持续发展提供理论依据和实践经验。实现 BOT 项目及组织的可持续发展需要从各个方面对项目整个生命周期进行协调管理，协调管理搞好了，就能实现项目及组织的可持续发展。协调管理与可持续发展相互依赖，相互促进。充分认识到两者的联系和区别，将协调管理与可持续发展关系的理论与实践相结合，从而更有利于理论的研究和实践的探索、为实现项目及组织的可持续发展提供理论和实践上的支持。

案例简析

此例在工程总承包管理的协调管理方面具有开创性意义，以平正高速公路 BOT 项目全方位的协调管理为例，真实地、全景式地展现了协调管理中发生中的各类各项问题及其解决的方式方法。给人以高度责任感的态度处理协调管理中涉及工程项目各方的利益冲实，活灵活现，有滋有味，精彩连连。案例简析见图 8-36。

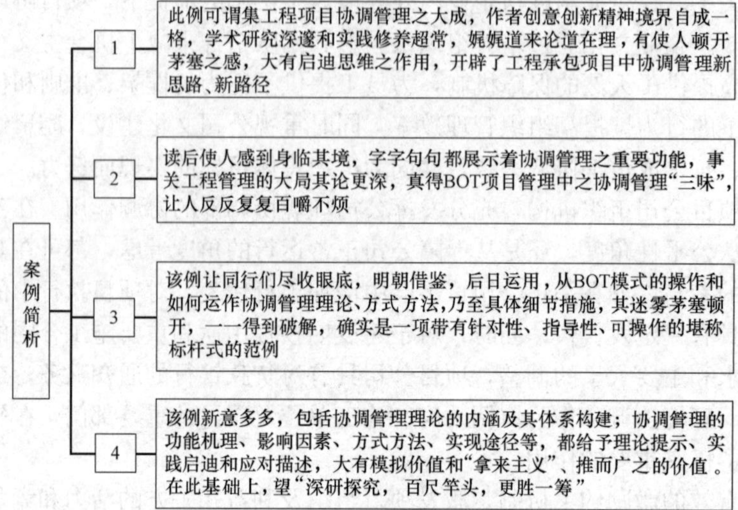

图 8-36 案例简析

第 9 章　EPC 工程总承包相关文件及附录

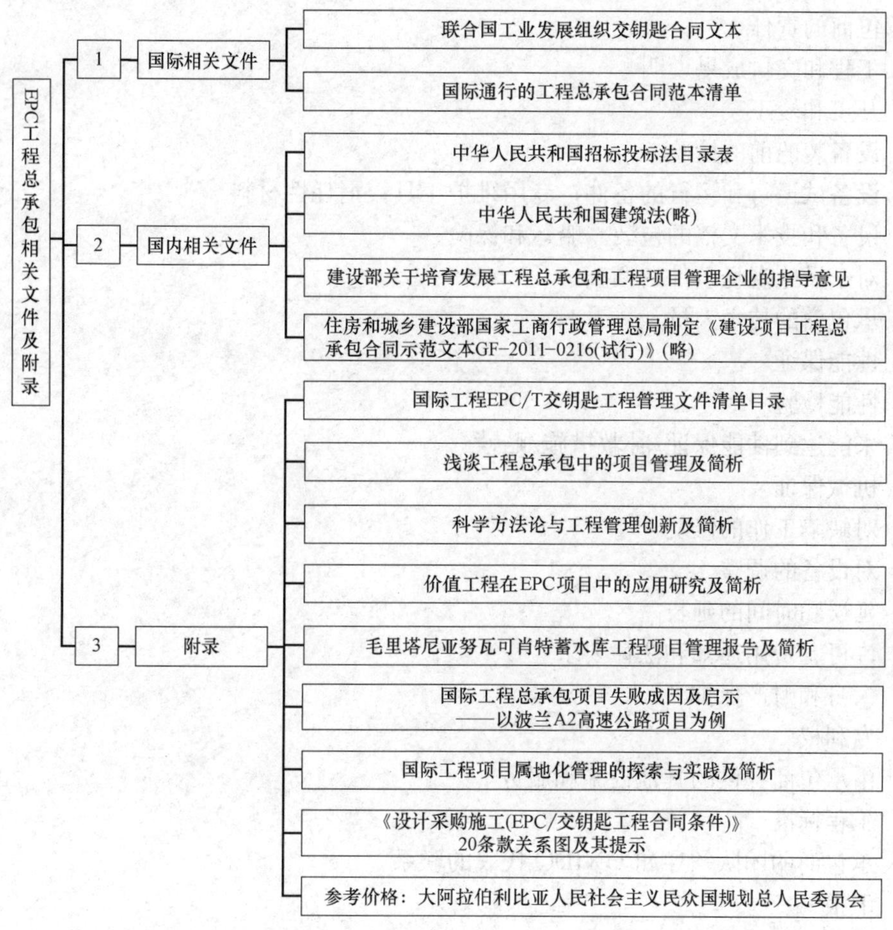

9.1　国际相关文件

9.1.1　联合国工业发展组织交钥匙合同文本（2004 年版）

联合国工业发展组织（United Nations Industrial Development Organization—UNIDO）是联合国大会的多边技术援助机构，成立于 1966 年，1985 年 6 月正式改为联合国专门机构。总部设在奥地利维也纳。任务是“帮助促进和加速发展中国家的工业化和协调联合国系统在工业发展方面的活动”。宗旨是通过开展技术援助和工业合作促进发展中国家和经济转型国家的经济发展和工业化进程。除作为一个全球性的政府间有关工业领域问题的论坛外，其主要活动是通过一系列的综合服务，在政策、机构和企业三个层次上帮助广大发展中国家和经济转型国家提高经济竞争力，改善环境 ，增加生产性就业。

UNIDO Form of Contract①

① 隋海鑫、梁学光翻译，张水波审校。

5.04 付款货币
5.05 进度付款
5.06 履约银行保函
5.07 付款的扣留
5.08 提交发票
5.09 支付方式
6.00 罚款
7.00 承包商的索赔和补偿
8.00 保密
8.01 机密的和私有的信息
8.02 泄密的责任
8.03 除外
9.00 保险
9.01 设备和技术文档的保险
9.02 责任保险
9.03 保险凭证
9.04 未获赔偿的金额的责任
9.05 承包商未投保的补救措施
10.00 一般规定
10.01 合同生效
10.02 合同通用条件
10.03 通知
10.04 通知、发票、报告和其他文档的传送
10.05 承诺没有支付成功酬金
10.06 承包商的违约
10.07 工程的临时性暂停
10.08 异议
10.09 权利和责任从 UNIDO 转移到政府/项目接收方
10.10 合同修改
10.11 承包商和项目接收方之间没有合同关系
签字和日期
附件清单
附件 A 联合国工业发展组织通用条件
附件 B 联合国工业发展组织特权和豁免权部分
附件 C 联合国工业发展组织承包商发送报告须知
附件 D 包装和标记
附件 E 图纸、规范和手册
附件 F 履约银行保函
附件 G UNIDO（填入日期）的工作大纲

附件H 供应品明细要求*

附件I 合同工程的时间表*

*目前尚不能提供，但如双方认为有必要可在签署合同前编制

UNIDO合同号：

项目号：

联合国工业发展组织（UNIDO）与______（承包商）为______（地点）______（项目）之服务提供及设备、材料和备件供应合同。

本合同由总部位于奥地利，维也纳A-1220，Wagramer Strasse 5的联合国工业发展组织（以下称“UNIDO”），和总部位于（　　）的（　　）（以下称“承包商”）签订。

鉴于，UNIDO回应（　　）政府（以下称“政府”）的要求，同意帮助（　　）政府执行名为“　　”（以下称“项目”）位于（　　）（以下称“项目所在地”）的项目。

鉴于UNIDO是由政府指定的实施和管理项目的项目执行机构；

鉴于UNIDO按与政府的协议，准备雇佣承包商以提供一套完整的技术服务和供应品，包括：

a）外观设计、结构设计和监督的服务，以及技术文档的提供；

b）提供设备、材料和备件；

c）提供培训服务（包括行业安全）和技术监管人员；

以满足______示范性试验热电联产电站及其相关设施的建设、安装、调试以及为期______月的投料试运行的要求，这套设施位于（　　）。

鉴于承包商表明其拥有为此目的所需的技术知识、人员和设施，并且准备、愿意且能够建设、安装、调试和运行上述的示范性试验设施；

鉴于本项目的技术帮助的接收者是位于______（　　）（以下称“项目接收方”）；

鉴于本合同中提及政府的时候应被视为包括项目接收方。

因此，合同双方在此达成协议如下：

1.00 定义

在此（如下文中定义的）合同中，下列的单词和表述应具有以下所赋予含义：

a）（Ⅰ）“合同”，是指本合同，UNIDO的通用合同条件（附录A），便利、特许和豁免部分（附录B），承包商发送报告须知（附录C），船运的包装和标记（附录D），图纸、规范和手册（附录E），履约银行保函（附录F），UNIDO（填入日期）的工作大纲（附录G），供应品明细要求（附录H），工程的时间表（附录I），承包商回应UNIDO的（填入日期）的（　　）号建议书征求函所提交的（　　）的建议书，以及其他的双方明确表明的合同中包含的文档。

（Ⅱ）“工作大纲”，是指合同工程的详细规范以及由UNIDO和承包商协议的对它的任何更改或增加。

（Ⅲ）“技术文档”，是指所有的有关技术的文档、工程图纸和规范、计算书、范例、

样品、模型、操作和维护手册，以及其他类似的由承包商依照合同的要求并经由 UNIDO 批准提交的技术信息。

(Ⅳ)“建议书”，是指承包商依照合同规定为实施和完成工程以及修复其中任何缺陷的建议，该建议书被 UNIDO 所接受。

b)(Ⅰ)“工作”，指根据合同为履行承包商的义务而做的全部工作，包括：

承包商和/或其任何级别的分包商与供货商为建造、试运行以及保修工程设施所做设计、采购、制造、施工、安装、调试，以及提供的劳务、服务、设施、设备、供品以及材料。

(Ⅱ)“设施”，是指在工作大纲中描述的，将在设施现场建设的________的示范性试验热电联产电站。

(Ⅲ)“设备”，是指所有的设备、备件、器具以及任何种类的承包商为按合同进行设施的建设、安装、调试和投料试运行所需要提供的物品。

(Ⅳ)“设施现场”，是指设施所在地，包括设施以及合同中专门指定的构成设施现场一部分的任何其他地点。

(V)“培训”，是指承包商按合同规定对项目接收方的雇员/工人和其他当地雇员在设施现场（在职培训）进行的培训（包括行业安全）。

(Ⅵ)“技术人员”，是指承包商为工程的实施而指派的承包商的人员，职责包括但不限于按合同在设施现场对设施的建设、安装、检验、移交和投料试运行的监督。

合同双方同意，如果单词和缩略语在上面未被专门定义，但其有公认的技术或商业含义，则当其在合同中使用时是采用此公认的含义。

2.00　合同目标

此合同的目标是对设施进行建设、安装、调试以及为期（　　）的投料试运行。

3.00　承包商的责任

3.01　工程和交付成果说明

按合同的目标，承包商应按下文所提出的规定和条件：

a) 提供为建设、安装、调试和运行设施所必需的技术文档。技术文档应采用英语。

b) 在设施现场由技术人员为以下工作提供服务：

——设施的建设和安装；

——依照合同提供的设备的安装；

设施的调试和投料试运行以及对项目接收方的雇员/工人和其他当地人员的在职培训。在职培训应首先是关于设施的运行、维护和维修的。

c) 用 DDU（国际商会国际贸易术语解释通则 2000）的方式，按照供应规范（附件 H)、工作大纲（在此指附件 G）和承包商建议书向设施现场运送设备和技术文档。

就此而言，承包商的工作和交付范围一般包括，但并不一定局限于：

Ⅰ) 供应规范和（日期）的 UNIDO 工作大纲，其分别作为附件 G 和附件 H 附于此范本，以及

Ⅱ) 承包商回应 UNIDO 的（日期）的（　　）号建议书征求函所提交的（　　）建议书，此后一起称为“建议书”。

承包商的一般责任包括所有为工程的顺利实施和完成所必需的事项。

承包商应仔细研究合同及其附录，以及设施现场的条件。如果承包商发现错误、不一致、遗漏或不清楚，应立即以书面形式通知 UNIDO，以取得 UNIDO 的书面解释或更正。如果承包商未能以此方式通知 UNIDO，则承包商应被视为已经放弃与上述的错误、不一致、遗漏或不清楚有关的任何索赔，应被视为已对材料或施工方案作出了最高估价，并应承担由于更正引起的相应费用金额。

如果在合同和其附录之间存在冲突或不一致，则文件的优先顺序如下：

（1）合同。

（2）附件 A，附件 B，附件 C，附件 D，附件 E，附件 F。

（3）工作大纲（附件 G）。

（4）附件 H，附件 I。

（5）承包商建议书。

3.02 开工和竣工

a）承包商应按合同不晚于（　　）开工。

b）承包商应在合同中工程开工日期后的三（3）个月内提供准备设施现场所需的技术规范和文档，包括安装计划和设备基础的技术规范。

c）承包商应在（　　）月将设备交付到设施现场。

d）合同中的全部工程应由承包商在不晚于（　　）完成。

e）承包商认识到时间对于此合同至关重要，并且如果承包商没有在上面的 3.02 段 b）中所提出的时间内实质性地完成设施建设，UNIDO 和项目接收方将会遭受损失。

3.03 设备装船前的检验

a）承包商或其分包商和/或供应商在现场或工厂制造和组装设备的期间，UNIDO 应有权在任何合理的时间，在上述现场对设备进行检验，并要求进行双方认可的该类型设备的常规性材料和工艺检验。所有上述检验的费用应由承包商承担。UNIDO 所要求的任何其他检验的费用应由 UNIDO 承担，其中 UNIDO 的人员的费用应由 UNIDO 承担。

b）如果 UNIDO 有要求，则承包商应提供足够的书面证据以证明制造设备所使用的材料满足规范的要求。只有特殊施工材料需提交检验证书。对于大型的铸件和锻件，承包商应在通常必要的情况下，自费进行 X 光、激光和/或超声波检验。

c）UNIDO 有权参加承包商执行或安排的检验，如果 UNIDO 有要求，样品和样本应归 UNIDO 所有。承包商应通知 UNIDO 设备的制造进度，以使得为确保材料和/或工艺满足合同要求所需的检查和检验可以得到执行。

d）UNIDO 可以在通知承包商并说明对任何检查或检验过的设备的拒绝理由后，有权拒绝任何不符合相应规范的此类设备。在这种情况下，承包商应自费修复上述缺陷。

3.04 设备试运行和运行的备件；专用维护工具；消耗性材料

a）试运行备件

承包商应为设备为期（　　）天的运行提供足够数量的备件。

b）正常磨损和维护的备件

（Ⅰ）承包商应按工作大纲（附件 G）中的规定，为设备提供一定数量的足够两（2）年时间运行的正常磨损和维护的备件。

（Ⅱ）承包商应在设备装船前，提交承包商自有的设备的耐磨零件的图纸，以及未由其制造的备件的描述/目录。

（Ⅲ）承包商应承诺，如有需要，其将在设备的生命周期内以合理的价格和条件继续向项目接收方提供正常磨损和备用件。

c）专用维护工具

在设备装船之前，承包商应提交一个设备运行可能需要的专用运行和维护工具的详细项目清单。承包商还承诺在设备的生命周期内继续以合理的价格和条件向项目接收方提供设备的运行和维护可能需要的运行和维护工具。

d）消耗品

承包商应将规范告知 UNIDO，其中包括所有消耗品，如润滑剂、冲洗用油、液压机液体和基于其经验在试运行和运行检验以及正常的年度运行需要事先填充的化学品的所有可替代的品牌名称以及数量。此信息应即时提供，以使项目接受方能够即时安排此类材料的采购。UNIDO 可以选择要求承包商提供设备试运行和运行检验所需的此类材料，承包商应承诺以合理的价格和条件提供。

3.05　设备和技术文档的包装，船运和保险

a）在装船之前，承包商应依照附录 E 对设备和技术文档进行包装和标记。

b）证明设备和/或技术文档装船的提单/运单应标明唛头、所装货物名称和米制单位的尺寸，逐条记载的所装货物的净重量以及每个包裹的总毛重，并且应将收件人标示为联合国开发计划署（UNDP）在（　　）的驻地代表。

c）承包商应对于任何设备和/或技术文档的每次派遣/装船，提交下列船运单据。

（Ⅰ）符合上面 3.05 段 b）子段要求的清洁的已装船海运提单/货运单；

（Ⅱ）下面的 3.05 段 e）子段中所提及的，保障未完税交货（国际商会国际贸易术语解释通则 2000）至设施现场的保险单；

（Ⅲ）货物原产地证书；

（Ⅳ）商业发票以及

（Ⅴ）装箱单。

至少较设备到达设施现场提前三（3）周，应将两（2）份船运单据（包括一份原件）提交给维也纳的 UNIDO，两（2）份（包括一份原件）提交给上述的 UNDP 的驻现场代表。

d）术语“未完税交货至设施现场”，不论在本合同中何处使用都具有“国际商会国际贸易术语解释通则 2000”中所规定的意义和效力。

e）承包商应对设备和技术文档在海运和运送到设施现场，直至包装箱在承包商代表在场的情况下被打开的过程中由于任何原因引起的一切风险、损失和损害进行投保。此类保险应由 UNIDO 接受的有信誉的保险公司承保，应以承包商和 UNIDO 的名义，就其各自的权利和利益投保。任何赔偿金都应支付给 UNIDO，UNIDO 将根据此合同和下文中双方各自的权力对其进行使用。保险金额应为设备和技术文档未完税交付至设施现场的价格再加上百分之十，并应采用合同价格的货币。

f）承包商应就设备和/或技术文档在项目地区的清关事宜，与上述的 UNDP 驻地代表取得联系，由其负责与政府合作按照 4.01 的规定办理清关手续。

g）承包商应承担与设备和技术文档的出口、运输有关的成本、费用和收费，但项目所在地的进口税费或许可证费则是项目接收方的责任。承包商还应自担风险和费用取得出口设备和技术文档所必需的任何出口许可证或其他政府授权。

h）按4.01段和工作大纲（附录G）的规定，设备和技术文档到达设施现场后的存放应由项目接收方负责。

i）如果有设备或技术文档在船运、运输或存放过程中出现损失或损坏，或在设施现场（在承包商代表在场的情况下）打开包装箱时发现损坏、相对于原定的目的不可用或失效，承包商应采用在当时环境下最适宜和合理的任何运输方法或人员服务来立即替换或修理此类设备和/或技术文档。

如果损失或损坏按上面（e）子段中的保险获得了赔偿，保险公司所支付的金额应由UNIDO用于支付替换和/或修理的费用。

3.06　对于设施现场条件的调查

承包商应对设施现场进行踏勘并确认与其工作相关的所有条件和信息。

为执行合同，承包商表明其已经查看过设施现场，确定了其自然条件，并将其查看结果与合同的要求联系起来，包括但不限于：

（Ⅰ）其上所有自然或人工构造物和障碍物的条件，以及设施现场地表水的条件；

（Ⅱ）设施现场所在的地区的总体自然环境、位置和条件，包括其气候条件、劳动力和设备的供应能力；

（Ⅲ）依合同要求完成工程所需的所有材料、供应、工具、设备、劳动力和专业服务的数量和质量要求；以及

（Ⅳ）所有相关的国家法律、规则、法令和规定。

承包商一方因未满足以上条件而提出的索赔将不予接受。

3.07 承包商的技术人员

a）承包商应通过按3.01段b）子段提供的技术人员，负责监督依据合同的设施建设，包括设备的安装，设施的试运行和检验，以及启动后的投料试运行。

b）承包商关键技术人员的姓名和项目职责

承包商将提供的关键技术人员应如下：

姓名　　项目职责

c）承包商关键技术人员的替换

在上文3.07段b）子段中所提名的承包商的关键技术人员对于工程按合同实施至关重要，因此：

（Ⅰ）在替换任何此类人员前，承包商应提前适当的时间通知UNIDO，并应提交详细的理由以及建议的替代人员的简历，以供UNIDO评估这样的人员替换可能对工作计划产生的影响；

（Ⅱ）在未得到UNIDO按UNIDO通用合同条件（附件A）第4条所发出的书面认可的情况下，承包商不得替换关键技术人员。

d）承包商关键技术人员的驻留时间

承包商的技术人员应在适当的时间到达设施的安装和试运行现场。他们在现场驻留的时间应符合要求，以确保设施的运行，从而避免执行下文3.10段b）子段中相应的规定。

任何为达到运行保证而进行的时间延长，超过六（6）个月者，须得到 UNIDO 的许可。

e）工作程序

承包商的技术人员留在设施现场的时间和工作计划应由 UNIDO、项目接收方和承包商共同商定。

f）在职培训

设施现场驻留期间，承包商的技术人员应为项目接收方的人员和其他当地人员就设施的维护、修理和运行提供在职培训。此在职培训的计划应经 UNIDO、项目接收方和承包商共同商定。

3.08　性能保证

承包商保证，在工程圆满完工后，设施应满足工作大纲（附件 G）、承包商的建议书和技术文档中列明的规定和要求。

3.09　性能检验

a）设施是否满足 3.08 段中的规定应通过承包商监控下的按照检验程序规定进行的性能检验来确定。该检验程序应由 UNIDO、项目接收方和承包商于设备在设施现场安装前的三个月之前商定。

b）项目接收方应负责提供上述的检验所需的原材料和辅助性材料、工具、人力和其他 4.01 段和工作大纲（附件 G）中要求的必要条件。

c）如果未能达到 3.08 段中提到的技术参数，则性能检验可以根据 3.10 段 b）子段在要求的其他时间继续进行，以达到所需的参数。

d）设施是否满足 3.08 段的要求应由承包商、UNIDO 和项目接收方在事先商定的性能检验中的相应阶段共同执行的检测来确定，此阶段将在上面的 a）子段提到的性能检验程序中定义。

e）按本段要求完成的试验和检验的结果，以及一份说明设施是否通过性能检验从而达到了 3.08 段和上面的子段 a）的要求的声明，应由被授权的承包商代表、UNIDO 和项目接收方写入设施的接收证书。接收证书应附于 3.22 段 e）子段规定的最终报告上。

3.10　未能达到性能保证/补救措施/赔偿

a）3.08 段中保证的性能未能通过 3.09 段规定的性能检验，则（除非是由于承包商的责任之外的因素造成的）承包商应自负成本和费用，更正、修复或更换其所完成的任何有问题的工作，并为达到上面的保证的性能进行必要的修理或替换，来更正、修复或更换其提供的任何有问题的机械和设备。在执行了这些应由承包商立即进行的更正、修复、更换、修理和/或替换后，应按 3.09 段的要求进行新一组性能检验。

b）如果按 3.09 段或 3.10 段 a）子段出现了任何未能达到 3.08 段中的规定的情况，且其不能通过补救措施被修复，也未能在 3.07 段 d）子段所规定的承包商的技术协助期（包括延长期）内的进一步检验中消除，则除非按 3.07 段 d）子段双方协商了时间延长，UNIDO 可按 10.06 段认定承包商违约。

3.11　机械保证

承包商保证按照合同由其自身、其分包商和/或供应商所供应的设备、零件、工具和备件是新的，且不存在工艺、材料和设计上的缺陷。在上面 3.08 段中所提到的设施的接收证书中的日期后的 12 个月内，如果证明因上述情况或承包商的任何错误的或不充分的工程图纸、技术规范和/或操作指导而导致出现缺陷，则承包商应自负费用尽快修复或更换任何此类设备、备件或工具。

因违背承包商的指示的不当操作或因项目接收方的疏忽或缺少适当的维护而引起的损坏不在此保证范围内。如未经承包商授权而改动设备和/或其工作条件，则对于改变的部分本保证将不再适用。

3.12 对缺陷工作的修复

a）如果在设施接收证书日期后的一年之内，或按合同中要求的一个适用的专门保证中的条件规定，发现任何工作中存在缺陷或不合合同要求，承包商应在接到UNIDO的书面通知后尽快对其进行修复。在工程依照合同被接收后及合同终止后，此项义务仍将存在。

b）在此3.12段内的任何内容都不应构成对承包商在本合同下可能承担的任何其他义务的时间限制。所规定的在设施接收证书日期后一年或其他日期，或法律或合同要求的任何保证中的条款中可能规定的更长时间，都只是针对承包商修复工程的这一特定责任，与其执行合同义务的时间没有关系，也与用以明确承包商修复工程的义务之外的责任的诉讼提起时间无关。

3.13 对设备的调整

承包商有权在设施的设计、安装、调试期间，在与UNIDO和项目接收方磋商后，对设备进行调整，以保证承包商义务的履行。

3.14 延误和时间的延长

a）如果承包商在工作过程中任何时间的延误是由于UNIDO或项目接收方的任何行为或遗漏，或它们的任何雇员，或项目接收方所雇佣的任何单独的承包商，或工作中要求的变更，或承包商所不能合理控制的任何原因，或UNIDO认为的可以正当解释延误的其他原因造成的，则工程的竣工时间应按UNIDO决定通过合同修正予以合理延长。

b）任何延长竣工时间的要求应在延误开始后的20天之内以书面形式提交给UNIDO，否则应视为放弃了上述的要求。承包商应在其提交延误通知的同时提供一份关于此延误对工程进度可能造成的影响的评估。

3.15 许可、费用通知和法律要求

a）除非合同中另有规定，承包商应确保获得并支付为工程的顺利实施和完工所需的所有许可和政府费用、执照和检查，这些通常在合同执行后获得，并作为收取承包商建议书时的法律要求。

b）承包商应密切关注并遵守任何与工程的实施有关的政府当局的所有的法律、法令、规则、规定和法律指令。

c）如果承包商发现合同中的工作与适用的法律、条例、建设规范和规定不符，应立即书面通知UNIDO。

3.16 人身和财产保护

a）承包商应负责开展、保持和监督与工程相关的所有安全预防措施和计划。

b）承包商应采取一切合理的预防措施，提供所有合理的保障来防止下述内容出现损害、伤害和损失：

（Ⅰ）设施现场的所有雇员以及所有可能被影响到的其他人员；

（Ⅱ）在承包商或其任何分包商照看、保管或控制下的将包含在工程中的所有工作、所有材料和设备，不论其是正在被存放或不在设施现场；

（Ⅲ）在设施现场或其附近的其他财物。

c）承包商应密切关注并遵守与人员或财产的安全，或保障其不受损害、伤害或损失有关的任何政府当局的所有适用的法律、法令、建设规范、规则、规定和法律指令。

d）承包商应建立并维护在现有条件和工作进度下所需的所有适当的安全和保障措施，包括设置危险标志和其他危险警告，宣传安全守则和告知项目接收方的人员。

e）当因工程施工而必须使用或存放易燃、易爆或其他危险材料或设备时，承包商应尽可能小心谨慎，并应在有相应资质的人员的监督下进行上述活动。

f）承包商应立即修复任何 3.16 段 b）子段中所提到的部分或全部由承包商、任何分包商或由他们所直接或间接雇佣的任何人员，或他们中任一方应对其行为负责的人员和按 3.16 段 b）子段承包商应负责的对任何财产的一切损害或损失。除非损害或损失是由于项目接收方或其任何直接或间接雇佣的人员，或项目接收方要对其行为负责的任何人员的行为或遗漏，而非承包商的错误或疏忽造成的。承包商的上述义务被附加在 UNIDO 通用合同条件（附录 A）中第 15 段规定的义务上。

g）承包商应在其团队中指定一名负责人，其职责是在现场工程实施过程中防止事故。除非承包商书面通知 UNIDO 其指定的其他人选，此人员应为承包商的团队领导。

h）承包商不得使任何系统或设备或工程的任何部分的负荷影响运行安全。

i）在任何影响人身或财产安全的紧急情况下，承包商应自主决定采取行动，以防止可能出现的损害、伤害或损失。

3.17　专利权

a）承包商声明其并不知道设施的建设、安装和调试以及其运行可能会侵犯第三方的任何受保护权利。如果出于承包商的意料，出现对 UNIDO 或项目接收方因设施建设而侵犯专利的指控及对其的索赔，承包商应保证 UNIDO 和项目接收方不受损害，并应保障他们完全不受任何因此类索赔引起的损害或赔偿费的影响。承包商的此项义务应一直保持完全有效，直到上述专利到期为止。

b）UNIDO 和/或项目接收方应将对 UNIDO 和/或项目接收方提起的任何侵权的指控以及因侵权所引起的任何诉讼的文档书面通知承包商，并应给予承包商对上述诉讼进行自主辩解机会，并且不得在未得到承包商书面许可的情况下，作出可能有损承包商的处境的任何供认或同意任何第三方的任何索赔。

3.18　由承包商提供的其他设施和服务

除非合同另有规定，承包商应向其人员提供为执行合同所需的所有设施和服务。与此类人员相关的各种开支应完全由承包商承担。此类开支应包括，但不限于工资、住宿、膳食、差旅、医疗和个人保险的费用。

3.19　工程标准

承包商应尽其所能，为最大程度促进 UNIDO 和项目接收方的利益与 UNIDO 和项目接收方以及 UNIDO 的所有顾问和代理人合作。承包商应进行有效的业务管理和监督，应随时提供足够的工人和材料，并以符合 UNIDO 和项目接收方利益的最好的方法和最迅速、最经济的方式实施工程。

3.20 承包商的团队领导和UNIDO代表的联系

承包商的团队领导应与在（ ）的UNIDO代表和/或其指定的代表保持密切和持续的联系，应就工程的实施与他（他们）进行合作，并应使他/他们即时了解任务的进度以及工程的实施计划。UNIDO的代表和/或其指定的代表应有权随时检查按合同进行的工程的进度，并就工程的实施与承包商的团队领导和其他专业人员进行协商。

3.21 汇报

承包商的团队领导可能被要求在合同执行期间到UNIDO在奥地利维也纳的总部汇报情况。此类访问的日期和持续时间应由UNIDO和承包商共同商定。

3.22 报告

承包商应依据名为“承包商发送报告须知”的附件C，向位于维也纳的UNIDO提供下列的英文报告。

＜报告的时间表应在符合工作大纲要求的情况下经协商确定＞

a）月报告。

叙述性的月报告，一式五（5）份，总结合同工作的状况和取得的进展（如按下面的规定须提交其他报告，则无需再提交此月报告）。

b）进度报告1。

进度报告1，（ ）份，在（ ）之前。

c）进度报告2。

进度报告2，（ ）份，在（ ）之前。

d）进度报告3。

进度报告3，（ ）份，不晚于（ ）。

e）最终报告。

最终报告，（ ）份，在（ ）之前。

4.00 政府/项目接收方的责任

4.01 政府/项目接收方的责任

UNIDO与承包商签订此合同是基于政府承诺，（在适当的时候通过项目接收方）提供工作大纲（附件G）4.6子段中规定的服务和便利以及下列的补充性的服务和便利，而无需承包商承担费用：

a）签证、许可等

所有的批准、许可、签证、工作许可、进口许可证以及项目现场履行合同所需要的其他批准手续，以及与此附件A和B中规定的对于项目现场此合同下的服务的所有税收和财政关税的免除。

b）结关

与UNDP协力，对于每次船运的设备通过项目所在地海关的结关，以及对与之相关的进口关税和收费的支付或免除。

c）设施现场的装备

必要的设施现场装备，包括起重设备和其他必要的实施工具以及脚手架。

d）安装、试运行和运行的人员

进行设备安装和设施的试运行的人员，要有足够人数，以保证工作适当和即时的完成。设施正常运行所需的所有人员。

e）一般协助

所有可使承包商的人员在设施现场的居留更加舒适的协助。

f）设施现场条件

设施现场的条件应能保证承包商的人员安全无障碍地工作。

g）安全措施

事故预防的安全措施，不论其是否是法律所要求的，以及向承包商的人员就任何必须遵守的当地规则或规定提供明确的信息。

4.02　UNIDO代表的责任

在项目所在地的UNIDO代表，其作为UNIDO的代表，应：

a）在与合同相关的一切事宜中充当承包商人员和政府官员的联络官；

b）传真给UNIDO采购服务处，确认承包商的人员到达和离开项目所在地；

c）将与此合同实施相关的、不能在项目所在地解决的管理问题提交UNIDO、采购服务单位/OSS/PSM，以引起其注意。

5.00　合同价格和支付条件

5.01　合同价格

UNIDO应对承包商完全的和恰当的履行合同义务进行支付，支付数额为（　　）美元（US$）。

此数额应包含了承包商发生的所有开支，包括但不限于采用未完税交货至设施现场的设备的成本，完整的工程和技术服务以及技术文档、建设和安装费用、承包商人员的报酬以及所有其他报酬、保险和社会负担费用以及其总部管理费、技术支持和监督费用；也应包含与承包商的技术人员往返于居住国和/或工作地和设施现场的差旅费，以及与他们在项目所在地生活相关的费用。

5.02　合同封顶价

在未得到UNIDO事先的书面许可以及一份对合同的正式修改之前，承包商不应进行可能使UNIDO产生任何高于上述的（　　）美元（US$）的费用的任何工作、提供任何材料或设备，或进行任何服务。

5.03　不允许涨价

5.01段中规定的合同价格是固定的和严格的，不允许涨价。

5.04　付款货币

总合同金额（　　）美元（US$）应以此货币支付。

5.05　进度付款

对于5.01段中规定的合同价格的进度付款应采用下面的时间表：

＜进度付款将会被调整以反映合同交付的具体情况＞

a）在双方签署合同，并且UNIDO收到5.06段中提及的履约银行保函后，金额（…）US$

b）在UNIDO收到并接受上文3.22段b）子段所提到的承包商的进度报告1后，金额（…）US$

c）在UNIDO收到并接受包含依据合同进行的设备交付的全套船运单据的，在上文3.22段d）子段中提及的承包商进度报告3后，金额（…）US＄

d）在UNIDO收到并接受包含设施的接收证书的，在3.22段e）子段中提及的承包商的最终报告后，金额（…）US＄

共计（…）US＄

UNIDO在此所进行的任何支付都不构成UNIDO对此支付前已完成工作或承包商交付的设备或技术文档的无条件地接受。

5.06 履约银行保函

承包商应在签署合同后的一（1）个月内，向UNIDO提交一份由UNIDO认可的银行或保险公司所签发的履约银行保函，初始金额为（ ）美元（US＄），自UNIDO和/或其在设施现场的授权代表接收由承包商按合同提供且通过性能检验的全部设备之日，此金额将降为（ ）美元（US＄）。履约银行保函将确保承包商恰当和忠实地履行其合同义务，并应采用在此所附的附件F中规定的格式。

此保函将在承包商的银行账户收到UNIDO的首期付款的日期开始生效，并应在经计算的UNIDO接受承包商按合同3.22段e）子段所提交的最终报告的日期后12个月内保持完全有效。

5.07 付款的扣留

UNIDO可以扣留任何向承包商的付款，或根据后续发现的证据，为保护UNIDO和/或政府在合同中不受下列事件造成的损失，全部或部分地取消任何此前批准的付款。此类事件包括：

a）承包商未能执行工作或未能按进度计划施工，除非是由于不可抗力造成的；

b）承包商未能修复有缺陷的和/或不能令人满意的工作，当UNIDO就此情况提醒其注意的时候；

c）承包商未能按3.23段的要求提交报告；

d）承包商未能恰当地对分包商以及材料、劳工和设备进行支付；

e）存在UNIDO提出的损失索赔，或存在合理的证据表明UNIDO可以提出损失索赔；

f）承包商违反合同。

UNIDO扣留任何期中付款并不影响承包商继续履行此合同的义务。

对于UNIDO按此段的规定最终扣留的付款不应产生任何利息。

5.08 提交发票

承包商应向奥地利维也纳A-1400，300号信箱、UNIDO、采购服务单位/OSS/PSM提交其发票，发票应采用一（1）份原件和两（2）份复件，阐明银行的相关信息，即银行的名称和地址、账号和开户分行的代码、电汇付款的SWIFT（环球同业银行金融电讯协会）。

5.09 支付方式

此合同下的所有付款都应由UNIDO基于承包商的发票通过银行电汇至承包商下面的银行账户：

账户：

账户号：

银行名称：

地址：

6.00　罚款

6.01　如果出现承包商因其自身的原因未能按合同3.02段中规定的日期/时间期限完成履约和交付，承包商须就每一周的延误支付合同价格百分之零点二五（0.25%）的赔偿，但总赔偿额不超过合同价格的10%。此罚款应由UNIDO从按合同5.05段e）子段应付给承包商的款额中扣除。

7.00　承包商的索赔和补偿

7.01　在任何情况下，承包商都不能因工程或其中某一部分的进度或完工的任何延误，包括但不限于与管理费和生产率的损失、加速施工的延迟、总成本以及低效率有关的赔偿，不论是由于UNIDO还是项目接收方的行为或疏忽引起的，向UNIDO提出任何费用索赔，也无权获得任何额外费用或赔偿。在此情况下，对承包商只通过延长竣工时间进行补偿，前提是承包商要另外满足3.02段所规定的要求和条件。

8.00　保密

8.01　机密的和私有的信息

合同双方认可所有与对方有关的，可能与其在此合同下履行其义务相关的所需的所有知识和信息，包括但不限于任何与其运行和流程相关的信息，是另一方机密和私有的信息，此类机密和私有的信息的接收，并且除非事先得到另一方的书面许可，不应将此类知识或信息透露或允许透露给任何个人、企业或公司。每份包含此类信息的文件都应清楚地进行标记，以表明其机密的性质。

在未事先取得另一方的书面同意的情况下，任一方不应以任保方式泄露、提供或使用，并应采取一切合法方式防止其雇佣或可以控制的任何其他人员和/或组织泄露、提供或使用任何其无论是否由于本合同的原因所知悉的另一方的机密或私有的信息。任何一方都应尽最大努力并采取所有必要的合理步骤，包括在其雇员、代理、项目接收方和分包商之中订立保密协议，以保证其雇员、代理、类似人员和分包商完全遵守此8.01段。

8.02　泄密的责任

合同任何一方应对其主管、官员、代理、类似人员、雇员或分包商违反8.01段对机密和私有信息的任何泄露承担责任。双方都承认对于8.01段均违反或企图违反可能会对另一方造成短期内不可挽回的损害，另一方有权对此行为获得法定赔偿，此赔偿并不会影响另一方有权获得的任何所有其他补偿，只作为其额外部分。

8.03　除外

8.01段中提到的限制不适用于下面的信息：

a）目前已为公共所知；

b）合同成立后非因另一方的过错而成为公共所知；

c）在泄露的时候已为另一方所有，且有书面证据证明；

d）合同成立后经第三方透露给合同另一方。

9.00　保险

9.01　设备和技术文档的保险

承包商应在不减少其或 UNIDO 在合同下的责任和义务的情况下，对以下内容在 UNIDO 接受的保险公司投保：

a）对将要包含在设施中的设备和技术文档，以全部重置成本以及

b）占全部重置成本的15%的附加金额，用以补偿任何为弥补损失或损害而造成的或附带的额外费用，包括专业服务费以及拆除和移走设备的任何部分或移走任何残余物的费用。

c）9.01段a）和b）子段所提及的保险应以承包商和 UNIDO 共同的名义，并应保障 UNIDO 和承包商在设施现场开始工作之日到最终支付的日期之间免受因任何原因引起的损失或损害。

9.02　责任保险

承包商应提供并保持适当金额的保险，用于防范由于承包商为履行其合同义务而进行的任何行为引发的任何人身伤亡或财产损害的公共或第三方责任。

9.03　保险凭证

9.01段a）和b）子段所提及的，UNIDO 接受的保险凭证的一份原件和两份副件，应在设施的建设和安装前由 UNIDO 归档。凭证应由保险人的授权代表签署。本9.03段所要求的凭证和保险单不应被取消或到期，必须提前至少30天书面通知 UNIDO。对于缩小承保范围的相关信息，承包商应即时通知 UNIDO。

9.04　未获赔偿的金额的责任

任何未投保或未从保险人处获得赔偿的金额应由承包商承担。

9.05　承包商未投保的补救措施

如果承包商未能使得合同要求的保险生效并保持其有效，或未能按上面9.03段向 UNIDO 提供保险凭证，则在任何此类情况下，UNIDO 可以自主选择，可以依据下面10.06段认定承包商违约，也可以使上述保险凭证生效并保持有效，支付为此目的所需的任何保险费，并随时从应付给承包商的金额中扣减所支付的费用，或将其视为承包商应付的债务以获得偿付。

10.00　一般规定

10.01　合同生效

此合同应在双方签署后开始生效。

10.02　合同通用条件

合同双方在此同意接受附于此作为附录 A 的 UNIDO 通用合同条件。

10.03　通知

合同各方此后的任何通知都应采用书面形式。

10.04　通知、发票、报告和其他文档的传送

除非合同另有规定，承包商需提交的指令、手册、报告、发票、通知和船运单据的寄送地址应为奥地利维也纳 A-1400，300号信箱、UNIDO、采购服务单位/OSS/PSM。

10.05　承诺没有支付成功酬金

承包商保证：

a）本合同的获取，未曾以签订佣金、回扣、成功酬金或聘金的协议或协定的方式雇用任何人员或销售代理，但正式雇员或承包商为获得业务正式成立且真实存在的商业或销

售代理机构不在此列。

b）没有也不会吸纳承包商的正常雇员以外的任何UNIDO、执行委员会、联合国、UNDP和UNDP的参与和执行机构或政府和/或其合作机构的官员、雇员或退休人员，从合同获得任何直接或间接的利益。

如违反这些保证，UNIDO有权从合同价格中扣除，或以其他方式从承包商那里取得上述任何佣金、回扣、成功酬金或聘金的全部金额。

10.06 承包商的违约

如承包商未能完成其在此合同下的责任和义务，并且在UNIDO就此违约的性质给予明确的书面通知后的30天之内，承包商未能改正此违约行为，UNIDO可以由其自主决定，并且不影响上面所提到的扣留付款的权力，认定承包商在此合同中构成违约。当承包商如此违约的时候，UNIDO可以在给予承包商书面通知之后终止整个合同或其中与承包商的违约有关的一部分或几部分。在此通知之后，UNIDO应有权要求承包商完成此与承包商的违约有关的合同的部分工作并承担费用。在此情况下，承包商应独自承担完工所需的任何合理费用，包括那些UNIDO引起的、超出上文中规定的最初协议的合同价格的费用。

10.07 工程的临时性暂停

UNIDO可以在任何时候，通过给予承包商书面通知暂停承包商在此合同下正在进行的工作。所有这样停止的工作应由承包商在更新的时间表和由双方共同协议的规定和条件的基础上重新开始。

10.08 异议

如果承包商认为政府/项目接收方要求的任何工作超出了合同的要求，或认为政府/项目接收方的任何裁定不公正或与合同的规定不符，其应在此类工作要求提出时或此类裁定作出后立即要求采购服务单位/OSS/PSM负责人作出书面的指示或决定。

10.09 权利和责任从UNIDO转移到政府/项目接收方

承包商了解对于设备和技术文档的所有权将会由UNIDO经适当的程序转移到政府/项目接收方手中，并承认，从那时起，此合同下UNIDO所有的权利和义务都应转移给政府/项目接收方。

10.10 合同修改

对于此合同的任何修订、改动，或放弃其中任何规定，或与承包商之间附加的合同关系都是无效的，除非其以对合同书面修改的形式获得许可，并由UNIDO和承包商的全权授权代表签署。

10.11 承包商和项目接收方之间没有合同关系

除非有专门的其他规定，此合同中的任何内容均不构成项目接收方和承包商之间任何合同关系。

特立此据，由合同双方签署此合同。

日期__________

联合国工业发展组织

由——

负责人

采购服务单位

运行支持服务部门

程序开发和技术合作部门

奥地利

维也纳 A-140C

300 号信箱

日期＿＿＿＿＿＿

1. 文件的机密性

附件 A　联合国工业发展组织

通用条件

在此合同下，承包商所编制或收到的所有地图、图纸、照片、组合图、计划、报告、建议、评估、文件和所有其他数据都应是 UNIDO 的财产，应注意保密并且只能在工程按合同完工后提交给 UNIDO 授权的官员；在未获得 UNIDO 的书面同意的情况下，承包商不应将其内容透露给除按此合同提供服务的承包商人员之外的人。

2. 独立的承包商

承包商应具有独立承包商的法律地位。由承包商指定的依此合同提供服务的人员为承包商的雇员。除非合同中另有规定，UNIDO 不应为与此类服务提供有关的任何索赔承担责任。承包商及其人员应遵守由合法成立的政府机构所颁布的所有适用法律、法规和法令。

3. 承包商对雇员的责任

承包商应对其雇员的专业和技术能力负责，并应为此合同下的工作挑选可靠的人员，他们应能在合同执行的过程中有效地工作，遵守政府的法律，尊重当地习惯并应遵守高标准的伦理道德规范。

4. 人员的指派

在未取得 UNIDO 的书面许可的情况下，除在合同中提及的人员外，承包商不得指派任何其他人员在现场进行工作。在指派任何其他人员在现场进行工作之前，承包商应将任何准备指派进行上述服务的人员的简历提交给 UNIDO 供其考虑。

5. 人员的免职

在收到 UNIDO 的书面要求的情况下，承包商应从现场撤回按合同提供的任何人员，如果 UNIDO 要求应用 UNIDO 接受的人员进行替换。由于此替换而引起的任何成本或附加费用，不论其为何原因，对承包商的任何人员，都应由承包商承担。此类撤回不应被视为依据下文的 12 段“终止”的规定对此合同部分或全部的终止。

6. 转让

除非事先得到 UNIDO 的书面许可，承包商不应对此合同或其一部分，或承包商在此合同下的任何权利、索赔或义务进行转让、转移、抵押或进行其他处理。

7. 分包

在承包商需要分包商的服务的情况下，承包商应事先获得 UNIDO 对所有分包商的书面批准和许可。UNIDO对于分包商的许可不应解除承包商在此合同下的任何义务，并且任何分包合同的条款应服从此合同的规定。

8. UNIDO的特权和豁免

此合同内或与之相关的任何内容都不应被看作UNIDO对任何特权和豁免的放弃。

9. 不应雇佣UNIDO的雇员

在此合同有效期内，除非事先获得UNIDO的书面批准，承包商不应雇佣或试图雇佣UNIDO的雇员。

10. 语言、度量衡

除非合同另有规定，承包商与UNIDO之间就将要提供的服务而进行的所有书面联络以及承包商取得或编制的与工程相关所有文件都应采用英语。承包商应采用米制度量衡系统，相关的对工程量的估算和记录工作也应采用米制度量衡系统，除非合同中另有规定。

11. 不可抗力

在此采用的不可抗力是指天灾、法律或规定、行业波动、公敌的行为、国内动乱、爆炸或其他相似的等价事件，其不是由于合同任一方的行为所引起的，也不在任一方的控制之下且任一方无法克服。在发生任何构成不可抗力的事件，且承包商因此部分或完全不能履行其在合同下的义务和责任后，承包商应尽快书面通知UNIDO并提供详细情况。在此情况下适用下列规定：

（a）承包商在此合同下的义务和责任在其无履行能力的时候应暂停，且在其无履行能力的过程中应一直保持暂停状态。在上述暂停期间，就被暂停的工作，承包商仅在有适当凭证的情况下，有权从UNIDO那里获得对于承包商的任何设备的基本维护费用以及由于上述暂停而窝工的承包商人员计日工工资的赔偿。

（b）承包商应在不可抗力发生后15天内，向UNIDO提交一份暂停期间的估计支出的报告。

（c）合同的期限应延长一段与暂停的时间相同的时间，但同时也要考虑任何可能使工程竣工时间的改变与暂停时间不符的特殊条件。

（d）如果由于不可抗力，使得承包商永久性的全部或部分的失去在此合同下履行其义务和完成其责任的能力，UNIDO有权按第12段“终止”规定的相同的条款和条件终止合同，但通知的期限应提前7天而非30天通知。

（e）对于前面的（d）子段，如果暂停的时间超过90天，UNIDO可以认定承包商永久性的不能履约。任何不超过90天的上述时间应被视为是暂时性的不能履约。

12. 终止

UNIDO可以在任何时候，在提前30天向承包商发出通知的情况下全部或部分终止此合同。如果此终止不是由承包商的疏忽或过失造成的，UNIDO应有责任向承包商就已完成的工作进行支付，并承担承包商人员回国的费用、承包商必要的终止费用以及必要的或UNIDO要求承包商完成的紧急工作的费用。承包商应尽可能降低费用，并从收到UNIDO的终止通知之日后不应进行更多的工作。

13. 破产

如果承包商被判为破产，承包商进行了总转付，或由于承包商无力清偿而指定了接收人，UNIDO可以在不影响其在此合同条款下的任何其他权力或补救措施的情况下，向承包商发出终止的书面通知并立即终止此合同。

14. 工人的赔偿和其他保险

（a）对于在政府所在国之外受雇于本合同的所有非该国公民，在其赴海外受雇之前，承包商应提供相应的工人赔偿险和责任险，并在此后维持保险有效。

（b）承包商应提供并在此后保持适当金额的保险以应对由于在工程所在国使用承包商所有或租赁的机动车、船或飞机按合同作业所造成的公共责任，如死亡、人身伤害或财产损失。

承包商保证还应提供和维持类似的、用于承包商的国外人员所拥有或租赁并在合同工程所在国使用的所有车辆、船或飞机的保险。

（c）承包商应遵守政府的劳动法，对雇佣过程中出现的伤亡提供补助金。

（d）承包商承诺与此段的规定相同效力的规定将会被加入所有在此合同实施过程中制定的分包合同或附属合同中，那些单纯为提供材料或供应品的分包合同或附属合同除外。

承包商应自负费用保障、保护以及保证 UNIDO 其官员、代理、服务人员和雇员不受任何性质或种类的任何诉讼、索赔、要求和责任的影响，包括由于承包商或其雇员或分包商在合同的执行过程中的任何行为或疏忽而引起的成本或费用。此要求同样适用于对工人的赔偿性质的索赔或责任，或由于使用有专利权的发明或装置而引起的索赔或责任。

15. 仲裁

由于对合同条款的解释或应用或对其的任何违反而引起的任何争端，除非通过直接谈判解决，应依据联合国国际贸易法委员会（UNCITRAL）制定的现行的仲裁规则解决。合同双方应视上述仲裁所得出的仲裁结果作为此争端的最终裁定。当然应清楚，此段中的规定不表明或暗示 UNIDO 放弃其任何特权和豁免权。

16. 利益冲突

承包商指派的执行此合同下工作的任何雇员都不应（不论是直接的或间接的）以自己或通过其他人的代理，在政府所在国涉足任何商业、从事任何职业或担当任何职务，也不应对上述国家的任何商业、职业或职务放贷或投资。

17. 责任

就在此合同下履行其服务，承包商不应寻求或接受 UNIDO 以外的当局的指示。承包商应避免任何可能对 UNIDO 造成负面影响的行为，并应在全力维护 UNIDO 利益的情况下完成自己的职责。除非获得 UNIDO 的书面授权，承包商不应宣传或通过其他方式公开其正在或曾经为 UNIDO 提供服务。同样，承包商不应以任何方式在其业务或其他活动中使用联合国、UNIDO 的名称、徽章或公章，或联合国名称的任何缩写。承包商要在与合同相关的一切事务中尽可能的谨慎。除非是执行其在此合同下的工作所需，或得到 UNIDO 的特别授权，承包商在任何时候都不应向 UNIDO 以外的任何个人、政府或当局透露任何未经公开的，由于其与 UNIDO 的联系而获得的信息。承包商在任何时候都不应使用此类信息为自身谋利。这些责任并不因工程按合同全部完工或 UNIDO 终止合同而失效。

18. 产权

(a) 联合国或UNIDO(视情况而定),应拥有所有的财产权,包括但不限于与承包商按合同向联合国或UNIDO提供的服务直接相关或由其引起的材料的专利权、版权和商标权。在UNIDO的要求下,承包商应采取任何必要措施,编制并处理所有必要的文档并协助保护此类财产权,并按照适用法律的要求将其传送给联合国和UNIDO。

(b) 对UNIDO可能提供的任何设备和供应品的所有权归联合国或UNIDO(视情况而定),此类设备和供应品应在合同结束或承包商不再需要时归还给UNIDO。此类设备和供应品,当其被归还给UNIDO时,除正常的磨损和损耗外,应与UNIDO交付给承包商时处于相同的状态。

19. 承包商和承包商人员的便利、特权和豁免权

UNIDO同意尽自身的最大努力为承包商及其人员(除在当地雇佣的政府所在国国民),在政府对UNIDO雇员许可的范围内,取得政府同意授予承包商及其在该国内为联合国开发计划提供服务的人员的便利、特权和豁免权。此类便利、特权和豁免权应包括对任何在国内可能对于承包商的与此合同下的工程的实施相关的国外人员所赚取的薪金或工资,以及对于承包商可能运入国内的与此合同下的工程相关的任何设备、材料和供应或那些在运入国内后可能会随后运出的任何设备、材料和供应的税金、关税、收费或征税的费用的减免或补偿。与UNIDO应寻求提供的便利、特权和豁免权相关的条款的副本已附于此合同上(附录B)并成为其一部分。

20. 放弃便利、权利和豁免权

任何条款,不管是协议、运行计划或任何其他文书中,其中接收方政府是一方,接收方政府因其在此合同下为UNIDO提供服务而以便利、权利、豁免权或免税的形式授予承包商和其人员的利益,如果在其看来此便利、权利或豁免权将妨碍司法公正,并且放弃该权利不会影响此合同下工程的顺利完成,也无损于联合国开发计划或UNIDO的利益,UNIDO可以放弃。

附件B 联合国工业发展组织

特权和豁免权部分

1. 承包商的人员(除当地雇佣的政府所在国国民)应享有以下权利:

(Ⅰ) 就他们执行此合同下的工作所进行的所有行为免于法律诉讼;

(Ⅱ) 免于国民服务的义务;

(Ⅲ) 免受移民限制;

(Ⅳ) 为此合同下的工程的目的或此类人员的个人使用而带入此国合理金额的外汇的权利,以及取回带人此国的任何此类金额或按照相关的外汇管理规定,任何此类人员在实施此合同下的工程中赚取的金额的权利,以及

(Ⅴ) 在国际危机的情况下,与外交使节相同的归国便利。

2. 承包商的所有人员都享有对于所有与此合同下的工作有关的文件和文档的不可侵犯权。

3. 政府应免除或自行承担任何其可能向UNIDO雇佣的任何外国公司或机构,以及任何上述公司或机构的外国人员就以下方面征收的税金、关税、收费或税收的费用。

(Ⅰ) 此类人员在此合同下的工程实施过程中所赚取的工资或薪金,以及

（Ⅱ）与此合同下的工程相关的，运入此国境内的任何设备、材料和供应，在运入此国境内后，随后可能还会运出。

4. 承包商和其人员可能享有的便利、权利和豁免权，如果在UNIDO看来此类便利、权利和豁免权将会妨碍司法公正，并且放弃该权利不影响对此合同下工程的顺利完成，也不影响联合国开发计划或UNIDO的利益，可将其放弃。

附件C　联合国工业发展组织

承包商发送报告须知

承包商应以空运包裹或空运将所有期中、期初、最终报告草表和最终报告的副本寄往合同中规定的地址。如果报告由若干册组成，且体积和重量较大，承包商在将其海运前应从UNIDO处得到相应的指示。

在任何情况下，报告都应装在合适的箱子中，并在箱子上仔细注明下列信息：

合同中规定的收件人的名称和地址；

内容的描述（如：期中，期初，最终报告草表或最终报告）；

项目号和名称；

UNIDO合同号。

在箱子的外面应牢固贴附一个信封，其中应包含内容的一个详细的清单，说明：

在此包裹中包含的报告的份数；

册数（如果报告不只一册）；

报告的语言。

承包商应确保报告的接收人事先经航空信件得到船运的通知，随信还应提供上面所述清单的副本以及船运单据（如果有）。

如果承包商被要求将报告寄给一个UNIDO总部以外的接收人，应保证将与此船运相关的通信的副本以及船运单据发送给UNIDO总部以提供信息。

必须遵守上述指示。

上述指示不适用于月进度报告。

附件D　包装和标记

a）设备的包装

货物应按最佳方式进行保护和包装，以保证其在从生产地点到达设备现场的运输过程中，在可能包括多次装卸，船舶、公路和铁路运输，重新装船，储存，暴露于热、潮湿、雨以及在有偷窃可能的条件下不被损坏。所有的包装都应便于剥离和在现场进行检查。

b）设备清理、砂洗和上漆

货物应适当清理和/或喷砂清洗，并在适当的情况下，在外面涂一层防锈剂以及一层油漆的铺面，那些已经完成了上漆表面处理的设备除外。

c）起重滑轮、导轨和其他起重设备及保护措施

对重型设备应提供适用的起重滑轮，并应安装和固定到有足够强度，能支持并防止出现变形的导轨上。所有管道和大型阀门的开口都应由木盖或木塞保护，机械加工的螺纹必须用罩包裹，以保护其在运输过程中不被损坏。

d）特殊包装说明

对所有暴露在潮湿环境下而易腐蚀的设备和零件和所有电气设备都应进行彻底的保

护，以防运输和储存过程中的损坏。机械处理过的表面应涂上合格防锈剂，所有未经机械处理的表面应涂上一层防锈漆。除正常包装外，所有的电气设备都由聚乙烯和聚丙烯塑料片包裹，所有电气设备的开口处都应用防水胶带包裹。在电动机和发电机的电枢和电刷间应插入保护性防油纸。

e）需单独包装的项目

承包商应以分别的单独包装交付下列设备，并进行适当的标记。

试运行备件；

专用焊条和熔剂（如果其提供的设备需要）；

专用的安装工具和索具，设备和用具（如果其提供的设备需要）；

备件和附属品。

f）易碎项目的包装

易碎项目应用绉纱纤维填塞物或其他等效缓冲材料包裹，并用结实的木箱包装。

g）由于包装不当造成的损坏的责任

不受在附录中任何内容的限制，承包商应对直到C.I.F（目的地）的由于不当的、有缺陷的或不安全的包装，或保护措施不当或不足所引起的损失、损坏或变质承担全部的责任。

h）标签

每台设备或零件都应在船运、铁路运输或以其他方式发送时，标记上相应的部分编号。

i）标记

包装侧面1的标记

下列唛头应用高质量的不褪色油漆清楚地印于容器的一侧（包装箱、板条箱、包裹等），如果容器的尺寸允许，字符应至少150mm高。

联合国工业发展组织

UNIDO ______设备　　包装号：

项目号：

UNIDO合同号：

包装号不得重复

包装顶部和底部的标记

在顶部和底部应标记上下列符号

项目号：

UNIDO合同号：

——包装侧面3标记

在一端应标注下列信息：

项目号：

UNIDO合同号：

毛重　　（千克）

净重　　（千克）

长度　　（米）

宽度　　（米）

高度　　（米）

（原产地）制造

——包装侧面 4 的标记

UNIDO ______设备______包装号：

在与侧面 3 相对的另一侧，应清楚地标明承包商名称、UNIDO 合同号和其他辨识信息。

——对捆扎或金属底座的特殊标记

对于捆扎或金属底座的情况，上面指定的适当的标记应置于金属标签上，并将其安全地、尽可能明显地附于捆扎或底座之上。

——包装不得倒置的说明

如有需要，包装须在全部四个侧面上标明向上的箭头。

——易碎项目的标记

易碎材料应在全部四个侧面标记上适当的提醒标志。

——重量不平衡的标志

当容器或设备的零件在长度方向上重量不平衡时，应标明绳索或吊钩的位置以及重心。

附件 E　图纸、规范和手册

工艺加工流程图

设备的图纸和技术特征

主要设备管道布局图

设备组装图

民用建筑的建筑规范和设备地基图

配电单线图和组装图；由电池供电的设施详图

运行和维护手册

化学成分分析手册

这些应包含和包括所有必要的基本的工程规范以及一般意义上详细的工程规范，运行和维护手册以及说明书，并应遵守以下要求：

a）图纸的度量衡和文本

所有的图纸的尺寸标注都应采用米制。当图纸通常采用英制（或其他）时，它们也应在圆括号内或尺寸线下标出米制尺寸。标题和书面的注解应采用英语。

通常，所有的图纸都应采用同样的尺寸。所有的设计图纸的方向应与设备布置图相同，并应有一个总体平面图以标明它们对应的设备区域。设备布置图上应标注指北针。在图纸上应有详细的文字注解以便于快速的辨认和正确的理解。

b）设备管道图

此类图纸应包括温度和压力，所有的泵、阀门和仪器。管道图和单线管道平面图中应包含总体管道/管线路线以避免设备和电气干扰，并保证当单位需要服务和维护时的方便性。管道图和单线管道平面图应标明相互交叉的管道/管线以及承包商的管道/管线的终端。如有必要，承包商还应提供说明废物处理系统的图示和图纸。

c）设备电路图

此类型的图纸应包括标明电气设备（包括电机、控制器）位置的布局图，承包商提供项目中的电机列表，单线图、交互图和序列图。承包商所提供的详情应包括电缆主要路线。

d）设备仪器图

此类型的图纸应包括控制方案和仪表设备流程图，以及仪器和控制面板的总体布置。

附件 F　履约银行保函

致：联合国工业发展组织（ UNIDO）

奥地利维也纳 A-1220，Wagramer Strasse 5

鉴于（承包商的名称和地址）　（以下称“承包商”）承诺，按编号为（　　）日期为（　　）签订（合同名称和工程的简单描述）的合同（以下称为“合同”）；

鉴于 UNIDO 在上述合同中规定承包商应向 UNIDO 提供一个认可银行的银行保函，采用在此规定的金额，作为其遵守合同义务的保证；

以及鉴于我方同意向承包商出具上述银行保函；

因此，我方在此确认我方作为保证人，代表承包商向你方负责：

a）总金额为（保函金额）（用文字表示），从合同签署直到 UNIDO 对承包商依据合同 5.05 段（e）子段所提交的承包商的船运单据的接收之日，以及

b）总金额为（保函金额）（用文字表示），在从 UNIDO 接收上面 2）子段所提及的承包商船运单据之日，直到合同工程的接收证书注明日期后 12 个月。

上述金额按支付合同价格的货币类型和比例进行支付，我方承诺，在收到 UNIDO 的第一次书面要求，并不提出任何挑剔和争辩，向 UNIDO 支付任何在（保函金额）以内的金额，如前所述，不需贵方提供或出示任何要求上述金额的理由或原因。

我方在此允许 UNIDO 在向我方提出要求之前，不必首先向承包商对上述债务提出要求。

我方还同意，对于合同条款或将要实施的工程，或 UNIDO 和承包商之间可能制定的任何合同文件的任何更改、增加或其他修改，在任何情况下都不解除我方在此保函下的任何义务，我方在此放弃获得任何此类更改、增加或修改的通知的权利。

此保函将在承包商在我行的账户收到来自 UNIDO 的首笔付款的日期开始生效，并应在合同下工程的接收证书的日期后 12 个月之前保持完全有效。

保证人的签字和盖章

银行名称

地址

日期

9.1.2　国际通行的工程总承包合同范本清单

表 9-1 是当今世界上比较著名的合同格式范本。作为工程项目总承包商应当知晓、了解、熟悉、使用和了如指掌得心应手的运用，适时地组织培训。

合同格式范本　　表 9-1

合同格式范本
FIDIC (International Federation of Consulting Engineers) 国际咨询师工程师联合会范本
Silver Book-Conditions of Contract for EPC Turnkey Projects 1999 EPC 交钥匙项目合同条件　(99 版银皮书)
Yellow Book-Conditions of Contract for the Plant and Design-Build 1999 工程设备、设计和施工合同条件　(99 版黄皮书)
Orange Book-Conditions of Contract for Design-Build and Turnkey 1995 设计—建造与交钥匙工程合同条件　(95 版橘皮书)
NEC(New Engineering Contract) 英国土木工程师协会新合同条件
The Engineering and Construction Contract(ECC) 设计—建造合同
The Engineering and Construction Short Contract 设计—建造简明合同
The Engineering and Construction Subcontract Contract 设计—建造分包合同
EIC(European International Contractors) 欧洲国际承包商会合同范本
EIC White Book on BOT/PPP 2003 BOT/PPP 项目合同(03 版白皮书)
EIC Turnkey Contract 1994 交钥匙合同(94 版)
JCT(Joint Contract Tribunal) 英国联合合同审理委员会合同条件
Design and Build Contract(DB)2005 设计—建造合同(05 版)
AGC(The Associated Contractors of America) 美国承包商联合会合同范本
AGG 400 Series for Design-Build AGC 400 系列设计—建造合同
DBIA(The Design-Build Institure of America) 美国设计建造学会合同范本
520-Standard Form of Preliminary Agreement Between Owner and Design-Builder 业主与 DB 承包前期合约标准格式
525-Standard Form of Agreement Between Owner and Design-Builder 业主与 DB 承包合约标准格式
535-Standard Form of General Conditions of Contract Between Owner and Design-Builder 业主与 DB 承包一般合同条件
540-Standard Form of Agreement Between Design-Builder and Designer DB 承包商与设计商合约标准格式
550-Standard Form of Agreement Between Design-Builder and General Contractor DB 承包商与一般承包商合约标准格式
560-Standard Form of Agreement Between Design-Builder and Design-Builder Subcontractor DB 承包商与 DB 分包商合约标准格式
570-Standard Form of Agreement Between Design-Builder and Subcontractor(Where Subcontractor Does Not Provide Design Services) DB 承包商与分包商(不提供设计服务)合约标准格式
AIA(The America Institure of Architects) 美国建筑师学会合同范本
AIA A Series A 系列发包人与承包人之间的合约文件
ENAA(The Engineering Advancement Association of Japan) 日本工程学会合同范本
ENAA Model Form-International Contract for Process Plant Construction 1992 工艺厂房建设国际合同范本(92 版)
ENAA Model Form-International Contract for Power Plant Construction 1996 电力建设国际合同范本(96 版)
World Bank 世界银行合同范本
Supply and Installation of Plant and Equipment under Turnkty Contract(2005) 装置设备供货与安装交钥匙合同(05 版)

9.2 国内相关文件

9.2.1 中华人民共和国招标投标法目录

目录如图9-1所示。

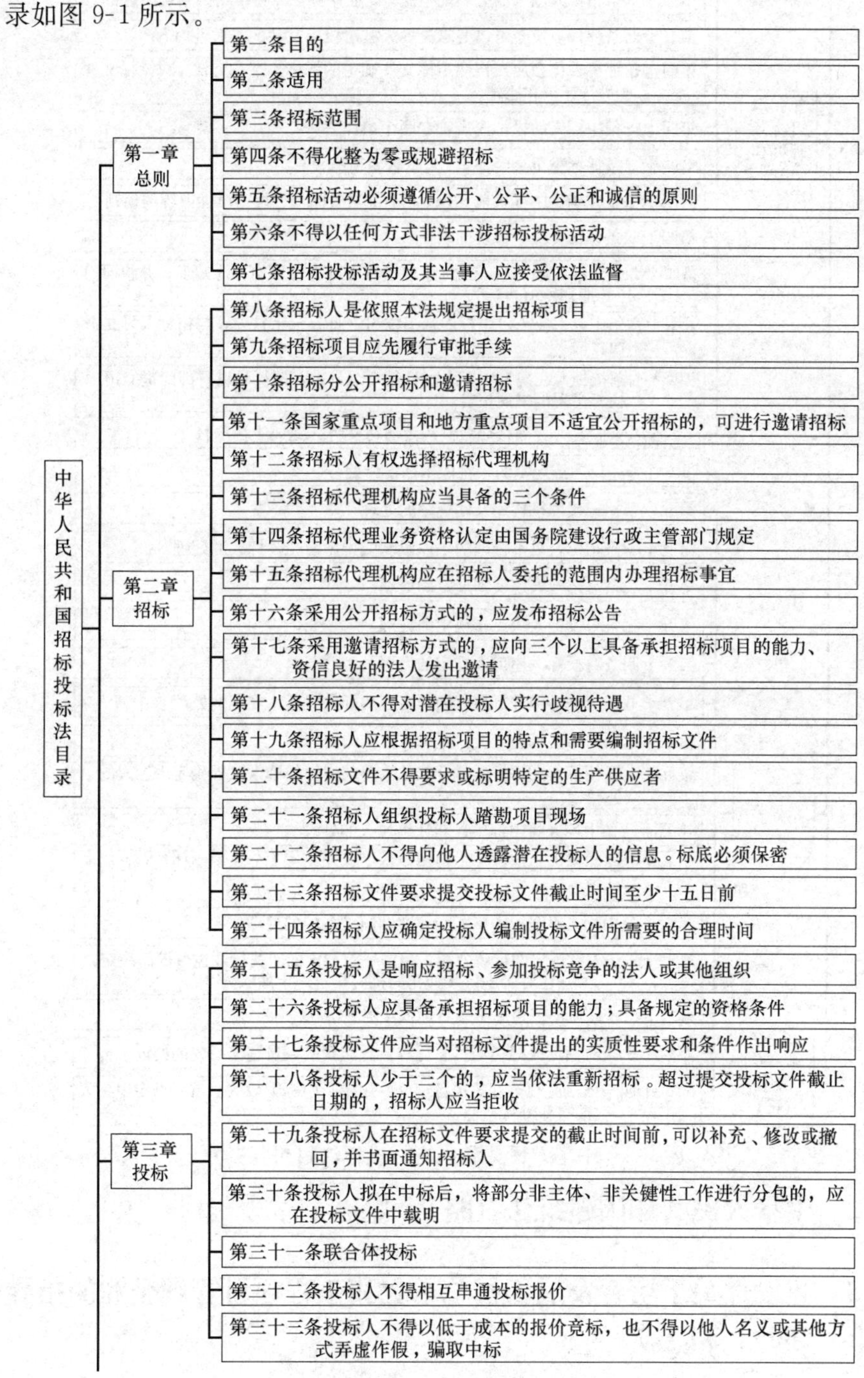

图9-1 中华人民共和国招标投标法目录（一）

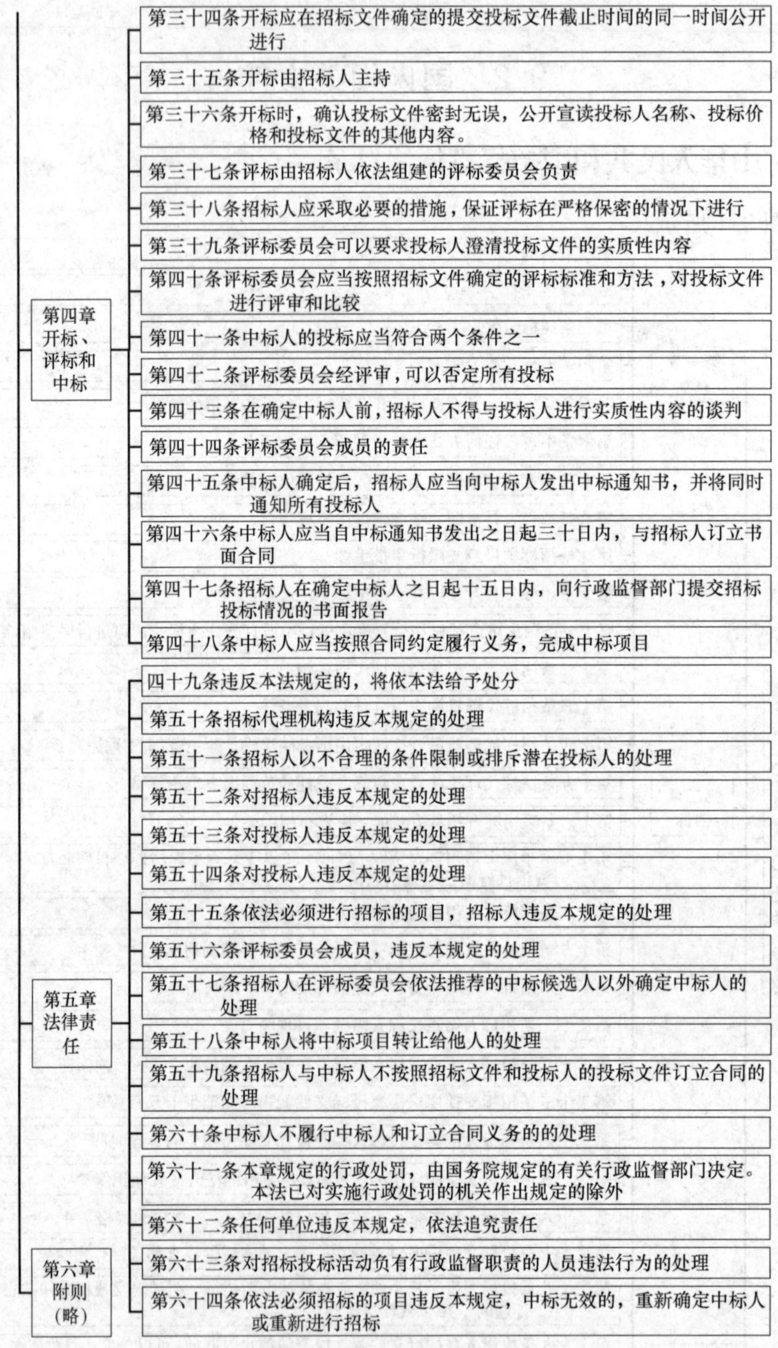

图 9-1　中华人民共和国招标投标法目录（二）

9.2.2　中华人民共和国建筑法（略）

9.2.3　建设部关于培育发展工程总承包和工程项目管理企业的指导意见（建市［2003］30 号）

各省、自治区建设厅，直辖市建委（规委），国务院有关部门建设司，总后基建营房部，新疆生产建设兵团建设局，中央管理的有关企业：

为了深化我国工程建设项目组织实施方式改革，培育发展专业化的工程总承包和工程项目管理企业，现提出指导意见如下：

一、推行工程总承包和工程项目管理的重要性和必要性

工程总承包和工程项目管理是国际通行的工程建设项目组织实施方式。积极推行工程总承包和工程项目管理，是深化我国工程建设项目组织实施方式改革，提高工程建设管理水平，保证工程质量和投资效益，规范建筑市场秩序的重要措施；是勘察、设计、施工、监理企业调整经营结构，增强综合实力，加快与国际工程承包和管理方式接轨，适应社会主义市场经济发展和加入世界贸易组织后新形势的必然要求；是贯彻党的十六大关于“走出去”的发展战略，积极开拓国际承包市场，带动我国技术、机电设备及工程材料的出口，促进劳务输出，提高我国企业国际竞争力的有效途径。

各级建设行政主管部门要统一思想，提高认识，采取有效措施，切实加强对工程总承包和工程项目管理活动的指导，及时总结经验，促进我国工程总承包和工程项目管理的健康发展。

二、工程总承包的基本概念和主要方式

（一）工程总承包是指从事工程总承包的企业（以下简称工程总承包企业）受业主委托，按照合同约定对工程项目的勘察、设计、采购、施工、试运行（竣工验收）等实行全过程或若干阶段的承包。

（二）工程总承包企业按照合同约定对工程项目的质量、工期、造价等向业主负责。工程总承包企业可依法将所承包工程中的部分工作发包给具有相应资质的分包企业；分包企业按照分包合同的约定对总承包企业负责。

（三）工程总承包的具体方式、工作内容和责任等，由业主与工程总承包企业在合同中约定。工程总承包主要有如下方式：

1. 设计、采购、施工（EPC）/交钥匙总承包

设计采购施工总承包是指工程总承包企业按照合同约定，承担工程项目的设计、采购、施工、试运行服务等工作，并对承包工程的质量、安全、工期、造价全面负责。

交钥匙总承包是设计采购施工总承包业务和责任的延伸，最终是向业主提交一个满足使用功能、具备使用条件的工程项目。

2. 设计—施工总承包（D-B）

设计—施工总承包是指工程总承包企业按照合同约定，承担工程项目设计和施工，并对承包工程的质量、安全、工期、造价全面负责。

根据工程项目的不同规模、类型和业主要求，工程总承包还可采用设计—采购总承包（E-P）、采购—施工总承包（P-C）等方式。

三、工程项目管理的基本概念和主要方式

（一）工程项目管理是指从事工程项目管理的企业（以下简称工程项目管理企业）受业主委托，按照合同约定，代表业主对工程项目的组织实施进行全过程或若干阶段的管理和服务。

（二）工程项目管理企业不直接与该工程项目的总承包企业或勘察、设计、供货、施工等企业签订合同，但可以按合同约定，协助业主与工程项目的总承包企业或勘察、设

计、供货、施工等企业签订合同，并受业主委托监督合同的履行。

（三）工程项目管理的具体方式及服务内容、权限、取费和责任等，由业主与工程项目管理企业在合同中约定。工程项目管理主要有如下方式：

1. 项目管理服务（PM）

项目管理服务是指工程项目管理企业按照合同约定，在工程项目决策阶段，为业主编制可行性研究报告，进行可行性分析和项目策划；在工程项目实施阶段，为业主提供招标代理、设计管理、采购管理、施工管理和试运行（竣工验收）等服务，代表业主对工程项目进行质量、安全、进度、费用、合同、信息等管理和控制。工程项目管理企业一般应按照合同约定承担相应的管理责任。

2. 项目管理承包（PMC）

项目管理承包是指工程项目管理企业按照合同约定，除完成项目管理服务（PM）的全部工作内容外，还可以负责完成合同约定的工程初步设计（基础工程设计）等工作。对于需要完成工程初步设计（基础工程设计）工作的工程项目管理企业，应当具有相应的工程设计资质。项目管理承包企业一般应当按照合同约定承担一定的管理风险和经济责任。

根据工程项目的不同规模、类型和业主要求，还可采用其他项目管理方式。

四、进一步推行工程总承包和工程项目管理的措施

（一）鼓励具有工程勘察、设计或施工总承包资质的勘察、设计和施工企业，通过改造和重组，建立与工程总承包业务相适应的组织机构、项目管理体系，充实项目管理专业人员，提高融资能力，发展成为具有设计、采购、施工（施工管理）综合功能的工程公司，在其勘察、设计或施工总承包资质等级许可的工程项目范围内开展工程总承包业务。

工程勘察、设计、施工企业也可以组成联合体对工程项目进行联合总承包。

（二）鼓励具有工程勘察、设计、施工、监理资质的企业，通过建立与工程项目管理业务相适应的组织机构、项目管理体系，充实项目管理专业人员，按照有关资质管理规定在其资质等级许可的工程项目范围内开展相应的工程项目管理业务。

（三）打破行业界限，允许工程勘察、设计、施工、监理等企业，按照有关规定申请取得其他相应资质。

（四）工程总承包企业可以接受业主委托，按照合同约定承担工程项目管理业务，但不应在同一个工程项目上同时承担工程总承包和工程项目管理业务，也不应与承担工程总承包或者工程项目管理业务的另一方企业有隶属关系或者其他利害关系。

（五）对于依法必须实行监理的工程项目，具有相应监理资质的工程项目管理企业受业主委托进行项目管理，业主可不再另行委托工程监理，该工程项目管理企业依法行使监理权利，承担监理责任；没有相应监理资质的工程项目管理企业受业主委托进行项目管理，业主应当委托监理。

（六）各级建设行政主管部门要加强与有关部门的协调，认真贯彻《国务院办公厅转发外经贸部等部门关于大力发展对外承包工程意见的通知》（国办发［2000］32号）精神，使有关融资、担保、税收等方面的政策落实到重点扶持发展的工程总承包企业和工程项目管理企业，增强其国际竞争实力，积极开拓国际市场。

鼓励大型设计、施工、监理等企业与国际大型工程公司以合资或合作的方式，组建国际型工程公司或项目管理公司，参加国际竞争。

（七）提倡具备条件的建设项目，采用工程总承包、工程项目管理方式组织建设。

鼓励有投融资能力的工程总承包企业，对具备条件的工程项目，根据业主的要求，按照建设—转让（BT）、建设－经营—转让（BOT）、建设—拥有—经营（BOO）、建设—拥有—经营—转让（BOOT）等方式组织实施。

（八）充分发挥行业协会和高等院校的作用，进一步开展工程总承包和工程项目管理的专业培训，培养工程总承包和工程项目管理的专业人才，适应国内外工程建设的市场需要。

有条件的行业协会、高等院校和企业等，要加强对工程总承包和工程项目管理的理论研究，开发工程项目管理软件，促进我国工程总承包和工程项目管理水平的提高。

（九）本指导意见自印发之日起实施。1992 年 11 月 17 日建设部颁布的《设计单位进行工程总承包资格管理的有关规定》（建设［1992］805 号）同时废止。

9.2.4　住房和城乡建设部、国家工商行政管理总局 制定《建设项目工程总承包合同示范文本 GF-2011-0216（试行）》（略）

9.3　附　　录

9.3.1　国际工程 EPC/T 交钥匙工程管理文件清单目录

这是一份让人深思，受之启发，使之以用，持续创新的 EPC 模式的工程项目总承包管理文件清单目录表（表 9-2～9-15），据不完全统计，大约有 259 项。它可以提供一个参考系，用于制作 EPC 模式的各项管理文件的提纲，也可以帮助 EPC 管理者的工作完备性和某些前瞻性问题的思考。

EPC 承包商投标管理　　表 9-2

序号	文件名称	序号	文件名称
1	EPC 承包商投标管理系统	9	保留金保函
2	投标申请与资格预审规定	10	雇主支付保函
3	项目投标工作程序	11	报价估算基础资料与数据
4	项目投标计划编制规定	12	技术建议书的编制规定
5	项目分包计划	13	商务建议书的编制规定
6	投标保函	14	合同谈判惯例规定
7	履约保函	15	风险备忘录编制规定
8	预付款保函	16	项目合同签署和授权规定

EPC 交钥匙工程项目组织机构及职责　　表 9-3

序号	文件名称	序号	文件名称
1	项目管理计划编制规定	9	施工部职能管理
2	项目执行计划编制规定	10	控制部职能管理
3	协调程序	11	质量部职能管理
4	项目组织机构设置	12	HSE 部职能管理
5	项目组织分解结构	13	财务部职能管理
6	行政管理部职能管理	14	试运行部职能管理
7	设计部职能管理	15	信息文控中心职能管理
8	采购部职能管理		

EPC 交钥匙工程项目设计管理 表 9-4

序号	文件名称	序号	文件名称
1	设计部的岗位设置	19	设计开工报告
2	项目设计经理的职责和主要任务	20	设计输入管理
3	专家组的职责和主要任务	21	设计输出管理
4	审查人的职责和主要任务	22	设计基础资料的管理
5	专业负责人的职责和主要任务	23	设计数据的管理
6	审定人的职责和主要任务	24	设计标准、规范的管理
7	审核人的职责和主要任务	25	项目设计统一规定
8	校对人的职责和主要任务	26	设计进度控制管理规定
9	设计人的职责和主要任务	27	设计费用控制管理规定
10	现场设计代表的职责和主要任务	28	设计文件会签管理规定
11	设计部与控制部的协调管理	29	设计评审管理
12	设计部与采购部的协调管理	30	设计验证管理
13	设计部与施工部的协调管理	31	设计确认管理
14	设计部与试运行部的协调管理	32	设计成品放行、交付和交付后的服务
15	设计部与 HSE 部的协调管理	33	设计变更管理
16	项目设计协调程序	34	设计材料请购文件编制规定
17	项目设计计划编制规定	35	设计文件控制程序
18	设计开工会议	36	设计完工报告编制固定

EPC 交钥匙工程项目采购管理 表 9-5

序号	文件名称	序号	文件名称
1	采购部的岗位设置	18	询价文件编制规定
2	项目采购经理的职责和主要任务	19	报价文件评审管理规定
3	采买工程师的职责和主要任务	20	供应商协调会议
4	催交工程师的职责和主要任务	21	采购合同格式和签约授权固定
5	检验工程师的职责和主要任务	22	供应商图纸资料管理规定
6	运输工程师的职责和主要任务	23	采买工作管理规定
7	中转站站长的职责和主要任务	24	当地采购管理规定
8	采购部与控制部的协调管理	25	催交工作管理规定
9	采购部施工部的协调管理	26	检验工作管理规定
10	采购部与试运行部的协调管理	27	驻厂监造管理规定
11	采购部与中心调度室的协调管理	28	运输工作管理规定
12	采购部与 HSE 部的协调管理	29	中转站管理规定
13	采购工作基本程序	30	不合格品控制管理规定
14	项目采购计划编制规定	31	剩余材料的管理规定
15	供应商选择的管理规定	32	甲方供材的管理规定
16	合格供应商管理规定	33	采购文件控制程序
17	采购说明书编制规定	34	采购完工报告编制规定

EPC 交钥匙工程项目施工管理 表 9-6

序号	文件名称	序号	文件名称
1	施工部的岗位设置	12	现场施工前的准备工作管理规定
2	项目施工经理的职责和主要任务	13	施工进度管理规定
3	工程管理工程师的职责和主要任务	14	施工费用管理规定
4	施工技术管理工程师的职责和主要任务	15	施工质量管理规定
5	现场材料管理工程师的职责和主要任务	16	施工 HSE 管理规定
6	施工部与控制部的协调管理	17	施工分包管理规定
7	施工部与试运行部的协调管理	18	现场设备材料的管理规定
8	施工部与 HSE 部的协调管理	19	施工变更管理规定
9	各阶段施工管理内容	20	施工文件控制程序
10	项目施工计划编制规定	21	施工完工报告编制规定
11	施工组织设计编制规定		

EPC交钥匙工程项目试运行与验收管理　　表9-7

序号	文件名称	序号	文件名称
1	试运行部的岗位设置	10	试运行准备工作规定
2	项目试运行经理的职责和主要任务	11	单机试运行管理规定
3	试运行工程师的职责和主要任务	12	中间交接管理规定
4	试运行培训工程师的职责和主要任务	13	联动试运行管理规定
5	试运行安全工程师的职责和主要任务	14	投料试运行管理规定
6	试运行服务管理规定	15	试运行文件控制程序
7	试运行计划编制规定	16	试运行完工报告编制规定
8	试运行方案编制规定	17	项目验收管理规定
9	培训服务管理规定		

EPC交钥匙工程项目进度管理　　表9-8

序号	文件名称	序号	文件名称
1	进度管理组织系统	11	施工进度测量程序
2	项目控制经理的职责和主要任务	12	进度趋势预测方法规定
3	进度控制工程师的职责和主要任务	13	项目进度偏差分析方法规定
4	项目工作分解结构程序	14	总体进度控制程序
5	进度计划分类规定	15	设计进度控制程序
6	进度计划汇总表	16	采购进度控制程序
7	进度计划管理程序	17	施工进度控制程序
8	进度计划编制规定	18	进度变更控制程序
9	设计进度测量程序	19	进度报告编制程序
10	采购进度测量程序	20	进度计划交叉历史数据

EPC交钥匙工程项目费用管理　　表9-9

序号	文件名称	序号	文件名称
1	费用管理组织系统	13	项目执行效果趋势预测方法规定
2	项目控制经理的职责和主要任务	14	费用趋势预测方法规定
3	费用控制工程师的职责和主要任务	15	项目费用偏差(CV)分析方法规定
4	项目估算编制规定	16	费用控制程序
5	费用估算组成规定	17	费用变更控制程序
6	估算评审程序和管理规定	18	费用报告编制程序
7	费用计划编制规定	19	结算管理程序
8	费用预算管理程序	20	预付款的申领程序
9	资金管理程序	21	工程进度款的申请程序
10	项目计划值(PV)编制规定	22	决算管理程序
11	项目赢得值(EV)测量规定	23	费用管理历史数据
12	项目实际费用(AC)记录规定		

EPC 交钥匙工程项目质量管理 表 9-10

序号	文件名称	序号	文件名称
1	质量管理组织系统	9	监视和测量装置控制程序
2	项目 HSE 经理的职责和主要任务	10	不合格品控制规定
3	质量管理工程师的职责和主要任务	11	质量事故处理规定
4	质量计划编制规定	12	纠正措施控制程序
5	质量文件控制规定	13	预防措施控制程序
6	数据分析控制规定	14	内部审核控制程序
7	物资采购控制程序	15	质量报告编制规定
8	产品的监视和测量控制程序		

EPC 交钥匙工程项目 HSE 管理 表 9-11

序号	文件名称	序号	文件名称
1	HSE 管理组织系统	10	试运行与验收阶段 HSE 管理规定
2	项目 HSE 经理的职责和主要任务	11	HSE 能力评价管理与培训规定
3	安全管理工程师的职责和主要任务	12	HSE 教育培训管理规定
4	健康管理工程师的职责和主要任务	13	HSE 风险评价规定
5	环保管理工程师的职责和主要任务	14	HSE 应急管理规定
6	HSE 专业常用标准及法规清单	15	HSE 事故处理规定
7	设计阶段 HSE 管理规定	16	HSE 纠正和预防措施管理规定
8	采购阶段 HSE 管理规定	17	HSE 文件控制规定
9	施工阶段 HSE 管理规定	18	HSE 报告编制规定

EPC 交钥匙工程项目分包管理 表 9-12

序号	文件名称	序号	文件名称
1	分包管理组织系统	6	采购分包管理程序
2	分包管理程序	7	施工分包管理程序
3	分包战略和规划	8	驻厂监造分包管理程序
4	分包管理合同	9	无损检测分包管理程序
5	设计分包管理程序	10	分包信息文控管理规定

EPC 交钥匙工程项目风险管理 表 9-13

序号	文件名称	序号	文件名称
1	风险管理组织系统	9	风险目录摘要
2	项目控制经理的职责和主要任务	10	风险评价程序
3	风险管理工程师的职责和主要任务	11	风险评价报告编制规定
4	风险管理工作程序	12	风险响应程序
5	风险管理计划编制规定	13	风险监控程序
6	风险识别程序	14	重要风险排序表
7	风险源排查表	15	保险管理工作程序
8	初步风险清单		

EPC交钥匙工程项目文控管理　　表9-14

序号	文件名称	序号	文件名称
1	信息文控管理组织系统	8	管理信息系统建立与维护程序
2	信息文控中心岗位设置	9	IT管理工作程序
3	信息文控工程师的职责和主要任务	10	文件控制程序
4	IT工程师的职责和主要任务	11	记录控制程序
5	信息文控管理程序	12	信函报告管理规定
6	信息文控管理计划编制规定	13	资料整理、归档管理规定
7	信息文控编码程序		

EPC交钥匙工程项目团队文化　　表9-15

序号	文件名称	序号	文件名称
1	团队文化建设组织系统	4	项目经理部中、高级管理人员手册
2	团队文化建设工作程序	5	项目经理部办公手册
3	项目经理部文化手册	6	项目经理部员工手册

9.3.2　浅谈工程总承包中的项目管理（土耳其TRACIM项目）①

土耳其TRACIM项目，作为天津水泥院有限公司在欧洲区域承揽的第一个EPC包项目（工程设计、全套设备供货、安装指导调试服务等），于2006年11月正式生效，2008年9月完成水泥磨的试车，2009年1月完成熟料线的试车，2009年9月通过整个生产线考核，得到业主颁发的临时接收证书（PAC）。2011年3月，项目通过质保期的考核，得到业主颁发的最终接收证书（FAC）。该项目在2010年分别获得了中国勘察设计协会授予的优秀工程总承包项目铜钥匙奖和国家建材协会颁发的优秀总承包项目一等奖。

TRACIM项目为一条日产5000t熟料的现代化水泥生产线，位于土耳其最大城市伊斯坦布尔西北部120km，地处欧洲区域，濒临爱琴海和黑海，距离保加利亚30km，投资方为土耳其的最大房地产开发商之一的SOYAK集团。在过去的几十年中，受地缘优势和文化的影响，土耳其的水泥工厂全部由欧洲的公司如F.L史密斯、KHD等建设，设备也全部产自于欧美一些发达国家。或许考虑到性价比等综合优势，经过前期的考察和艰苦的谈判，业主虽然把本项目交给我们中国公司来承建，成为第一家勇于"吃螃蟹"的土耳其公司。但实事求是地讲，建设初期业主对我们的项目执行能力、工程质量，特别是设备质量以及工厂性能考核指标能否实现等还是充满顾虑与怀疑的。

针对本项目的以上特点，无论是在项目前期的实施方案策划中，还是在项目执行的具体过程中，我们始终把业主满意和认可作为项目管理的最关键要素来进行重点关注和把握。笔者愿意结合该项目就项目管理谈一下自己的经验和体会。

9.3.2.1　工程总承包管理的基本原则

（1）采取最为有效的工程总承包管理的模式，实现项目质量和工期等综合目标，有效

① 天津工业设计研究院有限公司徐立新提供案例。

地节约工程成本，优质高效地完成业主交付的任务。

（2）负责工程总承包范围内自行组织实施项目的管理和对各分包商的工程质量、施工进度、施工安全等承担总包管理责任。

（3）统筹协调与工程建设有关各方关系，树立工程总包管理的核心地位，充分体现总包的管理地位和作用，并综合协商处理好与业主、监理、设计以及各专业分包商、指定分包商之间相互关系，理顺管理程序。

（4）履行工程总承包协调、服务、监督职能，各施工单位应服从总承包的施工安排和进度安排。总承包应对各施工单位的人、机、料、法、环进行监督和管理，特别是工序穿插和施工程序要合理安排，将专业间的矛盾和干扰降到最低。

（5）按照工程总承包的要求，各分包商建立工程、技术、质量、安全及文明施工等管理体系，总包将其纳入业务系统管理，并检查、督促其正常运行。

（6）工程总承包管理具有严密性、科学性、程序性和针对性。

9.3.2.2　组建一支知识型、管理型的项目团队

天津水泥院有限公司的总承包项目管理模式是一种矩阵式的管理模式。由工程管理部向公司提名，总经理任命本项目的项目经理。项目经理负责组建项目经理部，项目经理部的管理人员分别来自工程管理部、采购部、设计管理部、后期服务部及其他专业生产室。

项目经理作为院法定代表人在本工程项目上的全权委托代理人，代表公司行使并承担工程承包合同中承包方的权利和义务。

设计经理在项目经理领导下，负责组织、指导和协调项目的设计管理和技术人员驻厂工作，处理设计问题或技术问题。

采购经理在项目经理领导下，组织编制采购计划、组织协调项目的采购（分包）管理工作，对采购（分包）工作的进度、费用和质量负责。

调试经理在项目经理领导下，负责组织项目的培训、现场安装指导，调试和性能考核、验收等工作。

完成一个总承包项目，完善的项目组织结构是必要条件，但不同岗位的人员能力能否满足其岗位职责要求也是一个非常重要的因素。在土耳其项目的管理团队人员配备上，有以下几个特点：

（1）年轻而有朝气。我们的项目团队，平均年龄大约 35 岁，有很多人第一次接触总承包业务，谈不上经验的丰富。但也正是这支团队，大家在项目部这个临时家庭里，互相帮助，精诚团结，有共同的项目愿景，希望用自己的辛勤汗水把项目建设成为我公司，乃至中国水泥工程业在欧洲发达地区建设水泥工厂的示范项目。

（2）强烈的责任心。项目管理，特别质量控制管理，在管理理念和思路正确的情况下，更多的是每天处理大量的具体工作来实现项目各阶段、各环节的目标控制。回顾土耳其项目的执行，在每个关键项目环节的把握和各种困难的处理过程中，无不体现了项目部成员强烈工作责任心。

（3）专业知识和工作能力的互补性。总承包的项目管理，带有很强的技术性，有时单靠工作努力和热情无法解决问题，还需要很好的专业知识和工作能力作为支撑。在我们项目团队中，大多成员都具有工程设计背景，具有较强的专业知识并具备解决具体技术问题的能刀。但是，项目许多重大问题的顺利处理和解决更多取决于一个团队的智慧，是大家群策群力、互相帮助的结果。

9.3.2.3 做好项目前期的策划

所谓项目管理，就是在合同约定的时间内用一定的成本来完成合同约定的项目内容和目标。以上简单注释，其实就定义了质量、成本和费用这三大项目管理的控制要素。当然，结合现代项目管理的特点，许多专家把风险和安全管理也作为非常重要的控制要素。同时，项目管理作为管理学的一个分支，其也必将遵循计划、组织、领导和控制的管理步骤和程序。

(1) 项目前期的策划（也就是项目计划）最重要，往往是一个项目最终成败的关键。它首先需要建立在研究合同并与业主、海外市场部、技术部、费用控制部等充分沟通基础上，找出项目的关键点和控制难点，经过认真地合同评价与风险分析，编制出可操作的项目实施细则，包括进度计划、质量控制计划、成本控制计划、人员组成计划等。好的项目策划，确实可以起到事半功倍的作用与价值。对土耳其项目，经过合同分析并与业主的交流，我们发现一些项目难点和重点必须引起高度关注并尽快加以解决，否则项目执行会走进“死胡同”主要是合同中约定的土建设计标准为DIN标准，该标准对于我公司而言没有任何的经验，如何开展此项工作？

(2) 项目的钢结构（大约5000t）由当地公司制造，对制造图纸的深度要求与国内常规设计有很大区别。如何完成？

(3) 如何打消业主对中国产品质量的不稳定性的质疑，中国设备的安装资料不完整这一通病如何加以解决？项目所在地遵循欧盟的一些质量标准，所有机电设备必须经CE认证，如何解决？

(4) 合同中的主要生产线考核指标和设备的主要技术参数如何保证？以上看似几个简单的问题，但确确实实非常关键。有些问题的解决需要增加项目成本并影响项目工期，如CE认证问题和图纸深度问题。有些问题，像涉及土建设计标准问题，必须与业主讨论出双方可以接受的方案。否则，项目的后续执行根本无法保证应对以上这些突出问题，我们在项目的前期策划过程中全面分析、认真研究、充分讨论，在编制项目计划过程中制定了可能遇到的具体问题的处理预案和措施，从而确保了项目的执行基本上按照预定的轨迹推进。

9.3.2.4 加强项目执行过程中的控制

对于工程总包项目，必然涉及总包项目中承包商利益的问题。项目经理作为代表，责无旁贷需要代表总包商和业主去争取利益最大化，因为这是他的责任和义务。但反过来讲，在涉及维护业主的利益，包括质量控制、进度控制等，项目经理有时又需要承担“业主代表”的一个角色，主动去配合业主发现并解决一些问题。

在项目执行过程中，我们的专业经理和具体成员在项目的设计、采购、设备监造、现场服务等控制环节做了很多工作，包括许多问题都是属于对隐形缺陷的处理，主动帮助业主发现并解决了很多实际问题。

业主为了保证合同的质量控制，在设计方面聘请了咨询公司进行把关，在设备制造方面聘请了第三方质检公司。但随着项目的有序推进和互相的熟悉与了解，从项目执行的中后期开始各方保持了很高的工作效率和默契的配合。

9.3.2.5 加强与业主的沟通

没有人怀疑在项目执行过程中与业主沟通的重要性。但如何通过与业主有效沟通达到预期的效果却实在是件不容易的事。沟通带有很强的技巧性，不同的业主有不同的文化背景，沟通方式不同有时会带来截然不同的效果。

土耳其地跨欧亚大陆，是一个典型东西方文化的汇集地。土耳其近百年来受西方文化的影响很大工作中非常严谨，项目管理手段比较先进，对产品质量，特别是质量过程控制非常关注，但同时因为其民族起源于中国西北部的游牧民族，受中国传统文化的影响，其也保留了热情、友好、忧患意识强烈、敏感的性格特点。

鉴于此，我们在与业主的沟通过程中，有意识的注意了以下两点：

(1) 在感情沟通上要真诚。我们中国公司在国外做总包项目，一方面希望通过项目的成功展现中国公司的整体实力，达到预期的经济效益，但另一方面项目本身也承载着中国文化与其他文化的交流和融合，即所谓的社会效益。项目执行期间，通过双方项目团队之间、双方公司之间的不断交流与沟通，使业主或其他更多国外用户逐渐了解并认可中国文化和中国产品，这也应该是一支合格项目团队的重要使命。关于如何做好与业主沟通，我们没有自己的经验，但觉得中国古代的先哲们已经为我们总结了许多经典的准则，如“礼为先，和为贵”，“己所不欲，勿施于人”，“表里如一”等。一旦对这些优秀的传统文化我们深刻理解并加以应用，每个人都会变成沟通“大家”。

(2) 业务沟通过程中要严谨、专业化。业务的沟通与交流，不同于感情和其他交流，必须做到以理服人，让业主充分体会到我们的专业知识能力和工作的严谨性，才能达到预期的效果。例如，在我们原始合同中，土建设计的标准为 DIN 标准，但我公司从未研究过该标准，更谈不上利用该标准开展工程设计。如何解决这个棘手的问题？如果解决不好甚至可能造成项目无法继续进行而被迫中止。困难面前，我们的项目技术团队没有退缩，而是迎难而上。我们认为，作为土建结构设计，其模型和计算方法对各种标准和规范而言应该是一致的，而不同点应该体现在不同国家对一些安全因素的考虑不太一致，而在计算方法时对一些安全参数的选取不同。我公司虽然对 DIN 标准不太了解，但对美国规范曾经做过比较细致的研究，能否和业主沟通，利用美国规范来代替 DIN 标准？基于以上思路，我们和业主进行了大量的沟通，对一些典型的车间利用不同规范进行反复计算和比较，最终大家形成一致的意见：本项目利用美国规范开展设计是可行的咨询公司可以完成审核并可以通过当地政府部门的审批，为项目执行扫清了一大障碍。项目执行过程中，类似以上的示例很多，经过我们的努力基本都达到了预期效果。

9.3.2.6 充分利用企业和社会资源

总承包项目的执行效果，绝对不会是一个项目团队的几个人能力所能左右的。作为一个合格的项目团队，它必须学会利用企业资源和社会资源做为项目支撑。

在土耳其项目执行过程中，两件事情给我们留下很深的印象和启示。第一件是设备质量检查，因为我公司没有非常专业的质检人员，只能完成一些外观、尺寸检查等常规检测，与业主的要求有很大差距，项目初期因为质检不到位而出现了部分设备返工的现象，极大影响了项目的计划工期。鉴于此，项目部统一了认识，专业化的工作必须交给那些专业化的公司去完成，在其他部门的配合下，聘请了一家国内的权威质检公司完成本项目关键设备的全部质检工作。这家公司的介入，极大地改变了项目的不利局面，其先进的检测仪器、专业化的检测手段，发现并暴露了许多前期没有发现的问题，使我们及时进行整改。该公司规范的检查报告、权威的检查资质也获得了业主的充分信任，极大地缩短了设备出厂前的最终检验程序和时间。

第二件是本项目的钢结构（约5000t）按照合同要求，交由土耳其当地的施工单位完成现场制造，但图纸由我公司设计，当地公司受其经验限制，对图纸的要求非常苛刻，要求我们必须画出零件详图并附上完整的材料表，这与我们其他项目的要求截然不同。按照项目的工期要求和我公司的人力资源状态，在合同约定时间内根本不可能完成以上任务。为此，我们借助网络做了大量调研工作，终于从天津周边发现了一家合作伙伴，这家公司是一家专业的钢结构设计和制造公司，曾完成至中客车中国组装车间的整体钢结构设计和制造工作，拥有目前中国最先进的钢结构设计软件程序。“他山之石，可以攻玉”，在双方的配合之下，我们原来认为无法攻克的难题，一个多月的时间便迎刃而解了。

对总承包项目管理而言，我们永远不能奢望项目团队涵盖所有的资源，如何调配好有限的项目资源，如何充分利用好企业资源和相关的社会资源应该是项目管理者始终认真思考的课题。

9.3.2.7 平衡项目管理各要素的关系

当研究项目管理的几大要素时，我们会发现它们之间必须是相对平衡的。过分突出一点，或者只是把握一点往往会影响项目整体目标的实现。举例而言，项目质量管理是非常重要的工作，但过高的质量控制要求会增加项目的成本、延长项目周期作为代价，而且一旦后两者超出平衡点，其结果对项目整体而言也是灾难性的。因此，在如何把握以上要素间的关系时，我们考虑以下三点：

（1）一切控制点和要素的确定要基于合同要求。在项目执行过程中，业主往往希望用最低廉的价格，买世界上最好的产品，而且在最短的时间内完成项目任务，因此有时他们的要求是无理并无法实现的。面对这种情况，我们必须不受干扰，以合同为依据，在项目整体计划可以基本保证的前提下与业主进行沟通或适当调整。

（2）控制点和控制要素随着工程不同阶段要进行调整。对于项目前期、中期和后期的执行，项目团队的重点工作应该是项目计划的纠偏和调整过程，找出不同阶段制约项目推进的重点问题，然后采取适当的措施去加以改正。比如，项目前期，与业主正处于磨合阶段，对质量控制体系的沟通，建立一种团队的互信最为重要，在这个阶段过分强调进度从而忽视质量要求往往会造成大量的重复工作，得不偿失。再比如，项目执行后期，双方团队都将承受巨大的进度压力，为了实现项目试车目标，在整体设备性能可以保证的前提下，安装过程中的质量缺陷灵活处理，包括让步接收等也是一些必不可少的手段，否则项目目标也会难以实现。

（3）对项目要素的控制难点要有前瞻性和必要的预案。在我们项目执行过程中，受内部环境和资源的限制，有些要素的控制是难度非常大的。举例而言，土耳其项目的安装是由当地公司完成，它们非常习惯于欧洲公司的产品安装，详尽的安装图纸和说明书使它们工作起来得心应手，为此业主对我们也提出了类似的要求。对于我们而言，这个问题非常重要，因为设备安装质量今后会直接影响设备的使用性能，对项目的考核至关重要，业主的要求是合理的。但业主的要求同时也非常难处理，因为中国制造公司忽视产品软件（包括文件、资料等）的习惯根深蒂固，根本不是我们项目部提出要求便在一个项目上可以根本解决的。鉴于此，我们决定尊重事实和差距，在现场安装指导这一环节下功夫，提前准备了一支经验丰富、专业齐全、业务熟练的技术人员队伍下现场，为安装公司提供面对面、点对点的技术服务。以上措施虽然造成现场费用适当增加，但从根本上解决了控制难点，保证了安装工作的顺利进行，排查了许多安装过程中的设备隐患，从而为后续的调试服务创造了便利条件，同时也获得了业主和安装公司的理解与尊重。

以上几点是结合执行土耳其总承包项目，笔者就项目管理的粗浅体会，供业内同行们参考。

案例简析

案例简析如图9-2所示。此例抓住EPC工程总承包中的重点、焦点、难点、爆冷点等，结合总承包项目管理实际，进行了针对性的剖析。

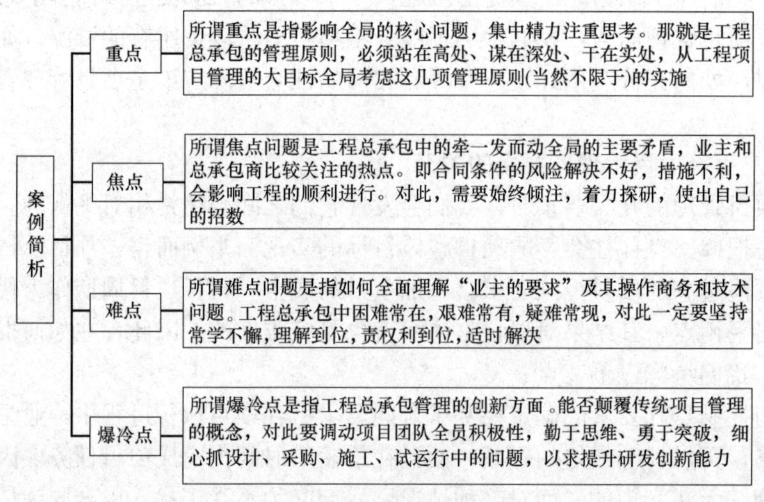

图9-2　案例简析

9.3.3　科学方法论与工程管理创新及简析①

科学方法论是关于科学的一般研究方法的理论，探索方法的一般结构，阐述它们的发展趋势和方向，以及科学研究中各种方法的相互关系问题。

在工程管理中应用比较广泛的，如工程控制论方法、信息论方法、工程系统论方法等，促进了方法论研究的高度发展。

科学方法论越来越显示出它在工程管理学认识中确立新的研究方向、探索各部门的新生长点、提示科学思维的基本原理和形式的作用。唯物辩证法是从人类的实践中总结和概括出来的正确的哲学方法，是科学研究的普遍的方法论。它对自然科学的一般研究方法起指导作用，并将随着科学实践的发展而发展。

科学的创新，常常伴随着方法的创新；方法的创造，常常是知识创新的关键。没有创新的方法，就没有人类所创造的一切。人类的一切创新，都是一定方法的实现。创造需要勇气，也需要方法。我们在工程管理学中，运用了具体可操作的研究的方法，这就是常用

① 中国国际工程咨询公司 刘波、黄孚佑提供。

的分析法、归纳法、综合法与演绎法等。

9.3.3.1 工程管理创新是实践科学发展观的重要方向

当今时代，科学发展已成为具有历史高度、全球角度的战略思想。在环境与资源的压力同步增长的环境中，科学发展必然要依靠科学技术的进步与创新，而科学发展的理念也会进一步加快科学技术的创新步伐，进入经济和社会发展的新阶段。

党的十六大以来，中央提出了“科学发展观”的战略思想。党的十七大明确了“科学发展观”的重要地位与作用，开启了一个学习、实践科学发展观的历史进程。

我国是以投资建设为主要推动力的发展中国家，投资的规模巨大，投资的结构和效益直接影响到国民经济和社会的持续发展，指导投资建设的工程管理体系因此有着非常重要的地位与作用。所以，按科学发展观要求，创新工程管理的理论和方法，是在经济建设实践中深入贯彻落实科学发展观的必然途径和重要的组成部分。

9.3.3.2 以科学方法论为基础，争取工程管理的创新

科学发展观是科学的认识论和方法论，在经济建设领域实现科学发展应该从实践出发，在实践中得到体现和验证。所以，以科学发展的方法论为依据和出发点，实现理论的创新与应用是工程管理创新的主要方向、内容和目标。但方法论绝不是具体方法的集合和简单叠加，而是依托长期实践、经过高度的理论升华形成的基本理论。随着科学方法论的不断完善，现代的科学技术特别是工程科学正在快速发展，工程科学在大规模应用的过程中，逐渐超越自然科学的范畴，融合社会、人文、管理、政治等学科因素，逐步成为一个完整的科学学科，并通过投资建设转化为巨大的生产力，影响和决定着人类、社会、环境、经济、文化的快速、持续发展。

在工程科学的体系构成中，相对于工程技术的成熟与稳定，工程管理的理论、方法仍处于不断地发展和完善中，工程管理的创新将带动工程科学的跨越式发展。科学发展观从发展理念的高度指出了工程管理的创新方向；从社会、环境和经济结构的系统角度提出了协调、持续发展的要求。

9.3.3.3 工程科学与工程管理的发展

伴随着科学技术的研究、应用历程，人类改造自然、创造财富的能力也在快速提高。大规模的工程建设体现了这种生产力的发展程度，也成为社会发展的主要标志。同时，工程实践的积累也进一步促进了科学理论与方法的发展，随着工程建设规模的不断扩大，工程项目专业程度的不断提高，科学技术的应用内涵也不断丰富，逐渐演变为以工程技术为最新阶段的自然科学体系。科学技术的理论、方法不断完善，经历了从基础科学、技术科学到工程科学的层次性发展，逐步形成了目前的自然科学体系。

工程科学是现代科学技术在经济建设中的全面、综合应用，是科学技术发展的标志性阶段，也是自然科学与管理科学、社会科学交叉、融合的重要领域。

工程管理涉及管理科学和社会科学的诸多领域，同时必须形成与工程技术的有效结合，并可能在不同的经济体制和历史时期中，呈现不同的实际效果。所以，工程管理的技术理论目前仍处于一个不断发展、期待创新的阶段。以理论的创新、发展带动工程管理水平的提高，是落实科学发展观，推动投资建设领域全面、均衡、持续发展的关键途径。

工程管理技术可以大致分为宏观管理和微观管理两个层面。宏观管理主要针对工程建设和自然、社会、宏观经济的关系，寻求、揭示工程建设的外在规律，并提出相应的应对

方法和政策措施，宏观管理还要关注工程项目之间的协调、结构关系，关注重大项目的决策和过程的监管。宏观管理技术的主要形式有法律、政策、区域和行业的监管等。微观管理主要包括具体项目的项目管理和项目过程的咨询，主要从方法理论的研究和应用角度，从提高执行力的角度，对工程项目的实施过程进行控制、评价和组织监督。微观管理的主要形式为市场化的专业服务形式，在国内外以往的实践中，微观管理主要关注于提高具体项目的投资收益、减少建设风险。

9.3.3.4 工程管理创新的方向与途径

根据科学发展的思想和工程管理技术的发展趋势，未来的工程管理理念可以概括为三点：

(1) 将不仅仅局限于项目的效益与风险，还应兼顾项目与社会、环境的辩证关系。

(2) 微观管理不仅仅局限于项目的实施过程，还要扩展到项目的外部和相关的环境中，从传统的刚性管理发展为辩证的柔性治理。

(3) 形成完整、量化的方法理论体系，从难以重现的“精英管理”模式转变为结构化的“制度管理”模式。

在工程科学的范畴中，工程技术和工程管理技术的构成与关系可以由图 9-3 描述。

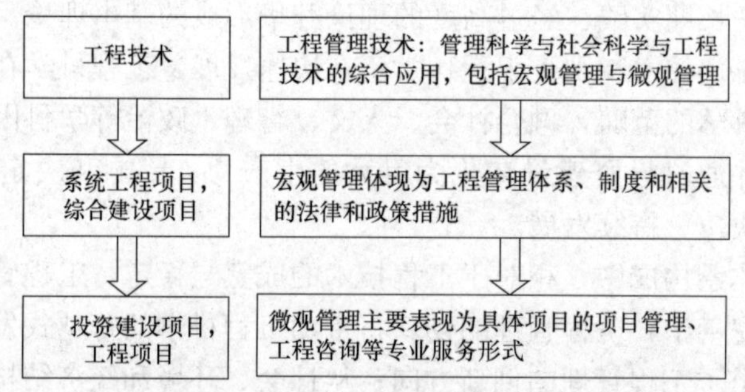

图 9-3 工程科学中工程技术和工程管理技术的构成关系

9.3.3.5 科学方法论在工程管理创新中的应用

科学方法论是关于科学的一般研究方法的理论，探索方法的一般结构，阐述它们的发展趋势和方向，以及科学实践中各种方法的相互关系问题。20 世纪随着自然科学的发展出现了许多新的方法理论，如控制论方法、信息方法、系统方法等，促进了方法论研究的高度发展。科学方法论进一步显示出它在科学认识中确立新的研究方向、发展规律，提示科学思维的基本原理和形式的作用，并以方法论的理论研究为基础，形成了现代工程科学的体系结构。

在工程科学的形成过程中，实践的需求和方法论的研究、应用支持了这一学科的不断发展，并在微观管理领域中，通过对产生技术方法的规律、标准和工具等的理论提升，逐渐形成了“方法体系”的研究与应用。

方法体系从词义可以简单解释为“产生方法的方法（平台）”。到目前为止的工程管理领域，对于方法体系的研究和应用仍比较薄弱，以一种普遍的现象为例，人们学到的项目管理知识难以在实践中直接应用，或者表现为项目经理们在不同的项目实践中的差异较大。在科学研究领域，不能得到重复结果的过程往往意味着理论方法的缺陷，并认为这是判断“科学理论”的基本标准之一。对于项目管理这类以实践应用为主的学科，缺少方法体系将难以形成一个完整、可操作的理论体系框架。

我们认为，研究、建立和推广工程管理中的方法体系，应是实践科学发展观、实现工程管理创新的过程中必须解决的重要课题。

案例简析

此篇从理论到实践提出来对各类工程管理一个普遍的共性重要课题，即从科学方法论出发，精心集撰给我们以“言性与天道”（论语）的启迪。读后颇感此文不依门傍户，依样葫芦者，非流俗之士，则经学问之道。

“所谓科学方法，實即吾人普通思想之方法之较认真、较精确者，非有若何奇妙也。”“科学的方法是逻辑的、理智的；哲学之方法，是直觉的，反理智的。其实凡所谓直觉、顿悟、神秘经验等，虽有甚高的价值，但不必以之混入哲学方法之内。”（冯友兰语）

工程管理的主题创新必要采用科学方法论。科学方法论中的逻辑性和理智性，必能支撑包括EPC工程总承包项目在内的管理创新之路。这在我国“子学时代”早有独到见解。荀子所谓“其持之有故，其言之成理”。所谓“义理之学”比比皆是，盖过西洋。如魏晋人的所谓“玄学”，宋明人的所谓“道学”，清人的所谓“义理之学”，亦有其方法论，即“为学之方”，很值得认认真真一学一研一用。

EPC工程总承包项目下，创意创新的空间非常巨大，自项目信息始，包括项目决策、投标报价、设计采购施工试运行、合同管理、工程现场管理、工程项目管理等，都前瞻性、潜在性地存在着用科学方法论等现代化方式，进行创新研制、试验和试行及其实践 。遵循国际规则和国际惯例，求得比较准确的工程总承包的规律性 科学性，使EPC工程总承包项目的效益最大化、最佳化，以显现EPC模式的初衷和它的最大作用。

9.3.4 价值工程在EPC项目中的应用研究及简析①

目前国内工程管理界对于真正价值工程的理解还仅仅局限于国内，没有走出国门到真正的国际化。所以很多国内施工专家去进行国际项目管理时，思想上还不能完全适应价值工程（优化设计、深化设计）。价值工程是给我国建筑承包商走出国门、走向世界必须经历的第一课。

国内很多图集（比如GB101）的存在及设计的规范存在，一方面为我们的施工提供了依据，同时也限制了我们的思想，没有发掘出广大建筑承包商的潜能和价值工程（优化设计、深化设计）。这是我们国家的历史问题，以后会随着我们国家的国际化交流和合作，逐渐地进行完善。价值工程（优化设计、深化设计）的程序化、专业化、标准化、国际化的解决，会为我们未来建筑承包商在海外工程的施工提供宝贵的借鉴意义。

9.3.4.1 国际项目的合同格式及设计分类

国际项目的合同格式主要有《施工合同条件》、《生产设备和设计-施工合同条件》、《设计采购施工（EPC）/交钥匙工程合同条件》和《简明合同格式》四种合同格式。本文

① 中建股份有限公司海外事业部 李健、王力尚、朱建潮等文。

主要介绍《设计采购施工（EPC，Engineering＋ Procurement＋ Construction)/交钥匙工程合同条件》，这种方式项目的最终价格和要求的工期具有更大程度的确定性，由承包商承担项目的设计和实施的全部职责，雇主介入很少。交钥匙工程的通常情况是，由承包商进行全部设计、采购和施工（EPC)，提供一个配备完善的设施，“转动钥匙”即可运行。

9.3.4.2 国际 EPC 项目的设计内容和过程

根据 FIDIC 合同条款，真正意义上的 EPC 工程应是由总承包商全权负责设计、采购、施工，包括施工过程中的监理工作，业主介入很少，但目前国际市场上的情形有所不同，大多数业主采用不完全的 EPC 概念，比如将监理的工作合同由业主直接签订，还有业主雇用了一个设计公司，做了前期设计，到了某一个阶段，再将设计转到承包商名下，由承包商继续完成设计，往往是边设计，边施工，以节省时间。EPC 项目合同形式也因业主不同而千变万化。

从项目的整个建设周期讲，EPC 项目设计一般分为 3 个设计阶段，分别是概念设计阶段（Concept Design)、初步设计阶段（Preliminary Design)、详细设计阶段（Detail Design)。施工图设计（Shop drawing）与详细设计（Detail Design）仅差一步之遥，EPC 项目执行时，这两个工作可以合在一起，作为一个阶段工作完成。在每一个阶段，都有代表性的设计成果，即图纸/文件/规范的完成。据统计，初步设计阶段对项目成本的影响可达 75％～95％，施工图设计阶段对项目成本的影响则下降到 5％～25％。设计的质量和水平，关系到资源配置是否合理，建设质量的优劣和投资效益的高低。因此，EPC 项目实施的成功与否，很大程度上取决于设计是否成功。

EPC 项目的设计过程是连续的、渐进的，从概念设计到详细施工图设计的过程是逐步深化和细化的，前一阶段的工作成果通常是后一阶段的输入条件，只能深化而不能否定，否则就要导致设计的返工。EPC 总承包商开展设计工作时必须搞清楚 EPC 总承包项目的设计是从哪个设计阶段开始设计的，避免出现大的返工。EPC 项目设计阶段的划分不是整齐统一的，不同的业主对不同设计阶段的设计内容和设计深度有不同的要求。但原则上，对有需要当地政府有关部门审批的阶段设计，其深度与要求应按照该部门的规定。

9.3.4.3 价值工程的概念

追根溯源，价值工程是英语单词 Value Engineering 翻译过来的，其原意就是在工程建设领域，通过建设项目工程的重新设计，使项目的建造成本降低到最低。这与大家仅仅从字面意思上的理解是有很大差异的。由于翻译的问题，我们中国建筑承包商对价值工程（Value Engineering）的理解还有一定的差异。还有一个重要问题就是我们国内的体制，设计单位和建筑承包商是分离的，每一个现场工程师大概都有一个思想误区，照图施工，完全没有一个深化设计和优化设计的概念。

9.3.4.4 价值工程在 EPC 项目的作用

EPC 项目的实施过程中，由于总承包商承担了全部设计的责任，合约上来讲这是权利与义务的结合。义务方面，不言而喻，总承包商有 100％的义务与责任向业主提供所要求的产品，所以总承包商在设计过程中，一定要贯彻“业主要求”，了解与界定这个要求非常重要。俗话说，“一分钱，一分货”，就是这个道理。这个道理对于 EPC 承包商而言十分重要，因为假如不明白业主的要求，执行过程中就会产生很多不必要的误解，甚至争论。这与传统的建造项目有很大的不同，传统施工项目，承包商按设计的图纸和文件报价，业主的要求已通过设计表达得十分清晰，争论就较少。

另一方面，EPC 总承包商在设计方面应享受其权利。这个“权利”，我们可以将其当作“价值工程”来理解。承包商可以通过“优化设计”，在满足业主需要的前提下，进行效益与利益的最优化。比如，承包商可以将其施工方面的经验直接放入设计中，使设计服务于施工的高效与低成本要求。

如，我们做了一个 Design & Build 的项目，在地下室围护桩的设计时，设计人员想采用混凝土连续桩（Secant Pile)，但是我们经过对土质报告的分析及对周围类似工程的实地考察，发现一层地下室采用 H 型钢桩与预制混凝土板的围护桩形式，经济又方便，H 型钢桩还可以循环利用。结果，这种围护桩设计被采纳，工期与造价都明显下降，起到了多赢的效果。这就是价值工程带来的好处。

9.3.4.5　EPC 项目中的价值工程程序

我们将 EPC 总设计公司定义为设计公司 A，而将优化设计公司命名为设计公司 B（有时候，A 与 B 可以为同一家设计公司），我们假定这是两家不同的设计公司。价值工程的全过程应与 EPC 设计过程同时穿插进行，我们将其分为初步优化设计与详细优化设计两个阶段（图 9-4），过程如下：

（1）初步优化阶段

在设计公司 A 的图纸进行到初步设计阶段末期或结束后，总承包商聘请一家有资质的设计公司 B 作为优化设计公司，总承包商与 B 一起商讨优化方案，由 B 将初始优化设计方案上报总承包商，由承包商审核后，将优化的建议反馈给 A。A 根据总承包商提供的优化建议，修改设计图纸，将修改后的图纸上报总承包商，这就是价值工程实施的初步优化阶段。

（2）详细优化阶段

设计公司 A 继续下一个阶段的设计——详细设计。在设计进行到详细设计阶段末期或初步结束后，设计公司 B 再一次与总承包商一起对设计公司 A 的详细设计图进行审查，并提出优化建议，由设计公司 A 最后将合理的优化建议放在设计里面，形成可以上报的图纸。在需要政府部门批准的情况下，A 将最终设计图纸上报给当地政府相关部门进行审批，政府管理部门审核无误后，将批准的设计图纸交给 A。最后，总承包商将批准的设计图纸上报给业主备案并发送现场施工。如果不需要政府部门批准，则总承包商直接将最终设计图上报业主备案并发送现场施工。这就是价值工程实施的最终优化过程。

9.3.4.6　总结

价值工程作为一门系统性、交叉性的管理科学技术，它是以功能创新作为核心，实现经济效益作为目标，寻找出工程建设项目中重点改进的研究对象，再创新优化，提高建设项目的整体价值，将技术、经济与经营管理三者紧密结合的方法。

通过大量的研究调查表明，工程建设项目的各个阶段对成本都有影响，但影响的程度

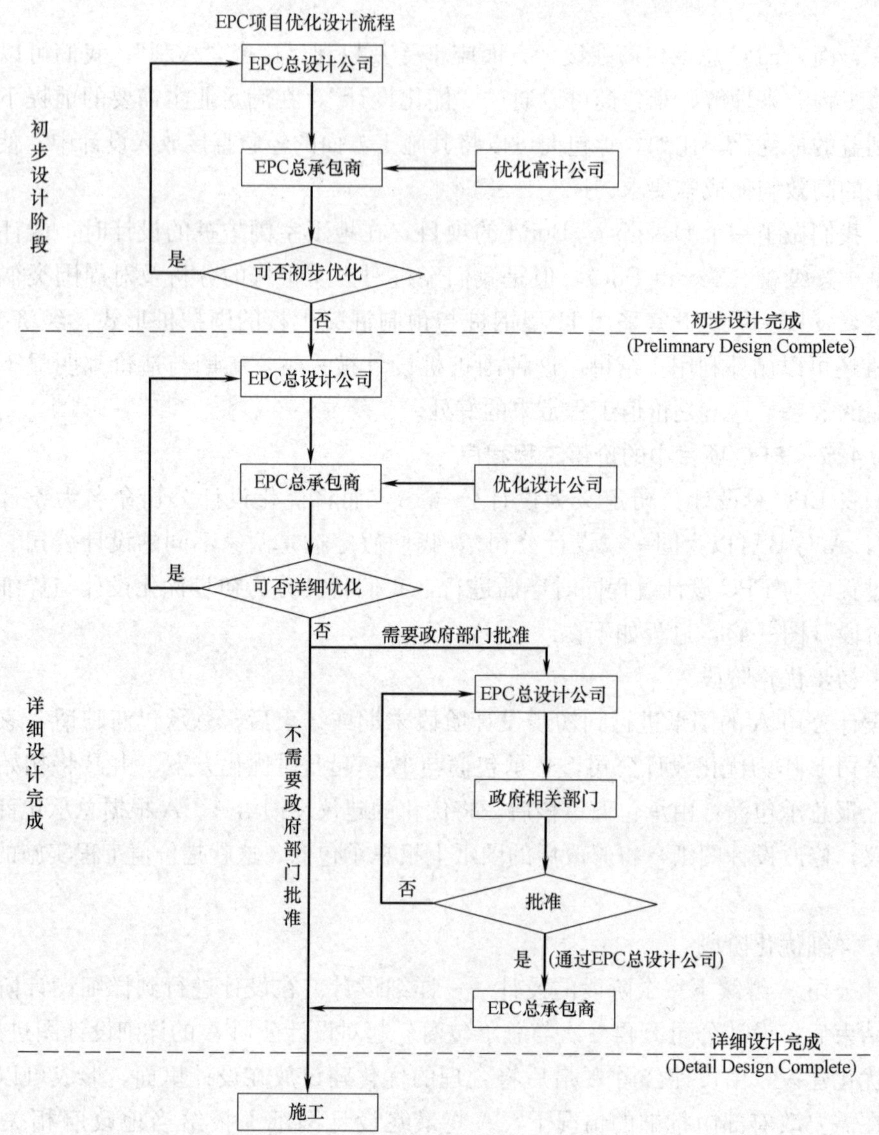

图 9-4 价值工程实施流程图

大小不一。并且人们已经认识到，对建设项目成本影响较大的是决策和设计阶段。但是如何在这两个阶段进行成本的有效控制，尤其是在建设项目设计阶段的研究较少。本文通过分析建设项目设计阶段成本的预测、预控的要点，提出了在这个阶段成本与功能的正确配置，是能否进行有效成本控制的核心，而价值工程理论正好为成本与功能的正确配置提供了应用的条件。

案例简析

案例简析如图 9-5 所示。

案例简析
传统工程分析
国际工程项目常采用设计加建造的总承包模式,这种总承包模式对承包商的项目分析能力和成本控制能力提出了更高的要求,设计过程中的价值工程就成了项目分析和成本控制中的关键和必不可少的一部分。本文阐述如何对国际EPC项目进行价值工程分析和运用时的流程，使EPC项目获益更佳化更充分
关于价值工程法
价值工程
称为价值分析，是一门新兴的管理技术，是降低成本，提高经济效益的有效方法。它20世纪40年代起源于美国，麦尔斯是价值工程的创始人。麦尔斯逐渐总结出一套解决采购问题行之有效的方法，并且把这种方法的思想及应用推广到其他领域，例如，将技术与经济价值结合起来研究生产和管理的其他问题，这就是早期的价值工程。1955年这一方法传入日本后与全面质量管理相结合，得到进一步发扬光大，成为一套更加成熟的价值分析方法。麦尔斯发表的专著《价值分析的方法》使价值工程很快在世界范围内产生巨大影响
价值的表达式为：价值(V)= 功能(F)/成本(C)
这里所讲的价值是指某种产品(劳务或工程)的功能与成本(或费用)的相对关系，也就是功能与成本的对比值。功能是指产品的用途和作用，即产品所担负的职能或者说是产品所具有的性能。成本指产品周期成本，即产品从研制、生产、销售、使用过程中全部耗费的成本之和。衡量价值的大小主要看功能(F)与成本(C)的比值如何
价值工程的主要特点
以提高价值为目的，要求以最低的寿命周期成本实现产品的必要功能；以功能分析为核心；以有组织、有领导的活动为基础；以科学的技术方法为工具,提高价值的基本途径有:
(1)提高功能，降低成本，大幅度提高价值F↑ C↓=V↑↑
(2)功能不变，成本降低，提高价值F→ C↓=V↑
(3)功能有所提高，成本保持不变，从而提高价值F↑ C→ =V↑
(4)功能略有下降，成本大幅度降低，从而提高价值F↓ C↓↓ =V↑
(5)以成本的适当提高换取功能的大幅度提高，从而提高价值F↑↑ C↑ =V↑
价值工作的原则
麦尔斯在长期实践过程中，总结了一套开展价值工作的原则，用于指导价值工程活动的各步骤的工作。这些原则共有十三条
(1)分析问题要避免一般化 、概念化，要作具体分析
(2)收集一切可用的成本资料
(3)使用最好、最可靠的情报
(4)打破现有框框，进行创新和提高
(5)发挥真正的独创性
(6)找出障碍，克服障碍
(7)充分利用有关专家，扩大专业知识面
(8)对于重要的公差，要换算成加工费用来认真考虑
(9)尽量采用专业化工厂的现成产品
(10)利用和购买专业化工厂的生产技术
(11)采用专门生产工艺
(12)尽量采用标准
(13)以“我是否这样花自己的钱”作为判断标准

图 9-5　案例简析

9.3.5 毛里塔尼亚努瓦可肖特蓄水库工程项目管理报告及简析

9.3.5.1 毛塔蓄水库项目的范围和背景

1. 项目简介

毛里塔尼来努瓦可肖特水处理场建设两个蓄水库，本标段包括两个使用能力 13000m³ 蓄水库。蓄水池位于从 BENI NADJI 到 Nouakchott 的净水的输水管的末端被称作 PK17 的水处理厂的场地。本标段是整个“Aftout Essahi 引水工程”的五个标段之二。

2. 项目的获得

南通总承包海外公司在通过项目资审后，马上组建了投标组。投标组由商务和工程专业员组成，为了在短时期内准确地做好现场调查、询价、分析、技术方案认证、施工组织设计、报价、保函等工作，我们将投标工作也作为一个项目来管理。在制定好项目目标、方针和计划，确定好项目人选、团队后，投标工作紧张且有条不紊地展开。因为是第一次涉足的新市场，一切工作都要从无到有，从头做起。虽然难度很大，时间又紧，我们用项目管理的方法对投标工作进行目标管理、过程控制和质量控制，完成了对标书中疑难问题的澄清；对当地工程建设市场、生产资料（工程设备和建筑材料）市场、劳动力市场、技术市场及税收、金融、海关和有关法规等进行详细调查了解；对设备材料的产地、采购和运输以及施工生产要素开展周密的调查和询价。在标投书出去后，我们的工作并没有就此停步，而是抓紧时机进行投标总结和分析，进一步排查项目中的问题，制定保标方案。

南通总承包海外公司递交的投标文件综合评价最高，技术标完全满足规定要求，经济标为第一标中标。随后业主和承包商双方进行了合同的最终谈判，并于 2008 年 3 月 22 日签订了项目实施合同。合同规定 2008 年 9 月 1 日现场开工，整体工期 16 个月完工，2009 年 12 月 31 日最终交工，项目维修期为一年。

3. 项目工程内容、实施难点和可行性

本项目工程内容为：从“塞内加尔河引水供应努瓦可肖特饮用水计划”的第三、四标段。包括两个使用能力的 13000m³ 蓄水库。

主营地之间没有正式道路连接，施工现场与主营地最近的距离 约 50km，加上气候炎热，施工的社会治安和自然环境条件较为恶劣。

本项目较复杂，工程量大，合同工期短，合同金额大；施工难度大、周期短。当地市场发育差，主要施工机械设备和材料大部分靠进口，且进口时间周期长，费用高；运输条件差，大型设备很难进场；当地人员素质低，劳动技能也很低；政府机构办事效率低。

本项目可利用的优势是：施工不干扰交通，也不受交通干扰，施工现场相对较为开阔、清静，较适合大规模的土石方机械施工；其他的施工地材比较容易获取。

编制科学的进度计划和资源计划，合理的施工组织、精心的施工布置和准确地控制执行，在保证外购施工设备和材料按资源计划及时到达现场的前提下，项目的实施是完全可以按业主和合同的要求来完成的。

4. 项目管理特点

本项目是一个典型的国际承包工程项目（ICB），业主是毛里塔尼亚市政管理机构，项目的主要资金来自毛里塔尼亚财政拨款和中国政府援助助资金，监理公司来自日本，监理人员来自法国和日本，承包商来自中国。来自不同国家、有不同文化背景的业主、监理和承包商必须保持良好畅通的沟通，及时解决不同项目主体利益的冲突。

项目实施严格按照 FIDIC 合同条件来进行项目进度控制、施工质量控制、安全环境控制、工程费用和支付、变更和索赔、项目文件和进度报告、分包和采购管理等。

施工的机械设备和材料分别从中国、法国采购，部分工程要分包给当地公司来执行。这要求有很细致周密的进度计划和资源计划，并且严格控制计划的实施；需要有有序高效的项目文档和报告系统；有良好的合作沟通和协调机制；要求建立商务和工程专业的高素质管理团队来管理工作。

另外，有限的市场条件和恶劣的施工环境更要求做好项目的各种计划，保证项目实施的生产要素和条件的一一落实，提前做好各种准备和预备好各种替代方案，为项目顺利施工逐一排除障碍和不确定因素，使项目走向良性循环。

虽然南通总承包海外公司在过去的项目实施中已积累和形成了传统的项目管理方式，但是对于如此复杂和艰巨的大型项目，仅靠传统的管理方式是不行的，必须采用先进的、科学的、系统的项目管理方法和流程来保证本项目目标的实现。因此，结合国内“三控两管一协调”，即质量控制、成本控制、进度控制、合同管理、信息管理和项目各参与方关系之协调的管理模式和国际工程管理的特点及 PMBOK 的九大知识体系，提出了“四控四管一协调”的管理方针，即本项目的管理须紧紧围绕进度控制、成本控制、质量控制、安全与环境（SHE）控制，合同及风险管理、信息沟通管理、生产要素管理、现场综合管理，协调好项目干系人如业主、监理和承包商的关系以及国内外合作关系来开展各项工作。以项目进度计划管理为主线，以项目成本控制为中心，以信息、合同管理为基础，以资源管理为重点，以完成项目的整体目标为动力，保证不同项目干系人的利益和目标的实现。

9.3.5.2　项目计划

科学合理可操作的项目计划是一个项目成功的前提条件，对项目实施进行了重新评审，对项目的环境、合同条件、技术规范、施工方案和施工组织计划、投标报价、资金计划、分包、风险管理等进行了梳理和评估，对在项目投标决策时确定的项目目标进行确认和修正，确定了项目实施的范围目标、组织目标、时间目标、质量目标和成本目标，包括上缴利润，并对项目管理进行了协调和科学规划。

1. 项目目标

范围目标：要根据项目合同及其附件、合同条件、施工规范和技术标准、施工图纸、合同价格和施工工艺规定的边界条件来确定项目的范围目标和结构分解。

时间目标：2008 年 9 月 1 日现场开工，整体工期 16 个月完工，2010 年 12 月 31 日最终交工，项目维修期为一年。

质量目标：根据合同规定、施工规范和技术标准、施工图纸和设计参数，按公司 ISO 9000 的质量管理体系要求，制定项目质量方针和计划，建立质量管理体系，按照质量控制的 PDCA 循环原理、三全控制管理和三阶段控制原理，确保项目质量的落实和实现。

成本目标：本项目的效益目标是实现上交净利润 5%，按此目标对各单项工程 的直接费和间接费进行重新核算，并按核算的成本计划控制项目支出。

安全目标：杜绝重大责任伤亡事故，杜绝重大交通责任事故、重大火灾和重大机械设备责任事故。

环保目标：确保原始环境保持稳定、江河水质不受污染、水土流失防护得力、森林植被保护有效、沿线景观不受破坏，公路两侧绿树成荫，护坡植草全年常青。

市场信誉目标：通过本项目按期优质完成，兑现合同，使公司取得良好的国际信誉，进而占有南太平洋区域市场。

2. 项目工作分解结构

根据项目的工程内容和项目的专业技术特点，对项目的结构进行逐层分解，按单项工程、单位工程、分部工程和分项工程分别逐项分解成树状图。毛里塔尼亚蓄水库 WBS 结构图见图 9-6。

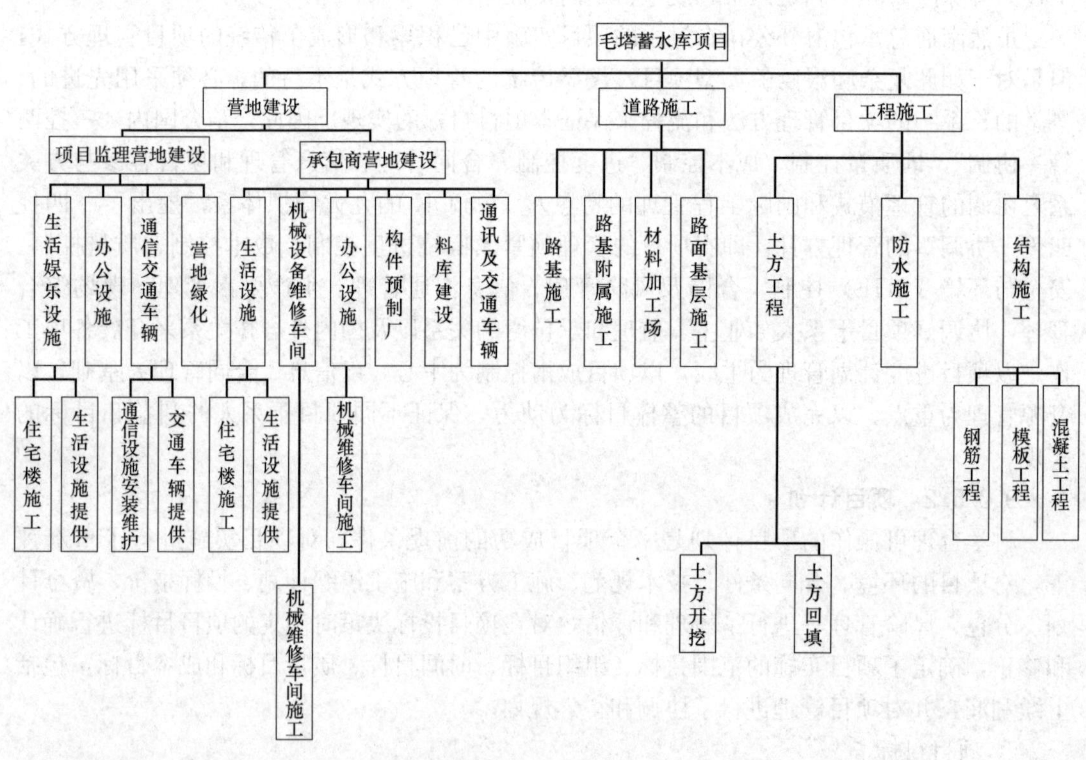

图 9-6　毛里塔尼亚蓄水库 WBS 结构图

3. 项目组织和团队（内部和外部）

本项目按照 FIDIC 合同条款管理，所以其项目管理组织从外部来看主要是业主、监理和承包商所构成的三角关系，承包商下面还要管理若干分包商和供应商等。

承包商内部的项目管理体系要根据项目的工程内容、管理特点和项目目标来构建。经研究，公司在总部专门成立由公司总经理挂帅和工程、商务人员组成的毛里塔尼亚项目管理办公室；在毛里塔尼亚建立由公司副总经理挂帅的公司驻毛里塔尼亚办事处；在现场成立毛里塔尼亚蓄水池项目经理负责制的项目经理部，选派精通英语和 FIDIC、最富有经验的工程技术和管理复合型人才担任项目总经理；由此构成高层、中层和基层三层管理体系。

本项目是项目总经理负责制，项目总经理与公司签订项目实施目标责任书，负责项目团队的建设，并对项目资源和实施的全过程进行统一指挥和控制。工作流程图、合同结构图和组织机构图见图 9-7～图 9-10。

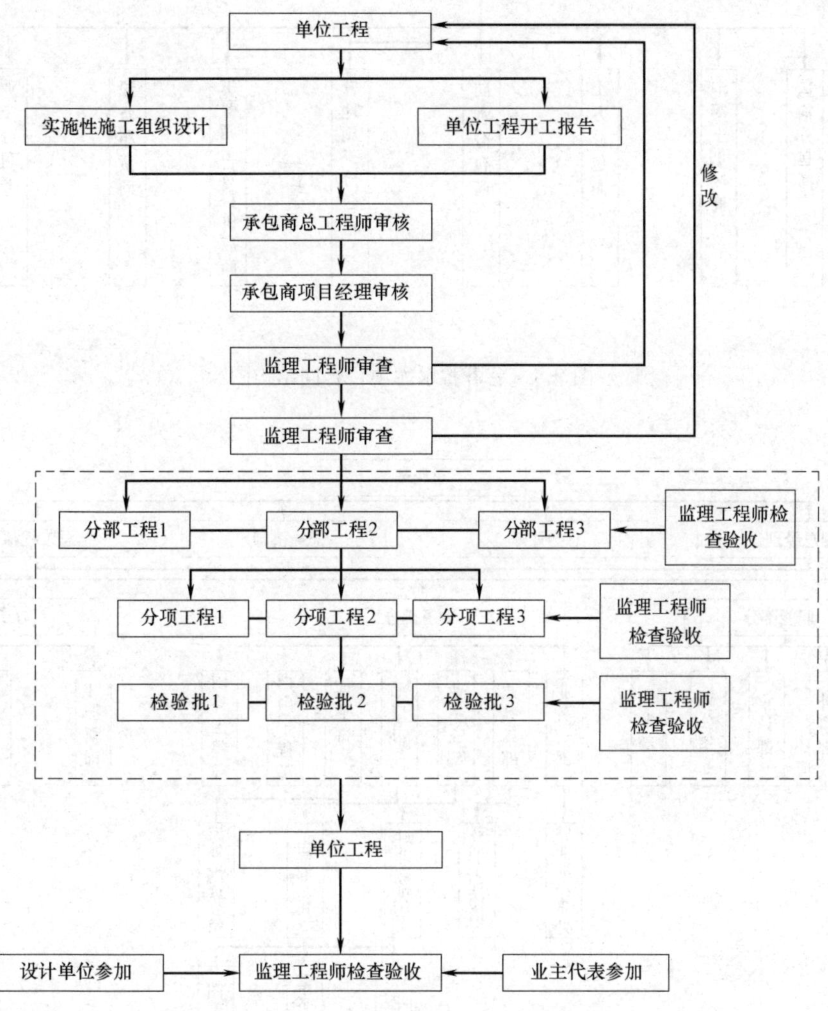

图 9-7　毛里塔蓄水池施工的工作流程图

4. 项目进度计划

时间管理和进度控制是项目管理的关键之一，尤其是对本项目这样的有着众多的分部、分项工程和复杂施工工序关系的大型项目更是如此。所以，施工进度计划的精确编制尤为重要。我们采用了工程网络计划技术和 PROJECT 软件编制进度计划网络图，对施工的各个环节进行分解，按施工的逻辑进行合理安排，以反映施工顺序和各阶段工程完成计划。用工期、费用和资源因素来优化进度计划，利用 CPM 技术即关键路径法寻求出关键 线路和次关键线路，并着重对关键线路上的关键工作进行优化和适当调整，进一步完善后形成项目施工进度计划，施工进度计划的编制遵从下列原则：

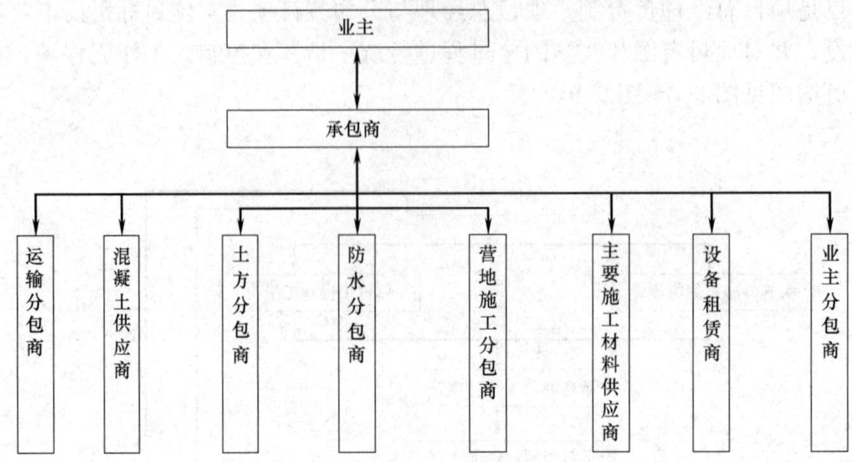

图 9-8 毛塔蓄水库项目合同结构图

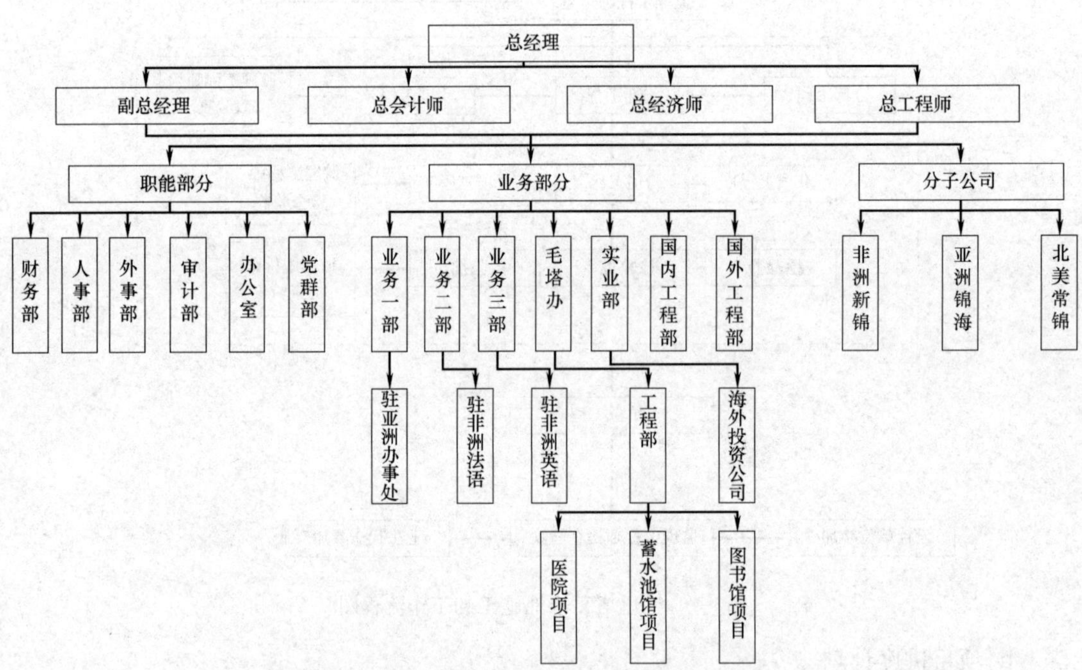

图 9-9 南通建筑工程总承包有限公司海外公司管理机构图

(1) 尽量做到均衡施工，以使劳动力、施工机械和主要材料的供应在整个工期范围内达到均衡，尤其要考虑大型施工机械的均衡。

(2) 急需和关键的工程先施工，以保证工程项目如期交工。对于某些技术复杂、施工周期较长、施工困难较多的工程，亦应安排提前施工，以利于整个工程项目按期交付使用。如软土地基处理等。

(3) 施工顺序必须与主要生产系统投入生产的先后次序相吻合。

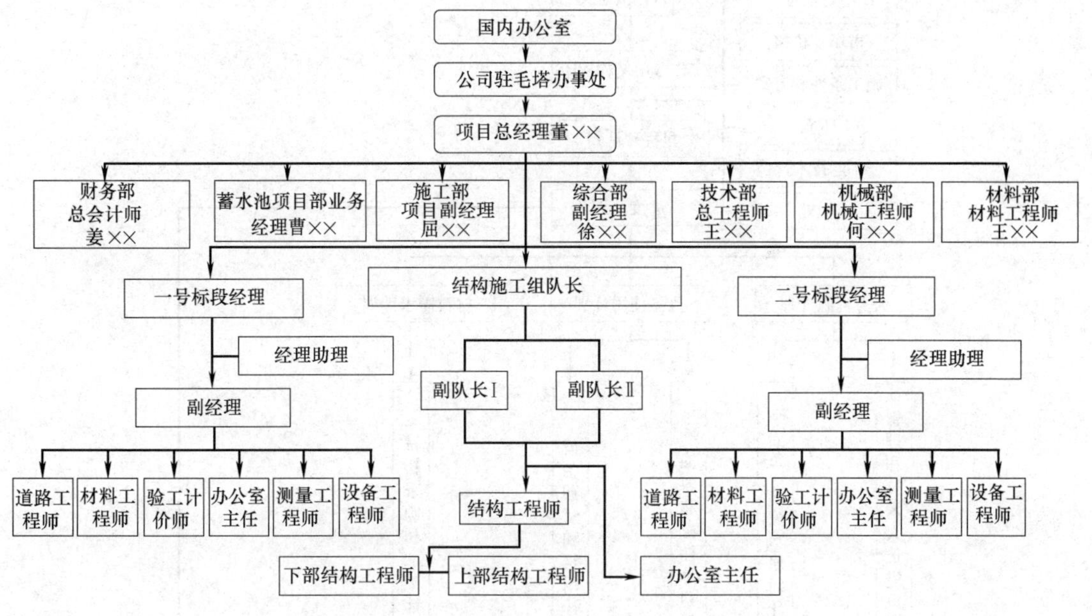

图 9-10 毛塔蓄水池项目承包商组织机构

(4) 应注意季节对施工顺序的影响，使施工季节不导致工期拖延，不影响工程质量。注意主要工种和主要施工机械能连续施工。

5. 资源计划

在确定项目范围定义、工作分解结构、里程碑计划和进度计划的同时，我们对合同和技术规范进行进一步的研究，同时对市场、价格、施工条件、环境进行深入调查和分析，并制定以下策略：

(1) 专业技术人员、管理人员、高级技工和翻译从国内派出，司机、一般机手和普工在当地雇佣。

(2) 主要施工设备从其他国家采购世界一流的新型高效机械，辅助小型设备及机具从中国购买。

(3) 除水泥及砂石材料从当地购买以外，其他大宗材料从国内及法国等国购买。

按照上述策略、历史信息和进度计划，编制出中方人员进退场计划、劳工及技工雇佣计划、设备使用计划、设备购买和租用计划、油料和配件计划、材料需求计划、材料采购和加工计划；根据工、料、机的购买计划进而编制出资源费用计划。毛里塔尼亚蓄水池项目资源计划编制流程图见图 9-11。

6. 费用（成本）计划

因为工程项目的费用是分阶段、分期支出的，资金应用是否合理与资金的时间安排有密切关系。为了编制项目费用计划，并据此筹措资金，尽可能减少资金占用和利息支出，有必要将项目总费用按其使用时间进行分解。按照工作分解结构和进度计划，我们可以得到开工后依次每个月的各分项工程的计划完成量；进而按照施工定额计算出依次每个月的各种材料、各种设备及各种人工的使用量；然后对不同物资打入不同的提前量，来编制按

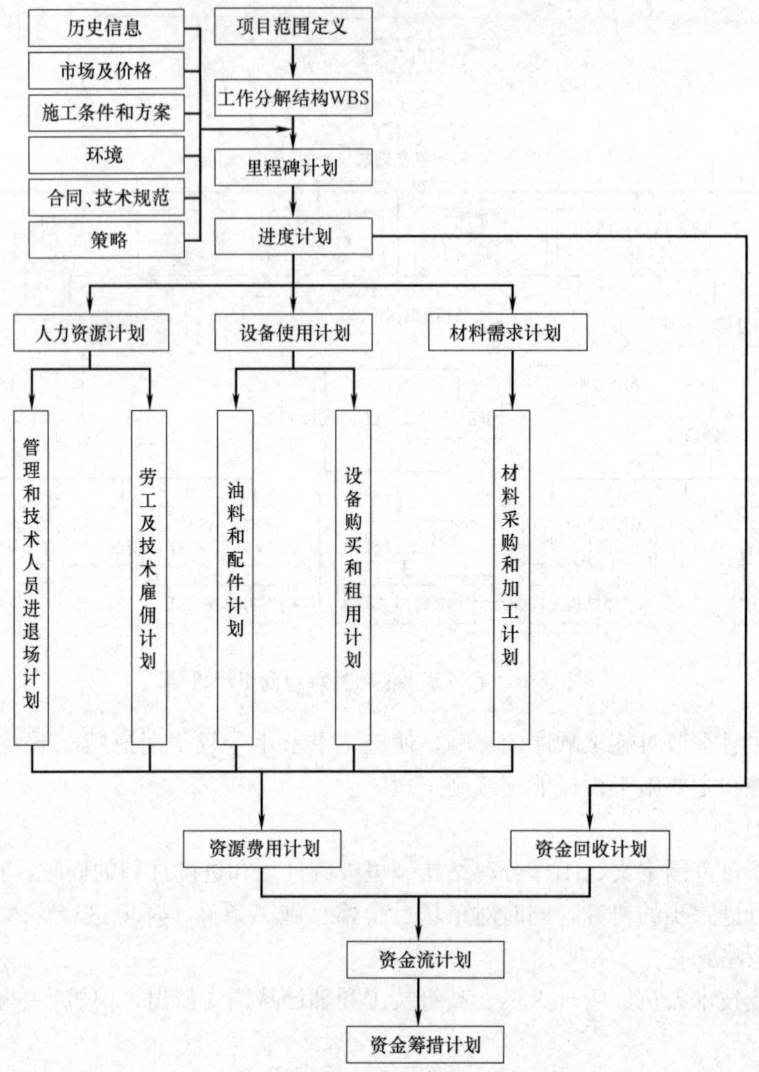

图 9-11 毛塔蓄水池项目资源计划编制流程图

月的材料采购和加工计划、设备购买和租用计划、油料和配件采购计划、劳工及技工雇佣计划、管理和技术人员进退场计划，乘以不同物资和人工的单价，即可得出按月的资源费用计划。另一方面，将施工进度计划中每个月完成的分项工程量乘以分项工程单价，可以得出每个月的工程额，按 2 个月时间完成该工程额 90％的资金回收即可计算出按月的资金回收计划。将资源费用计划和资金回收计划按月叠加，即可得到资金流计划，从而编制出资金筹措计划。

9.3.5.3 项目实施控制与管理

1. 项目启动

首先，立即组建项目经理部，落实人选，业务骨干从公司抽调或从社会聘用，挑选英语好，又懂商务的工程专业技术人员组成项目经理部管理团队。

其次，将各项任务和管理职责落实各个管理层，具体落实到岗位个人。根据公司的项目总体目标，由项目总经理和总工程师负责项目管理策划和目标分解，到 2008 年 5 月 18 日我们初步完成了项目目标制定和分解工作、项目结构分解、阶段模型、里程碑和进度计划。上述工作计划得到公司领导批准后，为项目的开工和实施奠定了一个良好的基础。

我公司与毛里塔尼亚政府主管部门签订了项目合同书后，营地用地可以进驻，现场准备工作进入了实质性的开展。项目经理部开始招聘当地雇员、根据营地施工计划在当地订购营地施工材料和物资、签订部分营地施工分包合同、初拟项目管理规章制度 20 多项，拟定中方人员进场计划和机械设备配置计划，需要在中国采购的物资计划等。国内根据项目机械设备配置计划，与工程机械公司等进行机械设备采购谈判和签订采购协议；根据中方人员进场计划，办理中方人员的调用、护照、签证等手续；根据需从国内采购的物资计划采购物资并负责租用专船运送到毛里塔尼亚港口，再由汽车运输至项目现场。

由于我们的管理工作前移了两个多月，在真正签订项目合同后不到 10 天的时间内，即基本具备了开工条件，并按照合同规定于 2008 年 9 月 1 日正式开工。

2. 项目控制

控制等于计划加监督加纠正措施，监督是指对实际运行情况进行动态跟踪检查，并与计划相对比和分析，采用一定的手段和工具，及时发现问题，分析问题的原因。然后采取组织、技术、管理和经济措施来纠正偏差，如果出现超出项目经理部管理范围的重大问题和偏差，项目经理部马上提出问题和建议，上报办事处和公司项目办研究解决方案，及时处理重大的问题，保证项目按照计划运行。项目“四控”的工作如下：

(1) 进度控制

在进度控制方面，采用关键路径法即 CPM 网络技术，以绘制的项目进度计划图作为基础参照系，用实际的进度与之相比较，可以马上发现工程实际进度和目标计划进度的差异，再进行关键线路的重点比较，就能立刻找出主要问题或问题的主要方面，及时分析和调整下一步的施工安排，使工程进度发展向计划进度靠拢，从而达到对工期的控制。由于整个项目的子项很多且工序复杂，但关键线路上的关键工作时间有限，并直接影响整个工程的进度。故把工程子项或工序进一步分解、细化，实行分级管理和动态控制，以达到“以点代线、以线代面、控一面稳全局”的效果。

(2) 成本控制

“节流”是成本控制的关键，控制好项目成本至关重要。我们根据项目进度计划和资源计划，在满足业主和合同要求的前提下，选择成本低、效益好的最佳成本方案，对施工成本进行科学的估算和对成本水平和发展趋势进行分析预测，在施工成本形成过程中，针对薄弱环节，加强成本控制，以逐步实现项目成本目标。

成本计划和控制的任务主要包括：成本预测、成本计划、成本控制、成本核算、成本分析和成本考核。主要工作内容有：确定费用构成元素；分析和区分项目结构中每项工作的相关费用；估算每项工作的人、料、机的费用和间接费用；进行成本预测和定义费用目标；衡量计划开支与承担的实际费用；分析薄弱环节，加强成本控制，使实际与计划相一致或更低；分析变动及其原因；考虑全部变更和要求；费用水平和趋势预测；预测总费用和剩余费用。在管理中，对成本目标责任制进行从上到下分解和从下到上层层落实，把成本单位分解到最基层。

在项目实施过程中，我们定期地将费用实际值与计划值进行比较，采用横道图法、表格法进行分析，当实际值偏离计划值时，分析产生偏差的原因，采取适当的组织、管理、技术和经济纠偏措施，从主动控制的角度出发，减少或避免相同原因的再次发生或减少发生后的损失，以确保成本控制和费用目标的实现。通过上述费用管理和成本控制，到2008年12月施工累计进度达到33%时，项目已经偿还了公司投入的启动资金300万美元，费用收支进入良性循环，并开始创造项目资金节余。

我们千方百计加强资金有效运作，认真分析研究每月各项资金的使用规律，在保证项目正常资金使用的前提下，利用资金相对闲置时间，打时间差，将资金分别存入各种期限的流动账户，使流动资金取得最佳效益。同时由于当地币贬值，我们采取了远期汇率保值的方法，降低了当地币贬值的损失。

(3) 质量控制

毛里塔尼亚蓄水池项目的技术规范和质量标准与国内的规范和标准有较大的差异，采用欧盟标准（EN）和法国协会标准（AFNOR）。因此必须充分学习和掌握好技术规范，用规范来指导施工。项目经理部组织员工认真学习技术规范，同时建立必要的技术管理规章制度和技术档案。按照ISO9000标准和总公司的质量手册和程序文件，建立了本项目的质量保证体系，编制了项目的质量手册和程序文件，并严格贯标，进行质量控制。2009年，ISO 9000认证机构在对我公司年检时以毛里塔尼亚蓄水池项目为抽样，专程来毛里塔尼亚检查本项目的ISO 9000贯标情况，经检查，它们认为我们的系统完善、文件齐全、贯标认真、记录完备、完全合格。有效的质量控制保障了项目的顺利实施，也大大提高了我公司的信誉和知名度。

(4) 安全和环境控制

项目一开始，项目经理部就按照合同和业主的要求制定了“项目安全管理控制程序”和“项目管理安全保证体系”。项目总经理为项目安全生产第一责任人，牵头成立安全生产领导小组和管理机构，本着“管生产必须管安全”的原则，其成员由项目经理部有关部门负责人和专职安全员组成。各作业队也相应成立安全生产领导小组，并配备一名专（兼）职安全员。用“项目安全生产责任制”明确安全体系成员的责、权、利；建立安全培训和生产例会制度以及项目施工现场安全生产排查和检查制度，对安全工作的效果奖惩有据。

在环境保护管理管理方面，严格按照合同规定，对施工现场环境保护提出下列要求，并将该要求张贴在各施工班组，要求各班组和员工严格做到，并定期检查和考评，将考评结果与奖金挂钩：

1) 施工现场、临时便道应有防尘、降尘、除尘设施。

2) 如有排放烟尘设备，对烟尘黑度应有监控。

3) 废弃材料按业主指定的位置和方法堆放。

4) 污水按照规定进行处理，不得随意排放。

5) 油料库应有防渗漏措施。

6) 强噪声设备应采取降噪措施。

3. 合同管理与索赔

FIDIC条款是集工业发达国家土木建筑业上百年的经验，把工程技术、法律、经济和管理等有机结合起来的一部合同条款，被工程领域广泛采用，是合同的标准和范本，具有很强的可操作性。FIDIC认为项目管理是多种资源的利用与活动的协调，将各部分的单独工作综合成多专业、多方面的整体努力，这与PMBOK是一致的。但FIDIC对这些工作的责任、义务及完成的时间、顺序以及奖罚措施等都有明确的条文规定，成为合同各方行为的约束和准则，这是PMBOK所不具备的。在项目实施中，FIDIC条款决不能被动地去使用，而是要积极主动地去理解和应用。因为FIDIC对合同各方都有约束，如果你被动，比如事先没有了解和领会合同而犯了程序上的错误或过了时效等失误，就会挨罚和失去权利；如果你主动按照合同条款规定采取积极有效的措施和行动，就会在回收工程款、索赔、变更等过程中占据主动地位，从而得到良好的效果。

毛里塔尼亚蓄水池项目涉及方方面面的利益，维护各自利益的手段就是合同，在毛里塔尼亚蓄水池项目中，各种各样的合同达100多份。因此，起草合同、熟悉合同、履行合同、变更合同和利用合同是毛里塔尼亚蓄水池项目成功与否的关键之一。由于毛里塔尼亚蓄水池项目使用的合同是FIDIC合同条款，施工技术标准涉及中国、毛里塔尼亚、法国等国，根据项目的管理特点和合同执行要求，建立了以FIDIC为依据的合同管理模式，严格按照FIDIC条款要求来执行各项工作，全力满足和配合了业主和监理的工作开展，同时也保护了自己的权力和利益。

FIDIC合同管理模式实行过程控制，涉及承包商行为的所有方面，渗透到承包商施工的每一个工序和环节。对FIDIC条款、特殊条款以及技术规范的透彻理解是承包商进行合同管理和具体施工的基本前提，否则将寸步难行，处处被动。合同管理不可能是一两个管理者所能做到的，要求所有现场管理人员、工程技术人员都要有一定相应的理解和认识，能熟练地依据合同条款与现场监理工程师一起处理日常业务。

合同管理制度非常重视书面文件和书面证据，所以我们尽可能地用书面形式向监理提出申请、确认双方认同的事实。对于监理书面提出的、而我方并不认同的事情，不光要及时解释澄清，同时还要以书面形式向监理说明。凡是监理要求的检查、试验等，都必须请检查人在书面文件上签字认可。要认真做好技术资料、计量资料、文件档案的分类、整理和保存工作。根据合同条款，监理工程师有权在任何时间要求承包商提交或重新提交各种与工程有关的文字资料、数据资料及图纸资料；监理工程师也有权在任何一期的支付中对以前的支付作出调整和更正，在最终结量以前，所有数量都是暂定数量，所以完备资料的档案分类和保存工作很重要。如果文件不完备、书面证据不充分，承包商将肯定处于不利位置。

为了尽快回收资金，我们按合同规定的计量要求，及时进行工程的报验，并采用计算机辅助管理，每月底及时上报当月中期计量和付款证书报告，在一周之内完成监理和业主的审批工作，交监理和业主审核和办理资金拨付，一个月之内所申报的工程款就能进入我项目账户，比合同规定的2个月整整提前1个月，使项目资金流在项目实施的较早期就进入了良性循环，并在施工进度到50％左右就开始边施工边盈利，这是其他同类项目几乎无法做到的。

根据FIDIC条款第70条，承包商可以按照物价指数的变动对工程款进行价格调整，我们安排专人对毛里塔尼亚、中国、法国等国家的价格指数进行跟踪和收集证据，抓住每一个有利时机，及时编制和上报价格调整申请报告，使调价公式最大程度的为我所用，共获价格波动补偿金200万美元，通过知识管理和机会管理为公司多创造经济效益。

索赔工作是保护承包商利益的最有效方法，通常情况下，索赔是指承包商在合同实施过程中，对非自身原因造成的工程延期、费用增加而要求业主给予补偿损失的一种权利要求。我们严格按照FIDIC条款的规定，及时纪录并通知监理索赔事件及其原因，按索赔程序办理索赔申请，收集索赔证据和编写索赔报告，积极配合监理开展索赔调查，保证索赔工作的有效开展，对于监理或业主的不响应情况，则按照合同规定的争议解决程序办理纠纷处理。有理有节地按合同条款要求来开展索赔工作。

在保险方面，按照合同规定，我们为项目上了工程全险、第三方责任险，工人工伤险，运输险、车辆险和施工机械设备险。出险时，我们及时收集损失证据，通知保险公司，提出理赔申请和要求，获得保险理赔逾30万美元。

4. 采购管理

为保证施工正常进行，大宗材料、机械设备及零配件的采购工作极其重要。本项目采购工作量很大，光合同就是60多份，采购涉及的环节多，如国外供货商、银行、海关、清关代理公司和提货运输各个环节，其商业风险很大。采购工作对于施工进度、质量和施工成本的影响非同小可，因而采购管理必须给予足够的重视。本项目对采购制定了一套严密的规章制度，规定采购申报审批程序，指定既懂采购知识、经验丰富，又廉洁奉公、作风正派的人员负责采购工作。几年下来，采购的水泥、石料、机械设备、配件等物资价格合理，清关、提货、运输到场均及时完成，没有出现失误现象，既保证了材料、物资和设备的按时保质供应，又控制了成本。采购管理的成功也是本项目取得良好经济效益的重要因素之一。

5. 信息管理

在项目管理中，项目组织的成员得到正确、即时的信息，对于控制和决策的高效和优化是十分重要的。必须建立有效的通信和信息管理体系，以达到信息管理的基本要求，即做到信息的准确、即时和统一。我们建立了先进的网络通信系统和定期有效的项目报告体系和例会制度，定期收集、汇总和统计来自各施工段、工作面、工作队的各项数据和信息，及时分析数据和信息。一方面定期向业主、监理和公司报告，另一方面利用这些数据做好动态分析，及时发现项目运转中的问题，并采取各项纠偏措施。

根据与业主和监理的文件往来要求和内部文件要求，设计了项目文档格式模板、文件管理流程，建立了文件管理和档案制度，并采用了计算机辅助管理，保证文档分类保存和电子版备份。项目文档与信息管理系统和项目报告模板的建立，不但保障了事件信息全面如实纪录，项目执行情况全面真实通报给各管理层，给项目控制与纠偏、项目重大科学决策提供了真实可靠依据，还做到了事件责任的可追溯、为项目考核提供良好的依据，同时为项目索赔和变更管理提供了充分有力证据，为项目成功索赔打下了良好基础。

6. 沟通管理

在国际承包工程项目管理中，沟通是一项非常重要同时又非常艰巨的工作。因为项目实施不仅远在异国他乡，而且常常在穷乡僻壤，项目管理链需要从国内跨越到国外，进而延伸到项目现场，一旦沟通不能覆盖管理链，就会形成信息的断链，信息不对称，从而造成配合协调脱节和决策失误，影响项目计划的实施。在毛里塔尼亚水池项目中我们使用先进的通信方法和工具，建立从国内办公室，到国外驻毛里塔尼亚办事处和项目经理部的通信机制，为组织和协调、监督和控制奠定了物质基础。但是仅有这些是远远不够的，我们需要正确灵活掌握国际通用的社交习惯和方式，充分利用好各种社交机会和资源，彼此增加相互信任和私人关系，为沟通创造良好的条件。由于项目干系人的利益出发点不同，接受的教育、文化传统和工作理念不尽相同，往往会产生不同的工作思路和解决问题的方案，所以建立和保持良好的沟通机制显得更为重要。

在毛里塔尼亚蓄水池公路项目中，项目是毛里塔尼亚政府和中国政府共同出资，业主的项目主任是毛里塔尼亚人，管理人员是毛里塔尼亚人和中国人，监理有法国人、日本人，我们是中国承包商，多个国籍的人员在一个项目中工作，其难度是不言而喻的，首先要建立良好的沟通机制，除了建立有效的例会、报告和信息传递制度以外，我们还要有相应的沟通和社交技能。在对外沟通中，还要采取各种正式、非正式，定期、不定期，官方、非官方的交流和沟通方式，对政府部门、业主、监理、当地行政机构、地方长老、教会、分包商、合作伙伴、当地雇员进行有效交流，用心去了解当地文化，尊重当地的传统习惯、风土人情和宗教信仰，真诚交流，建立良好的友谊关系。

9.3.5.4　项目管理实践的经验和体会

本项目最终创造了30%以上的利润，项目管理的实践告诉我们，在国际工程项目实践中，我们用现代项目管理知识体系来指导传统管理经验的应用，并使它们有机结合、不断创新。我们在与外国业主和监理的合作过程中，一方面充分学习国际先进的项目管理理念、方法和工具，提升管理能力，发挥自身技术优势，创造出优良工程和效益；另一方面又用我们的实践经验和知识创新丰富了国际工程管理的内涵，提高了知识体系的完整性和科学性。

案例简析

（1）倾心全意，创造利润。该项目创造了可观的30%以上的利润，项目管理的实践告诉我们：项目团队精心组织、精心施工、精心管理，降低成本方取得相当可观的经济效益、社会效益的圆满成功！说明该项目的管理者精心策划是相当到位，起到了提质增效的重大作用。内中也释放出某些创新主体的难点和亮点。

（2）沟通机制良好。采取各种正式、非正式、定期、不定期、官方、非官方的交流和沟通方式，对政府部门、业主、监理、当地行政机构、地方长老、教会、分包商、合作伙伴、当地雇员进行有效交流，非常好地解决了国情、文化、地域方面的差异性。业主方、总承包方、监理方、工程项目参与方，共同努力实现了该项目的多赢性目标。该项目团队对此有意识的、有目的的付出辛勤的努力。

（3）从严从难从实遵循合同管理。总承包商根据项目的管理特点和合同执行要求，建立了以FIDIC合同条件为依据的合同管理模式，严格按照FIDIC合同条款的规定及其法律要求来执行各项工作，无论是采购、施工、试运行，都全力满足和配合了业主和监理的工作开展，同时也保护了自己的权力和利益。反映了项目组的FIDIC意识的强烈性，是全面完成该项目的动力的支撑力。

9.3.6 国际工程总承包项目失败原因及启示（波兰 A2 高速公路项目）[①]

近年来，中国建筑企业在国际市场中取得了一定成就，但是与国外优秀建筑企业相比，中国建筑企业在工程总承包方面的实力还有较大差距，所以在国际工程承包中遭遇了一些挫折。文章以波兰 A2 高速公路为例，从投标的前期工作、合同管理、风险管理等方面分析了项目失败的原因，并就该项目带来的启示进行了探讨，以期为中国建筑企业开展国际工程总承包提供借鉴。

9.3.6.1 项目概况

波兰 A2 高速公路工程位于罗兹地区和华沙地区之间，共分 5 个标段，A 标段、C 标段是两个最长的标段，设计时速 120km，为波兰最高等级（A 级）公路项目。该工程是波兰政府公开招标项目，中海外联合体于 2009 年 9 月中标。中海外联合体由中国海外工程有限责任公司、中铁隧道集团有限公司、上海建工集团及波兰贝科玛有限公司组成。该工程是 EPC 总承包项目，工期自 2009 年 10 月 5 日至 2012 年 6 月 4 日（含设计期），投标报价为 4.47 亿美元（约合 30.49 亿元人民币）。这是中国公司在欧盟地区承建的第一个基础设施项目，对进一步开拓欧盟市场具有重要意义。

但是，中海外不及波兰政府预算一半的报价一度引来低价倾销的指责。针对外界对低价投标的质疑，中海外当时曾对外解释称，公司将“依靠特殊的管理方式压缩成本，并非亏本经营”。然而，不久中海外就发现低估了困难。2011 年 5 月，因为没有按时向波兰分包商支付货款，后者拒绝继续向工地运送建筑材料，并最终造成工程从 5 月 18 日起停工。当时，32 个月的合同工期已过去了三分之一，而中海外 A 标段才完成合同工程量的 15%，C 标段也仅完成了 18%，工程进度严重滞后。

工程进展迟缓的背后是项目亏损逐渐浮现。2011 年 6 月初，中海外总公司最终决定放弃该工程，因为如果坚持做完，中海外可能因此亏损 3.94 亿美元（约合 25.45 亿元人民币）。波兰业主则给中海外开出了 2.71 亿美元（约合 17.51 亿元人民币）的赔偿要求和罚单。波兰国家道路与高速公路管理局法律部主任雅各布·特罗申斯基（JakubTroszynski）说，根据波兰法律，中海外建筑企业成员在未来 3 年内，都不能在波兰参与任何道路工程的建设，而贝科玛公司也可能在业主方的强硬追索下破产。

9.3.6.2 项目失败原因分析

1. 忽视前期工作，投标体系不规范

中海外急于进入高端市场，制定了低价中标的策略，希望利用中国廉价劳动力的优势降低成本，通过工程变更抬高价格获取利润，此策略在海外项目上确有很多成功的例子。中海外参与波兰 A2 高速公路项目竞标时的策略是，波兰原材料价格低，汇率也低，再加上劳动力成本低廉等优势，即便是 4.47 亿美元的价格，仍然有利可图。

但是，此项目的实施过程并不顺利。首先，预想的劳动力低成本优势不存在。很多设备必须在当地租赁，需要当地有资质的工人操作，无法雇佣中国劳工。很多工程分包给波兰当地的基建商。按照波兰劳工法，海外劳工必须按当地工资水平雇佣。这使得中海外在劳动力成本方面增加了一大笔支出。

---

① 向鹏成、牛晓晔文，《国济经济合作》（2012 年 7 月 20 日）。

其次，当中海外以原材料、人工、汇率等成本骤升，施工过程中发生多项重大工程变更等为理由提出索赔时，波兰方面则从始至终强调“以合同为准”，拒绝给予补偿，中海外没能通过工程变更抬高价格，最终导致该项目成本严重超支。

中海外在急功近利的心态下，盲目地依据在国内积累的经验作出决策，虽然凭借超低价优势中标，凭借工程变更抬高价格的希望却落了空。同时中国建筑企业在“走出去”的过程中，有把商业问题政治化的习惯，中海外也不例外，认为“船到桥头自然直”，而且用政治手段就可以轻易化解风险的思想很严重。其实所有风险（包括变更的困难）早已呈现在波兰公路局发给各企业的标书中，但急功近利的心态和政治可以为经济决策失误兜底的思想，使中海外在投标阶段忽视了风险分析，投标报价前的准备工作做得很粗略。在制定策略编制报价时没有认真研究招标文件，没有吃透技术规范以及业主提供的基础资料，对于经济环境、地理环境、人文环境及相关法律等了解得不全面，施工组织设计不够详细，报价中没有合理考虑各种风险和不确定因素。中海外没有一个规范的投标体系，只是草率地凭经验制定报价策略，简单地复制以前的低价竞争模式，随意编制报价，最终导致项目资金入不敷出。

2. 缺乏合同意识，合同管理不科学

中国建筑企业在国内承包工程时，政治因素对工程成败有重要作用。政治关系有时可以凌驾于合同法律之上，所以中国建筑企业比较强调政治关系，对于合同重视不够。合同不能充分发挥约束双方、规避风险的作用，甚至流于形式。国际工程承包的项目投标、管理、建设等是一个系统的法律工程，项目的任何内容都要靠法律合同来界定与保障。中海外在不了解国际市场的情况下，根据在国内的经验，草率地将重心放在经营与波兰方的关系上，并将波兰政府的热情误解为波兰会竭尽所能为中方提供方便，习惯性地认为这是承诺赋予合同之外权利的暗示。这就导致中海外忽视合同的重要性，没有利用合同来规避风险，保护自己的权利的意识。

A2项目招标采用国际工程通用的FIDIC合同，中海外中标后和波兰公路管理局签署的是波兰语合同。但是中海外只是请人翻译了部分波兰语合同，英文和中文版本的合同只有内容摘要。此外，由于合同涉及大量法律和工程术语，摘要也翻译得不尽人意。没有经过专业翻译的详细的合同，也就不可能对合同条款进行仔细地研究。同时中海外急于拿下该项目，认为一些工作不必过细，其中甚至包括关键条款的谈判。这导致中海外首先在观念上就处于被动地位，然后谈判中也没能坚持自身的立场，有理有据有节地争取有利的合同条款，没能通过合同达到规避风险，保护自己的权利的目的。

合同规定了双方的责权利，是解决纠纷、分担风险的有效途径。合同中的每一个条款都不容忽视，一个小细节就可能导致成本大幅增加，对关键条款的研究与谈判就更加要重视。急于求成加上没有认真研究合同，没有成功展开谈判，导致最终签署的合同与FIDIC标准合同相比，缺少了很多有利于中海外的条款，而且这其中包括很多关键条款。

关键条款的删除产生了严重后果。例如，业主需要支付预付款的关键条款被删除，使中海外面临巨大的资金压力。“因原材料价格上涨造成工程成本上升时，建筑企业有权要求业主提高工程款项”、“建筑企业实际施工时有权根据实际工程量的增加要求业主补偿费用”等关键条款的删除相当于把所有风险都转嫁给了建筑企业，并且将企业逼到“总价固定”的绝境，使本来成功概率就较低的工程变更索赔变成不可能。

施工过程中，中海外发现很多工程量都超过项目说明书文件的规定数量，仅C段就有22座桥梁的钢板桩用量需要增加。项目说明书规定，桥梁打入桩为8000m，实际施工中则达6万m；桥涵钢板桩在项目说明书中没有规定，可实际工程中所有的桥都要打；软基的处理数量也大大超过预期。对当地地质条件缺乏了解，项目说明书上的很多信息并不清晰，是造成工程变更如此巨大的原因。但这是一个工程总承包项目，加上FIDIC合同中可以作为变更依据的条款被删除，所以后来发生的实际工程量很难被界定为工程变更。

中海外曾在2011年5月向波兰公路管理局提出，由于砂子、钢材、沥青等原材料价格大幅上涨，要求对中标价格进行相应调整，但遭到公路管理局的拒绝。公路管理局的理由和依据就是这份工程总承包合同，以及波兰的《公共采购法》等相关法律规定。因为以前波兰也经常出现竞标时报低价，后来不断发生变更，以至最终价格比当初竞标对手还高的情况。为了避免不正当竞争，波兰《公共采购法》禁止建筑企业在中标后对合同金额进行"重大修改"。预付款条款的删除本来就使中海外的资金捉襟见肘，材料大幅涨价又得不到补偿，导致项目成本超支，没能及时给分包商付款，从而造成停工，这进一步加剧了项目失控的局面，并最终导致项目失败。

从中标到合同谈判，再到合同执行过程中出现的问题，都暴露出中海外缺乏合同意识、合同管理不科学，这也是导致合同解除的重要原因。

3. 风险意识淡薄，风险控制机制不完善

风险客观地存在于工程项目实施的各个环节，面对各种各样的风险，中国建筑企业应该在深入分析风险的形成原因后，积极利用合同条件及各种有利的自然条件对风险进行规避、控制、分散、转移和利用，将风险转化为对己有利的因素，能否成功地管理风险，是项目取得成功的至关重要的环节。

在投标报价阶段，中海外急于拿下项目，对前期工作做得马马虎虎，没有认真分析风险；合同签订时，没有充分利用合同防范风险；在施工阶段也没有利用有利条件积极地控制风险。

项目施工伊始，全球经济复苏前景堪忧，且同时中标的其他路段施工亦未展开，因此原材料供应不紧张，价格尚处于低谷。但中海外没有认清波兰是个新市场，没有意识到价格、供给变化很快，不了解波兰当地建筑行业操作流程，加上手头现金流吃紧，没有认真评估分析价格上涨带来的重大风险，没有及时地与分包商签订分包合同、绑定利益，无从规避价格上涨带来的风险。一年间，由于波兰经济复苏以及2012年欧洲杯带来的建筑业热潮，波兰国内一些原材料价格和大型机械租赁费大幅上涨，砂子的价格从8兹罗提/吨飙升至20兹罗提/吨。挖掘设备的租赁价格也同时上涨了5倍以上。初来乍到的中海外因为没有确定固定的供货商，没有锁定原材料价格，所以享受不到优惠的原材料供应价格，加上欧洲竞争对手的排挤，最终被迫与分包商签订对自身不利的合同。

对材料价格上涨的风险的忽视反映了中海外的风险管理系统的不完善。项目立项后，没有做充分的准备工作，没能清晰地认识到材料价格上涨的风险及严重后果，在各个阶段也没有采取措施。投标时没有将风险反映在报价中；合同签订时可以用来规避风险的条款都被删除；施工阶段没有提前预订材料，与分包商绑定利益等。结果是材料大幅涨价，索赔却不成功，损失巨大。如果当初依据完备的风险清单进行详细的风险分析，并制订相应的风险应对计划，虽不能完全规避风险，却有可能采取措施降低风险影响，减少损失。

此外，在陌生的环境中，中方的管理人员没有尽快适应项目实施环境，认真进行风险控制，却任其发展，认为政治因素可以为风险兜底，风险发生时利用已经培养起来的良好的政治关系就可以化解。有时政治关系确实能帮助解决商业问题，但欧洲民主国家不一定给"面子"，当这些国家的政府最终遵循商业运行规律时，中海外就为这样的惯性思维和淡薄的风险意识付出了惨重代价。

所以风险意识淡薄，对风险的识别、评价、防范与转移处理较差，没有形成完善的风险管理系统，是项目失败的重要原因之一。

9.3.6.3 启示

工程总承包项目需要企业具有工程设计、采购、施工和项目管理的全部能力，业务范围要涵盖工程项目建设的全过程。中国建筑企业深受国内传统建设体制的影响，往往按照国内工程项目的管理模式进行国际工程项目管理，致使整个项目比较混乱，无法顺利完成。国际工程项目的管理必须遵守国际惯例。中国建筑企业首先应该对自身所处的环境有一个清晰的认识，然后积极主动地学习国际知名建筑企业的经验，提高自身的管理水平，加快与国际惯例接轨的步伐。

1. 重视前期工作，规范投标体系

国际工程承包项目和国内项目的最大不同就在于，国际承包项目所处的国际市场环境复杂，同时建筑企业对周围环境相对陌生。然而，中国建筑企业普遍不愿意花费更多费用和时间去认真研究国际市场。中海外的教训是深刻的，中国建筑企业必须重视前期工作，认清项目所处的环境，为后续工作的顺利开展打下坚实基础，形成良好运作的投标体系。投标阶段的前期准备工作通常包括以下内容：

（1）研读资料

国际工程招标文件一般采用英语，所以首先要翻译文件，聘请高水平的专业英语翻译人员准确翻译招标文件非常重要，确保每个工程术语，每个专业名词都翻译准确。然后组织人员专门研读招标文件和基础资料，其中必须由专业技术人员研读技术规范部分。

（2）现场勘查和市场调研

现场勘查和市场调研是投标阶段的重要环节。在开始踏勘前由现场考察组根据对招标文件的研究列出考察计划、内容和提纲，然后组织调查人员仔细开展现场踏勘，解决研究资料过程中遇到的问题，并进一步加深对项目所在地的地质、水文、气候的了解，熟悉现场资源、施工机具、交通运输等情况。开展全面的市场调研，了解当地的语言环境情况、民俗风情、宗教信仰、生活习惯、文化水平等，同时了解近年来当地的经济发展水平，工业技术水平，尤其是建筑行业的水平，以及相关政策及法律法规。

（3）编制标书

通过研读资料，进行现场勘查和市场调研后，结合自身情况编制详细的技术标书。在此基础上，编制商务标书，分析和预测项目中可能存在的对建筑企业不利的因素，并将风险因素反映到报价中，从而减少风险造成的损失。在标书编制过程中，要根据具体情况组织各专业人员的协调会议，使各方面能够充分交流，防止因了解信息不全面出现失误。因为各投标方也要以英文撰写投标文件，所以专业英语人才在此阶段必不可少，从工程术语到当地语言习惯尽量符合要求，不能因翻译问题而影响标书质量或出现文字表达失误，引起不必要的风险。

一个投标团队对资料越熟悉，对环境越了解，标书编得越仔细，对项目隐含风险的分析就越透彻、准确，制定具体的措施成功防范风险的机会也就越大。所以，要重视投标前的准备工作，同时注重建立完善的投标体系，将前期工作、决策机制等纳入规范的系统中，保证投标决策的合理性和可行性。

2. 强化合同意识，重视合同管理

国际工程承包市场一直是买方市场，建筑企业面临的一个大问题就是双方签署的合约往往更倾向于保护业主利益。在工程总承包模式下，由于设计、采购、施工是一体的，建筑企业获得很高的利润的同时，也要承担更多的风险，工程变更的可能性更小。中国建筑企业要强化合同意识，重视合同管理。在合同签订阶段，合同管理的首要任务就是细致开展前期工作，只有清楚了解相关资料和环境，才能较准确地识别未来的各种风险，从而更容易地通过合同条款把握风险、控制风险。同时，充分的前期准备工作可以保证在合同谈判中占据主动，从而签署对自己有利的合同。

谈判前首先要研究合同条款，详细分析和评估合同条款，包括对双方的责任和权利、对方的技术要求、补偿条款、环境保护、保险、专利保护和侵权、变更和索赔、涉及的法律法规等。在国际工程总承包项目中，建筑企业往往和业主签订总价合同。此时，业主希望由建筑企业承担工程建设过程中的绝大部分风险，而业主的过失风险往往也要求建筑企业承担，还要求建筑企业对合同文件的准确性和充分性负责，合同价格并不因为不可预见的困难和费用而调整，业主并不承担合同文件中存在错误、遗漏或者不一致的风险。因此，中国建筑企业在熟悉合同条款，透彻理解条款的含义，分析可能造成的风险之后，谈判时就要针对业主的趋利意图，尽量争取增大工程变更可能性的条款，包括针对材料设备价格波动的物价调整条款等，以此来规避风险。

3. 树立风险意识，完善风险控制机制

要建立良好的风险管理机制，管理层首先应该认识到风险管理的重要性，自觉加强对风险管理理论知识的学习，结合实际，不断总结和积累经验，增强对风险因素的识别判断和分析评估能力。要善于利用各种理论及工具进行风险分析，防范并尽可能地将风险量化，积极主动地控制风险，从而减少工期拖延和成本增加的风险。其次，在项目建设的整个周期内，要不断识别和评估项目存在的风险因素，列出风险清单，制定相应的风险应对策略，形成风险分析报告。最后，由于风险是复杂的外部环境和内部管理相互作用的结果，具有不确定性和动态性，所以要指定风险控制责任人，检查和监控风险对策实施情况，及时组织有关人员分析和评估风险对策的实施对项目产生的作用和影响，识别可能产生的新的项目风险因素，并制定有效的风险对策，进行动态的风险管理。

在国际市场中，如果不能根据国际市场的特点制定风险管理制度，不能随着市场的变化及时发现风险因素，调整风险防范对策，那么建筑企业将会很被动地去应对发生的风险，不能主动控制风险，直接结果就是工期的拖延和成本增加，相应的多米诺骨牌效应甚至会最终导致项目的失败。所以，有效的风险管理，完善的风险机制展现的是建筑企业对国际市场的良好适应能力，是项目成功的重要因素。

4. 接轨国际惯例，提高管理水平

中国建筑企业“走出去”时经常遭遇这样一种现象：做施工总承包很成功，但是却不能很好地完成工程总承包项目。深入研究会发现，在国际市场开展工程总承包时，往往要求建筑企业有成熟的技术和很高的管理水平，当中国建筑企业以低价中标时，却总因为没有实力完成项目而不得不付出很高的代价，如沙特地铁项目；甚至还有可能终止合同，如本文的案例。此外，中国建筑企业以往靠较低的生产要素价格优势抢占国际工程承包市场的竞争力逐渐被削弱。因此，更新观念，走智力密集、技术密集和资金密集的道路，提高管理水平，成为提高中国国际承包工程竞争力的关键。

在项目层面上，通过人力资源管理、合同索赔管理、风险管理等对项目进行全员、全方位、全寿命周期的管理，形成科学规范的管理系统；吸收先进的管理理念，利用成熟的管理方法，构建合理的组织结构；通过对项目相关资源进行系统整合，合理使用项目管理技术和应用工具，进行项目的集成化管理，从而实现项目管理效益的最大化。在公司层面，通过调动现有的所有资源，将优势力量集中投入到国际工程项目中，采用适应国际工程市场的公司结构形式等手段，不断和国际惯例靠拢，向国际化管理水平看齐。

适合国际市场的管理原则就是要满足市场需要，有利于有效管理项目，有利于公司可持续发展。管理只有适应市场才是有效的管理，才能带动项目顺利实施并取得成功。中国建筑企业要注意在管理方面虚心学习成功经验，尽快与国际惯例接轨，这样才能在国际市场上取得竞争优势。

案例简析

此例从中国公司对国际工程项目开拓进取、从严管理、对国家对人民高度负责的视角，总结分析了失败的几个关键因素。其承包商单位更应当深刻不留情面的揭露深层次的种种因果关系。远在一千八百年前的旷代奇人奥勒留于无意中给我们留下的《沉思录》中说，“你遭遇一件事物，便要给它下一定义或做一描述，以便清晰地看出赤裸裸的真相”而后“做确实而有条理的研究，从而探究这宇宙到底是怎样的一个东西?”这样方能对“失败是成功之母”，经验教训是最好的老师有所顿悟，牢记在心，有所帮助。案例简析见图9-12。

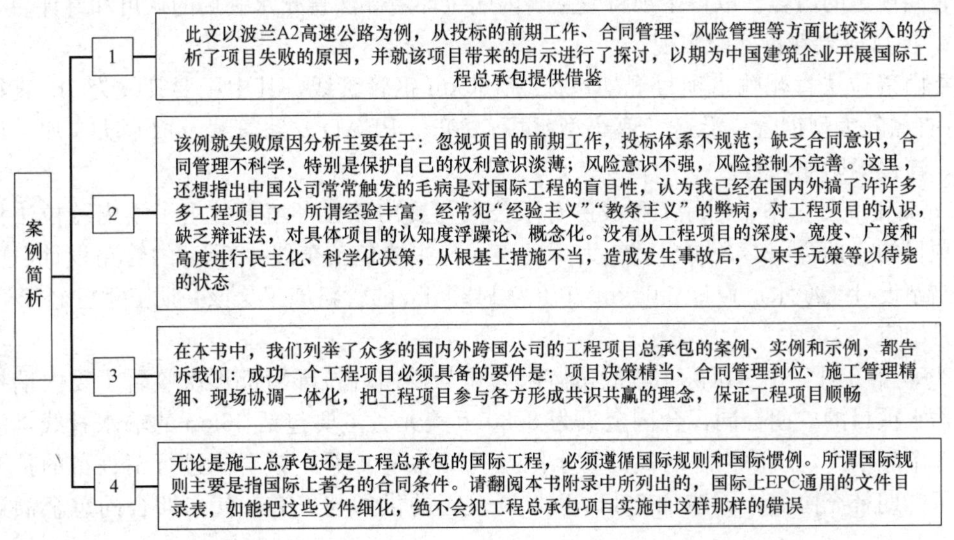

图9-12　案例简析

9.3.7 国际工程项目属地化管理的探索实践及简析①

本节从国际工程项目的属地化管理角度论述委内瑞拉输水项目相关探索与实践活动。下面以委内瑞拉输水项目（图 9-13）为例，通过历时八年的项目相关管理，探索、分析国际工程项目中属地化管理方面对项目各项工作的影响，并通过对相关项目管理工作的实践总结，说明属地化管理国际工程项目相关问题的视角和方法，力图获得属地化管理的经验成果，并展望国际工程项目属地化管理的未来，为大家在相关类似国际工程项目提供参考。

图 9-13 委内瑞拉输水项目现场照片

9.3.7.1 项目概况

1. 工程简介

2001 年，在中国-委内瑞拉强化两国双边关系的战略环境下，中国以发改委作为组织单位，委内瑞拉以计划发展部作为组织单位，在两国高层领导人的直接领导下，创立了中委高层混委会这一两国经济、文化、政治合作的平台，由我司承接的委内瑞拉法肯州输水项目正是在这一外交环境和政府平台中实施的第一个中委两国大型国际工程承包项目。

委内瑞拉以石油经济为主，位于委内瑞拉法肯州的半岛炼油厂是其国内最大规模的炼油厂，但其长期受该地区缺水状况影响石油生产及周边人民生活。该输水项目由此产生，规划内容为从附近地区水库通过大口径、长距离管道输水至半岛，以解决该地区人民的生产和生活问题。

该项目于 2002 年签署一期工程合同，并在其后 2005 年、2007 年分别签署了项目二期工程合同及其补充工程合同，总金额超过 3 亿美元，最终在 2010 年 6 月完成了项目中所有合同规定的内容，取得了项目业主委内瑞拉环境部法肯州水利局的认可和好评。

2. 项目成果性目标的实现

委内瑞拉法肯州输水项目规划包括约 160km 钢管管线，其中主要管线为 2m 直径至 1.4m 直径的大型钢管；沿途三座小型水厂；20km PEAD 支路管线及取水头、加工厂等修复、连接等附属项目。

2002 年 6 月，中工国际工程股份有限公司与委内瑞拉环境部签署了委内瑞拉法肯州输水项目的一期合同，合同金额约为 1 亿美元。主要包括全线 180km 的管路设计、中途加压泵站设计、净水厂设计、60km 直径为 1420mm 的管路施工。该一期工程已经于 2006 年 5 月结束。

2005 年 6 月，中工国际工程股份有限公司与委内瑞拉环境部再次签署了委内瑞拉法肯州输水项目的二期合同，合同金额为 8030 万美元。主要包括 36km 的输水管线，沿途建设 3 个净水厂，解决当地居民的饮水问题。2006 年 8 月，该合同进行工程量的扩充并签署了二期补充协议，即增加 20km PEAD 支管的供货与安装，使二期合同总金额达到

① 中工国际工程股份有限公司马宁提供案例。

9280万美元。该二期主合同及补充协议部分已于2007年10月结束。

2007年3月9日，中工国际工程股份有限公司与委内瑞拉环境部再次签署了委内瑞拉法肯州输水项目的二期合同三段工程补充协议，合同金额为10804万美元。主要包括61.6km不同规格管径的输水管线。该工程已于2009年6月完工。

2010年6月，随着以上工程各合同规定的质保期工作的完成，该项目完成了所有合同规定的工作内容，项目各期合同金额总计超过3亿美元。项目内容摘要如表9-16和图9-14所示。

项目内容摘要　　　　表9-16

合同名称	合同业主	签约时间	完工时间	工程范围	合同金额
一期工程	委内瑞拉环境部	2002年6月	2006年5月	整体工程设计、取水头修复工程以及约60km的管道施工	1亿美元
二期工程		2005年6月	2007年10月	约57km的管道施工以及三座小水厂的兴建	0.93亿美元
二期三段工程		2007年3月	2009年6月	约60km的管道施工	1.08亿美元

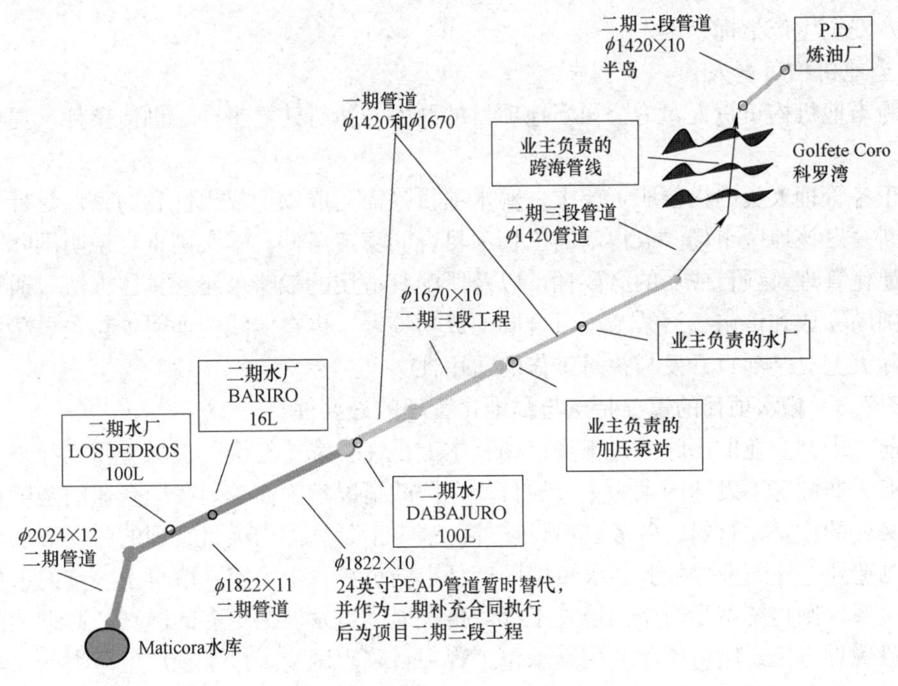

图9-14　项目整体工程量示意图

3. 项目约束性目标的实现

该项目业主分别于2006年5月29日、2007年10月30日和2009年6月10日在合同规定的工期内，签署了该项目以上一期工程、二期工程以及二期三段工程的完工验收证书。并在项目各阶段进程中，逐步实现了工程管线通水、沿途水厂验收，并完成项目质保期工作，使项目工程成功移交业主运营。

9.3.7.2 管理人员职责

1. 项目经理

(1) 负责项目进度目标、质量目标和成本目标的实现。

(2) 负责项目目标的策划和管理。

(3) 负责项目组织与团队建设。

(4) 负责项目采购与合同管理。

(5) 负责项目 QHSE 体系的贯彻。

(6) 负责项目合作伙伴管理。

(7) 项目利益相关者满意。

(8) 负责项目管理能力提升。

2. 部门总经理

作为项目内部业主，对公司总经理负责，主要由三类指标构成：

(1) 经营性指标：包括签约合同额、生效合同额、工程量完成额、收汇金额、利润指标等。

(2) 成长性指标：包括客户关系维护、潜在项目维护、团队建设、人才培养、企业文化等。

(3) 安全生产指标。

3. 当地机构负责人

作为当地机构负责人，为公司当地项目的开发与执行建立平台、创造条件、提供服务等方面。

由于各管理人员的岗位职责要求，输水项目除需完成以上成果性和约束性目标外，还要为不断开发该地区市场、取得新的工程项目合同奠定条件。本文则重点说明国际工程项目的属地化管理对项目成功的必要性，以及所配套适用的战略思路和具体方法。通过输水项目的圆满完成和该市场后续新项目合同的成功签署，也在实践中证明了相关思路和方法对于国际大型复杂项目开发与执行工作的适用性。

9.3.7.3 输水项目的重要特点与属地化管理的必要性

当前，中国企业的国际承包工程市场基本上是在传统“经援”市场上发展起来的，多以东南亚、非洲等不发达国家为主。项目所在国的情况较为简单，我国企业的国际化项目管理除必要的设备、材料、劳务进出口涉外，基本上延续国内项目管理的各项方法。但随着中国制造业、建筑业的崛起，大量中国产品走向世界各个国家，取得了一定的市场份额和社会关系，则传统贸易衍生出境外工程，传统地区也发展为更多的国别，而继续沿用传统的项目管理方法，则将使这些国际承包工程项目陷入困境，以至于产生巨大的风险。而对这方面视角与理解的差异，也会使项目在执行过程中的资源利用形式等项目战略思路较项目前期策划发生根本变化。

以输水项目为例，项目所在国在委内瑞拉，是世界上主要的石油输出国，一度在拉美占有重要的经济地位。查韦斯总统就任后，由于其推行的社会主义政策与当地根深蒂固的资本主义制度矛盾巨大，以及政治反对派和金融、工业等领域寡头的阻挠，社会经济受到较大影响，但整体上仍然具有较强的经济实力，在技术、环境、法律、税务等方面同西方普遍接轨，拥有较为完整和先进的标准与体系。这一不同于一般发展中国家的特点，使该国的国际工程项目管理具有一定的特殊性，形成了该市场的重要特点。

输水项目作为中委两国双边合作的第一个大型国际承包工程，自 2002 年签约后由于前期按照传统管理思路进行策划，使其不能适应委内瑞拉实际情况，项目一度出现困难。此后，在公司领导的果断决策下，针对其市场特点，将传统项目管理思路转变为属地化管理，实现了突破，为最终完成这一项目奠定了坚实的基础。

以下是项目主要工作在策划时的资源准备与实际发生的属地化资源应用之间的情况比较（表 9-17）。

策划时的资源准备与实际发生的属地化资源应用的比较　　表 9-17

中工国际(项目总包商)的分包单位	前期策划准备	实际发生情况
项目设计单位	中国东北市政设计研究院	当地设计咨询公司
项目主要供货单位	宁波三鼎钢管厂等主要国内供货工厂	委内瑞拉钢管厂 西班牙和乌拉圭的水厂建设公司 加拿大与巴西的供货公司
项目主要的土建安装公司	中机建设	委内瑞拉当地工程建设公司
项目人事管理单位	公司派驻的人力资源工作人员	委内瑞拉当地认证的人事经理
项目财务管理单位	公司财务部派驻的工作小组	国际会计师事务所

以上一系列项目属地化管理、执行方式、资源利用等思路上的改变，使输水项目重新回归到了执行正轨，并最终获得了成功。而是由于什么样的特殊原因，造成了项目属地化管理的客观需要和改变呢？而又应该从什么角度，采用什么方法，看待并实施项目的属地化管理呢？通过实践和总结，我们认为国际项目的利益相关者分析和配套的战略思路及其一些具体的操作方法是该项目属地化管理成功的关键。

9.3.7.4　输水项目的利益相关者分析和应对战略

1. 国际工程项目的利益相关者

对于“利益相关者”一词，当前并没有一致公认的概念和定义。在经历过大量的项目工作后，我们认为针对国际工程项目，可定义为：“项目利益相关者可指这样的个人或群体——他们影响项目的目标实现、影响项目实施企业的目标实现，或者能够被项目或项目的实施企业所影响。”

由于输水项目的以上重要特点，与项目相关的利益相关者复杂、繁多，使传统的从合同角度上定义业主、客户、总包商、分包商等利益相关者的划分方法在该项目管理上已不再适用，而以多重角度分析项目利益相关者则更为适合此类大型复杂国际工程承包项目。

（1）在总体上以项目所有权、经济依赖性和社会效益三大方面区分项目利益相关者。

（2）按是否发生市场交易关系区分利益相关者，即区分契约性关系和公众性关系；按紧密型与否区分首要利益相关者和次要利益相关者；按承担风险的种类区分自愿的利益相关者和不自愿的利益相关者；根据这些特点，对多个利益相关者进行具体分析。

（3）在项目实施的角度上，以权力性、合法性、紧急性为依据，区分确定的利益相关者、预期的利益相关者和潜在的利益相关者。

以委内瑞拉输水项目为例，摘要举例见表 9-18 所示。

利益相关者举例　　表9-18

利益相关者	第一层面	第二层面	第三层面
委内瑞拉环境部(业主)；项目的各个分包商等	涵盖了所有关系	既有契约性也是公众性；主要利益相关者；自愿承担风险	权力性、合法性、紧急性全部涉及确定的利益相关者
委内瑞拉政府高层及税务、海关、交通、电力等部委	社会效益方面突出	公众性；主要利益相关者；自愿承担风险	权力性、合法性涉及的预期利益相关者
当地的总包商雇员、分包商雇员，以及所涉及的行会、工会等团体	经济依赖性、社会效益方面突出	既有契约性也有公众性；属于主要利益相关者；不自愿的承担风险（指项目风险）	权力性、合法性、紧急性全部涉及的确定的利益相关者
当地警察、保安、零售等团体或个人	经济依赖性突出	既有契约性也有公众性；属于次要利益相关者；不自愿的承担风险（指项目风险）	紧急性突出的潜在利益相关者

通过以上的项目利益相关者及其基本需求的基本划分，使我们意识到对组织的利益相关者进行识别和分类是有效的利益相关者管理的前提，继而我们需采用一定的利益相关者战略来应对不同的利益相关者群体。

2. 利益相关者应对战略

一般情况下，利益相关者应对战略主要可分为以下四种，

(1) 前摄性战略：该战略包括对利益相关者问题的诸多关注，如预测并主动关注特定利益，其对责任所持的立场或策略就是主动预测责任。

(2) 顺从战略：相对于前摄性战略，顺从战略在处理利益相关者问题时缺少主动性，其所持的立场或策略就是接受责任。

(3) 防御战略：则在处理利益相关者问题时，仅仅满足法律最低限度的要求，其采取的立场、态度或策略就是承认责任却抵制它。

(4) 反抗战略：包括在面对利益相关者问题时，消极对抗或完全忽视利益相关者，其采取的立场态度或策略就是否定责任。

通过输水项目的实践，我们注意到以上利益相关者战略的一些主要因素：

(1) 在输水项目中，凡是我们前期进行了认真调研、分析、计划的工作，往往既可以使项目工作顺利完成，也可以获取到利益相关者很高的满意度，而在应急环境中，或不熟悉的领域中，就容易造成利益相关者的拒绝，甚至刁难，从而使项目举步维艰。因此我们总结："前摄性战略比防御战略及反抗战略相比，利益相关者的满意度明显高出，同时有利于项目的顺利进展，为获得项目成功奠定了重要基础。而前摄性战略的运用，也可避免顺从战略的滥用，降低项目风险。"但不幸的是，很多的项目管理人员似乎总能出于各种合理的理由，使用一些满意度极低或风险较高的战略做法，使项目逐步陷入困境。

(2) 在输水项目中，业主委内瑞拉环境部既是对外合同的业主，也是项目最终使用人法肯州水利局的上级单位，同时是监理单位的管理方，还作为政府部门而面对同项目相关

的其他当地部委。其在项目的不同阶段中，需求不断更替、交接。而在项目执行属地化管理前，我们总是因为前摄性关注不足，而不断面临新的问题。当时，我们似乎陷入了某种执着和困境，一方面我们必须更多地审视并关注控制着那部分项目成功执行所需关键资源的利益相关者群体的利益和要求；另一方面我们的时间和金钱毕竟是有限的，我们不可能在所有的时间和阶段对所有的利益相关者给予足够的关注。这样，当我们在实施项目属地化管理的时候，则充分的运用前摄性战略，提前综合地考虑项目利益相关者的需求。避免我们往往从项目的某一阶段出发、从某个利益相关者的某刻时间的行为特点出发，根据当时可利用资源或者成本的情况，确定相对片面的利益相关者应对战略。应该说明的是，在单独考虑以上四种战略的使用时，前摄性战略是利用资源和成本最高的（反抗性则是最低的），但可获得很高的满意度。而其余三种战略，很快将使项目陷入一种或消极被动，或满意度极低的情况，最终会带来项目风险。

我们采用什么样的方法，才能在资源有限的情况下，充分的运用前摄性战略，为项目的顺利执行奠定良好条件呢？以下以输水项目的现场施工属地化管理为例进行说明，希望能提供大家参考与借鉴。

9.3.7.5　输水项目中的属地化与前摄性战略的管理方法

1. 分四个方面全面掌握项目当地情况

（1）当地法律、法规、国家政策等

作为国内企业派出的国际工程承包项目负责人或项目经理，我们很难成为项目所在国法律、法规、国家政策等方面的执业人员，但应对同项目紧密相关的法律进行熟悉，并在专业问题上咨询当地律师、专家的意见。以输水项目为例，主要进行的是如下法律、法规、国家政策的熟悉：

1）各项双边协议。

2）海关法。

3）税法。

4）劳动法。

5）环境、绿化等法律。

这些法律法规、政策在进行项目前摄性战略管理时，可先进行总则或基本条例方面的研究，并找出该法律法规和政策上对项目工作有影响的部分，然后结合项目实际情况同当地专家进行讨论，得到相关工作的解决方案。

（2）当地资源的识别

中国企业在工民建项目的准备工作方面有较强能力，能短时间取得材料、设备、人员、土建、安装等当地资源信息。值得关注的是，在首次进入项目所在国的时候，很难把握这些获取信息的准确性，需要不断地考察其他当地项目现场和国外企业，以取得第一手资料。

同时由于相当一部分国家的政体和我国不一样，中央政府、地方政府、相关部委、商会、行会、工会等政府或民间团体，也是需要着力调研的资源。这些因素将成为项目执行过程中的重要力量和影响因素。

（3）当地文化特征

在同利益相关者的属地化管理中，中外双方的能否顺畅交流是关键问题（不是单纯的语言问题）。而对当地文化特征的充分了解，避免不必要的冲突，是解决沟通问题的必要条件。当地文化特征带来的主要冲突有：

1）个人主义和集体主义的冲突。

2）权力的等级制度与授权程度的冲突。

3）长期目标和短期目标的冲突。

4）对待时间、利益、工作等基本价值观的冲突。

5）高语境和低语境的冲突。

（4）项目自身特点

以输水项目为例，该项目除以上项目利益相关者众多，环境复杂外，也是资源性的、劳动密集型高的线性项目等。

各种不同的国际承包项目，由于其涉及的利益相关者需求、项目标的、技术工艺、社会资源、两国关系等不同因素，会体现出各自的项目特点。

2. 信息的分析、评估与研究

在进行了以上四个领域信息的获取工作后，需要就项目的实际情况针对性地进行分析、评估与研究。以输水项目在现场施工阶段的工作为例，相关的工作包括如下（表9-19～表9-21）。

（1）现场施工涉及的法律法规（摘要）

项目涉及法律及法规（摘要） 表9-19

序号	法规名称	颁发日期	颁发部门	应用条款	涉及环节
1	环境法	1976/6/16	R国政府		空气、土地、水、人、动物、植物
2	水土绿化法	1966/1/26	同上		土地、水
3	环境惩戒法	1992/1/3	同上		空气、土地、水、人、动物、植物
4	开设工地和设立出入通道办法	1992/4/27	同上	章节 No. 2.226	空气、土地、水
5	影响河流流向、沉积和流量行为管理办法	1992/4/27	同上	章节 No. 2.220	水
6	影响环境行为评估办法	1996/4/25	同上	章节 1.257	空气、土地、水
7	土地平整环保办法	1993/5/7	同上	章节 2.212	空气、土地、水
8	水力资源利用控制办法	1996/8/2	同上	章节 1.400	水
9	水质控制及级别管理办法	1995/12/18	同上	章节 883	水
10	无害工商业废料处理办法	1992/4/27	同上	章节 2.216	空气、土地、水、人、动物、植物
11	移动通信管理办法	1998/9/4	同上	章节 2.673	空气、土地、水
12	噪声污染控制办法	1992/4/27	同上	章节 2.217	空气
13	野生动物保护办法	1999/1/29	同上	章节 3.269	动物
14	空气质量及大气污染控制办法	1995/5/19	同上	章节 638	空气
15	放射保护安全办法		PDVSA	BOLETIN N° P. OR-PA-N-019	人、空气、土地

（2）现场施工的环境评估（表 9-20）

（3）现场施工的风险评估（表 9-21）

现场施工的环境评估 表 9-20

施工单位：	部门：		工作：					时间/持续时间：
人员劳保：	安装：		评估日期：					
活动	涉及机械设备	风险	风险评估					预防措施及建议
			T	TO	M	I	IN	
1. 机械设备移动	• 平地机 • 拖拉机 D6 • 挖掘机 • 放管机 • 重型卡车 • 两头忙 • 小型拖车 • 大型拖车	• 碰撞 • 坠物 • 碾压 • 被过往机械钩挂 • 被过往机械钩挂 • 撞击 • 噪声 • 震动	× ×	×	×		×	-检查隔声设备 -使用隔声护耳设备 -设置告知牌 -安全知识培训 -与重型机械保持安全距离 -施工区域内安置急救设备

现场施工的风险评估 表 9-21

活动 分包商		编号	项目	媒介	频率	影响	时效	状态	可控制	符合规定
活动	流程									
临时场地	临时水、电、通信和道路	1	噪声	空气、环境	每日，临时	附近居民、动物	现时	正常	否	是
		2	气体挥发	空气	每日，临时	附近居民、动物、植物	现时	正常	是	是
		3	燃油及机油挥发	土地	有时	水、动物、植物	未来	非正常	是	是
		4	燃油储藏	土地、空气	有时	火灾	未来	紧急	是	是
		5	电线架设	空气	有时	漏电、火灾	未来	紧急	是	是
		6	燃油及机油储藏	土地、空气	有时	火灾	未来	紧急	是	是
		7	维修过程中的机油泄漏	土地	有时	水、动物、植物	未来	非正常	是	是
		8	尾气	空气	每日，临时	附近居民、动物、植物	现时	正常	是	是
		9	扬尘	空气	每日，临时	附近居民、动物、植物	现时	正常	是	是

3. 具体工作的操作计划和方案

以上各项评估完成后，可对各施工面工作编写具体的计划和方案，图 9-15 所示为项目现场一个标准工作面施工计划的目录内容。

目录

1. 施工许可
2. 工作情况简介和目的
3. 施工范围
4. 施工地点
5. 项目中使用的管单技术信息
6. 使用的设备和机械
   6.1 管线路过的道路修整
   6.2 直径56吋钢管的泄水阀
   6.3 焊接
   6.4 实验
   6.5 内部防腐（过滤袋）
   6.6 外防（防腐漆）
   6.7 管沟挖掘（管沟平整，焊接处留出空隙）
   6.8 管沟内焊接
   6.9 回填和夯实
7. 施工人员
8. 施工前和施工中现有的条件
9. 施工的几个阶段
10. 施工步骤
11. 附件

图9-15 标准工作面施工计划的目录内容

4. 程序的建立和流程节点的管理

经过以上各个标准工作面的计划，进而形成项目管理程序和流程节点，输水项目现场工程部分的工作程序与节点流程，如图9-16所示。

9.3.7.6 该项目属地化管理的实践成果

以上的一系列项目属地化管理方法，不仅在项目现场施工，同时也在项目的商务、技术、劳务、税务等多个方面均发挥着重要作用，取得了以下成果。

（1）项目同委内瑞拉当地及周边国家的相关企业建立并保持了良好的合作关系，其中涉及设计单位7家、供货单位18家、施工单位14家、运输等服务性单位6家。在八年的项目执行过程中，全部合同执行并验收，未出现恶性纠纷。而这数十家当地企业，成为公司在委内瑞拉的珍贵资源，为后续在委项目的执行提供了有力保障。

（2）由于与以上项目当地资源的良好配合，以及逐渐深入的项目属地化管理，使公司在法律、劳务、税务等方面，得以一种越来越本土化企业的面貌参与到项目所在国当地工农业等领域的经济建设工作，越来越被当地社会所接受，合作的领域不断深入，规模不断扩大。自输水项目执行过程中，由于在当地取得了良好的口碑和执行经验，公司相继获得超过20亿美元的承包工程合同，涉及电力、工业、农业、贸易等多个领域。

（3）随着中国的政治、经济、外交、技术等国际综合竞争力的不断增强，属地化进程取得良好成果的大型国企，将有条件成为项目所在国大型国有业主、部委、甚至高层决策层的有效“参谋”。利用对所在国的深入了解和实践经验，将所在国的经济、能源、工农业发展与中国的现实需求和企业的特长有效的加以整合，获取合同机会，特别是双边合作

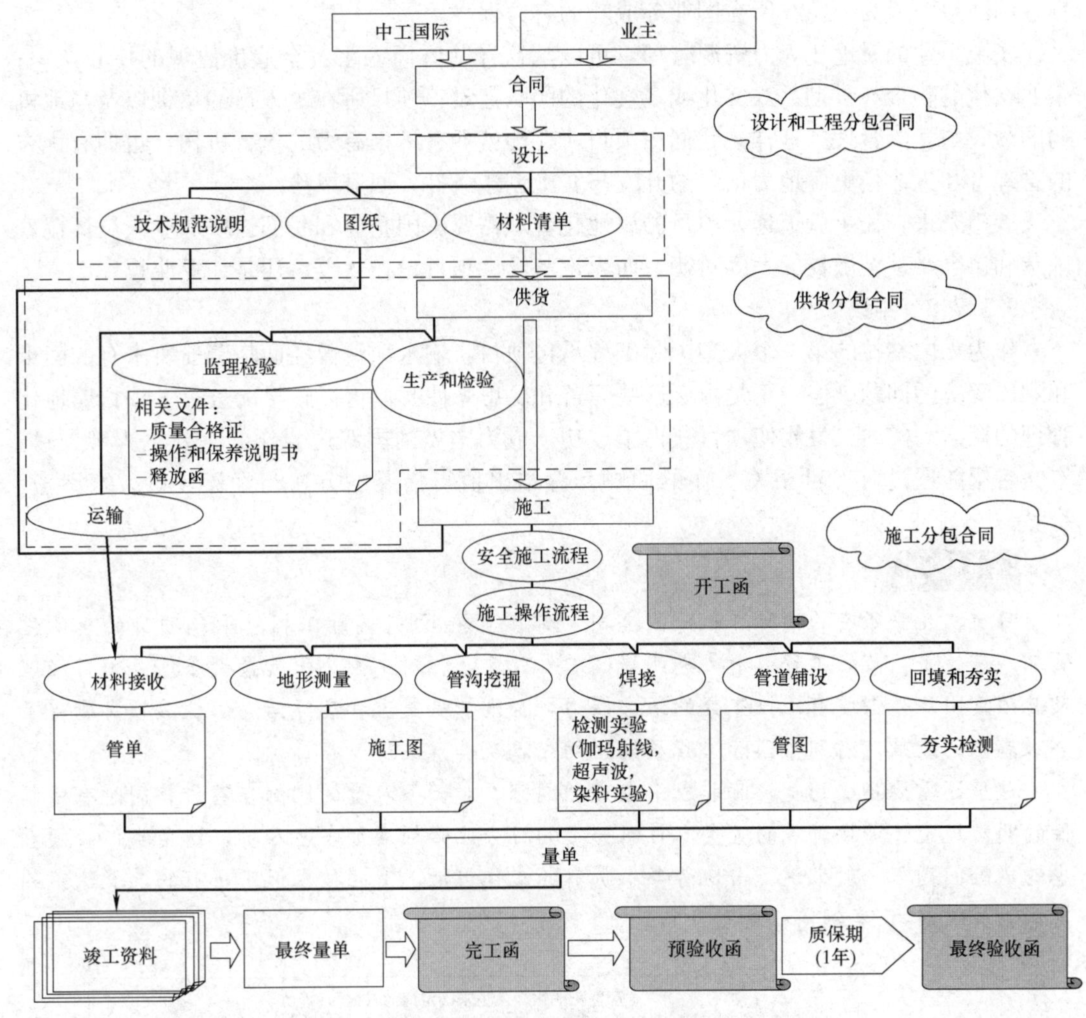

图 9-16　输水项目现场管理流程

的大型国有项目。2010 年 12 月，中委两国双边协议下签署的农业机械制造工业园项目，该项目开发由我主持进行，正是在这种“参谋型”的项目开发思路取得了成功，项目金额 32.27 亿元。实践证明，前期在项目执行过程中积累的项目属地化管理经验与方法在该项目的开发工作中同样能得到充分利用，不可或缺。

（4）项目属地化管理成绩也受到公司管理层认可，获得相关荣誉（略）。

9.3.7.7　展望国际工程承包项目属地化管理的未来

如今中国企业雇佣几个项目所在国当地司机、厨师、小工，而项目实施资源全部来自于国内的这种初级的国际工程项目管理已经不能再适应当前的国际工程承包市场和项目所在国的需要了。取而代之的是项目属地化管理的不断深入和落实，以人力资源管理为中心，进行好企业在项目所在国当地机构的建设和管理。

随着在项目所在国大量雇佣当地雇员，双方在文化差异、价值观、行为模式等方面的冲突，决定了企业必须在项目所在国实施属地化、跨文化的人力资源管理。同时，企业在当地的快速发展、当地雇员的优势、成就创新的机会，也会使属地化的人力资源管理得到良好的回报，成为公司在所在国业务成功的有力保障。

实施企业的属地化人力资源管理，可以从这样几方面入手：企业价值观的核心认识；企业文化的融合与贯彻；双文化或多文化的团队建设；项目所在国人员的培训以及当地机构的绩效与薪酬管理。这样，我们在项目所在国就拥有了强有力的执行机构，也拥有优秀的管理者和人才，更好地为项目的开发与实施创造条件，回避风险。

展望未来，任重而道远，项目的属地化管理需要中国企业和我们这些从业人员怀揣着谦恭和包容，甚至敬畏的态度对待，而无论市场、项目是在欧美，还是在亚非拉。

9.3.7.8 结语

作为委内瑞拉的第一个大型国际工程承包项目，输水项目曾经面临着前所未有的困难和难以解决的问题，但也正是由于这些痛苦和反思，使我们得以较早的进行了项目属地化管理的探索与实践，最终使项目获得了成功，成为中委两国双边合作的重要里程碑项目。本文希望能通过对项目相关工作的回顾，总结出值得借鉴的方法与经验，供大家参考、指教。

案例简析

目前，几乎所有的国际工程跨国公司，都在实施EPC国际工程总承包项目的属地化管理，好处是：节约工程成本，也能提高工作效率，但对中国公司其最大难度是项目经理及其项目团队，需要有比较充分的语言能力，否则影响交流和交际活动。从该项目取得了令人满意的效果，看到了国际工程属地化的内涵及其意义。

这里还需要指出的是，北非或中东有的国家，对劳务人员的比例在签订合同时有强制性的明文规定：即按进入的劳务人员取一定的百分比必须雇佣当地人员，这是我们必须考虑的风险问题（一般来说，当地劳务人员有的文化偏低，有的技术低下，有的甚至达不到定额的最低线）。案例简析见图9-17。

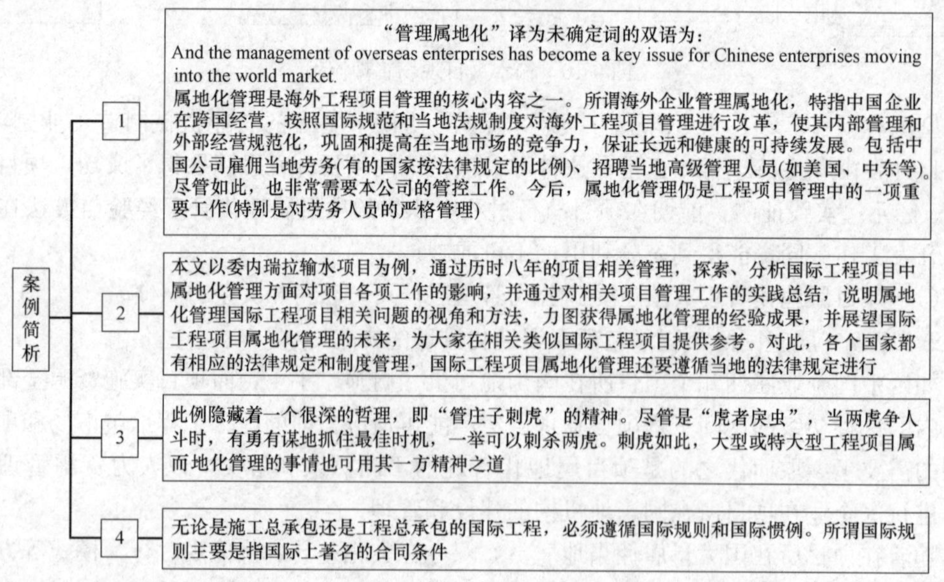

图9-17 案例简析

9.3.8 《设计采购施工（EPC）/交钥匙工程合同条件》20 条款关系图及其提示

20 条款关系图见图 9-18，设计-采购-施工-调试关系图见图 9-19。

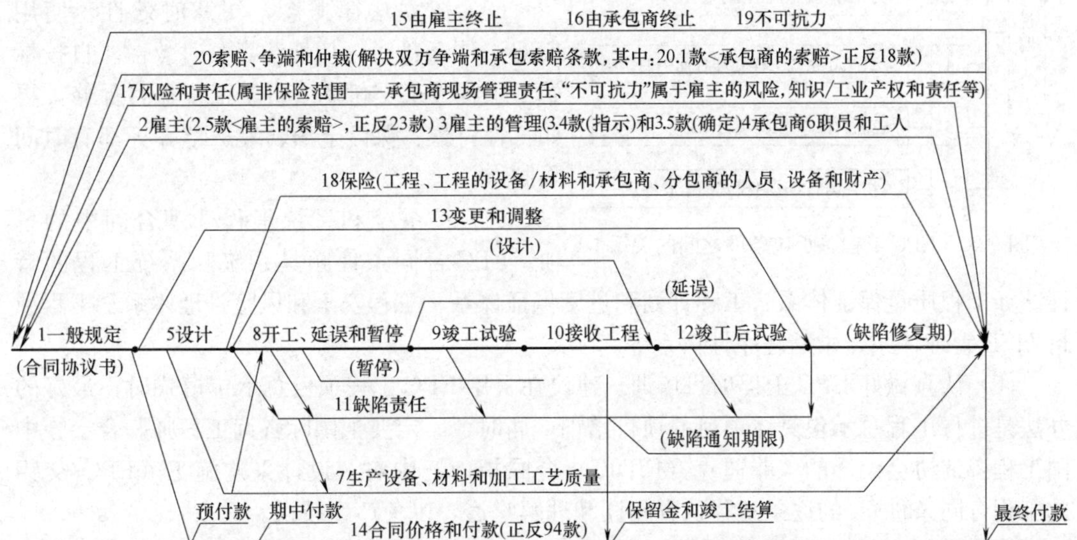

图 9-18　20 条款关系图

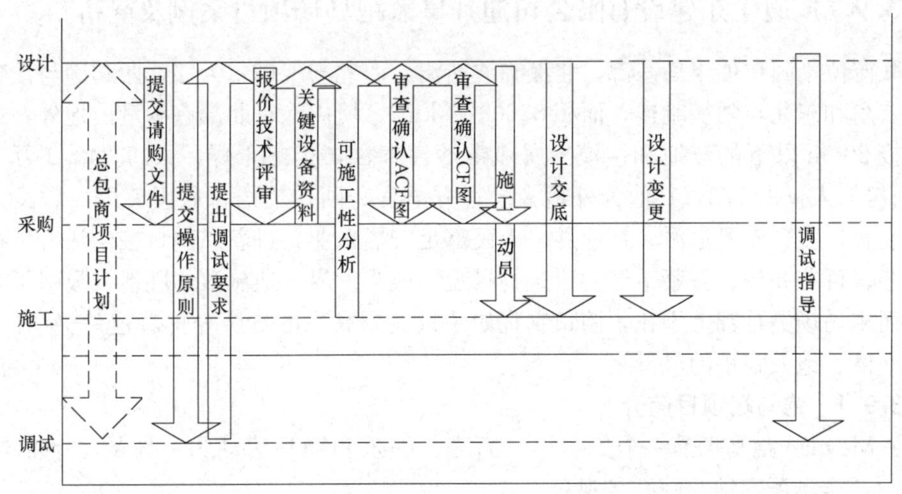

图 9-19　设计-采购-施工-调试关系图

EPC 工程总承包条件之间的关系如图 9-20 所示。

相关提示如下：

（1）关联性、限制性、涉及性。该图比较一目了然地表明了《设计采购施工（EPC/交钥匙工程合同条件）》20 条款之间的关联性、限制性、涉及性，可以说这是 EPC 合同条件的特点之一。绝不可以在 EPC 模式下，抓住某一条款不及其余条款。

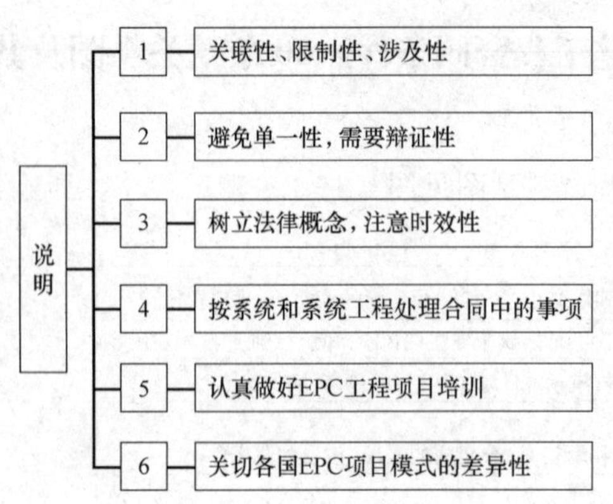

图 9-20 EPC 工程总承包条件之间的关系

(2) 避免单一性，需要辩证性。运用《设计采购施工（EPC/交钥匙工程合同条件）》时的辩证性。如发生索赔，牵动合同条件的内容就比较多。

(3) 树立法律概念，注意时效性。使用 EPC 合同条件时，切切注意其时效性。自投标始至工程竣工交付业主直至工程项目保修，再如工程付款、保留金额、竣工结算等都有时间限制点。

(4) 按系统和系统工程处理合同中的事项。EPC 合同条件颇具系统和系统工程的特征。如工程质量保证体系、工程计划和进度保证体系、工程安全和风险管理体系、工程项目 HSE 管理体系、索赔程序性体系等。

(5) 认真做好 EPC 工程项目培训。建议在采用 EPC 工程项目总承包模式时，最好的办法是进行工程总承包具体项目的项目培训，届时，一定要把国际咨询工程师联合会、中国工程咨询协会编译的《菲迪克（FIDIC）合同指南》中对《设计采购施工（EPC/交钥匙工程合同条件）》的逐条解释认真阅读和理解吃透，以免产生歧误。

(6) 关切各国 EPC 项目模式的差异性。目前有个情况是，各个国家特别在中东、北非和非洲，基于本国利益，或多或少地把 EPC 原版肢解化现象，这种情况还比较常见，更是需要我们关切的。

9.3.9 广厦中东建设有限公司迪拜皇家跑马场项目案例及简析①

阿联酋位于阿拉伯半岛东部，北濒临波斯湾，西北与卡塔尔为邻，西和南与沙特阿拉伯交界、东和东北与阿曼毗连。面积 83600 万 km^2，境内除东北部有少量山地外，绝大部分是海拔 200m 以下的洼地和沙漠。属热带沙漠气候，炎热干燥，人口 348.8 万（2001 年）。阿拉伯人仅占 1/3，其他为外籍人。官方语言为阿拉伯语，通用英语，居民大多信奉伊斯兰教，多数属逊尼派。在迪拜，人民富足安居乐业，过着悠闲自在生活，幸福指数名列前茅。百花齐放、万紫千红的建筑物景观，成为世界各地旅游的胜地，吸引了全球的宾客。而跑马场更是锦上添花，俯瞰它犹如一只展翅高飞的雄鹰守护着这片美丽的土地，为别具一格、饱人眼福的风景之一。

9.3.9.1 跑马场项目简介

(1) Meydan 跑马场是一个集会议、酒店、娱乐和赛马运动为一体的运动枢纽中心（图 9-21），全场可容纳 80000 名观众。

(2) 项目包括：

①2500m 长的沙地跑道和草地跑道各一条；②超五星级酒店；③马业博物馆；④影剧院；⑤展览中心等。

(3) 项目位置：阿拉伯联合酋长国迪拜 NAD AL SHEBA 皇家跑马场。

① 余时立、杨俊杰提供案例。

图9-21　迪拜迈丹皇家跑马场

（4）业主Meydan L. L. C简介：

1）Meydan是阿联酋副总统、阿联酋总理和迪拜酋长穆罕默德-本-拉希德-阿勒-马克图姆全资拥有、以合作、共享、振兴体育原则而建立的公司。

2）“Meydan”阿拉伯名词意思为“聚会的地方”，Meydan公司保留了这一理念，已建成了一个由4个独特的区域组成的互联的城市景观，在这里商务、运动、大都会生活相辅相成，互相补益。

3）迪拜赛马世界杯由现任阿联酋副总统、阿联酋总理和迪拜酋长穆罕默德-本-拉希德-阿勒-马克图姆发起、组织、在Meydan皇家赛马场举行的赛马奖金达到2600美元，被公认是任何全球体育赛事基准的顶峰。

（5）跑马场项目主要参建方：

1）建设单位：Meydan L. L. C.

2）设计单位：TeoA. Khing Design Consultants Sdn. Bhd.（Dubai Br）

3）监理单位：TeoA. Khing Design Consultants Sdn. Bhd（Dubai Br）

4）施工总承包单位：广厦中东建设有限公司

5）参建分包方：主要有：中国十五家分包单位及MMC、CCL、NAFCO、LPG、GREENCO等120多家外国分包商

（6）项目特征及特点

本项目是迪拜酋长对全球宣布2010年3月27日将举办第十五届赛马世界杯的比赛场地，时间是不允许更改的，与中国奥运会场馆一样，工期只能倒排，是金融危机过后迪拜仍保留的三个重点项目之一，在迪拜具有独特性以及特有的影响力。

1）项目有五个鲜明的特征：

① 规模大：该项目是中国工程承包企业，在阿联酋地区承建的最大体量的单体建筑项目之一。

② 面积广：项目占地面积65万m^2，建筑面积85万m^2。

③ 巨额造价：工程总合同额逾23亿迪拉姆（折美元为6.3亿），约40多亿元人民币。

④ 工程量惊人：土建共完成凿桩 4951 根；承台混凝土浇筑 2808 个；地梁 2985m；隧道 2400m；合计完成钢筋绑扎 53000t；混凝土浇筑 31 万 m^3；其中高架桥工程 2.4km；钢结构工程用钢量 5.5 万 t；幕墙工程 6 万 m^2

⑤ 工期短促：项目计划工期 24 个月，实际完工仅用 18 个月。2008 年 4 月 7 日收到中标函；2008 年 4 月 15 日进场施工；2010 年 3 月竣工。

2）项目主要难点：

① 竞争者强：当地建筑龙头 ARABTEC，马来西亚 WCT，以及三星集团等几个颇具实力的承包公司参与竞标；

② 资金短缺：该项目时遇金融危机，使迪拜工程建筑市场受到极大冲击，项目资金面临严重不足；

③ 自然环境恶劣：亚热带气候；日夜温差大；沙尘暴频繁。中国公司一般人难以适应这样的工作条件。

尽管困难重重，我们仍在合同工期内顺利竣工。2010 年 3 月 27 日迪拜第十五届赛马世界杯如期举行。

3）采取有力措施，突破难点，走向成功。项目的成功正是我们“走出去”、“走进去”和“走上去”三步骤成功的开始。

9.3.9.2 民营企业如何通过优化项目管理在国际工程市场上做强、做大三步骤：

1. “走出去”——挑战与机遇

（1）机遇：全球经济一体化趋势和中国入世后的现实，给中国工程承包公司带来发展国际工程项目的机遇期。

（2）挑战：中国企业，尤其是民营企业的国际化程度不高，不但和国际跨国公司的差距相去甚远，就同国内的国际工程公司相比也有不小的差距。

（3）风险：包括国际金融危机的影响；竞争实力的影响；工程所在地的自然力的影响；以及项目本身和企业自身劣势等，都给该项目造成不可预见的一系列风险。

（4）优势：“走出去”国家政策和措施扶持。如何把握机遇，提高“走出去”的竞争信心，是动员项目团队的一项必要条件。

具体实施：

（1）本土化战略：组建国际化的管理团队，充分利用本土资源。

1）项目团队设计

何谓项目团队设计？项目团队的一般定义为：是为实现工程项目目标而建设的，一种按照团队模式开展项目工作的组织，是工程项目人力资源的聚集体，根据立信会计第 1 版的《项目管理》所述，按照现代项目管理的观点，项目团队是指项目的中心管理小组，由一群人集合而成并被看作是一个组，他们共同承担项目目标的责任是向项目经理进行汇报。项目团队的主要特征是：

① 项目团队具有一定的目的性：项目团队的使命就是完成某项特定的任务，实现项目的既定目标，满足客户的需求。此外项目利益相关者的需求具有多样性特征，因此项目团队的目标也具有多元性。

② 项目团队是一临时组织：项目团队有明确的生命周期，随着项目的产生而产生，项目任务的完成而结束，即可解散。它是一种临时性的组织。跑马场项目就是

这样。

③ 项目经理是项目团队的领导：该项目经理，全权负责对跑马场现场，统一指挥、统一领导、统一对外、统一决策（最终）。

④ 项目团队强调高度的合作精神，项目团队成员的增减具有灵活性。

⑤ 项目团队建设是项目成功的组织保障。

据此，我们根据该跑马场项目特征、特点等具体情况，对项目团队精心策划和设计，使之在项目经理的指挥领导下，完成工程项目合同所赋予的责权利，满意地交付业主方一项高质量、高速度、高效率的工程。

2）注重内部管理团队设计

工程项目管理团队是实施好本项目的决定性关键所在，公司层对比非常重视。

① 管理队伍从以5人为基础开始组建。

② 边施工、边组建，最终管理人员为210人。

③ 管理人员涵盖专业：设计、预算、计划、材料、采购、土建、钢结构、高架桥、玻璃幕墙、装修、暖通、强电、弱电、消防、法律、财务、物流、外贸。

管理人员国别：包括有中国、马来西亚、新加坡、印度、巴基斯坦、埃及、叙利亚、阿联酋、菲律宾、意大利、约旦等内外人员。

项目团队设计见图9-22。

（2）适应市场要求

1）投标模式和项目管理模式国际化、多元化、灵活化

① 广厦中东作为总承包商以D-B模式中标。

② 土建及公用工程部分分包的招标采用D-B及DBB模式，包括：结构工程；机电、水、暖通工程；内外装饰工程；钢结构工程；幕墙工程。

③ 业主指定分包：

对于一些与业主有特殊关系的分包商或者受当地法律、法规约束，经由具有当地政府所批发特殊资质的分包商，采用业主指定分包模式。如：消防工程燃气供气工程；高压变电、配电工程；再入市政网工程；其他市政配套工程等。

④ 广厦中东对各业主指定分包（Nomiuateelcoutractor）采取CM（Construction Management）模式：

N.C直接与业主洽谈价格、广厦中东与N.C签订N.C合同、广厦中东对N.C的进度、质量、安全进行管理、广厦中东公司向业主收取固定比例的管理费和利润。

2）因工期紧张，故大胆改用钢结构设计：大规模工程工期仅18个月，钢筋混凝土结构耗时长，不可行；提出用钢结构替代原钢筋混凝土结构；钢结构方式为EPC模式，价格方式为GMP；承担自行设计、工期不变、造价不变的三重风险。图9-23为跑马场钢结构施工现场图，图9-24、图9-25跑马场施工现场图。

我们采用了以下方式进行施工：

① 将整个项目分为三个大区：1区、2区、3区，分别以EPC方式分包给三家钢结构分包商。

② 三家分包商同时对各分包的区域进行钢结构的结构设计、施工图设计、工厂加工图设计。

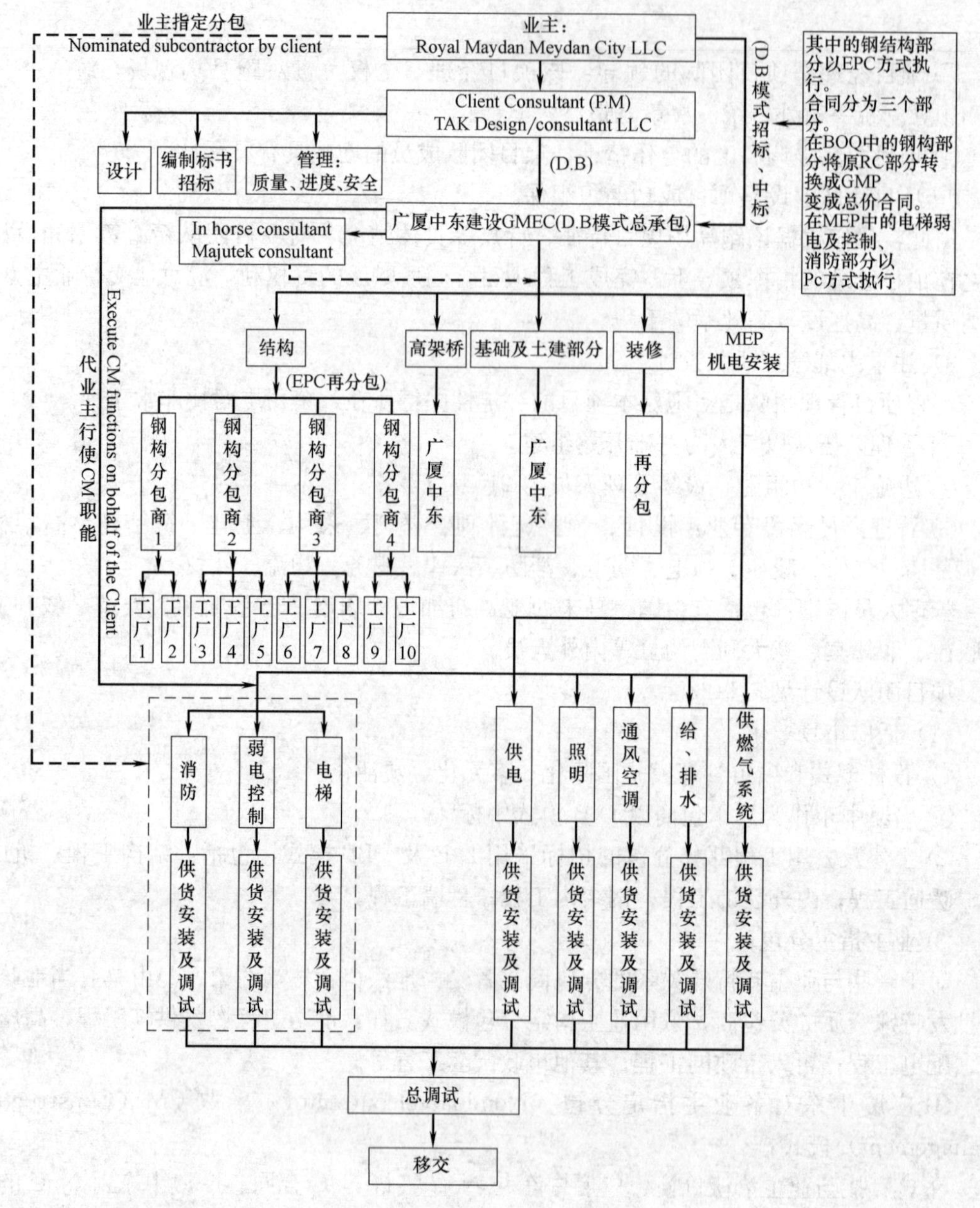

图 9-22 迪拜皇家跑马场项目团队设计

③ 设计、报批、修改，再设计、再报批，直至批准。

④ 工厂生产→海运→到达现场→安装。

⑤ 全部钢结构优化设计，要求各分包商必须将用钢量控制在 70kg/m² 以内，以便使价格不超出 GMP。

(3) 进行跨专业工程的指挥，进行成本控制：

1) 设计罕见——房中跨桥，桥中有房，长达 3km 的高架桥 VVIP 坡道在整场中央架起。

2) 两个工种碰头的情况下，决定钢结构先行吊装及铺设楼层板，然后高架桥在钢构楼层板上安装支架（图 9-25）。

图 9-23　跑马场钢结构施工现场图之一

图 9-24　跑马场施工现场图之二

图 9-25　高架桥和钢构交叉施工场景

3）节省了每月百万的支架费用，同时满足了各专业的工期要求，创造了桥梁施工的速度奇迹。

4）在2009年8月初至12月23日，高架桥项目部15个管理人员、700名工人实行24小时工作制，四个月时间内完成了16联1800米现浇预应力箱梁的工作，比要求的工期提早了1个星期。

（4）施工时间最大化：实施三班制工作，即7月、8月、9月每天三班18个小时作业；1月、2月、3月、4月、5月、6月、10月、11月、12月每天三班22小时作业，总用工时为：2600万。

（5）优化劳动力组织，提高施工效率

针对存在的问题：包括①当局多变的签证政策；②烦琐的劳务引进程序；③工期短带来的紧张情绪等。我们及时的采取了应对解决措施：一是用传、帮、带的方式；二是中国技术工人克服语言障碍关带领外籍劳务工作。在高架桥施工项目上，70余名中国管理人员和技术工人，管理着700多名外籍劳务，平均每个中国人带领10名外籍工人；土建工程项目上，300余名中国人在高峰期的时候管理1000多名外籍劳务，平均每人带3名。显而易见这是一件非常辛劳的工作，但员工们毫无怨言、任劳任怨、踏踏实实，都出色地完成了工作任务。

（6）企业第一负责人应全程跟踪项目

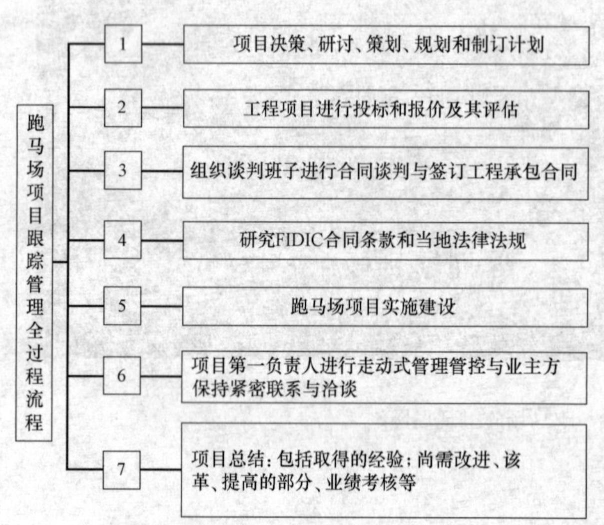

图9-26　跑马场项目跟踪管理全过程流程

1）国有企业的领导在任期内追求“政绩”，对于项目投资的可持续性发展可能并不真正关心，这往往导致“盲目跟风”，打价格战，形成恶性竞争。民营企业第一负责人必须全程跟踪项目，实行终身负责制度。这既是工作压力、又是工作动力。

2）全程跟踪项目全过程：其流程如图9-26所示。

2.“走进去”——强化服务意识

（1）创造了高架桥项目的奇迹

1）2009年9月3日，公司答应监理于2009年10月31日完成皇家坡道通行，保证当日迪拜酋长的项目视察。

2）监理管理的马斯克特路（市政路）阻碍高架施工面。

3）为保业主信誉，加班加点。

4）2009年10月31日，举行高架桥皇家坡道单幅胜利合拢仪式。

5）业主主席Saeed H Al Tayer在视察工地的时候不止一次向他的员工提醒道：“中国广厦公司是一家言出必行的公司，他们说10月31日能接通果然就如期接通了。即使前面有座山，只要有指令让他们明天移走，他们也能完成”。

6）迪拜酋长亲临现场视察，对业主主席Saeed H Al Tayer转达了对中国广厦集团和广厦中东建设有限公司的祝贺，表达了对公司的信心。

7）酋长表示，迪拜项目应多与广厦合作，明确希望广厦应更多地参与到迪拜的建设中。

（2）“雪中送炭”，而非“火上浇油”

1）业主在金融危机、迪拜债务危机中受挫；

2）工程急需工程款保证项目运行；

3）主动向业主建议工程款采用远期信用证支付，既缓解了业主的资金压力，也收到了工程款；

4）将业主一年期的信用证经过十家左右的银行进行贴现；

5）总贴现金额 6 亿迪拉姆。

（3）加强风险控制

在本次项目实施过程中，对于与业主、监理之间的分歧我们坚持采用协商沟通、再协商、再沟通的方式来解决。

除此以外，我们与分包商发生过三次重大的争议：

（1）与降水分包的争议

1）迪拜的平均地下水位将近 0.8m。

2）迫于工期，桩头、承台要同时开挖，14km 的地梁同时施工，在整个作业面上，需安放 180 个降水井点。

3）授予 LOA 要求进场施工，部分商务条款未定，合约未签。

4）给分包的授予函（LOA）中表明在任何情况下对方都不能终止降水的施工。

5）分包明知三天内现场会成湖泊，仍擅自停工，对合约条款提出不合理要求。

6）紧急邀请另外两家降水公司进场，并启动紧急仲裁。

7）仲裁后，对方复工，我方获胜告终。

（2）与第一家钢结构分包的争议：

1）未收取对方履约保函的情况下，我方支付了 10％预付款；

2）2008 年 11 月金融危机袭来，合同工程量完成不到 10％；

3）分包商担心金融危机后的市场影响，单方面停止执行合同；

4）我方与其协商为果后终止对其合同的执行，有关争议后续协商。

5）委托另外两家钢结构分包，在其支付履约保函后 20 天之内支付对方预付款并进场施工。此次争议解决。

（3）与另外两家钢结构分包的争议

1）2009 年 11 月爆发迪拜债务危机；

2）分包要求修改合同中商务条款；

3）一家停工，一家减缓合同执行速度；

4）迅速沟通和谈判，在双方履约保函和预付款保函还剩一周有效期的情况下果断执行，促使两家分包商回到合同框架下并配合施工。同时，我方通知有关银行停止对保函的执行。

3. 走上去——企业可持续发展和品牌的建立

（1）融入当地主流社会，提升企业品牌形象中国广厦成为迪拜赛马世界杯的第二大赞助商，赞助金额达500万美金：该赛马世界杯是世界上最昂贵的贵族运动。赛马世界杯的奖金额度超过F1，最高额度是2600万美金。广厦是唯一一家阿拉伯国家打破常规，邀请外国企业参与主赞助的企业。

赛马世界杯主赞助商答谢仪式上迪拜酋长大声而自豪地告诉所有人："迪拜 NAD AL SHEBA 跑马场，将成为赛马比赛历史上最恢宏的地标性建筑，不仅在中东地区如此，在世界上也是独一无二"。此刻，我们已经不是一个企业，而是一个国家的形象和代表。

(2) 与大牌企业合作，打入主流市场

阿联酋地区国际工程市场空间是宽阔的，是可以大有作为的。我们公司继迪拜跑马场项目后，2010年5月19日，广厦中东再次与 Meydan 集团携手合作，签订了迈丹都市商务港项目合同。这个项目在合作共赢理念的指导下，同样会取得圆满硕果。

(3) 履行企业社会责任，弘扬中国民族传统文化

中国的民营企业应参与到社会公益活动中去，我们作为钻石赞助商，成功推动了2009年和2010年两届中国小姐环球大赛中东赛区的举办，中华小姐大赛是一项"以美丽带动慈善"为主题的公益活动。我们积极地组织为灾区玉树捐款，为民营企业提供了履行社会责任，弘扬中华民族仁厚之德的传统。

9.3.9.3 **结语**

在2010年赛马世界杯主赞助商答谢仪式上，阿联酋副总统、总理、迪拜酋长与我双手相握时，大声而自豪地告诉所有人："迪拜 NAD AL SHEBA 跑马场，将成为赛马比赛历史上最恢宏的地标性建筑，不仅在中东地区如此，在世界上也是独一无二的!"我们感觉自己早已不仅仅是一个民营企业，更升华为一个国家的代表和象征。

我呼吁更多的中国企业走出来，不但要走好，而且要稳。民族的素质是我们生存之本，放之四海而皆准。长江后浪推前浪，一代新人胜旧人。我们真盼望某一天中国的民营企业在国际工程市场上成为外国业主们毋庸置疑的首选合作伙伴。

案例简析

著名格言"持躬类"中讲的如何躬行道心、天理："聪明睿智，守之一愚。功破天下，守之以让。勇力振世，守之以怯。富有四海，守之以谦。"它谆谆告诫人们，做人务事，就要做一个这样一个顶天立地的人。请看阿联酋跑马场项目之全过程，就可窥见此人一斑。

他们在项目实施过程中，体现了中国工程承包公司的"度量如海涵春育，应接如流水行云，操存如青天白日，威仪如丹凤祥麟，言论如敲金戛（jia）石，持身如玉结冰清，襟抱如光风霁月，气概如乔岳泰山。"高尚品德，非一般跨国公司相比拟，真引为国人骄傲。

该跑马场项目的亮点多多，特摘自几句如下：仅提一点恳望，即吸纳世界跨国公司的基本经验之一，即大型或特大型项目，必须进行全方位的培训考核，方进入角色承担项目工作。

仅提一点恳望，请吸纳世界跨国公司的基本经验之一，即大型或特大型项目，项目团队必须进行全方位的培训考核，方进入角色承担项目工作。不仅如此，公司每年安排一定时间，进行级次管理人员的培训也是必要的举措。

案例简析见图9-27。

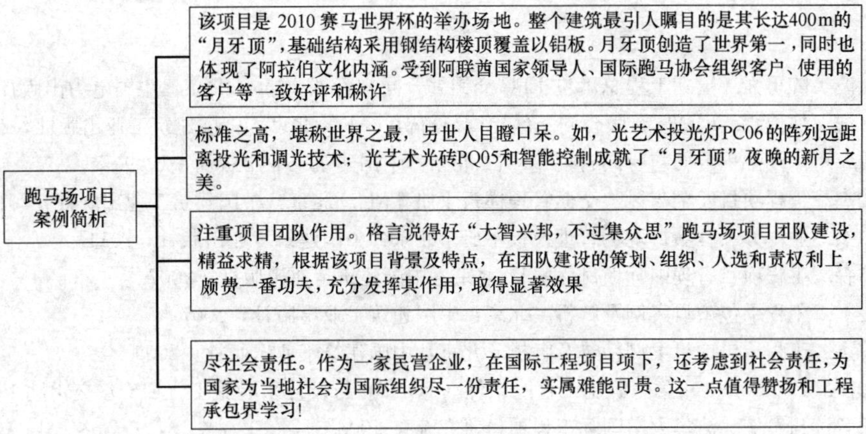

跑马场项目案例简析

- 该项目是 2010 赛马世界杯的举办场地。整个建筑最引人瞩目的是其长达400m的“月牙顶”，基础结构采用钢结构楼顶覆盖以铝板。月牙顶创造了世界第一，同时也体现了阿拉伯文化内涵。受到阿联酋国家领导人、国际跑马协会组织客户、使用的客户等一致好评和称许
- 标准之高，堪称世界之最，另世人目瞪口呆。如，光艺术投光灯PC06的阵列远距离投光和调光技术；光艺术光砖PQ05和智能控制成就了“月牙顶”夜晚的新月之美。
- 注重项目团队作用。格言说得好“大智兴邦，不过集众思”跑马场项目团队建设，精益求精，根据该项目背景及特点，在团队建设的策划、组织、人选和责权利上，颇费一番功夫，充分发挥其作用，取得显著效果
- 尽社会责任。作为一家民营企业，在国际工程项目项下，还考虑到社会责任，为国家为当地社会为国际组织尽一份责任，实属难能可贵。这一点值得赞扬和工程承包界学习!

图 9-27　案例简析

参 考 文 献

[1] 张水波. 陈勇强. 国际工程总承包 EPC 交钥匙合同与管理 [M]. 北京：中国电力出版社，2009.

[2] 张水波. 何伯森. FIDIC 新版合同条件导读与解析 [M]. 北京：中国建筑工业出版社，2003.

[3] 何伯森. 国际工程合同与合同管理 [M]. 北京：中国建筑工业出版社，1999.

[4] 杨俊杰. 工程项目安全与风险全面管理模板手册 [M]. 北京：中国建筑工业出版社，2013.

[5] 杨俊杰. 业主方工程项目现场管理模板手册. 北京：中国建筑工业出版社，2011.

[6] 何伯森. 工程项目管理国际惯例 [M]. 北京：中国建筑工业出版社，2007.

[7] 杨俊杰. 工程承包项目案例及解析. 北京：中国建筑工业出版社，2007.

[8] 杨俊杰. 工程承包项目案例精选及解析. 北京：中国建筑工业出版社，2009.

[9] 杨俊杰. FIDIC1999 年第一版施工合同条件（CONS）与设计采购施工（EPC）交钥匙工程合同条件的解读与案例. 清华大学国际工程项目研究院 ，2008.

[10] 菲迪克（FIDIC）文献译丛. 北京：机械工业出版社，2002.

[11] 建筑施工手册第四版第五分册编写组. 建筑施工手册. 北京：中国建筑工业出版社，2003.

[12] 王伍仁. EPC 工程总承包管理 [M]. 北京：中国建筑工业出版社，2008.

[13] 住建部. 国家工商行政管理总局. 建设项目工程总承包含同示范文本（试行）[S]. 2011.

[14] 杨俊杰. 建筑工程质量管理. 北京：中国建筑工业出版社（建造师杂志第 20 期），2012.

[15] 建设工程项目管理规范编写委员会. 建设工程项目管理规范实施手册. 北京：中国建筑工业出版社，2006.

[16] 杨俊杰. 国际工程项目案例合集（建设部课题）. 2009.

[17] 白思俊，等. 系统工程 [M]. 北京：电子工业出版社，2006.

[18] [美] 罗宾斯著. 黄卫伟等译. 管理学（第四版）[M]. 北京：中国人民大学出版社，1998.

[19] 张水波等译. FIDIC 设计-建造与交钥匙工程合同条件指南 [M]. 北京：中国建筑工业出版社，1999.

[20] 成虎. 工程全寿命期管理 [M]. 北京：中国建筑工业出版社，2011.

[21] 杨俊杰. FIDIC 1999 年新版施工合同条件（CONC）与设计采购施工交钥匙合同条件（EPC/T）的解读与案例讲义. 西安：2011.

[22] 郭峰，王喜军. 建设项目协调管理 [M]. 北京：科学出版社，2009.

[23] 中国对外承包工程商会. 国际工程承包实用手册 [M]. 北京：中国铁道出版社，2007.

[24] 《建造师》编委会. 建造师. 北京：中国建筑工业出版社，2005～2014.

[25] 清华大学国际工程项目管理研究院学员论文. 2008、2009、2010.

[26] 北京万喜基准建筑文化中心学员论文. 2010、2011.

[27] 张水波等文，杨俊杰整理. FIDIC《EPC 交钥匙合同条件》. 2003.

[28] 孙子. 孙子兵法　十三篇及今译. 南宁：广西人民出版社，1988.

[29] 王国维. 人间词话. 北京：中华书局：2009.

[30] 冯友兰. 中国哲学史. 上海：华东师范大学出版社，2011.